資料庫系統 理論與應用
第六版

DATABASE SYSTEM CONCEPTS
SIXTH EDITION

Abraham Silberschatz
Yale University

Henry F. Korth
Lehigh University

S. Sudarshan
Indian Institute of Technology, Bombay

曹世昌　林詠章
編審

曹子殷　何楀晴
翻譯

國家圖書館出版品預行編目資料

資料庫系統：理論與應用 / Abraham Silberschatz, Henry F. Korth, S. Sudarshan
原著；曹世昌, 林詠章編審；曹子殷, 何楀晴翻譯. -- 三版. -- 臺北市：
麥格羅希爾, 2012.01
464 面； 19 x 26 公分. -- (資訊科學叢書；DA006)
譯自：Database System Concepts, 6th ed.
ISBN 978-986-157-831-6(平裝)
1.資料庫管理系統

312.974   100023188

資訊科學叢書 DA006

資料庫系統：理論與應用 第六版

作　　　者	Abraham Silberschatz, Henry F. Korth, S. Sudarshan
編　　　審	曹世昌 林詠章
譯　　　者	曹子殷 何楀晴
企 劃 編 輯	李本鈞
特 約 編 輯	陳台華
業 務 行 銷	李本鈞 陳佩狄 林倫全
業 務 副 理	黃永傑
出　版　者	美商麥格羅希爾國際股份有限公司台灣分公司
地　　　址	台北市 10044 中正區博愛路 53 號 7 樓
讀 者 服 務	E-mail: tw_edu_service@mheducation.com TEL: (02) 2383-6000 FAX: (02) 2388-8822
法 律 顧 問	惇安法律事務所盧偉銘律師、蔡嘉政律師
總經銷(台灣)	臺灣東華書局股份有限公司
地　　　址	10045 台北市重慶南路一段 147 號 3 樓 TEL: (02) 2311-4027 FAX: (02) 2311-6615 郵撥帳號：00064813
網　　　址	http://www.tunghua.com.tw
門　　　市	10045 台北市重慶南路一段 147 號 1 樓 TEL: (02) 2382-1762
出 版 日 期	2016 年 1 月（三版二刷）

Traditional Chinese Adaptation Copyright © 2012 by McGraw-Hill International Enterprises, LLC., Taiwan Branch
Original title: Database System Concepts, 6th ed.   ISBN: 978-0-07-352332-3
Original title copyright © 2011 by McGraw-Hill Education
All rights reserved.

ISBN：978-986-157-831-6

※著作權所有，侵害必究。如有缺頁破損、裝訂錯誤，請寄回退換

尊重智慧財產權！

本著作受銷售地著作權法令暨國際著作權公約之保護，如有非法重製行為，將依法追究一切相關法律責任。

譯者序

由 Abraham Silberschatz（Yale University）、Henry F. Korth（Lehigh University）及 S. Sudarshan（Indian Institute of Technology, Bombay）所著的資料庫系統概念（Database System Concepts）一書目前已經發行到第六版，其內容豐富完整，且提供大量的範例，所以一直是全球資料庫課程最暢銷的教學用書之一。此外，本書內容的編排由淺入深，循序漸進，從關聯式資料庫的概念介紹起，接著進入資料庫的設計，資料儲存與查詢，交易管理等資料庫設計與應用範疇，然後再談到系統架構，資料倉儲、資料探勘與資料擷取、專業和進階的資料庫議題和案例探討等進階資料庫課程所需的教學素材，全書共分成九大主題，三十個章節，內容幾乎涵蓋所有資料庫範疇，非常適合從初階到進階的資料庫學習者來使用。

很榮幸 McGraw-Hill 給我們機會來翻譯此書，此中文翻譯版主要是以初步學習資料庫或完全不懂資料庫的讀者為對象，因此本翻譯版僅收錄原文書中幾個較基礎的章節，其中第一章為資料庫的概述，為了讓讀者能更深刻的瞭解資料庫的概念，本章用了一個大學組織裡，教師、學生、課程等的關係為例，描述資料庫的開發及特性，並以此例貫穿全書。第二章及第三章主要介紹關聯式資料庫，包含關聯式的結構及結構化查詢語言(SQL)的結構及應用。第四章及第五章是資料庫設計部分，主要介紹資料庫設計的過程，包含資料庫的設計階段、實體關聯模型的繪製及關聯式資料庫的設計與正規化等。第六章、第七章、第八章及第九章主要介紹資料的儲存與查詢，其中包含儲存設備及檔案儲存結構的介紹，索引及雜湊等資料搜尋技術，位址查詢評估演算法和查詢最佳化等。第十章及第十一章為交易管理的部分，它提供了一個概述的方法來確保系統的單元性（atomicity），一致性（consistency），隔離性（isolation）和持續性（durability），以及從系統故障中恢復的 ARIES 演算法等。其他進階的章節若讀者有興趣可以參考原文書的內容。

本書適合作為資訊相關科系（如資訊工程、資訊科學、資訊管理等）、管理科學相關科系（如流通管理、工業工程管理、企業管理等）或電子電機相關科系之基礎資料庫課程用書。此外，此翻譯版內容的收錄是以初學資料庫的讀者為對象，儘量避免艱深難懂的描述，並輔以大量的圖例作為範例，故也非常適合對資料庫有興趣的讀者自修或參考。

本書的出版要由衷地感謝 McGraw-Hill 的林芸郁小姐在她即將臨盆之際還細心的校正本書，以及李本鈞先生的不斷督促，本書才得以如期出版。本書的撰寫及校閱雖力求完美，但難免有所疏漏，也歡迎各位讀者不吝給予指正。

曹世昌、林詠章、曹子殷、何橋晴
2011年12月

第 1 章　簡　介　1

1.1　資料庫系統應用　1
1.2　資料庫系統的目的　3
1.3　檢視資料　5
1.4　資料庫語言　9
1.5　關聯式資料庫　11
1.6　資料庫設計　14
1.7　資料儲存和查詢　18
1.8　交易管理　20
1.9　資料庫體系架構　21
1.10　資料探勘和資訊檢索　23
1.11　專業資料庫　24
1.12　資料庫使用者和管理員　25
1.13　資料庫系統的歷史　27
1.14　總結　29
關鍵詞　30
實作題　31
練習　31
工具　31
書目附註　32

第 2 章　關聯式模型介紹　33

2.1　關聯式資料庫的結構　33
2.2　資料庫架構　36
2.3　鍵　38
2.4　架構圖　40
2.5　關聯式查詢語言　41
2.6　關聯式運算　41
2.7　摘要　45
關鍵詞　45
實作題　46
練習　47
書目附註　47

第 3 章　SQL 入門　49

- 3.1　概述 SQL 查詢語言　49
- 3.2　SQL 資料定義　50
- 3.3　SQL 查詢的基本結構　54
- 3.4　其他基本運算　61
- 3.5　集合運算　64
- 3.6　空值　68
- 3.7　聚集函數　68
- 3.8　子查詢　72
- 3.9　修改資料庫　78
- 3.10　總結　81
- 關鍵詞　81
- 實作題　82
- 練習　83
- 工具　85
- 書目附註　85

第 4 章　資料庫設計和 E-R 模型　87

- 4.1　設計過程概述　87
- 4.2　實體關聯模型　90
- 4.3　限制　95
- 4.4　在實體集中去除冗餘屬性　98
- 4.5　實體關聯圖　100
- 4.6　簡化關聯模式　108
- 4.7　實體關聯設計的議題　114
- 4.8　擴充的 E-R 特性　119
- 4.9　資料建模的替代符號　128
- 4.10　資料庫設計的其他方面　133
- 4.11　總結　136
- 關鍵詞　137
- 練習　138
- 工具　142
- 書目附註　142

第 5 章　關聯式資料庫設計　143

- 5.1　良好關聯設計的功能　143
- 5.2　單元領域和第一正規化　147
- 5.3　使用功能相依的分解　148
- 5.4　功能相依理論　156
- 5.5　分解演算法　166
- 5.6　使用多值相依的分解　173
- 5.7　更多正規化　177
- 5.8　資料庫設計過程　178
- 5.9　時間資料的建模　181
- 5.10　總結　184
- 關鍵詞　185
- 實作題　185
- 練習　188
- 書目附註　189

第 6 章　儲存和檔案結構　191

- 6.1　實體儲存媒介概述　191
- 6.2　磁碟和快閃儲存　194
- 6.3　獨立磁碟冗餘陣列　202
- 6.4　第三儲存器　210
- 6.5　檔案組織　212
- 6.6　檔案中的紀錄組織　217
- 6.7　資料字典儲存器　222
- 6.8　資料庫緩衝區　224

6.9 總結 227

關鍵詞 228

實作題 229

練習 230

書目附註 231

第 7 章　索引和雜湊　233

7.1 基本概念 233

7.2 有序索引 234

7.3 B+ 樹索引檔案 242

7.4 B+ 樹的擴充 256

7.5 多鍵存取 262

7.6 靜態雜湊 265

7.7 動態雜湊 270

7.8 有序索引和雜湊的比較 277

7.9 位元組列索引 279

7.10 索引在 SQL 的定義 282

7.11 總結 283

關鍵詞 285

實作題 285

練習 287

書目附註 288

第 8 章　查詢處理　289

8.1 概述 289

8.2 查詢費用的計算 291

8.3 選擇操作 293

8.4 排序 297

8.5 結合運算 300

8.6 其他運算 314

8.7 表達式的評估 317

8.8 總結 322

關鍵詞 323

實作題 324

練習 325

書目附註 326

第 9 章　查詢最佳化　327

9.1　概述　327

9.2　關聯表達式的轉換　330

9.3　表達式結果的統計估計　337

9.4　選擇評估計畫　345

9.5　具體化視圖 **　353

9.6　查詢最佳化進階主題 **　358

9.7　總結　361

關鍵詞　362

實作題　363

練習　365

書目附註　366

第 10 章　交　易　367

10.1　交易的概念　367

10.2　一個簡單的交易模型　369

10.3　儲存結構　371

10.4　交易的單元性和持續性　372

10.5　交易隔離　374

10.6　可循序性　379

10.7　交易隔離和單元性　384

10.8　交易隔離級別　386

10.9　隔離級別的實施　388

10.10　如同 SQL 語句的交易　390

10.11　總結　392

關鍵詞　393

實作題　394

練習　395

書目附註　396

第 11 章　恢復系統　397

11.1　故障分類　397

11.2　儲存　398

11.3　恢復和單元性　401

11.4　恢復演算法　410

11.5　緩衝管理　413

11.6　非揮發性儲存器損失的故障　417

11.7　早期的鎖定釋放和邏輯復原操作　419

11.8　ARIES **　424

11.9　遠端備份系統　430

11.10　總結　433

關鍵詞　435

實作題　436

練習　437

書目附註　438

參考書目　439

索引　447

CHAPTER 1

簡介

資料庫管理系統 (database-management system, DBMS) 是一個蒐集相互關聯資料及一套程式的集合，以便存取這些資料。這些蒐集的資料（我們通常稱之為**資料庫 (database)**）主要包含與企業有關的資訊。資料庫管理系統的主要目標是提供一個既方便又高效的方法，來儲存和檢索資料庫內容。

資料庫系統是為管理龐大的資訊而設計，其管理層面包含了資料架構定義儲存的資訊，以及提供操縱資訊的機制。此外，資料庫系統必須確保即使系統發生崩潰或有人企圖進行未經授權的存取時，資料仍能安全地存放。若資料為數個使用者共享，系統也必須避免可能發生的異常結果。

由於資訊對於大多數組織而言是如此重要，於是電腦科學家發展一個龐大的概念和技術體來管理資料。這些概念與技術即為本書的重點，而本章將對資料庫系統的概念做簡要地介紹。

1.1 資料庫系統應用

資料庫現今已被廣泛地應用，以下是一些具代表性的應用：

- 企業資訊
  - 銷售：針對客戶、產品和購買資訊。
  - 帳目：付款、收據、帳戶餘額、資產及其他帳目資訊。
  - 人力資源：員工資料、薪資、所得稅、福利及發薪資料。
  - 製造：為方便管理供應鏈與追蹤在工廠生產的產品、在倉庫和商店的產品存貨，以及產品訂單。
  - 網路零售商：針對前面提及的銷售資料與網路訂單追蹤、推薦名單，並維護網上產品評價。

- **銀行業與金融業**
  - 銀行業：客戶資料、帳戶、貸款及銀行業務交易。
  - 信用卡交易：信用卡交易紀錄及每月報表資料。
  - 金融業：用於控股儲存資訊、銷售及購買金融工具，如股票、債券等；也使用於儲存實際市場資料，客戶能在網上交易及公司進行自動化交易。
- **大學**：學生資料、課程註冊及評分（標準企業資訊，如人力資源及會計等除外）。
- **航空公司**：用於訂票和班機時刻資訊。航空公司是第一個用資料庫來管理地理方面分類的公司。
- **通訊**：可保存通話紀錄、製作每月帳單、記錄預付電話卡餘額，以及儲存關於通訊網絡之資訊。

如上所述，資料庫是現今各大企業資訊系統中不可缺的部分，其不僅儲存各種企業常見的資訊，也儲存企業某些特定類別的資訊。

近四十年來，企業對於資料庫的使用大幅增長。早期，只有極少數人直接接觸資料庫系統，人們則是透過如信用卡帳單等印刷報告或經由銀行櫃員和航空公司票務代理等間接地與資料庫互動，因此無法真確地感受到資料庫系統的存在。如今，自動提款機的出現提供了使用者直接與資料庫互動的界面。交互式語音應答系統也讓使用者可以直接管理資料庫，來電者可撥打一個號碼，然後按電話鍵輸入資訊或選擇其他選項，例如搜尋班機到達／出發時間或是在大學註冊課程等。

在網路革命的 1990 年代末期，使用者大幅增加直接接觸資料庫。許多組織將以電話界面進入資料庫的方式轉為以 Web 界面進入，並提供各種線上和資訊服務。例如，當你進入網路書店瀏覽書籍或音樂收藏時，就是在存取儲存於資料庫的資料；當你在網上訂購商品，訂單會被儲存在資料庫中；當你進入網路銀行並檢索銀行存款餘額和交易資訊時，這些資訊也是來自該銀行的資料庫系統；當你存取某網站的資料時，你的個人資訊可能會被資料庫檢索，並選擇欲向你行銷的廣告。此外，你在網站上所閱讀的資料可能被儲存在資料庫裡。

因此，雖然使用者端隱藏了進入資料庫的詳細資訊，且多數人們甚至不知道自己正在使用資料庫，但存取資料庫幾乎已經成為每個人生活的重要部分。

資料庫系統的重要性可以用另一種方式來判斷──今天，諸如甲骨文 (Oracle) 等資料庫系統供應商是世界上最大的軟體公司之一，且資料庫系統在微軟 (Microsoft) 和 IBM 的系列產品也占了極重要的部分。

1.2 資料庫系統的目的

資料庫系統出現在早期以電腦化管理商業資料的 1960 年代，舉例來說，當時在大學的組織裡，將所有教師、學生、科系和課程開設的資訊保存在電腦上的一個方式，就是將資訊儲存在其作業系統檔案裡。為使使用者能方便操作這些資訊，該系統具有應用程式來處理這些檔案，其中所包括的程式主要是進行：

- 增加新的學生、教師與課程資料。
- 產生選課學生名冊及點名單。
- 評定學生成績、計算平均成績，並產生成績單。

系統程式設計師寫出這些應用程式，以滿足大學的需求。

新的應用程式則隨著需求的增加被加入系統裡。舉例而言，假設一所大學決定建立一個新的主修科系（如電腦科學），於是建立一個新的永久性檔案（或將資訊加進現有的檔案裡），以便記錄所有關於該科系的相關資訊，包括該科系中的所有教師及學生名冊、課程設置、學位門檻等。此外，此大學可能需要編寫新的應用程式，來處理此新科系的特定規則，也可能需要編寫新的應用程式以處理大學的新規則。因此，隨著時間過去，該作業系統累積愈來愈多的檔案及應用程式。

此典型的**檔案處理系統 (file-processing system)** 為傳統的作業系統，它將永久保存各種檔案，並且需要以不同的應用程式在適當的文件中存取或增加紀錄。在資料庫管理系統 (DBMS) 問世之前，組織通常把資訊存放在此舊式的系統中。

不過，這樣做會有以下幾個缺點：

- **資料冗餘與不一致**。由於不同的程式設計師長期以來建立許多檔案與應用程式，因此可能出現各種文件的架構不同，以及使用不同的程式語言編寫等問題。此外，相同的資訊也可能被複製到數個不同的地方（檔案）。例如，如果一個學生進行雙主修（假設是音樂和數學），則此學生的地址和電話號碼就會同時出現在音樂系及數學系的檔案中，這種冗餘的資料導致較高的儲存空間和存取成本。此外，它可能會導致**資料不一致 (data inconsistency)**，即同一筆資料的副本可能不一致。舉例來說，如果這名學生在音樂系做了地址變更，但在數學系的資料上卻忘記更新。
- **存取資料困難**。假設某個大學裡的祕書需要找出所有住在一個特定郵遞區號內的學生姓名，會要求資料處理系統製作這樣條件下的名單。由於原來的系統設計師沒有預料到會出現這樣的一個需求，因此沒有合適的應用程式來滿足此一需求，而只能製作出「所有」學生名單。這位祕書現在有兩個選擇：以所有學生名單手工篩選所需的資訊，或是要求程式人員編寫所需的應用程式。顯然這兩種選擇皆無法令人滿意。假如在編寫所需程式幾天後，祕書又需要找出那些已經修習至少 60 個學分的學生群時，又該怎麼辦呢？正如我們所預期，沒有程式可以製作這樣的名單，同樣的事情再次發生，祕書還是只有兩個選擇，但都無法令人滿意。

所以這裡的關鍵是，傳統的檔案處理環境無法讓我們對所需的資料進行既方便又有效的檢索。

- **資料隔離**。由於資料分散在不同的檔案，且檔案格式可能不同，因此編寫新的應用程式來檢索適當的資料有其困難。
- **完整性問題**。儲存在資料庫中的資料值必須符合某些類型的**一致性限制 (consistency constraints)**。假設大學為每各科系設有一個銀行帳戶，並記錄每個帳戶的餘額。又假設該大學要求某科系的帳戶餘額不可低於零。為滿足此一需求，開發人員可透過在不同應用程式中加入適當的代碼，來執行這些限制。然而，當不斷增加新的限制時，要改變程式來執行這些限制會變得愈來愈困難，尤其是當限制來自於幾個不同檔案的資料時，這個問題會愈形複雜。
- **單元性問題**。就如任何其他裝置一樣，一個電腦系統也會故障。在許多應用中，最重要的是當故障發生時，如何讓資料恢復到故障前的狀態。仔細思考，如果一個從 A 帳戶傳送 500 元至 B 帳戶，在執行程式時系統出現故障，這 500 元可能顯示從 A 帳戶被移出，卻未進入 B 帳戶，導致資料庫不一致的狀態。顯然，資料庫必須一致，要不是轉出與轉入皆發生問題，或是兩者都沒問題。換言之，金額的轉移必須是單元性的，它必須發生在整個系統或完全沒發生。這在傳統的檔案處理系統是很難做到的。
- **併發存取異常**。為了加速系統的整體效能與回應能力，許多系統允許多位使用者同時進行資料更新。事實上，今天最大的網路零售商每天可能有數百萬位購物者存取他們的資料。在這樣的環境下，併發更新是可能發生的，而且可能會導致資料的不一致。假設 A 科系的帳戶餘額為 10,000 元。如果有兩位科系員工幾乎同時由帳戶提領現金（假設分別為 500 元和 100 元），結果可能會導致一個不正確的（或不一致）餘額。假設程式在執行時，每次都讀到提款機舊的帳戶餘額，減去被領取的金額，並傳回結果。若兩個程式同時運行，則程式讀到的帳戶餘額皆為 10,000 元，但在提領後餘額卻分別顯示 9,500 元和 9,900 元。根據最後寫入的資料，A 科系的帳戶餘額不是 9,500 元，就是 9,900 元，而非正確的 9,400 元。為了防止這種可能性，系統必須進行某種形式的監督，但是監督其實很困難，因為資料可能以多種之前尚未統一的應用程式來存取。

另一個例子是，假設一個選課程式是用來限制某課程可以選課的人數。當學生選課時，該程式會讀取已經選課的人數，將選課人數加總並存入資料庫來判定人數是否已達上限。若兩名學生同時選課，而且當時已選課的人數為 39 人。兩個程式皆會讀到已選課人數為 39 人，加上現在選課的這一位學生後，此時資料庫中會顯示有 40 名學生選課，而非 41 位學生，發生兩人均選課成功但卻只增加一位學生的錯誤。此外，假設選課人數限制為 40 人，但在上述兩位學生都能登記的情況下，違反了只有 40 名學生的限制。

- **安全問題**。不是每位使用者都可以存取資料庫系統中的所有資料。例如在一所大學中，會計科系只需看到資料庫中財務部分的資訊，而無需存取學術紀錄的資料。但是，因為應用程式以一個特殊的方式被加入檔案處理系統，因此要執行這些安全限制有其困難。

基於這些種種困難，因而促進了資料庫系統的開發。接下來，我們會看到如何利用資料庫系統來解決檔案處理系統問題的概念與演算法。本書中，我們多以大學組織當作典型資料處理應用的例子。

1.3 檢視資料

資料庫系統是一個蒐集相互關聯的資料和一套允許使用者存取和修改這些資料的程式。資料庫系統的主要目的是提供使用者對於資料的抽象概念，也就是說，該系統隱藏了一些資料如何儲存和維護的細節。

1.3.1 資料抽象型態

談到系統可用性，它必須能有效地檢索資料。對效率的需求，使得設計師使用複雜的資料架構來表示資料庫中的資料。由於許多資料庫系統的使用者未受過電腦訓練，因此開發人員透過以下的抽象層次來對使用者隱藏其複雜性，簡化與系統的互動：

- **實體層次**。描述資料實際上是如何儲存。實體層次詳細地描述了低層次資料架構。
- **邏輯層次**。較高層次的抽象描述，其中描述了何種資料儲存在資料庫中，以及這些資料存在何種關係。因此，邏輯層次以一個相對少數的簡單結構描述整個資料庫。雖然此一看似簡單的結構可能涉及複雜的實體層次架構，但其使用者並不需要瞭解這種複雜性。這就是所謂的**實體資料獨立性 (physical data independence)**。資料庫管理員必須用邏輯層次的抽象性，來決定保存何種資料於資料庫中。

- **檢視層次**。最高層次的抽象描述，只描述整個資料庫的一部分。即使邏輯層次使用簡單的結構，然因為各種資料儲存在一個大型資料庫裡，故其複雜性仍然存在。許多資料庫系統的使用者並不需要所有的資訊，而只需存取部分的資料庫。檢視層次抽象性的存在是為了簡化使用者與系統互動，其可提供相同資料的不同檢視方法。

圖 1.1 表示上述三個抽象層次之間的關係。

以在程式語言資料種類的概念上做比喻，可以明確區分抽象的層次。許多高層次的程式語言都支援此種架構化類型的概念。例如，我們可以描述下面的紀錄：

```
type instructor = record
        ID : char (5);
        name : char (20);
        dept_name : char (20);
        salary : numeric (8,2);
    end;
```

此代碼定義了一個稱為 *instructor* 的新紀錄類型，且分為四個區塊。每一區塊有一個名字和與之相關的類型。一個大學組織可能擁有數個這樣的紀錄類型，包括：

- *department*，包括 *dept_name*、*building* 與 *budget* 區塊。
- *course*，包括 *course_id*、*title*、*dept_name* 與 *credits* 區塊。

▶圖 1.1
三個層次的資料抽象型態

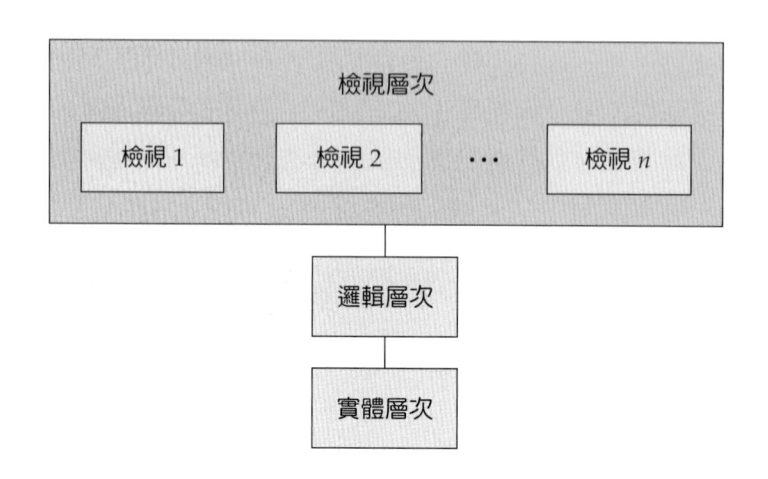

- *student*，包括 *ID*、*name*、*dept_name* 與 *tot_cred* 區塊。

在實體層次，*instructor*、*department* 或 *student* 紀錄可以形容為連續的儲存塊區域。此一層次的編譯程式對程式人員隱藏此細節。同樣地，資料庫系統對資料庫程式人員隱藏了許多最低層次的儲存細節。另一方面，資料庫管理員卻可能知道某些實體結構的資料細節。

在邏輯層次上，每個紀錄被視為一種定義類型，而且如同之前的代碼，這些紀錄類型的相互關係也同樣被定義。使用程式語言的程式人員便在此抽象層次工作。同樣地，資料庫管理員也在此抽象層次工作。

最後，在檢視層次，電腦使用者會看到一系列隱藏資料類型細節的應用程式。在檢視層次上會定義檢視的資料庫，而某資料庫使用者可看到部分或所有的內容。除了隱藏資料庫邏輯層次的細節外，檢視層次也提供一個安全機制，防止使用者存取資料庫中的某些資料。例如，大學註冊組的員工只能看到學生資料庫，而無法存取教師薪資的資料。

1.3.2 實例和架構

隨著資訊的加入與刪除，資料庫也會跟著變化。在某一時間點蒐集並儲存在資料庫中的資料，我們稱之為資料庫**實例 (instance)**。資料庫的整體設計則稱為資料庫**架構 (schema)**。架構總體來說很少改變。

資料庫架構的概念與實例可以比喻為一個以程式語言編寫的程式。資料庫的架構可對應程式的變量聲明（以及相關的定義類型）。每個變量在既定的實例中有一個特定值。程式中變量的值在某個時間點上會對應資料庫架構的實例。

資料庫系統具有數個架構，主要是按照抽象層級劃分。**實體架構 (physical schema)** 在實體層次上描述資料庫的設計，而**邏輯架構 (logical schema)** 則是在邏輯層次上描述資料庫設計。此外，一個資料庫也可能在檢視層次上有數個架構（有時被稱為**次架構 (subschemas)**），主要描述不同層次的資料庫。

其中，邏輯架構是目前最重要的，其影響範圍包括應用程式，因為程式人員會使用邏輯架構來建構應用。實體架構隱藏在邏輯架構下，並且通常很容易在不影響應用程式下做改變。如果不根據實體架構，應用程式會呈現**實體資料獨立性 (physical data independence)**，因此若實體架構改變，則不必重寫程式。

在下一節介紹資料模型架構的概念後，我們會學習語言描述的架構。

1.3.3 資料模型

資料庫下的結構就是**資料模型 (data model)**:一個集合概念的工具,以描述資料、資料關係、資料語義與一致性限制。資料模型提供了描述資料庫在實體層次、邏輯層次和檢視層次的設計方法。

本書中將會介紹許多不同的資料模型。資料模型可以劃分為以下四種不同的類別:

- **關聯式模型**。關聯式模型使用一個表格集合,來表示資料以及資料間之關係。每個表格有多個列,每列都有一個唯一的名稱。這些表格就是所謂的**關聯表 (relations)**。關聯式模型是一個以紀錄為基礎的模型。之所以也稱為以紀錄為基礎的模型,是因為資料庫是以固定的幾種類型格式紀錄來架構。每個表格都包含一個特定的紀錄類型,每個紀錄類型定義一個固定號碼的字段或屬性,而表格的列則對應紀錄類型的屬性。關聯資料模型是使用最廣泛的資料模型,目前絕大部分的資料庫系統都是以關聯式模型為基礎。第 2 章至第 5 章將會詳細地介紹關聯式模型。
- **實體關聯模型**。實體關聯資料模型使用基本物件(稱為實體)與這些物件間之關係的集合。實體是一個「東西」或「物件」,在現實世界中與其他物件有所區別。實體關聯模型目前被廣泛用於資料庫設計,第 4 章將有詳細的討論。
- **基本物件資料模型**。物件導向程式(特別是 Java、C++ 或 C#)已成為主要的軟體開發方法。這導致物件導向資料模型的發展,其可視為實體關聯模型之封裝、方法(功能)及物件標示的擴展。物件關係資料模型則是結合了物件導向資料模型和關聯資料模型的特徵。
- **半結構化資料模型**。半結構化資料模型允許某範圍的資料有同樣類型的獨立資料項目,但具有不同的屬性。這與前面提及之每筆特定類型的資料項目其屬性必須屬性相同,形成對比。**可擴展標記語言 (Extensible Markup Language, XML)** 被廣泛使用於表示半結構化資料。

歷史上,**網路資料模型 (network data model)** 與**階層式資料模型 (hierarchical data model)** 早於關聯資料模型。這些模型被密切地結合起來運作,並將模型資料的任務複雜化。因此,現在鮮少使用這些模型,除非是某些仍沿用舊資料庫代碼的地方。

1.4 資料庫語言

資料庫系統提供了**資料定義語言 (data-definition language)** 來指定資料庫架構和資料操作語言，以表示資料庫查詢與更新。實務上，資料定義和資料操作語言並非兩個獨立的語言；相反地，它們是單一資料庫語言的一部分，如廣泛使用的 SQL 語言就是一個例子。

1.4.1 資料操作語言

資料操作語言 (data-manipulation language, DML) 是一種使用者能以相應的資料模型來存取或操縱資料。存取的類型有：

- 檢索儲存在資料庫中的資料。
- 插入新的資料至資料庫。
- 刪除資料庫中的資訊。
- 修改儲存在資料庫中的資料。

基本上有兩種類型：

- **程序式資料操作語言 (procedural DMLs)** 要求使用者指定需要哪些資料，以及如何獲得這些資料。
- **聲明式資料操作語言 (declarative DMLs)**（也稱為**非程序式資料操作語言 (nonprocedural DMLs)**）要求使用者指定哪些資料需要，而不指定如何獲得這些資料。

聲明式資料操作語言通常比程序式資料操作語言更容易學習和使用。但是，由於使用者沒有指定如何獲取資料，因此資料庫系統必須找出存取資料的有效方式。

查詢 (query) 是一個要求檢索資訊的聲明。DML 涉及資訊檢索的部分，稱為**查詢語言 (query language)**。雖然技術上並不完全相同，但一般而言，我們會將查詢語言和資料操作語言視為同義詞。

無論是商業或實驗上，有許多資料庫查詢語言被使用。在第 3 章，我們將研究最廣泛使用的查詢語言 SQL。

1.3 節所討論的抽象層次不僅適用於界定或架構資料，也可用於操縱資料。在實體層次，我們必須定義演算法，以便高效地存取資料。在較高的抽象層次，我們強調易用性,目標是讓人類能有效地與系統互動。資料庫系統的查詢處理器組成(參見第 8 章)會將 DML 查詢轉換為資料庫系統之實體層次的一連串動作。

1.4.2 資料定義語言

我們利用一個稱為**資料定義語言 (data-definition language, DDL)** 的特殊語言來表示一組定義,去指定一個資料庫架構。此外,DDL 也用於指定資料的額外屬性。

透過稱為**資料儲存和定義 (data storage and definition)** 之特殊 DDL 類型的一組語句,來指定資料庫系統所使用之儲存結構與存取方法。這些語句定義了使用者隱藏之資料庫架構的實行細節。

儲存在資料庫的資料值必須滿足某種程度的**一致性限制 (consistency constraints)**。例如,假設大學要求一個科系的帳戶餘額絕對不能是負數。而 DDL 便能用來指定這些限制。資料庫系統會在每次資料庫更新時檢查這些限制。一般來說,一個限制可以是資料庫相關的任意謂詞。但是,使用任意謂詞可能必須付出高昂的代價。因此,資料庫系統實行一致性限制應以最小開銷來測試:

- **領域限制**。一個可能值的領域必須與每個屬性有關(例如整數類型、字符類型、日期/時間類型)。一個屬性的宣告會被視為一個特定領域,該特定領域則為一個限制值,限制可被使用的範圍。領域限制是一致性限制的最初形式。每當有新資料輸入到資料庫中,它們很容易通過系統測試。
- **參照完整性**。在某些情況下,我們希望確保一個出現在一組給定屬性之關聯的值,也出現在另一個關聯的一組特定屬性中(參照完整性)。例如,在某科系的課程列表必須是實際存在的。更多確切地說,某科系名稱在課程紀錄的值,必須完整地出現在一些關聯的科系紀錄名稱屬性裡。資料庫修改可能會違反參照完整性。當違反一個參照完整性限制,正常的程式會拒絕回應。
- **描述**。描述是指資料庫必須滿足的條件,領域限制和參照完整性限制是一種特殊形式的描述。然而,有很多不能只用這些特殊形式來表示的限制。例如,「每個科系至少每學期必須開設五門課程」必須被視為一種描述。當建立一個描述時,系統會測試它的有效性。如果此一描述是有效的,則今後資料庫的修改只要不會違反此一描述,任何修改都是被允許的。
- **授權**。我們可能想要對不同使用者在資料庫裡可以存取的資料值有所區分。這些區分即是所謂的**授權 (authorization)**,最常見的包括:**閱讀授權 (read authorization)**,允許讀,但不能修改資料;**插入授權 (insert authorization)**,

允許插入新的資料，但不能修改現有的資料；**更新授權 (update authorization)**，允許修改，但不能刪除資料；**刪除授權 (delete authorization)**，允許刪除資料。我們可以指定使用者擁有全部授權、沒有授權，或者上述類型的組合授權。

就像其他程式語言，DDL 會根據所輸入的指令（語句），而產生輸出。DDL 的輸出會被放置在**資料字典 (data dictionary)**，其中包含**元資料 (metadata**，即有關資料的資料）。資料字典被是一種特殊類型的表格，只能被資料庫系統本身存取和更新（非一般的使用者）。資料庫系統讀取或修改實際資料前會先參考資料字典。

1.5 關聯式資料庫

關聯式資料庫是以關聯式模型為基礎，並使用一個集合表格來表示資料和這些資料之間的關係。它也包括一個 DML 和 DDL。在第 2 章中，我們將簡要介紹關聯式模型的基本面。大多數的商業關聯式資料庫系統會運用 SQL 語言，這將在第 3 章詳細介紹。

1.5.1 表格

每個表格有許多列，每一列都有一個唯一的名稱。圖 1.2 顯示包含兩種表格的關聯式資料庫之樣本：一個顯示教師的詳細資訊，另一個則記錄大學各科系的資訊。

例如，第一個 *instructor* 資料表顯示一位名叫 Einstein 的教師，ID 是 22222，是物理系教師，且年薪為 95,000 元。另一個 *department* 表格記錄大學各科系的資訊，例如生物系位於華森大廈 (Watson)，預算為 90,000 元。當然，大學裡有更多科系與教師。本書均使用此一簡單的例子來說明概念。

關聯式模型是一個紀錄基礎模型的範例。之所以稱為紀錄基礎模型，是因為資料庫是以數種固定格式紀錄來架構。每個表格中都包含特定類型的紀錄，而每個紀錄類型定義一個固定數量的領域或屬性，表格中的列則對應於紀錄類型的屬性。

其實不難看出表格是如何儲存於檔案中。例如，一個特殊符號（如逗號）可以用來分隔不同紀錄的屬性，而另一個特殊符號（如一個新行字符）可以被用來限定紀錄。關聯式模型對資料庫開發人員和使用者隱藏了這種較低層次的執行

▶圖 1.2
一個關聯式資料庫樣本

ID	name	dept_name	salary
22222	Einstein	Physics	95000
12121	Wu	Finance	90000
32343	El Said	History	60000
45565	Katz	Comp. Sci.	75000
98345	Kim	Elec. Eng.	80000
76766	Crick	Biology	72000
10101	Srinivasan	Comp. Sci.	65000
58583	Califieri	History	62000
83821	Brandt	Comp. Sci.	92000
15151	Mozart	Music	40000
33456	Gold	Physics	87000
76543	Singh	Finance	80000

(a) *instructor* 表格

dept_name	building	budget
Comp. Sci.	Taylor	100000
Biology	Watson	90000
Elec. Eng.	Taylor	85000
Music	Packard	80000
Finance	Painter	120000
History	Painter	50000
Physics	Watson	70000

(b) *department* 表格

細節。

我們還注意到，在建構關聯式模型架構時可能遇到的問題，如不必要的資訊重複。假設我們將 *budget* 儲存為 *instructor* 表格紀錄的一個屬性。然後，每當特定預算值（假設為物理系預算）改變，則此一改變必須反映在所有與物理系相關的教師紀錄上。在第 5 章中，我們將會研究如何區分不佳的架構設計與好的架構設計。

1.5.2 資料操作語言

SQL 查詢語言是非程序語言。一個查詢需要輸入幾個表格（可能只有一個），且往往會回傳一個表格。以下是一個找出所有歷史系教師名字的 SQL 查詢範例：

select *instructor.name*
from *instructor*
where *instructor.dept_name* = 'History';

查詢指定的行必須從 *instructor* 表格中的 *dept_name*（即 History）來檢索，而這些行的名稱屬性必須顯示出來。更具體而言，執行此一查詢的結果會出現一個表格，其中有一列標記名稱以及一組行，每行包含 name 及 dept_name（History）。若此一查詢是在圖 1.2 的資料表上執行，結果將包括兩行，其中一名教師為 El Said，另一位為 Califieri。

查詢可能會涉及多個表格的訊息。例如，以下查詢是要找出預算超過 95,000 元之所有科系的全部教師 ID 及科系名稱。

```
select instructor.ID, department.dept_name
from instructor, department
where instructor.dept_name= department.dept_name and
      department.budget > 95000;
```

如果上面的查詢是在圖 1.2 的資料表上執行，系統會找到有兩個科系（計算機科學系與財務系）的預算都超過 95,000 元，且有五位教師在這些科系。因此，結果將出現一個資料表，其中包括兩列（ID 及 dept_name）和五行：（12121，Finance）、（45565，Computer Science）、（10101，Computer Science）、（83821，Computer Science）和（76543，Finance）。

1.5.3 資料定義語言

SQL 提供豐富的 DDL，使人們得以定義表格、一致性限制及描述等。

例如，以下的 SQL DDL 語句定義了一個科系表格：

```
create table department
    (dept_name     char (20),
     building      char (15),
     budget        numeric (12,2));
```

執行上述的 DDL 語句會建立包含三欄的科系表格：dept_name、building 與 budget，每一個都有與它相對應的特定資料類型。資料類型在第 3 章將有更詳細的討論。此外，DDL 語句會更新資料字典，其中包含元資料（參見第 1.4.2 節）。表格的架構即是元資料的一個範例。

1.5.4 自應用程式存取資料庫

SQL 沒有通用圖靈機 (universal Turing machine) 那麼強大，也就是說，有一些可能使用通用程式語言撰寫的計算無法使用 SQL。此外，SQL 也沒有支援如使用者輸入、輸出顯示或通信網路等行為。這種計算和行為必須寫在本機語言中,如 C、C++ 或 Java,並用嵌入式 SQL 查詢存取資料庫中的資料。**應用程式 (application programs)** 可用來與資料庫進行互動。以大學系統為例,其程式包括讓學生選課、產生點名單、計算學生的平均成績、產生工資的支票等。

為存取資料庫,DML 語句需要從本機語言執行。有兩種方法可以做到這一點:

- 藉由提供一個應用程式界面(設置程式),其可發送 DML 和 DDL 語句到資料庫並檢索結果。

  開放式資料庫連接 (ODBC) 標準使用 C 語言是一種常用的應用程式界面標準。Java 資料庫連接 (JDBC) 標準提供相應的功能給 Java 語言。

- 藉由擴大主機語言語法而嵌入主機語言程式中的 DML 呼叫。通常一個特殊字符會引導 DML 呼叫及前處理器(稱為 **DML 預編譯器 (DML precompiler)**)將 DML 語句轉換為主機語言的一般程序呼叫。

1.6 資料庫設計

資料庫系統是為了管理大型的資訊體而設計,而這些大型的資訊體並不會單獨存在。它們是某些企業運作的一部分,其最終產品可能是來自資料庫資訊,或可能是資料庫僅扮演支援角色的某些設備或服務。

資料庫設計主要包括資料庫架構的設計。設計一個能夠滿足企業需求的完整資料庫應用環境模型,需要注意的問題更廣泛。以下會先專注於資料庫查詢的撰寫和資料庫架構的設計。

1.6.1 設計過程

一個高層次的資料模型提供資料庫設計人員一個概念框架,其中會指定資料庫使用者對資料的要求,以及如何架構資料庫以滿足這些要求。接著,在資料庫設計的初始階段會充分描繪未來資料庫使用者對資料的需求。資料庫設計人員需要廣泛地與該領域專家和使用者交流,來完成這項任務。此一階段的成果是訂定出使用者需求。

然後,設計人員選擇一個資料模型,並透過應用選擇之資料模型的概念,把這些要求轉換成資料庫的概念圖。在此**概念設計 (conceptual-design)** 階段發展的架構提供了企業的詳細概述。設計者會檢視架構,以確認的確滿足所有資料的要求且相互不牴觸。設計人員也會檢查設計,並移除多餘的功能。在這一點上,重點是在描述資料和他們之間的關係,而不是指定實體的儲存細節。

在關聯式模型之下,概念設計過程中涉及決定要從資料庫捕捉什麼屬性,以及如何組織這些屬性以形成各種表格。「什麼」部分基本上是一個商業決定,在本文我們不會有進一步的討論。「如何」部分才是計算機科學的主要問題。以下有兩種方法可以解決這個問題:第一是使用實體關聯模型(第 1.6.3 節);另一種是利用一套演算法(統稱為正規化),以它做為輸入的所有屬性之集合,並產生一組表格(第 1.6.4 節)。

一個充分發展的概念架構可以顯示企業對功能的要求。在一個**功能性需求規格 (specification of functional requirements)** 中,使用者會描述將在資料上執行的種種操作(或交易)。示範操作包括修改或更新資料、搜尋和檢索具體的資料,以及刪除資料。在概念設計此一階段,設計人員可以檢視架構,以確保其符合功能性需求。

從一個抽象的資料模型移動到實施資料庫的過程,會在最終兩個設計階段完成。在**邏輯設計階段 (logical-design phase)**,設計人員將把高層次概念架構繪製到即將使用之資料庫系統的實施資料模型;設計人員使用結果系統特定的資料庫架構在隨後的**實體設計階段 (physical-design phase)** 上,資料庫的實體特性是特定的。這些功能包括文件組織形式和內部儲存架構,這在第 6 章將會進行討論。

1.6.2 大學組織的資料庫設計

為了說明設計過程,我們來看看大學的資料庫可以如何設計。最初使用者要求的規格可能是以資料庫使用者的訪談與設計者自己對組織的分析為基礎。而來自於此設計階段的描述則被視為指定資料庫概念架構的基礎。以下為大學資料庫的主要特色。

- 大學以科系來組織。每個科系指定唯一的名稱(*dept_name*)、座落在某幢建築物 *building*,並擁有預算 *budget*。
- 每個科系都有課程列表。每門課程有與之對應的 *course_id*、*title*、*dept_name* 和 *credits*,並可能也有關聯的 *prerequisites*。
- 每位教師有唯一的 *ID*。每位教師有 *name*、相關科系(*dept_name*)及 *salary*。
- 每位學生有自己唯一的 *ID*。每位學生有 *name*、相關主修科系(*dept_name*)和 *tot_cred*(目前已修習學分總數)。
- 大學教室列表包含 *building*、*room_number* 及 *capacity*。

- 大學教師列表列出所有教授的課程。每一課程有一個 *course_id*、*sec_id*、*year* 和 *semester*，以及與之相關的 *semester*、*year*、*building*、*room_number* 和 *time_slot_id*（上課使用時段）。
- 各個科系有一個列表指定每位教師的教學任務及該教師所教學的科目。
- 學生選課資料列表指定每名學生的選修課程及相關資訊。

一個真正的大學資料庫之設計要比上述設計要複雜得多，不過我們使用這個簡化的模型幫助你在一個複雜的設計下瞭解概念構想。

1.6.3 實體關聯模型

實體關聯資料模型使用基本物件（稱為實體）及這些物件間之關係的集合。實體是現實世界中可與其他物體區別的一個「東西」或「物件」。例如，每個人是一個實體，銀行帳戶也可以被視為實體。

實體在資料庫中是由一組**屬性 (attributes)** 來描述，例如 *dept_name*、*building* 與 *budget* 等屬性可用來描述大學某特定的科系，它們形成科系實體集合的屬性。同樣地，*ID*、*name* 和 *salary* 等屬性可描述一個 *instructor* 實體。

額外的屬性 *ID* 被用於標示教師的唯一性（因為可能有兩位教師同名且薪資相同）。每位教師必須分配一個唯一的教師識別。在美國，許多組織使用每個人的社會安全碼（由美國政府發給每個人的唯一號碼）做為唯一的識別代號。

關聯 (relationship) 是指數個實體之間的關聯。例如，一個 *member* 關聯會與一位教師與其科系有關。集合的所有同一類型實體和設置所有相同類型關係的研究分別被稱為**實體集 (entity set)** 和**關聯集 (relationship set)**。

資料庫的整體邏輯架構可以實體關聯圖來表示，而繪製這些圖有幾種方法，其中最普遍使用的是**統一建模語言 (Unified Modeling Language, UML)**。在使用以 UML 為基礎的符號中，實體關聯圖可表示如下：

- 實體集由一個矩形來表示，框內為實體集名稱，下面列出該實體的屬性。
- 關聯集用一個菱形來連接一對相關的實體集，此一關係的名稱放在菱形框中。

舉例來說，大學資料庫包含教師與所屬科系，其實體關聯圖可參見圖 1.3。該

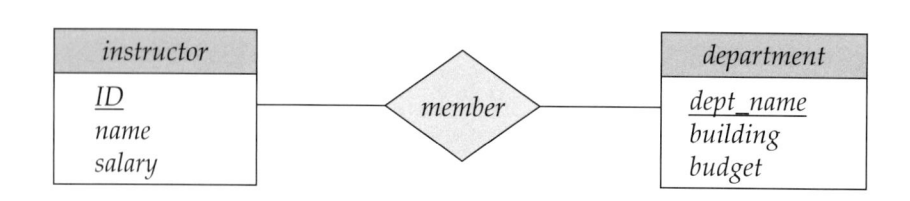

▶圖 1.3
實體關聯圖範本

實體關聯圖中包含兩個實體集（*instructor* 及 *department*），其屬性如前所述。該圖也顯示出 *instructor* 與 *department* 之間的 *member* 關係。

除了實體和關聯，實體關聯模型顯示出某些限制，其內容必須與資料庫相符合。其中一個重要限制是**映射基數 (mapping cardinalities)**，它會對其他實體描述該實體，使其他實體可以透過關聯組合連結到該實體。例如，若每位教師必須只能與單一科系關聯，則實體關聯模型可以表達此一限制。

實體關聯模型已廣泛用於資料庫設計中，細節請參見第 4 章。

1.6.4　正規化

另一種設計關聯式資料庫的常用方法，稱為正規化。目標是產生一組關係架構，讓我們得以儲存資訊，而沒有不必要的冗餘，並允許我們更容易地獲取資訊。這種方法是以一個適當的標準形式來設計架構。要確定關係架構是否存在一個理想的標準形式，我們需要更多實際在企業運作之資料庫模型資訊。最常見的方法是利用**函數相依 (functional dependencies)**，此一相關討論可參見第 5.4 節。

為了理解正規化的需求，讓我們看看在不佳的資料庫設計中會出現何種錯誤。一個不好的設計中，其不良特性可能包括：

- 重複資訊。
- 無法代表某些資訊。

我們將以修改過之大學資料庫設計為例來討論這些問題。

假設並不是兩個獨立的 *instructor* 和 *department* 表，而是只有一個結合了兩個表的 *faculty* 表（參見圖 1.4）。要注意的是，該表中有兩列關於 History 科系的重複資訊，分別是該科系的 *building* 和 *budget*。重複資訊並不是我們想要的，

ID	name	salary	dept_name	building	budget
22222	Einstein	95000	Physics	Watson	70000
12121	Wu	90000	Finance	Painter	120000
32343	El Said	60000	History	Painter	50000
45565	Katz	75000	Comp. Sci.	Taylor	100000
98345	Kim	80000	Elec. Eng.	Taylor	85000
76766	Crick	72000	Biology	Watson	90000
10101	Srinivasan	65000	Comp. Sci.	Taylor	100000
58583	Califieri	62000	History	Painter	50000
83821	Brandt	92000	Comp. Sci.	Taylor	100000
15151	Mozart	40000	Music	Packard	80000
33456	Gold	87000	Physics	Watson	70000
76543	Singh	80000	Finance	Painter	120000

▶圖 1.4
職員表

因為重複資訊會浪費空間；此外，它使資料庫系統更新複雜化。假設我們想要將 History 科系的預算由 50,000 元調降至 46,800 元。此一改變必須同時出現於兩列；與原來的設計做比較，其只需要更新一列即可。因此，更新修改版本的資料庫比更新原本的資料庫更昂貴。當我們更新一個替代的資料庫時，必須確保每一個包含於歷史系的組合皆更新，否則資料庫會顯示出兩個不同的 History 科系預算值。

現在，我們把焦點轉移到「不能代表某些資訊」這個問題上。假設我們要在大學創建一個新的科系。在上述的替代設計上，不能直接顯示有關該科系的資訊（*dept_name*、*building*、*budget*），除非該科系至少有一名教師，因為職員表中的列需要填入教師 *ID*、*name* 和 *salary* 的值。這意味直到新科系聘用第一名教師之前，我們無法創建新科系的任何資訊。

此一問題的解決方案之一是引入**空 (null)** 值。空值表示該值並不存在（或未知）。一個未知的值可能遺失（該值不存在，但我們沒有這方面的資訊）或不知道（我們不知道該值是否實際存在）。正如接下來可能看到的，空值很難處理，最好不要使用。如果不願意處理空值，則只有當某科系至少有一名教師與該科系相關時，才可以創建科系資訊的一個特別項目。此外，若該科系最後一位教師離開時，則必須刪除此一資訊。顯然，這種情況是我們不樂見的，因為根據原來的資料庫設計，無論該科系是否有一位與科系相關的教師，都可以顯示該科系的資訊且不該有空值。

正規化的廣泛理論已經被發展出來，以協助定義資料庫設計的不可取之處，以及如何取得理想的設計。第 5 章將會介紹關聯式資料庫設計，其中也包括正規化。

1.7 資料儲存和查詢

資料庫系統的功能組件大致可分為儲存管理器和查詢處理器。

儲存管理器非常重要，因為資料庫通常需要大量的儲存空間。企業資料庫的容量小從千億位元組，大至兆位元組。由於電腦的主儲存器無法儲存這麼多的資訊，因此會將資訊儲存在磁碟上。需要時，資料才會在磁碟儲存和主儲存器間移動。由於從磁碟中移動資料會減慢中央處理器的速度，因此當務之急是架構資料庫系統中的資料，以盡量減少資料在磁碟和主儲存器之間移動。

此外，查詢處理器也扮演重要的角色，因為它可以幫助資料庫系統簡化並方便地進行資料存取。在檢視層次工作時，查詢處理器允許資料庫使用者能夠獲得良好的運作效能，而不需在系統執行的實體層次細節上傷腦筋。資料庫系統的工作是將邏輯層次上以非程式語言撰寫的更新與查詢，轉換成實體層次上的高效連續操作。

1.7.1 儲存管理器

儲存管理器 (storage manager) 是一個資料庫系統元件，提供儲存在資料庫中的低層次資料以及提交給系統之應用程式和查詢間的界面。儲存管理器負責與檔案管理器互動。原始資料會被儲存在由作業系統所提供的文件系統內的磁碟中。儲存管理器會將各種 DML 語句轉換為低層次文件系統的命令。綜上所述，儲存管理器負責儲存、檢索和更新資料庫中的資料。

儲存管理器包括以下組件：

- **授權和一致性管理器**：負責測試一致性限制的滿意度以及使用者存取資料的權限。
- **交易管理器**：確保資料庫在故障的狀態下維持一致（正確）的狀態，並在不發生衝突之下確保同步作業的執行。
- **檔案管理器**：負責管理分配磁碟儲存上的空間，以及用來顯示儲存於磁碟上之資訊的資料結構。
- **緩衝區管理器**：負責從磁碟儲存區中讀取資料到主儲存器上，並決定將哪些資料儲存於主儲存器中。緩衝區管理器是資料庫系統的重要部分，因為它讓資料庫能處理遠大於主儲存器大小的資料量。

儲存管理器執行了數個實體系統之資料架構：

- **資料文件**：這些文件儲存在資料庫。
- **資料字典**：儲存與資料庫結構有關的元資料，尤其是資料庫架構。
- **索引**：它可以對資料項目提供快速的存取。就像教科書中的索引，資料庫索引提供指向具有特別值的資料項目。例如，我們可以使用索引來搜尋一名具有特定 *ID* 的 *instructor* 紀錄，或者是特定 *name* 的所有 *instructor* 紀錄。散列是一種速度更快的檢索方式，但並非適用於所有的狀況。

儲存媒體、文件架構與緩衝區管理的相關內容請參見第 6 章，第 7 章則會討論透過索引或散列有效存取資料的方法。

1.7.2 查詢處理器

查詢處理器 (query processor) 包括以下組件：

- **DDL 翻譯程式**：解釋 DDL 語句並記錄資料字典中的定義。
- **DML 編譯器**：將查詢語言中的 DML 語句翻譯為包含查詢評估引擎可以瞭解之低層次指示的評估計畫。

　　一個查詢通常可以被翻譯成任何一個替代評估計畫，它們都會提供相同的結果。DML 編譯器還會執行**查詢最佳化 (query optimization)**，換言之，它從所有替代方案之間選擇成本最低者。

- **查詢評估引擎**：執行由 DML 編譯器所生成的低層次指令。

　　第 8 章將會討論查詢評估，而查詢優化器從可能的評估策略中做出選擇的方法則將在第 9 章做討論。

1.8 交易管理

　　一般情況下，某些資料庫上的操作會形成一個單一的工作邏輯單位。以資金轉移為例，如第 1.2 節所述，其中一個科系的帳戶（帳戶 A）記為借方，另一個科系帳戶（帳戶 B）則記為貸方。顯然，重要的不是貸方和借方都發生或都沒有發生，而是資金的轉移必須發生在兩者全部或根本沒發生。這種全有或全無的要求被稱為**單元性 (atomicity)**。此外，同樣重要的是，資金轉移的執行維護了資料庫的一致性。也就是，帳戶 A 與帳戶 B 結餘的總和必須保留。這種對正確性的要求稱為**一致性 (consistency)**。最後，在成功執行資金轉移之後，儘管系統有可能故障，但帳戶 A 和帳戶 B 新的餘額必須固定，這種要求被稱為**持續性 (durability)**。

　　交易 (transaction) 是一個操作集合，主要執行資料庫應用程式中一個單一的邏輯函數。每一筆交易是單元性和一致性的一個單元。因此，交易不能違反任何資料庫的一致性限制。換言之，若一個交易開始時，資料庫的資料是一致的，則交易成功結束時，資料庫的資料也必須一致。然而在執行交易時，可能有必要暫時性地允許出現不一致性，因為無論是帳戶 A 的借記或帳戶 B 的貸記都必須在另一個之前完成。儘管有此必要，但這個臨時的不一致在發生故障時，仍可能導致出錯。

　　程式設計師的責任就是要適當地定義各種交易，以確保資料庫的一致性。例如，從科系 A 的帳戶轉移資金到科系 B 的帳戶，此一交易可以被定義為由兩個不同的程式組成：一即將帳戶 A 記入借方，另一是將帳戶 B 記入貸方。當這兩個程式逐一執行時，將可確保一致性。不過，每個程式本身無法把資料庫從一個一致的狀態轉到新的一致狀態。因此，這些程式都不是交易。

確保單元性和持久性是資料庫系統本身的責任，具體而言就是**恢復管理器 (recovery manager)** 的責任。在沒有故障的狀態下，所有交易成功完成，並輕易地達到單元性。然而，基於各種故障形式，交易可能不會總是成功地執行。如果我們要確保單元性，一個失敗的交易必須不影響資料庫的狀態。因此，資料庫必須在交易開始錯誤執行之前恢復它的狀態，因此資料庫系統要執行**故障恢復 (failure recovery)**，亦即檢測系統故障並將資料庫恢復至故障前的狀態。

最後，當多個交易同步更新資料庫的一致性時，即使每一筆交易是正確的，但還是有可能無法維持資料的一致性。這時，就必須利用**並行控制管理器 (concurrency-control manager)** 來控制並行交易之間的互動，以確保資料庫的一致性。基本上，**交易管理器 (transaction manager)** 包括了並行控制管理器和恢復管理器。

第 10 章將會涵蓋交易處理的基本概念，而第 11 章則會詳細討論故障恢復。

交易的概念已廣泛應用於資料庫系統與應用。雖然交易剛開始是用於財務應用之上，如今此一概念已被廣泛運用於電信的即時應用和長期的管理活動，諸如產品設計或行政工作流程。

1.9 資料庫體系架構

以下將提供資料庫系統各種組件圖（圖 1.5）及組件之間的連結。

此資料庫系統架構受到底層資料庫電腦運行系統很大的影響。資料庫系統可以進行集中化或成為主／從式架構，其中一個伺服機可同時在多個客戶機上執行工作。資料庫系統也可以設計來開發並行電腦架構。分散式資料庫為跨越多個地理上分隔的機器。

今日多數資料庫系統使用者並不和資料庫系統位於同一地點，但可透過網路與之連接。因此，我們可以區分出遠程資料庫使用者工作的**客戶 (client)** 機和資料庫系統上運行的**伺服 (server)** 機。

資料庫應用通常可劃分為兩個或三個部分，如圖 1.6 所示。在**二層式架構 (two-tier architecture)** 中，應用程式駐留在客戶機，並藉由查詢語言語句來調用

▶圖 1.5 系統結構

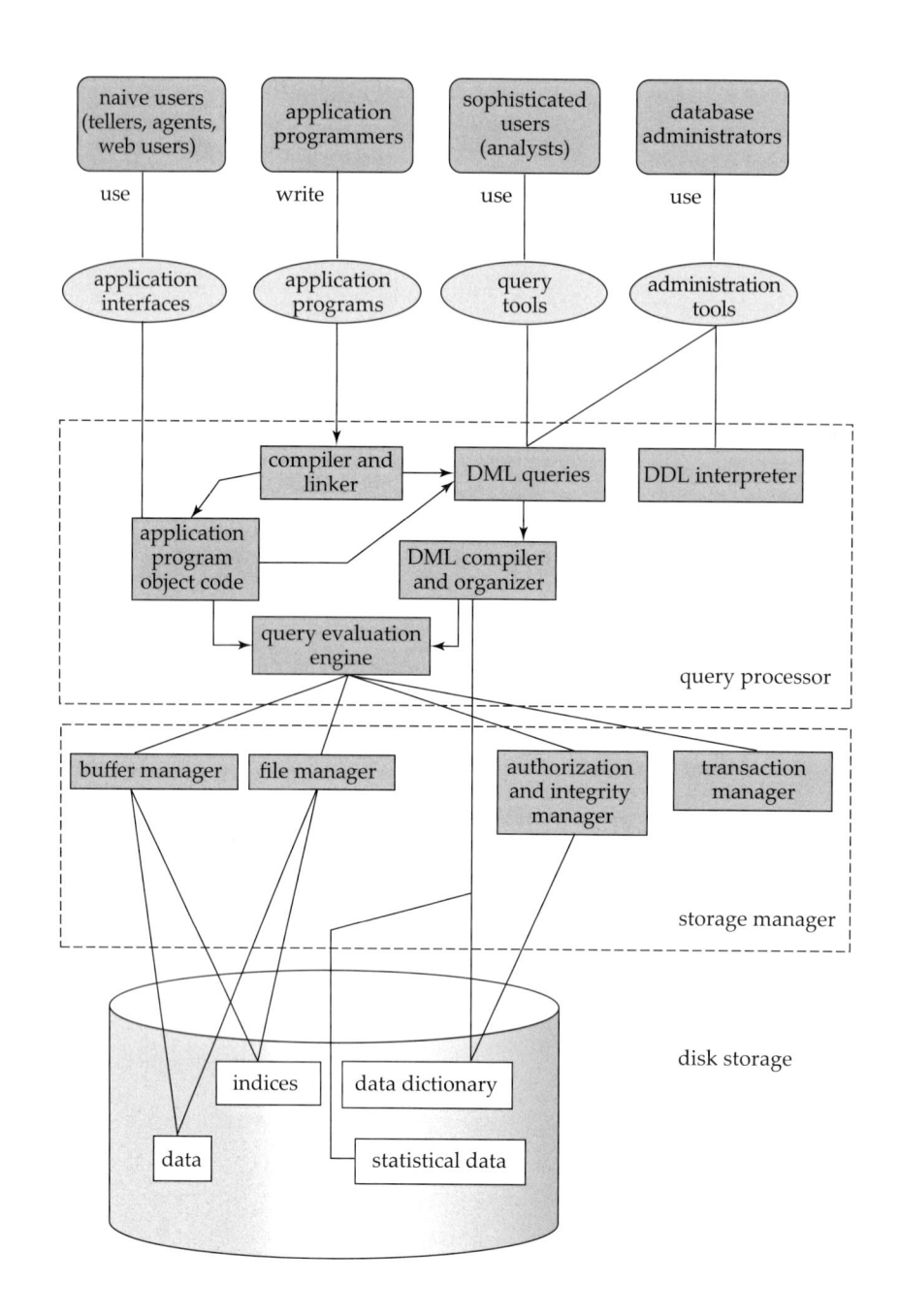

伺服機上的資料庫系統功能。應用程式界面標準（如 ODBC 和 JDBC）可用於客戶端與伺服器端之間的相互作用。

相較之下，在一個**三層式架構 (three-tier architecture)** 中，客戶機僅僅做為前端，並不包含任何直接資料庫的呼叫。相反地，客戶端通常會透過形式界面與**應用服務器 (application server)** 通訊，應用伺服器反過來與資料庫系統通訊以存取資料。應用程式的**商業邏輯 (business logic)**，指定在什麼條件下進行何種行

▶圖 1.6
二層式和三層式架構

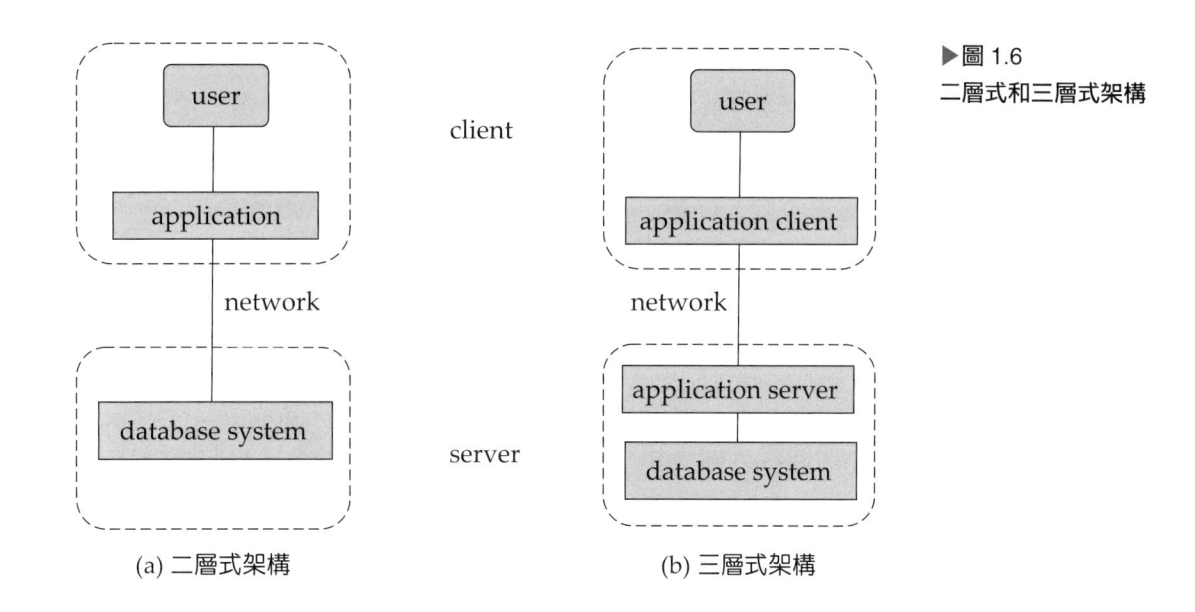

(a) 二層式架構
(b) 三層式架構

動）嵌入在應用伺服器中，而不是分布在多個客戶端。三層式應用更適合於大型及在全球資訊網上的應用。

1.10 | 資料探勘和資訊檢索

資料探勘 (data mining) 是指半自動化地分析大型資料庫以找到有用模式的過程。諸如在人工智慧（也稱為**機器學習 (machine learning)**）或統計分析上的知識發現，資料探勘試圖從資料中發現規則和模式。但是，和機器學習與統計不同的是，資料探勘係處理主要儲存在磁碟上的大量資料。換言之，資料探勘是處理「資料庫中的知識發現」。

某些類型的資料庫知識發現可以一組**規則 (rules)** 表示。以下即為一個規則的範例，非正式地說：「年收入超過5萬元的年輕婦女是最有可能購買小跑車的客群。」當然，這樣的規則並非普遍如此，而是有某種程度的「支持」和「自信」。至於其他類型的知識，則可用含有不同變量的方程式或可預測結果的機制（當某些變量的值為已知）來表示。

在此將介紹可能有用的模式類型，以及可用來找出不同模式類型的技術。

通常資料探勘有一個手動組件，包括將資料預先處理成可被演算法接受的形式，並將發現的模式加工以找到有用的創新。我們可能從一個給定的資料庫中發現一種以上的模式，並且需要人工互動以獲取有用的模式類型。基於此，資料探勘在現實生活中其實是一種半自動過程。不過，我們的描述將集中在其自動層面上。

企業已開始利用新興的在線資料對活動做出更好的決策，諸如何種品項需要存貨，以及如何以最好的方法針對目標客戶增加銷售。然而，許多查詢相當複雜，某些類型的資訊甚至無法使用 SQL 提取。

有幾種技術和工具可用來幫助決策。某些資料分析工具讓分析師得以不同的方式檢視資料。其他分析工具則可預先計算出大量資料的摘要，以快速回應查詢。SQL 標準即包含其他構想來支援資料分析。

大型公司會有各種資料來源，以幫助他們做出企業決策。為了在這些資料中做有效的查詢，公司均會建立資料倉庫 (data warehouse)。資料倉庫從單一網站裡，在一個統一的模式下從多個來源蒐集資料。因此，它們可提供使用者單一一致界面的資料。

此外，文本資料也有爆炸性的成長。不像關聯式資料庫中嚴格架構的資料，文本資料是非結構化的。非結構化文本資料的查詢被稱為資訊檢索 (information retrieval)。資訊檢索系統與資料庫系統有很多共同之處，特別是二級儲存之資料的儲存和檢索。然而，資訊系統中該領域的重點與資料庫系統有所不同，後者將重點集中於關鍵字查詢、查詢相關文件，以及文件的分析、分類和檢索。

1.11 專業資料庫

資料庫的某些應用領域會被關聯資料模型所限制。因此，研究人員開發了數個資料模型來處理這些應用領域，包括物件導向資料模型和半結構化資料模型。

1.11.1 物件導向資料模型

物件導向程式化已成為主要的軟體開發方法，這導致**物件導向資料模型 (object-oriented data model)** 的發展，其可以看作是實體關聯模型的擴展，並包含封裝、方法（功能）及物件身分的概念。繼承、物件身分、封裝（隱藏資訊）以及提供物件界面的方法，是物件導向程式化的關鍵概念，其已在資料模式化中建立應用程式。物件導向資料模型也支持豐富的系統類型，包括結構化和集合類型。在 1980 年代，已經開發出部分以物件導向資料模型的資料庫系統。

目前主要的資料庫廠商支持一種**物件關聯資料模型 (object-relational data model)**，其結合了物件導向資料模型和關聯資料模型的特徵。它擴展了傳統的關聯模型的許多功能，包括結構化和集合類型，以及物件導向。

1.11.2　半結構化資料模型

半結構化資料模型允許資料規範，其中相同類型的個別資料項目可能有不同的屬性集。這與前面提到的資料模型相反，其中某特定類型的每個資料項目必須有相同的屬性集。

XML 語言最初設計來添加標記訊息於文本文件中，但基於它在資料交換上的應用，已變得愈來愈重要。XML 提供一種方式來表示有嵌套架構的資料，進而對資料的架構提供極大的彈性，這對某些類型的非傳統資料非常重要。

1.12　資料庫使用者和管理員

資料庫系統的主要目的是從資料庫中檢索資料，並將新訊息儲存到資料庫中。與資料庫工作的人可歸類為資料庫使用者或資料庫管理員。

1.12.1　資料庫使用者和使用者界面

基於與系統的不同互動方式，可區分出四種不同類型的資料庫系統使用者，並且為他們分別設計出不同的使用者界面。

- **單純的使用者**：透過調用一個之前已被寫的應用程式，而與系統進行互動的使用者。例如，一個需要增加一名新的教師到科系 A 的大學祕書會調用一個稱為「新聘員工」*new_hire* 的程式。該程式會要求祕書輸入新教師的名字、她的新 ID、該科系的名稱（即科系 A）及薪水。

    提供給此類使用者之典型的使用者界面是一個正規化界面，讓使用者能將資料填寫在對應的格式中。單純的使用者也可以僅是從資料庫讀取生成的報告。

    另一個例子是，在課程註冊期間，某位學生想要透過 Web 界面註冊一門課程。這類使用者會連接到在 Web 伺服器上運行的 Web 應用程式。該應用程式首先驗證使用者的身分，並允許她存取一個表單，其中可輸入所需的資訊。此一表格資訊會送回在伺服器上的 Web 應用程式，然後決定該課程是否仍有足夠的名額（透過從資料庫中檢索資訊），如果有，就把該名學生的資訊增加到資料庫中的課程名冊。

- **應用程式編寫人員**：編寫應用程式的電腦專業人士。應用程式編寫人員可以從許多工具做選擇來開發使用者界面。**快速應用開發 (rapid application development, RAD)** 工具能讓應用程式編寫人員以最少的編程努力來構建表格與報告。
- **高級使用者**：無需編寫程式就可與系統互動的使用者。他們使用資料庫查詢語言或資料分析軟體來建構自己的請求。那些提交查詢以探索資料庫資料的分析師就屬於這一類使用者。
- **專業使用者**：編寫不適合傳統資料處理框架之專業資料庫應用程式的高級使用者。這些應用程式包括電腦輔助設計系統、知識庫和專家系統、具有複雜資料類型（例如，圖形資料和音頻資料）的資料儲存系統，以及環境建模系統。

1.12.2　資料庫管理員

使用資料庫管理系統 (DBMS) 的一個主要原因是能對資料與存取這些資料之程式進行中央控制。一個對於系統具有中央控制的人即稱為**資料庫管理員 (database administrator, DBA)**。資料庫管理員的功能包括：

- **架構定義**。資料庫管理員透過執行一組 DDL 中的資料定義語句，來創建原始資料庫架構。
- **儲存結構和存取方法定義**。
- **架構和實體組織的修改**。資料庫管理員進行架構和實體組織的更改，以反映組織的變革需要，或改造實體組織以提高性能。
- **資料存取的授權**。藉由不同程度的授權，資料庫管理員可以調整使用者能存取資料庫的權限。每當有人嘗試存取系統中的資料時，授權資訊將保存在一個資料庫會參照的特殊系統架構中。
- **日常維護**。資料庫管理員的日常維護活動包括：
  - 定期備份資料庫到磁帶或遠程伺服器中，以防止發生災害（如洪水氾濫）時遺失資料。
  - 確保有足夠的磁碟空間可用於正常運行，並在需要時升級磁碟空間。
  - 在資料庫上監測工作運行的狀況，以確保資料庫性能不被一些使用者提交的昂貴任務所降級。

1.13 資料庫系統的歷史

從最早的商用電腦開始，資訊處理就一直是促進電腦發展的推手。事實上，自動化資料處理更早於電腦的發明。打孔卡由 Herman Hollerith 發明，在二十世紀初在美國被用來記錄普查資料，而機械系統則用於處理打孔卡及製表結果。打孔卡後來被廣泛於將資料輸入電腦。

資料儲存與處理技術的沿革發展如下所示：

- **1950 年代和 1960 年代早期**：開發出以磁帶來儲存資料，其自動化資料處理任務（如薪資）並將資料儲存於磁帶上。資料處理包括從一個或多個磁帶中讀取資料，以及將資料寫入一個新的磁帶。此外，資料可以從打孔卡盤輸入，並從印表機輸出。例如，加薪的動作是把加薪輸入打孔卡，並同時閱讀打孔卡盤包含主要薪資細節的磁帶。這些紀錄必須在相同的排序順序上。此一加薪將會從母帶加入薪資讀取，並寫入新的磁帶；新的磁帶則成為新的母帶。

    磁帶（和卡片盤）只能按順序來讀取，其資料大小遠遠大於主記憶體；因此，藉由從磁帶和卡片盤閱讀和合併資料，資料處理程式被迫以特定的順序處理資料。

- **1960 年代後期和 1970 年代**：1960 年代後期，廣泛使用硬碟大幅改變了資料處理的情況，因為硬碟允許使用者可以直接存取資料。資料是位於磁碟上的哪個位置無關緊要，因為磁碟上的任何位置在短短數十毫秒內就可以被存取，資料因此擺脫嚴格的順序性。有了磁碟，就可以建立網路和階層式資料庫，並允許列表和樹狀等資料結構儲存於磁碟上。程式編寫人員即可建立和操縱這些資料結構。

    由 Codd [1970] 撰寫之具有里程碑意義的論文中，定義了關聯式模型以及在關聯式模型中查詢資料的非程序方法，因而誕生了關聯式資料庫。關聯式模型的簡單性和完全隱藏實施細節的可能性的確很誘人。後來，Codd 因此而贏得著名的電腦協會機械圖靈獎 (Association of Computing Machinery Turing Award)。

- **1980 年代**：雖然學術界對此感興趣，但基於已經意識到的效能缺點，關聯式模型起初並沒有被實際應用；同時，關聯式資料庫無法配合現有網路與階層式資料庫的績效。然而 R 系統改變了一切，那是 IBM 研究中心的一個開創性專案，重點在於發展一個有效率的關聯式資料庫系統結構之技術。Astrahan 等人 [1976] 和 Chamberlin 等人 [1981] 對於 R 系統提供了優秀的概述。全功能的 R

系統原型成為 IBM 的第一個關聯式資料庫產品，即 SQL/DS。同時，加州大學柏克萊分校也開發了安格爾系統 (Ingres system)，並產生了相同名稱的商業產品。最初的商業關聯式資料庫系統，如 IBM 的 DB2、甲骨文、安格爾和 DEC Rdb 等，在促進聲明查詢的有效處理技術上扮演重要的角色。1980 年代初期，關聯式資料庫在績效上已可與網路和階層式資料庫系統並駕齊驅。關聯式資料庫的易於使用終於取代了網路和階層式資料庫；使用這種資料庫的程式編寫人員被迫處理許多低層次的執行細節，且必須以程序性的方式編碼查詢。最重要的是，在設計程式時必須牢記效率性，這讓他們相當勞心勞力。反之，在關聯式資料庫中，所有低層次的任務幾乎皆由資料庫自動進行，以讓程式編寫人員可以專注於邏輯層次的工作。由於在 1980 年代展現了上述優勢，關聯式模型在資料模型間具有最高的地位。

1980 年代還有許多並行資料庫和分散式資料庫的相關研究，以及物件導向資料庫的初始研究。

- **1990 年代早期**：SQL 語言主要是設計來用於決策支援應用程式，為查詢密集，但 1980 年代的資料庫支柱是交易處理應用，為更新密集。決策支援和查詢重新是資料庫的主要應用領域。分析大量資料的工具在使用上可以看到大幅增長。

  許多資料庫廠商在此時期推出並行資料庫產品，也開始增加物件關聯支援到資料庫中。

- **1990 年代**：1990 年代的大事件就是全球資訊網的爆炸性增長。資料庫進行了比以往更廣泛的部署。今日，資料庫系統必須支援高交易處理率，以及高度的可靠性和全天候的可用性（即每天二十四小時、每週七天的可用性，表示沒有定期維護活動的停機時間）。同時，資料庫系統也必須支援 Web 資料界面。

- **2000 年代**：2000 年代的前半期可以看到新的資料庫技術的興起，即 XML 以及相關的查詢語言 XQuery。雖然 XML 被廣泛用於資料交換及儲存某些複雜的資料類型，但關聯式資料庫依舊是多數大型資料庫應用的核心。在此一期間，我們也目睹了「自主運算／自動管理」技術的增長，其最大限度地降低系統管理工作。這一時期，開放原始碼資料庫系統的使用也出現顯著的成長，特別是 PostgreSQL 和 MySQL。

  這十年的後半期，進行資料分析的專業資料庫也可見其成長，尤其是行儲存，其有效地將表格中的每一行儲存為一個單獨的矩陣，以及用來分析龐大資料集的並行資料庫系統。此外，也出現了幾種新型的分散式資料儲存系統，以處理大型網站的資料管理需求，包括 Amazon、Facebook、Google、微軟和 Yahoo!，而其中有些現在則提供應用程式開發者可以利用的 Web 服務。同時，還有許多大量的管理和分析資料流（如股票市場資料或電腦網路監測資料）的工作。資料探勘技術現在被廣泛地應用，應用實例包括以 Web 為基礎的產品推薦系統，以及網頁上相關廣告的自動放置。

1.14 總結

- 資料庫管理系統包括了關聯資料的集合和存取資料的程式集合。其中的資料描述一個特定的企業。
- 資料庫管理系統的主要目標是提供一個環境，讓人們可以方便和有效地使用檢索和儲存資訊。
- 資料庫系統在今日普遍存在，多數人每天都直接或間接地多次與資料庫互動。
- 資料庫系統可以儲存大量的資訊體。資料的管理同時涉及資訊儲存的結構定義和操縱資訊的機制提供。此外，在面對系統崩潰或未經授權的存取時，資料庫系統必須提供資訊儲存的安全機制。如果資料由多個使用者共享，則系統必須避免可能的異常結果。
- 資料庫系統的主要目的是為使用者提供資料的抽象概觀。換言之，系統隱藏了某些資料如何儲存和維護的細節。
- 底層的資料庫結構是資料模型：一個描述資料、資料關係、資料語義及資料限制的概念工具集合。
- 關聯式資料模型是資料庫中最廣泛使用於儲存資料的模型。其他的資料模型還有物件導向模型、物件關聯模型和半結構化資料模型。
- 資料操作語言 (DML) 是一種語言，其允許使用者能夠存取或操作資料。非程序 DML 也被廣泛地使用，其需要使用者指定僅需要哪些資料，而沒有具體說明究竟如何獲得這些資料。
- 資料定義語言 (DDL) 是一種指定資料庫架構和資料之其他屬性的語言。
- 資料庫設計主要包括資料庫架構的設計。實體關聯資料模型是一個廣泛使用於資料庫設計的資料模型。它提供一個方便的圖形來檢視資料、關聯和限制。
- 資料庫系統包含數個子系統。
  - 儲存管理器子系統提供儲存於資料庫和應用程式中的低層次資料，以及提交給系統之查詢間之界面。
  - 查詢處理器子系統會編譯和執行 DDL 和 DML 聲明。
- 交易管理確保儘管系統出現故障，資料庫仍可維持一致（正確）的狀態。交易管理器則可確保同步交易的執行，而不會發生衝突。

- 資料庫系統的架構會被在底層電腦系統上運行的資料庫系統大幅影響。資料庫系統可以被集中化或成為主從式架構，其中一個伺服機可同時在多個客戶機上執行工作。資料庫系統也可以設計來開發並行式電腦架構。分散式資料庫可跨越多個地理上分隔的機器。
- 資料庫應用程式通常被區分為在客戶機上運行的前端部分和在後端運行的部分。在兩層式架構中，前端會直接與在後端運行的資料庫通訊。在三層式架構中，後端的部分本身會區分為應用伺服器和資料庫伺服器。
- 知識發現技術試圖從資料中自動發現統計規則和模式。資料探勘領域結合了由人工智慧研究員與統計分析員所發明的知識發現技術，以及能使用於超大型資料庫的高效執行技術。
- 基於期望和系統互動的方式，我們可將資料庫系統使用者分為四種類型，並分別設計不同類型的使用者界面。

關鍵詞

- 資料庫管理系統 (Database-management system, DBMS)
- 資料庫系統應用 (Database-system applications)
- 檔案處理系統 (File-processing systems)
- 資料不一致 (Data inconsistency)
- 一致性限制 (Consistency constraints)
- 資料抽象 (Data abstraction)
- 實例 (Instance)
- 架構 (Schema)
  - 實體架構 (Physical schema)
  - 邏輯架構 (Logical schema)
- 實體資料獨立性 (Physical data independence)
- 資料模型 (Data models)
  - 實體關聯模型 (Entity-relationship model)
  - 關聯式資料模型 (Relational data model)
  - 基本物件資料模型 (Object-based data model)
  - 半結構化資料模型 (Semistructured data model)
- 資料庫語言 (Database languages)
  - 資料定義語言 (Data-definition language)
  - 資料操作語言 (Data-manipulation language)
  - 查詢語言 (Query language)
- 元資料 (Metadata)
- 應用程式 (Application program)
- 正規化 (Normalization)
- 資料字典 (Data dictionary)
- 儲存管理器 Storage manager)
- 查詢處理器 (Query processor)
- 交易 (Transactions)
  - 單元性 (Atomicity)
  - 故障恢復 (Failure recovery)
  - 並行控制 (Concurrency-control)
- 二層式和三層式資料庫架構 (Two- and three-tier database architectures)
- 資料探勘 (Data mining)
- 資料庫管理員 (Database administrator, DBA)

實作題

1.1 本章描述了資料庫系統的幾個主要優勢。請問其中兩個缺點為何？
1.2 列出五種方式，其中使用於資料庫的某種語言（如 Java 或 C ++）之類型聲明系統與資料定義語言是不同的。
1.3 列出你將為某企業建立資料庫的六大步驟。
1.4 除了第 1.6.2 節所提到的，請至少列出三種大學會使用的資訊類型。
1.5 假設你想建立一個類似 YouTube 的視頻網站。將第 1.2 節中列出的每一點視為在文件處理系統上維持資料的缺點。討論針對實際視頻資料的儲存及視頻元資料（如標題、上傳的使用者、標籤，以及觀看的使用者）之各點間的相關性。
1.6 在網路上使用的關鍵字查詢與資料庫查詢有很大的不同。列出兩者在指定查詢上及查詢結果之間的主要差別。

練習

1.7 列出四種你使用過的應用程式，其最有可能被用來儲存資料庫系統的永久資料。
1.8 列出四個文件處理系統和資料庫管理系統的顯著差異。
1.9 解釋實體資料獨立性的概念，以及其對資料庫系統的重要性。
1.10 列出五個資料庫管理系統的責任，並解釋每一個責任如果沒有被履行時會出現的問題。
1.11 至少列出兩個理由，說明為何資料庫系統支援使用聲明查詢語言（如 SQL）來操縱資料，而不是僅僅提供 C 或 C ++ 函數庫來進行資料操作。
1.12 解釋如圖 1.4 的表格設計會造成何種問題。
1.13 什麼是資料庫管理員的五大主要功能？
1.14 解釋二層式和三層式架構的差異。哪一個較適合於 Web 應用？為什麼？
1.15 描述至少三個可能被用來儲存社交網絡系統（如 Facebook）之資訊的表格。

工具

現今有大量的商業資料庫系統在使用，主要包括 IBM DB2 (www.ibm.com/software/data/db2)、Oracle(www.oracle.com)、Microsoft SQL Server (www.microsoft.com/sql)、Sybase (www.sybase.com) 和 IBM 的 Informix（www.ibm.com/software/data/informix）。這些系統提供個人或非商業性使用或發展，但不能實際的自由部署。

還有一些自由／公共領域的資料庫系統，其中包括的 MySQL(www.mysql.com) 和 PostgreSQL(www.postgresql.org) 被廣泛地使用。

書目附註

我們在以下列出通用的書籍，研究的論文集合，以及資料庫的網站，隨後的章節也提供該章節主題引用的參考資料。

Codd[1970] 是介紹關聯式模型的里程碑論文。

資料庫系統的參考書包含 Abiteboul 等人 [1995]、O'Neil 和 O'Neil [2000]、Ramakrishnan 和 Gehrke [2002]、Date [2003]、Kifer 等人 [2005]、Elmasri 和 Navathe [2006]，以及 Garcia-Molina 等人 [2008] 所著作。包含交易過程的參考書籍則由 Bernstein 與 Newcomer [1997]、Gray 和 Reuter [1993] 所著作。Hellerstein 與 Stonebraker [2005] 所著作的一本書中，則包含了所有資料庫管理的研究論文。

Silberschatz 等人 [1990]、Silberschatz 等人 [1996]、Bernstein 等人 [1998]、Abiteboul 等人 [2003] 和 Agrawal 等人 [2009] 發表一個資料庫管理成就和未來研究挑戰評估的審查。ACM Special Interest Group on Management of Data 的主頁 (www.acm.org/sigmod) 提供了有關資料庫研究的豐富訊息。資料庫廠商的官方網站（見上面的「工具」部分）則提供有關各自產品的詳細信息。

CHAPTER 2
關聯式模型介紹

關聯式模型是當今商業資料處理主要的資料模型應用。比起如網絡模式或階層模型等以前的資料模型，此模型簡化了程式設計師的工作，也由於它的簡單性，使其獲得了重要的地位。

在這一章中，我們首先研究關聯式模型的基礎。而在第 4 到第 5 章中，我們會審視幫助設計關聯式資料庫架構時面臨的資料庫理論問題。至於在第 8 章和第 9 章，則會討論有關有效率處理查詢方面的理論。

2.1 關聯式資料庫的結構

一個關聯式資料庫包含了表 (tables) 的集合，每個表會有一個獨特的名稱。例如圖 2.1 的 *instructor* 表，該表有四個行標題：*ID*（身分）、*name*（姓名）、*dept_name*（科系名稱）和 *salary*（薪資），本表中每行都記錄了教師的相關資料。同樣地，圖 2.2 的 *course* 表則儲存課程的相關資訊，包括每門課程的 *course_id*、*title*、*dept_name*、*credits*。請注意，每名教師是以每行 *ID* 的值做辨識，而每門課程是由每行 *course_id* 的值來辨識。

圖 2.3 顯示第三個表——*prereq*，其中儲存了要上每門課程前必先修完的課程。該表有兩行，為 *course_id* 和 *prereq_id*；而每個列包含一組識別碼，表示第二個課程是選修第一個課程的先決條件。

因此，*prereq* 表的列表示，在意義上相關的兩門課程是兩門互為必修的相關課程。另一個例子是 *instructor* 表上的某列，可以被視為是代表指定 *ID* 和相應的 *name*、*dept_name* 和 *salary* 之間的關聯。

一般而言，一個表中的列代表一組數值的關聯。由於表是此類關聯的集合，所以表的概念和數學的關聯概念之間有密切的對應，以致關聯式資料模型由此得

▶圖 2.1
instructor 關聯

ID	name	dept_name	salary
10101	Srinivasan	Comp. Sci.	65000
12121	Wu	Finance	90000
15151	Mozart	Music	40000
22222	Einstein	Physics	95000
32343	El Said	History	60000
33456	Gold	Physics	87000
45565	Katz	Comp. Sci.	75000
58583	Califieri	History	62000
76543	Singh	Finance	80000
76766	Crick	Biology	72000
83821	Brandt	Comp. Sci.	92000
98345	Kim	Elec. Eng.	80000

▶圖 2.2
course 關聯

course_id	title	dept_name	credits
BIO-101	Intro. to Biology	Biology	4
BIO-301	Genetics	Biology	4
BIO-399	Computational Biology	Biology	3
CS-101	Intro. to Computer Science	Comp. Sci.	4
CS-190	Game Design	Comp. Sci.	4
CS-315	Robotics	Comp. Sci.	3
CS-319	Image Processing	Comp. Sci.	3
CS-347	Database System Concepts	Comp. Sci.	3
EE-181	Intro. to Digital Systems	Elec. Eng.	3
FIN-201	Investment Banking	Finance	3
HIS-351	World History	History	3
MU-199	Music Video Production	Music	3
PHY-101	Physical Principles	Physics	4

▶圖 2.3
prereq 關聯

course_id	prereq_id
BIO-301	BIO-101
BIO-399	BIO-101
CS-190	CS-101
CS-315	CS-101
CS-319	CS-101
CS-347	CS-101
EE-181	PHY-101

名。在數學術語中，一個**元組 (tuple)** 是簡單的序列（或名單）值，因此 n 個值之間的數學關聯就以 n- 元來表示，即一個元組有 n 個值，對應表中的某列。

因此在關聯式模型中，**關聯 (relation)** 一詞是指一個表，元組一詞是用來指一個列，而**屬性 (attribute)** 則是指表中的某一個行。

檢視圖 2.1，我們可以看到 instructor 的關聯有四個屬性：ID、name、dept_name 和 salary。

我們使用**關聯式實例 (relation instance)** 的術語來表示一個關聯的特定實例，

即包含特定的一組列。如圖 2.1 所示的 instructor 實例，有 12 個元組，對應到 12 名教師。

在本章中，我們將使用不同的關聯來說明各種關聯式資料模型的基本概念。這些關聯僅代表一所大學的某一部分，不包括這間大學資料庫所有的實際資料，以便簡化我們的介紹。第 4 章與第 5 章將會詳細介紹關聯式結構的適當性及其要件。

元組在關聯出現的順序無關緊要，因為一個關聯就是一組元組。因此，無論關聯的元組是如圖 2.1 中列出的排列順序，或者如圖 2.4 是無序的，皆不重要。這兩個圖中的關聯是相同的，因為兩者都包含同一組元組。為便於論述，我們會以第一個屬性排序的關聯為主。

對於每個關聯的屬性，有一組允許的值，我們稱之為屬性的**領域 (domain)**。因此，instructor 關聯中 salary 的屬性領域是所有可能的薪資值組，而 name 屬性的領域是所有可能的教師名字組。

針對所有關聯 r，我們要求 r 領域中的所有屬性都必須是單元性的。如果一個領域的組成元素被認為是不可分割的單位，則該領域就具有**單元性 (atomic)**。例如，假設在 instructor 表中，有一個屬性是 phone_number（電話號碼），可以儲存一組對應教師的電話號碼，則 phone_number 此一屬性就不具單元性，因為此一領域的組成元素是電話號碼的集合，並且包含子部分 (subparts)，也就是能獨自成立的電話號碼。

重要的問題並非領域本身，而是我們如何在資料庫使用領域元素。假設現在 phone_number 屬性儲存一個電話號碼。即使如此，如果我們把 phone_number 屬性的值分成國家代碼、區域碼及本地號碼，則等同將它視為非單元值。不過，若把每組電話號碼當作單獨不可分割的單位，則該 phone_number 屬性將會具有單元

ID	name	dept_name	salary
22222	Einstein	Physics	95000
12121	Wu	Finance	90000
32343	El Said	History	60000
45565	Katz	Comp. Sci.	75000
98345	Kim	Elec. Eng.	80000
76766	Crick	Biology	72000
10101	Srinivasan	Comp. Sci.	65000
58583	Califieri	History	62000
83821	Brandt	Comp. Sci.	92000
15151	Mozart	Music	40000
33456	Gold	Physics	87000
76543	Singh	Finance	80000

▶圖 2.4
顯示未排序的 instructor 關聯

領域。本章中，我們假設所有屬性都具有單元領域。

空 (null) 值是一個特殊值，表示該值未知或不存在。假設 *instructor* 關聯中同樣包含 *phone_number* 屬性，其中有可能一位教師沒有電話號碼，或者電話號碼不在列表裡。因此，接下來必須使用空值來表示該值是未知或不存在。我們之後會看到，當存取或更新資料庫時空值所造成的困難，也因此空值應該盡可能被淘汰。我們會先假設空值不存在，然後在第 3.6 節將會描述空值在不同運算上的影響。

2.2 資料庫架構

當我們討論一個資料庫時，必須區分**資料庫架構**（**(database schema)**，資料庫的邏輯設計）和**資料庫的實例**（**(database instance)**，某特定時間點上資料庫的即時資料）。

關聯的概念可以視為是程式語言上對變量的概念，而**關聯式架構 (relation schema)** 的概念則可視為是程式語言上對定義的概念。

一般而言，一個關聯式架構會由一個屬性列表及其相應的領域所組成。在第 3 章討論 SQL 語言前，我們無需太在意每個屬性領域確切的定義。

關聯式實例的概念會對應到程式語言概念的一個變量值。一個變量的值可能隨時間改變；同樣地，一個關聯式實例內容可能隨關聯被更新而隨之變化。不過，與以上兩者相反的是一個關聯式架構通常不會改變。

雖然瞭解關聯式架構和關聯式實例之間的差異很重要，但我們經常使用相同的名稱來指架構和實例兩者，若有需要，會明確提及是架構或實例，例如「*instructor* 架構」或「*instructor* 關聯式實例」。不過，無論是否清楚表示架構或實例，我們都會簡單地使用關聯式名稱。

檢視圖 2.5 的 *department* 關聯。該關聯式架構是

▶圖 2.5
department 關聯

dept_name	building	budget
Biology	Watson	90000
Comp. Sci.	Taylor	100000
Elec. Eng.	Taylor	85000
Finance	Painter	120000
History	Painter	50000
Music	Packard	80000
Physics	Watson	70000

department (*dept_name, building, budget*)

請注意，*dept_name* 屬性同時出現在 *instructor* 架構與科系架構中。這種重複並非巧合；相反地，使用通用的關聯式架構屬性是使不同關聯的元組產生關聯的方式。例如，假設我們希望找到所有在 Watson 大樓工作的教師資訊，首先看科系關聯以找到所有坐落在 Watson 大樓的 *dept_name*。然後，對於每個這樣的科系，再看老師關聯來找到相關教師的資料及相應的 *dept_name*。

以下讓我們繼續檢視大學資料庫的例子。

大學裡每門課程可能在不同學期中多次開課，甚至在同一個學期內同時開設，因此我們需要一個關聯式來描述每個獨立開設的課程或時段。此架構是

section (*course_id, sec_id, semester, year, building, room_number, time_slot_id*)

圖 2.6 顯示一個 *section* 關聯的示範實例。

我們需要一個關聯來描述教師與其所教授課程時段之間的關係。此關聯式架構所描述的關聯是

teaches (*ID, course_id, sec_id, semester, year*)

圖 2.7 顯示一個 *teaches* 關聯的示範實例。

想也知道，實際大學資料庫裡會使用更多的關聯。除了已經列出的這些關聯外，我們還列出 *instructor*、*department*、*course*、*section*、*prereq* 及 *teaches* 關聯。本文中，我們使用下面的關聯：

- *student* (*ID, name, dept_name, tot_cred*)

course_id	sec_id	semester	year	building	room_number	time_slot_id
BIO-101	1	Summer	2009	Painter	514	B
BIO-301	1	Summer	2010	Painter	514	A
CS-101	1	Fall	2009	Packard	101	H
CS-101	1	Spring	2010	Packard	101	F
CS-190	1	Spring	2009	Taylor	3128	E
CS-190	2	Spring	2009	Taylor	3128	A
CS-315	1	Spring	2010	Watson	120	D
CS-319	1	Spring	2010	Watson	100	B
CS-319	2	Spring	2010	Taylor	3128	C
CS-347	1	Fall	2009	Taylor	3128	A
EE-181	1	Spring	2009	Taylor	3128	C
FIN-201	1	Spring	2010	Packard	101	B
HIS-351	1	Spring	2010	Painter	514	C
MU-199	1	Spring	2010	Packard	101	D
PHY-101	1	Fall	2009	Watson	100	A

▶圖 2.6
section 關聯

▶ 圖 2.7
teaches 關聯

ID	course_id	sec_id	semester	year
10101	CS-101	1	Fall	2009
10101	CS-315	1	Spring	2010
10101	CS-347	1	Fall	2009
12121	FIN-201	1	Spring	2010
15151	MU-199	1	Spring	2010
22222	PHY-101	1	Fall	2009
32343	HIS-351	1	Spring	2010
45565	CS-101	1	Spring	2010
45565	CS-319	1	Spring	2010
76766	BIO-101	1	Summer	2009
76766	BIO-301	1	Summer	2010
83821	CS-190	1	Spring	2009
83821	CS-190	2	Spring	2009
83821	CS-319	2	Spring	2010
98345	EE-181	1	Spring	2009

- *advisor* (*s_id*, *i_id*)
- *takes* (*ID*, *course_id*, *sec_id*, *semester*, *year*, *grade*)
- *classroom* (*building*, *room_number*, *capacity*)
- *time_slot* (*time_slot_id*, *day*, *start_time*, *end_time*)

2.3 鍵

我們必須有一個在給定的關聯之下區分元組的方法。這可用屬性來區分。也就是說，元組屬性值的值必須能夠獨一無二地標示元組；換言之，在一個關聯中，沒有任何兩個元組能被允許擁有完全相同的屬性值。

超鍵 (superkey) 是由一個或多個屬性組成的集合，能使我們確定一個元組的唯一性。例如，*instructor* 關聯的 *ID* 屬性足以區分兩個不同教師的元組，因此 *ID* 是一個超鍵。但像 *name* 屬性就不是一個超鍵，因為有些教師可能具有相同的名字。

設置在關聯 r 架構中的屬性會以 R 表示。如果我們說 R 的一個子集 K 是 r 的超鍵，則是限制了關聯 r 的實例考量，因為在 K 中所有屬性裡沒有兩個不同的元組具有相同的值。意思就是，如果 t_1 和 t_2 是在 r 裡面，且 $t_1 \neq t_2$，則 $t_2.K \neq t_2.K$。

一個超鍵可能包含外來的屬性。例如，*instructor* 關聯的超鍵可以是 *ID* 和 *name* 的組合。如果 K 是一個超鍵，任何 K 的超集也是超鍵。我們通常會對沒有適當的子集為超鍵的超鍵感興趣，而這種最小超鍵被稱為**候選鍵 (candidate keys)**。

由數個不同屬性組合做為候選鍵是有可能的。假設 name 與 dept_name 的結合足以分辨教師間的關聯。則，{ID} 及 {name, dept_name} 兩者都是候選鍵。雖然 ID 和 name 這兩個屬性在一起也可以區分 instructor 元組，但 {ID, name} 的結合並不會形成一候選鍵，因為屬性 ID 單獨存在時就是一個候選鍵。

我們將使用**主鍵 (primary key)** 這個詞來表示，由資料庫設計師選為確定關聯式之元組的主要候選鍵。一個鍵（無論是主鍵、候選鍵或超鍵）是整個關聯的性質，而非個別的元組。任何兩個關聯中的個別元組禁止同時在主要屬性中具有相同的值。一個鍵代表的是現實世界中企業模型的一個限制。

主鍵必須謹慎選擇。正如我們已觀察到的，只使用一個人名顯然不足，因為可能有很多人同名同姓。在美國，一個人的社會安全碼屬性就是一個候選鍵。由於非美國居民通常沒有社會安全碼，因此國際企業必須產生一個獨特的識別符號。其中一個方案就是使用其他屬性獨特的組合做為一個鍵。

一個主鍵之所以會被選擇，是因為它的屬性值應當永遠不變或者極少發生變化。例如，一個人的地址欄不應該是主鍵的一部分，因為它有可能發生改變。但是像社會安全碼，保證不會發生變化。企業所產生的獨特識別符號一般不會改變，除非兩個企業合併，則相同的識別符號就有可能同時被兩個企業使用，因此或許需要重新分配識別符號，以確保它們的獨特性。

我們習慣在其他屬性前列出關聯式架構的主鍵屬性，例如科系中的 dept_name 屬性會先被列出來，因為它是主鍵。而主鍵的屬性也會被特別強調。

一個關聯，假設為 r_1，可能包含另一個假設為 r_2 的關聯之主鍵屬性。此屬性被稱為 r_1 的**外來鍵 (foreign key)**，而可參考到 r_2。r_1 也被稱為外來鍵依賴的**參考關聯 (referencing relation)**，而 r_2 被稱為外來鍵的**被參考關聯 (referenced relation)**。例如，instructor 中的 dept_name 屬性是 instructor 的外來鍵，參考到 department，因為 dept_name 是 department 的主鍵。在任何資料庫實例中，instructor 關聯裡任何元組 (t_a) 的 dept_name 屬性值，一定和在 department 關聯裡另外一個元組 (t_b) 的 dept_name 屬性值相同。

現在我們來想想 section 和 teaches 的關聯。合理假設一門課程均有一個授課時段，且至少由一名教師來教授；但是，它也可能有多位教師共同教授。為了執行這項限制，我們會要求特定的 (course_id, sec_id, semester, year) 的組合出現在 section 中，而且相同的組合也必須出現在 teaches 中。然而，這組值並不會形成 teaches 的主鍵，因為可能不只一位教師在這個時段授課。因此，我們無法從 section 關聯抓一個外來鍵限制到 teaches 關聯中（儘管我們可以從另一方向定義外來鍵限制，亦即從 *teaches* 關聯到 *section* 關聯）。

從 *section* 關聯到 *teaches* 關聯的限制是一個**參考完整性限制 (referential integrity constraint)** 的例子；參考完整性限制要求出現在參考元組中指定屬性的值，也要出現在至少一個被參考元組的指定屬性中。

2.4 架構圖

資料庫架構以及主鍵和外鍵的相依性，可以用**架構圖 (schema diagrams)** 來描繪。圖 2.8 顯示大學組織的架構圖。每個關聯是一個方塊，上面灰色的部分顯示的是關聯名稱，而屬性則置於框內。主鍵的屬性下方有畫線，而外來鍵的相依性會從參考關聯的外來鍵屬性拉一個箭頭，連結至被參考關聯的主鍵。

除了外來鍵限制之外的參考完整性限制並未明確地表示在模式圖裡。但是，透過實體關聯圖，我們能表示出數種限制，包括一般的參考完整性限制。

許多資料庫系統提供有圖形使用者界面的設計工具來創建架構圖。

在後面的章節中我們所使用的例子是一所大學，圖 2.9 提供了它的關聯式架構，且將主鍵屬性標示底線。我們將在第 3 章看到，這對應到 SQL 資料定義語言中關聯的定義方法。

▶圖 2.8
大學資料庫的架構圖

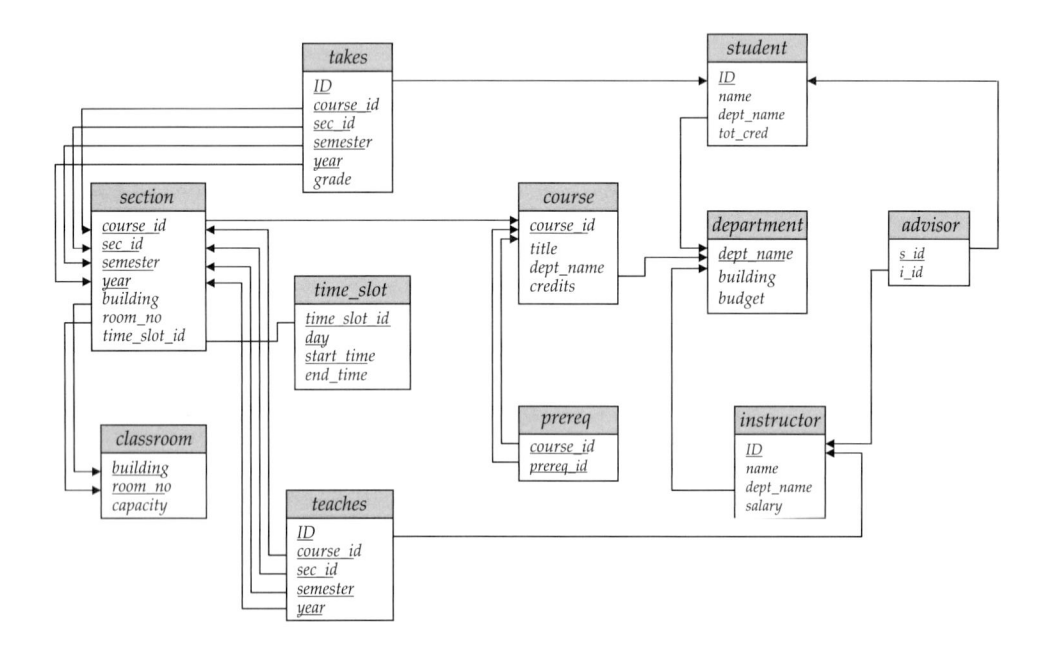

classroom(*building*, *room_number*, *capacity*)
department(*dept_name*, *building*, *budget*)
course(*course_id*, *title*, *dept_name*, *credits*)
instructor(*ID*, *name*, *dept_name*, *salary*)
section(*course_id*, *sec_id*, *semester*, *year*, *building*, *room_number*, *time_slot_id*)
teaches(*ID*, *course_id*, *sec_id*, *semester*, *year*)
student(*ID*, *name*, *dept_name*, *tot_cred*)
takes(*ID*, *course_id*, *sec_id*, *semester*, *year*, *grade*)
advisor(*s_ID*, *i_ID*)
time_slot(*time_slot_id*, *day*, *start_time*, *end_time*)
prereq(*course_id*, *prereq_id*)

▶圖 2.9
大學資料庫架構

2.5 關聯式查詢語言

查詢語言 (query language) 是一種使用者從資料庫請求資訊的語言，這些語言通常比一般程式語言的層次要高。查詢語言可歸類為程序和非程序兩種。在**程序語言 (procedural language)** 中，使用者指示系統執行序列資料庫上的運算來計算所需的結果。而在**非程序語言 (nonprocedural language)** 中，使用者描述所需的資訊，但不會給予具體的程序來獲得此一資訊。

在實做中使用的查詢語言會包括程序和非程序兩種元素。我們將在第 3 章中研究被非常廣泛使用的查詢語言 SQL。

目前有一些「純」查詢語言：關聯式代數 (relational algebra) 是程序性的，而元組關聯式演算 (tuple relational calculus) 及領域關聯式演算 (domain relational calculus) 是非程序的。雖然這些查詢語言簡潔正規，不像商業語言般經過人工潤飾，但它們說明了從資料庫中提取資料的基本技術。關聯式代數包含一組操作，使用一個或兩個關聯為輸入，並產生一個新的關聯結果。關聯式演算則使用謂詞邏輯 (predicate logic) 定義想要的結果，並且沒有給予任何具體的代數程序取得此一結果。

2.6 關聯式運算

所有的程序關聯式查詢語言提供了一組可適用於任何單一關聯或一對關聯的運算。這些運算會有一個我們喜歡的特性，就是它會產生一個單一的關聯。這種特性允許我們在一個模組化的方式下合併數個運算。具體來說，由於關聯式查詢結果本身就是一個關聯，因此關聯式運算可以應用到查詢的結果及原有的關聯。

特定的關聯式運算會依不同語言以不同方式表達，但大體仍符合本節所討論的架構。第 3 章將會說明在 SQL 中用來描述運算的具體方式。

最常見的運算是從一個單一關聯（例如 *instructor*）中，選擇能滿足某些特定謂詞（如 *salary* > 85,000 元）的特定元組。其結果是一個新的關聯，而它會是原始關聯的子組合（此例的原始關聯為 *instructor* 關聯）。例如，我們若從圖 2.1 的 *instructor* 關聯選擇元組且滿足謂詞「*salary* 大於 85,000 元」，得到的結果顯示於圖 2.10。

另一個常見的運算是從關聯中選擇特定的屬性（行），其結果是一個只有選定屬性的新關聯。例如，假設我們希望有一個教師 ID 和薪資的清單，且其中沒有圖 2.1 *instructor* 關聯中的 *name* 和 *dept_name*，所獲得的結果如圖 2.11 所示，其有兩個屬性，即 ID 和 *salary*。在結果中的每個元組都是源自於一個 *instructor* 關聯元組，但只顯示被選擇的屬性。

結合 (join) 運算允許透過合併雙元組使兩個關聯結合，兩個元組各自來自兩個關聯，並成為一個單一元組。關聯可以透過不同方式結合（參見第 3 章）。圖 2.12 顯示了結合 *instructor* 表和 *department* 表後，所組成的新元組表示每位教師及其科系之資訊的例子。此一結果是透過結合在 *instructor* 關聯的每個元組，以及教師科系的科系關聯元組而形成。

▶圖 2.10
選擇查詢 *instructor* 元組與選擇 *salary* 大於 85,000 元的結果

ID	name	dept_name	salary
12121	Wu	Finance	90000
22222	Einstein	Physics	95000
33456	Gold	Physics	87000
83821	Brandt	Comp. Sci.	92000

▶圖 2.11
選擇查詢 *instructor* 關聯屬性 ID 和 *salary* 的結果

ID	salary
10101	65000
12121	90000
15151	40000
22222	95000
32343	60000
33456	87000
45565	75000
58583	62000
76543	80000
76766	72000
83821	92000
98345	80000

ID	name	salary	dept_name	building	budget
10101	Srinivasan	65000	Comp. Sci.	Taylor	100000
12121	Wu	90000	Finance	Painter	120000
15151	Mozart	40000	Music	Packard	80000
22222	Einstein	95000	Physics	Watson	70000
32343	El Said	60000	History	Painter	50000
33456	Gold	87000	Physics	Watson	70000
45565	Katz	75000	Comp. Sci.	Taylor	100000
58583	Califieri	62000	History	Painter	50000
76543	Singh	80000	Finance	Painter	120000
76766	Crick	72000	Biology	Watson	90000
83821	Brandt	92000	Comp. Sci.	Taylor	100000
98345	Kim	80000	Elec. Eng.	Taylor	85000

▶圖 2.12
instructor 和 *department* 關聯自然結合的結果

圖 2.12 所示的結合被稱為**自然結合 (natural join)**，也就是當 *instructor* 關聯中的 *dept_name* 屬性值和 *department* 關聯的 *dept_name* 屬性值相同，它們相對的元組就會被結合。所有這樣配對的雙元組皆會在結合的結果中顯示。一般情況下，自然結合的兩個關聯通常會自動配對所有屬性值中名稱相同的元組。

笛卡爾乘積 (Cartesian product) 運算會結合兩個關聯的元組，但與結合運算不同的是，其結果包含了來自兩者的所有元組，無論它們的屬性值是否相互匹配。

因為關聯是一種組合，所以我們可以在關聯裡進行正常的組合運算。**聯集 (union)** 運算用於一組兩款「相似結構」的表（例如，一個有所有研究生的表和一個有所有大學部學生的表）。例如，我們可以取得包含系上所有學生的一個集合，而其他的集合運算，像交集 (intersection) 與集合差異 (set difference) 也可進行。

前面提到過，我們可以在查詢結果裡執行運算。假設要找薪資超過 85,000 元的教師 ID 及 *salary* 時，我們會執行上面例子的前兩個運算。首先，從 *instructor* 關聯選擇 *salary* 值大於 85,000 元的元組，再從選擇的結果中選出 ID 與 *salary* 兩個屬性，在圖 2.13 的關聯中顯示的結果即包括了 ID 與 *salary*。在本例中，我們可以用不同順序執行運算，但這並不適用於所有情況，這點我們之後會談到。

有時查詢的結果會包含重複元組。假設我們從教師關聯選擇 *dept_name* 屬性時，會發現有幾個名稱重複，例如「Comp.Sci」（資訊系）就重複顯示了三次。某些關聯式語言會使用數學上對於集合的嚴格定義來刪除重複。但有的時候，考慮

ID	salary
12121	90000
22222	95000
33456	87000
83821	92000

▶圖 2.13
為選擇 *instructor* 屬性 ID 與 *salary*，以及 *salary* 高於 85,000 元的結果

關聯式代數

關聯式代數會定義一組運算關聯,並在數字上並聯一般的代數運算,如加法、減法或乘法。正如代數運算一樣,它有一個以上的數字做為輸入,並且會得到一個數字的輸出,而關聯式代數運算通常也需要一個或兩個關聯做為輸入,並傳回一個關聯做為輸出。

以下介紹幾種運算。

符號(名稱)	使用範例
σ (Selection)	$\sigma_{salary >= 85000}(instructor)$
	傳回能滿足輸入關聯式謂詞的列
Π (Projection)	$\Pi_{ID, salary}(instructor)$
	從輸入關聯式的所有列輸出指定屬性,再從輸出刪除重複元組。
⋈ (Natural join)	$instructor \bowtie department$
	從輸入的兩個關聯式輸出所有屬性都有相同名稱及相同值的雙列。
× (Cartesian product)	$instructor \times department$
	從輸入的兩個關聯式輸出所有的雙列(不管它們在共同屬性是否有相同的值)
∪ (Union)	$\Pi_{name}(instructor) \cup \Pi_{name}(student)$
	從輸入的兩個關聯式輸出聯集的元組。

到從大型結果關聯移除重複需要相對大規模的處理,因此會選擇保留。這時,以純數學的角度來看,這個關聯就不能算是真正的關聯。

當然,資料庫中的資料會隨時間改變。一個關聯可以透過插入新的元組,並刪除現有元組,或經由改變某些屬性值後修改元組來更新。甚至整個關聯可以被刪除後再重新建立新的。

在第 3 章,我們將討論如何使用 SQL 語言來更新關聯式查詢。

2.7 摘要

- 關聯式資料模型是建立於一個集合表上。資料庫系統使用者對這些表可進行查詢、插入新的元組、刪除元組，以及更新（修改）元組。有幾種語言能表達這些運算。
- 一個關聯式架構是指它的邏輯設計，而一個關聯式實例指的是它在一個時間點的內容。資料庫架構和資料庫實例的定義類似。關聯式架構包含屬性，也可能包含對於它的限制，如主鍵和外來鍵等。
- 一個關聯式的超鍵是一組一個或多個屬性，其值保證可唯一識別關聯中的元組。一個候選鍵是最小的超鍵，即形成超鍵的一組屬性，其中沒有任何子集是一個超鍵。在關聯中的一個候選鍵可被選為主鍵。
- 外來鍵是用在參考關聯的一組屬性。在參考關聯中的每個元組，其外來鍵屬性的值一定會成為被參考關聯中一個元組的主鍵值。
- 架構圖是資料庫架構的圖示，能顯示資料庫的關聯、屬性，以及主鍵和外來鍵。
- 關聯式查詢語言定義了一套運算，使用表並產出表為其結果。這些運算可以透過結合來顯示所需的查詢。
- 關聯式代數提供一套需要一個或多個關聯做為輸入，並傳回一個關聯做為輸出的運算。實用查詢語言如 SQL，是以關聯式代數為基礎，但也另外增加了一些有用的語法功能。

關鍵詞

- 表 (Table)
- 關聯 (Relation)
- 元組 (Tuple)
- 屬性 (Attribute)
- 領域 (Domain)
- 單元領域 (Atomic domain)
- 空值 (Null value)
- 資料庫架構 (Database schema)
- 資料庫實例 (Database instance)
- 關聯式架構 (Relation schema)
- 關聯式實例 (Relation instance)
- 鍵 (Keys)
  - 超鍵 (Superkey)
  - 候選鍵 (Candidate key)
  - 主鍵 (Primary key)
- 外來鍵 (Foreign key)
  - 參考關聯 (Referencing relation)
  - 被參考關聯 (Referenced relation)
- 參考完整性限制 (Referential integrity constraint)
- 架構圖 (Schema diagram)
- 查詢語言 (Query language)
  - 程序語言 (Procedural language)
  - 非程序語言 (Nonprocedural language)
- 關聯式運算 (Operations on relations)
  - 元組的選擇 (Selection of tuples)

- 屬性的選擇 (Selection of attributes)
- 自然結合 (Natural join)
- 笛卡爾乘積 (Cartesian product)
- 集合運算 (Set operations)
- **關聯式代數 (Relational algebra)**

實作題

2.1 圖 2.14 中的關聯式資料庫,哪些是適合的主鍵?

2.2 參考 *instructor* 和 *department* 關聯中的 *dept_name* 屬性之外來鍵限制。舉例說明有哪些插入和刪除可能導致這些關聯違反外來鍵限制。

2.3 考慮節數 (*time_slot*) 的關聯。由於特定節數每週可超過一次,解釋為何 *day* 與 *start_time* 可以做為此關聯式的主鍵,但 *end_time* 卻不行。

2.4 圖 2.1 的 *instructor* 實例沒有兩名教師有相同的名稱。由此,我們可以做出 *instructor* 名稱可以當作超鍵(或主鍵)的結論嗎?

2.5 先執行 *student* 與 *advisor* 的差積,再從結果執行謂詞 *s_id* = ID 的選擇運算,結果為何?(用關聯式代數的符號表示,此查詢可以寫成 $\sigma_{s\_id=ID}(student \times advisor)$。)

2.6 考慮下面的表達式,使用關聯式代數運算的結果做為另一個運算的輸入。解釋下列每一個表達式的目的為何。

a. $\sigma_{year \geq 2009}(takes) \bowtie student$

b. $\sigma_{year \geq 2009}(takes \bowtie student)$

c. $\Pi_{ID, name, course\_id}(student \bowtie takes)$

2.7 參考圖 2.14 的關聯式資料庫。使用關聯式代數來表達以下每個查詢:

a. 查找所有住在「邁阿密」(Miami) 員工的名字。

b. 查找所有薪資超過 100,000 元員工的名字。

c. 查找所有住在「邁阿密」且薪資超過 100,000 元員工的名字。

2.8 參考圖 2.15 的銀行資料庫。用關聯式代數舉例表達下面每個查詢。

a. 查找所有位於「芝加哥」(Chicago) 的分支機構名稱。

b. 查找所有在「市中心」(Downtown) 分行有貸款的客戶之名字。

▶圖 2.14
使用此關聯式資料庫來做實作題 2.1、2.7 與 2.12

employee (*person_name, street, city*)
works (*person_name, company_name, salary*)
company (*company_name, city*)

▶圖 2.15
使用此銀行資料庫做實作題 2.8、2.9 與 2.13

branch(*branch_name, branch_city, assets*)
customer (*customer_name, customer_street, customer_city*)
loan (*loan_number, branch_name, amount*)
borrower (*customer_name, loan_number*)
account (*account_number, branch_name, balance*)
depositor (*customer_name, account_number*)

練習

2.9 參考圖 2.15 銀行的資料庫。
   a. 哪些是適當的主鍵？
   b. 選擇了你的主鍵後，請辨識適當的外來鍵。

2.10 參考圖 2.8 的 *advisor* 關聯，把 *s_id* 做為 *advisor* 的主鍵。假設一個學生可以有一個以上的顧問，則 *s_id* 還可以當作 *advisor* 關聯的主鍵嗎？如果不行，*advisor* 的主鍵應該是什麼？

2.11 請描述關聯式與關聯式架構在意思上的差異。

2.12 參考圖 2.14 關聯式資料庫。用關聯式代數來表達下列每個查詢：
   a. 查找所有為「第一銀行」(First Bank Corporation) 工作的員工姓名。
   b. 查找所有為「第一銀行」工作的員工姓名與居住城市。
   c. 查找所有為「第一銀行」工作的員工姓名、住址，居住城市且薪資超過 10,000 元。

2.13 參考圖 2.15 的銀行資料庫。用關聯式代數舉一例子來表達以下每個查詢：
   a. 查找所有貸款額大於 10,000 元的數字。
   b. 找所有帳戶值超過 6,000 元的存戶姓名。
   c. 找所有在「上城分行」(Uptown) 帳戶值超過 6,000 元的存戶姓名。

2.14 列出兩個空值可能會被放入資料庫的原因。

2.15 討論程序和非程序語言的相對優點。

書目附註

IBM San Jose 研究室的 E. F. Codd 在 1960 年代末提出了關聯式模型 (Codd [1970])，這讓 Codd 在 1981 (Codd [1982]) 年獲得著名的塗靈機獎。

在 Codd 發表了他的原始論文後，幾個以目標為建設與現實關聯式資料庫系統的研究項目開始形成，包括在 IBM San Jose 研究室的系統 R、加州大學柏克萊分校的 Ingres，以及在 IBM T. J. Watson 研究中心的 Query-by-Example。

許多關聯式資料庫的產品現已經進入市場，包括 IBM 的 DB2 和 Informix、甲骨文、Sybase 和微軟 SQL 伺服器。開放式的關聯式資料庫系統包括 MySQL 和 PostgreSQL。微軟 Access 是一個單一使用者的資料庫產品，是部分微軟 Office 的套件。

Atzeni 與 Antonellis [1993]、Maier [1983]，以及 Abiteboul 等人 [1995] 專門研究關聯式資料模型的理論。

CHAPTER 3

SQL入門

無論在商業或實驗上，都會使用到一些資料庫查詢語言。在本章，我們將介紹最廣泛使用的查詢語言 SQL。

雖然 SQL 被當作一種「查詢語言」，但除了可查詢資料庫之外，它還可以定義資料結構、修改資料庫中的資料，並設定資料存取安全限制。

本書並不是完整的 SQL 使用手冊。我們的目的是介紹 SQL 的基本結構和概念，以及 SQL 在各實作上的可能性。

3.1 概述 SQL 查詢語言

1970 年代初期，IBM 在系統 R 計畫中開發了「Sequal」（續集）語言，成為 SQL 的前身。經過不斷地改良與擴充，Sequal 成為現在的 SQL（Structured Query Language，結構化查詢語言）。目前許多產品都支援 SQL 語法，而 SQL 本身也儼然成為關聯資料庫語言的標準。

1986 年，美國國家標準協會 (ANSI) 和國際標準化組織 (ISO) 發表一種 SQL 標準，稱為 SQL-86。1989 年，ANSI 再發布一個 SQL 擴充後的標準，稱為 SQL-89，其後還陸續發展出 SQL-92、SQL:1999、SQL:2003、SQL:2006，以及最近的 SQL:2008。更多的詳細說明請參考書目附註。

SQL 語言包含以下幾個部分：

- **資料定義語言 (data-definition language, DDL)**：SQL DDL 提供關聯式架構、刪除關聯和修改關聯架構的指令。
- **資料操作語言 (data-manipulation language, DML)**：SQL DML 提供資料處理的指令，包含查詢、新增、修改、刪除等。
- **完整性 (integrity)**：SQL DDL 包含設定完整性限制等指令，用來確保資料庫中資料的正確性及可靠性。

- **檢視表定義 (view definition)**：SQL DDL 包含定義檢視表的指令。
- **交易控制 (transaction control)**：SQL 包含交易流程等指令，可控制交易的開始與結束。
- **嵌入式 SQL 和動態 SQL(embedded SQL and dynamic SQL)**：嵌入式和動態 SQL 定義 SQL 語句如何嵌入通用的程式設計語言，包括 C、C++ 與 Java。
- **授權 (authorization)**：SQL DDL 包含設定資料存取權限等指令。

本章將介紹 SQL 的基本 DML 與 DDL 功能。在此描述的功能從 SQL-92 開始就已成為標準的一部分。

雖然大多數 SQL 支援本書所描述的標準功能，但仍應注意與實作之間的差異。而且多數 SQL 支援一些非標準的功能，卻沒支援更先進的功能。若發現某些 SQL 無法在資料庫系統上正常運作，請參見資料庫系統的使用手冊，重新查閱所支援的 SQL 語法。

3.2 SQL 資料定義

在資料庫中的關聯設定必須透過資料定義語言 (DDL) 指定到系統。SQL DDL 不僅允許一組以上的關聯關係，還可個別設定每個關聯的細節，包括：

- 每個關聯的架構。
- 每個屬性的數值類別。
- 完整性限制。
- 保持每個關聯的相依性。
- 每個關聯的安全和授權資料。
- 磁碟上每個關聯的實體儲存結構。

本章將主要討論基本架構定義和基本類型。

3.2.1 基本類型

SQL 標準支援不同的內建資料類型，包括：

- **char(n)**：用來存放固定長度為 n 的字串資料。
- **varchar(n)**：用來存放最大長度為 n 的字串資料，實際儲存長度會依資料量而調整。

- **int**：用來存放整數資料，最大可存放長度為 4 位元。
- **smallint**：用來存放整數資料，最大可存放長度為 2 位元。
- **numeric**(*p, d*)：用來存放帶有小數的數值，使用時須指明精確度與小數點位數。此表示資料精準度為 *p* 位數，而 *p* 位數中含有 *d* 位數的小數。例如，**numeric** (3, 1) 表示準確度為 3 位數，其中包含 2 位整數及 1 位小數。
- **real, double precision**：用來存放近似浮點數值，其精準度會因機器而產生誤差。
- **float**(*n*)：用來存放浮點數值，精準度至少為 *n* 位數。

每種類型允許包含一個特殊的數值，稱為**空 (null)** 值。空值代表數值不知道、不確定、不存在或是暫時沒有資料。在某些情況下，我們會限制輸入空值。

char 資料類型可用來儲存固定長度的字串資料。因此，當屬性資料類型被定義為 **char**(10) 時，若儲存「Avi」字串，系統會自動補上 7 個空白字元，讓字串維持在 10 個字元長度。相對地，當屬性資料類型被定義為 **varchar**(10) 時，儲存「Avi」字串，則不會補上空白字元，儲存多少字元即占多少空間。當比較兩個長度不同的 **char** 類型數值時，系統會自動補上空白字元，使兩數值的長度一致之後，才開始進行比較。

當比較 **char** 和 **varchar** 類型時，有人可能會預期系統將自動補上空白字元於 **varchar** 類型，使其長度相等後再來比較。但是，此動作可能被執行，也可能不會，全都取決於資料庫系統。因此，即使是相同的「Avi」值存放於 char(10) 和 varchar(10) 中，比較兩數值是否相等時，可能會出現錯誤訊息。為了避免此一問題，我們建議使用 **varchar** 資料類型來存放資料。

此外，SQL 還提供 **nvarchar** 類型來儲存世界各國文字的資料，存放資料會以 Unicode 字串表示。不過，很多資料庫都允許儲存 Unicode，即便是 **varchar** 資料類型也是。

3.2.2　基本架構定義

我們可以使用**建立資料表 (create table)** 指令來定義 SQL 關聯。以下的指令將在資料庫中建立一個 *department* 關聯。

```
create table department
    (dept_name  varchar (20),
     building   varchar (15),
     budget     numeric (12,2),
     primary key (dept_name));
```

上面的關聯含有三個屬性：*dept_name* 為 *department* 關聯的主鍵，最多可存放 20 字元長度的字串；*building*，最多可存放 15 字元長度的字串；*budget*，存放精準度為 12 位數的數值，其中 2 位數是小數位數。

一般建立資料表指令的形式為：

$$\text{create table } r$$
$$(A_1 \quad D_1,$$
$$A_2 \quad D_2,$$
$$\ldots,$$
$$A_n \quad D_n,$$
$$\langle \text{integrity-constraint}_1 \rangle,$$
$$\ldots,$$
$$\langle \text{integrity-constraint}_k \rangle);$$

其中，r 是關聯的名稱，A_i 是 r 關聯架構的屬性名稱，D_i 是定義 A_i 屬性的資料類型（包含長度）。

SQL 含有許多完整性限制。在本節中，只討論以下幾個：

- **主鍵**：限制屬性的值必須是唯一的，不能沒有資料，即不能含有空值。主鍵主要用來區分資料表中的每一筆資料，因此建議每個關聯都含有主鍵屬性。
- **外來鍵參照**：限制屬性的值必須參照到關聯中某些元組之主鍵屬性的值。

  圖 3.1 呈現出本書使用之大學資料庫的部分 SQL DDL 定義。在課程資料表中，定義 *dept_name* 屬性為外來鍵，表示課程資料表內 *dept_name* 屬性的資料將參照到科系資料表的 *dept_name* 屬性。若沒有外來鍵的條件限制，一門課程可能被指定在一個不存在的科系名稱，這是不合理的事情。
- **非空值**：限制屬性的值必須含有資料，不允許空值。例如，在圖 3.1 中，教師資料表中的 *name* 設定為非空值，確保 *name* 不能為空值，一定要輸入 *name* 的資料。

SQL 會阻止任何違反該資料庫完整性限制的資料修訂。例如，在某關聯中新增或修改資料時，若主鍵屬性含有空值或有重複的值時，SQL 會顯示錯誤並阻止資料異動。同樣地，當課程資料表中新增一個課程，但是此課程來自於不存在的科系，這將會違反外來鍵的條件限制，因此 SQL 會防止新增此筆資料。

新的創造關聯在一開始是空的。我們可以利用**插入 (insert)** 指令來新增資料至關聯中。假設要新增一筆教師資料至教師資料表中。該位教師是生物系的教師，名為 Smith，*instructor_id* 為 10211，薪資為 66,000 元，則敘述將寫為：

insert into *instructor*
values (10211, 'Smith', 'Biology', 66000);

▶圖 3.1
大學資料庫中部分的 SQL 資料定義

```
create table department
    (dept_name      varchar (20),
    building        varchar (15),
    budget          numeric (12,2),
    primary key (dept_name));

create table course
    (course_id      varchar (7),
    title           varchar (50),
    dept_name       varchar (20),
    credits         numeric (2,0),
    primary key (course_id),
    foreign key (dept_name) references department);

create table instructor
    (ID             varchar (5),
    name            varchar (20) not null,
    dept_name       varchar (20),
    salary          numeric (8,2),
    primary key (ID),
    foreign key (dept_name) references department);

create table section
    (course_id      varchar (8),
    sec_id          varchar (8),
    semester        varchar (6),
    year            numeric (4,0),
    building        varchar (15),
    room_number     varchar (7),
    time_slot_id    varchar (4),
    primary key (course_id, sec_id, semester, year),
    foreign key (course_id) references course);

create table teaches
    (ID             varchar (5),
    course_id       varchar (8),
    sec_id          varchar (8),
    semester        varchar (6),
    year            numeric (4,0),
    primary key (ID, course_id, sec_id, semester, year),
    foreign key (course_id, sec_id, semester, year) references section,
    foreign key (ID) references instructor);
```

以上各數值的排列順序必須配合關聯架構的屬性，才能正確地新增資料。插入指令的其他功能將在第 3.9.2 節中詳細介紹。

刪除 (delete) 指令是用來刪除關聯中的元組，指令為：

delete from *student*;

上述指令為刪除學生關聯中的所有元組。其他更詳細的刪除指令功能將在第 3.9.1 節中介紹。

若要從 SQL 資料庫中移除關聯，則會使用**刪除資料表 (drop table)** 指令。刪除資料表會從資料庫中刪除所有不要之關聯內的資訊。指令如下：

drop table r;

該指令較以下指令的動作強硬

delete from r;

該刪除字母保留關聯 <i>r</i>，但會刪除 <i>r</i> 中的所有元組。且該形式的刪除不僅僅是刪除 <i>r</i> 中的所有元組，還包含 <i>r</i> 的架構。在 <i>r</i> 被刪除 (dropped) 後，就無法插入任何欄位，除非我們使用 **create table** 這個指令重建一個資料表。

修改資料表 (alter table) 指令是用來新增屬性至已建立的關聯中。在一開始的新屬性中，所有關聯中的原組都會被指派一個空 (null) 值。修改資料表的指令如下：

alter table r add A D;

其中，<i>r</i> 是已建立的關聯之名稱，<i>A</i> 是新增的屬性名稱，而 <i>D</i> 則是新增屬性之資料類型。以下指令為刪除關聯中的某一屬性：

alter table r drop A;

其中，<i>r</i> 是已建立的關聯之名稱，<i>A</i> 是新增的關連屬性名稱。許多資料庫系統雖然允許整個資料表的刪除，但都不支援屬性的刪除。

3.3 SQL 查詢的基本結構

SQL 查詢的基本結構包括三個部分：**select**、**from** 和 **where**。查詢時須在 **from** 子句輸入欲查詢的關聯名稱，透過 **where** 子句的條件來過濾資料，最後依照 **select** 子句中欲查詢的欄位顯示最後的查詢結果。以下先透過幾個實例簡單瞭解 SQL 語法，隨後將介紹 SQL 查詢的基本結構。

3.3.1 單一關聯查詢

以前面提過的大學資料庫「找出所有教師的名字」為例，教師姓名可被從 *instructor* 關聯中找到，因此我們會將該關聯放入 **from** 子句中，而教師姓名則會出現在 *name* 屬性中，所以我們會將教師姓名放入 **select** 子句中。

select *name*
from *instructor*;

所得到的結果是一個包含單一屬性為 *name* 的關聯。若教師資料表如圖 2.1 所示，則以上查詢的結果顯示於圖 3.2。

假設要找出「所有老師所屬的科系名稱」，可以使用以下語法：

select *dept_name*
from *instructor*;

由於一個科系可擁有多位教師，所以查詢出的結果會有重複值出現，其結果如圖 3.3 所示。

name
Srinivasan
Wu
Mozart
Einstein
El Said
Gold
Katz
Califieri
Singh
Crick
Brandt
Kim

▶圖 3.2
從 *instructor* 資料表找出所有 *name* 的結果

dept_name
Comp. Sci.
Finance
Music
Physics
History
Physics
Comp. Sci.
History
Finance
Biology
Comp. Sci.
Elec. Eng.

▶圖 3.3
從 *instructor* 資料表找出所有 *dept_name* 名稱的結果

關聯式模型的正式數學定義是一種集合，所以重複的元組不會出現在關聯裡。實務上，消除重複非常耗時，因此，SQL 允許在關聯裡以及 SQL 表達的結果裡出現重複。當每個元組出現在 *instructor* 關聯裡時，上述的 SQL 查詢就會列出每個系所的名稱一次。

在這種情況下，若希望查詢的結果不含重複值，則可以在**選擇 (select)** 後插入關鍵字 **distinct**，其語法如下：

> **select distinct** *dept_name*
> **from** *instructor*;

此外，SQL 允許使用關鍵字 **all** 來表示所有資料都顯示，並包括重複值，語法如下：

> **select all** *dept_name*
> **from** *instructor*;

此為預設狀態，並不需要特別使用關鍵字 **all**。為了確保重複消除後的查詢結果，不論何時需要，我們應該使用 **distinct**。

另外，在 **select** 子句中也可能使用到 +、−、*、/ 等運算元。例如，若要查詢每位教師的薪資乘以 1.1 後的結果，則 **select** 子句中的 *salary* 乘上 1.1 即可，參見以下的語法。此一結果說明了若將每位教師調薪 10% 的結果；但是請注意，這將不會改變資料庫原本存在的資料。

> **select** *ID*, *name*, *dept_name*, *salary* * 1.1
> **from** *instructor*;

此外，SQL 還提供特殊的資料類別，如各種形式的日期類別，並可配合一些算數函數搭配使用。

where 子句可用來設定查詢的條件，亦即將符合條件的資料從資料表中過濾出來。假設要查詢屬於資訊系且薪資超過 70,000 元的教師名字，其語法如下：

> **select** *name*
> **from** *instructor*
> **where** *dept_name* = 'Comp. Sci.' **and** *salary* > 70000;

此敘述查詢的結果顯示於圖 3.4 中。

SQL 允許在 **where** 子句使用邏輯運算子 **and**、**or** 或 **not**，以及比較運算子 <、

▶圖 3.4
查詢屬於資訊系且薪資超過 70,000 元之教師名字的結果

name
Katz
Brandt

<=、>、>=、= 或 <>，讓 **where** 子句能夠更精準地過濾資料。

本章後段將會更深入探討 **where** 子句的其他特點。

3.3.2 多關聯查詢

前面介紹了單一關聯的查詢語法，但是資料並不會全部存在同一資料表中，因此本小節將介紹多關聯的查詢語法。

例如，我們要查詢所有教師名字、教師所屬的科系名稱，以及科系所在的建築物名稱。

從 *instructor* 資料表中，我們可以從 *dept_name* 屬性知道教師所屬的科系名稱，但是科系所在的建築物名稱卻儲存在 *department* 資料表的 *building* 中。因此，需要將 *instructor* 資料表中的 *dept_name* 屬性對應到 *department* 資料表，才可以進行關聯存取的動作，其敘述如下：

> **select** *name, instructor.dept_name, building*
> **from** *instructor, department*
> **where** *instructor.dept_name= department.dept_name*;

查詢結果如圖 3.5 所示。

當屬性名稱在 **from** 子句所查詢的資料表中並無重複，則只輸入屬性名稱即可；相反地，若欲查詢的資料表中有相同的屬性名稱，則須清楚標明要從哪張資料表中查詢哪個屬性，就如同 *instructor.dept_name*。

但是需要資料表自己關聯自己時，則會透過別名來達到此功能。第 3.4.1 節將會介紹透過別名來實現自我關聯資料表的技巧。

由之前所介紹的範例可以整理出以下結果：

name	dept_name	building
Srinivasan	Comp. Sci.	Taylor
Wu	Finance	Painter
Mozart	Music	Packard
Einstein	Physics	Watson
El Said	History	Painter
Gold	Physics	Watson
Katz	Comp. Sci.	Taylor
Califieri	History	Painter
Singh	Finance	Painter
Crick	Biology	Watson
Brandt	Comp. Sci.	Taylor
Kim	Elec. Eng.	Taylor

▶圖 3.5
查詢所有教師名字及所屬的科系名稱和科系所在的建築物名稱的結果

- **select** 子句是用來從資料表中挑選出要查詢的欄位。
- **from** 子句是用來設定要查詢的資料來源。
- **where** 子句是用來設定查詢的條件。

一個典型的 SQL 查詢語法為：

$$\text{select } A_1, A_2, \ldots, A_n$$
$$\text{from } r_1, r_2, \ldots, r_m$$
$$\text{where } P;$$

每個 A_i 代表所要查詢的屬性，每個 r_i 代表要查詢的關聯，而 P 則是要過濾資料的謂詞。

雖然語法必須照 **select**、**from**、**where** 的順序寫出，但執行的順序卻是為 **from**、**where**、**select**。

此順序表示從關聯中篩選出符合條件的資料，再依照指定的屬性順序依序列出結果。

```
for each tuple t₁ in relation r₁
    for each tuple t₂ in relation r₂
        ...
            for each tuple tₘ in relation rₘ
                Concatenate t₁, t₂, ..., tₘ into a single tuple t
                Add t into the result relation
```

假設要查詢課程和老師的關係，則語法如下：

select *name, course_id*
from *instructor, teaches*
where *instructor.ID= teaches.ID*;

請注意，上面的查詢結果只顯示有開課老師的課程代碼和教師名稱，而沒開課的教師名稱並不會顯示出來。如果想要顯示所有教師的名稱和課程代碼的對應資料，則可以使用外結合 (outer join) 的查詢技巧。

若只希望結果顯示資訊系的教師姓名及所開的課程代碼，則可以在 **where** 子句後再加上條件來篩選資料，其語法如下：

select *name, course_id*
from *instructor, teaches*
where *instructor.ID= teaches.ID* **and** *instructor.dept_name* = 'Comp. Sci.';

此查詢敘述的結果如圖 3.6 所示。

▶ 圖 3.6
查詢課程和老師
之關係的結果

name	course_id
Srinivasan	CS-101
Srinivasan	CS-315
Srinivasan	CS-347
Wu	FIN-201
Mozart	MU-199
Einstein	PHY-101
El Said	HIS-351
Katz	CS-101
Katz	CS-319
Crick	BIO-101
Crick	BIO-301
Brandt	CS-190
Brandt	CS-190
Brandt	CS-319
Kim	EE-181

3.3.3 自然關聯

檢視大學的資料庫時，會發現 *instructor* 資料表中 *ID* 值和 *teaches* 資料表中的 *ID* 值相同，也就是說它們是這兩張資料表中唯一具有相同屬性的欄位。事實上，這種情況相當常見。

為了讓 SQL 程式設計師能更容易取得兩個資料表中的資料，SQL 支援這種稱為自然結合的運算。事實上，SQL 也支援其他方式，讓兩個以上相關的資訊會被**結合 (join)** 在一起。我們已經看過笛卡爾乘積和一個 **where** 子句如何能從多關聯裡將資訊結合起來。

自然結合 (natural join) 運算涵蓋兩個資料表，然後產生一個共同的關聯做為結果。自然結合只考慮那些出現在雙方資料表中且有相同屬性值的欄位。因此，*instructor* 資料表和 *teaches* 資料表可透過 *ID* 屬性來產生自然結合，其結合結果如圖 3.7 所示。

請注意欄位列出的順序，首先是共同的欄位，其次是 *instructor* 資料表的欄位，最後是 *teaches* 資料表的欄位。

前面提過，假設要查詢已開過課的教師名稱和課程代碼，其語法如下：

select *name, course_id*
from *instructor, teaches*
where *instructor.ID= teaches.ID*;

而此查詢語法可透過自然結合讓語法更精簡，如下所示：

select *name, course_id*
from *instructor* **natural join** *teaches*;

▶圖 3.7
instructor 資料表與 *teaches* 資料表的自然結合

ID	name	dept_name	salary	course_id	sec_id	semester	year
10101	Srinivasan	Comp. Sci.	65000	CS-101	1	Fall	2009
10101	Srinivasan	Comp. Sci.	65000	CS-315	1	Spring	2010
10101	Srinivasan	Comp. Sci.	65000	CS-347	1	Fall	2009
12121	Wu	Finance	90000	FIN-201	1	Spring	2010
15151	Mozart	Music	40000	MU-199	1	Spring	2010
22222	Einstein	Physics	95000	PHY-101	1	Fall	2009
32343	El Said	History	60000	HIS-351	1	Spring	2010
45565	Katz	Comp. Sci.	75000	CS-101	1	Spring	2010
45565	Katz	Comp. Sci.	75000	CS-319	1	Spring	2010
76766	Crick	Biology	72000	BIO-101	1	Summer	2009
76766	Crick	Biology	72000	BIO-301	1	Summer	2010
83821	Brandt	Comp. Sci.	92000	CS-190	1	Spring	2009
83821	Brandt	Comp. Sci.	92000	CS-190	2	Spring	2009
83821	Brandt	Comp. Sci.	92000	CS-319	2	Spring	2010
98345	Kim	Elec. Eng.	80000	EE-181	1	Spring	2009

上面兩個語法都會產生同樣的查詢結果。

在 SQL 查詢中的一個 **from** 子句可以使用自然結合建立多個關聯組合，如下所示：

select $A_1, A_2, \ldots, A_n$
from r_1 **natural join** r_2 **natural join** $\ldots$ **natural join** r_m
where P;

假設要查詢已開過課的教師名稱以及其所教授課程的名稱，可用的 SQL 語法為：

from $E_1, E_2, \ldots, E_n$

其中，自然結合的部分會先被執行，再依照 **where** 子句中的條件來過濾資料。請注意，在 **where** 子句中的 *teaches.course_id* 是自然結合後的結果。

相對地，以下的 SQL 查詢將會呈現不同的結果：

select *name*, *title*
from *instructor* **natural join** *teaches* **natural join** *course*;

這裡的 *instructor* 資料表和 *teaches* 資料表自然結合的結果包含屬性 (*ID, name, dept_name, salary, course_id, sec_id,*)，而 *teaches* 資料表包含屬性 (*course_id, title, dept_name, credits*)。因此，兩者若要自然結合，需要兩邊的 *dept_name* 屬性值相同，而且 *course_id* 也要一樣。

為了避免當資料不一致時造成自然結合的錯誤，SQL 提供一種可明確指定自然結合所要結合對應的屬性語法，如下：

```
select name, title
from (instructor natural join teaches) join course using (course_id);
```

join...using 是用來明確規定所要結合的欄位。在上面的語法中,明確規定 instructor 資料表和 teaches 資料表先後的自然結合結果,再與課程資料表結合,而所要結合的屬性是 course_id,這樣就不會造成資料無法明確對應屬性的情形發生。

3.4 其他基本運算

本節將介紹 SQL 所支援的其他基本運算。

3.4.1 別名運算

再次考慮我們之前所使用的查詢:

```
select name, course_id
from instructor, teaches
where instructor.ID= teaches.ID;
```

該查詢的結果會是下列兩個屬性:

name, course_id

該查詢結果的屬性名稱是由 from 子句中關聯的屬性名稱取得。

但我們不能總是用這種方式取得名稱,理由如下,第一,from 子句中的兩關聯可能擁有相同的名稱,因此可能導致某一屬性名稱被複製到另一查詢結果中。第二,假設我們在 select 子句中使用了運算式,則會導致運算結果的屬性沒有名稱。第三,即使一個屬性名稱可以如同之前的例子中,從最基本的關聯中取得,我們也可能會想要在查詢結果出來後改變屬性名稱。因此,SQL 提供了一種方式用來重新命名欄位名稱,其語法如下:

old-name **as** *new-name*

as 子句可以同時出現在 select 和 from 子句中。

假設要將之前所查詢的 *name* 更改為 *instructor_name*,則可重寫語法如下:

```
select name as instructor_name, course_id
from instructor, teaches
where instructor.ID= teaches.ID;
```

請注意，這並不會造成資料表中欄位名稱的修改。執行上面指令後，*instructor* 資料表的 *name* 欄位名稱不變。

有時候使用別名是為了簡潔語法，不需要打一長串的資料表名稱或欄位名稱，可避免輸入錯誤。例如，使用別名重寫查詢已開過課的教師名稱和課程代碼，語法如下：

> **select** *T.name, S.course_id*
> **from** *instructor* **as** *T, teaches* **as** *S*
> **where** *T.ID= S.ID*;

當資料表需要自己結合自己時，必須透過別名來區別資料表或欄位。假設要查詢收入超過生物系中最低收入的教師名字，其語法如下：

> **select distinct** *T.name*
> **from** *instructor* **as** *T, instructor* **as** *S*
> **where** *T.salary > S.salary* **and** *S.dept_name =* 'Biology';

請注意，不能使用 *instructor.salary* 等符號，會造成無法辨識所指的 *instructor* 是哪一位而產生錯誤。

在上面的查詢中，可將 *T* 和 *S* 視為兩張資料表，只是內容與欄位名稱都相同，所以透過別名來區別 *T* 和 *S*。

3.4.2 字串運算

SQL 中要表示字串時會使用單引號表示。

在標準 SQL 定義中，對於字串大小寫是有區分的，例如「'comp. sci.' = 'Comp. Sci.'」，其算式比較結果為偽。不過，在一些資料庫管理系統中，如 MySQL 和 SQL Server，可以設定字串的敏感度，以區分字串的大小寫。此設定會影響到使用者對於字串處理結果。因此，在處理字串前，要先確認資料管理系統中的字串設定，避免造成邏輯錯誤。

SQL 有許多處理字串的函數，如提取子字串、找出字串長度、轉換大小寫（**upper** 函數和 **lower** 函數）、移除字串前後**空白 (trim)** 等。請參閱資料庫管理系統使用手冊，以瞭解確切支援哪些字串功能。

SQL 有兩個萬用字元來增加字串的使用彈性，使用時會區分字串大小寫：

- **百分比 (%)**：表示任何含有零或多個字元的字串。
- **下底線 (_)**：表示任何單一字元。

萬用字元的使用範例如下：

- 「**Intro%**」：表示任何開頭為「Intro」的字串，如「Introduction」、「Intro.」。
- 「**%Comp%**」：表示任何其中包含「Comp」的字串，如「Computational」、「Computer」。
- 「**_ _ _**」：表示任何正好三個字元的字串。
- 「**_ _ _%**」：表示任何至少三個字元的字串。

關鍵字 **like** 可依據所規範的字串模式來搜尋資料。假設要尋找所有科系名稱而且其大樓名稱須包含「Watson」單字，其語法如下：

> **select** *dept_name*
> **from** *department*
> **where** *building* **like** '%Watson%';

SQL 也允許使用 **not like** 來搜尋不符合模式的資料。另外，關鍵字 **escape** 是用來定義逸出字元，在逸出字元後面一位的是字元，並不是萬用字元，其範例如下：

- **like** 'ab\%cd%' **escape** '\'：表示任何「ab%cd」開頭的字串。
- **like** 'ab\\cd%' **escape** '\'：表示任何「ab\cd」開頭的字串。

3.4.3　Select 子句中的選擇屬性

在 **select** 子句中可用「*」來表示所有欄位的屬性。假設要查詢已開過課老師的所有資料，其語法如下：

> **select** *instructor.**
> **from** *instructor, teaches*
> **where** *instructor.ID= teaches.ID*;

上述語法會將符合條件的資料依照 *instructor* 資料表中所有屬性依序列出。

3.4.4　查詢結果排序

order by 子句可以將查詢的結果排序。假設要按字母順序列出所有在物理系的教師，其語法如下：

> **select** *name*
> **from** *instructor*
> **where** *dept_name* = 'Physics'
> **order by** *name*;

order by 子句預設為**升冪** (ascending, **asc**) 排序。若要降冪排序，則在要排序的名稱後加上 (descending, **desc**) 即可。假設要查詢所有教師的資料，*instructor* 資料必須照 *salary* 由高到低排序，而且教師名稱須按照字母排序，其語法如下：

> **select** *
> **from** *instructor*
> **order by** *salary* **desc**, *name* **asc**;

3.4.5 Where 子句

關鍵字 **between** 可用來指定值必須介於某一閾值之間。假設要查詢薪資介於 90,000 元到 10,0000 元之間的教師姓名，使用 **between** 可以簡化以往用運算子 (＞、＜、=) 來限制閾值。其語法如下：

> **select** *name*
> **from** *instructor*
> **where** *salary* **between** 90000 **and** 100000;

而不是

> **select** *name*
> **from** *instructor*
> **where** *salary* <= 100000 **and** *salary* >= 90000;

同理，可以使用 **not between** 來限制值必須在某閾值以外。

假設要查詢生物學系已開課的課程代碼和教師名稱，其語法如下：

> **select** *name, course_id*
> **from** *instructor, teaches*
> **where** *instructor.ID*= *teaches.ID* **and** *dept_name* = 'Biology';

where 子句允許使用符號 (v_1, v_2, ⋯, v_n) 表示一個對數組合，來簡化多個條件須進行相同運算比較的語法，如 (a_1, a_2) <= (b_1, b_2) 等同於 a_1 <= b_1 **and** a_2 <= b_2，因此，前面的 SQL 查詢可以改寫如下：

> **select** *name, course_id*
> **from** *instructor, teaches*
> **where** (*instructor.ID, dept_name*) = (*teaches.ID*, 'Biology');

3.5 集合運算

本節將介紹**聯集運算 (union)**(∩)、**交集運算 (intersect)**(∪) 及**除外運算**

(except)（－）的使用方式。

- 假設要查詢 2009 年秋季的課程代碼，其語法如下：

    select *course_id*
    from *section*
    where *semester* = 'Fall' **and** *year* = 2009;

其查詢結果如圖 3.8 所示。

- 假設要查詢 2010 年春季的課程代碼，其語法如下：

    select *course_id*
    from *section*
    where *semester* = 'Spring' **and** *year* = 2010;

其查詢結果如圖 3.9 所示。

觀察兩個查詢結果，發現 CS-319 在 2010 年春季開了兩次課，而 CS-101 則在 2009 年秋季和 2010 年春季都有開課。本章節後面將會以這兩個查詢繼續介紹 SQL 在集合運算上的功能。

3.5.1 聯集運算

假設要查詢 2009 年秋季和 2010 年春季的所有課程，其語法如下：

    (**select** *course_id*
     from *section*
     where *semester* = 'Fall' **and** *year* = 2009)
    union
    (**select** *course_id*
     from *section*
     where *semester* = 'Spring' **and** *year* = 2010);

course_id
CS-101
CS-347
PHY-101

▶圖 3.8
2009 年秋季的課程代碼

course_id
CS-101
CS-315
CS-319
CS-319
FIN-201
HIS-351
MU-199

▶圖 3.9
2010 年春季的課程代碼

聯集運算會自動消除重複值。因此，CS-319 和 CS-101 在此查詢結果只會出現一次，其查詢結果如圖 3.10 所示。

若要保留所有重複值，則將 union 改寫成 union all，其語法如下：

(**select** *course_id*
 from *section*
 where *semester* = 'Fall' **and** *year*= 2009)
union all
(**select** *course_id*
 from *section*
 where *semester* = 'Spring' **and** *year*= 2010);

此執行結果會將 CS-319 和 CS-101 重複列出兩個。

3.5.2　交集運算

假設要查詢在 2009 年秋季及 2010 年春季皆有開課的課程代碼，其語法如下：

(**select** *course_id*
 from *section*
 where *semester* = 'Fall' **and** *year*= 2009)
intersect
(**select** *course_id*
 from *section*
 where *semester* = 'Spring' **and** *year*= 2010);

交集運算操作會自動消除重複。因此，此查詢結果只會列出 CS-101 這一門課，其查詢結果如圖 3.11 所示。

若要保留所有重複值，則將 intersect 改寫成 intersect all，其語法如下：

▶圖 3.10
聯集關聯 *c1* 與 *c2* 後的結果

course_id
CS-101
CS-315
CS-319
CS-347
FIN-201
HIS-351
MU-199
PHY-101

▶圖 3.11
交集關聯 *c1* 與 *c2* 後的結果

course_id
CS-101

```
(select course_id
 from section
 where semester = 'Fall' and year= 2009)
intersect all
(select course_id
 from section
 where semester = 'Spring' and year= 2010);
```

此查詢結果將會列出兩次 CS-101。

3.5.3 除外運算

假設要查詢在 2010 年春季沒開課，只有在 2009 年秋季才有開課的課程代碼，其語法如下：

```
(select course_id
 from section
 where semester = 'Fall' and year= 2009)
except
(select course_id
 from section
 where semester = 'Spring' and year= 2010);
```

此查詢結果不會列出 CS-101，其查詢結果如圖 3.12 所示。

請注意，除外運算會在自動消除重複值後，再來進行差集的動作。因此，若要保留所有重複值，必須將 **except** 改寫為 **except all**，其語法如下：

```
(select course_id
 from section
 where semester = 'Fall' and year= 2009)
except all
(select course_id
 from section
 where semester = 'Spring' and year= 2010);
```

在一些資料庫管理系統中，關鍵字 **except** 會改使用關鍵字 **minus**，使用前請先確認系統所支援的功能。

course_id
CS-347
PHY-101

▶圖 3.12
在 2010 年春季沒開課，只有在 2009 年秋季才有開課之課程代碼的結果

3.6 空值

空值代表一個不知道、不確定的數值,因此任何數值和空值做一般運算都是無意義的。空值只能使用以下的布林運算 (Boolean operations) 來比較結果:

- **and**:*true* 和 *null* 做 **and** 運算結果為 *null*,*false* 和 *null* 做 **and** 運算結果為 *false*,*null* 和 *null* 做 **and** 運算結果為 *null*。
- **or**:*true* 和 *null* 做 **or** 運算結果為 *true*,*false* 和 *null* 做 **or** 運算結果為 *null*,*null* 和 *null* 做 **or** 運算結果為 *null*。
- **not**:*null* 做 **not** 運算結果為 *null*。

SQL 使用特殊的關鍵字 **is null** 來判斷空值。假設要查詢尚未輸入薪資的教師名稱,其語法如下:

> **select** *name*
> **from** *instructor*
> **where** *salary* **is null**;

3.7 聚集函數

聚集函數是接受一個集合(一組或多組)值做為輸入並返回單一值的函數。SQL 提供了五種聚集函數如下:

- Average:**avg**
- Minimum:**min**
- Maximum:**max**
- Total:**sum**
- Count:**count**

sum 和 **avg** 的輸入必須是一個集合的數值,但其他操作可以使用在非數值資料類型的集合,如字串等。

3.7.1 基本聚集

假設要查詢資訊系教師的平均薪資,其語法如下:

```
select avg (salary)
from instructor
where dept_name= 'Comp. Sci.';
```

此查詢結果為單一數值,資料庫管理系統會給一個任意名稱來命名此結果,但是可以透過 **as** 子句提供一個有意義的名稱如下:

```
select avg (salary) as avg_salary
from instructor
where dept_name= 'Comp. Sci.';
```

在某些情況下,在計算聚集函數前必須消除重複值。如果要消除重複值,則使用關鍵字 **distinct**。假設要計算所有教過 2010 年春季課程的教師總數,在這種情況下,不論此教師教過幾門課程,都只能被計算一次,其語法如下:

```
select count (distinct ID)
from teaches
where semester = 'Spring' and year = 2010;
```

因為關鍵字 **distinct**,讓一位教師即便教授一門以上的課程,在結果中也只能被計算一次。

在 SQL 中常使用聚集函數 **count** 來計算數量。當要計算資料表中擁有多少筆資料時,可以使用 **count(*)** 來計算資料總數,其語法如下:

```
select count (*)
from course;
```

此查詢結果將會回傳單一數值,此數值代表 course 資料表中所包含的資料筆數。

3.7.2 聚集的分組

group by 子句可將資料依據設定的條件進行分組,並且可搭配聚集函數來使用。假設要計算各科系的平均薪資,其語法如下:

```
select dept_name, avg (salary) as avg_salary
from instructor
group by dept_name;
```

此查詢結果將會列出各科系名稱及各系所的平均薪資,其結果顯示於圖3.13。

假設要計算各科系在 2010 年春季有開課的教師總數,其語法如下:

▶圖 3.13
計算各科系之平均薪資的結果

dept_name	avg_salary
Biology	72000
Comp. Sci.	77333
Elec. Eng.	80000
Finance	85000
History	61000
Music	40000
Physics	91000

> **select** *dept_name*, **count** (**distinct** *ID*) **as** *instr_count*
> **from** *instructor* **natural join** *teaches*
> **where** *semester* = 'Spring' **and** *year* = 2010
> **group by** *dept_name*;

此查詢結果將會列出在 2010 年春季有開課的科系名稱及開課教師的總數，其結果顯示於圖 3.14。

請注意，當 SQL 查詢要分組時，在 **select** 子句中唯一能出現的非聚集屬性函數，必須存在於 **group by** 子句中。換言之，如果出現在 **select** 子句中，則必須出現只在一個聚集函數內，否則將被視為錯誤的查詢。

3.7.3 Having 子句

having 子句是用來設定查詢條件使用，通常會搭配 **group by** 子句一起使用。**having** 子句和 **where** 子句的差別在於前者可以使用聚集函數，而後者子句不行。**having** 子句針對某一群組限制查詢條件是非常有用的。假設要查詢哪些科系的平均薪資超過 42,000 元，其語法如下：

> **select** *dept_name*, **avg** (*salary*) **as** *avg_salary*
> **from** *instructor*
> **group by** *dept_name*
> **having avg** (*salary*) > 42000;

以上查詢語法將會先會計算各科系的平均薪資後，把平均薪資高於 42,000 元的科系名稱列出，其結果如圖 3.15 所示。

請注意，任何在 **having** 子句非聚集函數的屬性必須存在於 **group by** 子句，

▶圖 3.14
列出在 2010 年春季有開課之科系名稱的結果

dept_name	instr_count
Comp. Sci.	3
Finance	1
History	1
Music	1

dept_name	avg(avg_salary)
Physics	91000
Elec. Eng.	80000
Finance	85000
Comp. Sci.	77333
Biology	72000
History	61000

▶圖 3.15 計算各科系的平均薪資後，把平均薪資高於 42,000 元的科系名稱列出的結果

否則 SQL 會視為錯誤。SQL 執行各子句的條件與順序如下：

1. 當只有 **select** 和 **from** 子句，而沒有聚集函數時，**from** 子句的內容會先被執行。
2. 當 **where** 子句存在時，會依照 **where** 子句中的條件來過濾 **from** 子句的資料。
3. 當 **group by** 子句存在時，會將 **where** 子句的結果依照 **group by** 子句的條件來進行資料分組。
4. 當 **having** 子句存在時，會依照 **having** 子句中的條件來過濾 **group by** 子句的資料。
5. 最後，先將 **select** 子句中的聚集函數計算完後，依照 **select** 子句所列的順序依序將資料列出。

假設要查詢在 2009 年的課程資料，並計算修課學生的平均總學分 (*tot_cred*)，每門課至少要有兩名學生，其語法如下：

> **select** *course_id, semester, year, sec_id,* **avg** (*tot_cred*)
> **from** *takes* **natural join** *student*
> **where** *year* = 2009
> **group by** *course_id, semester, year, sec_id*
> **having count** (*ID*) >= 2;

3.7.4 聚集函數對空值和布林值的處理

當有空值存在時，會使處理聚集函數的操作複雜化。假設要計算所有教師的薪資總計，其語法如下：

> **select sum** (*salary*)
> **from** *instructor*;

當計算 **sum** 時，若含有空值，則會忽略空值繼續計算。

聚集函數處理空值有以下規則：第一，所有的聚集函數除了 **count(*)** 以外，會忽略處理空值進行計算；第二，當對於空集合進行聚集函數計算時，結果會傳回一個空值。

包含 true、false 和 unknown 的布林數據類別首次出現在 SQL:1999，此部分將會再介紹。布林值可搭配聚集函數的 some 和 every 一起使用。

3.8 子查詢

SQL 提供子查詢的機制。所謂的子查詢，是指在主要查詢中包含另外一個 select 查詢。通常會利用子查詢先挑選出部分資料，來做為主要查詢中的資料來源或是查詢條件。在第 3.8.1 節至第 3.8.4 節中，將會介紹子查詢如何使用在 where 子句內。第 3.8.5 節將會介紹子查詢如何使用在 from 子句內。第 3.8.7 節則會介紹標量子查詢。

3.8.1 集合成員

關鍵字 in 可用來限制資料必須存在於某個集合之中，其中一集合的數值可由 select 子句所產生，而 not in 則限制值必須是在集合以外的值。

假設要查詢在 2009 年秋季和 2010 年春季的所有課程代碼，在前幾節介紹是用 union 將兩個查詢結果合併起來，現在則可使用子查詢和關鍵字 in 來產生與前面相同的結果。先查詢出在 2010 年春季的課程代碼，其子查詢語法如下：

```
(select course_id
 from section
 where semester = 'Spring' and year = 2010)
```

然後，再找到 2009 年秋季且出現於子查詢之查詢結果中的課程代碼。因此，在主要查詢中的 where 子句中加上子查詢，其完整語法如下：

```
select distinct course_id
from section
where semester = 'Fall' and year = 2009 and
      course_id in (select course_id
                    from section
                    where semester = 'Spring' and year = 2010);
```

由上可知，SQL 在查詢上擁有很大的彈性，可使用多種查詢語法來達到相同的查詢結果。

關鍵字 not in 的語法和 in 相同。假設要查詢只有在 2009 年秋季有開課、但在 2010 年春季沒開課的課程代碼，其語法如下：

```
select distinct course_id
from section
where semester = 'Fall' and year= 2009 and
course_id not in (select course_id
                  from section
                  where semester = 'Spring' and year= 2010);
```

in 和 not in 也可以用在限制資料必須是某數值。假設要查詢所有教師名稱，但不包含「Mozart」和「Einstein」這兩位老師，其語法如下：

```
select distinct name
from instructor
where name not in ('Mozart', 'Einstein');
```

在前面幾節中，有介紹 where 子句可使用對數組合來簡化語法，對數也可以搭配 in 一起使用。假設要計算出已修過由教師代碼 (ID) 10101 所教授的課的學生總數，其語法如下：

```
select count (distinct ID)
from takes
where (course_id, sec_id, semester, year) in (select course_id, sec_id, semester, year
                                              from teaches
                                              where teaches.ID= 10101);
```

3.8.2 集合比較

假設要查詢收入超過生物系中最低收入的教師名字。在第 3.4.1 節中，我們曾說過其查詢語法如下：

```
select distinct T.name
from instructor as T, instructor as S
where T.salary > S.salary and S.dept_name = 'Biology';
```

以上查詢條件可以改說成其薪資至少超過生物系中任何一位教師薪資。「至少大於一個」一詞可在 SQL 中使用 > some 來代表，改寫後的語法為：

```
select name
from instructor
where salary > some (select salary
                     from instructor
                     where dept_name = 'Biology');
```

子查詢產生一個包含生物系所有教師薪資的集合。some 則表示只要符合至少一個條件即可，而 all 則表示必須符合集合中的所有條件。假設要查詢薪資高於所有生物系教師薪資的教師名字，其語法如下：

```
select name
from instructor
where salary > all (select salary
                    from instructor
                    where dept_name = 'Biology');
```

假設要查詢哪個部門具有最高的平均薪資，則可以利用子查詢先計算出各部門的平均薪資，再使用 >= all 來找出擁有最高薪資的部門，其語法如下：

```
select dept_name
from instructor
group by dept_name
having avg (salary) >= all (select avg (salary)
                            from instructor
                            group by dept_name);
```

3.8.3 空關聯測試

關鍵字 exists 可用來檢查子查詢結果是否為空集合。若子查詢結果為空集合，則 exists 會回傳 false；若子查詢結果含有資料，則會回傳 true。假設要查詢在 2009 年秋季和 2010 年春季皆有開課的課程代碼，其語法如下：

```
select course_id
from section as S
where semester = 'Fall' and year= 2009 and
      exists (select *
              from section as T
              where semester = 'Spring' and year= 2010 and
                    S.course_id= T.course_id);
```

上面查詢結果所顯示的課程代碼，是符合 2009 年秋季有開課的課程，並且存在於子查詢結果中。另外，觀察上面的子查詢，會發現子查詢的中有用到外部查詢的屬性 (S.course_id)，這種子查詢稱為**相關子查詢 (correlated subquery)**。

相關子查詢因為包含外部查詢的屬性，因此不能獨立使用。

關鍵字 **not exists** 可用來檢查不存在於子查詢中的資料，可搭配關鍵字 except 使用。「關聯 A 包含關聯 B」可寫為「**not exists**(B except A)」。假設要查詢有修過生物系的課程的學生姓名及學號，其語法如下：

```
select distinct S.ID, S.name
from student as S
where not exists ((select course_id
                    from course
                    where dept_name = 'Biology')
                  except
                  (select T.course_id
                    from takes as T
                    where S.ID = T.ID));
```

3.8.4 重複值測試

關鍵字 **unique** 可以用來檢查子查詢結果是否含有重複值。若含有重複值，則回傳 false，反之則回傳 true。假設要查詢在 2009 年只開課一次的課程代碼，其語法如下：

```
select T.course_id
from course as T
where unique (select R.course_id
               from section as R
               where T.course_id = R.course_id and
                     R.year = 2009);
```

請注意，若子查詢結果為空集合，在 **unique** 判斷上將會回傳 true。

以下是不使用 **unique** 結構，其語法如下：

```
select T.course_id
from course as T
where 1 <= (select count(R.course_id)
             from section as R
             where T.course_id = R.course_id and
                   R.year = 2009);
```

關鍵字 **not unique** 可用來檢查子查詢中是否含有重複值。假設要查詢在 2009 年至少開課兩次的課程代碼，其語法如下：

```
select T.course_id
from course as T
where not unique (select R.course_id
                   from section as R
                   where T.course_id = R.course_id and
                         R.year = 2009);
```

3.8.5 From 子句中的子查詢

SQL 允許在 from 子句中使用子查詢來當作主要查詢的資料來源。假設要查詢哪些科系教師平均薪資超過 42,000 元,在第 3.7 節中使用 having 子句結構,現在改使用 from 子句中的子查詢,其語法如下:

```
select dept_name, avg_salary
from (select dept_name, avg (salary) as avg_salary
        from instructor
        group by dept_name)
where avg_salary > 42000;
```

以上子查詢結果會產生一個包含所有科系名稱及平均教師薪資的集合。另外,可以透過使用 as 子句,將子查詢結果及屬性另取別名,其語法如下:

```
select dept_name, avg_salary
from (select dept_name, avg (salary)
        from instructor
        group by dept_name)
        as dept_avg (dept_name, avg_salary)
where avg_salary > 42000;
```

大多數的資料庫管理系統都支援在 from 子句中使用子查詢,不過 Oracle 並不支援 from 子句中子查詢重新命名的功能。假設要找出在所有科系中最大薪資總額,其語法如下:

```
select max (tot_salary)
from (select dept_name, sum(salary)
        from instructor
        group by dept_name) as dept_total (dept_name, tot_salary);
```

關鍵字 lateral 可使 from 子句中的子查詢來存取外部查詢的屬性。假設要查詢所有教師名字、薪資及所屬科系的平均薪資,其語法如下:

```
select name, salary, avg_salary
from instructor I1, lateral (select avg(salary) as avg_salary
                from instructor I2
                where I2.dept_name= I1.dept_name);
```

請注意,如果沒有關鍵字 lateral,則子查詢無法存取外部查詢的屬性。目前只有少數資料庫有支援 lateral 的功能。

3.8.6 With 子句

with 子句可以用來建立暫存的資料集，但是這個暫存的資料集卻只能使用一次而已。假設要找出在所有科系中的最大預算，其語法如下：

```
with max_budget (value) as
    (select max(budget)
     from department)
select budget
from department, max_budget
where department.budget = max_budget.value;
```

假設要找出所有薪資總額大於所有科系平均薪資總額的科系，其語法如下：

```
with dept_total (dept_name, value) as
    (select dept_name, sum(salary)
     from instructor
     group by dept_name),
dept_total_avg(value) as
    (select avg(value)
     from dept_total)
select dept_name
from dept_total, dept_total_avg
where dept_total.value >= dept_total_avg.value;
```

我們當然也可以不用 **with** 子句建立一個等效的查詢，但那會使查詢語法更複雜且難以理解。

3.8.7 標量子查詢

當子查詢查詢結果只回傳單一屬性時，這樣的子查詢被稱為**標量子查詢**（**scalar subqueries**）。假設要查詢所有科系及各科系教師的總人數，其語法如下：

```
select dept_name,
       (select count(*)
        from instructor
        where department.dept_name = instructor.dept_name)
       as num_instructors
from department;
```

標量子查詢可以使用在 **select**、**where** 和 **having** 子句中。如果子查詢結果回傳多個數值時，則會發生錯誤。

3.9 修改資料庫

本章節將介紹 SQL 如何對資料庫中的資料做新增、修改和刪除等功能。

3.9.1 刪除

delete 子句可用來刪除資料庫中的資料，其語法如下：

delete from *r*
where *P*;

其中 *P* 代表過濾資料的條件，而 *r* 則代表欲刪除的關聯名稱。**where** 子句可以省略不寫。當 **where** 子句省略時，所有在 *r* 關聯中的資料將會全部被刪除，但是 *r* 關聯依然會存在於資料庫中。假設要刪除教師資料表中的所有教師資料，其語法如下：

delete from *instructor*;

以上執行結果會使教師資料表變成為空的資料表存在於資料庫中。

- 假設要刪除所有財經系教師的資料，其語法如下：

  delete from *instructor*
  where *dept_name*= 'Finance';

- 假設要刪除所有薪資介於 13,000 元至 15,000 元的教師資料，其語法如下：

  delete from *instructor*
  where *salary* **between** 13000 **and** 15000;

- 假設要刪除科系位於 Watson 大樓的所有教師資料，其語法如下：

  delete from *instructor*
  where *dept_name* **in** (**select** *dept_name*
  　　　　　　　　　　　from *department*
  　　　　　　　　　　　where *building* = 'Watson');

以上語法會先找出所有位在 Watson 大樓的科系，然後刪除所有與此科系有關的教師資料。

假設要刪除薪資低於平均薪資的教師資料，其語法如下：

delete from *instructor*
where *salary*< (**select avg** (*salary*)
　　　　　　　　from *instructor*);

以上查詢語法會先找出哪些教師的薪資低於平均薪資後，才會進行刪除的動作。請注意，**delete** 並不會一邊計算平均薪資，一邊進行刪除資料的動作，而是先檢測所有的資料是否符合條件，再將符合條件的資料予以刪除。

3.9.2 新增

insert into 子句用來把資料新增到資料表中。有兩種新增方式：一種是一次新增一筆資料，而另一種是一次新增多筆資料。我們首先來看一次新增一筆資料的語法。

假設要在課程資料表中新增一門課程資料，此課程代碼為 CS-437 是資訊系所開的一門 4 學分的資料庫系統課程，其語法如下：

> **insert into** *course*
> **values** ('CS-437', 'Database Systems', 'Comp. Sci.', 4);

請注意，以上新增資料的排列順序是對應課程資料表中的欄位順序。SQL 也允許使用者自定順序新增資料，但是需將所對應到的欄位順序一併列出。以下兩個新增語法執行結果與上面執行結果相同：

> **insert into** *course* (*course_id*, *title*, *dept_name*, *credits*)
> **values** ('CS-437', 'Database Systems', 'Comp. Sci.', 4);

> **insert into** *course* (*title*, *course_id*, *credits*, *dept_name*)
> **values** ('Database Systems', 'CS-437', 4, 'Comp. Sci.');

接著我們將介紹一次新增多筆資料的語法。假設要在 *instructor* 資料表中新增薪資為 18,000 元的音樂系教師資料，其語法如下：

> **insert into** *instructor*
> **select** *ID*, *name*, *dept_name*, 18000
> **from** *student*
> **where** *dept_name* = 'Music' **and** *tot_cred* > 144;

觀察以上語法可知，若要一次新增多筆資料時，可以搭配 **select** 子句一起使用。請注意，如果要被新增的資料表中沒有主鍵的條件限制，則新增資料將會覆蓋舊的資料，因此建議各資料表都應含有主鍵條件限制。

當有些資料尚未明時，可以用空值來表示不確定的值，但是該欄位設定必須可接受空值為前提。假設要新增一名學生資料，一位學號為 3003 名叫 Green 的財經系學生，但是此學生的 *tot_cred* 不明，其語法如下：

> **insert into** *student*
> **values** ('3003', 'Green', 'Finance', *null*);

3.9.3　修改

update 子句可用來修改資料表中的資料。假設要將所有教師加薪 5%，其語法如下：

> **update** *instructor*
> **set** *salary* = *salary* * 1.05;

假設只讓薪資低於 70,000 元的教師加薪 5%，其語法如下：

> **update** *instructor*
> **set** *salary* = *salary* * 1.05
> **where** *salary* < 70000;

update 子句也可以搭配子查詢一起使用。假設要將薪資低於平均薪資的教師加薪 5%，其語法如下：

> **update** *instructor*
> **set** *salary* = *salary* * 1.05
> **where** *salary* < (**select avg** (*salary*)
> 　　　　　　　　**from** *instructor*);

假設要將薪資超過 100,000 元的教師加薪 3%，而其他教師則加新 5%，其語法如下：

> **update** *instructor*
> **set** *salary* = *salary* * 1.03
> **where** *salary* > 100000;

> **update** *instructor*
> **set** *salary* = *salary* * 1.05
> **where** *salary* <= 100000;

請注意，這兩個 **update** 子句的順序很重要。如果順序顛倒，薪資不到 100,000 元的教師會得到超過 8% 的加薪。

SQL 提供了一個 **case** 的結構，可以執行多個條件的更新，其語法如下：

> **case**
> 　　**when** *pred*$_1$ **then** *result*$_1$
> 　　**when** *pred*$_2$ **then** *result*$_2$
> 　　...
> 　　**when** *pred*$_n$ **then** *result*$_n$
> 　　**else** *result*$_0$
> **end**

$pred_1$ 代表各條件,而 $result_1$ 則代表當滿足條件 $pred_1$ 時所得到的結果,當沒有滿足任何條件時,則回傳 $result_0$。**case** 子句可以用在任何有預期值的地方。

因此,用 **case** 結構改寫上面新增語法如下:

>   **update** *instructor*
>   **set** *salary* = **case**
>   **when** *salary* <= 100000 **then** *salary* * 1.05
>   **else** *salary* * 1.03
>   **end**

3.10 總結

- SQL 有以下幾個重點:
  - 資料定義語言(DDL):SQL DDL 用來定義關聯架構、刪除關聯和修改關聯規則的 SQL 指令。
  - 資料操作語言(DML):SQL DML 用來做資料處理的 SQL 指令,包含新增、修改、刪除等指令。
- SQL 可設定完整性限制,如主鍵和外來鍵。
- SQL 包含用於查詢資料庫的各種語言結構,如 **select**、**from** 和 **where** 子句,並支持自然結合的運算。
- SQL 提供了另取別名的機制,可重新命名屬性或是資料表。
- SQL 支持關聯集合運算,如聯集∩、交集∪和除外−。
- SQL 提供了空值來存放未知的值。
- SQL 提供了聚集函數,可讓使用者更容易操作資料庫中的資料。
- SQL 支援多種子查詢的功能,提高操作者的使用彈性。
- SQL 提供了可針對資料庫中的資料做新增、修改和刪除等功能。

關鍵詞

- 資料定義語言 (Data-definition language)
- 資料操作語言 (Data-manipulation language)
- 資料庫結構 (Database schema)
- 資料庫實例 (Database instance)
- 關聯架構 (Relation schema)
- 關聯實例 (Relation instance)
- 主鍵 (Primary key)
- 外來鍵 (Foreign key)
  - 參考關聯 (Referenced relation)
- 空值 (Null value)
- 查詢語言 (Query language)
- 查詢結構 SQL (query structure SQL)
  - **select** 子句 (**select** clause)

- ○ from 子句 (from clause)
- ○ where 子句 (where clause)
- ○ group by 子句 (group by clause)
- ○ having 子句 (having clause)
- 自然結合運算 (Natural join operation)
- as 子句 (as clause)
- order by 子句 (order by clause)
- 相關名稱 (Correlation name)
- 相關變數 (Correlation variable)
- 集合運算 (Set operations)
- 聚集函數 (Aggregate functions)
- 子查詢（亦稱巢狀子查詢）(Nested subquery)
- 集合比較 (Set comparisons)
- lateral 子句 (lateral clause)
- with 子句 (with clause)
- 標量子查詢 (Scalar subquery)
- 資料庫修改 (Database modification)

實作題

3.1 使用本書提供的大學資料庫，寫出以下各查詢語法：
   a. 找出資訊系中所有三個學分的課程名稱。
   b. 找出 Einstein 教師所授課的所有學生 ID，並確保沒有重複值。
   c. 找出擁有最高薪資的教師名稱。
   d. 找出 2009 年秋季每堂課程的修課人數。
   e. 找出 2009 年秋季修課人數最多的課程名稱。

3.2 假設學校是以等級做評分，再依照等級來轉換所得分數。「A」代表 4 分，「A−」代表 3.7 分，「B+」代表 3.3 分，「B」代表 3 分，依此類推。學生單科課程學期成績為該課程之學分數乘以該所得分數。另外，每個學生都一定會有分數。由上述關係，使用大學資料庫寫出以下各查詢語法：
   a. 找出學生 ID 為 12345 的總成績，並包括此學生所修習之所有課程。
   b. 計算出上述學生的年級平均分數，也就是課程的總成績除以總學分。
   c. 找出每位學生之 ID 和平均分數。

3.3 使用保險資料庫（圖 3.16），寫出以下各查詢語法：
   a. 找出在 2009 年擁有汽車並發生事故的總人數。
   b. 刪除屬於「John Smith」的 Mazda 資料。

3.4 假設學生分數等級如下：低於 40 分為 F 級，40 分以上但不滿 60 分為 C 級，60 分以上但不滿 80 分為 B 級，80 分以上為 A 級。使用大學的資料庫，寫出以下各查詢語法：
   a. 將每位學生的分數對應其分數等級顯示出來。
   b. 找出每個年級的學生人數。

3.5 使用銀行資料庫（圖 3.17），寫出以下各查詢語法：

▶ 圖 3.16
保險資料庫，3.3 題

person (*driver_id*, name, address)
car (*license*, model, year)
accident (*report_number*, date, location)
owns (*driver_id*, *license*)
participated (*report_number*, *license*, driver_id, damage_amount)

branch(*branch_name*, *branch_city*, *assets*)
customer (*customer_name*, *customer_street*, *customer_city*)
loan (*loan_number*, *branch_name*, *amount*)
borrower (*customer_name*, *loan_number*)
account (*account_number*, *branch_name*, *balance*)
depositor (*customer_name*, *account_number*)

▶圖 3.17
銀行資料庫，3.5 題

  a. 找出所有擁有帳戶且無借款記錄的客戶資料。
  b. 找出所有住在同一城市同一街道上並同名為「Smith」的客戶資料。
  c. 找出所有擁有帳戶並且住在「Harrison」的客戶名稱。
3.6 使用員工資料庫（圖 3.18），寫出以下各查詢語法：
  a. 找出所有員工居所住城市的名稱。
  b. 找出在「第一銀行」(First Bank Corporation) 工作且薪資超過10,000元的所有員工資料。
  c. 找出不在「第一銀行」工作的所有員工資料。
  d. 找出薪資超過「小銀行股份有限公司」(Small Bank Corporation) 所有員工的員工資料。
  e. 找出和「小銀行股份有限公司」設置相同地點的所有公司資料。
  f. 找出擁有最多員工的公司資料。
  g. 找出員工薪資高於「第一銀行」平均薪資的公司資料。
3.7 使用員工資料庫（圖 3.18），寫出以下各查詢語法：
  a. 將員工「Jones」居住城市改為「Newtown」。
  b. 將「第一銀行」所有經理加薪 10%，若加薪後的薪資超過 10,000 元，則只加薪 3%。

練習

3.8 使用員工資料庫（圖 3.18），寫出以下各查詢語法：
  a. 找出在「第一銀行」工作的所有員工的姓名。
  b. 找出居住在公司所在城市的所有員工資料。
  c. 找出所有與其主管住在同一個城市、同一條街道上的員工資料。
  d. 找出薪資超過所屬公司平均薪資的員工資料。
  e. 找出支付薪資總額最小的公司資料。
3.9 使用員工資料庫（圖 3.18），寫出以下各查詢語法：
  a. 將「第一銀行」全體員工加薪 10%。
  b. 將「第一銀行」所有經理加薪 10%。
  c. 刪除「小銀行股份有限公司」員工在 *works* 資料表中的所有資料。

employee (*employee_name*, *street*, *city*)
works (*employee_name*, *company_name*, *salary*)
company (*company_name*, *city*)
manages (*employee_name*, *manager_name*)

▶圖 3.18
員工資料庫，3.6 題到 3.9 題將會使用此資料庫結構

3.10 使用大學資料庫，寫出以下各查詢語法：
   a. 找出曾修過資訊系任一門課的所有學生姓名，請確認結果不含重複值。
   b. 找出在 2009 年春季沒有選修任何課程的學生學號和姓名。
   c. 找出各科系中擁有最高薪資的教師資料。
   d. 找出各科系中的最高和最低薪資。

3.11 使用大學資料庫，寫出以下各查詢語法：
   a. 新增一門課程，課程代碼為「CS-001」，標題為「每週研討會」，0 學分。
   b. 將上述課程新增為在 2009 年秋季所開課，*sec_id* 為 1。
   c. 將上述課程讓資訊系每位學生都選修此課程。
   d. 刪除上述課程中姓名為 Chavez 的學生。

3.12 使用圖書館資料庫（圖 3.19），寫出各查詢語法：
   a. 查詢出有借閱過「麥格羅希爾」出版品的會員姓名。
   b. 查詢出對於同一家出版公司的書籍，借閱超過五本的會員姓名。
   c. 計算出所有會員借書的平均本數。

3.13 不使用 **unique** 結構重寫以下查詢語法：

$$\textbf{where unique (select } \textit{title} \textbf{ from } \textit{course)}$$

3.14 解釋為何加入 **section** 在 **from** 子句中也不會改變以下查詢結果：

```
select course_id, semester, year, sec_id, avg (tot_cred)
from takes natural join student
where year = 2009
group by course_id, semester, year, sec_id
having count (ID) >= 2;
```

3.15 不使用 **with** 結構重寫以下查詢語法：

```
with dept_total (dept_name, value) as
    (select dept_name, sum(salary)
     from instructor
     group by dept_name),
dept_total_avg(value) as
    (select avg(value)
     from dept_total)
select dept_name
from dept_total, dept_total_avg
where dept_total.value >= dept_total_avg.value;
```

▶ 圖 3.19
圖書館資料庫

member(*memb_no*, *name*, *age*)
book(*isbn*, *title*, *authors*, *publisher*)
borrowed(*memb_no*, *isbn*, *date*)

工具

　　一些關聯資料庫系統已經上市，包括 IBM 的 DB2 和 Informix、Oracle、Sybase 及微軟 SQL 伺服器等。此外，另外幾個資料庫系統可以免費下載使用，包括 PostgreSQL、MySQL（商業用途除外）和 Oracle Express 版本等。

　　大多數資料庫系統提供 SQL 指令查詢介面以及使用者圖形介面 (GUIs)，降低管理資料庫的困難性。SQL 的商業 IDE 運作跨越多個資料庫平臺，包括 Embarcadero 公司的 RAD Studio 及 Aqua DataStudio。

　　在 PostgreSQL，pgAdmin tool 提供 GUI 功能的同時，MySQL 及 phpMyAdmin 也同樣提供 GUI 功能。NetBeans IDE 提供了可在不同資料庫運作的 GUI 前端，不過功能有限，而在 Eclipse IDE 通過幾個不同插件，如資料工具平臺 (DTP) 的和 JBuilder 等支持類似的功能。

　　在本章中討論的 SQL 結構是 SQL 標準的一部分，但某些資料庫不支援某些功能，使用時請參閱各資料庫系統的使用手冊。

書目附註

　　原始版本的 SQL，稱為 Sequel 2，Chamberlin 等人開發 [1976]。Sequel 2 是自 language Square 所衍生（Boyce 等人 [1975] 以及 Chamberlin 與 Boyce [1974]）。美國國家標準 SQL-86 在 ANSI [1986] 所描述。IBM 系統應用體系結構定義了 SQL 是由 IBM 定義 [1987]。官方標準的 SQL-89 和 SQL-92 分別如 ANSI [1989] 和 ANSI [1992] 一樣有效。

　　教科書描述的 SQL-92 語言包括 Date 和 Darwen [1997]、Melton 和 Simon [1993] 和 Cannan 和 Otten [1993]。Date 和 Darwen [1997] 和 Date [1993] 包括一種批判的 SQL-92 從編程語言觀點。

　　SQL:1999 此教科書包括 Melton 與 Simon [2001] 以及 Melton [2002]。Eisenberg 與 Melton [1999] 提供了 SQL:1999 的概述。Donahoo 與 Speegle [2005] 敘述了從開發人員的觀點來看 SQL。Eisenberg 等人 [2004] 提供了 SQL:2003 的概述。

　　在 SQL:1999、SQL:2003、SQL:2006 和 SQL:2008 的標準由 ISO/IEC 標準文件集合出版。這些標準文件是主要給資料庫系統執行者所使用。該標準文件可從網站 http://webstore.ansi.org 購買。

　　許多資料庫產品都支援指定的標準功能以外的 SQL 功能，也可能不支持某些標準功能。詳細支援功能請參照各產品的使用手冊。

CHAPTER 4

資料庫設計和 E-R 模型

到目前為止，我們假設一個給定的資料庫架構，並探討如何查詢和更新。現在來看看該如何先設計此資料庫架構。在本章中，我們著重於實體關聯 (entity-relatioinship, E-R) 的資料模型，它提供一種在資料庫中定義實體的方法，並解釋這些實體間彼此關聯性。最終，此資料庫設計會以關聯資料庫的設計以及一些相關的集合限制表示。在本章中，我們也會解釋一個 E-R 的設計如何轉化為一組關聯架構，以及在設計中如何運用某些限制。接著在第 5 章，將詳細探討關聯架構的資料庫設計的好壞，並研究如何使用範圍較廣的限制來創造更好的設計。這兩章涵蓋了資料庫設計的基本概念。

4.1 設計過程概述

創建一個資料庫應用程序很複雜，其中涉及資料庫架構設計、程序存取與安全防護。在設計過程中，用戶的需求最重要。在本章，我們主要會著眼於資料庫架構的設計，但也會簡單介紹一些其他設計需求。

要設計了一個完整的資料庫應用環境，以滿足企業建模所需要注意的問題非常廣泛。這些額外的需求，將會從實體、邏輯與視圖等面向影響之後各種設計的選擇。

4.1.1 設計階段

對於明白應用程式要求的資料庫設計師來說，決定小型應用程式間的關聯性、屬性及限制，並不算困難。然而，如此直接的設計在現實社會中卻是相當困難，因為它們往往都非常複雜。通常沒有一個人能完全明白一個應用程式所需要的完整資料需求。資料庫設計師必須與程式用戶互動來理解用戶對應用程式的需求，進而將這些需求轉換成較低層次的設計。一個高層次的資料模型提供資料庫設計師一個概念框架。具體而言，就是指資料庫用戶對於資料的需求，以及能夠滿足這些要求的資料庫架構。

- 資料庫設計的初始階段是要能完整描述資料庫用戶的需求。資料庫設計師須與領域專家和用戶密切互動來進行這項工作。此階段的結果是定義出用戶需求的範圍。雖然有用戶需求可以用圖表表示，但在本章中，我們僅用文字敘述來表達。
- 接下來，設計師選擇出一個資料模型，並透過這個資料模型概念，將所有需求轉換成該資料庫的一個概念架構。在此**概念設計 (conceptual-design)** 階段所開發的架構提供了詳細概況。實體關聯模型，也就是我們在本章會探討的，通常用來代表設計概念。在實體關聯模型的條件下，概念架構所指定的實體組成資料庫，包含實體的屬性、各實體間的關聯，以及各種實體和關聯的限制。在一般情況下，概念設計階段最終會產出一個代表架構的實體關聯圖。

    設計師會檢查其架構，確認所有資料的條件都能符合，且彼此間不互相衝突。還要檢查其設計，消除任何重複的功能。此時，設計師的著眼點是在描述資料及其之間的關聯性，而非特定的實體儲存細節上。
- 一個完整的概念架構也可說明整個功能上的要求。在**功能要求規範 (specification of functional requirements)** 中，用戶會詳述對資料所需要執行的各類運算或交易，例如修改或更新資料，搜尋檢索和刪除資料等。在概念設計的這個階段，設計人員可以重新檢視架構，以確保它能滿足功能上的需求。
- 從抽象的概念模式轉為實作資料模型的過程，會在最後的兩個資料庫設計階段進行。
    - 在**邏輯設計階段 (logical-design phase)**，設計師在實作資料模型上，會套入高級別的概念架構。實作資料模型通常為關聯資料模型，而這一步驟通常包含透過在關聯架構上使用實體關聯模型來標記概念架構的定義。
    - 最後，設計師在下一步的**實體設計階段 (physical-design phase)** 會使用產生出的特定系統資料庫架構，其中資料庫的實體特徵為特定的。這些功能包括會在第 6 章和第 7 章裡討論的文件組織形式和索引結構選擇。

    資料庫的實體架構在應用程式建立後很容易修改。然而，要改變其邏輯架構通常較困難，因為它們可能影響到分布在應用程式代碼裡的某些查詢及更新。因此，在建構其餘的資料庫應用程式前，在執行資料庫設計階段時必須特別小心。

4.1.2 設計方案

資料庫設計過程主要的部分是選擇以何種方式來表示不同類型的「東西」，如人物、地點、產品等。我們用「實體」(entity) 這個詞來表示任何可以明顯識別的項目。像一所大學的資料庫，實體的範例會包括教師、學生、科系、課程以及課程配置。各種實體彼此以不同方式相互關聯，所有的關聯都需要在資料庫設計中被納入。例如，某學生修習一門由某教師教授的課程，此修習與授課即為實體間的關聯範例。

在設計資料庫架構中，我們必須確保避免兩大陷阱：

1. **冗餘 (redundancy)**：一個劣質的設計可能包含重複的資訊。例如，如果我們為每個課程設置都儲存課程標示以及課程名稱，則課程標題就會被冗餘儲存（不必要地多次儲存）。其實每個課程設置只需儲存一個課程標示，且讓課程名稱會與課程標示符號連結一次即可。

    冗餘也可能發生在一個關聯架構裡。截至目前所使用的大學範例中，有各自獨立的堂數關聯以及課程關聯。假設我們僅使用一個關聯來儲存每一節堂數，所有與課程相關的資訊 (*course_id, title, dept_name, credits*) 皆會被儲存一次。顯然地，關於課程的資訊將會被冗餘儲存。

    冗餘資訊最大的問題就是副本的資訊可能不一致，因為我們可能不會對所有副本做更新，例如，一門課程不同的堂數可能擁有相同的課程標示符號，但卻可能有不同的名稱。

2. **殘缺 (incompleteness)**：一個不良的設計可能會在某方面很難甚至無法建模。例如，假設，如範例 (1) 所述，我們只有和課程設置相對應的實體，而沒有和課程相對應的實體。很顯然地，假設我們有只有一個關聯，其中每堂課程提供的課程資訊都重複被儲存一次，接下來，將無法表示新課程的相關資訊，除非該課程已被提供。我們或許能試著透過在堂數欄儲存空值來解決這個設計的問題。但是這種做法不僅不好看，還可能受到主鍵限制。

除了避免不良設計，我們也必須從大量的優良設計中做出選擇。舉個簡單的例子，試想一位購買產品的客戶，此產品的銷售是否為客戶與產品之間的關聯？另外，銷售本身是否同時為客戶及產品相關之一實體？這個選擇看似簡單，卻可能是攸關能否建立良好模式的重要差別。試想在真實世界的企業需要從大量的實體和關聯做出選擇，資料庫設計的確是一個具挑戰性的問題。事實上，我們會看到，它需要科學與「品味」兼具。

4.2 實體關聯模型

實體關聯 (entity-relationship, E-R) 資料模型的目的，是利用可代表資料庫整體邏輯結構來加強資料庫設計規範。

E-R 模型對於將真實的需求與互動反映在概念架構上很有效，是非常實用的設計。而正因如此，許多資料庫設計工具會使用 E-R 模型的三個基本概念：實體集、關聯集和屬性。另外，E-R 模型也包含一個相關的 E-R 圖解，在本章稍後會介紹。

4.2.1 實體集

實體 (entity) 是一個「東西」或「對象」。例如，大學裡的每一個人是一個實體。每個實體擁有一組值，且一些值可以唯一代表此實體。例如，一個人可能擁有一個唯一標示此人的 $person\_id$ 值。同樣地，課程也可被當作實體，$course\_id$ 也可唯一標示某一個大學課程。一個實體可以是具體的，如一個人或一本書，但也可能是抽象的，像一門課程、一課程設置，或者一個班機預訂。

實體組 (entity set) 是指一組相同類型的實體，其共享相同的屬性。例如，那些大學裡的教師，可被定義為 $instructor$ 實體集。同樣地，$student$ 實體集可能代表了大學裡所有的學生。

在建模的過程，我們在概念中常用實體集一詞，但並非指一套特殊的個別實體。我們使用實體集的**擴展 (extension)** 一詞來指屬於實體集之實際蒐集。因此，大學裡的實際教師，形成了 $instructor$ 實體集的延伸。上面的區別有點像第 2 章曾介紹過的關聯與關聯實例間的差異。

實體集不必被分離。例如，定義一所大學的所有人為一實體集是可能的 ($person$)。一個 $person$ 的實體可能為一個 $instructor$ 實體、一 $student$ 實體，或兼具兩者亦或兩者皆非。

一組**屬性 (attributes)** 代表了一個實體。屬性是指對實體集每個成員的描述。一個實體集的屬性，要能表達資料庫中儲存的有關實體集中各個實體的類似資訊，但每個實體可能擁有其各自的屬性值。$instructor$ 實體集可能的屬性為 ID、$name$、$dept\_name$ 及 $salary$。在現實生活中，應該還會有更多的屬性，如街道號碼、公寓號碼、州、郵遞區號和國家，不過我們忽略這些以簡化我們的例子。

每個實體擁有其各個屬性的**值 (value)**。例如，一個 $instructor$ 實體可能擁有

ID 值「12121」，*name* 的值為「Wu」，*dept_name* 值為「Finance」，*salary* 值為「90,000」。

ID 屬性可唯一標示教師，因為可能有些教師同名同姓。在美國，許多企業使用社會安全卡號作為屬性，因為其值可唯一指出其所對應的人。而在一般企業如學校，則需要創建並分配一個唯一的可標示值給每位教師。

資料庫中包括了實體集的集合，每個皆有任意數量的相同類型實體。圖 4.1 顯示某大學的部分資料庫，有兩個實體集：*instructor* 和 *student*。為了保持圖形簡單，我們只有列出兩個實體集的一些屬性。

一所大學的資料庫還包含其他的實體集，像是有關課程的資訊，如 *course_id*、*title*、*dept_name* 及 *credits* 等多個實體集。

4.2.2 關聯集

關聯 (relationship) 是指幾個實體之間的關係。例如，我們定義名為 Katz 的教師與學生 Shankar 之間的 *advisor* 關聯。此關聯指定 Katz 為學生 Shankar 之指導教授。

一個**關聯集 (relationship set)** 是指一組同類型的關聯。正式來說，它是一個 $n \geq 2$（可能不明顯）實體集的數學關聯。如果 E_1、E_2、$\cdots$、E_n 是實體集，則關聯集 R 則是代表一個子集

$$\{(e_1, e_2, \ldots, e_n) \mid e_1 \in E_1, e_2 \in E_2, \ldots, e_n \in E_n\}$$

其中 $(e_1, e_2, \ldots, e_n)$ 是一種關聯。

試想圖 4.1 的教師和學生兩個實體集。我們定義 *advisor* 關聯集來表示 *instructor* 及 *student* 之間的關聯。圖 4.2 描述了這種關聯。

76766	Crick
45565	Katz
10101	Srinivasan
98345	Kim
76543	Singh
22222	Einstein

instructor

98988	Tanaka
12345	Shankar
00128	Zhang
76543	Brown
76653	Aoi
23121	Chavez
44553	Peltier

student

▶圖 4.1
教師和學生實體集

▶圖 4.2
advisor 關聯集

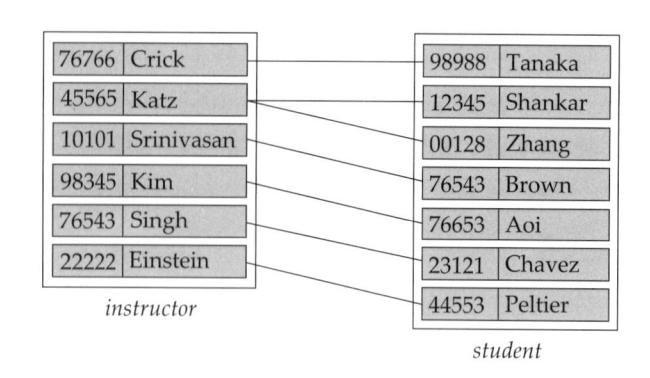

```
76766 | Crick          98988 | Tanaka
45565 | Katz           12345 | Shankar
10101 | Srinivasan     00128 | Zhang
98345 | Kim            76543 | Brown
76543 | Singh          76653 | Aoi
22222 | Einstein       23121 | Chavez
       instructor      44553 | Peltier
                              student
```

另一範例為，若有 *student* 和 *section* 兩個實體集。我們可以定義 *takes* 關聯集來表示兩者間的關聯。

實體集之間的關係被當作是一種參與行為，也就是說，實體集的 E_1、E_2、……、E_n **參與 (participate)** 關聯集 R。E-R 架構裡的**關聯實例 (relationship instance)** 代表真實世界中實體之間的關聯。前述範例中，Katz 為一教師 *ID* 為 45565 的獨立 *instructor* 實體，與學生 *ID* 12345 名為 Shankar 的 *student* 實體，參與了 *advisor* 關聯集。此關聯實例即代表在大學裡，教師 Katz 指導了學生 Shankar。

一個實體在關聯中所扮演的功能稱為實體**角色 (role)**。由於實體集通常獨立地參與關聯集，因此角色不會刻意清楚定義。然而，在關聯的意義需要被清楚說明時，它們就很有幫助。像是一個實體集可能會不只一次參與同一個關聯集，但是扮演不同的角色。在此類型稱為**遞歸 (recursive)** 的關聯集中，必須有明確的角色名稱才行。例如，*course* 實體集記錄了所有大學課程的相關資訊。若要表示 C2 課程為 C1 課程的先修課程，我們可用 *prereq* 關聯集，使用排序的 *course* 實體配對為模型。課程配對的第一門課程為 C1，而第二個則是先修課程 C2。如此一來，所有的 *prereq* 關聯被 (C1, C2) 賦予配對，即代表 (C2, C1) 就會被排除在外。

另外，關聯亦可能包含**描述屬性 (descriptive attributes)**。試想一個 *advisor* 關聯集，其包括了 *instructor* 和 *student* 實體集。我們可以聯想 *date* 屬性及其關聯來記錄教師何時成為學生的指導教授的日期。在所有教師 Katz 和學生 Shankar 的相關實體中，*advisor* 關聯中日期屬性的值為「10 June 2007」，意味著 Katz 在 2007 年 6 月 10 日成為 Shankar 的指導教師。

圖 4.3 顯示了 *advisor* 關聯集，及其描述的 *date* 屬性。其中，Katz 在不同日期分別指導了兩名不同的學生。

一個關聯描述屬性更實際的例子，如在 *takes* 關聯集中的 *student* 和 *section* 實體集。我們不妨存儲一個用來描述成績的屬性 *grade*，以及一個描述學分的屬性 *for_credit* 來記錄學生是選取學分課程，或只是試聽（或旁聽）課程。

▶圖 4.3
advisor 關聯集的 date 屬性

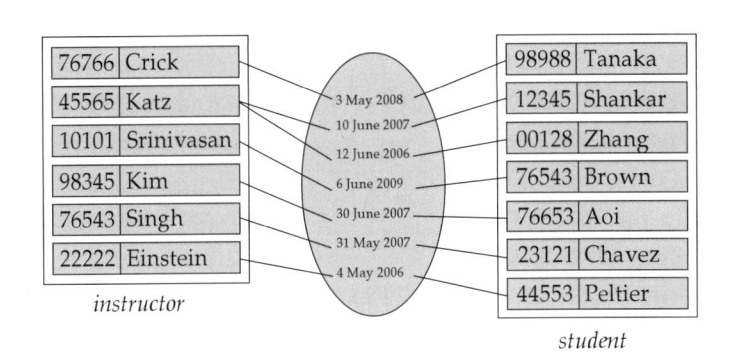

```
76766  Crick           3 May 2008       98988  Tanaka
45565  Katz           10 June 2007      12345  Shankar
10101  Srinivasan     12 June 2006      00128  Zhang
98345  Kim             6 June 2009      76543  Brown
76543  Singh          30 June 2007      76653  Aoi
22222  Einstein       31 May 2007       23121  Chavez
                       4 May 2006       44553  Peltier
       instructor                              student
```

在一給定的關聯集中，關聯實例必須能被所有參與的實體唯一辨識，不需要使用描述性的屬性。假設我們想將某教師成為某特定學生指導教授之所有日期建模。單值屬性 date 只能儲存單一日期，我們無法以同一教師與學生之間的多種關聯實例來代表多個日期，因為關聯實例無法只用參與實體來達到唯一性辨識。處理此情形的正確方法是建立一個可以儲存所有日期的多值屬性 date。

在同一關聯實體集中，出現一個以上的關聯集是有可能的。在我們的例子裡，instructor 和 student 實體集參與了 advisor 關聯集。假設每位學生必須有另一名擔任某科系的指導教授，接下來，instructor 和 student 實體集就可能參與另一關聯集，例如 dept_advisor。

此時，advisor 關聯集和 dept_advisor 關聯集，即成了**二元 (binary)** 關聯集的範例，也就是，一個關聯涉及到兩個實體集。大多數在資料庫系統的關聯集均為二元。但有時關聯集也會涉及兩個以上的實體集。

假設我們有一個 project 實體集，代表了大學裡進行的所有研究專案。每個 project 可涵蓋多個相關 student 和多個相關 instructor。此外，每個參與專案的學生必須有一名指導學生專案的相關教師。現在，讓我們先忽略前兩個專案與教師及專案與學生之間的關聯。我們先把重點放在哪些教師正在指導哪些學生進行什麼專案。為了表示此一資訊，我們透過 proj_guide 關聯集來連結此三個實體集。

請注意，一名學生可有不同的指導教師來指導不同專案，但是此部分無法以學生與教師間的二元關聯來表示。

參與關聯集的實體集數量是關聯的**階度 (degree)**。一個二元關聯集的階度為 2，三元關聯集的階度為 3。

4.2.3 屬性

每個屬性都有一組可用的值，稱為該屬性的**領域 (domain)** 或**值集 (value**

set)。*course_id* 的領域可能為某固定長度的所有字串的集合。同樣地，*semester* 屬性的領域可能為集合 {Fall, Winter, Spring, Summer} 內的串。

實體集的屬性其實是一個函數，可將實體集映射至一個領域。由於一實體集可能有多個屬性，每個實體可用一（屬性、資料值）組對來描述，而每個實體集的屬性都成一對。例如，一個特定 *instructor* 實體可用集合 { (*ID*, 76766), (*name*, Crick), (*dept_name*, Biology), (*salary*, 72000)} 來描述，代表一位名叫 Crick 的教師，其 *ID* 為 76766，是生物系師資，而年薪為 72,000 美元。描述一個實體的屬性值是構成資料庫內儲存資料的重要部分。

如用於 E-R 模型一樣，屬性可具有下列幾種特點。

- **簡單 (simple)** 與 **複合 (composite)** 屬性。到目前為止在我們的實例中，屬性多屬於簡單，也就是屬性並沒有被分成子部分。但是複合屬性，可被分為子部分。例如，*name* 屬性可被建構為一個包含 *first_name*、*middle_initial* 和 *last_name* 的複合屬性。假如用戶希望在某些情況下提到完整的屬性，而在其他情況只提到屬性裡的某部分時，可以在設計架構中使用複合屬性。假設我們要在 *student* 實體集中增加一個地址。此 *address* 可被定義為包含 *street*、*city*、*state* 及 *zip_code* 等屬性的複合屬性。複合屬性可幫助我們分類相關的屬性組合，使建模更加清晰。

    值得注意的是，複合屬性可能有層次結構。在 *address* 這個複合屬性裡，其組件如 *street* 屬性就可被進一步劃分為 *street_number*、*street_name* 及 *apartment_number* 等。圖 4.4 描述了關於 *instructor* 實體集複合屬性的例子。

- **單值 (single-valued)** 與 **多值 (multivalued)** 屬性。我們例子中的所有屬性皆為單值。例如，特定學生實體集的 *student_ID* 屬性只有一個學生 ID。在某些情況下一個屬性對於特定實體擁有一組值。假設我們在 *instructor* 實體集加入一個 *phone_number* 屬性。教師可能擁有零個、一個或多個電話號碼，且不同教師可能有不同數目的手機。這種屬性則為多值。多值屬性會以大括號括起來表示，例如電話號碼 {*phone_number*}。

▶圖 4.4
instructor 實體集複合屬性：*name* 和 *address*

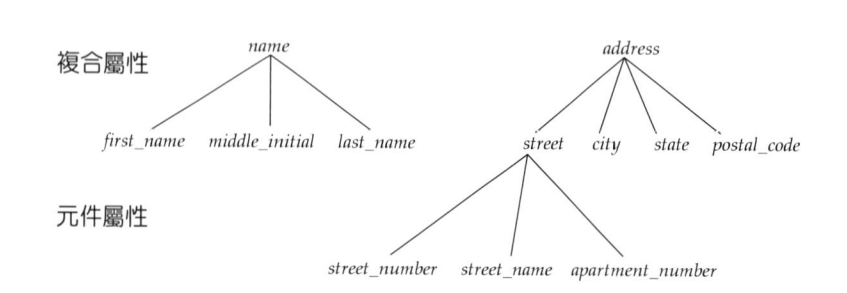

多值屬性可以有數量的上下限。例如，某大學有可能設定每位教師的電話號碼只能記錄兩個。

- **衍生 (derived) 屬性**。此類型屬性的值可自其他相關屬性或實體的值衍生而來。例如，我們假設 *instructor* 實體集擁有一屬性 *students_advised*，代表一教授指導多少位學生。我們可以透過計算與該教授相關之 *student* 實體集數量來衍生此屬性之值。

  另外一個例子為，假設一 *instructor* 實體集有一個 *age* 屬性，表示教師的年齡。如果 *instructor* 實體集也包含 *date_of_birth* 屬性，我們可從 *date_of_birth* 推算出 *age*。因此，*age* 是衍生屬性。在此情況下，*date_of_birth* 可被當作基礎屬性或一儲存屬性。衍生屬性的價值不會被儲存，但在需要時可以被計算出來。

當一實體不含值時，它會以**空 (null)** 值來表示。空值可能代表「不適用」，也就是說，該實體的值不存在。它也可能表示某個屬性值是未知的。未知的值有可能是缺少（該值不存在，但我們無此資訊），也可能是不知道（我們不知此值是否實際存在）。

舉例來說，若某特定教師之 *name* 值是空值，我們假設該值為缺少，因為每位教師一定有一個姓名。*apartment_number* 屬性之空值可能意味著該地址不包括公寓號碼（不適用），或是公寓號碼存在，但我們不知是什麼（缺少），或者根本不知道公寓號碼是否該是教師地址的一部分（未知）。

4.3 限制

一個 E-R 架構可定義某些資料庫內容必須遵守的限制。本節中，我們檢視映射基數和參與的限制。

4.3.1 映射基數

映射基數 (mapping cardinalities)，或基數率，用來表達可透過關聯集而相關聯的實體的數量。

映射基數最適合用於於二元關聯集的描述，但是對於說明涵蓋兩個以上實體集之關聯集也都很有用。本節中，我們集中於二元關聯集的介紹。

對於實體集 *A* 和 *B* 之間的二元關聯集 *R*，映射基數必須符合以下幾點：

- **一對一 (one-to-one)**。*A* 中的一個實體最多只能和 *B* 中的另一個實體關聯，反

之亦然（見圖 4.5a）
- **一對多 (one-to-many)**。A 中的一個實體可以與 B 中的任何數量的實體有關聯。然而，B 的實體卻最多只能與一個 A 中實體相關聯（見圖 4.5b）。
- **多對一 (many-to-one)**。A 中一個實體最多與一個 B 中的實體相關聯。但 B 中之實體卻可與 A 中任何數量的實體相關聯。（見圖 4.6a）。
- **多對多 (many-to-many)**。A 中的一個實體可以與 B 中的任何數量的實體有關聯。反之亦然（見圖 4.6b）。

以 *advisor* 關聯集做為實例。假設在某特定大學，學生只能被一名教師指導，而教師可同時指導幾位學生，則 *instructor* 對 *student* 關聯集為一對多。若一位學生可同時由幾位教師指導，這種關聯則屬於多對多。

4.3.2 參與的限制

假若每個在 E 實體集的實體至少參與關聯集 R 中的一個關聯，則被認為是**完全 (total)** 參與。如果只有某些在 E 的實體有參與，則實體集 E 被認定為**部分 (partial)** 參與。在圖 4.5a 中，B 是完全參與，而 A 是部分參與。在圖 4.5b 裡，A

▶圖 4.5
映射基數。(a) 一對一；(b) 一對多

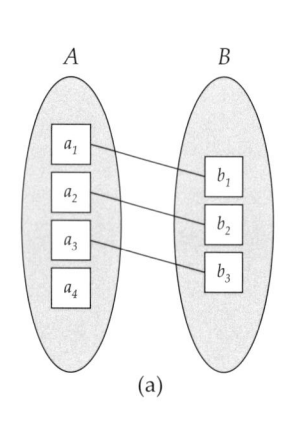

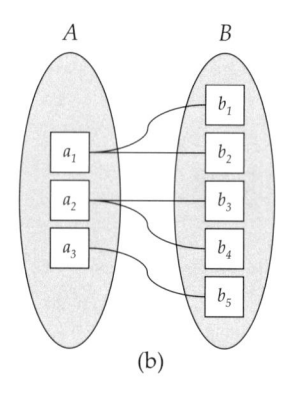

▶圖 4.6
映射基數。(a) 多對一；(b) 多對多

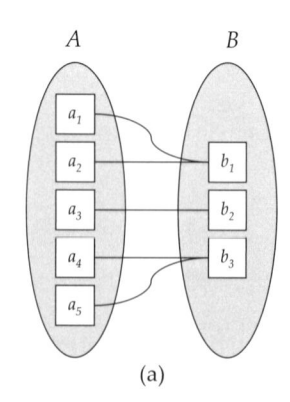

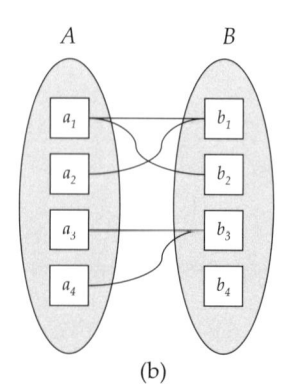

與 B 皆為完全參與。

舉例來說，我們希望透過 advisor 關聯集，每個 student 實體至少與一位教師有關聯。因此，student 在 advisor 關聯集裡為完全參與。反之，instructor 無需一定要指導學生。因此，在此 instructor 的參與為部分參與。

4.3.3 鍵

我們必須有一個方式來辨識在給定的實體集中的實體。概念上而言，每個實體都不同。但以資料庫的角度來看，它們之間的差異必須能用屬性來表達。

因此，實體的屬性值必須可以唯一辨識該實體。換句話說，在一實體集中的兩個實體的所有屬性不允許有完全相同的值。

關聯架構的鍵概念，如第 2.3 節所示，可直接用於實體集。也就是說，一個實體的鍵是一組屬性，足以用以來區分各個實體。超鍵、候選鍵和主鍵的概念，也適用於實體集，就如它們適用於關聯架構一般。

「鍵」也有其唯一性，能幫助識別各關聯。以下我們定義了關聯鍵的相對概念。

實體集的主鍵使我們能夠區分不同的實體集。我們需要一類似的機制來區分一關聯集中的各種不同關聯。

設 R 為涵蓋實體集 E_1、E_2、...、E_n 之關聯集，而主鍵 (E_i) 來表示實體集 E_i 的主鍵。假設每個主鍵的屬性名稱都不同。關聯集主鍵的組成即取決於與關聯集 R 相關的屬性。

如果關聯集 R 無與之相關的屬性，則屬性集為：

$$primary\text{-}key(E_1) \cup primary\text{-}key(E_2) \cup \cdots \cup primary\text{-}key(E_n)$$

其描述了一個在 R 中的獨立關聯。

如果關聯集 R 擁有屬性 a_1、a_2、...、a_m 與之關聯，則屬性集為：

$$primary\text{-}key(E_1) \cup primary\text{-}key(E_2) \cup \cdots \cup primary\text{-}key(E_n) \cup \{a_1, a_2, \ldots, a_m\}$$

其描述了一個在 R 中的獨立關聯。

在以上兩種情況下，屬性集為：

$$primary\text{-}key(E_1) \cup primary\text{-}key(E_2) \cup \cdots \cup primary\text{-}key(E_n)$$

形成了一個關聯集的超鍵。

如果主鍵的屬性名稱在實體集裡並非唯一，則屬性會被重新命名以便區分；實體集的名稱結合屬性名稱將形成一獨特的名稱。如果一個實體集在一個關聯集中參與了不止一次（如第 4.2.2 節的 prereq 關聯），該角色名稱則會被用來代替實體集名稱，以形成一個獨特的屬性名稱。

關聯集主鍵的結構取決於關聯集的映射基數。以 instructor 和 student 實體集為例，在第 4.2.2 節的 advisor 關聯集，包含了 date 屬性。假設關聯集設定是多對多，則 advisor 主鍵的組成即包含 instructor 與 student 之主鍵的聯集。假設 student 對 instructor 關聯為多對一。也就是說，每個學生最多只有一位指導教師，則 advisor 關聯集的主鍵等同於 student 主鍵。但若每位教師只能指導一位學生，也就是如果 instructor 對 student 指導關聯為多對一，則 advisor 主鍵等同於 instructor 主鍵。在一對一關聯中，任何候選鍵皆可做為主鍵。

對於非二元之關聯，如果沒有基數限制存在，則超鍵就會是唯一的候選鍵，並被選為主鍵。若基數限制存在，主鍵的選擇會更複雜。由於我們尚未討論如何在非關聯二元關聯中指定基數限制，在本章不會進一步討論此問題。不過在第 4.5.5 和第 5.4 節中，我們還是會再回來。

4.4 在實體集中去除冗餘屬性

當我們使用 E-R 模型設計一資料庫時，通常首先會確定該涵蓋的實體集。例如，對於一直在討論的大學組織，我們決定該涵蓋的實體集就有 student、instructor 等。一旦定案，就必須選出其合適的屬性。這些屬性應該代表我們希望包含在資料庫中的各種值。在大學組織裡，我們決定 instructor 實體集，將包括的屬性有 ID、name、dept_name 和 salary。我們可還以增加如 phone_number、office_number、home_page 等。選擇該包含什麼屬性取決於設計師對於整體結構的瞭解。

一旦實體及其相應的屬性決定後，各種實體間的關聯集即形成。這些關聯集中，可能會有許多實體的屬性是冗餘的，而需將其從原本的實體集中移除。為了說明此點，試想 instructor 和 department 實體集：

- instructor 實體集中包括的屬性有 ID、name、dept_name 和 salary 及，而 ID 為主鍵。

- *department* 實體集中的屬性設置則包括 *dept_name*、*building*、*budget*，而 *dept_name* 為主鍵。

我們的建模中，每位教師都有一個 *inst_dept* 關聯集來連結 *instructor* 和 *department* 實體集。

上例顯示 *dept_name* 在兩個實體集裡皆出現。由於它是 *department* 實體集的主鍵，在 *instructor* 實體集中則是冗餘的，所以需要被刪除。

我們在後面會看到，若我們從 E-R 圖創建一個 *instructor* 關聯架構時，只有當每位教師最多與一個科系有相關聯時，*dept_name* 屬性才會被加至 *instructor* 關聯裡。如果教師有多個相關的科系，教師與科系雙方則會被記錄在另一個 *inst_dept* 關聯集中。

將教師與科系間的連接當成關聯，而非僅僅是一個 *instructor* 關聯的屬性會使邏輯關聯更加明確，有助於避免過早判斷各教師只與一個科系相關聯。

同樣地，*student* 實體集透過 *student_dept* 關聯集儲存與 *department* 實體集的關聯，因此 *student* 實體集中不需要有 *dept_name* 屬性。

另一個例子為課程設置（堂數）及相對的時段。每個時段以 *time_slot_id* 來辨識，並有與之相關的週會，星期幾、開始時間及結束時間來確定。我們決定以多值複合屬性建立週會時間模型，假設建立的模型 *section* 和 *time_slot* 實體集如下：

- *section* 實體集的屬性包括 *course_id*、*sec_id*、*semester*、*year*、*building*、*room_number* 和 *time_slot_id*，(*course_id*, *sec_id*, *year*, *semester*) 形成主鍵。
- *time_slot* 實體集的屬性包括主鍵 *time_slot_id* 和複合多值屬性 {(*day, start_time, end_time*)}。

sec_time_slot 關聯集儲存了這些實體間的關聯。

time_slot_id 屬性出現在兩個實體集內。由於它是 *time_slot* 實體集的主鍵，*section* 實體集的多餘部分需被刪除。

最後一個例子是，假設我們有一個 *classroom* 實體集，有 *bulding*、*room_number* 和 *capacity* 屬性，其中 *bulding* 和 *room_number* 形成主鍵。再假設我們有一個 *sec_class* 關聯集，連接 *section* 與 *classroom*。此時屬性 {*bulding, room_number*} 在 *section* 實體集中就變成冗餘。

一個良好的實體關聯設計不該包含冗餘屬性。以我們的大學為例，列出實體集和其屬性，並強調主鍵如下：

- **classroom**：使用屬性 (*building*, *room_number*, *capacity*)。

- **department**：使用屬性 (*dept_name*, *building*, *budget*)。
- **course**：使用屬性 (*course_id*, *title*, *credits*)。
- **instructor**：使用屬性 (*ID*, *name*, *salary*)。
- **section**：使用屬性 (*course_id*, *sec_id*, *semester*, *year*)。
- **student**：使用屬性 (*ID*, *name*, *tot_cred*)。
- **time_slot**：使用屬性 (*time_slot_id*, {(*day*, *start_time*, *end_time*)})。

我們設計的關聯集如下所示：

- **inst_dept**：關聯教師與科系。
- **stud_dept**：關聯學生與科系。
- **teaches**：關聯教師與堂數。
- **takes**：關聯學生與堂數，用來描述屬性的等級。
- **course_dept**：關聯課程與科系。
- **sec_course**：關聯堂數與課程。
- **sec_class**：關聯堂數與教室。
- **sec_time_slot**：關聯堂數與時隙。
- **advisor**：關聯學生與教師。
- **prereq**：關聯課程與先修課程。

以上的關聯集都不會讓任何實體集中的屬性成為冗餘。

4.5 實體關聯圖

如第 1.3.3 節所提，一個**實體關聯圖 (E-R diagrams)** 可用來表達資料庫圖形的總體邏輯結構。E-R 圖簡單明確，因此被廣泛使用。

4.5.1 基本結構

一個 E-R 圖包括以下主要內容：

- **分成兩個部分的矩形 (rectangles divided into two parts)** 來代表實體集。第一部分為陰影部分，包含實體集名稱。第二部分則包含所有實體集屬性的名稱。
- **菱形 (diamonds)** 代表關聯集。
- **無分割的矩形 (undivided rectangles)** 表示關聯集屬性。主鍵的屬性則加底線。

- **線 (lines)** 連接實體集至關聯集。
- **虛線 (dashed lines)** 連接關聯集屬性與關聯集。
- **雙線 (double lines)** 代表實體集在關聯集中的完全參與。
- **雙菱形 (double diamonds)** 代表連結至弱實體集的識別關聯集（在第 4.5.6 節，我們會討論識別關聯集和弱實體集）。

圖 4.7 的 E-R 圖包含兩個實體集：*instructor* 與 *student*，透過二元的 *advisor* 關聯集彼此相關聯。與 *instructor* 相關的屬性是 *ID*、*name* 和 *salary*；與 *student* 相關的屬性是 *ID*、*name* 和 *tot_cred*。在圖 4.7 中，如果實體集的屬性是主鍵的成員則會加底線。

如果某些屬性與一個關聯集的相關，我們會用矩形將這些屬性框起來，再用虛線將它連至代表此關聯集的菱形，如圖 4.8 中的 *date*。

4.5.2 映射基數

在 *instructor* 和 *student* 實體集間的 *advisor* 關聯集，可能為一對一、一對多、多對一或多對多。為區分這些類型，我們在關聯集與實體集之間，使用方向線 (→) 或無方向線 (—) 來表示如下：

- **一對一 (one-to-one)**：我們從 *advisor* 關聯集畫一方向線分別至 *instructor* 與 *student* 實體集（見圖 4.9a），代表一位教師最多可以指導一位學生，且一位學生最多能擁有一名指導教師。

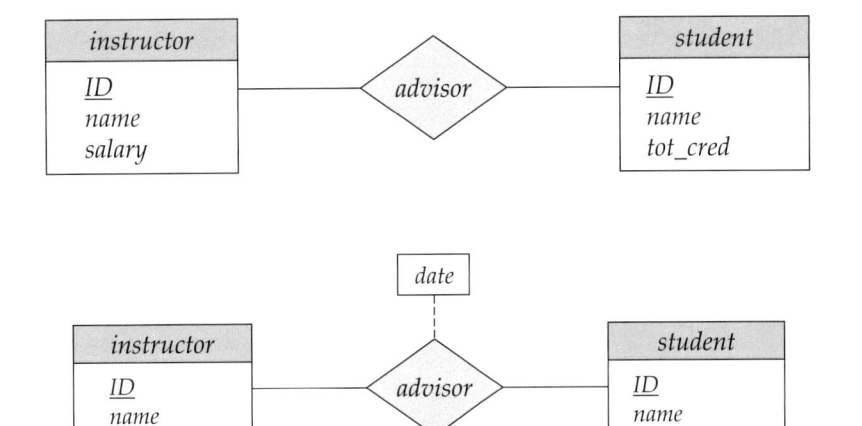

▶圖 4.7
E-R 圖中相關聯的教師和學生

▶圖 4.8
E-R 圖和一個屬性附加至一個關聯集合

- **一對多 (one-to-many)**：我們從 *advisor* 關聯集畫一方向線至 *instructor* 實體集，及一無方向線到 *student* 實體集（見圖 4.9b），代表一位教師可指導多位學生，但每位學生最多只能擁有一名指導教師。
- **多對一 (many-to-one)**：我們從 *advisor* 關聯集畫一無方向線至 *instructor* 實體集，及一方向線至 *student* 實體集，代表一位教師最多只能指導一位學生，但一位學生可以擁有多位指導教師。
- **多對多 (many-to-many)**：我們從 *advisor* 關聯集畫一無方向線分別至 *instructor* 與 *student* 實體集（見圖 4.9c），表示一位教師可以指導多位學生，而一位學生也可以擁有多位指導教師。

E-R 圖還提供了一種方式來表示對於關聯集更複雜的限制。一條線可能有基數的上下限，以 *l..h* 的形式表達，*l* 為最小而 *h* 為最大基數。若關聯集裡面實體集的參與的最小基數值為 1，代表在實體集中的每個實體，至少會出現在關聯集中的一個關聯。最大值為 1 則表示，實體至多參與一個關聯，而最大值 * 表示沒有限制。

例如，圖 4.10 顯示 *advisor* 與 *student* 之間的線有一個基數約束 1..1，這意味著最小和最大基數都是 1。也就是說，每位學生一定有，也只能有一位指導教師，而在 *advisor* 和 *instructor* 之間的 0..* 的極限表示一位教師可以擁有零位或多位的學生。因此，這種 *advisor* 關聯從 *instructor* 到 *student* 是一對多。還有，由於 *student* 在 *advisor* 關聯集中是完全參與，意味著一位學生必須要有一位指導教師。

▶ 圖 4.9
關聯。(a) 一對一；(b) 一對多；(c) 多對多

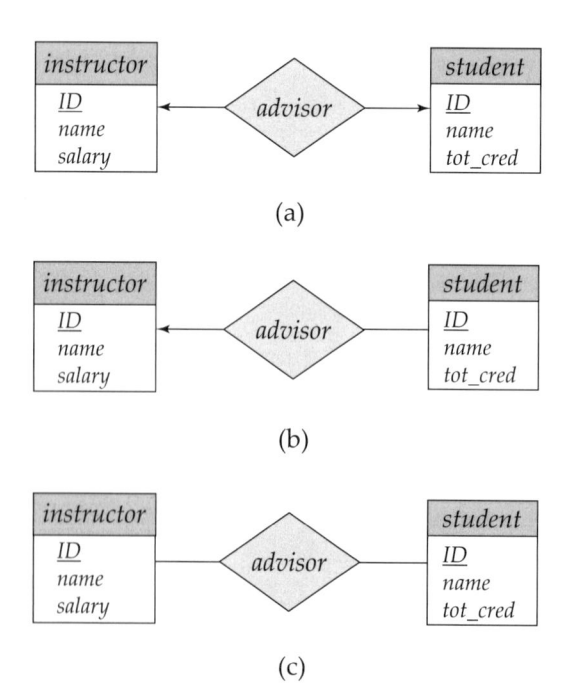

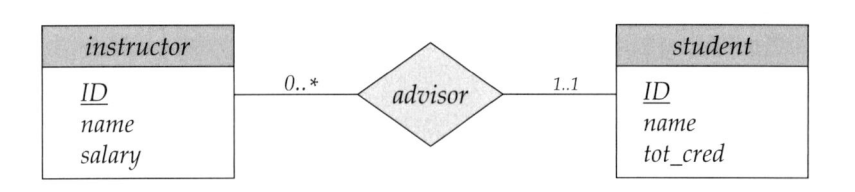

```
  instructor              0..*           1..1    student
  ID        ————————<  advisor  >————————  ID
  name                                          name
  salary                                        tot_cred
```

▶圖 4.10
基數限制關聯集

在圖 4.10 的 E-R 圖中，從 *student* 到 *advisor* 的線也可以被繪成雙線，而由 *advisor* 至 *instructor* 則是一條有箭頭的方向線。這種畫法所強調的限制和前述的畫法完全相同。

4.5.3　複合屬性

圖 4.11 顯示了複合屬性如何在 E-R 圖中被表示。在此圖中，*name* 屬性，包含其組合屬性如 *first_name*、*middle_initial* 及 *last_name*，取代了 *instructor* 的簡單屬性 *name*。另一個例子為，假設我們要在 *instructor* 實體集增加一個地址。此 *address* 可被定義為複合屬性，所包含的屬性 *street*、*city*、*state* 及 *zip_code* 則為組合屬性。

圖 4.11 也說明屬於多值屬性 (multivalued attribute) 的 *phone_number*，被記為「*{phone_number}*」，以及屬於衍生屬性 (derived attribute) 的 *age*，被記為「*age( )*」。

```
  instructor
  ID
  name
    first_name
    middle_initial
    last_name
  address
    street
      street_number
      street_name
      apt_number
    city
    state
    zip
  { phone_number }
  date_of_birth
  age ( )
```

▶圖 4.11
E-R 圖組合、多值和衍生屬性

4.5.4 角色

我們在 E-R 圖中透過標示連接菱形和矩形的線來顯示角色。圖 4.12 顯示了在 *prereq* 實體集與先修課程關聯集之間的角色標籤 *course_id* 及 *prereq_id*。

4.5.5 非二元關聯集

非二元的關聯集很容易被表示於 E-R 圖中。圖 4.13 包含了三個實體集，*instructor*、*student* 和 *project*，三者經由關聯集 *proj_guide* 相關。

我們可以指定在非二元關聯集中的某些多對一的關聯。假設一位 *student* 最多只能有一位教師指導其專案。此限制可以用一個由 *proj_guide* 指向 *instructor* 的箭頭來指定。

我們最多只會允許一個箭頭從一關聯集中拉出，因為若有兩個或更多的箭頭從一個非二元關聯 E-R 圖拉出時，這會代表兩種可能。假設在實體集 A_1、A_2...、A_n 之間有一個關聯集 R，在實體集邊緣唯一的箭頭在 A_{i+1}、A_{i+2}、...、A_n。接下來的兩個可能的解釋是：

1. A_1、A_2、...、A_i 中的一個特定實體組合，最多能與一個 A_{i+1}、A_{i+2}、...、A_n 中的一實體組合相關。因此，關聯 R 的主鍵可用 A_1、A_2、...、A_i 的聯合主鍵來建構。

2. 對於另一實體集 A_k，其中 $i < k \leq n$，與來自其他實體集之實體的各組合間，最多可與 A_k 中的一個實體相關。集合 $\{A_1, A_2, ..., A_{k-1}, A_{k+1}, ..., A_n\}$，且 $i < k$

▶圖 4.12
E-R 圖和角色標籤

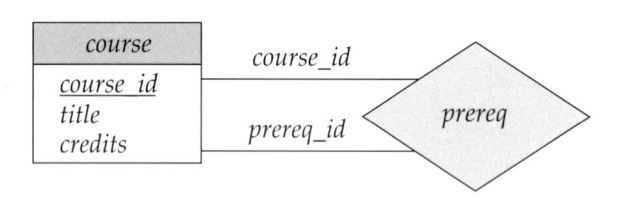

▶圖 4.13
E-R 的三元關聯

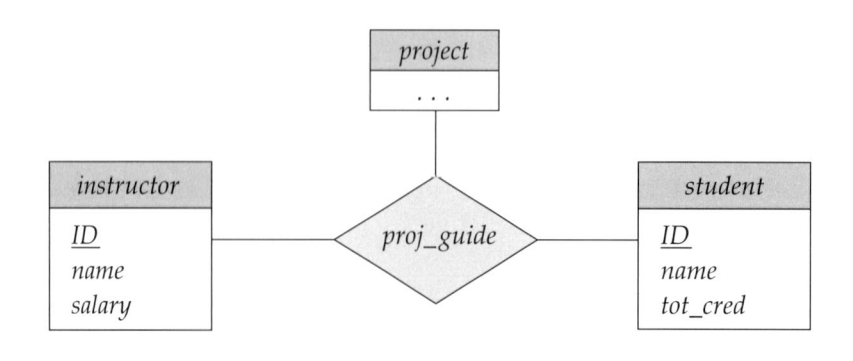

$\le n$，可接著組成另一候選鍵。

這兩種解釋同時使用在不同的書籍和系統裡。為避免混淆，在一關聯集裡我們只允許一個箭頭出現，如此一來兩種解釋是相同的。在第 5 章裡（第 5.4 節），我們會研究功能相依 (functional dependencies)，來明確的闡述上述兩種解釋。

4.5.6 弱實體集

試想一個 *section* 實體，以課程辨識符號、學期、年分及堂數辨識符號來表示其資料唯一性。然後在 *section* 與 *course* 實體集間有一個 *sec_course* 關聯集。

現在，請觀察在 *sec_course* 中的冗餘資訊。*section* 已擁有 *course_id* 屬性。處理這種冗餘的一個方法是除去 *sec_course* 關聯。但若如此處理，在 *section* 與 *course* 之間的關聯會變得不明確，此非我們期望之結果。

另一種處理這種冗餘的方法則是不要把 *course_id* 屬性儲存於 *section* 實體，並保留其餘屬性，如 *sec_id*、*year* 和 *semester*。然而這麼一來，*section* 實體集就沒有足夠的屬性來辨識一個特定的 *section* 實體，因為雖然每個 *section* 實體皆是獨一無二的，但各個不同的課程可以共享同一個 *sec_id*、*year* 和 *semester*。為了解決這個問題，我們把這種 *sec_course* 當成一個提供額外資訊的特殊關聯，其中 *course_id* 需要具有能用來辨別 *section* 實體的唯一性。

這就是弱實體集的概念。若實體集沒有足夠的屬性可形成一個主鍵，則稱為**弱實體集 (weak entity set)**。若實體有一個主鍵，則稱為一個**強實體集 (strong entity set)**。

一個有意義的弱實體集，必須與其他實體集相關，這些實體即稱為**識別 (identifying) 或主體實體集 (owner entity set)**。每一個弱實體必須與識別實體集有**存在相依 (existence dependence)** 的關係。而識別實體集則是被稱為擁有對**自己 (own)** 相依的弱實體集。兩者之間的關係則稱為**識別關聯 (identifying relationship)**。

識別關聯是由弱實體集至識別實體集間的多對一關係，並且弱實體集為完全參與。識別關聯集中不應該有任何描述性的屬性，因為這樣的屬性可以出現在弱實體集中。

在我們的實例中，*course* 實體集是 *section* 實體集的識別實體集，且 *sec_course* 是識別關聯。

雖然弱實體集沒有主鍵，但我們仍需區分所有相依於特定強實體集之弱實體集。一弱實體之**鑑別元 (discriminator)** 是用來做出此種區別的一組屬性。例如，若一 *section* 實體集之鑑別元包含屬性 *sec_id*、*year* 及 *semester*，則對於每門課程，此屬性集可用來唯一地標示某課程之某堂課。弱實體集的鑑別元也被稱為實體集之部分關鍵。

弱實體集之主鍵是由識別實體集之主鍵加上弱實體集的鑑別元所形成。在 *section* 實體集的例子中，其主鍵為 {*course_id, sec_id, year, semester*}。此處 *course_id* 為用來辨別 *course* 實體集的主鍵，而 {*sec_id, year, semester*} 則會辨別同一門課程之 *section* 實體。

注意，我們原本可以選擇將所有大學開辦課程的 *sec_id* 擁有全面的唯一性；在這種情況下，*section* 實體集將會擁有一個主鍵。但從概念而言，*section* 的存在仍需相依於一個 *course*，所以才會將它視為弱實體集。

在 E-R 圖中，矩形用來描繪弱實體集，就如一個強大的實體集般，但有兩個主要的區別：

- 識別弱實體是加上虛線下底線，而非實線。
- 連接弱實體集至強大識別實體集之關聯集，則是以雙菱形來表示。

在圖 4.14 中，弱 *section* 實體集透過 *sec_course* 關聯集相依於強大 *course* 實體集。

該圖還說明了使用雙線代表完全參與；（弱）*section* 實體集在 *sec_course* 關聯中為完全參與，這意味著每個堂數都必須透過和 *sec_course* 關聯連接至相關課程。最後，自 *sec_course* 至 *course* 的箭頭代表每個堂數與一個單一課程有相關。

弱實體集也能參與辨識關聯以外的關聯。例如，*section* 實體能夠和 *time_slot* 實體有關聯。弱實體集可以在一辨識關聯中以主體的角色參與另一弱實體集，也可能擁有一個以上的識別實體集。特別弱的實體能被實體的組合所辨識，而這個組合來自每個識別實體集。弱實體集之主鍵會包括識別實體集主鍵的聯集，加上弱實體集的鑑別元。

在某些情況下，資料庫設計師可能會用多值複合屬性的主體實體集來表達一弱實體集。在我們的例子裡，用這種方法，*course* 實體集必須擁有多值複合屬性的 *section*。一弱實體集如果只參與辨識關聯，且只有少數幾個屬性，則可能更適

▶圖 4.14
E-R 圖與弱實體集

合被視為屬性來建模。反之，一個弱實體集可更貼切地模擬一屬性，如果它僅有幾個識別關聯以及只擁有幾個屬性值。明顯地，section 相較之下違反了多值組合屬性建模的要求，反而更貼近於弱實體集。

4.5.7 大學實例的 E-R 圖

圖 4.15 展示了一個與對應本書使用至今大學範例的 E-R 圖。此 E-R 圖相當於第 4.4 節中對於大學 E-R 模型的文字描述，但加上了一些限制，且 section 目前為弱實體。

在大學資料庫裡，我們有每位教師必須擁有僅一個相關科系的限制。因此，在圖 4.15 中，instructor 和 inst_dept 之間有雙線，代表 instructor 在 inst_dept 為完全參與。此外，由 inst_dept 至 department 有一箭頭，代表每位教師最多可擁有一個相關的科系。

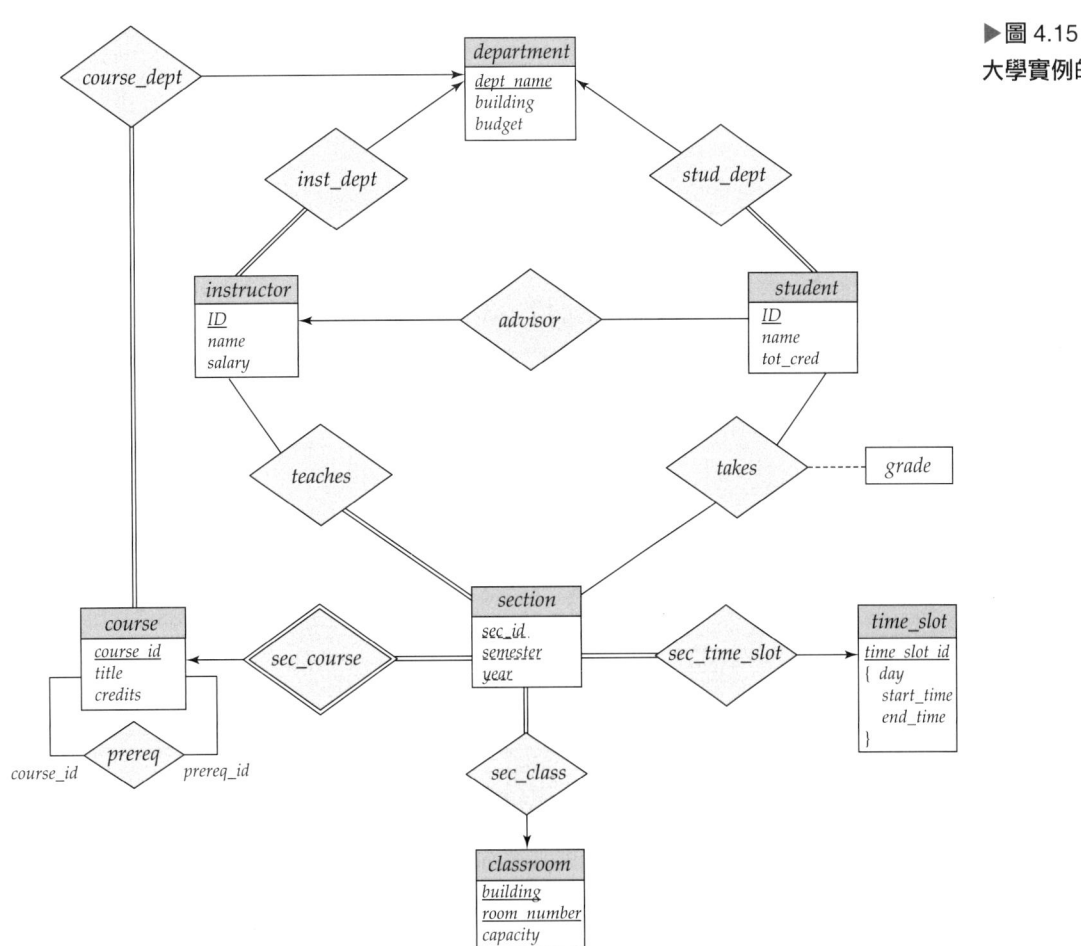

▶圖 4.15
大學實例的 E-R 圖

同樣地，從 course 實體集與 student 實體集有雙線連至 course_dept 與 stud_dept 關聯集，section 實體集有雙線連至 sec_time_slot 關聯集。前兩個關聯有一箭頭指向另一個 department 關聯，而第三個關聯則有一箭頭指向 time_slot。

此外，圖 4.15 中顯示了 takes 關聯集有一個 grade 屬性，且每位學生至多擁有一位指導教授。該圖也顯示 section 目前為一弱實體集，由 sec_id、semester 和 year 屬性形成鑑別元。sec_course 是用來連接弱 section 實體集與強 course 實體集的辨別實體集。

在第 4.6 節中，將示範如何使用 E-R 圖推導出我們所使用的各種關聯模式。

4.6 簡化關聯模式

我們可用一組關聯集來表示一個符合 E-R 資料庫架構之資料庫。資料庫設計中的每個實體集與關聯集，都有一個唯一的關聯架構是用來讓我們指定相應的實體集或關聯集的名稱。

E-R 模式和關聯資料庫模式皆為現實需求抽象與邏輯的表示。由於這兩種模式採用了類似設計原則，我們可以將 E-R 設計轉換為關聯設計。

本節中，我們描述如何以關聯架構代表 E-R 架構，以及來自 E-R 設計之限制如何映射成關聯架構中的限制。

4.6.1 以簡單的屬性來表示強實體集

設 E 為強實體集，且只有一些簡單的描述屬性 $a_1, a_2, \ldots, a_n$。我們以一個有 n 個不同屬性被稱為 E 的結構來表示此實體。在此架構上的各個元組對應於實體集 E 中的一個實體。

源自強實體集的架構，結果架構中的主鍵會是實體集主鍵。這也符合每個元組皆會對應至實體集中一特定的實體。

以圖 4.15 中 E-R 圖的 student 實體集為例。此實體集有三個屬性：ID、name、tot_cred。我們以一個擁有這三個屬性，稱為 student 的架構來代表此實體集：

student (<u>ID</u>, name, tot_cred)

由於學生 ID 是實體集中的主鍵，同時也就會是關聯架構之主鍵。

在我們的例子中，如圖 4.15 的 E-R 圖，除了 *time_slot* 外，所有的強實體集都只有簡單的屬性。源自這些強實體集的架構包括：

classroom (*building*, *room_number*, *capacity*)
department (*dept_name*, *building*, *budget*)
course (*course_id*, *title*, *credits*)
instructor (*ID*, *name*, *salary*)
student (*ID*, *name*, *tot_cred*)

然而，在此處的 *instructor* 與 *student* 兩者架構皆不同於我們在前面章節所用過的架構（它們沒有 *dept_name* 屬性）。我們之後會再討論這個問題。

4.6.2　以複雜屬性表示強實體集

若強實體集有非簡單的屬性時，情況就會較為複雜。我們透過為每個組成屬性去創建一個單獨的屬性來處理複合屬性；但我們並不會為複合屬性本身創建一個單獨的屬性。為了說明這一點，請參考圖 4.11 中所描述的 *instructor* 實體集。對於 *name* 這個複合屬性，從 *instructor* 實體集所產生的架構包含 *first_name*、*middle_name* 和 *last_name* 等屬性；但並沒有為 *name* 設置單獨的屬性或架構。同樣地，對於 *address* 複合屬性，所產生的架構包括 *street*、*city*、*state* 和 *zip_code* 等屬性。由於 *street* 也是一個複合屬性，它會被 *street_number*、*street_name* 及 *apt_number* 所取代。在第 5.2 節我們會再次討論這個問題。

多值屬性的處理不同於其他屬性。E-R 圖中的屬性會在適當的關聯架構中，直接映射到屬性上。然而多值屬性卻例外；我們接下來會看到如何對這些屬性來建立新的關聯架構。

衍生屬性並不會明確地在關聯資料模型中表示出來。不過，它們在其他資料模型中，可被視為一種「方法」。

由含有複雜屬性的 *instructor* 實體集所得到的關聯架構，不包括多值屬性，表示如下：

instructor (*ID*, *first_name*, *middle_name*, *last_name*,
　　　　　　street_number, *street_name*, *apt_number*,
　　　　　　city, *state*, *zip_code*, *date_of_birth*)

關於多值屬性 M，我們創建了一個包含屬性 A 的關聯架構 R，其對應於 M，還有對應於實體集主鍵或關聯集主鍵有屬性 M 的所有屬性。

以圖 4.11 的 E-R 圖做為例子，其描述了 *instructor* 實體集，包括多值屬性

phone_number。*instructor* 的主鍵是 *ID*。對於此多值屬性，我們創建了一關聯架構：

$$\textit{instructor\_phone}\ (\underline{\textit{ID}},\ \underline{\textit{phone\_number}})$$

此架構關聯中，每位教師電話號碼都是唯一的值。因此，如果我們有一位教師，其 *ID* 為 22222，電話號碼為 555-1234 和 555-4321，則 *instructor_phone* 關聯將有兩組值 (22222, 555-1234) 和 (22222, 555-4321)。

我們創建了一個包含所有架構屬性的關聯架構主鍵。在上述例子中，主鍵即包含 *instructor_phone* 的兩個屬性。

此外，我們也在關聯架構中創建了一個源自多值屬性之外來鍵限制，該屬性來自於引用實體集的關聯的實體集主鍵。上面的例子裡，*instructor_phone* 關聯的外來鍵限制會成為引用 *instructor* 關聯的 *ID* 屬性。

若該實體集只包含兩個屬性：一個主鍵屬性 B 和一個多值屬性 M，則實體集關聯架構將只包含一個屬性，即主鍵屬性 B。我們也可以放棄此一關聯，保留對應到 M 的關聯架構的屬性 B 和屬性 A。

為了說明此點，我們來看圖 4.15 中的 *time_slot* 實體集。在此，*time_slot_id* 是 *time_slot* 實體集的主鍵，且有一個為複合屬性的多值屬性。實體集可用以下來自多值複合屬性創建的架構來表示：

$$\textit{time\_slot}\ (\underline{\textit{time\_slot\_id}},\ \underline{\textit{day}},\ \underline{\textit{start\_time}},\ \textit{end\_time})$$

雖然在 E-R 圖中並未明確的限制，但我們都知道不能有兩個在同一週同一天的同一時間開始，卻在不同時間結束的課程。因此，*end_time* 屬性就會從 *time_slot* 模式之主鍵上被刪除。

實體集的關聯只有一個單一屬性 *time_slot_id*；此種刪除的好處是可以簡化資料庫架構，儘管它有一個有關外來鍵的缺點，此部分我們將在第 4.6.4 進行討論。

4.6.3　弱實體集的表示

假設 A 是一弱實體集，包含屬性 $a_1, a_2, \ldots, a_m$。而 B 是 A 所依賴的強實體集。B 的主鍵屬性組成包含屬性 $b_1, b_2, \ldots, b_n$。我們用下列集合各個成員屬性的關聯架構 A 來代表實體集 A。

$$\{a_1, a_2, \ldots, a_m\} \cup \{b_1, b_2, \ldots, b_n\}$$

對於源自弱實體集的架構，強實體集主鍵以及弱實體集的鑑別元的組成可做為其主鍵的架構。除了創建主鍵外，我們也在關聯 A 建立外來鍵限制，指定屬性 $b_1, b_2, \ldots, b_n$ 為關聯主鍵 B 的參考。外來鍵關聯的限制可以確保每個代表弱實體的元組，皆會有一個對相應的元組，代表相對應的強實體。

以圖 4.15 中的 *section* 弱實體集 E-R 圖為例。這個實體的屬性集有：*sec_id*、*semester* 和 *year*。它相依之 *course* 實體集的主鍵為 *course_id*。因此，我們以含有以下屬性的架構來表示 *section*：

section (*course_id*, *sec_id*, *semester*, *year*)

主鍵包含了 *course* 實體集的主鍵以及 *section* 的鑑別元，分別為 *sec_id*、*semester* 及 *year*。我們還在堂數架構裡設置了一個外來鍵限制，引用 *course* 架構主鍵的屬性 *course_id*，以及「on delete cascade」的整合限制。因為外來鍵有「on delete cascade」的整合限制，假如 *course* 實體被刪除，則所有相關的 *section* 實體也會被刪除。

4.6.4 關聯集的表示

假設 R 是一個關聯集，而 $a_1, a_2, \ldots, a_m$ 則為參與 R 的各個實體集主鍵屬性所形成的聯集，而描述 R 的屬性（如果有的話）則為 $b_1, b_2, \ldots, b_n$。我們以稱做 R 的架構來表示此關聯集：

$$\{a_1, a_2, \ldots, a_m\} \cup \{b_1, b_2, \ldots, b_n\}$$

我們在第 4.3.3 節曾談過，如何為二元關聯集選擇主鍵。而正如我們所說，所有來自於關聯實體集的主鍵屬性，可以用來辨識某些元組，但對於一對一，多對一和一對多的關聯集而言，這會變成比我們所需主鍵更大的屬性集。因此主鍵的替代選擇如下：

- 對於二元多對多的關聯，整合參與實體集的主鍵屬性聯集成為主鍵。
- 對於二元一對一的關聯集，任何一個實體集的主鍵皆可被選擇做為主鍵。此選擇可是隨意的。
- 對於二元多對一或一對多的關聯設置，由「多方」關聯集的實體集主鍵做為主鍵。
- 對於一個邊緣上沒有任何箭頭的 n- 元關聯集，參與實體集的所有主鍵屬性聯集會成為其主鍵。

- 對於一個邊緣帶有箭頭的 n- 元關聯集，不在關聯集「箭頭」端的實體集主鍵會被視為此架構的主鍵。而在關聯集中，我們只允許能有一個箭頭。

我們還在關聯架構 R 中設置了一些外來鍵限制：對於每一個與關聯集合 R 相關的實體集 E_i，我們從關聯架構 R 中，用 R 的屬性設置了一些外來鍵限制；而這些屬性則是由引用關聯架構 E_i 的主鍵中得到的主鍵屬性值而來。

以圖 4.15 E-R 圖中的 advisor 關聯集為例。此關聯包含下列兩個實體集：

- 主鍵為 ID 的 instructor 實體集。
- 主鍵為 ID 的 student 實體集。

由於關聯集沒有屬性，advisor 架構中則包含了兩個屬性，分別是 instructor 與 student 的主鍵。而由於它們名稱相同，所以我們將它們重新命名為 i_ID 與 s_ID。另外，因 advisor 關聯集為多對一的關係，所以 student 對應至 instructor 的 advisor 關聯集的主鍵為 s_ID。

我們也在 advisor 關聯上設置了兩個外來鍵限制，用 i_ID 此屬性代表 instructor 的主鍵，以及用 s_ID 此屬性代表 student 的主鍵。

繼續我們剛才在圖 4.15 E-R 圖的例子，圖 4.16 中描繪了其關聯集的架構。

觀察 prereq 關聯集，與關聯集相關的角色代表被使用為屬性名稱，因為兩者皆對應至同一相關 course。

advisor 關聯也有相似的情形，各個關聯 sec_course、sec_time_slot、sec_class、inst_dept、stud_dept 和 course_dept 的主鍵，只包含兩個相關實體集中的一個主鍵，因為每個相應的關聯為多對一的關係。

雖然圖 4.16 中沒有顯示外來鍵，但圖中各個關聯皆有兩個外來鍵限制，參考到從兩個相關實體集所創建的兩個關聯。因此，舉例來說，sec_course 有指向 section 與 classroom 的外來鍵，而 teachs 有指向 instructor 與 section 的外來鍵，而

▶圖 4.16
在圖 4.15 E-R 圖中的
關聯集架構

teaches (<u>ID</u>, <u>course_id</u>, <u>sec_id</u>, <u>semester</u>, <u>year</u>)
takes (<u>ID</u>, <u>course_id</u>, <u>sec_id</u>, <u>semester</u>, <u>year</u>, grade)
prereq (<u>course_id</u>, <u>prereq_id</u>)
advisor (<u>s_ID</u>, i_ID)
sec_course (<u>course_id</u>, <u>sec_id</u>, <u>semester</u>, <u>year</u>)
sec_time_slot (<u>course_id</u>, <u>sec_id</u>, <u>semester</u>, <u>year</u>, <u>time_slot_id</u>)
sec_class (<u>course_id</u>, <u>sec_id</u>, <u>semester</u>, <u>year</u>, building, room_number)
inst_dept (<u>ID</u>, dept_name)
stud_dept (<u>ID</u>, dept_name)
course_dept (<u>course_id</u>, dept_name)

takes 有指向 *student* 和 *section* 的外來鍵。

time_slot 實體集擁有多值屬性。要為它的單一的關聯架構做最佳化，可避免從 *sec_time_slot* 關鍵架構到從 *time_slot* 實體集所創建的關聯架構設置外來鍵，因為我們放棄了從 *time_slot* 實體集來建立其關聯性，保留了從多值屬性創建的關聯，並對此命名為 *time_slot*，但此種關聯可能沒有可對應的 *time_slot_id*，或可能有多個元組對應一個 *time_slot_id*，所以在 *sec_time_slot* 的 *time_slot_id* 不能參考到此種關聯。

然而，聰明的讀者可能會問，為何我們在前面章節並未看到 *sec_course*、*sec_time_slot*、*sec_class*、*inst_dept*、*stud_dept* 和 *course_dept* 等架構。原因是因為我們至今所提出的演算法，在某些架構下可能會被消除或與其他架構結合。接下來我們會討論此問題。

4.6.4.1 冗餘架構

連接弱實體集和強實體集的聯集會受到特殊處理。正如我們在第 4.5.6 節所見，這些關聯集屬於多對一，且沒有描述性的屬性。此外，弱實體集主鍵包含了強實體集的主鍵。在圖 4.14 的 E-R 圖中，*section* 弱實體集是透過關聯集 *sec_course* 來相依於 *course* 強實體集。*section* 的主鍵是 {*course_id, sec_id, semester, year*}，而 *course* 的主鍵是 *course_id*。由於 *sec_course* 沒有描述性的屬性，它有 *course_id*、*sec_id*、*semester* 和 *year* 等屬性。而 *section* 實體集的架構則包含屬性 *course_id*、*sec_id*、*semester* 和 *year* 等的屬性。各個在 *sec_course* 關聯 (*course_id, sec_id, semester, year*) 的組合也可用來表示 *section* 架構的關聯，反之亦然。因此，*sec_course* 架構視之為冗餘。

一般情況下，連接弱實體集至強實體集的關聯架構本身即為多餘的，且不須在以 E-R 圖為基礎而設計的關聯資料庫中被表示出來。

4.6.4.2 組合架構

試想一個由實體集 *A* 到實體集 *B* 的多對一關聯集 *AB*。使用我們前面提到的關聯架構構造的演算法，可得到三種架構：*A*、*B* 和 *AB* 型。進一步假設關聯中 *A* 為完全參與，也就是說，每個在實體集 *B* 中的實體 *a* 必須參與關聯 *AB*。接著，我們可結合架構 *A* 和 *AB* 來形成一個包含這些架構所有屬性的單一架構。合併架構的主鍵即為由其關聯集架構合併而成的實體集主鍵。

為了說明此點，我們觀察圖 4.15 E-R 圖中各種能滿足上述條件的關聯：

- *inst_dept*。*instructor* 和 *department* 架構分別相對應實體集 *A* 和 *B*。因此，架構 *inst_dept* 可與 *instructor* 架構結合。由此產生的 *instructor* 架構包括的屬性有 {*ID, name, dept_name, salary*}。
- *stud_dept*。*student* 和 *department* 架構分別相對應實體集 *A* 和 *B*。因此，架構 *stud_dept* 可與 *student* 架構結合。由此產生的 *student* 架構的屬性包括 {*ID, name, dept_name, tot_cred*}。
- *course_dept*。*course* 與 *department* 架構分別相對應實體集 *A* 和 *B*。因此，*course_dept* 架構可與 *course* 架構結合。由此產生的 *course* 架構包括的屬性有 {*course_id, title, dept_name, credits*}。
- *sec_class*。*section* 和 *classroom* 架構分別相對應實體集 *A* 和 *B*。因此，架構 *sec_class* 可與 *section* 架構結合。由此產生的 *section* 架構包含的屬性有 {*course_id, sec_id, semester, year, building, room_number*}。
- *sec_time_slot*。*section* 與 *time_slot* 架構分別對應實體集 *A* 和 *B*。因此，如同上一個步驟，架構 *sec_time_slot* 可與 *section* 結合。由此產生的 *section* 架構包含的屬性有 {*course_id, sec_id, semester, year, building, room_number, time_slot_id*}。

在一對一關聯的情況下，關聯集的關聯架構可以和任何一個實體集架構結合。

即使是局部參與，我們還是可以用空值結合成架構。在上面的例子裡，如果 *inst_dept* 是屬於局部，則我們將對這些無相關部門之教師的 *dept_name* 屬性儲存空值。

最後，我們考慮可能出現在架構中，代表關聯集的外來鍵限制。關聯集中各個參與實體集皆可能有外來鍵限制。我們刪除其關於實體集架構與關聯集架構合併的限制，並在結合的架構增加其他外來鍵限制。例如，*inst_dept* 有一個關於 *department* 關聯的 *dept_name* 屬性的外來鍵限制。當 *inst_dept* 架構與 *instructor* 合併時，此外來鍵限制會被增加到 *instructor* 關聯中。

4.7 實體關聯設計的議題

實體集關聯集的概念定義並不明確，而在實體與關聯之間可能會有許多不同的定義方式。本節中，我們研究設計 E-R 資料庫架構的基本問題。第 4.10 節則會涵蓋設計過程的細節。

4.7.1 實體集的使用與屬性

來看 *instructor* 實體集與附加的屬性 *phone_number*（圖 4.17a）。電話可被認為是實體，其屬性為 *phone_number* 與 *location*；而 *location* 可能是在辦公室或家中電話的位置，行動電話（手機）可能以「行動」的值來代表。若以此角度來看，則我們就不在 *instructor* 中增加 *phone_number* 這個屬性。相反地，我們會用：

- *phone* 實體集，及其屬性 *phone_number* 和 *location*。
- *inst_phone* 關聯集，用來代表教師與他們擁有電話之間的關聯。

此項選擇在圖 4.17b 中表示。

然而，對於教師而言，這兩個定義之間的主要差別為何？把電話當作 *phone_number* 的屬性，意味著教師剛好只擁有一個電話號碼。而把電話當作 *phone* 實體，則是允許教師與多個電話號碼（包括零個）相關。不過我們可以很容易地將 *phone_number* 定義為多值屬性，使教師能擁有多個電話號碼。

如此一來，主要的區別是，把電話視做一個實體較符合實情，因為我們可能想要保留關於電話的額外資訊，如地點、類型（手機、網路電話或傳統市話）或是有哪些人共同使用某個電話。因此，把電話當作實體比把電話當作屬性更為恰當。

相反地，把 *name* 屬性當作實體（教師）並不適當，因為我們很難說 *name* 為其本身的實體（相對於電話）。所以，把 *name* 做為 *instructor* 實體集的屬性是較適當的。

現在有兩個問題出現：什麼東西構成屬性？又什麼東西構成實體集？但我們並沒有簡單的答案。它們主要的區別取決於以真實世界為藍本的結構，以及問題中與屬性關聯的語義。

一個常見的錯誤是使用實體集的主鍵做為另一個實體集的屬性，而非使用關聯。例如，即使每位教師教只指導一位學生，將 *student* 的 *ID* 建模來當作 *instructor* 屬性是不正確的。*advisor* 才是表示對學生和教師之間連接的正確方式，因為屬性使它們之間的連接明確，而非隱含的。

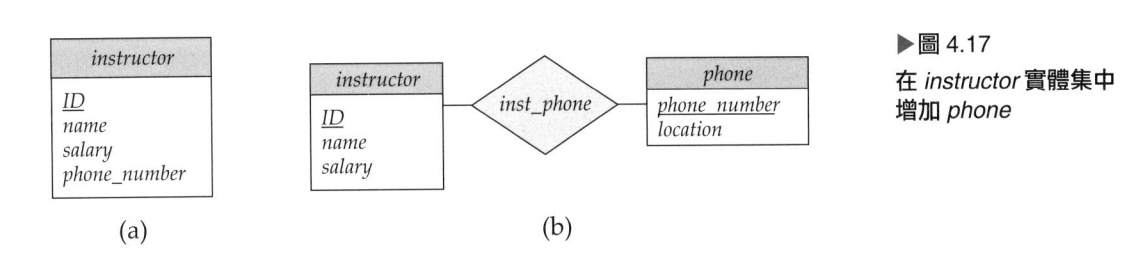

▶圖 4.17
在 *instructor* 實體集中增加 *phone*

另一個錯誤是，我們有時指定相關的關聯集主鍵的屬性做為關聯實體集的屬性。例如，ID（*student* 的主鍵屬性）和 ID（*instructor* 的主鍵）不應該是 *advisor* 關聯的屬性。我們不該這樣做，因為主鍵的屬性已隱含在關聯集裡。

4.7.2 實體集使用與關聯集

一個物件到底該用實體集或關聯集來表達其實不一定。在圖 4.15 中，我們使用 *takes* 關聯集來建立學生選課的模型（堂）。而另一個方法則是，假設有一個課程註冊紀錄，記載每位學生修習的每門課程。我們會使用一實體集來代表課程的註冊紀錄，稱其為「*registration*」。每個 *registration* 實體與一位學生和堂數完全相關，所以我們擁有兩個關聯集，一個學生相關的課程註冊紀錄以及與堂數相關的課程註冊紀錄。在圖 4.18 中，表示了圖 4.15 的 *section* 與 *student* 實體集，其中 *takes* 關聯集被一個實體集和兩個關聯集所取代：

- *registration*，實體集，代表課程註冊紀錄。
- *section_reg*，關聯集，與 *registration* 和 *course* 相關。
- *student_reg*，關聯集，與 *registration* 和 *student* 相關。

另外，我們使用雙線來表明 *registration* 實體的完全參與。

在圖 4.15 與 4.18 中皆精確地顯示了某大學的資料，但使用 *takes* 卻更簡潔也更可取。如果註冊組辦公室要將其他資訊與課程註冊紀錄連結時，最好的方式可能是將其做為一個實體。

該決定使用實體集或一關聯集的好方法之一為指定一關聯來描述兩個實體間的作用。而用此種方法也可以用來判定某些屬性是否較合適表達成為關聯。

▶圖 4.18
以 *registration* 替代 *takes* 與兩個關聯集

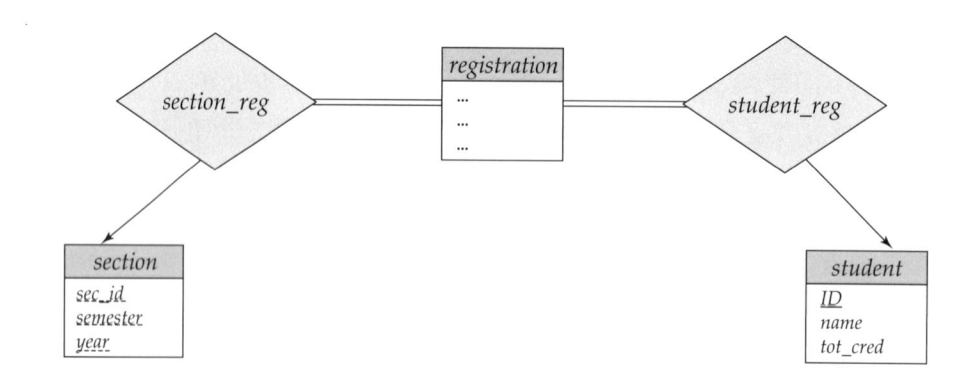

4.7.3 二元與 n- 元關聯集

在資料庫中的關聯往往是二元形式的。某些關聯，似乎看似非二元但實際上以幾個二元關聯來表示會更為合適。例如，我們可以創建一個三元關聯的 *parent*，包含孩子與其母親和父親。然而，這樣的關聯也可用兩個二元關聯來表示，*mother* 和 *father*，分別跟孩子與其母親和父親相關聯。使用 *mother* 和 *father* 兩個關聯為我們提供了孩子母親的紀錄，即使不知道父親的身分也沒關係；但若使用的是三元關聯的 *parent*，則需要提供一個空值（因為父親為未知）。故在這種情況下，會較偏好使用二元的關聯集。

不同數量的二元關聯集永遠可用來替代一個非二元（n- 元，且 $n > 2$）的關聯集。為簡單起見，試想抽象的三元（$n = 3$）關聯集 R，與實體集 A、B 和 C 相關。我們用實體集 E 取代關聯集 R，並創建三個關聯集，如圖 4.19 所示：

- R_A，E 和 A 之間的相關。
- R_B，E 和 B 之間的相關。
- R_C，E 和 C 之間的相關。

假如關聯集 R 有任何屬性，它們會被分配到實體集 E；另外，我們為 E 設置一個特殊標示屬性（因為它必須能區分不同的實體）。對於在關聯集 R 的每一個關聯 (a_i, b_i, c_i)，我們在實體集 E 中另外設了一個新的實體 e_i。然後在三個新的關聯集，我們在每一個集加入一個關聯如下：

- (e_i, a_i) 於 R_A 內。
- (e_i, b_i) 於 R_B 內。
- (e_i, c_i) 於 R_C 內。

我們可以直接將此過程表示為 n- 元關聯集。從概念上而言，可以限制 E-R 模型只包含二元關聯集。然而，這種限制並不是總是適用的。

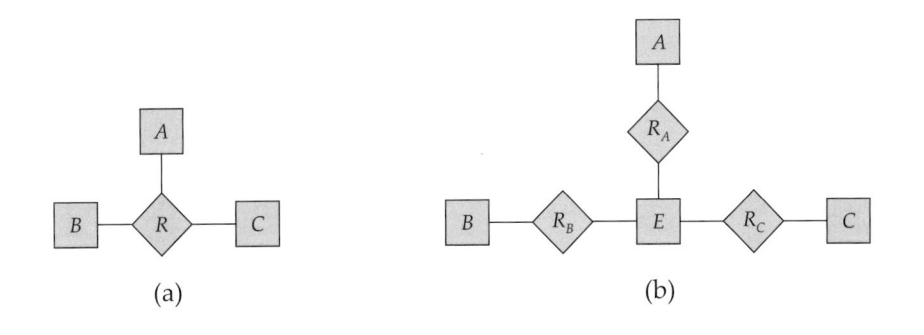

▶圖 4.19
三元關聯與三個二元關聯

- 可能需要為實體集設置一個標示屬性以代表關聯集。此屬性及其額外的關聯集需求，增加了設計的複雜性（正如我們在第 4.6 節看到的）與總體儲存的要求。
- 一個 n- 元關聯可更加清楚地顯示在一個單一關聯中的幾個實體集的參與情形。
- 我們可能沒有辦法將三元關聯限制直接轉換成二元關聯的限制。例如，試想一個限制，代表 R 是多對一的，從 A、B 到 C；意思是說 A 和 B 每對實體最多與一個 C 實體相關。此限制就無法以關聯集 R_A、R_B 和 R_C 基數限制表示出來。

回顧第 4.2.2 節中，與 instructor、student 和 project 有關的關聯集 proj_guide。我們無法直接分割 proj_guide 成在 instructor 與 project，以及 instructor 與 student 間的二元關聯。如果可以直接分割，我們就能記錄教師 Katz 負責專案 A 和 B 以及學生 Shankar 和 Zhang；但我們無法直接記錄 Katz 負責專案 A 與學生 Shankar 以及專案 B 與學生 Zhang，或不負責專案 A 和學生 Zhang 以及不負責專案 B 和學生 Shankar。

關聯集 proj_guide 透過設置如上述的新實體集，可以分為二元關聯。然而，這樣的做法並不自然。

4.7.4 安置關聯屬性

關聯的基數率會影響關聯屬性的安置。因此，一對一或一對多的關聯集屬性，可與參與的實體集相關，而非與關聯集相關。例如，我們指定 advisor 是一個一對多的關聯集，如此一位教師可能指導好幾位學生，但每位學生只能擁有一位指導老師。這種情況下，表示某教師成為某學生之指導教授的日期的 date 屬性，可以與 student 實體集相關，如圖 4.20 所描述（為保持圖例的簡明，只顯示兩實體集的部分屬性。）。由於每個 student 實體參與的關聯中，最多可有一個 instructor，使得此指定屬性具有將 date 對應至 advisor 關聯集的含義。一對多的關

▶圖 4.20
student 實體集的 date 屬性

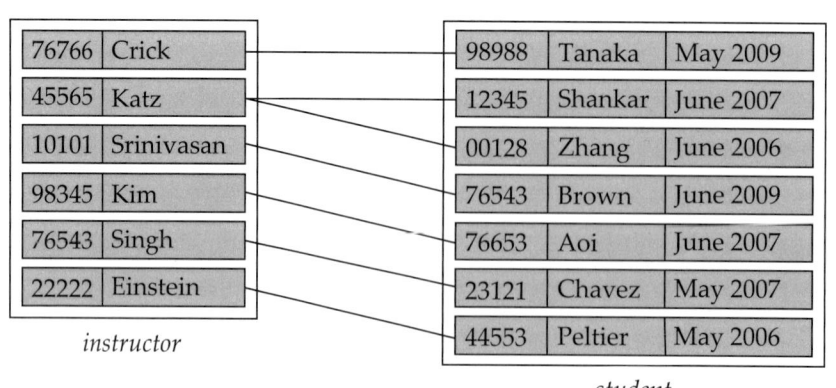

76766	Crick
45565	Katz
10101	Srinivasan
98345	Kim
76543	Singh
22222	Einstein

instructor

98988	Tanaka	May 2009
12345	Shankar	June 2007
00128	Zhang	June 2006
76543	Brown	June 2009
76653	Aoi	June 2007
23121	Chavez	May 2007
44553	Peltier	May 2006

student

聯集屬性可被重新定義在位於實體集多方的關聯上。至於一對一的關聯集，這種關聯屬性可與任一有參與的實體相關。

在設計決定如何放置描述性屬性的情況下，做為一個關聯或實體的屬性，要能展現出建模對象的特色。設計者可以選擇保留 *date* 做為 *advisor* 的屬性，以能明確表示該日期指的是指導教授關係形成的關聯日期，而不是跟學生其他狀態有關（例如，大學接受入學的日期）。

屬性放置的選擇在多對多關聯中比較明確。回到我們的例子，用較接近現實的例子如 *advisor* 是多對多的關聯集，表示一位教師可以指導一位或更多的學生，且一位學生可擁有一位以上的指導教師。如果我們要用日期來記錄某一特定教師成為一特定學生的指導教師，則 *date* 必須是 *advisor* 關聯集中的一個屬性，而不是參與實體的屬性。如果 *date* 是 *student* 的一項屬性，則我們無法用日期來表示哪位教師有在哪個特定的日期裡成為指導教授。當一個屬性是由有參與的實體集所組合而成，而非由任何一個單一的實體來決定時，則此屬性必須與多對多關聯集相關。圖 4.3 描繪了如何將 *date* 當作關聯屬性。為了保持圖例的簡潔，我們只顯示兩個實體集中的一部分屬性。

4.8 擴充的 E-R 特性

雖然基本的 E-R 概念可以用來表示大部分資料庫上的功能，但在資料庫的某些方面可能要用擴充的 E-R 模型特性才能夠更貼切地表達出來。本節中，我們討論相關的專門化功能，歸納功能、更高和更低層級的實體集包容、屬性繼承，以及聚合功能。

為了使討論更加順利，我們將使用一個較為複雜的大學資料庫架構。我們會透過定義實體集 *person* 與 *ID*、*name* 和 *address* 等屬性來建立此大學模型。

4.8.1 專門化

一實體集可能包括一些與其他實體不同之實體的子組。例如，在實體集中的一個實體子集可能擁有一些不是與實體集中其他實體所共享的屬性。E-R 模型提供了一個獨特的方法來表示這些實體的子組。

舉一個例子來說，*person* 實體集可能被進一步劃分如下：

- *employee*。
- *student*。

我們以一組包含 *person* 實體集的所有屬性，再加上一些可能的附加屬性，來描述不同人員的類型。例如，*employee* 實體可以用屬性 *salary* 來描述，而 *student* 實體則可用 *tot_cred* 來描述。設計實體集子組的過程稱為**專門化 (apecialization)**。將 *person* 實體集專門化可讓我們根據它們是否對應於員工或學生來區分不同的人員實體；舉例來說，一個人可以是員工、學生、兩者或兩者都不是。

另一個例子則是，假設該大學將學生分為兩類：研究生和大學生。研究生有自己的辦公室。而大學生被分配了一個宿舍。我們用一組包含所有 *student* 實體集的屬性及其他附加屬性來描述不同的學生類型。

這所大學可以設置 *student* 的兩個身分，即 *graduate* 和 *undergraduate*。正如我們前面所看到的，學生是以屬性 *ID*、*name*、*address* 和 *tot_cred* 來描述。*graduate* 會擁有所有 *student* 的相關屬性和一個附加的屬性 *office_number*。*undergraduate* 則會擁有所有 *student* 的相關屬性和一個附加的屬性 *residential_college*。

我們可以多次的使用專門化來改進一個設計。例如，大學員工可進一步劃分為如下：

- *instructor*。
- *secretary*。

我們以一組包含 *employee* 實體集所有的屬性再加上一些可能的附加屬性，來描述各個員工的類型。例如，當 *secretary* 實體以屬性 *hours_per_week* 來描述時，*instructor* 實體可進一步以屬性 *rank* 來說明。此外，*secretary* 實體可在 *secretary* 與 *employee* 實體集之間有一個 *secretary_for* 關聯，可用來表示此祕書是在協助哪一名員工。

一實體集可能以一個以上的特點來將其加以辨別。在我們的例子中，員工的工作內容被用來判斷各個員工實體集的不同。另外，還可以根據某個人是臨時員工（有限的任期）或永久員工，從而將其歸類為 *temporary_employee* 實體集或是 *permanent_employee* 實體集。當一個實體集有愈來愈多專門化時，一個特定的實體可能屬於多個專門。例如，一給定的員工有可能是一個暫時的祕書。

在 E-R 圖中，我們以一從專業實體指向另一實體的空心箭頭來表示專門化（見圖 4.21），把此種關聯稱做 ISA 關聯，用「is a」來代表，例如，一位教師「is a」員工。

▶圖 4.21
專門化和歸納

```
                    person
                    ID
                    name
                    address
                   /       \
              employee    student
              salary      tot_credits
             /      \
      instructor   secretary
      rank         hours_per_week
```

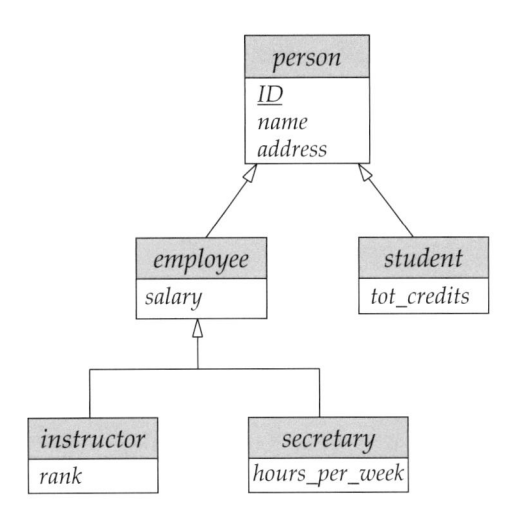

我們在 E-R 圖中描繪專門化的方式取決於一個實體是屬於多個專門實體集，或者只屬於一專門實體集。在前一種情況下（允許屬於多實體集）被稱為**重疊專門化 (overlapping specialization)**，而後者（最多允許屬於一個實體集）被稱為**分離專門化 (disjoint specialization)**。對於重疊專門化（如 *student* 與 *employee* 都是專門化的 *person*），使用兩個單獨的箭頭。對於分離特殊化（如 *instructor* 與 *secretary* 都是專門化的 *employee*），則使用單一箭頭。專門化的關聯也可能被稱為**超類─子類 (superclass-subclass)** 關聯。較高和較低層級實體集經常被描述為普通實體集，也就是說，如矩形包含實體集名稱。

4.8.2 歸納

由原本實體集至實體集子集的連續水平細化，代表一**由上而下 (top-down)**，區分明確的設計過程。設計過程中也可能使用**由下而上 (bottom-up)** 的方式，其中多個實體集被合成到一個更高層次實體集的基礎共同功能上。資料庫設計人員會先訂定：

- *instructor* 實體集，及其屬性 *instructor_id*、*instructor_name*、*instructor_salary* 和 *rank*。
- *secretary* 實體集，及其屬性 *secretary_id*、*secretary_name*、*secretary_salary* 和 *hours_per_week*。

instructor 實體集和 *secretary* 實體集之間的相似處在於，它們有幾個概念一樣的屬性：即標示符號、名稱和薪資屬性。我們可以**歸納 (generalization)** 這種通用性，是存在於高層實體集與一個或多個較低層級實體集之間的遏制關係。例

子中，*employee* 為較高層級實體集，而 *instructor* 和 *secretary* 是較低層級的實體集。在這種情況下，概念相同的屬性，在兩個較低層級的實體集內會擁有不同的屬性名稱。要創建一個歸納關係，則屬性必須有一個共同的名稱，且以較高層級 *person* 實體來表示。我們可以使用屬性如名稱 *ID*、*name* 與 *address*，如在第 4.8.1 節中的例子中所見。

較高層和較低層級的實體集也可分別用**超類 (superclass)** 和**子類 (subclass)** 來表示。相對於 *employee* 及 *student* 子類而言，此 *person* 實體集即為超類。

就實際應用來說，歸納是一個專門化的相反。我們運用歸納及專門化兩個過程來結合與設計 E-R 架構。就 E-R 圖本身而言，並不會特意去區分專門化與歸納。實體的新層級是使用分別（專門化）或合成（歸納）來設計架構，使其可充分表示出資料庫的應用情形以及用戶對該資料庫的需求。上述兩種方法可分別用它們的出發點和總體目標來加以區別。

專門化源於單一實體集，透過設置較低層級實體集來區分實體集間的差異。這些較低層級實體集可以有不適用於其他更高層級實體集的屬性，或者參與的關聯。事實上，設計師之所以用專門化是為了使其特點更加鮮明。如果 *student* 與 *employee* 擁有和 *person* 實體相同的屬性，並參與和 *person* 實體完全相同的關聯，就沒有必要對 *person* 實體集再做專門化。

歸納源於我們透過承認很多實體集共享相同的特點（即以相同的屬性和參加相同的關聯集來描述它們）。在這些共同點的基礎上，歸納把這些實體集合成一個單一而更高層級的實體集。歸納是用來強調較低層級實體集的相似性並隱藏其差異，而且不會重複共享屬性。

4.8.3 屬性繼承

透過專門化與歸納而設置的較高和較低層級的實體有一個很重要的特性，稱為**屬性繼承 (attribute inheritance)**。較高層級實體集的屬性會被較低層級的實體集**繼承 (inherited)**。例如，*student* 和 *employee* 會繼承 *person* 的屬性。因此，我們以 *ID*、*name*、*address* 以及額外的 *tot_cred* 屬性來描述 *student*；而 *employee* 則是以 *ID*、*name*、*address* 及額外的 *salary* 屬性來加以描述。屬性繼承可適用於所有較低層級的實體集，因此，身為 *employee* 子類別的 *instructor* 和 *secretary*，可以繼承 *person* 的 *ID*、*name*、*address* 等屬性，另外也可繼承來自 *employee* 的 *salary* 屬性。

一個較低層級的實體集（或子類）也可繼承其較高層實體（或超類）在關聯

集的參與。如同屬性繼承，參與繼承也可用於所有較低層級的實體集。例如，假設 *person* 實體集以 *department* 關係與關聯集 *person_dept* 相關。而 *student*、*employee*、*instructor* 和 *secretary* 實體集，皆為 *person* 實體集的子類，故會皆以 *department* 關係與 *person_dept* 相關聯。事實上，上述的實體集可與所有與 *person* 實體集有參與的關聯集相關聯。

無論 E-R 模型是依專業化或歸納來設計，結果基本上會是相同的：

- 一個高層級實體集的屬性和關聯，可適用於其所有較低層級的實體集。
- 較低層級實體集所擁有的一些鮮明特性，只適用於特定的較低層級實體集。

雖然我們先前僅提到歸類，但接下來，將討論的屬性則是包含兩個過程。

圖 4.21 顯示了實體集間的**階層 (hierarchy)**。圖中，對於 *person* 而言，*employee* 是較低層級的實體集，但相較於 *instructor* 及 *secretary*，*employee* 則是屬於較高層級的實體集。在階層結構中，一個實體集只在一個 ISA 關聯中，做為較低層級的實體集，稱為**單一繼承 (single inheritance)**。若此實體集是在超過一個的 ISA 的關聯中，為較低層級的實體集，則此實體集會是**多重繼承 (multiple inheritance)**，且由此產生的結構被認為是點陣形式 (lattice)。

4.8.4 歸納的限制

為了更準確地模擬實際狀況，資料庫設計師可以選擇在特定的歸納上使用某些限制。其中一種類型的限制是可決定哪些實體是屬於較低層級實體集。而決定這些實體的層級限制如下：

- **條件定義 (condition-defined)**。條件定義的較低層級實體集，是以實體集是否滿足一些明確的條件來進行判斷。例如，較高層級實體集 *student* 有一屬性 *student_type*。將所有的 *student* 進行評估來判斷各 *student_type* 屬性。只有那些滿足 *student_type* 為「graduate」的實體才可以允許劃分為較低層級的實體集 *graduate_student*。而所有符合條件 *student_type* 為「undergraduate」的實體則被包括歸類於 *undergraduate_student*。由於所有的較低層級實體都是用屬性來做為被分類的依據（在此案例中，是指 *student_type*），此歸納分類的類型被認為是**屬性定義 (attributed-defined)**。
- **用戶定義 (user-defined)**。用戶定義的較低層級實體集，不受成員的條件所限制，而是由資料庫用戶來將這些實體分配到給定的實體集中。例如，假設經過三個月的僱用，大學員工會被分配到四個工作團隊的其中一個。這些工作團隊

則是屬於較高層 *employee* 實體集中的四個較低層級的實體集。在有明確定義條件的基礎下，員工不會自動被分配到一特定的團隊；相反地，負責分派員工者會個別分配，而此分派是透過增加一實體到另一實體集中的方式來進行。

另外，第二種類型的限制是指在單一歸納的關聯中，一實體是否會屬於不只一個的較低層級實體集。有可能的較低層級實體集如下：

- **不相交 (disjoint)**。不相交的限制要求一實體不能屬於多於一個的較低層級實體集。在我們的例子中，*student* 實體須滿足 *student_type* 屬性的限制。一個實體的類型只能是研究生或大學生，但不能同時為兩者。
- **重疊 (overlapping)**。在重疊的歸納中，同一個實體可能屬於多於一個的較低層實體集。試想以員工工作小組為例，並假設某些員工會參與多個工作小組。所以一個員工可能會出現在 *employee* 實體集裡一個以上較低層實體集的工作小組。因此，歸納是重疊的。

在圖 4.21 中，我們假設一個人可能既是員工又是學生。我們以不同的箭頭來表明重疊歸納：一是從員工到人員，另一個是從學生到人員。然而，教師和祕書的歸納是不相交的。我們會使用單箭頭來表示。

而最後一種限制，是指歸納或專門化的**完整性限制 (completeness constraint)**，限制在歸納／專門化中，較高層級的實體集必須屬於至少一個較低層實體集。這個限制可能如下：

- **總歸納 (total generalization)** 或**專門化 (specialization)**。每一個較高層級的實體必須屬於較低層級實體集。
- **部分歸納 (partial generalization)** 或**專門化 (specialization)**。有些較高層級的實體，可以不屬於任何較低層級實體集。

部分歸納為預設值。我們可以透過加入關鍵字「total」，在 E-R 圖中設定成總歸納，且從關鍵字畫一條虛線至與其應用相對應之空心箭頭（對於總歸納），或設置其應用之空心箭頭（對於重疊的歸納）。

student 為總歸納，表示所有的學生實體都必須是研究生或大學生。由於歸納，較高層級實體集通常一般是由較低層級的實體集所組成，所以關於較高層級實體集歸納的完整性限制會是全部的。當為部分歸納時，較高層級的實體不會被限制僅出現在較低層級的實體集。工作小組實體集可解釋部分專業化。由於員工只會在工作三個月後才被分配到一個工作小組，造成一些 *employee* 實體集有可能不屬於任何較低層級工作小組實體集之成員的情況。

我們可以更具體地描述小組實體集為 *employee* 的部分且重疊的專門化。*graduate_student* 和 *undergraduate_student* 對應至 *student* 為總歸納，是一種不相交的歸納。但是完整性與不相交的限制，其實彼此並不相關。限制也有可能為部分不相交或是完全重疊。

我們可看到某些應用在符合歸納或專業化的限制時的使用和刪除。例如，一個完整性的限制條件，當有一實體加入到一個較高層級實體集時，則必須也加入實體到至少一個的較低層級實體集。另外，要符合條件定義的限制，則所有滿足條件的較高層級實體，必須要加入到較低層級的實體集中。最後，當從一個高層實體集刪除某實體時，也必須從其所屬的較低層實體集中將此實體刪除。

4.8.5 聚合

E-R 模型的一項缺點是，它無法表達關聯間的關聯。為了說明這點的重要性，我們用前面所見，在 *instructor*、*student* 和 *project* 間的三元關聯 *proj_guide* 來加以說明（見圖 4.13）。

假設每位教師需要為指導學生的專案提供一份每月評估報告。我們為此評估報告創建為一個擁有主鍵 *evaluation_ id* 的 *evaluation* 實體集。記錄 (*student, project, instructor*) 結合 *evaluation* 的另一種對應方法是在 *instructor*、*student*、*project* 和 *evaluation* 之間建立一個對應的四元 (4-way) 關聯集 *eval_for*。使用基本的 E-R 模型結構，我們會得到圖 4.22 的 E-R 圖（為簡單起見，我們省略了實體集的屬性）。

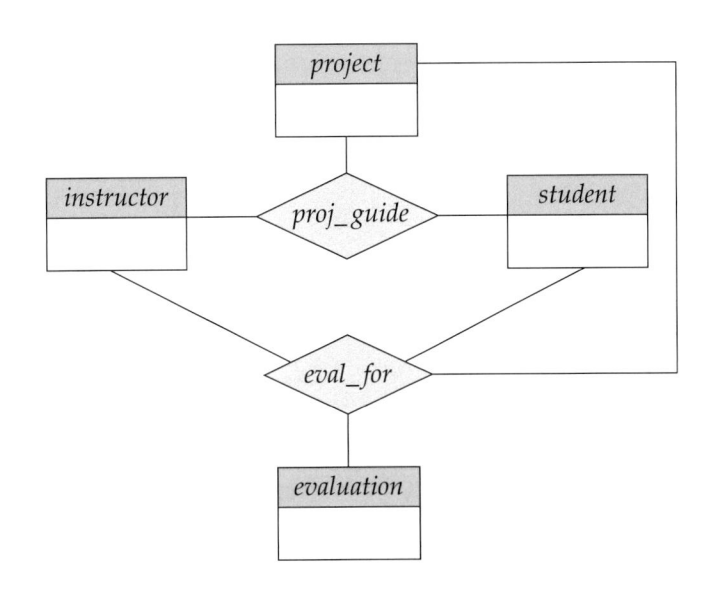

▶圖 4.22
E-R 圖與冗餘關聯

即使關聯集 *proj_guide* 與 *eval_for* 可以結合為單一的關聯集，但我們不應如此做，因為一些關於 *instructor*、*student*、*project* 的組合可能缺乏其相關的 *evaluation*。

會有一些冗餘的資訊在圖表中，因為在 *eval_for* 中的 *instructor*、*student*、*project* 各組合也一定會在 *proj_guide* 中。若 *evaluation* 為一個值而非一個實體，則我們可以使 *evaluation* 成為關聯集 *proj_guide* 的一個多值複合屬性。然而，若 *evaluation* 也可能與其他實體有相關，這個方法可能不會是一個好的選擇；例如，每份評估報告可能會與負責進一步處理的 *secretary* 有所關聯，因為可能要決定獎學金的給付。

一個最好的模擬情境方法是使用聚合去加以描述。**聚合 (aggregation)** 為一抽象的概念，可以透過它將關聯當作較高層級實體。在我們的例子中，把關聯集 *proj_guide*（與 *instructor*、*student* 以及 *project* 實體集有關）做為一個較高層級實體集。這樣的實體集被視為與其他的實體集相同。我們可以在 *proj_guide* 和 *evaluation* 之間設置一個二元關聯 *eval_for*，來表示 *evaluation* 所代表的 (*student*, *project*, *instructor*) 組合。圖 4.23 顯示一個常用來表示這種聚合情況的符號。

4.8.6　還原為關聯架構

在此，我們描述如何將擴充的 E-R 特性轉換成關聯架構。

▶圖 4.23
聚合的 E-R 圖

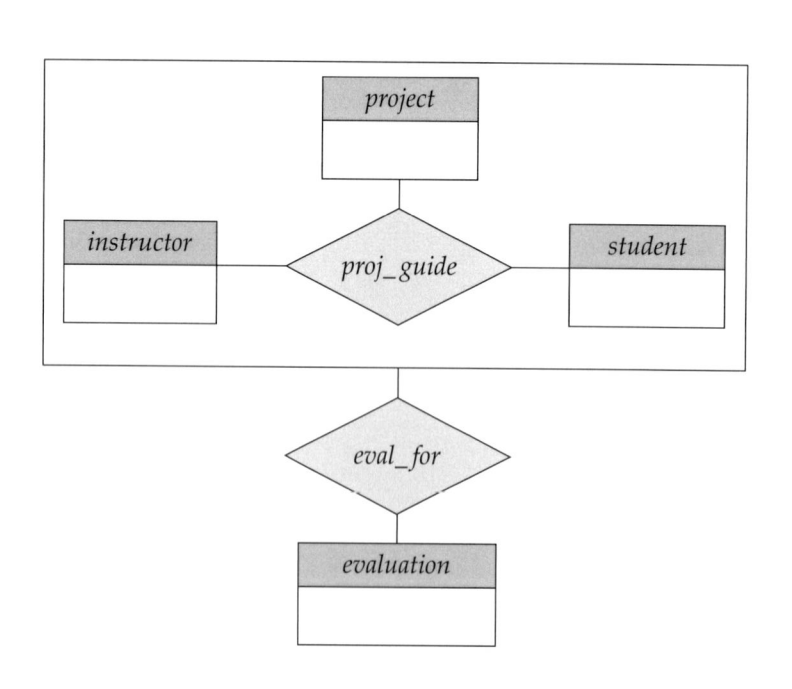

4.8.6.1 歸納的表示方式

有兩種不同的使用歸納之 E-R 圖關聯架構設計方式。雖然我們指的是圖 4.21 中的歸納，但為了簡單起見，我們只包括較低層級實體集的第一層，也就是說，只使用 *employee* 和 *student* 來敘述。我們假設 *ID* 是 *person* 的主鍵。

1. 建立一較高層級實體集的架構。對於每一個較低層級實體集，皆創建一個包括該實體集每個屬性的架構，再加上較高層級實體集主鍵的各個屬性。因此，在圖 4.21 的 E-R 圖中（忽略 *instructor* 和 *secretary* 實體集），我們有三種架構如下：

    person (<u>*ID*</u>, *name*, *street*, *city*)
    employee (<u>*ID*</u>, *salary*)
    student (<u>*ID*</u>, *tot_cred*)

    較高層級實體集的主鍵屬性會同時成為較高層級實體集，以及所有較低層級實體集的主鍵屬性。這些可以由在上面所提到的例子中清楚地看到。

    此外，我們在較低層級實體集設置外來鍵的限制，及引用由較高層級實體集的主鍵相關聯的主鍵屬性。在上面的例子中，*employee* 的 *ID* 屬性即是引用 *person* 的主鍵，而 *student* 的情況也相似。

2. 假設歸納為不相交且完整的，也有另一種表示方法。在此，我們不會為較高層級實體集設創建架構。反之，對於每一個較低層級實體集，我們會創建一個架構，此架構包含各實體集的屬性，再加上較高層級實體集的各個屬性。接著，關於圖 4.21 的 E-R 圖，我們會有兩種架構：

    employee (<u>*ID*</u>, *name*, *street*, *city*, *salary*)
    student (<u>*ID*</u>, *name*, *street*, *city*, *tot_cred*)

    上述兩種架構的主鍵皆為 *ID*，這也是較高層級 *person* 實體集的主鍵屬性。

    第二種方法的缺點在於規定了外來鍵限制。為了說明此問題，我們假設有一個關聯集 R 與 *person* 實體集有關。與第一種方法比較，當我們從該關聯集創見一個關聯模式 R 時，還要在 R 規定外來鍵的限制，引用至 *person* 架構。不幸的是，當我們使用第二個方法時，在 R 中沒有一個單一的關聯外來鍵限制可供參考。為了避免此問題，我們需要建立一個 *person* 的關聯架構，且至少有包含 *person* 實體的主鍵屬性。

    如果第二個方法被用於重疊的歸納，一些值將被不必要的多次儲存。例如，如果一個人既是員工又是學生，則 *street* 和 *city* 的值將被儲存兩次。

    如果歸納是不相交的且非完整的，也就是說，如果有些人既不是員工也不是

學生時，則一個額外的架構

$$person~(\underline{ID}, name, street, city)$$

將被使用來代表這類型的人。然而，上述外來鍵限制的問題仍然存在。為了嘗試解決這個問題，假設員工和學生被用來額外地表示 person 關聯。但不幸的是，姓名、街道和城市的資訊將被冗餘地儲存在 person 關聯、student 關聯，以及 employee 關聯中。所以建議改為在 person 關聯中來儲存姓名、街道和城市的資訊，而從 student 與 employee 中刪除這些冗餘資訊。若這樣做，結果就會如同我們所提出的第一種方法一樣。

4.8.6.2　聚合的表示方式

設計一個包含聚合的 E-R 圖架構很簡單。圖 4.23 即顯示，一個在 proj_guide 聚合與 evaluation 實體集間的關聯架構 eval_for，包含 evaluation 實體集與關聯集 proj_guide 中主鍵的各屬性。另外，它還包括一個用來描述存在於關聯集 eval_for 屬性的屬性。按照我們之前所定的規則，為聚合實體集內的關聯集和實體集進行轉換。

我們前面看到的，在關聯集中設置主鍵與外來鍵限制的規則，也可以應用到涉及聚合的關聯，聚合會被當成實體集一般。聚合的主鍵即其規定是關聯集的主鍵。聚合不需要使用單獨的關聯來表示，而是使用由所規定關聯的關聯來表示。

4.9 資料建模的替代符號

應用程式的圖解資料模型對於設計資料庫的架構來說很重要。建立資料庫架構不僅需要資料建模的專家，也要有瞭解程式需求領域的專家，但他們可能並不熟悉資料建模的過程。故一個直觀的圖解尤為重要，因為它可簡化這些專家群體之間的溝通。

許多建模資料的替代符號已被提出，其中 E-R 圖和 UML 類別圖是最為廣泛被應用的。目前 E-R 圖符號並沒有一個通用的標準，不同的書籍和不同的 E-R 軟體會使用不同的符號。本書（第六版）所使用的符號和前面幾版不同，原因之後會加以解釋。

而本節的其餘部分，我們研究了一些 E-R 圖的替代符號以及 UML 的類別圖表示法。為了幫助我們比較這些替代符號，圖 4.24 總結了一套我們已在 E-R 圖所使用的符號。

▶圖 4.24
使用於 E-R 圖的符號

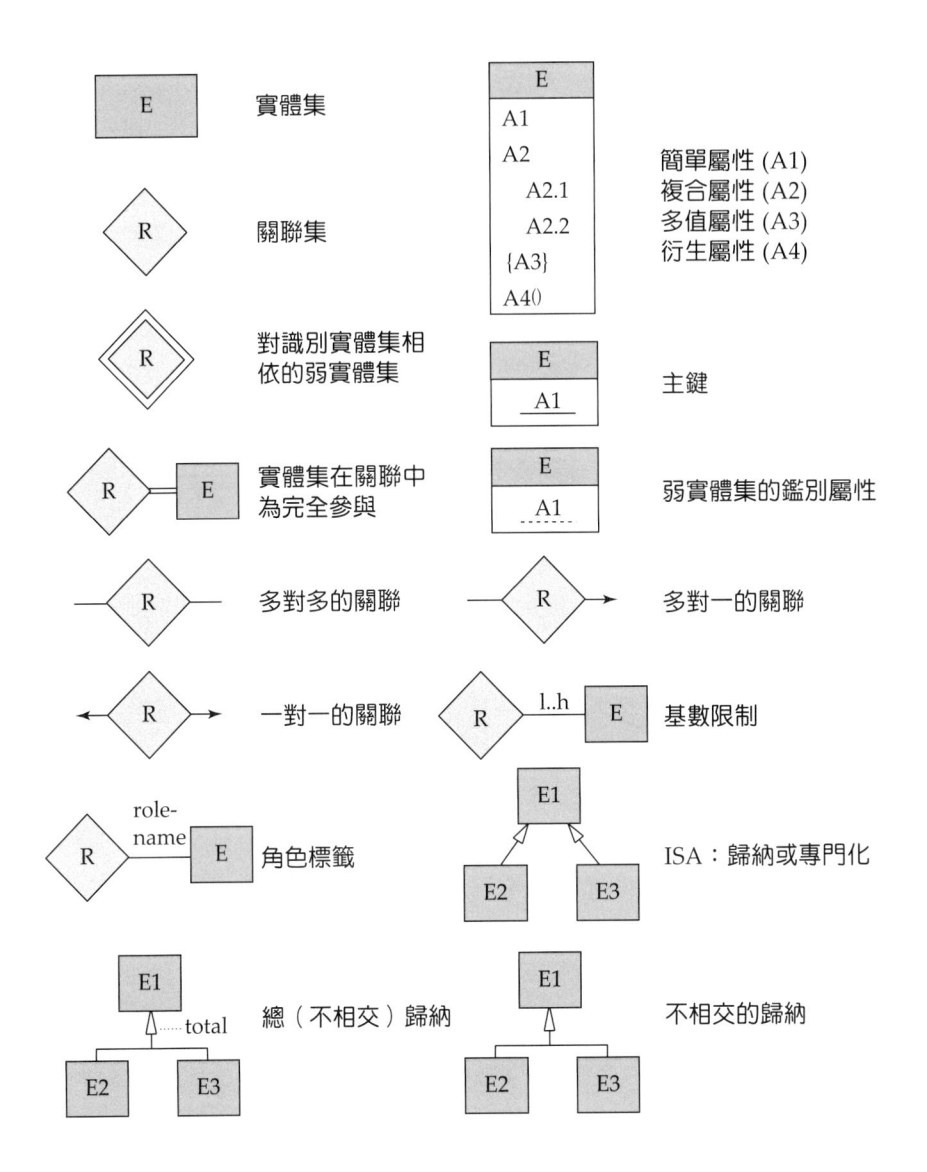

E (方塊)	實體集
R (菱形)	關聯集
R (雙菱形)	對識別實體集相依的弱實體集
R—E	實體集在關聯中為完全參與
R (多對多)	多對多的關聯
R→	多對一的關聯
←R→	一對一的關聯
R—l..h—E	基數限制
R—role-name—E	角色標籤

E: A1, A2, A2.1, A2.2, {A3}, A4()
- 簡單屬性 (A1)
- 複合屬性 (A2)
- 多值屬性 (A3)
- 衍生屬性 (A4)

E / A1 : 主鍵

E / A1 (虛底線) : 弱實體集的鑑別屬性

ISA：歸納或專門化 (E1 ← E2, E3)

總（不相交）歸納 (E1 ......total...... E2, E3)

不相交的歸納 (E1 ← E2, E3)

4.9.1　E-R 的替代符號

　　圖 4.25 說明了一些已被被廣泛採用的 E-R 替代符號。一種表示實體屬性的方法，是以橢圓連接代表實體的方塊，並以下底線來強調主鍵屬性。上述符號可在圖的上方看到。關聯屬性可以用相似的方式來表示，通過連接橢圓形和菱形來代表其中的關聯。

　　關聯中的基數限制可用幾種不同的表示方式，如圖 4.25 所示。其中的一個替代方案，如圖左側，標示 * 以及在關聯邊緣的 1，用於描述多對多，一對一以及多對一的關係。在一對多與多對一對稱的情況下，則不會被表示出來。

　　在圖右邊的另一項替代性的符號，則是以關聯集之間的線來代表關聯集，沒

▶圖 4.25
E-R 替代符號

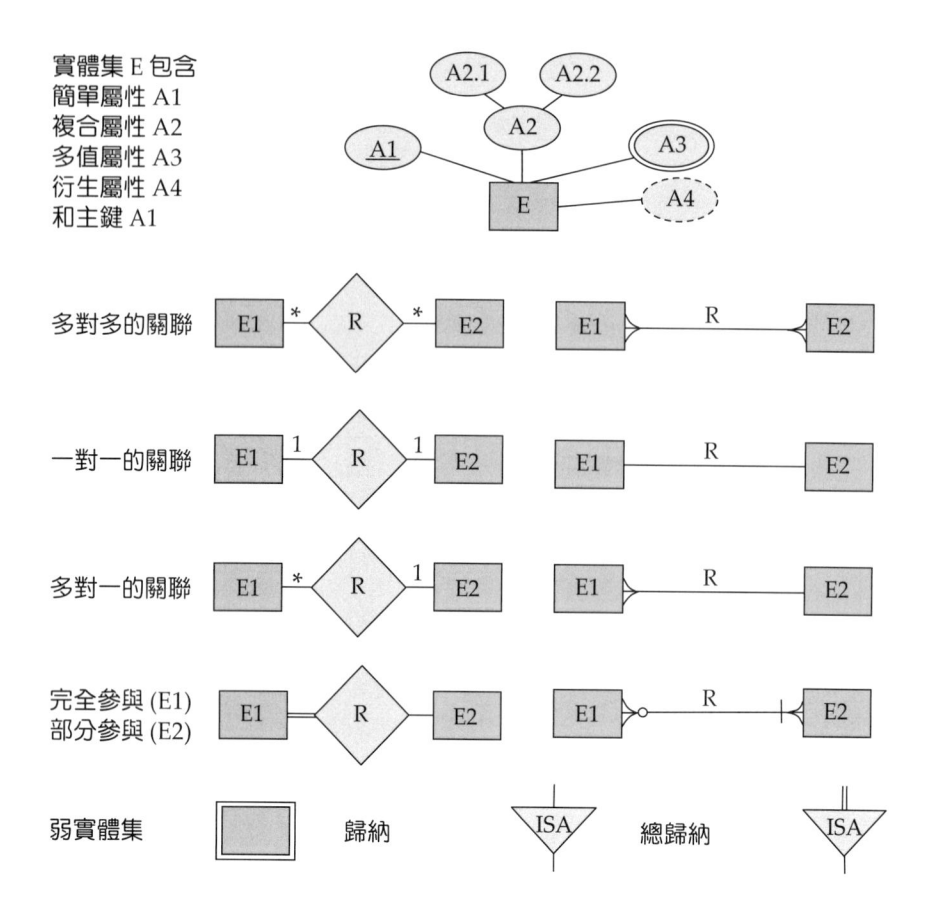

實體集 E 包含
簡單屬性 A1
複合屬性 A2
多值屬性 A3
衍生屬性 A4
和主鍵 A1

多對多的關聯

一對一的關聯

多對一的關聯

完全參與 (E1)
部分參與 (E2)

弱實體集　　　　　　歸納　　　　　　　　　總歸納

有用菱形，但只有二元關聯可以如此被表示。如圖所示，我們以「鳥爪」(crow's-foot) 來表示基數限制的符號。在關聯 E1 和 E2 之間，兩邊都有鳥爪表示多對多的關係，而鳥爪若只有在 E1 這邊，則是代表了從 E1 到 E2 為多對一的關係。完全參與是以一個豎線符號來表示。但請注意，在實體 E1 和 E2 之間的關聯 R，如果 E1 在 R 中為完全參與，則豎線會被放在對面，毗鄰 E2 實體。同樣地，若為部分參與，則會在對面用圓圈來加以表示。

在圖 4.25 的下面，歸納的另一種表示方式是用三角形，而不是空心箭頭。

本書前面的幾個版本使用橢圓來表示屬性，三角形來代表歸納，如圖 4.25 中所示。它最初由 Chen 在自己 E-R 模式的論文裡所使用，所以又稱為 Chen 的符號。

後來，在 1993 年，美國國家標準與技術協會 (NIST) 定義一套標準，稱為 IDEF1X。 IDEF1X 使用鳥爪符號，在關聯邊緣使用豎線來表示完全參與，用空心圓來表示部分參與，另外還包括一些其他我們沒有提到的符號。

隨著使用統一標記語言 (UML) 的增加（在後面的第 4.9.2 節會提到），我們選擇更新所使用的 E-R 符號，使之更接近 UML 類別圖（此部分會在第 4.9.2 說明地更加清楚）。和之前的符號相較之下，我們所使用的新符號提供了更緊湊的屬性表示方式，也更接近 E-R 建模工具所使用的符號。

關於建立 E-R 圖，有著各式各樣的工具可使用，且各自有著不同的記錄符號。有些甚至提供好幾種 E-R 符號可選擇。

E-R 圖實體集和由實體所建立的關聯架構的區別，在於對應 E-R 圖關聯的關聯架構屬性，如 instructor 的 dept_name 屬性，不會顯示在實體集的 E-R 圖中。另外，某些資料庫建模工具允許用戶在兩種選擇中選用其一，一個是沒有此類屬性的實體表示，另一個是有此類屬性的關聯表示。

4.9.2 統一建模語言 UML

實體關聯圖可幫助軟體系統的資料表示組合建模。然而，資料的表示只是系統設計的一部分。其他還包括用戶與系統互動的模型，以及系統功能規範與互動等。**統一建模語言 (Unified Modeling Language, UML)** 是一個標準，是物件管理團體 (Object Management Group, OMG) 為軟體系統的不同部分所開發的標準。UML 的某些部分如下：

- **類別圖 (class diagram)**。一個類別圖與 E-R 圖相似。在此節的後半部分，我們將說明類別圖的一些功能以及它們如何與 E-R 圖相關聯。
- **案例圖 (use case diagram)**。用案例圖顯示用戶與系統之間的互動，特別是用戶執行的步驟（如提款或註冊課程）。
- **活動圖 (activity diagram)**。活動圖描述了各種系統的組成部分之間的任務流程。
- **實作圖 (implementation diagram)**。實作圖同時顯示了軟體組成層級與硬體組件層級間的系統組件，以及其相互間的聯繫情形。

在此，我們不會詳細說明 UML 的細節。不過我們會透過一些實例來說明 UML 資料建模部分的一些特點。

圖 4.26 顯示了幾個 E-R 圖結構以及 UML 的類別圖結構。我們將描述這些結構如下。UML 實際建模的物件相當於 E-R 模型中的實體，同樣會擁有屬性，但還會額外提供一組函數（稱為方法），此函數可用來計算以物件屬性為基礎的值，或是可用於更新物件本身。除了屬性之外，類別圖還可用來描繪方法。UML 不支援複合屬性及多值屬性，而衍生屬性相當於一個不帶參數的方法。另外，由於類別有支援封裝，故 UML 允許屬性和方法可前綴一個「＋」、「－」或「#」，分別

▶圖 4.26
使用在 UML 類別圖表示法中的符號

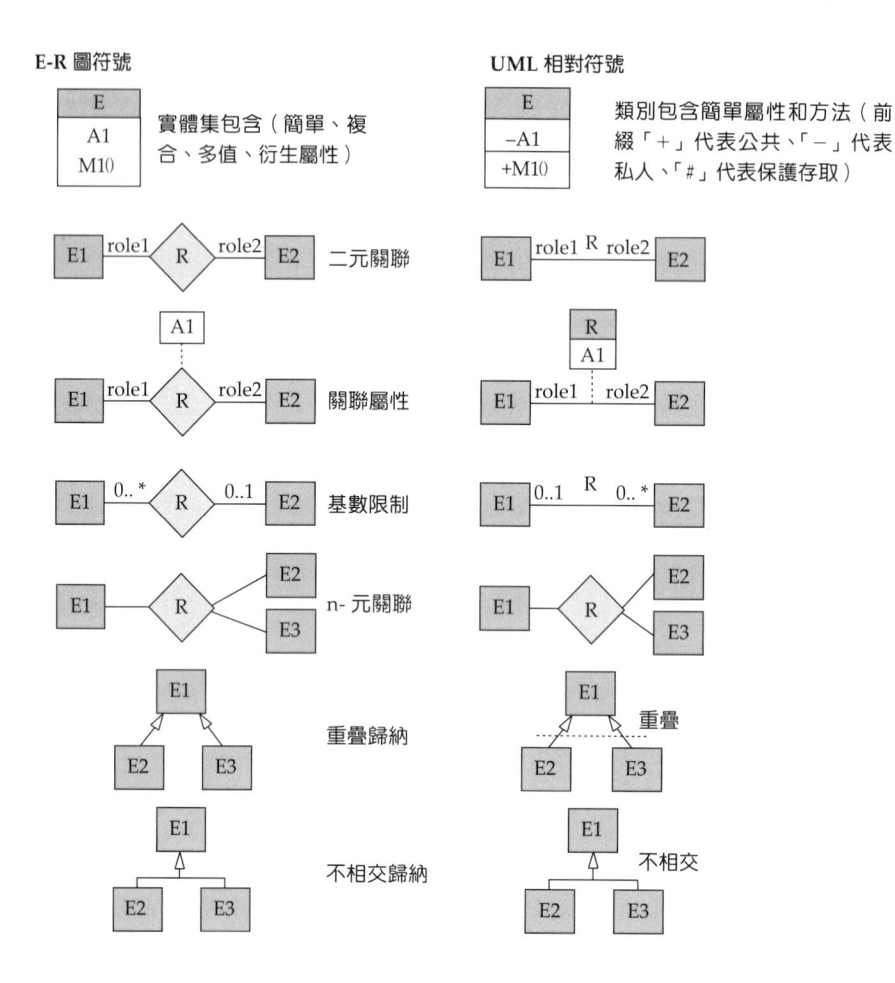

E-R 圖符號		UML 相對符號
E / A1 / M1()	實體集包含（簡單、複合、多值、衍生屬性）	E / –A1 / +M1()　類別包含簡單屬性和方法（前綴「＋」代表公共、「－」代表私人、「#」代表保護存取）
E1—role1—R—role2—E2	二元關聯	E1—role1—R—role2—E2
E1—role1—R—role2—E2（含 A1）	關聯屬性	E1—role1—role2—E2（含 R/A1 方塊）
E1—0..*—R—0..1—E2	基數限制	E1—0..1—R—0..*—E2
E1—R—E2, E3	n-元關聯	E1—R—E2, E3
E1 ← E2, E3	重疊歸納	E1 ← E2, E3　重疊
E1 ← E2, E3	不相交歸納	E1 ← E2, E3　不相交

代表公共、私人和保護存取等特性。私人屬性只能用在方法的類別中，而受保護的屬性則只能用在方法的類別及其子類別中；這些特性，對於瞭解 Java 和 C++ 或 C# 的人而言，應該有相當程度的熟悉。

在 UML 的術語中，關聯集被稱為**結合 (associations)**，不過為了讓它與 E-R 術語有一致性，我們應稱它們為關聯集。我們在 UML 中畫一條連接關聯集的線來表示二元關聯集，並且會將關聯集名稱寫在該線旁。另外，也可以在線上寫角色名稱，表明實體集在關聯集中所扮演的角色。還可在方塊裡編寫關聯集名稱，及其屬性關聯集，並由一條虛線連接方塊與所描繪的關聯集。這個方塊就可以被視為是一個實體集，如在 E-R 圖中的聚合一樣，並可與其他實體集一起參與關聯集。

自 UML 的 1.3 版本開始，UML 即可使用與 E-R 圖中相同的菱形符號，來表示非二元的關聯。但在早期版本中，非二元關聯是不能被直接表示的——它們必須以在第 4.7.3 節所看到的技術，將其轉換為二元關聯。UML 可允許菱形符號被使用於二元關聯，但大多數的設計者還是使用線來表示。

在 UML 指定的基數限制的方法與在 E-R 圖一樣，在 $l...h$ 間，其中 l 和 h 分別代表實體集可參與的最小和最大數量限制。但其限制的位置與 E-R 圖中的位置則是完全相反，如圖 4.26 中所示。在 $E2$ 的限制為 0..*，而 $E1$ 則是 0..1，這表示每個 $E2$ 的實體最多可參與一個關聯，而每一個 $E1$ 的實體則可參與多個關聯；換句話說，此關聯於 $E2$ 到 $E1$ 是多對一的關係。

若為單值，如 1 或 *，則可以直接寫在邊緣上；邊緣上的單值 1 會被視為等同於 1..1，而 * 則相當於 0..*。UML 支援歸納；符號的使用則基本上與在 E-R 圖中一樣，其中還包括代表不相交與重疊的歸納。

UML 類別圖中還包括了幾種沒有在 E-R 圖中所用的符號。例如，在兩個一端有著菱形的實體之間的連線，是用來表示在菱形端的實體包含了另一個實體（包含在 UML 術語中被稱為「聚合」，但注意不要把此聚合與在 E-R 模型中的用法混淆）。例如，一車輛實體可能包含引擎實體。

UML 類別圖也提供符號來表示物件導向語言功能，如介面等。

4.10 資料庫設計的其他方面

我們在本章廣泛地討論架構設計，但有可能會造成架構設計是資料庫設計中唯一組成部分的誤解。除此之外，還有一些其他方面的考量，我們在之後的章節會再做簡要地研究。

4.10.1 資料約束和關聯資料庫設計

我們看到了各種的資料限制，大都可以使用 SQL 來表示，包括主鍵限制、外來鍵限制、**檢查 (check)** 限制、斷言和觸發器。這些限制有多種目的。最明顯是要達到自動化的一致性維護。透過在 SQL 資料定義語言來表示限制，設計師能夠確保資料庫系統本身可正常的執行這些限制。這比單獨執行各個應用程式的限制更為可靠，還可集中管理更新限制與增加新的限制。

另一個明確的指出某些限制的優勢是，某些限制對於設計關聯資料庫架構特別有用。例如，假設我們知道社會安全號碼是個可唯一識別一個人的方法，則可以使用此人的社會安全號碼來連接相關資料，即使這些資料出現在多個不同關聯。相較之下，如眼睛的顏色，就不是一個具唯一性的識別符號。故眼睛的顏色不能用於連接關於一個特定人的資料,因為那將無法與擁有相同眼睛顏色人的資料做出區別。

在 4.6 節中,我們使用了設計中指定的限制,對給定的 E-R 設計產生了一組關聯架構。而在第 5 章中,我們將這個理念與相關的想法正規化,並展示它們如何幫助設計關聯資料庫架構。關聯資料庫的正式設計方法可讓我們準確地定義其設計,將不良的設計轉換為良好的設計。我們將看到,以實體關聯設計與產生關聯架構演算法做為設計流程的開始,會是一個好的開端。

資料限制對於資料的實際結構也很有用。將彼此密切相關的各個相關資料儲存在接近的磁碟可提高磁碟存取的效率。當索引位於主鍵時,某些索引結構的效率會更好。

執行限制會使得在每次資料庫進行更新時,付出較高的潛在代價。每次更新時,系統必須檢查所有的限制,有可能會導致更新失敗或因執行的限制而引起一些相應的觸發。這種效能的代價不僅與更新頻率有關,與資料庫是如何被設計的也有關係。事實上,對於某些限制的效率檢測,在第 5 章的關聯資料庫架構設計的討論中是相當重要的部分。

4.10.2　使用要求:查詢與效能

資料庫系統的效能優劣是大多數資料庫系統的關鍵。效能不只是看是否能有效地使用電腦與儲存硬體,也要看人與系統的互動與流程的效率。

以下為兩個主要的效能指標:

- **運載率 (throughput)**:在每單位平均時間可處理的查詢或更新(通常稱為交易)數量。
- **反應時間 (response time)**:無論在平均狀況或最壞的情況下,一個單一交易從開始到完成所需的時間。

使用批次來處理大量交易的系統需要有較高的運載率,而與人互動的系統或以時間為關鍵的系統則通常著重於反應時間。這兩個指標並不相同。高運載率來自於系統設置的高利用率,某些交易可能會因時間而導致延遲處理,直到系統能更有效的運作。這些延遲處理的交易都會有很糟的反應時間。

以前,大多數的商業資料庫系統都是著重在運載率上;然而,包括以 Web 為基礎以及在電信資訊的各種應用中,系統都需要有良好的平均反應時間,即縱使在最差的反應時間情況下,也要有一合理的反應時間範圍。

瞭解較常被頻繁使用的查詢種類，可對設計過程有所幫助。涉及連接的查詢比那些未涉及的查詢需要更多的評估資源。在需要連接的情況下，資料庫管理員可以選擇創建一個索引，便於評估該連接的加入。對於查詢，無論是否有涉及連接，設置索引可以加速評估選擇可能會用到的謂詞（SQL where 子句）。另一方面，查詢也會影響到與更新和讀取操作混合相關的索引設置選擇。雖然索引可以加快查詢，但它也會使更新減緩，導致被迫要增加額外的工作來維持索引的正確性。

4.10.3　授權認可

　　授權限制也會影響資料庫的設計，因為基於資料庫的邏輯設計，SQL 可讓被授權的用戶進行存取。一個關聯模式可能需要被拆解成兩個或更多個的架構，以便 SQL 管理更多不同的存取權限。例如，一員工的記錄資料可能包括薪資、工作職能和醫療福利。由於不同的行政單位，會設不同類型的資料存取權限，某些用戶可能可存取工資資料時，但會被拒絕存取工作資料、醫療福利等。若這些資料都屬於同一關聯時，透過使用需求而做適當地存取分工是可行的，只是較為煩瑣。當資料分布於網路系統時，資料的分工將變得更加重要。

4.10.4　資料流與工作流

　　資料庫應用程式為應用系統的一部分，不僅要與資料庫系統互動，也要與各種專門的應用程式互動。例如，一家製造公司的電腦輔助設計 (computer-aided design, CAD) 系統可協助設計新產品。CAD 系統可能從資料庫中，透過 SQL 來提取資料，處理一些內部資料，也可與產品設計師互動，然後將資料庫更新。在此過程中，資料控制可能會經過幾個不同的產品設計師以及其他人。以一個旅行開支報告為例。某位剛出差回來的員工填好報表後（可能用一特殊的套裝軟體），將它發送到經理或其他較高層級管理者的手上，最終會由會計部門來進行付款（此時它會與企業的會計資料系統互動）。

　　「工作流」一詞指的是結合所有參與過程的資料和任務，如前面的例子所示。工作流會與資料庫系統產生互動，因為用戶會在工作流上執行其任務。除了資料的工作流操作以外，資料庫還可以儲存與工作流本身相關的資料，包括任務組成的工作流，以及它們在用戶之間的路徑是如何進行的，皆會被儲存。因此，工作流必須指定一系列的查詢和更新，此為資料庫設計的一部分。換句話說，企業資料庫建模不僅要理解資料語義，還要瞭解使用這些資料的業務流程。

4.10.5　資料庫設計的其他問題

資料庫設計通常不是一次性的活動。一個組織會不斷的發展，而所需儲存的資料也會相對的變化。在最初的資料庫設計階段，或是應用程式開發時，資料庫設計師即要知道在概念、邏輯或物理模式層級上是常常會需要改變的。然而，架構的變化會影響到各種的資料庫應用程式。一個好的資料庫設計會先預設好組織未來的需求，並確保該架構能隨著需求而做到最小的改變。

辨別限制是否屬於永久性或是會改變是很重要地。例如，某教師的 ID，即是一個唯一辨別教師的限制。另一方面，大學裡可能會有一位教師只能屬於一個科系的政策，但這可能會改變。一個好的設計不僅要考慮當前的政策，一些可預期或是可能發生的變化皆應要避免或盡量減少。

此外，某企業資料庫可能會與其他企業互動，因此，可能會有多個資料庫互動的情形。在現實世界中，不同模式之間的資料轉換相當的重要。此問題已有多種解決方案。

最後，值得注意的是，資料庫設計是一個以人為本的行為，可從兩方面來看：系統的最終端使用者是人（即使資料庫與最終用戶間有一些應用程式）；資料庫設計師需要廣泛地與在該應用領域的專家交流，以確實瞭解需求。我們必須考慮所有與資料相關的人及其需求，使資料庫設計能夠成功。

| 4.11 | 總結

- 資料庫設計主要是指設計資料庫的架構。實體關聯 (entity-relationship, E-R) 的資料架構是一種廣泛使用資料模型的資料庫設計。它提供了一個方便的圖形來表示資料、資料間的關聯與一些限制。
- E-R 模型的目的主要是為了幫助資料庫的設計過程。規範了企業架構 (enterprise schema) 以方便資料庫的設計。這種架構表示出資料庫的整體邏輯結構。而此整體結構可以用 E-R 圖形來清楚地表現。
- 一個實體 (entity) 是指一個有別於其他物件且存在於現實世界中的物件。我們以與各個實體集相關的屬性來描述這些物件以表示區別。
- 關聯 (relationship) 是指在幾個實體之間的關係。一個關聯集 (relationship set)

是指同一類型關聯的集合，一個實體集則是指同一類型實體的集合。

- 超鍵 (superkey)、候選鍵 (candidate key) 和主鍵 (primary key) 等詞在關聯架構中，是用於實體與關聯集。決定一關聯的主鍵須謹慎，因為它是由一個或多個相關的實體集的屬性所組成。
- 映射基數 (mapping cardinalities) 可透過關聯集來表示許多實體與另一實體有相關。
- 一個沒有足夠主鍵屬性的實體稱為弱實體集 (weak entity set)；而一個有主鍵的實體集則被稱做強實體集 (strong entity set)。
- E-R 模型的各項功能為資料庫設計師在企業建模時，提供多種選擇。在某些情況下，概念和物件可以實體、關聯或屬性來表示。關於企業的整體結構方面，使用弱實體集、歸納、專業化或聚集來描述會較好。設計師必須好好評估簡單、緊密的模型，或那些精確、卻複雜的模型。
- 一個 E-R 圖的資料庫設計，可以用關聯模式集合來表示。在關聯中對於每一個實體集和每個關聯集，一個獨特的關聯模式是分配名稱給相對應的實體或關聯集合，由此形成一個從 E-R 圖衍生出的關聯資料庫設計。
- 專門化 (specialization) 和歸納 (generalization) 定義了一個較高層級實體集和一或多個較低層級實體集之間的關聯。專門化是設置一高層次實體的子集來形成一個較低層級實體集。歸納是用兩個或多個聯合的（較低層級）實體而產生一較高層級實體集。較高層級實體集的屬性是會被較低層級實體集所繼承。
- 聚合 (aggregation) 是一個抽象的關聯集（以及它們相關的實體集），它被視為是高層集的實體集，並有參與關聯。
- UML 是一種常見的建模語言。UML 類別圖在建模類別中被廣泛地應用，也常於資料建模時被使用。

關鍵詞

- 實體關聯資料模型 (Entity-relationship data model)
- 實體和實體集 (Entity and entity set)
  - 屬性 (Attributes)
  - 領域 (Domain)
  - 簡單與複合屬性 (Simple and composite attributes)
  - 單值與多值 (Single-valued and multivalued attributes)
  - Null 值 (Null value)
  - 衍生屬性 (Derived attribute)
  - 超鍵、候選鍵 (Superkey, candidate key)
  - 主鍵 (primary key)
- 關聯和關聯集 (Relationship and relationship set)
  - 二元關聯集 (Binary relationship set)
  - 關聯集的階度 (Degree of relationship set)

- 描述性屬性 (Descriptive attributes)
- 超鍵、候選鍵、主鍵 (Superkey, candidate key and primary key)
- 角色 (Role)
- 遞歸關聯設置 (Recursive relationship set)
* E-R 圖 (E-R diagram)
* 映射基數 (Mapping cardinality)：
  - 一對一的關聯 (One-to-one relationship)
  - 一對多的關聯 (One-to-many relationship)
  - 多對一的關聯 (Many-to-one relationship)
  - 多對多的關聯 (Many-to-many relationship)
* 參與 (Participation)
  - 完全參與 (Total participation)
  - 部分參與 (Partial participation)
* 弱實體集與強實體集 (Weak entity sets and strong entity sets)
  - 鑑別屬性 (Discriminator attributes)
  - 識別關聯 (Identifying relationship)
* 專門化和歸納 (Specialization and generalization)
  - 超類和子類 (Superclass and subclass)
  - 屬性繼承 (Attribute inheritance)
  - 單一和多重繼承 (Single and multiple inheritance)
  - 條件定義和用戶定義的成員資格 (Condition-defined and user defined membership)
  - 不相交和重疊的歸納 (Disjoint and overlapping generalization)
  - 總和部分歸納 (Total and partial generalization)
* 聚合 (Aggregation)
* UML 類別圖 (UML class diagram)

練習

4.1 為汽車保險公司構建一個 E-R 圖。每位客戶擁有一輛或多輛汽車，每輛車有零到多次的事故紀錄。每個保險包括一輛或多輛汽車，並且有一個或更多的保險費用與之相關聯。每個付款有一特定日期、一個相關的到期日以及收受款項的日期。

4.2 一個用來記錄學生在不同課程之成績的資料庫（堂數）。
   a. 試建構一個將考試視為實體，並使用三元關聯的資料庫的 E-R 圖。
   b. 使用 *student* 與 *section* 間的二元關聯，來建構一個替代的 E-R 圖。並確保特定的 *student* 和 *section* 間只有一個關聯存在，且我們還可以在不同的考試中標記學生。

4.3 設計一個追蹤最喜歡運動隊伍的 E-R 圖。我們要記錄比賽場次、每場的得分、每場比賽的球員，以及每場比賽球員的個人統計等資料。而總統計數據應被設為一衍生屬性。

4.4 若在一個 E-R 圖中，同一個實體集出現了好幾次，其屬性也重複發生了一次以上。則如何避免這種冗餘情況發生？

4.5 一個 E-R 圖可以被視為一個圖表。在設計企業架構時，下列術語分別代表什麼意思？
   a. 圖表是未連接的。
   b. 圖表是形成一循環的。

4.6 試著用二元關聯來表示一個三元關聯，以第 4.7.3 節的圖 4.27b（未顯示其屬性）為例。
   a. 指出一個有 E、A、B、C、R_A、R_B 及 R_C 的簡單例子，無法對應至任何 A、B、C 和 R 的

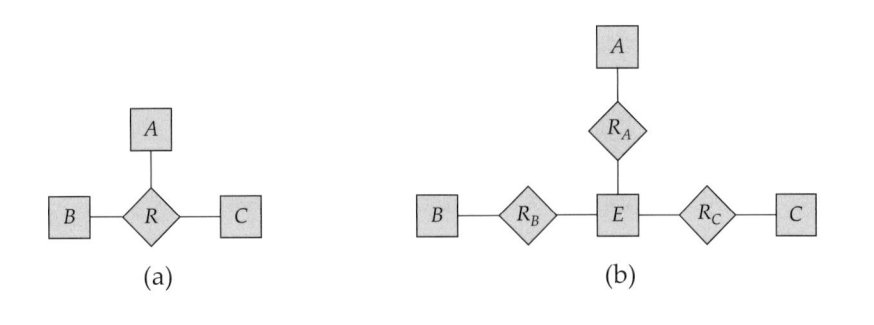

▶圖 4.27
練習 4.6 與練習 4.24 的 E-R 圖

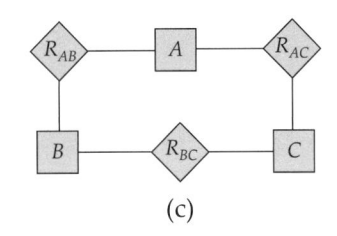

例子。

b. 修改圖 4.27b 中的 E-R 圖，建立一些限制來保證在 E、A、B、C、R_A、R_B 和 R_C 的例子，有滿足對應到 A、B、C 和 R 等例子的限制。

c. 上述要求我們為 E 設置一個主鍵屬性。試說明主鍵屬性其實是非必要的，並將 E 改為一弱實體集。

4.7 透過加入主鍵屬性來識別其實體集。請簡述會有甚麼樣的冗餘情況產生？

4.8 試想一個由多對一關聯產生的 *sec_course* 關聯。設置主鍵與外來鍵限制於關聯會造成多對一的關聯限制？請解釋為何會如此。

4.9 假設 *advisor* 關聯為一對一的關係。則 *advisor* 關聯為了確保一對一關係所需的額外限制為何？

4.10 一個介於實體集 A 和 B 間的多對一關聯 R。假設從 R 所設置的關聯是結合由 A 所擁有的關聯。在 SQL，屬性參加的外來鍵限制可以為空值。請解釋在 SQL 使用非空值的限制下，如何使 A 相對於 R 的關係為完全參與。

4.11 在 SQL 中，外來鍵限制只能指向有關聯的主鍵屬性，或其他有著唯一限制的超鍵的屬性。因此，在多對多關聯（或在「一」方的一對多關聯）有著完全參與的限制，不能於關聯上強制執行所建置的關聯，如使用主鍵、外來鍵與非空值限制等關聯。

a. 請解釋為什麼。

b. 請使用複雜檢查限制，解釋如何執行完全參與的限制（參見第 4.4.7 節）。(但不幸的是，目前，任何被廣泛使用的資料庫中，都不支持這些功能。)

4.12 圖 4.28 顯示了格子狀結構的專門化與歸納（未顯示其屬性）。對於實體集 A、B 和 C，請解釋如何從較高層級的實體集 X 和 Y 中，繼承其屬性。並解釋如何處理屬於 X 但與 Y 有著相同名稱的屬性？

4.13 **時態變化 (temporal changes)**：一個 E-R 圖通常顯示一企業在一個時間點的狀態。假設我

▶圖 4.28
練習 4.12 的 E-R 圖

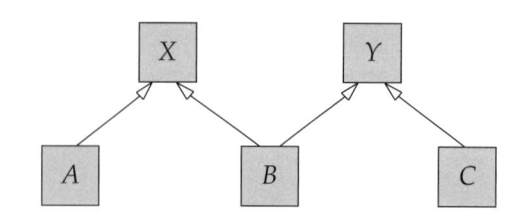

們要追踪時間的變化,也就是說,能隨著時間變化的資料。例如,Zhang 可能在 2005 年 9 月 1 日至 2009 年 5 月 31 日是學生,而 Shankar 可能自 2008 年 5 月 31 日至 2008 年 12 月 5 日請 Einstein 做為指導教授。同樣地,一實體或關聯的屬性值,如 course 的 title 和 credits、instructor 的 salary,甚至 name、student 的 tot_cred,皆會隨時間而改變。

建立時態改變的模型方法如下。我們定義一個新的資料類型稱為**有效時間 (valid_time)**,這是一個時間間隔,或一組時間間隔。然後,設計一個有效時間的屬性於各個實體和關聯,在此實體或關聯有效的期間內,記錄一時間段。結束時間的間隔可以是無限的,例如,如果 Shankar 在 2008 年 9 月 2 日成為學生,且目前仍是一位學生,我們可以表示此 Shankar 實體,其最終的有效時間為無窮大的時間間隔。同樣地,我們模型中的屬性,是可以隨時間而變化的一組值,每個屬性都有它自己的有效時間。

a. 請使用上述擴充的可追踪時態變化的功能,來製作一包含 student、instructor 實體,以及 advisor 關聯的 E-R 圖。

b. 將上述的 E-R 圖轉換成一組關聯。

上述所產生的關聯可很明顯地看出是相當複雜的,因而導致了在撰寫 SQL 查詢時的困難。而另一種做法,就是在設計 E-R 模型時,先無視時態變化(尤其是有時態變化的屬性值),而後再修改由 E-R 模型所產生的關聯來追踪其時態變化情形,此部分我們會在第 5.9 節中予以討論。

4.14 請解釋主鍵、候選鍵、超鍵之間的區別。

4.15 請建構一個擁有一組患者和一組醫生的醫院 E-R 圖,並記錄與各病人相關的各種測試紀錄。

4.16 為練習 4.1 至 4.3 的 E-R 圖建立適當地關聯模式。

4.17 請擴充練習 4.3 中的 E-R 圖,使其可追踪所有聯賽中球隊的資料。

4.18 請解釋弱實體和強實體集之間的差異。

4.19 我們可以由簡單地增加相應的屬性,將任何弱實體變成一強大的實體。為什麼我們要有弱實體集這種設計?

4.20 圖 4.29 為一網路書店模型的 E-R 圖。

a. 試列出實體集和它們的主鍵。

b. 假設書店增加了藍光光碟和可下載影片。同樣的商品可能以兩種方式來表示,且具有不同的價格。請試著擴展 E-R 圖,在忽視其對購物籃的影響下,來模擬此種情形。

c. 請使用歸納來擴展此 E-R 圖,為這些可能包含任意組合的書籍、藍光光碟,或者可下載影片的購物籃建立模型架構。

4.21 為汽車公司設計一個資料庫,可提供其經銷商協助他們在維護客戶紀錄和經銷商的庫存,並協助銷售人員訂購汽車。

▶圖 4.29
練習 4.20 的 E-R 圖

```
author
─────
name
address
URL

publisher
─────
name
address
phone
URL

customer
─────
email
name
address
phone

book
─────
ISBN
title
year
price

shopping_basket
─────
basket_id

warehouse
─────
code
address
phone
```

關聯：written_by、published_by、contains（屬性 number）、basket_of、stocks（屬性 number）

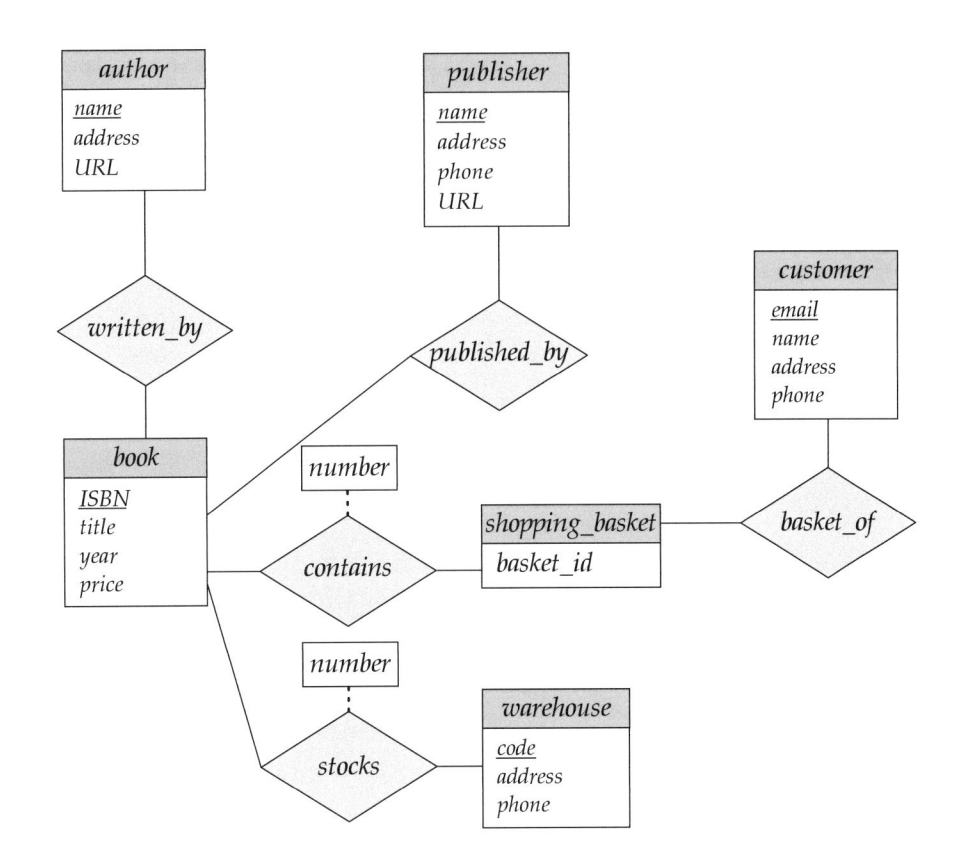

每輛車都是通過一個車輛識別號碼 (VIN)。各車輛都有公司提供的特定品牌和型號（例如，XF 是一個 Tata 汽車公司 Jaguar 品牌的汽車型號）。每個型號被提供多種選擇，但個人車只有一些（或甚至沒有）可用的選項。資料庫需要儲存型號、品牌和選項等資訊，以及一些個別經銷商、客戶和汽車等資訊。

此設計應該包括一 E-R 圖、一組關聯模式和一個關於列表的限制，包括主鍵和外來鍵限制等。

4.22 試為全球性的包裹快遞公司（如 DHL 或聯邦快遞）設計一個資料庫，該資料庫必須能夠追蹤客戶（寄件者）和客戶（收件者），以及一些兩者皆是的客戶。每個包裹必須可辨識及追蹤，因此資料庫必須能夠儲存包裹的位置和它的地點紀錄。地點包括卡車、飛機、機場和倉庫等地方。

此設計中應該包括一 E-R 圖、一組關聯模式，和一個關於列表的限制，包括主鍵和外來鍵限制等。

4.23 試設計一家航空公司的資料庫。此資料庫必須能追蹤客戶的保留機位、航班狀態、個別航班的座位與時間表，以及之後班機的時間與路徑。

此設計應該包括一 E-R 圖、一組關聯模式，和一個關於列表的限制，包括主鍵和外來鍵限制等。

4.24 在第 4.7.3 節，我們採用二進制的關聯（重複圖 4.27a）來表示一個三元關聯，如圖 4.27b。試想圖 4.27c 中的替代。討論以二元關聯來表示三元關聯的相對優勢為何。

4.25 試想在第 4.6 節中圖 4.15 所示的由 E-R 圖中產生的關聯模式。若有需要，對於各個模式，設置一外來鍵限制。

4.26 試設計一個歸納，有著專業化階層的汽車銷售公司。該公司銷售摩托車、客車、貨車和公共汽車。在各個階層的層級中，放置其對應的屬性。並請解釋為什麼他們不應該被放置在較高或較低的層級之中。

4.27 請解釋條件定義和用戶定義限制之間的區別。哪些系統可以自動檢查這些限制？請解釋你的回答。

4.28 請解釋不相交和冗餘限制之間的區別。

4.29 請解釋完全限制與部分限制之間的區別。

工具

許多資料庫系統提供的資料庫設計工具可支持 E-R 圖。這些工具會幫助設計師創造 E-R 圖，並能自動建立相應的表格於資料庫中。第1章書目附註有列出所引用的資料庫系統供應商的網站。

還有一些與資料庫無關、可支持 E-R 圖和 UML 類別圖的數據建模工具。免費的繪圖工具 Dia，可支持 E-R 圖和 UML 類別圖。商業工具包括 IBM Rational Rose(www.ibm.com/software/rational)，微軟 Visio（請參閱 www.microsoft.com/office/visio），CA's ERwin (www.ca.com/us/datamodeling.aspx)，Poseidon 的 UML(www.gentleware.com) 和 SmartDraw(www.smartdraw.com)。

書目附註

E-R 資料模型是由 Chen [1976] 所提出。一個使用擴展 E-R 模型、關於關聯資料庫的邏輯設計方法，是由 Teorey 等人 [1986] 所提出。資料建模的整合定義 (IDEF1X) 的標準 NIST [1993]，是由美國國家標準與技術研究院 (NIST) 為 E-R 圖所界定的一個標準。然而，各種不同規格的 E-R 符號現今仍被使用。

Thalheim [2000] 提供了一個研究關於 E-R 建模的詳細文本資料。Batini 等人 [1992] 與 Elmasri 和 Navathe [2006] 則提供了一基本教材。Davis 等人 [1983] 則提供了一個關於 E-R 模型文件的匯總。

截至 2009 年，目前 UML 的版本是 2.2，而 UML 2.3 接近最終版本。有關詳細資訊，請參閱 www.uml.org 的 UML 標準和工具。

CHAPTER 5

關聯式資料庫設計

在這一章裡，我們將介紹設計關聯式資料庫架構的問題。許多問題，與第 4 章在設計上使用 E-R 模型時所面臨的相類似。

一般來說，設計關聯式資料庫的目的，是產生一個沒有冗餘且也讓我們能夠輕鬆地檢索資訊的架構集合。要達成這個目的，我們將設計的架構做適當的「正規化」。要檢查一個關聯式架構是否在理想的正規化內，在資料庫建模時，我們需要實際的資訊。部分的資訊會存在於設計良好的 E-R 圖裡，但可能還是不夠。

在本章，我們將介紹一個建立在功能相依概念上的正式關聯式資料庫設計方法。接著，我們將定義功能相依的正規化，以及其他類型資料相依的正規化。首先，在給定的 E-R 設計中，我們檢視其中的關聯設計問題。

5.1 良好關聯設計的功能

第 4 章實體關聯設計的研究，為創建關聯資料庫設計提供了一個良好的開端。我們在第 4.6 節看到直接從 E-R 設計產生關聯架構集合的可能性。顯然，架構中產出的集合好壞取決於一開始 E-R 設計的優良度。稍後於本章中，我們將研究如何精確地評估關聯架構的組合。

為了方便參考，我們在圖 5.1 中重現大學資料庫的架構。

5.1.1 設計選擇：更大的架構

假設我們有的不是 *instructor* 及 *department* 架構，而是以下的架構：

inst_dept (*ID*, *name*, *salary*, *dept_name*, *building*, *budget*)

它代表的是 *instructor* 和 *department* 關聯自然結合的結果。這似乎是一個好方法，

▶圖 5.1
大學資料庫的架構

classroom(*building*, room_number, *capacity*)
department(dept_name, *building, budget*)
course(course_id, *title, dept_name, credits*)
instructor(ID, *name, dept_name, salary*)
section(course_id, sec_id, semester, year, *building, room_number, time_slot_id*)
teaches(ID, course_id, sec_id, semester, year)
student(ID, *name, dept_name, tot_cred*)
takes(ID, course_id, sec_id, semester, year, *grade*)
advisor(s_ID, *i_ID*)
time_slot(time_slot_id, day, start_time, *end_time*)
prereq(course_id, prereq_id)

因為有些查詢可以使用較少的結合表示。不過若我們仔細思考引導到 E-R 設計的大學實際情況，好像又不是這麼回事。

讓我們來看圖 5.2 中 *inst_ dept* 的關聯實例。請注意，我們必須重複一次科系裡的每位教師科系資訊（「所在大樓」和「預算」）。例如，包含在教師卡 Katz、Srinivasan 和 Brandt 的元組中，關於資訊系 (Taylor, 100000) 的資訊。

很重要的一點是，這些元組必須要與原來的預算金額一致，否則會造成資料庫的混亂。在我們原來採用 *instructor* 和 *department* 的設計中，每個預算的金額只儲存一次。這代表使用 *inst_dept* 並非好主意，因為它不但重複地儲存預算金額，而且有不一致的風險，因為一些用戶可能會更新單一而非全部元組的預算金額。

即使我們可以接受冗餘問題，仍有另一個 *inst_dept* 架構的問題。假設我們在大學成立一個新科系。使用以上的設計，我們不能直接展示有關科系的資訊 (*dept_name, building, budget*)，除非該科系在大學內至少有一名教師，因為在 *inst_dept* 表的元組需要有 ID、*name* 和 *salar* 的值。這意味著，在第一位教師被僱用前，我們都不能記錄有關新成立科系的資訊。在舊設計中，*department* 架構可以

▶圖 5.2
inst_dept 表

ID	name	salary	dept_name	building	budget
22222	Einstein	95000	Physics	Watson	70000
12121	Wu	90000	Finance	Painter	120000
32343	El Said	60000	History	Painter	50000
45565	Katz	75000	Comp. Sci.	Taylor	100000
98345	Kim	80000	Elec. Eng.	Taylor	85000
76766	Crick	72000	Biology	Watson	90000
10101	Srinivasan	65000	Comp. Sci.	Taylor	100000
58583	Califieri	62000	History	Painter	50000
83821	Brandt	92000	Comp. Sci.	Taylor	100000
15151	Mozart	40000	Music	Packard	80000
33456	Gold	87000	Physics	Watson	70000
76543	Singh	80000	Finance	Painter	120000

解決這個問題，但在新設計中，我們需要為 *building* 和 *budget* 創建空值。我們在研究 SQL 時已知，在某些情況下，空值是很麻煩的。但是如果決定它在此不是問題，則我們可以繼續使用新設計。

5.1.2　設計選擇：小型架構

再次假設我們已經著手進行 *inst_dept* 架構。我們要如何辨別，它需要重複的資訊，而這些資訊應該被拆分成 *instructor* 和 *department* 兩個模式呢？

透過觀察 *inst_dept* 實際架構的內容，我們可以注意到資訊重複是為了列出每位與科系有關的教師所在大樓和預算所致。然而，這是一個不可靠的方式。一個真實世界的資料庫有大量的架構和更多的屬性，而元組的數目可能超過百萬個。找到重複的資料所花費的成本很高。更重要的是，它讓我們無法確定缺乏重複性只是一個「幸運」的特例，亦或是常規的表現。在我們的例子中，怎麼知道在大學組織，每個科系（由它的科系名稱識別）必須只駐留在一棟建築內，而且必須只有一個預算？資訊科系的預算出現了三次相同金額，這僅僅是巧合嗎？我們回到實例並瞭解其規則，才能回答這些問題。尤其是，我們需要找出大學要求各科系（由它的科系名稱識別）只能有一棟建築和一個預算值。

在 *inst_dept* 例子中，我們創造 E-R 設計的方式成功地避免此架構的產生。然而，這種運氣不常見。因此，我們需要讓資料庫設計師明確說明規則。例如，「每一個 *dept_name* 的實際值最多也只對應一個 *budget*」，即使 *dept_name* 不是架構主鍵。換句話說，我們需要編寫一個規則，「如果 (*dept_name*、*budget*) 架構存在，則 *dept_name* 就可以做為主鍵。」此規則稱為**功能相依 (functional dependency)**

$$dept\_name \rightarrow budget$$

對於這樣的規則，我們現在有足夠的資訊來確認 *inst_dept* 架構的問題。由於 *dept_name* 不能做為 *inst_dept* 的主鍵（因為一個科系可能需要一些在 *ins_dept* 關聯架構中的元素），預算的金額可能會重複。

這些觀察和規則（特別是功能相依），能讓資料庫設計者意識到，何時該將架構分裂或分解 (decompose) 成兩個或更多的架構。不難發現，*inst_dept* 的正確分解方法是分解成像原始設計的 *instructor* 和 *department* 架構。當有大量的屬性及多個功能相依時，為架構找到合適的分解非常困難。我們稍後將在本章介紹解決這個問題的方法。

並非所有的架構分解都有用。這裡有一個極端的例子。如果我們有的都是只含有一個屬性的架構，任何有關的關聯都無法表達。再來看看並非極端例子，我們選擇分解 *employee* 架構（第4.8節）：

employee (*ID*, *name*, *street*, *city*, *salary*)

到下列的兩個架構：

employee1 (*ID*, *name*)
employee2 (*name*, *street*, *city*, *salary*)

這種分解的缺點在於企業可能會有兩名員工同名同姓。當然，每個人都有獨特的員工號碼，這就是為什麼 *ID* 可以做為主鍵。讓我們假設有兩名員工都叫做 Kim，也都在大學工作，並在原始設計中具有以下的 *employee* 架構關聯的元組：

(57766, Kim, Main, Perryridge, 75000)
(98776, Kim, North, Hampton, 67000)

圖 5.3 顯示這些使用架構、並經分解產生的元組，也顯示了如果我們試圖使用自然結合重新生成原始元組的結果。正如我們在圖中所見，最後原來的兩個元組和兩

▶圖 5.3
經過不適當分解而造成的資訊損失

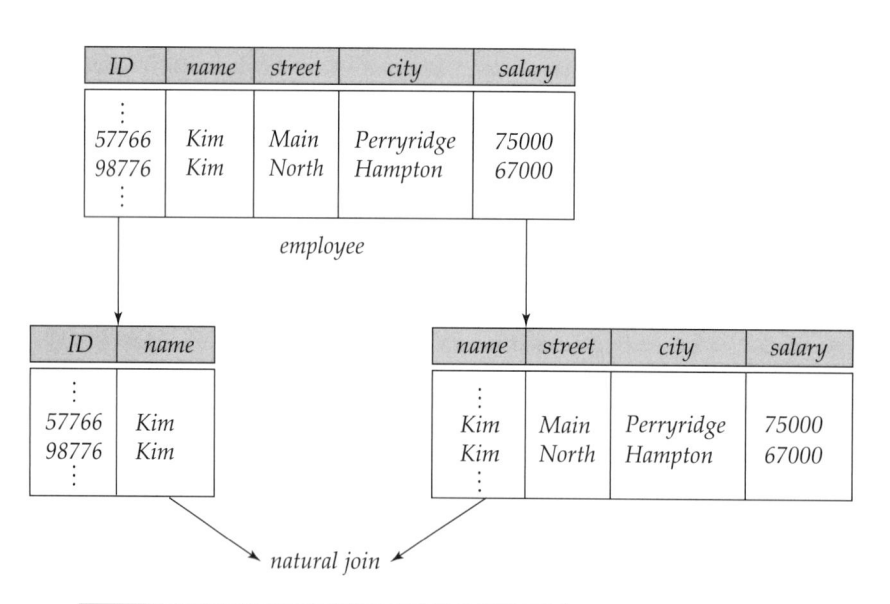

ID	name	street	city	salary
⋮				
57766	Kim	Main	Perryridge	75000
98776	Kim	North	Hampton	67000
⋮				

employee

ID	name
⋮	
57766	Kim
98776	Kim
⋮	

name	street	city	salary
⋮			
Kim	Main	Perryridge	75000
Kim	North	Hampton	67000
⋮			

natural join

ID	name	street	city	salary
⋮				
57766	Kim	Main	Perryridge	75000
57766	Kim	North	Hampton	67000
98776	Kim	Main	Perryridge	75000
98776	Kim	North	Hampton	67000
⋮				

個新元組一同出現，而這兩個新元組錯誤地混合了兩位名字都是 Kim 的員工的資料值。雖然有更多的元組，但我們能用的資訊反而更少。我們可以指出哪些是跟 Kim 有關的特定街道、城市和薪資，但我們卻無法區分是哪個 Kim。因此，我們的分解結果無法代表大學員工的某些重要事實。顯然，我們希望避免這種分解，又被稱為**有損分解 (lossy decomposition)**；相反地，不會有這種問題的被稱為**無損分解 (lossless decomposition)**。

5.2 單元領域和第一正規化

E-R 模型讓實體集和關聯集的屬性有某種程度的子結構。具體來說，它容許多值的屬性，如圖 4.11 中的 *phone_number* 和複合屬性（如含有屬性 *street*、*city*、*state* 和 *zip* 的 *address* 屬性）。當我們從含有這些類型屬性的 E-R 設計製作目錄表時，會消除這種子結構。對於複合屬性，我們允許每個屬性單獨成立。對於多值屬性，我們為多值集內的每個項目中創造一個元組。

在關聯模型中，我們確認屬性沒有任何子結構。如果領域被認為是一個不可分割的單位，這領域就是**單元性的 (atomic)**。我們假設，如果領域中所有 R 的屬性都是單元性的，則關聯架構 R 屬於**第一正規化 (first normal form, 1NF)**。

一組名稱是一個非單元值的例子。例如，如果 *employee* 關聯架構包括了 *children* 屬性，其領域是一組名稱，這架構就不會是在第一正規化內。

如 *address* 屬性般的複合屬性，具有 *street*、*city*、*state* 和 *zip* 屬性，也有非單元領域。

整數被認為有單元性，因此整數組是一個單元域。然而，一個含有所有整數組的集合則為一個非單元域。這裡的差別在於，我們通常不認為整數有子部分，但整數組（整數組成的集合）有子部分。不過重點不在領域，而在於我們如何在資料庫使用領域元素。如果我們將每個整數視為數字序列表，則所有整數領域會變為非單元的。

以下是上述論點的實際例證。試想一個以下面格式分配員工號碼的組織：前兩個字母指定科系，其餘四位數字則是科系內員工獨有的號碼，如「CS001」和「EE1127」。這樣的編碼可分為更小的單位，因此它是非單元的。如果某關聯模式的屬性領域含有上述編碼的員工號碼，它的模式則不在第一正規化內。

使用這樣的員工號碼時，員工所屬的科系可透過拆解編碼的代碼而得知。這樣做需要額外的編程，而資訊是在應用程式內被編碼，而不是在資料庫中。如果這些身分證號碼被做為主鍵使用，會產生更多的問題：當員工調至其他科系時，所有的員工編碼都必須被更改。它可能很麻煩，也可能會出現錯讀的結果。

上面的討論可能意味著我們的課程識別符號是非單元的，例如「CS- 101」，其中「CS」表示資訊系。對於使用這個系統的人而言，這樣的領域的確不是單元的。但是，只要它不企圖分裂識別符號及詮解識別符號做為一個科系縮寫的部分，資料庫應用還是會將領域看做是單元的。該 course 架構儲存科系的名稱做為個別的屬性，讓資料庫應用程式可以使用這個屬性值來找到科系的一門課程，而不是詮釋課程識別符號的特定特性。因此，我們的大學架構可以被認為是在第一正規化內。

使用集值屬性會導致儲存冗餘資料的設計，讓資料不一致。例如，與其讓教師及堂數間的關係以獨立的 teachs 關聯來呈現，資料庫設計師可能會為每位教師儲存堂數識別符號，並為每個堂數儲存教師識別符號（section 和 instructor 的主鍵被當做識別符號使用）。當資料有所改變，有兩個地方都會被執行更新。不執行這兩個更新會讓資料庫處於不一致的狀態。只保留其中的一組，不論是堂數的教師集合，或教師的堂數集合，可避免重複的資訊，但只保留其中一個又會將查詢複雜化，而且也不清楚該保留哪一個。

有些類型的非單元值是有用的，雖然用起來要小心。例如，複合值和集值屬性都是有用的，也是為什麼兩者在 E-R 模型都適用。在許多有複雜結構的領域裡，強迫使用第一正規化的表示方法會給應用程式師不必要的負擔，因為他要能為資料轉換成單元形式寫程式碼。此外還要考慮單元形式來回轉換資料的運行時間。因此能使用非單元值在這領域變得非常有用。事實上，現在的資料庫系統都支援多種類型的非單元值。然而，在本章中，我們只限定在第一正規化的關聯中，因此，所有領域都是單元的。

5.3 | 使用功能相依的分解

在第 5.1 節中，我們提過一個評估關聯架構是否應被分解的方法。這種方法乃根據鍵和功能相依的概念。

在討論關聯式資料庫設計的演算法中，必須提到任意關聯及其架構。回顧在第 2 章的關聯模組介紹，在這裡簡述我們的符號。

- 一般情況下，我們在使用希臘字母代表屬性集（例如，α）。用後面跟著一個括號裡有大寫羅馬字母的小寫羅馬字母來引用一個關聯架構（例如，r(R)），其中 r 為關聯，而 R 為屬性集。但有些時候，當關聯名稱並不重要時，也可以只用 R 簡單表示整個關聯架構。

  當然，關聯架構是一個屬性集，但不是所有的屬性集都是架構。當我們用小寫希臘字母時，我們指的是可能是或可能不是一個架構的屬性集。在我們希望表明屬性集確實是一個架構時，會使用羅馬字母。

- 當屬性集是個超鍵時，我們用 K 表示。因為超鍵涉及到特定的關聯架構，所以我們用「K 是一個 r(R) 的超鍵」來表示。

- 我們使用小寫的名稱代表關聯（例如，instructor），用單個字母，如 r 代表定義和演算法。

- 當然，一個關聯在任何時候都有一個特定的值，我們將它稱為實例，並使用「r 的實例」來表示。當很明顯是在講一個實例時，可以用簡單的關聯名稱（例如，r）來表示即可。

5.3.1 鍵和功能相依

資料庫要模擬的是現實世界的實體集和關係集。在現實世界的資料中通常有各種限制（規則）。例如，一些在一所大學資料庫所預期的規則有：

1. 學生和教師均有唯一識別的 ID。
2. 每名學生和教師都只有一個名字。
3. 每名教師和學生（主要）只與一個科系相關。
4. 每個科系只有一個預算值，也只有一個相關所在大樓。

一個滿足所有現實世界規則關聯的實例，被稱為關聯的**合法實例 (legal instance)**。資料庫的合法實例，就是所有的關聯實例皆為合法實例。

一些常見的現實世界規則類型，可被正式表示為鍵（超鍵、候選鍵和主鍵）、或功能相依，我們定義如下。

在第 2.3 節，我們把超鍵定義為一個或多個屬性的集，使我們能夠唯一識別關聯中的個別元組。在此重申以下定義：假設 r(R) 是一個關聯架構。一個 R 的 K 子集是一個 r(R) 的**超鍵 (superkey)**，如果在任何 r(R) 的合法實例中，所有成對的 t_1 和 t_2 的元組，在 r 實例中顯示 $t_1 \neq t_2$，則 $t_1[K] \neq t_2[K]$。也就是說，在所有關聯 r(R) 裡的合法實例，沒有兩個元組會具有相同價值的 K 屬性集。若真如此，則 K 值可唯一地識別在 r 裡的元組。

功能相依使我們能夠表達唯一識別某些屬性的限制。試想一個關聯架構 $r(R)$，並讓 $\alpha \subseteq R$ 和 $\beta \subseteq R$.

- 如果實例中，所有成對的 t_1 和 t_2 元組都符合 $t_1[\alpha] = t_2[\alpha]$，或 $t_1[\beta] = t_2[\beta]$，我們可以說 $r(R)$ 的實例**滿足功能相依 (satisfies the functional dependency)** $\alpha \to \beta$。
- 如果每一個 $r(R)$ 的合法實例滿足了功能相依，我們說功能相依 $\alpha \to \beta$ **符合 (hold)** $r(R)$ 架構。

使用功能相依符號，我們說如果功能相依 $K \to R$ 符合 $r(R)$，K 是一個 $r(R)$ 的超鍵。換言之，在每個 $r(R)$ 的合法實例中的每對 t_1 和 t_2 元組，當 $t_1[K] = t_2[K]$，且 $t_1[R] = t_2[R]$ 時（即 $t_1 = t_2$），K 就是一個超鍵。

功能相依使我們能表達不能以超鍵表達的限制。在第 5.1.2 節中，我們看過此架構：

$$inst\_dept\ (ID, name, salary, dept\_name, building, budget)$$

其中功能相依 $dept\ name \to budget$ 符合，因為每個科系（經過 $dept\_name$ 識別）皆有一個唯一的預算金額。

一對屬性 $(ID, dept\_name)$ 形成了一個 $inst\_dept$ 的超鍵，可表示如下：

$$ID, dept\_name \to name, salary, building, budget$$

我們將從兩方面使用功能相依：

1. 測試關聯的實例，看看它們是否可以滿足功能相依的給定集合 F。
2. 具體指明合法關聯集的限制。因此我們只要關注於那些能滿足給定功能相依的關聯實例。如果我們只考慮能滿足功能相依 F 集合的 $r(R)$ 架構關聯，我們會說 F **符合 (hold)** $r(R)$。

看看圖 5.4 中 r 關聯的實例，哪些功能相依是被滿足的。你可看到 $A \to C$ 是被滿足的。有兩個在 A 中有 a_1 值的元組。也具有相同的 C 值，即 c_1。同樣地，兩個 A 中有 a_2 值的元組具有相同的 C 值，也就是 c_2。沒有其他類似的配對元組具有

▶圖 5.4
r 關聯的實例

A	B	C	D
a_1	b_1	c_1	d_1
a_1	b_2	c_1	d_2
a_2	b_2	c_2	d_2
a_2	b_3	c_2	d_3
a_3	b_3	c_2	d_4

相同的 A 值。因此功能相依 C → A 沒被滿足。要看到它是否滿足，可以考慮 t_1 = (a_2, b_3, c_2, d_3) 和 t_2 = (a_3, b_3, c_2, d_4) 元組。這兩個元組具有相同的 C 值 c_2，但它們分別有不同的 A 值，a_2 和 a_3。因此，我們找到了一對 t_1 和 t_2 元組，使得 t_1[C] = t_2[C]，但 t_1[A] ≠ t_2[A]。

有些功能相依因為能被所有關聯滿足，被稱為是**無價值的 (trivial)**。例如，A → A 被所有涉及屬性 A 的關聯所滿足，從功能相依字面上的定義來看，所有 t_1 和 t_2 元組能滿足 t_1 [A] = t_2 [A]。同樣地，AB → A 被所有涉及屬性 A 的關聯滿足。在一般情況下，如果 β⊆α，則 α → β 的功能相依則是**無價值的 (trivial)**。

一個關聯的實例可能會滿足一些不需要符合關聯架構的功能相依。在圖 5.5 classroom 關聯的實例中，我們看到 room_number → capacity 是被滿足的。然而，在現實世界中，兩個位於不同建築的教室可以有相同的教室號碼，但卻有不同的容納空間。因此，classroom 關聯在 room_number → capacity 有可能會出現不被滿足的實例。因此，將不把 room_number → capacity 算入符合 classroom 關聯架構的功能相依集合中。然而，我們預期 building 及 room_number → capacity 功能相依能符合 classroom 架構。

由於 F 功能相依集合符合 r(R) 關聯，也許可以此推斷，其他功能相依必定也符合這個關聯。例如，給定一個 r(A, B, C) 架構，如果 A → B 和 B → C 功能相依符合 r，我們可以推斷 A → C 功能相依也符合 r。這是因為，給定 A 的任何值對 B 只有一個相對應值，而該 B 的值，對 C 也只有一個相對應值。稍後在第 5.4.1 節會研究如何組成這些推論。

我們將用 F^+ 符號來表示 F 集合的**封閉 (closure)**，即所有功能相依集合可以推斷給定的 F 集合。顯然 F^+ 在 F 內包含了所有的功能相依

5.3.2 Boyce–Codd 正規化

Boyce–Codd 正規化 (Boyce-Codd normal form, BCNF) 是我們可以使用較為理想的正規化之一。它可依據功能相依消除所有被發現的冗餘，但是，我們將

building	room_number	capacity
Packard	101	500
Painter	514	10
Taylor	3128	70
Watson	100	30
Watson	120	50

▶圖 5.5
classroom 關聯的實例

在第 5.6 節看到，仍可能留下其他類型的冗餘。如果所有 $\alpha \to \beta$ 形式的 F^+ 功能相依，其中 $\alpha \subseteq R$ 和 $\beta \subseteq R$，則 R 關聯架構對於功能相依 F 集合就是在 BCNF 內，且以下至少有一個成立：

- $\alpha \to \beta$ 是一個無價值的功能相依（即 $\beta \subseteq \alpha$）。
- α 是 R 架構的超鍵。

如果每個關聯架構集合的成員都是在 BCNF 內，資料庫設計即是符合 BCNF。

我們已經在第 5.1 節看到一個不是 BCNF 的關聯架構例子：

$$inst\_dept\ (ID, name, salary, dept\_name, building, budget)$$

$dept\_name \to budget$ 功能相依符合 $inst\_dept$，但 $dept\_name$ 並不是超鍵（因為，一個科系可能有一些不同的教師）。在第 5.1.2 節中，我們看到，$inst\_dept$ 分解為 $instructor$ 和 $department$ 是一個更好的設計。$instructor$ 架構是在 BCNF 裡。所有有價值的功能相依都符合：

$$ID \to name, dept\_name, salary$$

包括箭頭左側的 ID，ID 是一個 $instructor$ 的超鍵（在此為主鍵）。因此，$instructor$ 在 BCNF 內。

同樣地，$department$ 架構是在 BCNF 內，因為所有有價值的功能相依都符合，如：

$$dept\_name \to building, budget$$

包括箭頭左側的 $dept\_name$，$dept\_name$ 是科系的超鍵（及主鍵）。因此，$department$ 在 BCNF 內。

我們現在說明不在 BCNF 中的一般分解規則。假設 R 是一個 BCNF 外的架構，至少有一個有價值的 $\alpha \to \beta$ 功能相依，且 α 不是 R 的超鍵。我們以兩個架構取代 R：

- $(\alpha \cup \beta)$
- $(R - (\beta - \alpha))$

在上面 $inst\_dept$ 的例子中，$\alpha = dept\_name$、$\beta = \{building, budget\}$，而 $inst\_dept$ 則被下面的算式所取代

- $(\alpha \cup \beta) = (dept\_name, building, budget)$

- $(R - (\beta - \alpha)) = (ID, name, dept\_name, salary)$

在這個例子中，事實證明 β − α = β。我們在第 5.5.1 節會說明規則。

當我們分解非 BCNF 的架構時，可能得到一個或多個非 BCNF 的結果架構。在這種情況下，就需要進一步的分解，最終結果會是 BCNF 架構的集合。

5.3.3　BCNF 和相依性保存

我們已經看到了幾種表達資料庫一致性限制的方法：主鍵限制、功能相依、**檢查 (check)** 限制、宣示和觸發。每次更新資料庫時做的這些限制測試，成本很昂貴。因此，資料庫的設計若能有效率地測試限制，會有很大的幫助。特別是如果功能相依的測試只需用一個關聯完成，則測試這個限制的費用會較低。我們會看到，在某些情況下，轉為 BCNF 的分解會阻擾某些功能相依的測試效率。

為了說明這一點，假設我們對大學組織做了一個小改變。在圖 4.15 的設計中，一個 *student* 只能有一個 *advisor*。我們將做的「小」改變是，一名教師只可以與單一科系有關聯，而一位學生可以有一名以上的指導教授，但每個科系裡最多一個。

一種使用 E-R 設計來執行這種改變的方法，是以包含實體集 *instructor*、*student*、*department* 的 *dept_advisor* 三元關聯集，來取代 *dept_advisor* 關聯集，其中的 { *student, instructor* } 到圖 5.6 中的 *department* 為多對一。E-R 圖顯示「一位學生可以有一名以上的指導教授，但一個給定的科系最多只能有一個」的限制。

有了這個新的 E-R 圖，*instructor*、*department* 和 *student* 的架構不變。然而，源自 *dept_advisor* 的架構現在為：

dept_advisor (*s_ID, i_ID, dept_name*)

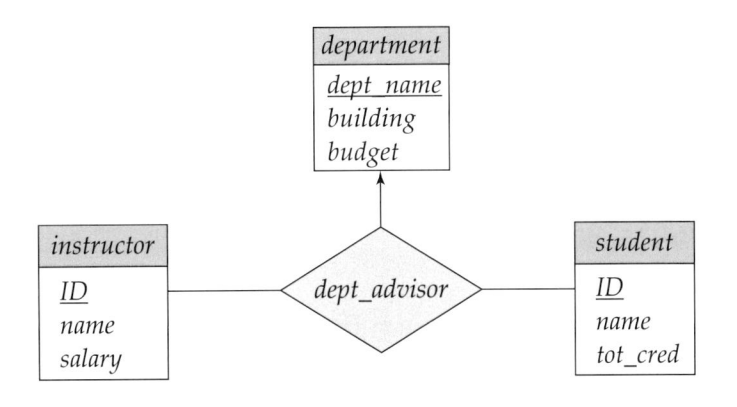

▶圖 5.6
dept_advisor 關聯集

雖 E-R 圖並未顯示，但假定我們有更多的限制，如「一名教師只可以做為單一科系的指導教授。」

然後，下面的功能相依符合 *dept_advisor*：

$$i\_ID \to dept\_name$$
$$s\_ID, dept\_name \to i\_ID$$

第一個功能相依是根據我們「一名教師只可以做為一個科系的指導教授」的要求而來。第二個功能相依則是根據我們「一位學生在給定科系中最多只能有一名指導教授」的要求而來。

請注意，在這種設計中每次教師參與 *dept_advisor* 關聯時，我們就不得不重複科系名稱一次。因為 *i_ID* 不是超鍵，所以 *dept_advisor* 並未在 BCNF 中。根據我們 BCNF 分解的規則，我們得到：

(*s_ID, i_ID*)
(*i_ID, dept_name*)

上述兩個架構皆為 BCNF。值得注意的是，在我們的 BCNF 設計中，沒有架構包括了所有出現在 *s_ID*、*dept_name* → *i_ID* 功能相依的屬性。

由於這個設計會使功能相依的計算很難執行，所以這種設計不被視為有**相依保存性 (dependency preserving)**。因為相依性保存通常被認為是好的，我們會考慮另一個比 BCNF 弱的正規化，使我們能夠保持相依性。這種正規化稱為第三正規化。

5.3.4 第三正規化

BCNF 要求所有無價值的相依性為 $\alpha \to \beta$，而 α 是超鍵。藉由允許一些不是超鍵的無價值功能相依在左邊，第三正規化 (third normal form, 3NF) 稍微放寬了這個限制。在我們定義 3NF 前，請回想候選鍵是最小的超鍵。

如果針對所有 $\alpha \to \beta$ 形式內 F^+ 的功能相依，一個與功能相依的 F 集合有關係的 R 關聯架構位於**第三正規化 (third normal form)** 內，其中 $\alpha \subseteq R$ 和 $\beta \subseteq R$，以下至少有一點成立：

- $\alpha \to \beta$ 是無價值的功能相依。
- α 是 R 的超鍵。
- 每個 $\beta - \alpha$ 內的 A 屬性都是包含在 R 內的候選鍵。

請注意，以上的第三條件沒說單一候選鍵必須包含所有在 β – α 的屬性。每個在 β – α 的 A 屬性都可能被包含在另一個候選鍵裡。

前面兩個選項與在 BCNF 的另外兩個定義相同。第三個 3NF 定義的方式似乎比較普通，也不易看出它為何有用。在某種意義上，它代表 BCNF 的最低條件，有助於確保每個架構都有一個相依保留分解轉入 3NF。當我們討論到轉入 3NF 的分解時，它的用途將更明確。

請注意，任何滿足 BCNF 的架構同時也會滿足 3NF，因為它的每個功能相依會滿足前兩個選項的其中之一。因此 BCNF 是一個比 3NF 更受限制的正規化。

3NF 的定義允許某些在 BCNF 不被允許的功能相依。一個只滿足 3NF 定義第三方式的 α → β 相依在 BCNF 裡是不被允許的，不過，在 3NF 內卻可成立。

現在，讓我們再次考慮具有下面功能相依的 *dept_advisor* 關聯集：

$$i\_ID \rightarrow dept\_name$$
$$s\_ID, dept\_name \rightarrow i\_ID$$

在第 5.3.3 節中，我們認為，「$i\_ID \rightarrow dept\_name$」功能相依造成 *dept_advisor* 架構不符合 BCNF。此處 $\alpha = i\_ID$、$\beta = dept\_name$ 和 $\beta - \alpha = dept\_name$。由於 s_ID 及 $dept\_name \rightarrow i\_ID$ 功能相依符合 *dept_advisor*，*dept_name* 屬性被包含在候選鍵內。因此，*dept_advisor* 屬於 3NF。

我們已經看到在沒有相依保留 BCNF 設計時，必須在 3NF 和 BCNF 之間所做的取捨。在第 5.5.4 節中會有更詳盡地說明。

5.3.5 進階正規化

在某些情況下，使用功能相依來分解架構，可能不足以避免不必要的資訊重複。假設我們稍微改變一下 *instructor* 實體集的定義，為每位教師記錄兒女名字集和電話號碼集。電話號碼可能有多人共用。因此，*phone_number* 和 *child_name* 會是多值屬性。按照我們從 E-R 設計生成架構的規則，將有兩個架構：

(*ID*, *child_name*)
(*ID*, *phone_number*)

如果我們要結合這些架構得到

(*ID*, *child_name*, *phone_number*)

我們會發現其結果將在 BCNF，因為只有無價值功能相依符合。因此，我們可能會認為這樣的組合不錯。然而，這樣的組合其實很糟糕，可以從一名教師有兩位孩童和兩個電話號碼的例子看到。例如，讓編號 99999 的教師有兩位名為「David」和「William」的孩子和兩個 512-555-1234 和 512-555-4321 的電話號碼。在結合的架構中，我們必須為每個相關重複一次電話號碼：

(99999, David, 512-555-1234)
(99999, David, 512-555-4321)
(99999, William, 512-555-1234)
(99999, William, 512-555-4321)

如果我們沒有重複電話號碼，而只儲存了第一個和最後一個元組，會記錄相關名字和電話號碼，但由此產生的元組將意味著 David 相當於 512-555-1234，而 William 相當於 512-555-4321。這樣是不正確的。

由於依據功能相依的正規化不足以對付這樣的情況，其他相依和正規化需被定義。我們在第 5.6 節和第 5.7 節加以說明。

5.4 | 功能相依理論

在我們的例子看到，能夠有系統地推論功能相依，測試 BCNF 或 3NF 架構的一部分過程，是很有用的。

5.4.1 功能相依之內範圍關聯集合

給定一個架構上的功能相依 F 集合，可以證明，某些其他功能相依也符合此架構。我們說這樣的功能相依邏輯是由 F「隱含的」。當測試正規化時，僅考慮特定功能相依集合是不夠的，而需要考慮所有符合架構的功能相依。

更正式地說，給定一個 $r(R)$ 關聯架構，如果每個 $r(R)$ 實例滿足 F 也滿足 f，則一個 R 上的 f 功能相依是被 r 上的 F 功能相依集合**邏輯上隱含的 (logically implied)**。

假設我們有一個 $r(A, B, C, G, H, I)$ 關聯架構，和以下功能相依集合：

$$A \to B$$
$$A \to C$$
$$CG \to H$$
$$CG \to I$$
$$B \to H$$

功能相依：

$$A \to H$$

在邏輯上是隱含的。也就是說，我們可以證明，只要關聯可以滿足給定的功能相依集合，該關聯也必須滿足 $A \to H$。假設 t_1 和 t_2 是以下的元組：

$$t_1[A] = t_2[A]$$

由於已知 $A \to B$，根據功能相依的定義：

$$t_1[B] = t_2[B]$$

然後，因為已知 $B \to H$，根據功能相依的定義：

$$t_1[H] = t_2[H]$$

因此，我們證明了每當 t_1 和 t_2 是 $t_1[A] = t_2[A]$ 的元組，它必須是 $t_1[H] = t_2[H]$。但這也正是 $A \to H$ 的定義。

假設 F 為功能相依集合，以 F^+ 代表 F 的**內範圍集合 (closure)**，是 F 以邏輯性隱含所有功能相依的集合。給定 F，我們可以直接從正式的功能相依定義推算 F^+。如果 F 較大，這過程會是漫長且困難的。計算這種 F^+ 需要用證明 $A \to H$ 是在相依例子中，集合封閉內類型的論證。

定理 (axioms) 或推理的規則，為推論功能相依提供了更簡單的技巧。以下，我們用 ($\alpha, \beta, \gamma, \ldots$) 希臘字母表示屬性集合，用大寫羅馬字母表示個別屬性，用 $\alpha\beta$ 來表示 $\alpha \cup \beta$。

我們可以使用以下三個規則來找到在邏輯上是隱含的功能相依。給定 F 後，透過反覆運用這些規則，可以找到所有的 F^+。這個系列的規則被稱為**阿姆斯壯定理 (Armstrong's axioms)**。

- **反身規則 (reflexivity rule)**。如果 α 是屬性集，且 $\beta \subseteq \alpha$，則 $\alpha \to \beta$ 符合。
- **擴充規則 (augmentation rule)**。如果 $\alpha \to \beta$ 符合，而 γ 是屬性集，則 $\gamma\alpha \to \gamma\beta$ 也符合。
- **遞移規則 (transitivity rule)**。如果 $\alpha \to \beta$ 符合和 $\beta \to \gamma$ 也符合，則 $\alpha \to \gamma$ 也符合。

阿姆斯壯定理是**合理的 (sound)**，因為它們根本不會產生任何不正確的功能相依。它們是**完整的 (complete)**，因為對於一個給定的功能相依 F 集合，它們允許

我們生成所有 F^+。

雖然阿姆斯壯定理是完整的，但直接將它們用於 F^+ 的計算卻非常繁瑣。為了進一步簡化問題，我們列出了額外的規則。可以使用阿姆斯壯定理來證明這些規則是成立的（見實作題 5.4、5.5 和練習 5.26）。

- **聯集規則 (union rule)**。如果 $\alpha \to \beta$ 符合和 $\alpha \to \gamma$ 符合，則 $\alpha \to \beta\gamma$ 就符合。
- **分解規則 (decomposition rule)**。如果 $\alpha \to \beta\gamma$ 符合，則 $\alpha \to \beta$ 符合和 $\alpha \to \gamma$ 也符合。
- **偽遞移規則 (pseudotransitivity rule)**。如果 $\alpha \to \beta$ 符合和 $\gamma\beta \to \delta$ 符合，則 $\alpha\gamma \to \delta$ 也符合。

應用這些規則在 $R = (A, B, C, G, H, I)$ 架構及 $\{A \to B, A \to C, CG \to H, CG \to I, B \to H\}$ 功能相依的 F 集合上，在此列出了幾個 F^+ 的成員：

- $A \to H$。由於 $A \to B$ 和 $B \to H$ 符合，我們使用於遞移規則。注意，使用阿姆斯壯定理來證明 $A \to H$ 符合比直接從定義來論證簡單的多。
- $CG \to HI$。由於 $CG \to H$ 和 $CG \to I$，聯集規則意味著 $CG \to HI$。
- $AG \to I$。由於 $A \to C$ 和 $CG \to I$，偽遞移規則意味著 $AG \to I$ 符合。

另一種發現 $AG \to I$ 符合的方法如下：我們使用擴充規則於 $A \to C$，來推斷 $AG \to CG$。運用遞移規則在這相依和 $CG \to I$ 上，我們推斷 $AG \to I$。

圖 5.7 顯示該如何使用阿姆斯壯定理來計算 F^+ 的正式過程。其中，當一個功能相依被增加到 F^+ 時，它可能已經存在。在這種情況下，F^+ 並無改變。我們將在第 5.4.2 節中看到另一種計算 F^+ 的方法。

功能相依的左右兩邊皆為 R 的子集，因為 n 大小的集合有 2^n 子集，所以總共會有 $2^n \times 2^n = 2^{2n}$ 個可能的功能相依，其中 n 是 R 中所有屬性的數量。每個程序的重複循環，都會增加至少一個功能相依到 F^+，除了最後一個重複以外。因此這個過程一定會終止。

▶圖 5.7
一個計算 F^+ 的過程

```
F + = F
repeat
    for each functional dependency f in F +
        apply reflexivity and augmentation rules on f
        add the resulting functional dependencies to F +
    for each pair of functional dependencies f1 and f2 in F +
        if f1 and f2 can be combined using transitivity
            add the resulting functional dependency to F +
until F + does not change any further
```

5.4.2 屬性的內範圍集合

如果 $\alpha \to B$，我們說 B 屬性是由 α **功能確定 (functionally determined)**。為了測試 α 集合是否為超鍵，我們必須制定一個演算法來計算由 α 功能確定屬性的集合。一個方法是計算 F^+，把有 α 的功能相依放在左邊，並取右邊所有此相依中的聯集。但是，由於 F^+ 可以是很大的，因此這樣做可能會很昂貴。

能有效計算由 α 功能確定屬性集合的演算法很有用，不僅對於測試 α 是否為一個超鍵，對於一些其他我們將在本節後面看到的測試也適用。

假設 α 是屬性集合。我們稱所有處於功能相依 F 集合下，由 α 功能確定屬性的集合為 F 之下的 α **內範圍集合 (closure)**，並以 α^+ 表示。圖 5.8 顯示了一個以虛擬程式碼計算 α^+ 的演算法。其輸入是一個功能相依 F 集合和 α 屬性集合。輸出則存儲在變數 *result* 中。

為了說明演算法的工作原理，在第 5.4.1 節裡我們以功能相依定義來計算 $(AG)^+$。我們先從 *result* = AG 開始。第一次執行**重複 (repeat)** 迴圈來測試每個功能相依時，我們發現：

- $A \to B$ 使我們在 *result* 中需包括 B。請看，$A \to B$ 在 F 中，$A \subseteq$ *result*（也就是 AG），所以 *result* := *result* $\cup$ B。
- $A \to C$ 導致 *result* 為 $ABCG$。
- $CG \to H$ 導致 *result* 為 $ABCGH$。
- $CG \to I$ 導致 *result* 為 $ABCGHI$。

第二次執行**重複**迴圈時，沒有新的屬性被增加到 *result*，演算法也終止了。

讓我們看看為什麼圖 5.8 的演算法是正確的。第一步是正確的，因為 $\alpha \to \alpha$ 永遠符合（反身規則）。我們認為，對任何一個 *result* 的子集 β，$\alpha \to \beta$。既然用 $\alpha \to$ *result* 來開始**重複**循環，我們可以在只有 $\beta \subseteq$ *result* 和 $\beta \to \gamma$ 時，增加 γ 到 *result*。但反身規則會使 *result* $\to \beta$，所以根據遞移規則 $\alpha \to \beta$。另一個遞移的應用顯示 $\alpha \to \gamma$（使用 $\alpha \to \beta$ 以及 $\beta \to \gamma$）。聯集規則意味著 $\alpha \to$ *result* $\cup \gamma$，因此

```
result := α;
repeat
    for each functional dependency β → γ in F do
        begin
            if β ⊆ result then result := result ∪ γ;
        end
until (result does not change)
```

▶圖 5.8
一種計算 α^+ 的演算法

α 功能確定任何在**重複**迴圈生成的新結果。因此,任何由演算法回傳的屬性都在 α^+ 內。

用該演算法找到所有的 α^+ 是很容易的。如果有一個 α^+ 的屬性在執行過程的任何時間裡尚未在 result 中,則必須有 $\beta \to \gamma$ 功能相依,$\beta \subseteq$ result,且至少有一個 γ 屬性不在 result 中。當演算法終止時,所有這些功能相依都已被處理,γ 內的屬性也被增加到 result。我們因此可以肯定所有在 α^+ 中的屬性都在 result 中。

事實證明,在最壞的情況下,這個演算法需要的時間可能為 F 大小的兩次方。有一個更快的(雖然稍微複雜)演算法,可以運行大小為 F 的時間線性,該演算法會在實作題的 5.5 出現。

幾個屬性內範圍集合演算法的用途:

- 測試 α 是否為超鍵,我們計算 α^+,並檢查 α^+ 是否包含了所有 R 內的屬性。
- 我們可以藉由檢查 $\beta \subseteq \alpha^+$ 是否成立,來檢查一個功能相依 $\alpha \to \beta$ 是否符合(換句話說,是在 F^+ 中)。也就是說,我們使用屬性內範圍集合來計算 α^+,然後檢查它是否包含 β。這個測試特別有用,我們稍後將在本章看到。
- 它提供了一個計算 F^+ 的替代方法:在每個 $\gamma \subseteq R$,我們都發現了 γ^+ 內範圍集合,至於每個 $S \subseteq \gamma^+$,產出了 $\gamma \to S$ 功能相依。

5.4.3 簡化集合

假設我們在一個關聯架構上有 F 功能相依集合。每當用戶在關聯上執行更新時,資料庫系統必須確保其更新不會違反任何功能相依,即所有在 F 的功能相依在新的資料庫狀態都能被滿足。

如果它違反了任何在 F 集合的功能相依,該系統則必須中止更新。

透過測試具有相同內範圍集合的功能相依簡化集合,我們可以減少在檢查違規所需的力氣。因為這兩個集合具有相同內範圍集合,任何滿足功能相依簡化集合的資料庫,也可以滿足原集合,反之亦然。首先,我們需要一些定義。

如果我們能在不改變功能相依內範圍集合的情況下刪除某個屬性,那它即被認為是**外來的 (extraneous)**。**外來屬性 (extraneous attributes)** 的正式定義如下:考慮功能相依 F 集合和 F 中的 $\alpha \to \beta$ 功能相依。

- 如果 $A \in \alpha$ 和 F 邏輯上暗示 $(F - \{\alpha \to \beta\}) \cup \{(\alpha - A) \to \beta\}$,那 A 屬性在 α 中則為外來的。
- 如果 $A \in \beta$ 和 $(F - \{\alpha \to \beta\}) \cup \{\alpha \to (\beta - A)\}$ 功能相依集合邏輯上蘊涵 F,那

A 屬性在 β 中則為外來的。

假設我們在 F 中有 $AB \rightarrow C$ 和 $A \rightarrow C$ 功能相依。則 B 在 $AB \rightarrow C$ 中是外來的。再舉一個例子，假設我們在 F 中有 $AB \rightarrow CD$ 和 $A \rightarrow C$ 功能相依。則 C 在 $AB \rightarrow CD$ 的右邊亦為外來的。

當使用外來屬性的定義時，當心方向的暗示：如果左右側對換，這暗示永遠符合。也就是說，$(F - \{\alpha \rightarrow \beta\}) \cup \{(\alpha - A) \rightarrow \beta\}$ 總是在邏輯上意味著 F，而 F 也總是在邏輯上意味著 $(F - \{\alpha \rightarrow \beta\}) \cup \{\alpha \rightarrow (\beta - A)\}$。

下面是我們如何能夠有效地測試一個屬性是否為外來的。設 R 是關聯架構，並讓 F 成為 R 功能相依的給定集合，試想一個在 $\alpha \rightarrow \beta$ 相依的 A 屬性。

- 如果是 $A \in \beta$，為了檢查 A 是否為外來的，應考慮

$$F' = (F - \{\alpha \rightarrow \beta\}) \cup \{\alpha \rightarrow (\beta - A)\}$$

並檢查 $\alpha \rightarrow A$ 可否由 F' 推斷。為此，需根據 F' 來計算 α^+（α 的內範圍集合）；若 α^+ 包含 A，則 A 在 β 是外來的。

- 如果是 $A \in \alpha$，為了檢查 A 是否為外來的，設 $\gamma = \alpha - \{A\}$，並檢查 $\gamma \rightarrow \beta$ 可否由 F 推斷。要做到這一點，需根據 F 來計算 γ^+（γ 封閉）；若 γ^+ 包含了所有 β 內的屬性，則 A 在 α 是外來的。

例如，假設 F 包含 $AB \rightarrow CD$、$A \rightarrow E$ 和 $E \rightarrow C$。要檢查 C 在 $AB \rightarrow CD$ 中是否為外來的，我們根據 $F' = \{AB \rightarrow D、A \rightarrow E 和 E \rightarrow C\}$ 計算了 AB 屬性內範圍集合。內範圍集合是 $ABCDE$，其中包括了 CD，所以我們推斷 C 是外來的。

一個 F 的 F_c **簡化集合 (canonical cover)** 是一個邏輯上意味著所有 F_c 內相依的相依集合，而 F_c 於邏輯上意味著所有 F 中的相依。此外，F_c 必須具備以下的性質：

- F_c 中的功能相依不包含外來屬性。
- 每個 F_c 中的功能相依左側都是唯一的。也就是說，在 F_c，$\alpha_1 \rightarrow \beta_1$ 和 $\alpha_2 \rightarrow \beta_2$ 相依，因此 $\alpha_1 = \alpha_2$。

圖 5.9 顯示了功能相依集合 F 的簡化集合之計算方式。重要的是要注意，當檢查屬性是否為外來時，必須用在 F_c 當前值內的相依，而**不是** F 內的相依。如果功能相依的右邊只有一個屬性，例如 $A \rightarrow C$，且這屬性是外來的，我們會得到一個右邊是空的功能相依。這樣的功能相依應予刪除。

F 的簡化集合 F_c，可以被證明與 F 有相同的內範圍集合；因此，檢測 F_c 是否被滿足，與檢測 F 是否被滿足相同。然而，從某些角度來看，F_c 是最小的——不

▶圖 5.9
簡化集合的計算

$F_c = F$
repeat
    Use the union rule to replace any dependencies in F_c of the form
        $\alpha_1 \to \beta_1$ and $\alpha_1 \to \beta_2$ with $\alpha_1 \to \beta_1 \beta_2$.
    Find a functional dependency $\alpha \to \beta$ in F_c with an extraneous
        attribute either in α or in β.
        /* Note: the test for extraneous attributes is done using F_c, not F */
    If an extraneous attribute is found, delete it from $\alpha \to \beta$ in F_c.
until (F_c does not change)

包含外來屬性，也結合了具有相同左側的功能相依。測試 F_c 比測試 F 本身要來得便宜。

考慮下面在架構 (A, B, C) 功能相依的 F 集合：

$$A \to BC$$
$$B \to C$$
$$A \to B$$
$$AB \to C$$

讓我們為 F 計算簡化集合

- 在箭頭的左側有兩個具有相同屬性的功能相依：

$$A \to BC$$
$$A \to B$$

我們結合這些功能相依，成為 $A \to BC$。

- 因為 F 邏輯上蘊涵 $(F - \{AB \to C\}) \cup \{B \to C\}$，所以 A 在 $AB \to C$ 中是外來的。這種說法正確，因為 $B \to C$ 已經在我們功能相依的集合中了。

- 因為 $A \to BC$ 邏輯上蘊涵 $A \to B$ 和 $B \to C$，所以 C 在 $A \to BC$ 中是外來的。

因此，我們的簡化集合為：

$$A \to B$$
$$B \to C$$

給定功能相依的 F 集合，有可能與外來集合的整個功能相依無關，在某種意義上，中斷它也不會改變 F 內範圍集合。我們可以證明，一個 F 的 F_c 簡化集合並沒包含這樣的外來功能相依；相反地，假設 F_c 有這樣的外來功能相依，相依的右側屬性會成為外來的，而以簡化集合的定義看來，這是不可能的。

一個簡化集合可能不是唯一的。例如，設 $F = \{A \to BC，B \to AC$ 和 $C \to AB\}$ 的功能相依集合。如果我們對 $A \to BC$ 做外部測試，會發現在 F 之下的 B 和 C 都

是外來的。但是,同時刪除它們是不正確的!尋找簡化集合的演算法會選擇其一,將其刪除。然後,

1. 如果 C 被刪除,我們會得到 F' = {A → B,B → AC 和 C → AB} 集合。在 F' 下,A → B 那邊的 B 是非外來的。持續這演算法,我們發現 A 和 B 在 C → AB 的右邊是外來的,導致以下的兩個簡化

$$F_c = \{A \to B, B \to C, C \to A\}$$
$$F_c = \{A \to B, B \to AC, C \to B\}.$$

2. 如果 B 被刪除,我們會得到 {A → C,B → AC 和 C → AB} 集合。這種情況與前面的情況是對稱的,導致以下的簡化

$$F_c = \{A \to C, C \to B, \text{and } B \to A\}$$
$$F_c = \{A \to C, B \to C, \text{and } C \to AB\}.$$

你能再為 F 找到一個簡化集合嗎?

5.4.4 無損分解

設 $r(R)$ 為一個關聯架構,並設 F 為於 $r(R)$ 的功能相依集合。假設 R_1 和 R_2 構成 R 分解。如果以 $r_1(R_1)$ 和 $r_2(R_2)$ 架構更換 $r(R)$ 不會造成資訊的損失,我們說這分解是**無損分解 (lossless decomposition)**。更確切地說,這個分解是無損的,如果 r 關聯包含了相同的元組集做為以下 SQL 查詢的結果:

```
select *
from (select R₁ from r)
    natural join
    (select R₂ from r)
```

更簡潔地說,這在關聯式代數為:

$$\Pi_{R_1}(r) \bowtie \Pi_{R_2}(r) = r$$

換句話說,如果我們投射 r 到 R_1 和 R_2,並計算投射結果的自然結合,我們會得回完整的 r。一個非無損分解的分解被稱為**有損分解 (lossy decomposition)**。**無損結合分解 (lossless-join decomposition)** 和**有損結合分解 (lossy-join decomposition)** 這兩個名詞有時被用於代替無損和有損分解。

舉例一個有損分解的例子,回想在第 5.1.2 節看到的 *employee* 架構分解:

employee1 (*ID*, *name*)
employee2 (*name*, *street*, *city*, *salary*)

正如我們在圖 5.3 中看到，*employee1* ⋈ *employee2* 的結果是一個原 *employee* 關聯的超集合。但因為對同姓名的員工來說，結合結果已失去有關哪個員工識別符號該對應哪個地址和薪資的資訊，所以分解是有損的。

當某些分解為無損時，我們可以用功能相依來顯示。假設 R、R_1、R_2 和 F 如上。如果至少有一個以下的功能相依在 F^+ 中，R_1 和 R_2 會組成一個 R 無損分解：

- $R_1 \cap R_2 \to R_1$
- $R_1 \cap R_2 \to R_2$

換句話說，如果 $R_1 \cap R_2$ 形成了一個 R_1 或 R_2 超鍵，R 分解則為無損分解。我們可以用內範圍屬性集合來有效測試超鍵。

為了說明這一點，試想以下架構：

inst_dept (*ID*, *name*, *salary*, *dept_name*, *building*, *budget*)

我們在第 5.1.2 節中將其分解成 *instructor* 和 *department* 架構：

instructor (*ID*, *name*, *dept_name*, *salary*)
department (*dept_name*, *building*, *budget*)

看看這兩種架構的交集，也就是 *dept_name*。我們看到，因為 *dept_name* → *dept_name*、*building*、*budget*，所以合乎無損分解的規則。

一般情況下，在架構立即轉為多架構的分解例子中，無損分解的測試更為複雜。

雖然二元分解的測試明顯對無損分解是一個足夠的條件，但只有在所有限制皆為功能相依時才是必要。我們稍後將看到其他類型的限制（特別是一個在第 5.6.1 節中討論稱為多值相依的限制類型），即使沒有功能相依存在，仍可以確保分解是無損的。

5.4.5　相依性保存

使用功能相依理論，將相依性保存特性化，比我們在第 5.3.3 節中採用的方法簡單的多。

設 F 在架構 R 為功能相依集合，讓 R_1、R_2、$\cdots$、R_n 為 R 的分解。F 對 R_i 的

限制 (restriction) 為 F_i 集合，是 F^+ 中所有只包含 R_i 屬性的功能相依。由於所有限制內的功能相依只涉及一個關聯架構的屬性，我們可以只檢查一個關聯來測試是否符合這種相依。

請注意，限制的定義使用了所有在 F^+ 內的相依，而不僅僅是在 F 中。例如，假設 $F = \{A \to B，B \to C\}$，且分解轉為 AC 和 AB。F 對 AC 的限制，包括了 $A \to C$，因為即使 $A \to C$ 不在 F 中，它還是在 F^+。

F_1、F_2、…、F_n 限制的集合可以有效檢視。但我們要問的是，只測試限制是否足夠。設 $F' = F_1 \cup F_2 \cup \cdots \cup F_n$。$F'$ 是架構 R 上的功能相依集合，然而 $F' \neq F$。但即使 $F' \neq F$，$F'^+ = F^+$ 仍有可能。如果後者是真的，則每一個 F 內的相依都是 F' 的邏輯隱含，而且，如果 F' 成立，F 也成立。一個具有 $F'^+ = F^+$ 特性的分解為**相依保存分解 (dependency-preserving decompo-sition)**。

圖 5.10 顯示了測試相依保存的演算法。該輸入是一個分解關聯架構，$D = \{R_1、R_2、…、R_n\}$ 集合，和功能相依的 F 集合。該演算法是昂貴的，因為它需要計算 F^+。所以與其用圖 5.10 的演算法，我們可考慮兩種其他方法。

首先，請注意到，如果每個 F 的成員可以在分解的其中一個關聯被測試，則該分解則為相依保存。這是個顯示相依保存的簡單方法，但它並非每次都有用。有某些情況下，即使分解為相依保存，在 F 中還是有一個不能被任何分解關聯所測試的分解。因此，這種替代測試只能視為一個容易檢查的條件，如果失敗了，我們不能斷言說分解並非相依保存，而是必須使用一般的測試。

為避開計算 F^+ 的相依保存，我們提出第二種測試方式。該測試用於下列程序，於在 F 內的每個 $\alpha \to \beta$。

```
compute F⁺;
for each schema Rᵢ in D do
    begin
        Fᵢ := the restriction of F⁺ to Rᵢ;
    end
F' := ∅
for each restriction Fᵢ do
    begin
        F' = F' ∪ Fᵢ
    end
compute F'⁺;
if (F'⁺ = F⁺) then return (true)
              else return (false);
```

▶圖 5.10 測試相依保存

```
result = α
repeat
    for each R_i in the decomposition
        t = (result ∩ R_i)⁺ ∩ R_i
        result = result ∪ t
until (result does not change)
```

這裡的內範圍屬性集合在 F 功能相依之下。若 result 在 β 中包含了所有屬性,則功能相依 α → β 就得以保留。只有(且僅只有)所有的相依關聯在 F 會被保留,分解才算是相依性保存的分解。

上述測試的兩個關鍵想法如下:

- 第一個想法就是要在 F 測試每一個 α → β 功能相依,看看它是否保存在 F'(F' 定義於圖 5.10)。為此,我們在 F' 下計算 α 的內範圍集合;當內範圍集合包含 β 時,相依是完全被保存的。只有(且僅只有)所有 F 內的相依被發現是被保存的,該分解即為相依保存。
- 第二個想法為在 F' 下利用內範圍屬性集合演算法的修改形式來計算內範圍集合,而不用先計算 F'。因為計算是相當昂貴,我們希望避免計算 F'。請注意,F' 是 F_i 聯集,而 F_i 是 F 在 R_i 的限制。該算法計算出關於 F 的 (result ∩ R_i) 內範圍屬性集合,和內範圍集合以 R_i 交集,並將屬性結果集合加入 result。這些步驟的順序等同於計算在 F_i 下的 result 內範圍集合。為每個 while 迴圈內的 i 重複這個步驟,可以產出在 F' 下的 result 內範圍集合。

為了理解為什麼這個修改過的內範圍屬性集合方法行的通,來看看,任何 $γ ⊆ R_i$,$γ → γ^+$ 是在 F^+ 的功能相依,而 $γ → γ^+ ∩ R_i$ 是 F_i 中的功能相依,其中 F_i 是 F^+ 對 R_i 的限制。相反地,如果 $γ → δ$ 在 F_i 中,則 δ 會是一個 $γ^+ ∩ R_i$ 的子集合。

5.5 分解演算法

現實世界的資料庫架構遠遠大於書裡頭的例子。基於這個原因,我們需要使用合適的正規化演算法。本節中,我們提出 BCNF 和 3NF 的演算法。

5.5.1 BCNF 分解

BCNF 的定義可以直接用於測試在 BCNF 中是否有關聯。然而,F^+ 的計算繁複沉重。下面，我們首先描述驗證 BCNF 中是否有關聯的簡化測試。如果某個關聯不在 BCNF 中，它可以被分解成在 BCNF 中的關聯。之後，我們介紹一個創建關聯無損分解的演算法，使得分解結果在 BCNF 中。

5.5.1.1　BCNF 測試

看看一個 R 關聯架構是否滿足 BCNF 的測試，有時可以被簡化。

- 要檢查一個 $\alpha \to \beta$ 有價值相依是否違反 BCNF，計算 α^+（α 內範圍屬性集合）、並驗證它包含所有 R 的屬性，也就是說，它是一個 R 的超鍵。
- 要檢查一個 R 關聯架構是否在 BCNF 內，只需檢查在 F 給定集合內的相依是否違反 BCNF，而不是檢查所有 F^+ 內的相依。

我們可以證明，如果 F 的相依沒有違反 BCNF，則沒有任何 F^+ 的相依將違反 BCNF。

不幸的是，當一個關聯被分解時，後者的過程就無效。也就是說，當我們在 R 分解測試一個 R_i 關聯時，在違反 BCNF 上，只用 F 是不夠的。例如，試想具有包含 $A \to B$ 及 $BC \to D$ 的 F 功能相依的 R(A, B, C, D, E) 關聯架構。假設它被分解成 $R_1(A, B)$ 和 $R_2(A, C, D, E)$。現在，沒有一個 F 相依包含了只從 (A, C, D, E) 來的屬性，所以我們可能會誤以為 R_2 滿足了 BCNF。事實上，在 F^+ 中有一個 $AC \to D$ 相依，代表 R_2 不是在 BCNF 內。因此，可能需要一個不在 F，而是在 F^+ 內的相依，以表明分解關聯不是在 BCNF 內。

另類的 BCNF 測試方式有時比計算每個在 F^+ 內的相依簡單。要檢查一個 R 分解內的 R_i 關聯是否在 BCNF 中，我們應用此一測試：

- 對於每一個 R_i 中的屬性 α 子集合，檢查 α^+（F 下的 α 內範圍屬性集合）是否不包含 $R_i - \alpha$ 屬性，或是包含所有 R_i 屬性。

如果 R_i 中的一些 α 屬性集合違反條件，參考以下的功能相依，它可以被證明是出現於 F^+ 內：

$$\alpha \to (\alpha^+ - \alpha) \cap R_i$$

以上相依表示，R_i 違反 BCNF。

5.5.1.2　BCNF 分解演算法

圖 5.11 顯示一個一般性的方法來分解關聯模式，使其滿足 BCNF。如果 R 不在 BCNF 內，我們可以分解 R，成為一組 R_1、R_2、⋯、R_n 的 BCNF 架構。該演

算法使用相依來顯示違反 BCNF，並進行分解。

該演算法產生的分解不僅在 BCNF 內，同時也是個無損分解。要知道為什麼它只產生無損分解，我們注意到，當以 (R_i – β) 和 (α, β) 更換一個 R_i 架構時，α → β 相依會符合，而 (R_i – β) ∩ (α, β) = α。

如果我們不要求 α ∩ β = θ，則這些在 α ∩ β 的屬性不會出現在 (R_i – β) 架構中，也不再符合 α → β 相依。

很容易看到，在第 5.3.2 節的 inst_dept 分解可以從應用這個演算法得到結果。該 dept_name → building、budget 功能相依滿足了 α ∩ β = θ 條件，因此會被選來分解架構。

該 BCNF 分解演算法需要初始架構大小的指數時間，因為拿來檢查分解中的關聯是否滿足 BCNF 的演算法需要指數時間。書目附註可以為多項式時間內計算 BCNF 分解的演算法提供參考。然而，該演算法可能「過度正規化」，也就是，不必要地分解一個關聯。

一個使用 BCNF 分解演算法較長的例子，假設有使用以下 class 架構的資料庫設計：

    class (*course_id, title, dept_name, credits, sec_id, semester, year, building,*
      room_number, capacity, time_slot_id)

我們需要符合 *class* 的功能相依集合有：

    course_id → *title, dept_name, credits*
    building, room_number → *capacity*
    course_id, sec_id, semester, year → *building, room_number, time_slot_id*

這架構的候選鍵為 {*course_id, sec_id, semester, year*}。

我們可以應用圖 5.11 的演算法到以下的 *class* 例子：

▶圖 5.11
BCNF 分解演算法

```
result := {R};
done := false;
compute F⁺;
while (not done) do
    if (there is a schema Rᵢ in result that is not in BCNF)
        then begin
            let α → β be a nontrivial functional dependency that holds
              on Rᵢ such that α → Rᵢ is not in F⁺, and α ∩ β = ∅;
            result := (result − Rᵢ) ∪ (Rᵢ − β) ∪ ( α, β);
        end
    else done := true;
```

- 功能相依：

$$course\_id \rightarrow title, dept\_name, credits$$

符合，但 *course_id* 並非超鍵。因此 *class* 不在 BCNF 中。我們更換 *class*：

course(*course_id*, *title*, *dept_name*, *credits*)
class-1 (*course_id*, *sec_id*, *semester*, *year*, *building*, *room_number*
            capacity, *time_slot_id*)

唯一符合 *course* 的有價值功能相依包含了箭頭左側的 *course_id*。由於 *course_id* 是 *course* 的一個鍵，所以關聯 *course* 在 BCNF 中。

- *class-1* 的一個候選鍵為 {*course_id*, *sec_id*, *semester*, *year*}。該功能相依：

$$building, room\_number \rightarrow capacity$$

符合 *class-1*，但 {*building, room_number*} 不是 *class-1* 的超鍵。我們更換 *class-1* 如下：

classroom (*building*, *room_number*, *capacity*)
section (*course_id*, *sec_id*, *semester*, *year*,
            building, *room_number*, *time_slot_id*)

classroom 和 *section* 在 BCNF 內。

因此，*class* 的分解造成了 *course*、*classroom* 和 *section* 三個關聯架構，且每個都是在 BCNF 中。這些架構對應了我們在本章以及先前章節曾用的架構。你可以驗證分解是無損及相依保存的。

5.5.2　3NF 分解

圖 5.12 顯示一個尋找相依保存，且無損分解轉入 3NF 的演算法。演算法中的 F_c 相依集合是一個 F 的簡化集合。注意，該演算法考慮到 R_j、$j = 1$、2、…、i 的架構集合。起初 $i = 0$，在這種情況下，集合是空的。

讓我們套用這個演算法到第 5.3.4 節的例子：

dept_advisor (*s_ID*, *i_ID*, *dept_name*)

即使它不在 BCNF 裡，而是在 3NF 中。該演算法使用以下 F 中的功能相依：

f_1: $i\_ID \rightarrow dept\_name$
f_2: $s\_ID, dept\_name \rightarrow i\_ID$

▶ 圖 5.12
相依保存、無損分解成 3NF

```
let F_c be a canonical cover for F;
i := 0;
for each functional dependency α → β in F_c
    i := i + 1;
    R_i := α β;
if none of the schemas R_j, j = 1, 2, ⋯ , i contains a candidate key for R
    then
        i := i + 1;
        R_i := any candidate key for R;
/* Optionally, remove redundant relations */
repeat
    if any schema R_j is contained in another schema R_k
        then
            /* Delete R_j */
            R_j := R_i;
            i := i - 1;
until no more R_j s can be deleted
return (R_1, R_2, ⋯ , R_i)
```

F 內功能相依裡沒有任何外來屬性，所以 F_c 包含了 f_1 和 f_2。然後，該演算法生成了 $R_1(i\_ID, dept\_name)$ 架構，以及 $R_2(s\_ID, dept\_name, i\_ID)$ 架構。然後，該演算法找到 R_2 包含一個候選鍵，所以沒有另外的關聯架構被建立。

產出的架構集合有可能包含冗餘架構，如 R_k 可包含所有 R_j 的屬性。該演算法刪除所有此類架構。任何可以在被刪除的 R_j 上被測試的相依，也可以在對應 R_k 關聯上被測試，而且即使 R_j 被刪除，該分解仍為無損的。

現在重新來看第 5.5.1.2 節的 *class* 架構，並應用 3NF 分解演算法。我們列出的功能相依恰巧是一個簡化集合。因此，該演算法使我們有相同的三個架構，即 *course*、*classroom* 及 *section*。

上面的例子說明了一個有趣的 3NF 演算法特性。有時其結果不僅是在 3NF 裡，也在 BCNF 中。這表明了另一個生成 BCNF 設計的方法。首先使用 3NF 演算法。然後，對於 3NF 設計內非 BCNF 的任何架構，使用 BCNF 演算法將其分解。如果結果不是相依保存，則重回到 3NF 設計。

5.5.3　3NF 演算法的正確性

3NF 演算法藉由為每個相依明確建立架構於簡化集合內，確保了相依的保存。它保證至少有一個架構會包含被分解架構的候選鍵，來確保該分解是無損分解。實作題 5.14 為此提供了一些論證觀點。

這種演算法也被稱為 **3NF 合成演算法 (3NF synthesis algorithm)**，因為它需要相依集合，並一次增加一個架構，而不是反覆地分解最初的架構。其結果並沒有被唯一地定義，因為功能相依集合可以有一個以上的簡化集合，而且在某些情況下，該演算法的結果會隨著它如何認定在 F_c 內的相依順序而不同。即使已經在 3NF，該演算法也許仍能分解一個關聯，但是，分解一定仍然是在 3NF 內。

如果一個 R_i 關聯是在由合成算法所產生的分解內，則 R_i 就在 3NF 內。回想一下，當我們測試 3NF 時，只要考慮到右邊是單一屬性的功能相依就夠了。因此，要認知 R_i 在 3NF 內，我們必須相信任何符合 R_i 的 $\gamma \to B$ 功能相依，能滿足 3NF 的定義。假設從合成演算法生成的 R_i 的相依是 $\alpha \to \beta$。B 必須在 α 或 β 內，因為 B 在 R_i 內，而且 $\alpha \to \beta$ 生成 R_i。讓我們考慮三種可能的情況：

- B 在 α 和 β 內。在這種情況下，因為 B 在 β 內是外來的，$\alpha \to \beta$ 相依則不會在 F_c 中。因此，這個論點不能成立。
- B 在 β 但不在 α。試想兩種情況：
  - γ 是一個超鍵。3NF 的第二條件被滿足。
  - γ 並非超鍵。則 α 必須包含一些不在 γ 內的屬性。既然 $\gamma \to B$ 是在 F^+，它一定要用 γ 的內範圍屬性演算法，從 F_c 被算出來。計算時不會用到 $\alpha \to \beta$，因為如果它被使用，α 必須被包含在 γ 內範圍屬性集合，而這是不可能的，因為我們已假定 γ 不是超鍵。使用 $\alpha \to (\beta - \{B\})$ 和 $\gamma \to B$ 可以讓我們取得 $\alpha \to B$（由於 $\gamma \subseteq \alpha\beta$ 和 γ 不能包含 B，因為 $\gamma \to B$ 是有價值的）。這意味著，B 在 $\alpha \to \beta$ 的右邊是外來的，但這不可能，因為 $\alpha \to \beta$ 在 F_c 簡化集合內。因此，如果 B 是在 β，則 γ 一定是超鍵，且 3NF 的第二條件一定是被滿足的。
- B 在 α 但不在 β。
  由於 α 是候選鍵，在 3NF 定義中的第三方是被滿足的。

有趣的是，我們描述的 3NF 轉入分解演算法，可在多項式時間內被執行，即使是測試一個給定關聯，看它是否滿足 3NF，都是 NP-hard（這意味著不太可能會發明多項式時間演算法來解決）。

5.5.4 BCNF 和 3NF 的比較

在 3NF 和 BCNF 這兩個正規的關聯資料庫架構間，3NF 的優勢是，它總可以在不須犧牲無損或相依保存的狀況下設計出來。然而，3NF 的缺點是：我們可能必須使用空值來表示一些資料項目之中可能出現的有意義關聯，還有資訊重複的問題。

我們對功能相依資料庫設計的目標為：

1. BCNF。
2. 無損。
3. 相依保存。

由於這三者不見得總能全被滿足，所以我們只能被迫在 BCNF 和 3NF 相依保存之間做出選擇。

值得注意的是，SQL 不提供指定功能相依的方法，除了在使用**主鍵 (primary key)** 或**唯一 (unique)** 限制來聲明超鍵的特殊情況下。雖然要寫功能相依執行的斷言有點複雜（見實作題 5.9），但這是有可能的。不幸的是，目前並沒有資料庫系統支持複雜斷言，而且測試斷言的費用亦相當昂貴。因此，即使我們有相依保存分解，如果我們使用標準的 SQL，只能有效地測試那些左邊為一個鍵的功能相依。

如果分解不是相依保存，雖然測試功能相依可能涉及一個結合，但我們原則上可以使用許多資料庫系統支持的物化觀點來降低成本，但前提是資料庫系統提供了物化觀點的支援主鍵限制。若一個 BCNF 分解不是相依保存，我們會研究每個在 F_c 簡化集合內的相依，其不被保存在分解中。對於每個這樣的 $\alpha \rightarrow \beta$ 相依，我們定義了一個可以計算出所有分解內關聯的結合具體化觀點，並投射結果在 $\alpha\beta$。使用 **unique**(α) 或 **primary key**(β) 其中一個限制，該功能相依可以很容易地被測試在物化觀點上。

負面來說，物化觀點造成了空間和時間開銷，但在正面來說，應用程式師無需擔心編寫代碼來保持冗餘資料持續的更新。這會是資料庫系統維護物化觀點的工作。（在本書第 9.5 節，我們概述了資料庫系統如何可以有效地進行物化觀點維護。）

不幸的是，目前大多數資料庫系統不支援物化觀點的限制。雖然 Oracle 資料庫可支援物化觀點的限制，但它只會在觀點被存取時執行觀點維護，而非在底層關聯被更新時作此動作；結果是，限制違反可能會在更新被執行了很久以後才被查出，使檢測形同虛設。

因此，如果我們不能夠得到一個 BCNF 相依保存分解，一般最好選擇 BCNF，因為除了檢查主鍵限制外，檢查功能相依在 SQL 是很難的。

5.6 使用多值相依的分解

有些關聯架構，即使它們在 BCNF 內，似乎並不夠正規化，也就是說，它們仍然受資訊重複的問題所苦。試想一個大學組織的變化，其中一名教師可能與多個科系有關聯。

$$inst\ (ID, dept\_name, name, street, city)$$

反應快的讀者會認出這個架構是非 BCNF 架構，因為它的功能相依

$$ID \rightarrow name, street, city$$

也因為 ID 不是 inst 的一個鍵。

進一步假設，一名教師可能有好幾個地址（假如，冬天和夏天住在不同地方）。然後，我們不再希望執行「$ID \rightarrow street、city$」功能相依，雖然仍然要執行「$ID \rightarrow name$」（即大學不處理具有多個別名的教師！）。用 BCNF 分解演算法，得到兩個架構：

$$r_1\ (ID, name)$$
$$r_2\ (ID, dept\_name, street, city)$$

這些都在 BCNF 裡（回想教師可以與多個科系有關聯，一個科系可能有好幾名教師，因此，「$ID \rightarrow dept\_name$」及「$dept\_name \rightarrow ID$」都不符合）。

儘管 r_2 在 BCNF，但仍有冗餘。我們為每個與教師有關聯的科系，重複每位教師曾經居住的地址資訊一次。要解決這個問題，可以進一步分解 r_2 為：

$$r_{21}(dept\_name, ID)$$
$$r_{22}(ID, street, city)$$

但沒有限制來讓我們做到這一點。

為了解決這個問題，必須定義一個新形式的限制，稱為多值相依 (multivalued dependency)。如我們於功能相依所做，將使用多值相依來定義一個關聯架構的正規化。這正規化，被稱為**第四正規化 (forth normal form, 4NF)**，比 BCNF 來的更嚴格。我們會看到，每個 4NF 架構都是在 BCNF 中，但有些 BCNF 架構並非在 4NF 中。

5.6.1 多值相依

功能相依會排除某些關聯內的元組。如果 $A \rightarrow B$，我們就不能有兩個元組具有相同的 A 值，但是不同的 B 值。在另一方面，多值相依不排除某些元組的存在。相反地，它們需要某種形式的其他元組存在於關聯內。因此，功能相依有時被稱為**平等產生相依性 (equality-generating dependencies)**，而多值相依被稱為**元組產生相依性 (tuple-generating dependencies)**。

設 $r(R)$ 是一個關聯架構，而 $\alpha \subseteq R$ 和 $\beta \subseteq R$

$$\alpha \rightarrow\rightarrow \beta$$

多值相依 (multivalued dependency) $\alpha \rightarrow\rightarrow \beta$ 符合 R，如果在任何 $r(R)$ 合法實例關聯，r 中所有 t_1 和 t_2 的元組對使得 $t_1[\alpha] = t_2[\alpha]$，則 t_3 和 t_4 元組會存在於 r，使得

$$t_1[\alpha] = t_2[\alpha] = t_3[\alpha] = t_4[\alpha]$$
$$t_3[\beta] = t_1[\beta]$$
$$t_3[R - \beta] = t_2[R - \beta]$$
$$t_4[\beta] = t_2[\beta]$$
$$t_4[R - \beta] = t_1[R - \beta]$$

這個定義其實沒看起來的複雜。圖 5.13 以表格顯示 t_1、t_2、t_3 和 t_4。直覺上，多值相依 $\alpha \rightarrow\rightarrow \beta$ 代表 α 和 β 之間的關聯在 α 和 $R - \beta$ 之間是獨立的。如果多值相依 $\alpha \rightarrow\rightarrow \beta$ 被所有架構 R 上的關聯所滿足，$\alpha \rightarrow\rightarrow \beta$ 則是一個 R 架構上無價值的多值相依。因此，如果 $\beta \subseteq \alpha$ 或 $\beta \cup \alpha = R$，則 $\alpha \rightarrow\rightarrow \beta$ 是無價值的。

為了說明功能和多值相依的不同，我們再次考慮 r_2 架構，及其在圖 5.14 中的實例關聯。我們必須為教師的每個地址重複一次科系名稱，也必須為每個與教師有關聯的科系重複地址。這種重複是不必要的，因為教師和其地址之間的關係，

▶圖 5.13
$\alpha \rightarrow\rightarrow \beta$ 的表格表示

	α	β	$R - \alpha - \beta$
t_1	$a_1 \ldots a_i$	$a_{i+1} \ldots a_j$	$a_{j+1} \ldots a_n$
t_2	$a_1 \ldots a_i$	$b_{i+1} \ldots b_j$	$b_{j+1} \ldots b_n$
t_3	$a_1 \ldots a_i$	$a_{i+1} \ldots a_j$	$b_{j+1} \ldots b_n$
t_4	$a_1 \ldots a_i$	$b_{i+1} \ldots b_j$	$a_{j+1} \ldots a_n$

▶圖 5.14
BCNF 架構上關聯裡的一個冗餘例子

ID	dept_name	street	city
22222	Physics	North	Rye
22222	Physics	Main	Manchester
12121	Finance	Lake	Horseneck

ID	dept_name	street	city
22222	Physics	North	Rye
22222	Math	Main	Manchester

▶圖 5.15

錯誤的 r_2 關聯

在教師與科系之間是獨立的。如果一個 ID 22222 的教師與 Physics 系有關聯,我們就要該科系與這位教師所有的地址有關聯。因此,圖 5.15 的關聯是錯誤的。為了使這關聯正確,我們需要增加元組 (Physics, 22222, Main, Manchester) 和 (Math, 22222, North, Rye) 到圖 5.15 中的關聯。

比較前面例子與多值相依的定義,我們要多值相依符合:

$$ID \twoheadrightarrow street, city$$

($ID \twoheadrightarrow dept\_name$ 多值相依也可以。)

如同功能相依,我們將以兩種方式使用多值相依:

1. 為了測試關聯,以確定它們在給定的功能及多值相依集合下是否正確。
2. 要明列正確關聯集合上的限制,因此我們只關心那些能滿足給定的功能及多值相依集合的關聯。

如果一個 r 關聯不能滿足給定的多值相依,我們可以建構一個 r' 關聯,它能藉由增加元組到 r 以滿足多值相依。

假設 D 表示功能和多值相依的集合。該 D 的 D^+ 為**內範圍集合 (closure)**,是從 D 邏輯上隱含的所有功能和多值相依的集合。使用功能相依和多值相依的正式定義,我們可以從 D 計算 D^+。對於這種簡單的多值相依,我們可以這樣管理。幸運的是,實際上會出現的多值相依看來相當簡單。對於複雜的相依,最好是藉由使用推理規則的系統來推論相依的集合。

從多值相依定義,我們可以得出以下用於 $\alpha \cdot \beta \subseteq R$ 的規則:

- 如果是 $\alpha \to \beta$,則 $\alpha \twoheadrightarrow \beta$。換句話說,每個功能相依也是多值相依。
- 如果是 $\alpha \twoheadrightarrow \beta$,則 $\alpha \twoheadrightarrow R - \alpha - \beta$。

5.6.2 第四正規化

再參考在 BCNF 架構的例子:

$$r_2 (ID, dept\_name, street, city)$$

其中「$ID \twoheadrightarrow street、city$」多值相依是符合的。我們在第 5.6 節的一開始看到，雖然這種架構位於 BCNF 內，它的設計並不理想，因為我們必須為每個科系重複教師的地址資訊。我們會看到，分解該架構到**第四正規化**的分解，可以讓我們用給定多值相依改善資料庫的設計。

就功能和多值相依 D 集合而言，$r(R)$ 關聯架構在**第四正規化 (forth normal form, 4NF)** 內，如果所有在 D^+ 內的多值相依為 $\alpha \twoheadrightarrow \beta$ 形式，其中 $\alpha \subseteq R$ 和 $\beta \subseteq R$，則以下至少有一點成立：

- $\alpha \twoheadrightarrow \beta$ 是無價值的多值相依。
- α 是 R 的超鍵。

如果構成設計的每個關聯架構集合成員都在 4NF 中，資料庫設計也就在 4NF。

需要注意的是，4NF 與 BCNF 的定義不同之處，只在於多值相依的使用。每個 4NF 架構都在 BCNF 內。因為如果一個 $r(R)$ 架構不在 BCNF 內，則會有一個無價值的 $\alpha \rightarrow \beta$ 功能相依符合 R，而其中 α 並非超鍵。由於 $\alpha \rightarrow \beta$ 意味著 $\alpha \twoheadrightarrow \beta$，所以 $r(R)$ 不能出現在 4NF 中。

假設 $r(R)$ 是一個關聯架構，也設 $r_1(R_1)、r_2(R_2)、\cdots、r_n(R_n)$ 為 $r(R)$ 內的分解。要檢查每個分解中的 r_i 關聯架構是否在 4NF 中，我們需要找到有哪些多值相依符合 r_i。回想一下，對於一組 F 的功能相依，F 到 R_i 的限制 (F_i) 是所有 F^+ 內的只包含 R_i 屬性的功能相依。現在，再考慮到同為功能和多值相依的 D 集合。D 對 R_i 的限制為 D_i 集合，D_i 集合包括了：

1. 所有在 D^+ 中只包含 R_i 屬性的功能相依。
2. 所有以下形式的多值相依：

$$\alpha \twoheadrightarrow \beta \cap R_i$$

其中 $\alpha \subseteq R_i$，且 $\alpha \twoheadrightarrow \beta$ 於 D^+ 內

5.6.3 4NF 分解

4NF 和 BCNF 之間的相似可應用在分解架構轉入 4NF 的演算法上。圖 5.16 表示了 4NF 分解演算法，與圖 5.11 中的 BCNF 分解演算法相同，除了它使用多值相依和使用 D^+ 對 R_i 的限制之外。

如果我們應用圖 5.16 的演算法到 (*ID, dept_name, street, city*)，即會發現 $ID \twoheadrightarrow dept\_name$ 是有價值的多值相依，ID 也並非為架構的超鍵。用此算法，我

```
result := {R};
done := false;
compute D⁺; Given schema Rᵢ, let Dᵢ denote the restriction of D⁺ to Rᵢ
while (not done) do
    if (there is a schema Rᵢ in result that is not in 4NF w.r.t. Dᵢ)
        then begin
                let α →→ β be a nontrivial multivalued dependency that holds
                on Rᵢ such that α → Rᵢ is not in Dᵢ, and α ∩ β = ∅;
                result := (result − Rᵢ) ∪ (Rᵢ − β) ∪ (α, β);
             end
        else done := true;
```

▶圖 5.16
4NF 分解演算法

們用兩個架構來進行更換：

$$r_{21} (ID, dept\_name)$$
$$r_{22} (ID, street, city)$$

這兩個 4NF 中的架構，消除了我們稍早遇到的冗餘。

和我們單獨處理功能相依時類似，我們感興趣的是無損及可保持相依的分解。以下有關多值相依和無損的結果，說明了圖 5.16 的演算法只產生了無損分解：

- 設 $r(R)$ 為一關聯架構，並設 D 為 R 上的功能及多值相依集合。假設 $r_1 (R_1)$ 和 $r_2 (R_2)$ 形成 R 的分解。這分解在 R 中為無損，如果（且唯一如果）以下至少有一個多值相依在 D^+ 中：

$$R_1 \cap R_2 \twoheadrightarrow R_1$$
$$R_1 \cap R_2 \twoheadrightarrow R_2$$

回想一下我們在第 5.4.4 節所述，如果 $R_1 \cap R_2 \to R_1$ 或 $R_1 \cap R_2 \to R_2$，則 $r_1(R_1)$ 和 $r_2(R_2)$ 為 $r(R)$ 的無損分解。前述關於多值相依的事實是對於無損的較一般概述。它說，當每個 $r(R)$ 無損分解分為 $r_1(R_1)$ 和 $r_2 (R_2)$ 兩個架構時，$R_1 \cap R_2 \twoheadrightarrow R_1$ 或 $R_1 \cap R_2 \twoheadrightarrow R_2$ 兩個相依其中之一必須符合。

分解關聯架構時的功能相依問題，在多值相依的狀況下會變得更加複雜。

5.7 | 更多正規化

第四正規化絕不是「最終的」正規化。正如我們前面所見，多值相依幫我們瞭解、並消除一些資訊重複的形式，其資訊在功能相依術語中是無法被瞭解的。有些限制的類型稱為**結合相依性 (join dependencies)**，可以用來歸納多值相依，並引導至另一個被稱為**投射結合正規化 (project-join normal form, PJNF)**（PJNF 在一些書中稱為**第五正規化 (fifth normal form)**）。還有一種更一般的限制，產生另一個稱為**領域鍵正規化 (domain-key normal form, DKNF)** 的正規化。

使用這些概括限制會碰到的一個實際問題是，它們不僅難推論，也沒有強有力和完善的推理規則來推斷限制。因此 PJNF 和 DKNF 極少被使用。

我們尚未討論**第二正規化 (second normal form, 2NF)**，因為它只對於研究過去的作法時有用。我們簡單地將其定義，讓你在實作題 5.17 練習。

5.8 資料庫設計過程

到目前為止，我們已經研究了有關的正規化形式和正規化的具體問題。在本節中，我們探討正規化如何適應到整個資料庫設計的過程。

本章前面第 5.3 節開始的地方，我們假設一個 $r(R)$ 關聯架構是給定的，並進行正規化。我們可以對 $r(R)$ 架構拿出幾種方法：

1. $r(R)$ 本來可以從一個 E-R 圖變為關聯架構集合的轉換中產生。
2. $r(R)$ 本來可以是一個包含所有相關屬性的單一關聯架構。然後正規化的過程，使 $r(R)$ 分裂成更小的架構。
3. $r(R)$ 本來可以是一個任意的關聯設計的結果，然後我們進行測試，以驗證它可以滿足所需的正規化。

本節的其餘部分會檢視這些方法的影響。我們也會探討一些資料庫設計的實際問題，包括對性能的非正規化和正規化檢測不到的不良設計。

5.8.1 E-R 模型和正規化

當我們仔細定義一個 E-R 圖時，從 E-R 圖產生的關聯架構應該不需要太多進一步的正規化。但是，在實體的屬性之間是可以有功能相依的。例如，假設一位 *instructor* 實體集有 *dept_name* 和 *dept_address* 屬性，並有一個 *dept_name* → *dept_address* 功能相依，我們會需要將由 *instructor* 產生的關聯正規化。

這樣相依的例子，大多起源於粗糙的 E-R 圖設計。在上面的例子，如果設計的 E-R 圖正確，我們將創建一個含有屬性 *dept_address* 的 *department* 實體集，以及 *instructor* 與 *department* 之間的關聯集。同樣地，一個涉及兩個以上實體集的關聯集，可能導致架構無法在一個理想的正規化內。由於大多數關聯集是二元的，這種情況相較少見。

功能相依可以幫助我們檢測不良的 E-R 設計。如果生成的關聯架構不在被需要的正規化內，這問題可以在 E-R 圖被修正。也就是說，正規化可做為資料建模的一部分，並正式被完成。或者，E-R 建模過程中，正規化可以留給設計師決定，也可以正式在由 E-R 模型生成的關聯架構被完成。

細心的讀者會注意到，為了說明多值相依與第四正規化的必要性，我們必須從不是來自 E-R 設計的架構開始。建立 E-R 設計的過程的確會產生 4NF 設計。如果一個多值相依符合，加上它並非為相對應功能相依所隱含，它通常來自以下之一：

- 一個多對多的關聯集。
- 一個多值屬性的實體集。

對於多對多的關聯集，每個相關實體集都有自己的架構和一個額外的關聯集架構。對於一個多值屬性，個別的架構被創建成含有該實體集的屬性和主鍵（如 *instructor* 實體集的 *phone_number* 屬性的例子）。

用於關聯資料庫設計的全域關聯方法，會先假設有一個包含所有相關屬性的關聯架構。這單一的架構定義了用戶和應用程式如何與資料庫交集。

5.8.2 屬性和關聯的命名

一個理想的資料庫設計功能是**唯一角色假設 (unique-role assumption)**，也就是說，每個屬性名稱在資料庫中都具有獨特的意義。這防止我們使用相同的屬性在不同的架構表示不同的事物。例如，我們可能會考慮使用 *number* 屬性，在 *instructor* 架構下代表電話號碼，但在 *classroom* 架構代表教室號碼。加入一個關聯到 *instructor* 架構及 *classroom* 架構是毫無意義的。雖然使用者和程式師可以小心地確保每個 *number* 的使用是正確的，但使用不同的屬性名稱來代表電話號碼及教室號碼，可以減少錯誤的產生。

儘管保持不同的屬性名稱是一個好主意，如果不同關聯的屬性具有相同的含義，使用相同的屬性名稱也可能不錯。為此，我們使用相同的屬性名稱「*name*」於 *instructor* 和 *student* 實體集。假若並非如此（即我們使用不同的命名慣例為教師和學生命名），假設我們想創建 *person* 實體集來概括這些實體集，將不得不重新命名屬性。因此，即使目前並沒有一個 *student* 和 *instructor* 的概括，如果我們預計有這種可能性，最好現在就在兩個實體集（和關聯）中使用相同的名稱。

雖然技術上來說，架構中的屬性名稱順序不要緊，但先列出主鍵屬性是慣例。這使得解讀預設值的輸出（如從 **select ***）更容易。

在大型資料庫架構，關聯集（和從其衍生出的架構）往往是藉由關聯實體集名字的串聯來命名，或許還加上了中間連字符號或下底線，例如 *inst_sec* 和 *student_sec*。我們用 *teaches* 和 *takes* 這兩個字，而不是長串的名稱是可以接受的，因為要記住少數關聯集的聯合實體集並不難。但我們不能總是以簡單的串聯來創建整數集關聯，例如，一名經理或員工之間的關係，如果被稱為 *employee_employee* 是不合理的！同樣地，如果在一對實體集之間有可能存在多個關聯集，關聯集名稱一定包括了額外的部分，用來確定關聯集。

不同組織有不同命名實體集的慣例。例如，我們可以稱一位學生的實體集為 *student* 或 *students*。我們選擇使用單數形式。但不管使用單數還是複數，只要此慣例可一致地用於所有實體集就可以了。

由於架構愈來愈大，也就有愈來愈多的關聯集，用一致的命名法命名屬性、關聯和實體，都能讓資料庫設計師和應用程式設計師的工作更輕鬆。

5.8.3 性能的非正規化

資料庫設計師偶爾會選擇帶有冗餘資訊的架構；也就是說，它並非正規化的。他們使用冗餘來提高特定應用程式的性能，但不使用正規化架構的代價是要額外的工作（就編碼時間和執行時間而言），以保冗餘資料一致。

例如，假設在每次進入課程時，先修課程都必須與課程資訊一起顯示。在我們正規化架構裡，這當然需要一個 *course* 與 *prereq* 的結合。

一種計算此結合的替代方式，是儲存一個包含所有 *course* 和 *prereq* 屬性的關聯。這使得「全」課程資訊顯示的速度更快。然而，課程資訊為了每個先修課程必須重複，而每當先修課程有增減時，所有副本必須被應用程式更新。讓正規化架構變的不是正規化，稱為**非正規化 (denormalization)**。設計師用它來調整系統的性能，以支援需要趕時間的運作。

一個被今日許多資料庫系統支援的更好選擇，就是使用正規化的架構，並另外儲存 *course* 及 *prereq* 的連結為物化觀點。（回想一下，物化觀點的結果被存在資料庫中，當使用的關聯被更新時，它也被更新。）像非正規化一般，使用物化觀點的確有空間和時間的開銷，但它的優點就是使觀點包含最新資訊是資料庫系統的工作,而非應用程式設計師的負擔。

5.8.4　其他設計問題

有一些資料庫設計方面的考量是正規化無法解決的,而因此可能導致不良的資料庫設計。有關時間或時間範圍的資料有些這樣的問題。以下的範例說明應盡量避免這樣的設計。

試想一所大學的資料庫,我們要儲存每年每個科系教師的總數量,用 *total_inst*(*dept_name, year, size*) 關聯於儲存想要的資訊。這關聯唯一的功能相依是 *dept_name*、*year* → *size*,而此關聯在 BCNF 內。

另一設計方式是使用多個關聯,分別儲存不同年分的資訊。我們假定 2007、2008、2009 年為相關的年分,則我們便擁有 *total_inst_2007*、*total_inst_2008*,以及 *total_inst_2009* 形式的關聯,其架構均為 (*dept_name, size*)。這裡每個關聯上的唯一功能相依,就是 *dept_name* → *size*,所以這些關聯也在 BCNF 內。

然而,這種設計方式顯然不是個好方法,因為我們每年得創建一個新關聯,且每年還必須編寫新的查詢,以把每個新的關聯考慮進去。查詢也將更加複雜,因為它們可能要參考很多關聯。

另一種表現相同資料的方式,是單一的 *dept_year* 關聯 (*dept_name, total_inst_2007, total_inst_2008, total_inst_2009*)。這裡唯一的功能相依是從 *dept_name* 到其他屬性,而其關聯也還是在 BCNF 中。這樣的設計仍然是一個壞構想,因為它與先前設計有類似的問題,也就是我們每年都不得不修改關聯架構及編寫新的查詢。查詢也將更加複雜,因為它們可能要參考許多屬性。

dept_year 關聯內,每個屬性值都有一行欄位,被稱為**橫向製表 (crosstabs)**;它們被廣泛應用於試算表、報告和資料分析工具中。雖然這種表示方式對使用者很有幫助,但因為剛才的原因,它們在資料庫設計中都是不可取的。SQL 包含了把資料從一個正常關聯代表性轉換成橫向製表的功能,如我們在第 5.6.1 節中的討論。

5.9　時間資料的建模

假設我們保留了大學組織的資料,不僅有每位教師的地址,還包含他們所有過去的地址。我們可以查詢,如「找到所有在 1981 年住在普林斯頓的教師」。在這種情況下，有些教師可能會有多個地址。每個地址都有一關聯的開始和結束日期，這表明了該教師居住在該地址的時間。一個結束日期的特殊值，例如，空值或到未來的值，如 9999-12-31，可以用來表示教師仍居住在該地址。

一般情況下，**時間資料 (temporal data)** 是有有效區間的資料。我們使用資料中**快照 (snapshot)** 術語來表示在特定時間點其資料的價值。因此 course 資料快照給予了位於特定時間點的所有課程的所有屬性值，如標題與科系等。

基於幾個原因，時間資料建模是一個具有挑戰性的問題。例如，假設我們想將隨時間變化的地址和 instructor 實體集做結合。要增加時間資訊到地址，我們會需要創建一個多值屬性，其每一個值都是包含了地址和時間區間的複合值。除了隨時間變化的屬性值外，實體本身亦可能有相關的有效時間。例如，學生實體可以有一個有效時間，從學生進入大學開始到畢業之日（或離開大學）止。關聯也可能有聯合有效時間。例如，prereq 關聯可能記錄了某課程是在何時成為另一課程的先修課程。因此，我們將必須增加有效的時間區間到屬性值、實體集和關聯集中。增加這樣的細節到 E-R 圖會使其很難創建和理解。已經有若干建議，要擴大 E-R 符號，來指定一個簡單的方式，讓屬性值或關聯可隨時間變化，但目前還沒有公認的標準。

當我們跨越了時間來追蹤資料值，假定符合的功能相依，如：

$$ID \rightarrow street, city$$

可能不再成立。下面的限制（以文字表示）將成立：「在任何給定時間 t，一個教師 ID 只有一個 street 和 city 值」。

在特定時間點成立的功能相依被稱為**時間功能相依 (temporal functional dependency)**。形式上，如果對所有 $r(R)$ 合法實例而言，所有 r 快照滿足了 $X \rightarrow Y$ 功能相依，$X \rightarrow Y$ 時態功能相依則符合 $r(R)$ 關聯架構。

我們可以擴展關聯式資料庫設計理論，以將時間功能相依列入考量。然而，推理一般的功能相依已經相當困難，很少設計師有能力處理時間功能相依。

在實作上，資料庫設計師會回歸使用較簡單的方法來設計時間資料庫。一個常用的方法是設計整個資料庫（包括 E-R 設計和關聯式設計），忽略時態變化（只將快照考慮進去）。然後，設計師研究各種關聯，並決定哪些關聯需要時間變化的追蹤。

接下來是加入開始和結束時間的屬性，以便在每個這類的關聯中增加時間資訊。例如 course 關聯。該課程的名稱可能會隨時間而改變，但可藉由增加有效的

時間範圍而被調整，由此產生的架構將為

course (*course_id*, *title*, *dept_name*, *start*, *end*)

這種關聯的一個實例可能有兩個紀錄 (CS-101,「Introduction to Program-ming」, 1985-01-01, 2000-12-31) 和 (CS-101,「Introduction to C」, 2001-01-01, 9999-12-31)。如果關聯是靠改變課程名稱為「Introduction to Java」而更新，時間「9999-12-31」將會被更新在舊值（「Introduction to C」）是有效的時候，而一個包含新標題（「Introduction to Java」）及新的該課時間的新元組將被增加。

如果另一個關聯的外來鍵引用了一個時態關聯，資料庫設計師必須決定參考的是目前的資料還是一個特定時間點的資料。例如，我們可能會延長 *department* 關聯，以追蹤在不同時間科系建築物或科系預算的改變，但來自 *instructor* 或 *student* 關聯的參考可能不在乎建築物或預算的歷史；相反地，它們可能更需要結合至當前紀錄對應的 *dept_name*。在另一方面，學生成績單的紀錄應該與學生修課時的課程名稱有關聯，並且還要用關聯記錄時間資訊，以便可以從 *course* 的關聯識別特定的紀錄。在我們的例子中，修課的 *year* 和 *semester*，可以對應至代表的時間／日期值，如學期開始日的午夜；由此產生的時間／日期值會被用在 *course* 關聯時間版本，以識別特定的紀錄，而 *title* 也是從 *course* 關聯中檢索出來的。

時間關聯的原主鍵將無法唯一地標示元組。要解決這個問題，我們可以在主鍵增加起始和結束時間屬性。然而，一些問題依然存在：

- 在重疊時間區間儲存資料是有可能的，而主鍵的限制無法察覺。如果系統支援本機的有效時間 (valid time) 類型，它可以檢測並防止這種重疊時間區間的發生。
- 要指定外來鍵引用這種關聯，引用元組必須包括開始和結束時間屬性，做為其外來鍵的一部分，而且其值必須與被引用的元組相匹配。此外如果被引用的元組被更新，更新必須要傳播到所有引用元組。

如果系統以一個更好的方式支援時間資料，我們就可以讓引用元組指定時間點，而不是一個時間範圍，並依靠系統來確保被引用關聯中的元組之有效時間區間包含了這個時間點。例如，成績單可以指定 *course_id* 和時間（例如學期開學日），這足以在 *course* 關聯中識別正確的紀錄。

做為一種常見的特殊情況，如果所有時間資料的參考只涉及當前的資料，一個簡單的解決方法是不在關聯內增加時間資訊，而是為過去值創建一個對應的有時間資訊的 *history* 關聯。例如，在銀行的資料庫裡，我們可以忽略時間的變化，用創造的設計只儲存當前資訊。所有歷史資訊都被移到了歷史關聯。因此，*instructor* 關聯可以只儲存目前地址，而關聯 *instructo_ history* 可能包含了所有 *instructor* 屬性，與更多的 *start_time* 和 *end_time* 屬性。

雖然我們沒有提供任何正式的方法來處理時間資料，但我們已經討論過的問題與範例，應該對你在設計一個可記錄時間資料的資料庫時有所幫助。

5.10 總結

- 我們說明了資料庫設計的缺陷，以及如何有系統地設計資料庫架構來避免這些問題，包括重複資訊和無法表示一些資訊。
- 當架構能安全結合時，以及架構需要被分解時，我們說明了從 E-R 設計進行的關聯式資料庫設計的過程。所有有效分解都必須為無損。
- 我們描述了單元領域和第一正規化的假設。
- 我們介紹了功能相依的概念，並用它來代表 Boyce–Codd 正規化 (BCNF) 和第三正規化 (3NF)。
- 如果分解是相依保留，給定一個資料庫更新，則所有功能相依都可從個別關聯核查，而不須計算分解關聯的結合。
- 我們展示了如何推論功能相依，並把重點放在什麼相依是由相依集合邏輯上隱含的。同時定義簡化集合為一個相當於功能相依給定集合的最小功能相依集合。
- 我們概述了一個分解關聯成 BCNF 關係的演算法。有些關聯是沒有 BCNF 相依保存分解的。
- 我們使用簡化集合來將關聯分解成 3NF，一個較寬鬆的 BCNF。3NF 中的關聯可能有某些冗餘，但總有一種轉入 3NF 的相依保存分解。
- 我們提出了多值相依的概念，它指明不能單獨被功能相依指定的限制。我們以多值相依定義了第四正規化 (4NF)。
- 其他正規化，如 PJNF 和 DKNF，消除了更多微妙的冗餘形式。然而它們很難使用，所以少被採用。
- 檢視本章所討論過的問題，請注意，我們之所以可以嚴格定義關聯式資料庫設計方法，是因為關聯式資料模式建立在一個堅實的數學基礎上。相較於其他我們研究過的資料模式，這是關聯式模式的其中一個主要優勢。

關鍵詞

- E-R 模型和正規化 (E-R model and normalization)
- 分解 (Decomposition)
- 功能相依 (Functional dependencies)
- 無損分解 (Lossless decomposition)
- 單元領域 (Atomic domains)
- 第一正規化 (First normal form, 1NF))
- 合法關聯 (Legal relations)
- 超鍵 (Superkey)
- R 滿足 F (R satisfies F)
- F 符合 R (F holds on R)
- Boyce-Codd 正規化 (Boyce–Codd normal form, BCNF)
- 相依保存性 (Dependency preservation)
- 第三正規化 (Third normal form, 3NF)
- 無價值的功能相依 (Trivial functional dependencies)
- 功能相依內範圍集合 (Closure of a set of functional dependencies)
- 阿姆斯壯定理 (Armstrong's axioms)
- 內範圍屬性集合 (Closure of attribute sets)
- F 到 R_i 限制 (Restriction of F to R_i)
- 簡化集合 (Canonical cover)
- 外來屬性 (Extraneous attributes)
- BCNF 分解演算法 (BCNF decomposition algorithm)
- 3NF 分解演算法 (3NF decomposition algorithm)
- 多值相依 (Multivalued dependencies)
- 第四正規化 (Fourth normal form, 4NF)
- 多值相依限制 (Restriction of a multivalued dependency)
- 投射結合正規化 (Project-join normal form, PJNF)
- 領域鍵正規化 (Domain-key normal form, DKNF)
- 通用關聯 (Universal relation)
- 獨特角色假設 (Unique-role assumption)
- 非正規化 (Denormalization)

實作題

5.1 假設我們分解 $r(A, B, C, D, E)$ 架構為

$$r_1(A, B, C)$$
$$r_2(A, D, E)$$

表明這種分解是一種無損分解，如果以下 F 功能相依集合成立：

$$A \rightarrow BC$$
$$CD \rightarrow E$$
$$B \rightarrow D$$
$$E \rightarrow A$$

5.2 列出所有被圖 5.17 關聯滿足的功能相依。

A	B	C
a_1	b_1	c_1
a_1	b_1	c_2
a_2	b_1	c_1
a_2	b_1	c_3

▶圖 5.17
實作題 5.2 中的關聯

5.3 解釋功能相依如何可以用來說明以下：
- 一對一關聯集存在於 *student* 和 *instructor* 實體集之間。
- 多對一關聯集存在於 *student* 和 *instructor* 實體集之間。

5.4 使用阿姆斯壯定理來證明聯集規則的健全。（提示：使用擴充規則表明，如果 $\alpha \to \beta$，則 $\alpha \to \alpha\beta$。再次使用 $\alpha \to \gamma$ 在擴充規則，然後應用反身規則。）

5.5 使用阿姆斯壯定理來證明偽遞移規則的穩健。

5.6 為 $r(A, B, C, D, E)$ 關聯架構計算以下 F 功能相依集合的內範圍集合。

$$A \to BC$$
$$CD \to E$$
$$B \to D$$
$$E \to A$$

為 R 列出候選鍵。

5.7 使用實作題 5.6 中的功能相依，計算 F_c 簡化集合。

5.8 試以圖 5.18 中的演算法來計算 α^+。表明該演算法比圖 5.8（第 5.4.2 節）所呈現的更有效，並且能正確計算出 α^+。

5.9 設 $R(a, b, c)$ 資料庫架構，和 R 架構上的 r 關聯。寫一個 SQL 查詢來測試功能相依 $b \to c$ 是否支援 r 關聯。假設沒有空值存在，寫了一個強制執行功能相依的 SQL 宣示。（雖然它是 SQL 標準的一部分，如這種斷言目前不被任何資料庫執行所支援。）

5.10 我們無損結合分解的討論隱含地假設，功能相依左邊的屬性無法呈現空值。如果這個特性被違反，分解可能會出什麼錯？

5.11 在 BCNF 分解演算法，假設使用 $\alpha \to \beta$ 功能相依分解 $r(\alpha, \beta, \gamma)$ 關聯架構成 $r_1(\alpha, \beta)$ 和 $r_2(\alpha, \gamma)$。
   a. 什麼主鍵和外來鍵限制可以符合分解關聯？
   b. 如果外來鍵限制在以上分解關聯不被強制執行，舉一個可能因錯誤更新而出現的不一致例子。
   c. 使用第 5.5.2 節中的演算法，當一個關聯被分解為 3NF，什麼主鍵和外來鍵相依會符合分解架構？

5.12 假設 $R_1, R_2, \ldots, R_n$ 為一 U 分解架構。設 $u(U)$ 是一個關聯，並讓 $r_i = \Pi_{R_i}(u)$。證明

$$u \subseteq r_1 \bowtie r_2 \bowtie \cdots \bowtie r_n$$

5.13 顯示實作題 5.1 中的分解不是相依保存分解。

5.14 若被分解的架構至少有一個架構包含了一個候選鍵，證明相依保存分解轉為 3NF 是一種無損分解。（提示：顯示所有在分解架構之上投影的結合，不能比原關聯有更多的元組。）

5.15 舉一個 R' 關聯架構及 F' 功能相依集合的例子，其中，至少有三個不同 R' 轉為 BCNF 的無損分解。

5.16 設主要 (prime) 屬性是至少會出現在一個候選鍵的屬性。假設 α 和 β 為屬性集合，符合 $\alpha \to \beta$，但不符合 $\beta \to \alpha$。設 A 是一個不在 α、也不在 β 的屬性，且其 $\beta \to A$ 成立。我們說 A 是**遞移性相依** (transitively dependent) 於 α。我們可以重申 3NF 的定義於下：對功

```
            result := ∅;
            /* fdcount is an array whose ith element contains the number
               of attributes on the left side of the ith FD that are
               not yet known to be in α⁺ */
            for i := 1 to |F| do
               begin
                  let β → γ denote the ith FD;
                  fdcount [i] := |β|;
               end
            /* appears is an array with one entry for each attribute. The
               entry for attribute A is a list of integers. Each integer
               i on the list indicates that A appears on the left side
               of the ith FD */
            for each attribute A do
               begin
                  appears [A] := NIL;
                  for i := 1 to |F| do
                     begin
                        let β → γ denote the ith FD;
                        if A ∈ β then add i to appears [A];
                     end
               end
            addin (α);
            return (result);

            procedure addin (α);
            for each attribute A in α do
               begin
                  if A ∉ result then
                     begin
                        result := result ∪ {A};
                        for each element i of appears[A] do
                           begin
                              fdcount [i] := fdcount [i] − 1;
                              if fdcount [i] := 0 then
                                 begin
                                    let β → γ denote the ith FD;
                                    addin (γ);
                                 end
                           end
                     end
               end
```

▶圖 5.18
計算 α^+ 的演算法

能相依 F 集合而言，一個 R 關聯架構是在 3NF 內，如果沒有非主要 A 屬性在 R 中，其中 A 是遞移性相依於一個 R 的鍵。證明這個新定義和原來的相同。

5.17 如果 α 有一個符合 $\gamma \to \beta$ 的適當子集 γ，$\alpha \to \beta$ 被稱為**部分相依 (partial dependency)**。我們說 β 是部分相依於 γ 上。R 關聯架構是**第二正規化 (2NF)**，如果每個在 R 的 A 屬性符合下列條件之一：

- 它出現在候選鍵。
- 它不是部分相依於一個候選鍵。

顯示每個 3NF 架構是在 2NF 中。（提示：顯示每一個部分相依是一種遞移性相依。）

5.18 舉一個 R 關聯架構和相依集合的例子，以致 R 在 BCNF 內，而非在 4NF 中。

練習

5.19 為實作題 5.1，寫出無損結合分解到架構 R 的 BCNF。

5.20 為實作題 5.1，寫出無損結合、相依保存分解到 R 架構的 3NF。

5.21 以給定限制使以下正規化為 4NF。

$$books(accessionno, isbn, title, author, publisher)$$
$$users(userid, name, deptid, deptname)$$
$$accessionno \rightarrow isbn$$
$$isbn \rightarrow title$$
$$isbn \rightarrow publisher$$
$$isbn \twoheadrightarrow author$$
$$userid \rightarrow name$$
$$userid \rightarrow deptid$$
$$deptid \rightarrow deptname$$

5.22 解釋「資訊的重複和無法表示資訊」所表達的意義。解釋為什麼每個這種特性都可能表示關聯式資料庫設計不佳。

5.23 為什麼某些功能相依稱為無價值功能相依？

5.24 使用功能相依的定義，討論每個阿姆斯壯定理（反身、擴充和遞移）是健全的。

5.25 考慮以下功能相依的建議規則：如果 $\alpha \rightarrow \beta$ 和 $\gamma \rightarrow \beta$，則 $\alpha \rightarrow \gamma$。由表現出 r 關聯滿足了 $\alpha \rightarrow \beta$ 和 $\gamma \rightarrow \beta$，但不滿足 $\gamma \rightarrow \alpha$。證明了這個規則是不健全的。

5.26 使用阿姆斯壯定理證明分解規則的健全。

5.27 使用實作題 5.6 的功能相依來計算 B^+。

5.28 顯示以下實作題 5.1 的 R 架構分解並非無損分解：

$$(A, B, C)$$
$$(C, D, E)$$

提示：舉一個在 R 架構上 r 關聯的例子，使得

$$\Pi_{A, B, C}(r) \bowtie \Pi_{C, D, E}(r) \neq r$$

5.29 考慮下面在 r(A, B, C, D, E, F) 關聯架構上的 F 功能相依集合：

$$A \rightarrow BCD$$
$$BC \rightarrow DE$$
$$B \rightarrow D$$
$$D \rightarrow A$$

a. 計算 B^+。
b. 證明（使用阿姆斯壯定理）AF 是超鍵。

c. 為上述 F 功能相依集合計算簡化集合；為我們衍生的每一個步驟下解釋。
   d. 以簡化集合為基礎，給予一個 r 的 3NF 分解。
   e. 用功能相依的原集合，給予一個 r 的 BCNF 分解。
   f. 在使用簡化集合下，我們能得到如上 r 相同的 BCNF 分解嗎？
5.30 為關聯式資料庫列出三個設計目標，並解釋為什麼每個都是令人滿意的。
5.31 在關聯式資料庫的設計中，我們為什麼會選擇一個非 BCNF 的設計？
5.32 在關聯式資料庫的設計中設定三個目標，有沒有任何理由去設計一個在 2NF 的資料庫模式，但亦為沒有更高階層的正規化？（看一下實作題 5.17 中 2NF 的定義。）
5.33 給定一個 $r(A, B, C, D)$ 關聯架構，$A \rightarrow\rightarrow BC$ 邏輯上意味著 $A \rightarrow\rightarrow B$ 及 $A \rightarrow\rightarrow C$ 嗎？如果這點正確，證明它，否則就舉出一個反例。
5.34 解釋 4NF 為什麼是比 BCNF 更令人滿意的正規化。

書目附註

在早期 Codd [1970] 註記下來的文件裡，有第一次關聯式資料庫設計理論的討論。在該文件中，Codd 還介紹了功能相依和第一、第二、第三的正規化。

阿姆斯壯定理在 Armstrong [1974] 中有介紹。關於關聯式資料庫理論的重大發展發生在 70 年代末。這些結果被以文字蒐集在一些資料庫理論內，包括 Maier [1983]，Atzeni、Antonellis [1993] 和 Abiteboul 等人 [1995]。

BCNF 在 Codd [1972] 中有介紹。Biskup 等人 [1979] 給的演算法，我們用於尋找無損相依保存分解並轉成 3NF。無損分解屬性的基本結果出現在 Aho 等人 [1979a]。

Beeri 等人 [1977] 給了多值相依定理集合，並證明作者的定理是健全和完備的。該 4NF、PJNF，以及 DKNF 的概念分別來自於 Fagin [1977]、Fagin[1979] 和 Fagin [1981]。

Jensen 等人 [1994] 提出了一個時態資料庫概念的詞彙表。對 E-R 模式處理時態資料的擴展調查報告是由 Gregersen 和 Jensen [1999] 提交。Tansel 等人 [1993] 負責了時態資料庫理論、設計和實施。Jensen 等人 [1996] 描述了相依理論對時態資料的擴展。

CHAPTER 6

儲存和檔案結構

在前面的章節中,我們著重在高階的資料庫模型介紹。如在概念層上或邏輯層上,我們把關聯式模型中的資料庫看成表格的集合。事實上,資料庫中的邏輯模型的確是資料庫中使用者該著重的部分,因為資料庫系統的目的就是為了能方便獲取資料,而使用者無須對系統的實體細節及運作過程感到困擾。

然而,在本章節與 7、8、9 章,我們要討論該如何執行前面已提過的資料模型和語言。我們先從基礎的儲存媒介的特性著手,如磁碟和磁帶,接著定義各種資料結構使我們能更快速存取資料。我們會考慮適用於不同存取方式的幾種資料結構。資料結構的最終選擇應該要依據對於系統的使用和機器的實際特性。

6.1 實體儲存媒介概述

大部分的電腦中都會有幾種資料儲存的型態,按對於資料存取的速度、購買媒介的單位成本以及可靠性而分類。這些媒介的分類有:

- **快取 (cache)**。快取是最快和最昂貴的儲存形式。快取的記憶體相對較小,由電腦系統來管理,我們不必考慮在資料庫系統中管理快取。然而,值得注意的是,資料庫管理元在設計查詢處理資料結構和演算法時,會留意快取的效應。
- **主記憶體 (main memory)**。可由主儲存器來操作的儲存媒介,使用的是一般用途的機器指令。雖然主記憶體可能包含幾個 GB 的資料在個人電腦上,甚至上百個 GB 資料於大型服務器系統內,但對於儲存整個資料庫而言還是太小(或太貴),且儲存在主記憶體的資料會因斷電或系統當機而遺失。
- **快閃記憶體 (flash memory)**。快閃記憶體不同於主記憶體之處是即使電源關閉或消失,快閃記憶體仍能保留儲存的資料。快閃記憶體又分為兩種,稱為 NAND 和 NOR 快閃。其中,NAND 快閃擁有更高的儲存容量,並廣泛運用於資料儲存中,如照相機、音樂播放器和手機,在筆記型電腦上的運用也愈來愈廣泛。另外，除了非揮發性外（指當電源關閉後，所儲存的資料不會消失），快閃記憶體每位元組的成本也較主記憶體低。

快閃記憶體也被廣泛地運用於儲存資料的「USB」，它是可以被插入使用於**通用序列匯流排 (Universal Serial Bus, USB)** 的插槽。USB 已成為在電腦系統之間主要的資料傳輸方式。

快閃記憶體也逐漸替代磁碟，成為較多資料的儲存工具。這種磁碟驅動器的替換被稱為固態驅動器 (solid-state drives)。截至 2009 年，64GB 固態硬碟的成本不到 6000 美元，且容量可達 160GB。此外，快閃記憶體也頻繁的運用在伺服器系統來改善其效能，因為它比磁碟快，也比主記憶體的儲存空間大。

- **磁碟儲存器 (magnetic-disk storage)**。磁碟是用來長期儲存線上資料的主要媒介，通常整個資料庫都是被儲存在磁碟中。此系統必須將資料從磁碟移到主記憶體中以便資料能夠被存取。當系統完成指定操作時，被修改過的資料必須被寫入到磁碟。

  截至 2009 年，磁碟的大小範圍從 80GB 到 1.5TB 都有，而 1TB 的磁碟成本約 3000 元。磁碟容量每年成長約 50%，因此我們可以預期每年都會有更大容量的磁碟問世，而且磁碟儲存在電源被切斷和系統當機後仍然有效。雖然磁碟儲存設備本身有時可能會因故障而毀壞資料，但相對來說，系統當機發生的機率仍較高。

- **光學儲存器 (optical storage)**。最常見的光學儲存形式是雷射光碟 (CD)，可容納約 700MB 的資料以及約 80 分鐘的播放時間，還有數位式影音光碟 (DVD)，每面可容納 4.7 或 8.5GB（若是雙面光碟可高達 17GB）。而**數位多功能光碟 (digital versatile disk)** 則可被用來替代數位式影音光碟，原因是數位多功能光碟除了影像資料外，還能夠容納任何形式的數位資料。資料可藉由光學被儲存在磁碟上，並藉由雷射來讀取其內容，其中，最大容量格式的被稱為藍光 DVD，它每一層記憶容量可儲存 27GB，若是雙層則可儲存 54GB。

  唯讀記憶光碟 (CD-ROM) 或唯讀數位多用途光碟機 (DVD-ROM) 不能被寫入，只能提供預先錄製好的資料。此外還有「一次性」寫入光碟（稱為 CD-R）和數位式影音光碟（稱為 DVD-R 和 DVD+R），即代表僅可有一次寫入的動作。這樣的光碟也稱為一次寫入、多次讀取 (write-once, read-many, WORM) 光碟。另外，也有「多次寫入」的光碟（稱為 CD-RW）和數位式影音光碟 (DVD-RW、DVD+RW 和 DVD-RAM)，意即此光碟可被重複寫入。

  磁帶櫃 (jukebox) 系統包含幾個驅動器光碟；它可依需求，自動（藉由機器人手臂）將光碟裝入某個驅動器。

- **磁帶儲存器 (tape storage)**。磁帶儲存主要用於備份和存檔資料。儘管磁帶比磁碟便宜，但由於在讀取資料時，磁帶必須從頭開始按順序存取，因此對資料的存取較磁碟慢得多。也因此，磁帶儲存被稱為循序存取 (sequential-access) 記憶體。反過來說，磁碟儲存則稱為直接存取 (direct-access) 記憶體，因為它可以從磁碟上的任何位置讀取資料。

    磁帶的容量大（目前的磁帶為 40 至 300GB），並且可以從磁帶驅動器中被移除，所以很適合用在便宜的歸檔儲存上。磁帶庫（點唱機）用於保存異常大量的資料，如衛星數據，可能上看數百 TB（$1TB=10^{12}$ 位元組），甚至是多個 PB 級（$1 PB=10^{15}$ 個位元組）的資料。

不同的儲存媒介可以根據它們的速度和成本，被列在一個層次結構（圖 6.1）。較高層級的價格較貴，但速度也較快。當我們往層次結構的下層移動時，每一位元的成本降低，但存取時間也跟著增加。這種權衡是合理的，如果有個儲存媒介同時具備速度快與便宜，那麼我們也就沒有理由使用速度較慢，且較昂貴其它方式了。事實上，許多早期的儲存設備，包括紙磁帶和核心內存，現在都已成為博物館內的展示品，因為磁帶和半導體記憶體早已變得更快、更便宜。在過去磁碟昂貴且儲存容量較低時，磁帶是被用來儲存資料備份。而如今，幾乎所有有用的資料都被儲存在磁碟上，除在極少數情況下，它們才會被儲存在磁帶或光碟磁帶庫裡。

最快的儲存媒介，例如，快取和主記憶體，被稱為**主要儲存器 (primary storage)**。而在下一層的層次結構中，例如，磁碟，則被稱為**次儲存器 (secondary**

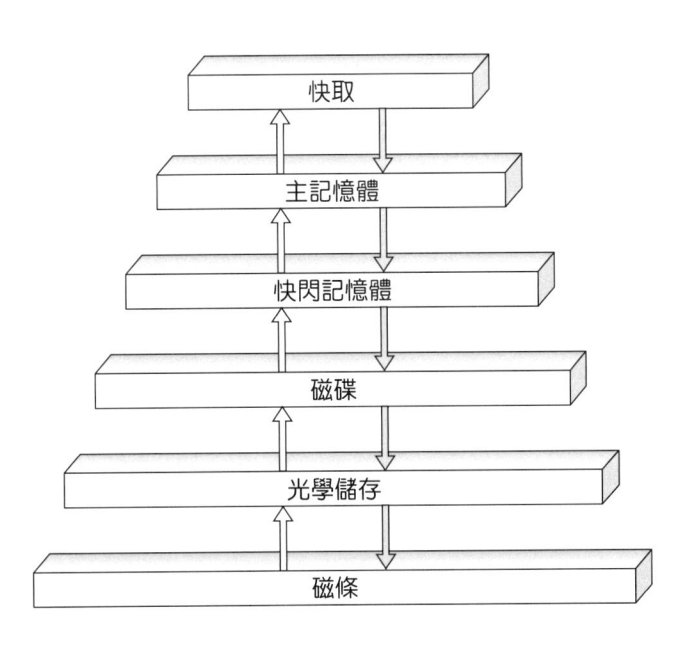

▶圖 6.1
儲存裝置階層

storage) 或**線上儲存器 (online storage)**。至於在最低層的層次結構，例如，磁帶和光碟磁帶庫，則是被稱為**第三儲存器 (tertiary storage)** 或**離線儲存器 (offline storage)**。

除了速度和各種儲存系統的成本，儲存的揮發性也是一個重要的問題。當電源被移除時，**揮發性儲存器 (volatile storage)** 中的檔案會遺失。在圖 6.1 層次結構中，主記憶體以上的儲存系統具有揮發性，而主記憶體以下的儲存系統是非揮發性的。資料必須被寫入到**非揮發性儲存器 (nonvolatile storage)** 內以保持安全。關於這個問題，我們將在第 11 章再進行討論。

6.2 磁碟和快閃儲存

磁碟是現今的電腦使用最多的次儲存器，儘管磁碟容量每年不斷增長，大型應用程式對儲存器的需求也增長的非常快，有時甚至超越磁碟容量的增長速度，一個巨大的資料庫可能需要數百個磁碟。近年來，快閃記憶體儲存容量增加迅速，並在某些應用上已逐漸成為磁碟的主要競爭對手。

6.2.1 磁碟的實體特性

磁碟的實體架構其實蠻簡單（圖 6.2）。每個**磁盤 (disk platter)** 的形狀都是圓而平坦的，且雙面都塗有磁性物質，讓檔案可記錄在表面。盤片本身則是由堅硬的金屬或玻璃製成。

當磁碟被存取時，會有一個穩定且高速的驅動馬達旋轉著磁碟（通常是每秒 60、90 或 120 轉，最高可至每秒 250 轉）。至於用來讀寫磁盤的讀寫磁頭位置則略高於盤片表面。磁碟的表面被分為**磁軌 (tracks)**，而磁軌又可再被細分為**磁區 (sectors)**，磁區是可被讀寫的最小資訊單位。就目前可用的磁碟而言，磁區大小通常為 512 位元組，每個盤面約有 5 萬至 10 萬軌，而每個磁碟由 1 至 5 個盤片組成。由於內層軌道（接近主軸）長度較短，且對目前最新一代的磁碟來說，外層軌道比內層軌道擁有較多的磁區；通常內層軌道的每軌約擁有 500 到 1000 磁區，而外部軌道每軌約有 1000 到 2000 磁區。實際數量依型號不同而異，大容量的型號，每一軌通常有更多的磁區。

讀寫頭 (read-write head) 利用與表面磁性物質相反方向的方式，將資訊儲存在磁區。

▶圖 6.2
移動磁碟讀寫頭機制

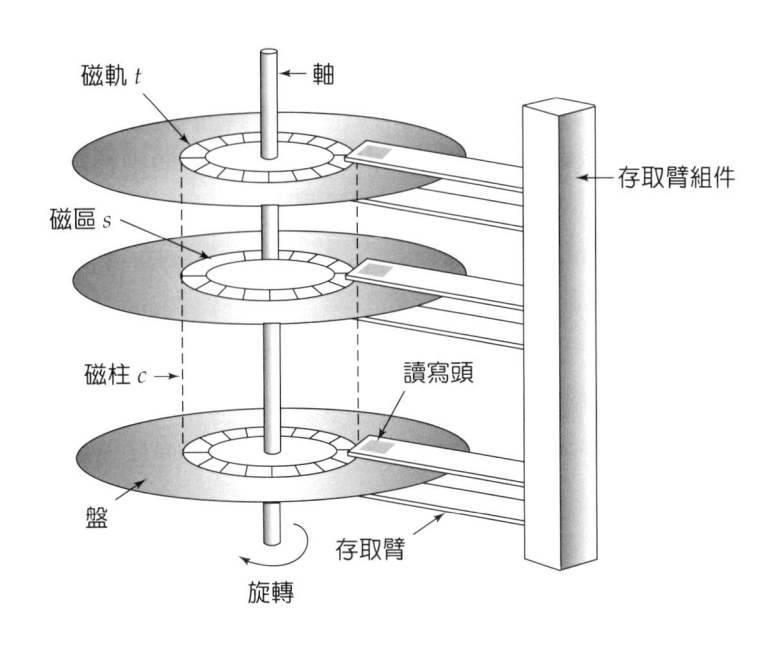

每一片磁盤的磁碟讀寫頭可在磁面上移動，從不同的磁軌讀取資訊。一個磁碟通常包含許多磁盤，而讀寫頭則被架設在一個稱為**存取臂 (disk arm)** 的裝置上，使得兩者能夠一起移動。裝在主軸上的磁碟，與架在存取臂上的讀寫頭，一起被稱為**頭盤組件 (head-disk assemblies)**。因為所有盤上的讀寫頭會一起移動，當一個讀寫頭在某個盤片上的第 i 個軌道上時，其他的讀寫頭也會同時在其他所有盤片上的第 i 個磁軌，也就是說所有盤片的第 i 個磁軌會同時被所對應的讀寫頭讀取。因此，所有盤片的第 i 個軌道被稱為第 i 個**磁柱 (cylinder)**。

目前，市場上最多的是磁盤為直徑 3½ 英寸的磁碟。它們比早期的大直徑磁碟（最多 14 英寸）成本更低且搜尋時間更短（由於搜尋距離較小），還可提供更高儲存容量。至於直徑更小的磁碟則被用於可攜式設備，如筆記本電腦，掌上電腦和一些可攜式音樂播放器。

讀寫磁頭會盡可能的接近磁碟表面以增加記錄密度，基本上讀寫頭在距離磁碟表面微米處運轉，磁碟的旋轉會造成一陣微風，而讀寫頭組件的形狀可讓微風能使讀寫頭保持運轉於磁碟表面正上方，因為讀寫頭會極為接近磁碟表面。因此，盤片必須精密加工使其更為平坦。

讀寫頭當機會造成問題。如果讀寫頭接觸到磁碟表面，可能會刮去磁碟的寫入介質，毀壞已寫入的資料。在早一代的磁碟，因磁頭接觸磁碟表面而被刮下來的介質會懸浮於空中，介入其他讀寫磁頭與其對應的磁碟間，進而造成更多毀壞。因此一個讀寫頭當機可能導致整個磁碟損壞。不過現今的磁碟驅動器使用磁性金屬薄膜作為記錄介質，比起舊型容易損毀的氧化物塗層，它們較不容易受影響。

磁碟控制器 (disk controller) 是介於電腦系統和實際硬體的磁碟驅動器間的介面，在現今磁碟系統中，磁碟裝備通常會內含磁碟控制器。磁碟控制器接受高層級的命令讀或寫一個磁區，並主動執行動作，如移動硬碟手臂到正確的磁軌並且實際讀取或寫入資料。磁碟控制器會在每個寫入的磁區加入由寫入磁區的數據資料計算出**檢查碼 (chechsums)**。當磁區回讀時，控制器計算檢查碼，並將其和檢索到之前的檢查碼做比較，如果資料被破壞，新計算出的檢查碼和儲存的檢查碼不相符的可能性很高。如果這樣的錯誤發生，控制器將重試讀幾遍，如果錯誤繼續發生，控制器將通知讀取失敗。

另一個磁碟控制器執行的有趣作業是**重新映射壞磁區 (remapping of bad sectors)**。在磁碟格式化或試圖寫入某磁區時，如果控制器檢測到一個磁區被毀壞，它可以在邏輯上將這個磁區映設至另一個位置（專門為此目的保留的額外磁區）。該映射會被記入磁碟或非揮發性記憶體中，然後寫入動作會在新位置執行。

磁碟透過高速連接到計算機系統。磁碟連接到計算機的常用介面有 (1) SATA（代表 Serial ATA，和較新版本的 SATA II 或 SATA 稱為 SATA3Gb（舊版本的 ATA 標準稱為 PATA，或並行 ATA 和 IDE，以前廣泛使用，目前仍然存在），(2) 小型電腦系統互連（small-computer-system interconnect, SCSI；唸作「scuzzy」），(3) SAS（代表 serial attached SCSI）和 (4) 光纖通道接口。可攜式外部磁碟系統通常使用 USB 介面或 IEEE1394 火線 (Fire Wire) 介面。

磁碟通常藉由電纜直接連接到磁碟介面的計算機系統，它們可以位於遠距，用高速網絡與磁碟控制器連接。在**儲存區域網絡 (storage area network, SAN)** 架構，大量的磁碟藉由高速網絡連接到伺服電腦。這些磁碟通常是由多個儲存器組合技術組合起來成為一個硬碟，又稱為**獨立磁碟冗餘陣列 (redundant arrays of independent disks, RAID)**（將在第 6.3 節介紹）。電腦和磁碟子系統則使用 SCSI、SAS 或光纖通道介面協議相互溝通，即使它們可能被網絡所分隔。通過遠程存取磁碟儲存區域網絡意味著磁碟可以被多台電腦共享，且應用程式可以於不同階層並行。遠端存取也代表存有重要資料的磁碟可以保存在中央伺服機房，受到系統管理員監視和維護，而並非被分散在不同的地方。

網絡附加儲存 (network attached storage, NAS) 是一種 SAN 的替代。NAS 很像 SAN，只是所提供的網絡儲存看來是不是個大硬碟，而是使用如 NFS 或 CIFS 網絡檔案系統協定的檔案系統介面。

6.2.2 磁碟的性能測量

測量磁碟品質要看的是磁碟容量、存取時間、資料傳輸速度和可靠性。

存取時間 (access time) 是指從收到讀取或寫入的指令開始，至資料開始傳輸的時間。要存取（即讀取或寫入）給定的磁碟磁區上的資料，首先必須將存取臂定位在正確的磁軌上，然後必須等到旋轉的磁碟將正確磁區轉到它的正下方。重新定位存取臂的時間被稱為**搜尋時間 (seek time)**。隨著所需移動距離的增加，搜尋時間也會拉長。依手臂位置而定，典型的搜尋時間範圍約為 2 到 30 毫秒。較小的磁碟往往有較低的搜尋時間，因為讀寫頭需要移動的距離較小。

平均搜尋時間 (average seek time) 是搜尋時間的平均值，以（均勻分佈）隨機請求來測量。如果所有的軌道都有相同的磁區數目，而且不考慮讀寫頭開始移動和停止移動所需的時間，我們可以發現，平均搜尋時間大約是最壞的情況的三分之一。綜合這些因素，平均搜尋時間大約為最長的搜尋時間的一半。依不同的磁碟型號而定，目前的平均搜尋時間為 4 至 10 毫秒。

一旦讀寫頭達到了所需的磁軌，所花費在等待被存取的磁區出現在讀寫頭的時間被稱為**旋轉延遲時間 (rotational latency time)**。目前的磁碟轉速範圍從每分鐘 5400 轉（每秒 90 轉）到每分鐘 15000 轉（250 轉每秒）都有，也就是每轉約為 4 毫秒至 11.1 毫秒。平均來說，將所要讀取的磁區轉到讀寫頭底下約為旋轉半片磁碟的時間。因此，磁碟**平均延遲時間 (average latency time)** 為旋轉一個完整磁碟的一半。

存取的時間是尋找時間和延遲時間的總和，範圍為 8 到 20 毫秒。從第一個資料磁區被移到讀寫頭下後，資料傳輸便開始。**資料傳輸率 (data-transfer rate)** 是指讀取或儲存資料到磁碟的速率。現在磁碟系統可支援的最高傳輸速率每秒為 25 到 100MB。磁碟內層磁軌的傳輸速率明顯低於最高傳輸速率，因為它們有較少的磁區。例如，最大傳輸速率為每秒 100MB 的磁碟，可能在內部磁軌的傳輸率為每秒 30MB。

最後常用的判定為**平均故障間隔時間 (mean time to failure, MTTF)**，用來衡量磁碟的可靠性。磁碟（或任何其他系統）平均故障間隔時間，是我們可以預期系統可持續運行而沒有發生故障的平均時間。根據廠商的說法，目前磁碟的平均故障間隔時間範圍為 50 萬至 120 萬小時，約 57 至 136 年。而實際上所聲稱的無故障時間是以全新磁碟故障的機率計算，意思是若有 1000 個新的磁碟，如果 MTTF 為 120 萬小時，則平均一個磁碟在 1200 小時內將會壞掉。平均故障時間 120 萬小時不意味著該磁碟有 136 年的壽命！大多數磁碟的壽命約 5 年，在使用了數年之後會有明顯較高的故障率。

用於桌上型機器的磁碟驅動器通常使用串行 ATA(SATA) 介面，它每秒可達 150MB，或 SATA-II 的 3GB 介面，它每秒可達 300MB。至於 PATA 5 介面，每秒也擁有 133MB 的傳輸率。為了用於伺服器系統而設計的磁碟驅動器通常使用 Ultra320 SCSI 介面，它提供的傳輸速率可達每秒 320MB，或使用串行連接 SCSI(SAS) 介面，可提供每秒 3 或 6GB 傳輸率。至於儲存區域網絡 (SAN) 設備，它透過網路連接到伺服器，通常使用光纖通道 FC 2-GB 或 4-GB 介面，提供的傳輸速率每秒可達 256 或 512MB。除了只允許一個磁碟被連接到每個介面的串行介面外，介面的傳輸速率是由所有與它連結的磁碟所共享。

6.2.3 磁碟區塊存取的最佳化

磁碟 I/O 的請求大多由檔案系統和虛擬記憶體管理器的作業系統所產生。每個請求皆會指定磁碟上的位址，該位址是一個**區塊號碼 (block number)**。**區塊 (block)** 是一個由固定數量的連續磁區所組成的邏輯單元。區塊的尺寸範圍從 512B 到幾 KB 都有。資料在磁碟和主儲存器間的傳輸是以一單元區塊為基準。術語**頁 (page)** 通常用來指區塊，但某些情況下（如快閃記憶體），它們是指不同的東西。

磁碟中一個區塊的請求序列可能被分為循序存取模式或隨機存取模式。在**循序存取 (sequential access)** 模式中，連續的區塊會有連續的請求，且會在同一磁軌或相鄰的磁軌上。若是依順序存取來讀取區塊，磁碟搜索可能需要從第一個區塊搜尋起，但連續請求有可能不需要搜索一個相鄰的軌道，因此搜索區塊的速度會比搜索一個較遠的磁軌快。

相反的，在**隨機存取 (random access)** 模式，連續的請求區塊是隨機的分布於磁碟上的。每個請求將會有一個對應的尋找，每秒所能滿足的隨機區塊存取的數量視尋找時間而定，但通常是每秒 100 至 200 個存取。由於每次的檢索只讀取少量（一個區塊）的資料，傳輸速率明顯低於循序存取模式。

以下是一些可以改善區塊存取速度的方法。

- **緩衝 (buffering)**。從磁碟讀取的區塊會暫時儲存在內存記憶體緩衝區中，以滿足未來的要求。緩衝包含作業系統和資料庫系統。資料庫緩衝在第 6.8 節中會有更細節的討論。
- **預讀 (read-ahead)**。當一個磁碟區塊被存取，同一個磁軌的連續區塊即使沒有區塊請求，也會被讀入內存的緩衝區。在循序存取時，預讀可確保當被存收到請求時，所需的區塊皆已存在記憶體中，可節省很多尋找的時間。作業系統也會替連續區塊作業系統檔案進行定期預讀。不過預讀對於隨機區塊存取並不實用。

- **排程 (scheduling)**。如果同一磁柱內的幾個區塊，需要從磁碟傳輸到主記憶體，我們或許可照區塊通過讀寫頭的順序提出排程，來節省存取的時間。如果所需的區塊在不同的磁柱內，也可以使用最有利的排列，將磁碟存取臂所需移動範圍減少至最低。**磁碟存取臂排程 (disk-arm-scheduling)** 演算法試圖讓排序能增加可以被處理的磁軌存取數量，常用的演算法是**升降機演算法 (elevator algorithm)**，它的方法與許多升降機的運作方法一樣。假設存取臂要從最內層的磁軌朝著外層磁軌移動。在升降機演算法中，若移動的過程中碰到磁軌有存取請求，存取臂會停在該軌上做完請求，然後繼續向外移動，直到最遠的磁軌都沒有請求為止。此時，手臂改變方向，移向內側。每當有請求時就再次停止，直到沒有磁軌提出請求且它已移動到中心為止。之後，它會再次顛倒方向開始一個新的週期。磁碟控制器通常會為讀取請求工作重新排序，以改善效能，因為它非常清楚磁碟的區塊組織，磁盤的旋轉位置，和存取臂的位置。

- **檔案組織 (file organization)**：為了減少區塊的存取時間，我們可以組織磁碟的區塊以符合以我們預期的方式來存取資料。例如，如果我們預期一個檔案被循序存取，我們應該盡可能的讓所有區塊的檔案依照順序排列並且磁柱相鄰。在舊版作業系統中，如 IBM 的大型機器作業系統，讓程式人員可輕鬆控制檔案，並可保留一組磁柱來儲存檔案。不過，它也讓程式人員或系統管理員必須負責做出某些決定，例如，該分配多少磁柱給一個檔案，而且如果資料要從檔案中被加入或刪除，都可能需要昂貴的重組。

    之後的作業系統，如 Unix 和 Microsoft Windows，將磁碟組織在使用者面前隱藏起來，也就是說，它將管理分配拿到內部來做。雖然它們不能保證所有區塊的檔案皆按照順序排列，但它們會一次分配多個連續區塊，在某個**範圍 (extent)** 內到檔案中。在循序存取檔案中，每次搜尋可涵蓋一個範圍，而非僅僅一個區塊。時間一長，順序檔案可能會因此變得**破碎 (fragmented)**，也就是說，區塊會分散在磁碟的各處。為了減少碎片，系統可以先替磁碟備份，然後再替磁碟進行恢復。還原作業會寫回每個連續的檔案區塊（或接近連續的）。有些系統（如不同版本的 Windows 作業系統）會掃描磁碟，然後移動區塊以減少碎片。利用這些技術可以大幅增加效能。

- **非揮發性寫入緩衝區 (nonvolatile write buffers)**。由於主記憶體的可能因為斷電而遺失資料，資料庫的更新信息必須被記錄在磁碟中，使得檔案在系統當機後仍能保存下來。因此，資料庫密集更新的應用程式，如事務處理系統，就會相當依賴磁碟的寫入速度。

我們可以使用**非揮發性隨機存取記憶體 (nonvolatile random-access memory, NVRAM)** 大幅加快寫入磁碟的速度。NVRAM 的內容不會因電源故障而消失。一種常見的 NVRAM 方法是使用有電池備份的 RAM，雖然快閃記憶體也愈來愈常被運用於非揮發性寫入緩衝中。這整個的概念式，當資料庫系統（或作業系統）請求將一個區塊寫入到磁碟，磁碟控制器會把區塊寫入 NVRAM 緩衝區，然後立即通知作業系統已完成該寫入動作。控制器會將資料寫入指定的磁碟位置，只要磁碟上沒有任何其他的要求，或是 NVRAM 緩衝區已滿。而當資料庫系統請求區塊寫入資料時，只有在 NVRAM 緩衝區已滿的情況下才會有延遲。當系統從當機恢復時，任何在 NVRAM 中等待處理的緩衝會被寫回磁碟。NVRAM 緩衝器會用於較高階的磁碟，但更經常在「RAID 控制器」中看到。我們在第 6.3 節會討論 RAID。

- **日誌磁碟 (log disk)**。另一種降低使用寫入延遲的方法是使用日誌磁碟，它是一個專門寫入循序日誌的磁碟，此方法和非揮發性 RAM 緩衝區大致相同。所有日誌磁碟的存取是循序的，可省除搜尋時間，並可以連續寫入數區塊，使得寫入時間較隨機寫入快。如同上個方法，這些資料須被寫入到磁碟上的正確位置，但日誌磁碟不必馬上寫入，所以資料庫系統不需要等待寫入完成。此外，日誌磁碟可以重整寫入請求，讓磁碟存取臂的移動距離減到最小。如果在寫入實際磁碟位置動作完成前，系統已經當機，當系統恢復時，它會讀取日誌磁碟，尋找那些尚未完成寫入的資料，然後繼續工作。

可支援上述日誌磁碟的檔案系統被稱為**日誌檔案系統 (journaling file systems)**。即便沒有單獨的日誌磁碟，日誌檔案系統仍可以執行，確保資料和日誌在同一磁碟上。這樣一來可以減少成本，但效能也較低。

現今大多數的檔案系統都能夠實作日誌，並在寫入檔案內部資訊 (如檔案分配信息) 時使用日誌磁碟。早期，檔案系統允許在不需使用日誌磁碟的情況下重新排序，但這有風險。如果系統當機，則檔案系統在磁碟上的資料結構將有可能被竄改。假設，一個檔案系統使用鏈結，在最後插入一個首次寫入資料的新節點，然後再從原來的節點更新指標。再假設寫入已被重新排序，所以指標也已先更新，但是此時系統在新節點被寫入前當機。結果新節點的內容會是原先在磁碟的垃圾，造成資料結構的損壞。

為了處理這些可能的資料結構損壞，早一代檔案系統必須在檔案系統重新啟動前進行系統的一致性檢查，以確保資料結構是一致的。如果不是，則必須採取額外的步驟以恢復它們的一致性。這些檢查會導致系統當機後重新啟動的長期延遲，並會因為磁碟系統會占用更多的容量變得更糟。日誌檔案系統可以允許快速重新啟動，而不需要做檔案系統的一致性檢查。

然而，應用程式要執行的寫入指令通常不寫入日誌磁碟。資料庫系統會有自己的記錄形式，我們在之後的第 11 章會討論。

6.2.4　快閃儲存

正如第 6.1 節中，有兩種類型的快閃記憶體，NOR 快閃和 NAND 快閃。NOR 快閃允許隨機存取記憶體中的個別資訊，其讀取時間相當於主記憶體。然而 NAND 快閃與 NOR 快閃不同。從 NAND 讀取快閃需要整頁的資料，通常要把整頁介於 512 和 4096B 的資料從 NAND 快閃抓到主記憶體。因此在 NAND 快閃上的頁就如同磁碟上的磁區。不過 NAND 快閃明顯低於 NOR 快閃的成本，並有較高的儲存容量，是故目前較為廣泛應用。

使用 NAND 快閃的儲存系統會提供與磁碟儲存相同的區塊導向介面。相對於磁碟，快閃記憶體可以提供更快的隨機存取：從快閃儲存中讀取一頁的資料大約 1 或 2 微秒，而隨機存取磁碟則需要 5 到 10 毫秒。快閃記憶體的傳輸速率比磁碟低，約為每秒 20MB。最近的一些快閃記憶體已將傳輸速率提高至每秒 100 到 200MB。然而，固態驅動器使用多個並聯的快閃晶片同時運行，以將傳輸速率提高至每秒超過 200MB 傳輸速率，比大多數的磁碟更快。

寫入快閃記憶體的過程比較複雜。寫入一頁的快閃記憶體通常需要幾微秒。然而，一旦寫入，一頁快閃記憶體是不能被直接覆蓋的。換言之，它必須先被刪除後再來重寫。我們可以在多個頁上執行刪除的動作，稱為**刪除區塊 (erase block)**，一次大約需要 1 到 2 毫秒。刪除區塊（通常在快閃文獻資料中被簡稱為「區塊」）的大小，通常明顯大於系統儲存區塊的大小。此外，還有一個限制是每個快閃頁可以被刪除的次數，通常約為 10 萬至 100 萬次。一旦達到此限制，可能在儲存位發生錯誤。

透過映射邏輯頁至實體頁，快閃記憶體系統會對較慢刪除速度和更新次數上線所造成的影響有所限制。當邏輯頁更新，它可以重新映射到任何已刪除的實體頁，然後稍後再刪除原來的位置。每個實體頁有一小區記憶體用來保存它的邏輯位址；如果邏輯位址重新映射到不同的實體頁，原實體頁則會被標上刪除標記。因此透過掃描實體頁，我們可以發現每個邏輯頁的所在位置。而邏輯到實體頁的映射會被複製到內存中的**轉換表 (translation table)** 以供系統進行快速存取。

包含多個定期刪除的頁面區塊會定期被篩選，但是刪除前會先把這區塊中未被刪除的頁先挪到別的區塊。（轉換表會為這些非刪除頁做更新）。由於每個實體頁僅擁有固定的更新次數，於是已被刪除很多次的實體頁又稱為「冷門資料」，也就是說，資料很少被更新。若頁還沒有被刪除太多次的話，則用於儲存「熱門資料」，即資料經常更新。這種將實體區塊刪除均勻分佈的操作又被稱為**損耗均衡 (wear leveling)**，通常是由快閃記憶控制器執行。如果一個實體頁因為過多次的更新而損壞，我們可以在不影響整個快閃記憶體的情況下不再使用此頁。

所有上述的動作都是由一層軟體完成，稱為**快閃轉換層 (flash translation layer)**，在這一層以上，快閃儲存器看起來和磁碟一模一樣，都提供了相同的頁 / 區塊導向的介面，只是快閃的速度要快的多。因此，無論是快閃或磁碟儲存，檔案系統和資料庫儲存結構都能擁有相同邏輯的主要儲存結構。

混合硬碟驅動器 (hybrid disk drives) 是結合磁碟儲存和少量快閃記憶體的硬碟系統。這裡的快閃主要是用來作為經常存取數據的緩存。很少被更新的常用數據最適合緩存於快閃記憶體。

6.3 獨立磁碟冗餘陣列

應用程序的一些資料儲存需求（特別是 Web、資料庫和多媒體應用）現今發展如此之快，即使磁碟驅動器容量增長速度已非常快，大量的磁碟仍需用來儲存資料。

如果磁碟的運作是並行的，可以有更大量的磁碟系統來改善資料的讀寫速度。多個獨立的讀取或寫入可以並行執行。此外這種設置可提高資料儲存的可靠性，因為冗餘信息可以儲存在多個磁碟，因此，一個磁碟故障不會導致資料遺失。

各種磁碟組織技術，統稱為**獨立磁碟冗餘陣列 (redundant arrays of independent disks, RAID)**，已經被提出以增進了資料儲存的效能和可靠性。

在過去，系統設計師把由幾個小型、廉價的磁碟組成的儲存系統，當作一個大而昂貴系統的替代品，因為小磁碟每 MB 的成本較大磁碟低。現今所有磁碟都擁有更小的體積、更大的容量，且每 MB 成本也較從前低。因此使用 RAID 系統的優勢為擁有較高的可靠性和更高的效能，並非出於經濟考量。而且 RAID 較易於管理和運作。

6.3.1 透過冗餘提高可靠性

讓我們首先談論可靠性。N 個磁碟中有一個磁碟會故障的機會，高於某特定磁碟會故障的機會。假設平均一個磁碟無故障時間是 10 萬小時，或超過 11 年。那麼 100 個磁碟陣列的平均無故障時間，將為 100000 /100 = 1000 小時，或大約 42 天，事實上時間並不長！如果我們只儲存一個副本，那麼每個磁碟的失敗將導致大量的資料損失（如第6.2.1節中討論）。如此高頻率的資料遺失是不可接受的。

解決可靠性問題的方法是引入**冗餘 (redundancy)**，也就是說，我們額外儲存平常不需要用到的資訊，但可以被用在磁碟發生故障時重建磁碟丟失的資訊。因此，即使一個磁碟出現故障，資料也不會遺失，如此一來，可增加有效平均無故障時間。前提是我們只計算導致資料遺失或無法提供的失誤，。

其中最簡單（但也最昂貴）的方式是重複每個磁碟，這種技術稱為**鏡像 (mirroring)**（有時稱為陰影）。一個邏輯磁碟，包含兩個實體上的磁碟，每次皆會有兩個磁碟被寫入，如果其中一個磁碟出現故障時，資料可從另一處讀取，資料只有在第二個磁碟發生故障，但第一片尚未修復時才會遺失。

平均鏡像磁碟無故障時間（故障是指資料丟失）取決於個別磁碟平均無故障時間與**修復時間 (mean time to repair)**，也就是花費在修復並恢復資料的（平均）時間。假設兩個磁碟的故障是獨立的，也就是說兩個故障的之間並沒有關連。假設一個磁碟平均無故障時間為 10 萬小時，平均修復時間為 10 小時，那麼鏡像磁碟系統的平均**資料遺失時間 (mean time to data loss)** 則是 $100{,}000^2/(2 \times 10) = 500 \times 10^6$ 小時，或 57,000 年！（我們不打算在這裡討論；在引用書目中有細節。）

你該知道我們無法假設磁碟故障是獨立的。電源故障，及自然災害如地震、火災和洪水都可能在同一時間造成磁碟損壞，而當磁碟老化，故障率也會提高，增加兩者在同一時段內故障的機會。儘管有以上這些因素，鏡像磁碟系統比起單磁碟系統能提供更高的可靠性。目前市面上的鏡像磁碟系統，其平均資料遺失時間約 50 萬至 100 萬小時，也就是 55 至 110 年。

電力故障是個值得關注的議題，因為它們發生頻率比自然災害更頻繁。如果沒有正在進行資料傳輸到磁碟時，並不用太在意電源故障。然而，即使是鏡像磁碟，如果正在兩個磁碟上進行同一個區塊的寫入，而電源在兩個區塊完全寫入前故障，可能導致這兩個區塊的狀態不一致。解決這個問題方式是先寫一個區塊後再寫第二個區塊，使兩者間至少有一個是一致的。當我們在斷電後重新啟動時，必須採取一些額外動作，以恢復未完全寫入的資料。這種情況在實作題 6.3 中可練習。

6.3.2 透過並行改善效能

現在讓我們思考多個磁碟同時運行的好處。有了磁碟鏡像，讀取請求的速度可以加倍，因為讀取請求可以被發送到任何一個磁碟。每次讀取傳輸速率和單一磁碟系統是一樣的，但每單位時間的讀取數量會加倍。

如果有多個磁碟，我們可以透過**資料分段 (striping data)** 來提高傳輸率。用最簡單的形式，資料分段是由分裂在多個磁碟中的每個位元組所完成，這樣的分裂稱為**位元級分段 (bit-level striping)**。例如，如果我們擁有八個磁碟為一陣列，我們寫入每個位元組中的 i 位元到磁碟 i 上，則此八個磁碟陣列可以被視為一個單一的磁碟，其中每個區塊的大小為正常值的八倍，更重要的是，它擁有八倍的傳輸速率。在這樣一個組合中，每個磁碟參與每次的存取（讀或寫），所以每秒可以處理的存取量大約和單一磁碟相同，但每個存取可以讀取八倍的資料。位元級分段可以用在八的倍數或八的係數的磁碟上。假設我們使用四個磁碟陣列，則每位元組中的 i 位元和 4+i 位元則會被寫入磁碟 i 中。

區塊級分段 (block-level striping) 將區塊分散在多個磁碟中。它把數組磁碟陣列視為一個單一的大磁碟，並給與區塊邏輯編號，設區塊編號從 0 開始，有 n 個磁碟陣列，區塊級分段會將邏輯區塊 i 分配在 (i mod n)+1 磁碟；它使用第 i/n 個實體區塊來儲存邏輯區塊 i。例如，若有八個磁碟，邏輯區塊 0 會被存在磁碟 1 的實體區塊 0 中，而邏輯區塊 1 會被存在磁碟 4 的區塊 1 中。當讀取一個大檔案時，區塊級分段會同時從 n 磁碟一次平行取 n 區塊，為大量資料讀取提供高的資料傳輸速率。當單一區塊被讀取時，資料傳輸速率和在一個磁碟的傳輸速率是一樣的，但此時剩下的 $n-1$ 個磁碟可以自由執行其他操作。

區塊級分段是最常用的數據分段形式。其他級別的分段，如一個磁區中的位元組或一個區塊中的磁區也都是可能的。

總之，磁碟並行系統有兩個主要目標：

1. 負載平衡多個小存取（區塊存取），使存取的總處理能力增加。
2. 大型存取並行化，使大量存取的回應時間減少。

6.3.3 RAID 級別

鏡像雖然提供了高可靠性，但它是昂貴的。而分段提供了較高的資料傳輸速率，但不提高可靠性。各種替代方案旨在透過磁碟分段相與同位元檢查碼結合，以較低的成本提供冗餘。這些方案會有不同的成本與效能的平衡，分為 **RAID 級**

▶ 圖 6.3
RAID 層級

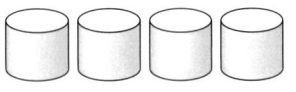

(a) RAID0：非冗餘分段

(b) RAID1：鏡像磁碟

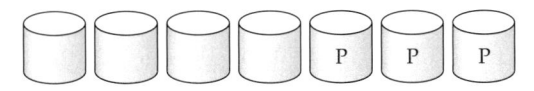

(c) RAID2：記憶體型式錯誤更正碼

(d) RAID3：數據交錯儲存

(e) RAID4：區塊交叉之同位元檢查

(f) RAID5：區塊交叉之分散式同位元檢查

(g) RAID6：P+Q 冗餘

別 (RAID levels)，如圖 6.3。(在圖中，P 表示錯誤更正位元 (error-correcting bits)，而 C 表示第二個副本資料。) 對於所有級別，圖中描繪了數量約等同四個磁碟的數據，而額外的磁碟則是用來儲存冗餘資訊並進行故障恢復。

- **RAID 0 級 (RAID level 0)**，是指在磁碟陣列的區塊級分段，但沒有任何冗餘（如鏡像或同位元檢查碼）。圖 6.3a 顯示大小為 4 的陣列。
- **RAID 1 級 (RAID level 1)**，是指磁碟鏡像的區塊級分段。圖 6.3b 顯示鏡像組織，擁有四個磁碟值的資料。

需要注意的是一些廠商使用術語 **RAID 1+0 級** 或 **RAID 10 級** 來代表鏡像的分段，而用 RAID 1 級指鏡像無分段。鏡像沒有分段也可以使用磁碟陣列，把其當成一個大且可靠的單一磁碟：如果每個磁碟有 M 區塊，邏輯區塊 0 到 $M-1$

會被儲存在磁碟 0，M 到 $2M-1$ 在磁碟 1（第二個磁碟）... 等，以此類推，且每個磁碟皆做鏡像。

- **RAID 2 級 (RAID level 2)**，被稱為錯誤更正碼 (error-correcting-code, ECC) 組織，採用同位元檢查碼。儲存系統長期使用同位元檢查碼來檢測和糾正錯誤。每個儲存系統內的位元組可有一個同位元檢查碼，記錄此位元組中為 1 的位元總數是偶數（同位元 = 0）或奇數（同位元 = 1）。如果在位元組中的一個位元被損壞（可以是 1 變為 0 或 0 變成 1），則同位元會產生變化，因此將不符合儲存的同位元檢查碼。同樣，如果儲存的同位元檢查碼受到破壞，也不會滿足同位元檢查。因此，所有位元為 1 的錯誤將被儲存系統檢測，而錯誤更正模式則會儲存兩個或更多個額外位元，當一個位元受到破壞時，可以重建資料。

  錯誤更正碼的想法可以透過位元級分段直接用於磁碟陣列中。例如每個位元組的第一個位元可儲存於磁碟 0，第二個位元於磁碟 1，依此類推，直到第八個位元儲存在磁碟 7。錯誤更正碼會儲存在更後面的磁碟。

  圖 6.3(c) 為級別 2 架構。標記 P 的磁碟儲存錯誤更正碼。如果其中一個磁碟故障，其餘位元和相關的錯誤更正碼可以從其他磁碟讀取，並且可以用來重建損壞的資料。圖 6.3(c) 的陣列大小為 4，請注意 RAID 2 級只需要三個多餘的磁碟，不像 RAID 1 級，需要四個多餘的磁碟。

- **RAID 3 級 (RAID level 3)**，資料交錯儲存，可改善 RAID 2 級。不同於儲存系統，磁碟控制器可檢測一個磁區是否已被正確讀取，可用同位元碼來做錯誤檢測以及更正。這個概念如下：如果某個磁區受到破壞，系統會知道是哪個磁區以及其中的每個位元是 1 或 0，因為系統可以經由計算出其他磁碟磁區中相對應的同位元碼。如果其餘位元的同位元碼與儲存的同位元碼相等，失蹤的位元便為 0，否則就是 1。

  RAID 3 級與第 2 級一樣好，但在花費在額外的磁碟上較少（只需有一個磁碟的開銷），所以 RAID 2 級不用於實際操作。圖 6.3(d) 為級別 3 架構。

  RAID 3 級比 RAID 1 級多了兩個優點。其一是它只需要一個同位元磁碟來校驗其他的常用磁碟，而在第 1 級中，每個磁碟都需要一個鏡像磁碟。其二則是由於一個位元組的讀取和寫入是分散在多個磁碟上，用 N 種資料分段，讀或寫一個區塊的傳輸速率是使用 N 路分割的 RAID 1 級的 N 倍。另一方面，RAID 3 級支援每秒較少的 I/O 操作，因為每個磁碟都必須參加每個 I/O 的請求。

- **RAID 4 級 (RAID level 4)**，區塊交叉之同位元檢查碼，使用區塊級分段，像 RAID 0 級，而且還為 N 其他磁碟上的對應區塊，保留一個同位元碼區塊在另一個磁碟上。這個結構顯示於圖 6.3(e)。如果其中一個磁碟故障，同位元碼區塊與另外那個磁碟的相對應恢復毀壞磁碟的區塊。

區塊讀取只能在一個磁碟上進行，讓其他磁碟可處理其他的請求。因此，每個存取的資料傳輸速率比較慢，但多個讀取可以同時進行，因而能擁有較高的整體 I/O 速率。大量讀取的傳輸速率很高，因為所有的磁碟可以同時讀取；同樣的，大量寫入的傳輸速率也很高，因為於資料和同位元碼可以同時寫入。

但是小型獨立寫入就無法同時進行。寫入一個區塊必須要能存取該區塊所在的磁碟以及其同位元碼磁碟，因為同位元碼磁碟需要更新。此外無論是同位元碼區塊或目標區塊的舊值都要能被讀取，才能計算出新的同位元碼。因此，單一寫入需要四個磁碟存取：兩個舊區塊的讀取，以及兩個區塊的寫入。

- **RAID 5 級 (RAID level 5)**，區塊交叉之分散式同位元檢查碼又比第 4 級更進步，它將資料及同位元碼分散在 $N+1$ 個磁碟中，取代了儲存資料在 N 個磁碟及儲存一個同位元碼磁碟。在 5 級中，所有磁碟都可以參與讀取請求，不像 RAID 4 級，同位元碼磁碟無法參加，所以 5 級在給定的時間裡增加了可處理的請求總數。對於 N 個邏輯區塊中的每一組，其中的一個磁碟儲存同位元碼資料，而其他 N 個磁碟則儲存區塊。

圖 6.3(f) 為 RAID 5 級的設置。P' 分佈在所有的磁碟上。例如，磁碟陣列為 5，有一個標示為 Pk 的同位元區塊，而邏輯區塊 $4k$，$4k+1$，$4k+2$，$4k+3$ 分別儲存在 $k \bmod 5$ 的磁碟中，其他四個磁碟的相對應區塊儲存 4 個資料區塊 $4k$ 到 $4k+3$。下表顯示前面的 20 個區塊，編號為 0 至 19，且同位元碼區塊已被列出。後面的區塊會重複這種模式。

P0	0	1	2	3
4	P1	5	6	7
8	9	P2	10	11
12	13	14	P3	15
16	17	18	19	P4

請注意，在同一磁碟上不能同時儲存同位元碼區塊與被同位元碼檢查的該區塊，否則只要磁碟故障兩個資料會同時遺失，而無法將資料回復。5 級涵蓋了 4 級，因為它以相同成本提供了更好的讀取與寫入效能，因此 4 級事實上已不再被使用。

- **RAID 6 級 (RAID level 6)**，這個 P + Q 冗餘架構，很像 RAID 5 級，但儲存額外的冗餘資訊以防止多個磁碟故障。6 級採用錯誤更正碼，如 Reed–Solomon 碼（參閱書目附註）來替代同位元檢查碼。在圖 6.3(g) 架構中，每 4 位元的資料就有 2 位元的冗餘資料，不同於 5 級中的 1 個同位元檢查碼。6 級可以容忍兩個磁碟故障。

最後，要提醒的是，此提出的幾個基本的 RAID 的結構仍有其他的版本，而且不同廠商使用的術語也不盡相同。

6.3.4　RAID 級別的選擇

選擇 RAID 級別要考慮的因素有：

- 額外磁碟儲存需求的費用成本。
- I/O 操作量的性能表現。
- 當一個磁碟出現故障時的效能。
- 重建期間效能（即在故障磁碟中的資料要重建至另一個新的磁碟）。

重建故障磁碟資料的時間很重要，而且視不同的 RAID 級別而有差。重建最簡單的是 RAID 1 級，因為資料可以從另一磁碟複製；至於其他級別，我們則需存取所有陣列中的其他磁碟以重建故障磁碟的資料。高性能資料庫系統中，要求資料的連續可用性，因此 RAID 的**重建效能 (rebuild performance)** 是重要的考量因素。此外，由於重建時間是維修時間的重要組成部分，因此重建效能也影響了資料遺失的平均時間。

RAID 0 級被使用在高效能的應用，資料安全並不是關鍵。由於 2 級和 4 級均分別涵蓋在 3 級和 5 級內，RAID 級別的選擇其實不多。位元級分段（等級 3）不如區塊級分段（5 級），因為區塊級分段對於大型傳輸的效率較好，同時在小型傳輸時也使用了較少的磁碟。在小型傳輸時，由於磁碟存取時間的影響較大，導致平行讀取的好處也因此較不重要。事實上，第 3 級在執行小型傳輸時的表現可能比 5 級更糟，因為傳輸只有在所有與磁碟相對應的磁區被提取後才算完成，而，磁碟陣列的平均等待時間變得非常接近單一磁碟的最壞延遲情況，完全抹殺了較高傳輸率能提供的效益。目前 RAID 6 級是不被許多 RAID 的實作支援的，但它確實比 5 級提供了更佳的可靠性，且可被應用在資料安全非常重要的應用上。

在 RAID 1 級和 5 級之間作出選擇比較難。由於 RAID 1 級能提供最佳的寫入效能，它常被用於儲存在資料庫中的日誌檔案系統等應用。RAID 5 級所需的儲存成本較低，但寫入時間也較長。對需要頻繁讀取和較少寫入的應用上來說，5 級是首選。

磁碟儲存容量每年增長的速度超過 50%，且每個位元組的成本也以相同速度快速下降。因此，許多現有的資料庫應用花在鏡像所需的額外磁碟儲存成本已經變得相對小（額外的成本對儲存密集的應用仍是一個大問題，如影像資料儲存）。

存取速度的改善則緩慢許多（10 年內約為 3 的因數）。另外，每秒 I/O 作業的需求也大量增加，特別是在 Web 應用伺服器上。

RAID 5 級，增加了寫一個單一邏輯區塊所需的 I/O 作業數量，以至於須用大量的時間來寫入。因此對於許多有一般儲存及高 I/O 需求的應用程式來說，RAID 1 級是一個合適的選擇。

RAID 系統設計師還需要做其他的選擇。例如，一個陣列中應該有多少磁碟？每個同位元檢查碼應該保護多少個位元？如果陣列中的磁碟越多，資料傳輸率較高，但系統將更加昂貴。又如果一個同位元檢查碼需保護更多的位元，所需的同位元檢查碼空間成本會比較低，但在第一個故障的磁碟修好前，第二個磁碟就發生故障，將導致資料遺失的機率大增。這些都是系統設計師須做取捨的地方。

6.3.5 硬體問題

另一個在選擇 RAID 時的問題是硬體。RAID 可以在不改變硬體等級的情況下，使用軟體修改去執行，這種被稱為**軟體 RAID (software RAID)**。然而，藉由建立專用的硬體去支持 RAID 更能有顯著的效益。有特殊支援硬體的系統被稱為**硬體 RAID (hardware RAID)** 系統。

硬體 RAID 可以使用非揮發性 RAM，在寫入尚未執行前先記錄下來。如遇停電，當系統恢復時，它可以從非揮發性 RAM 找出任何寫入不完整的資料，然後完成資訊的寫入。如果沒有這樣的硬體支持，需要使用額外的偵測區塊來偵測在電源故障前已被寫入的部分（見實作題 6.3）。

即使所有寫入都已被成功寫入完成，仍有可能在磁碟中的一個磁區變得無法讀取。單一磁區資料丟失的原因很多，可能是製造不良，或是因重複寫入相鄰磁軌而導致資料損壞。這種已成功寫入但後面才發生的資料損失，被稱為潛在故障 (latent failure) 或位元衰減 (bit rot)。如果能早期發現，可以將資料從 RAID 中其餘的磁碟恢復。但是，如果這樣的故障未被發現，單一磁碟故障可能導致資料丟失。

為了盡量減少這些資料丟失的機會，良好的 RAID 控制器會執行**清理 (scrubbing)**，也就是說，在磁碟閒置期間，每個磁碟的每個磁區會被讀取，如果發現任何無法讀取的磁區，則會從 RAID 中其餘磁碟的資料恢復，重新寫回該磁區。（如果磁區受損，磁碟控制器會重新映射邏輯磁區到磁碟另一個磁區的位置。）

有些硬體 RAID 允許**熱機替換 (hot swapping)**，也就是說，在不須關閉電源的狀況下，故障磁碟可以被刪除，然後被新的磁碟取代。熱機替換降低了平均修復時間，它不用等到系統停工。事實上，目前許多重要的系統運行是全年無休，因此沒有時間關機和更換出現故障的磁碟。此外許多 RAID 分配每個陣列（或一組磁碟陣列）一個備用磁碟。如果一個磁碟出現故障，備用磁碟會立即取代。因此，平均修復時間和資料遺失的機會皆大大降低，出現故障的磁碟則在有空時更換即可。

RAID 系統的電源供給，磁碟控制器，甚至是系統互連皆可能成為故障的原因，而導致 RAID 系統停止運轉。為了避免這種可能性，好的 RAID 系統有多個冗餘電源（有電池備份，即使電源發生故障也能繼續）。這種 RAID 系統有多個磁碟介面，和多個互連連接 RAID 系統到電腦系統（或到電腦系統網路）。因此，任何單一組件故障將會不停止 RAID 系統運作。

6.3.6 其他 RAID 應用

RAID 的概念已經推廣到其他儲存設備，包括磁帶陣列，甚至到無線資料廣播系統。當應用於磁帶陣列時，即使其中的磁帶被損壞，RAID 結構都能夠恢復資料。當應用在資料廣播，一個區塊的資料被分割成短的單位，連同同位元檢查碼一起被廣播；如果一個位元沒有收到，可以從其他單位重建該位元。

6.4 第三儲存器

在大型資料庫系統，一些資料可能存在於第三儲存器。兩種最常見的第三儲存媒介是光碟和磁帶。

6.4.1 光碟

壓縮光碟被廣泛使用於傳遞軟體、多媒體資料(如影音檔)、以及其他電子資訊。它們儲存容量為 640 至 700MB，可便宜大量生產。目前數位式影像光碟(DVD) 在需要較大資料量的應用上已經取代壓縮光碟。DVD-5 格式的光碟可以儲存 4.7GB 的資料（在一個記錄層），DVD-9 格式則可以儲存 8.5GB 的資料（兩個記錄層）。雙面記錄的光碟容量更高；DVD-10 和 DVD-18 格式是 DVD-5 和 DVD-9 的雙面版本，分別可以儲存 9.4GB 和 17GB。藍光 DVD 容量更明顯提高為每片 27 至 54GB。

CD 和 DVD 驅動器的搜尋時間（100 毫秒是常見的）比磁性硬碟驅動器更長，因為其讀寫頭組件較重。它的旋轉速度通常也低於磁性硬碟。最初的 CD 驅動器轉速對應的是的 CD 音訊標準，而 DVD 驅動器原來本速度對應是的 DVD 影像標準，但目前這一代驅動旋轉速率為標準的好幾倍。

資料傳輸速率則略小於磁性磁碟。目前的 CD 驅動器每秒可讀 3 至 6MB，而 DVD 驅動器每秒可讀 8 至 20MB。像磁性硬碟驅動器一樣，光碟儲存在外圍軌道的資料較內圍軌道多。光碟驅動器的傳輸速率用 $n\times$ 表示，意味著驅動器支持傳輸率為標準率的 n 倍；而現今常見的 CD 速率是 $50\times$CD，DVD 是 $16\times$。

一次性記錄的光碟（CD-R、DVD-R 和 DVD+R）常用於檔案儲存，特別是對歸檔儲存的資料，因為它們有很高的容量，比磁性硬碟的壽命長，並且可以被儲存在遠端位置。由於它們不能被覆寫，因此它們可以用來儲存不能被修改的資訊，如審計紀錄。可多次寫入的光碟（CD-RW、DVD-RW、DVD+RW 和 DVD-RAM）也能用於歸檔。

磁帶櫃 (jukebox) 的設備，用於儲存大量的光碟（可達幾百片），並能接受指令，將光碟自動載入少量的驅動器（一般為 1 到 10）中。這種系統的總儲存量為許多 TB。當一個磁碟被存取，它被機架上驅動器的一個機械手臂載入驅動器（任何已經在驅動器上的磁碟必須先存回至機架上）。而磁碟載入／卸出時間通常是幾秒鐘，比磁碟存取時間長很多。

6.4.2　磁帶

儘管磁帶相對而言是永久且可以容納大量資料，但它們和磁碟及光碟相比速度很慢。更重要的是，磁帶僅限於循序存取。因此，它們不能為二級儲存需求提供隨機存取。

磁帶主要用於備份不常使用的資料，還有兩個系統間資料的離線傳輸。磁帶也用於儲存大量的資料，如影音或圖像，這些資料不需要太快速度的存取，也因為數量太大，無法使用較貴的磁碟儲存。

磁帶是在卷軸上，透過轉動或倒帶通過讀寫頭。將讀寫頭移動到磁帶的正確位置上需花秒鐘甚至幾分鐘，而非毫秒。一旦定位，磁帶驅動器的寫入密度和速度與磁碟驅動器相近。磁帶的容量依長度和寬度，以及可讀寫的密度而有所不同。目前市場上有各種各樣的磁帶格式，可用的磁帶容量有幾 GB 的數位音訊磁

帶 (Digital Audio Tape, DAT) 格式，10 至 40GB 的數位線性磁帶 (Digital Linear Tape, DLT) 格式，100GB 以上的 Ultrium 格式，以及 330GB 的 Ampex 螺旋掃描磁帶格式，其資料傳輸速率可達每秒數十 MB。

磁帶設備是相當可靠的，良好的磁帶驅動器系統在寫入資料後會自動讀取，能確保它已被正確紀錄。然而磁帶有讀取或寫入次數的限制。

磁帶櫃 (tape jukebox)，如光碟點唱機，擁有大量的磁帶與少數磁帶驅動器。它們被用來儲存大量資料，可達數個 PB（10^{15} 位元組），存取時間從秒到幾分鐘都有。需要如此大量資料儲存的應用，包括衛星影像到大型影像庫等。

有些磁帶格式（如 Accelis 格式）能擁有更快速的搜尋時間（約數十秒），並應用於檢索點唱機資料。其他大多數磁帶格式提供更大的容量但較慢的速度，較適合不需快速搜尋功能的情形。

磁帶驅動器在儲存容量與成本降低的進步遠遠不如磁碟驅動器。雖然磁帶成本低，磁帶驅動器和磁帶櫃的成本明顯高於磁碟驅動器的成本，可儲存數個 TB 的磁帶庫的成本可能達數萬元。因為成本效益的原因，因此與磁帶備份相比，將資料備份到磁碟驅動器已成為另一個更便宜的選擇。

6.5 檔案組織

資料庫會被映射到由底層作業系統來維持的不同檔案中，而這些檔案在磁碟上是永久存在的。一個**檔案 (file)** 會被有組織性地作成邏輯排序紀錄，然後映射到磁碟區塊。檔案是作業系統的基本結構，所以我們假定存在一個基礎底層的檔案系統。我們需要想出一個方式，用檔案來表示邏輯資料模型。

每個檔案也被邏輯地劃分為固定長度的儲存單元稱為**區塊 (blocks)**，它們也是儲存分配和資料傳輸的基本單位。大多數資料庫使用的區塊大小為 4 到 8KB，但許多資料庫在建立時，允許指定區塊大小。在某些資料庫的應用程式中，使用較大的區塊比較方便。

因為一個區塊可能包含多個紀錄，而區塊中確切的紀錄集合取決於實體資料組織的使用。我們假設沒有大於一個區塊的紀錄，這種假設在現實中對於大部分資料處理應用程式是成立的，就如我們常舉的大學例子一般。當然還有數種大型資料項目明顯大於一個區塊，如圖像。我們之後會在第 6.5.2 節簡要地討論如何處理如此龐大的資料，將大型資料項目分別儲存，再將一個此大型資料項目的指標儲存到紀錄中。

此外,我們要求每個紀錄是完全包含在一個單一區塊,也就是說,沒有紀錄是分別儲存於不同區塊。此限制能夠簡化和加快資料項存取。

在關聯資料庫中,不同關聯的元組 (tuples) 大小不一。將資料庫映射至檔案的一種方法是利用幾個檔案,並儲存固定長度的紀錄在給定的檔案中。另一種方法則是建構自己的檔案結構,容許容納多種長度的紀錄。然而,固定長度比可變長度的紀錄更容易實作,而且很多用在前者的技術也可以用於後者。因此,我們先討論固定長度紀錄的檔案,再討論可變長度紀錄的儲存。

6.5.1 固定長度的紀錄

我們以一個大學 *instructor* 資料庫檔案紀錄為例。這個檔案的每個紀錄被定義(虛擬程式碼)為:

```
type instructor = record
        ID varchar (5);
        name varchar(20);
        dept_name varchar (20);
        salary numeric (8,2);
    end
```

假設每個字元占用 1 個位元組,而數值 (8, 2) 佔用 8 個位元組。假設我們設定每個屬性可持有的最大位元數給屬性 *ID, name,* 和 *dept_name*,而不分配可變長度,我們可以發現 *instructor* 紀錄為 53 個位元組長。因此,簡單的方法就是使用 53 個位元組為第一個紀錄,下一個 53 個位元組為第二個紀錄,以此類推(圖 6.4)。但是,這個簡單的方法有兩個問題:

record 0	10101	Srinivasan	Comp. Sci.	65000
record 1	12121	Wu	Finance	90000
record 2	15151	Mozart	Music	40000
record 3	22222	Einstein	Physics	95000
record 4	32343	El Said	History	60000
record 5	33456	Gold	Physics	87000
record 6	45565	Katz	Comp. Sci.	75000
record 7	58583	Califieri	History	62000
record 8	76543	Singh	Finance	80000
record 9	76766	Crick	Biology	72000
record 10	83821	Brandt	Comp. Sci.	92000
record 11	98345	Kim	Elec. Eng.	80000

▶圖 6.4

檔案為 *instructor* 資料的紀錄

1. 除非區塊大小剛好是 53 的倍數（這是不大可能的），一些紀錄將跨越區塊邊界。也就是說，同一個紀錄將被儲存不同區塊。因此，這將需要用到兩個區塊讀寫存取。
2. 在此結構中很難刪除一條紀錄。因為要刪除紀錄時，清出的空間需要其他紀錄補上，否則我們必須在紀錄上能標示刪除的紀錄，使其能被忽略。

為了避免第一個問題，我們只儘量分配最多的紀錄在一個區塊中，使得能符合填入整體區塊（這個數字可用紀錄的大小除以區塊數計算出，並捨棄小數部分），至於每區塊剩餘的位元組則都為閒置。

當一個紀錄被刪除時，我們可以移動後面的紀錄來填補之前紀錄的空缺，依此類推，直到被一個被刪除的紀錄後的紀錄都已向前邁進（圖 6.5）。這種做法需要移動大量的紀錄，不過有更簡單的做法，就是將最後一個紀錄移動到所被刪除的紀錄的空間（圖 6.6）。

將其他紀錄移動到被刪除紀錄釋放出的空間是不智的，因為這樣做需要額外的區塊存取。由於加入的動作比刪除更為頻繁，將刪除紀錄釋放出的空間閒置，並等待下一個加入，再重新使用此空間的方式是被接受的。在要刪除的紀錄上做

▶圖 6.5
圖 6.4 檔案與紀錄 3 刪除後，所有紀錄移動

record 0	10101	Srinivasan	Comp. Sci.	65000
record 1	12121	Wu	Finance	90000
record 2	15151	Mozart	Music	40000
record 4	32343	El Said	History	60000
record 5	33456	Gold	Physics	87000
record 6	45565	Katz	Comp. Sci.	75000
record 7	58583	Califieri	History	62000
record 8	76543	Singh	Finance	80000
record 9	76766	Crick	Biology	72000
record 10	83821	Brandt	Comp. Sci.	92000
record 11	98345	Kim	Elec. Eng.	80000

▶圖 6.6
圖 6.4 檔案與紀錄 3 刪除後，最後的紀錄移動

record 0	10101	Srinivasan	Comp. Sci.	65000
record 1	12121	Wu	Finance	90000
record 2	15151	Mozart	Music	40000
record 11	98345	Kim	Elec. Eng.	80000
record 4	32343	El Said	History	60000
record 5	33456	Gold	Physics	87000
record 6	45565	Katz	Comp. Sci.	75000
record 7	58583	Califieri	History	62000
record 8	76543	Singh	Finance	80000
record 9	76766	Crick	Biology	72000
record 10	83821	Brandt	Comp. Sci.	92000

header				
record 0	10101	Srinivasan	Comp. Sci.	65000
record 1				
record 2	15151	Mozart	Music	40000
record 3	22222	Einstein	Physics	95000
record 4				
record 5	33456	Gold	Physics	87000
record 6				
record 7	58583	Califieri	History	62000
record 8	76543	Singh	Finance	80000
record 9	76766	Crick	Biology	72000
record 10	83821	Brandt	Comp. Sci.	92000
record 11	98345	Kim	Elec. Eng.	80000

▶圖 6.7
為圖 6.4 的檔案在刪除紀錄 1、4 和 6 後所留下的閒置列表

一個簡單的標記並不夠，因為要加入紀錄時，這個空間會不好找。因此，我們需要建立額外的結構。

在檔案的一開始，我們會分配一定數量的位元組做為**檔案標頭 (file header)**，檔案標頭內包含了各種與檔案有關的資訊。目前，我們只需在此儲存第一個內容，刪除的紀錄的位址，然後我們使用第一個紀錄儲存第二個可用的紀錄位址，以此類推。我們可以把這些儲存的位址看成為指標 (pointer)，因為它們能夠指出紀錄的相對位址。至於已刪除的紀錄則會形成一個連結表，通常稱為**閒置列表 (free list)**。圖 6.7 為圖 6.4 的檔案與閒置列表，其中紀錄 1、4 和 6 已被刪除。

在加入一個新的紀錄時，我們使用被指標指到的紀錄，然後改變標頭指標使其指向下一個可用的紀錄。但如果沒有空間，新的紀錄會被加到檔案末尾。

加入和刪除固定長度紀錄的檔案很容易，因為刪除紀錄提供的空間與插入紀錄需要的空間是相同的，但如果我們在檔案中允許可變長度的紀錄，就沒這種方便了。刪除紀錄留下的空間對於需要加入的紀錄而言可能不足或太多。

6.5.2 可變長度紀錄

可變長度的紀錄會以幾種方式出現在資料庫系統：

- 一個檔案內包含多種類型儲存紀錄。
- 紀錄類型允許一個或多個欄位為可變長度。
- 紀錄類型允許重複的欄位，如陣列或多集。

實作可變長度紀錄可用不同的技巧。但不論如何，都必須能解決這兩個問題：

- 在個別屬性可以容易被提取的前提下，如何表示單一紀錄。
- 在區塊中的紀錄可以容易被提取的前提下，如何在區塊中儲存可變長度的紀錄。

有可變長度屬性的紀錄，其表現方式通常有兩部分：第一部分是固定長度屬性，接著是可變長度屬性的資料。無論是固定長度屬性，如數值、日期或固定長度字串，皆會被分配到足夠的位元組來儲存它們的值。至於可變長度的屬性，如 varchar 型態，則會在紀錄的第一部分使用一對（偏移，長度）來表示，其中偏移表示紀錄開始時以一對屬性 (offset, length) 表示，其中 offset 代表紀錄中該屬性資料是從何開始，而 length 則代表這個可變長度屬性的長度。這些屬性的值會被連續儲存在紀錄一開始的固定長度部分的後面。因此，紀錄的前段部分為儲存有關屬性的固定大小的資料，無論屬性是固定長度或可變長度。

此種紀錄的範例如圖 6.8 所示。該圖顯示了一個教師的紀錄，其前三個屬性 ID、name 和 dept_name 是可變長度的字串，其第四個屬性 salary 則是固定大小的數字。假設 offset 和 length 值各儲存在兩個位元組中，每個屬性共需 4 個位元組。salary 屬性則被假定為 8 個位元組，而每字串會依其字符被分配到足夠的位元組。

該圖還顯示**空位元組列 (null bitmap)** 的使用，它可顯示紀錄的哪個屬性有空值。在這個例子中，如果薪資為空值，位元組列上的第四個位元將被設為 1，且存在 12 到 19 個位元的 salary 值將被忽略。由於此紀錄有四個屬性，在此紀錄的空位元組列可容納於一個位元組。若有更多的屬性則可能需要更多的位元組。在一些表示法中，零位圖被儲存在紀錄的一開始，若屬性是空值，不會有資料（值或 offset/length）被儲存。這種表示法能夠節省儲存空間，但需要為了提取紀錄中的屬性而多做工。這種表示法適合某些應用，需要使用擁有許多空值的大量欄位。

下一步要解決的是在區塊上儲存可變長度紀錄的問題。**節點分頁結構 (slotted-page structure)** 通常用於組織區塊上的紀錄，如圖 6.9 所示。每個區塊的開始都會有一個標頭，裡面包含以下信息：

1. 檔案標頭中紀錄的數量。
2. 區塊中閒置空間 (free space) 的最尾端。
3. 一個紀錄每個項目位置及大小的陣列。

實際紀錄會從區塊的後面開始，被連續分配在區塊中。區塊中的閒置空間，

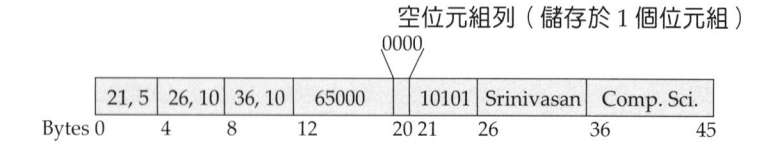

▶圖 6.8
為可變長度的紀錄

空位元組列（儲存於 1 個位元組）

| 21, 5 | 26, 10 | 36, 10 | 65000 | 0000 | 10101 | Srinivasan | Comp. Sci. |

Bytes 0　　4　　8　　12　　20 21　　26　　　36　　　　45

▶圖 6.9 為節點分頁結構

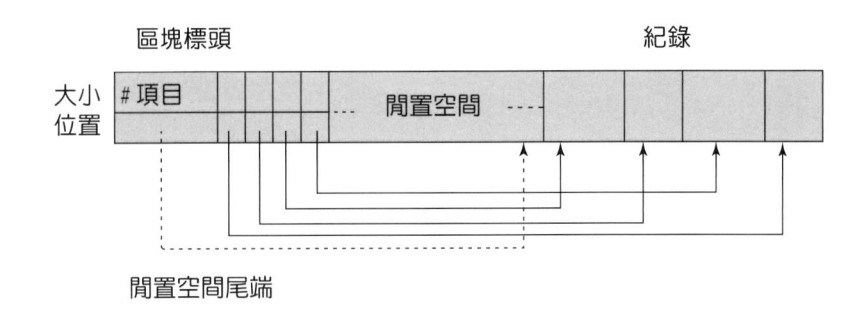

位於標頭陣列的最後一筆與第一個紀錄之間，也是連續存在。如果有一個紀錄被插入的話，會被分配至閒置空間的後面，且該紀錄的大小和位置也會被寫入標頭內。

如果一個紀錄被刪除，它佔據的空間就會被釋放，並會將其模式設置為刪除（例如將其值設置為 −1）。此外，被刪除紀錄前面的區塊中的紀錄也會被移動，使閒置空間被重新填滿，讓所有的閒置空間又再次位於標頭陣列的最後一筆與第一個紀錄之間。閒置空間最尾端的指標也會跟著更新。紀錄可以藉由類似的技術增加或減少。而移動紀錄的成本不會太高，因為一個區塊的大小有限，一般約為 4 至 8KB。

節點分頁結構不允許指標直接指向紀錄。它必須指向在檔案標頭中紀錄的實際位置。如此的拐彎抹角可允許紀錄被移動，避免區塊裡產生碎片，同時也能支援間接指向紀錄。

資料庫能夠儲存的資料通常遠遠大於一個磁碟區塊。例如，一個圖像或影音檔的大小就可能達數個 MB，且一個影像物件的大小也可能達多個 GB。回想一下，SQL 可以支援 BLOB 和 CLOB，也就是 SQL 能儲存大的二元和字元等物件。

大多數的關聯性資料庫會限制紀錄不能大於區塊的大小，來簡化緩衝區和閒置空間的管理。大物件通常會儲存在一個特殊的檔案（或檔案的集合）中，而非與其他（較短的）紀錄的分配屬性儲存在一起。物件的（邏輯）指標，會儲存在含有大物件的紀錄中。大物件往往是使用 B$^+$ 樹檔案組織，此部分我們在第 7.4.1 節中會討論。B$^+$ 樹檔案組織允許我們讀取整個物件，或物件中明訂的位元組範圍，以及在物件中插入和刪除。

6.6 | 檔案中的紀錄組織

到目前為止，我們已經研究了紀錄是如何表示於檔案結構中。關聯是一組紀錄。接下來的問題就是如何將它們組織在同一個檔案內。以下有幾種可用的方式：

- **堆積檔案組織 (heap file organization)**。任何紀錄都可以放在檔案中任何一處有足夠空間的地方，紀錄沒有順序。通常每個關聯都會有一個單一的檔案。
- **循序檔案組織 (sequential file organization)**。紀錄會根據每個紀錄「搜尋鍵」的值循序儲存。第 6.6.1 節會介紹此組織方法。
- **雜湊檔案組織 (hashing file organization)**。雜湊函數被用來計算每個紀錄的某些屬性。雜湊函數計算出來的結果會明確顯示紀錄檔案應該被放置在哪個區塊中。第 7 章會介紹這個組織方法。它和索引結構密切相關，因此兩者在該章節都會討論。

一般來說，一個單獨的檔案會依照每個關聯來儲存紀錄。然而，一個**多表群集檔案組織 (multitable clustering file organization)** 中會將幾個不同關聯的紀錄儲存在同一檔案，接著，不同關聯的相關紀錄也會儲存在同一個區塊，如此一來，I/O 作業能從所有的關聯中獲取相關紀錄。例如，兩個關聯的紀錄如果在這兩個關聯中可以找到一個符合的結合點，則可被認為是相關的。第6.6.2節會再介紹。

6.6.1　循序檔案組織

一個**循序檔案 (sequential file)** 的目的用來做高效率的紀錄處理。一個**搜尋鍵 (search key)** 是任何屬性或任一組屬性，不需要是主鍵或超鍵。要能夠允許搜尋鍵循序快速作紀錄檢索，我們會藉由指標把紀錄連在一起。每個紀錄的指標會依搜尋鍵的順序指向下個紀錄。此外，為盡量減少在循序檔案過程中所需要的區塊存取量，我們實體儲存的紀錄也會按搜尋鍵順序，或盡量接近。

圖 6.10 顯示了大學實例中，以 *instructor* 紀錄為例的一個循序檔案。在這個

▶圖 6.10
為 *instructor* 紀錄的循序檔案

10101	Srinivasan	Comp. Sci.	65000
12121	Wu	Finance	90000
15151	Mozart	Music	40000
22222	Einstein	Physics	95000
32343	El Said	History	60000
33456	Gold	Physics	87000
45565	Katz	Comp. Sci.	75000
58583	Califieri	History	62000
76543	Singh	Finance	80000
76766	Crick	Biology	72000
83821	Brandt	Comp. Sci.	92000
98345	Kim	Elec. Eng.	80000

例子中，紀錄依搜尋鍵順序被儲存，所使用的搜尋鍵為 ID。

循序檔案組織允許紀錄被依序讀取。這種方式在某些方面很有用，除了用於顯示資料以外，還有我們將在第 8 章討論到的查詢演算法。

不過在紀錄被加入或刪除後，仍要維持實體上的循序排列是困難的，因為在加入或刪除一個結果後要移動很多檔案是需要高代價的，但是我們可以利用之前看過的指標鏈來管理刪除。對於加入，我們可以用以下規則：

1. 依搜尋鍵順序，確定要加入紀錄的前面的檔案紀錄位置。
2. 如果有一個閒置的紀錄（也就是刪除後留下的空間）在相同一區塊紀錄的話，將新紀錄加入於此。否則，將新紀錄插入溢出區塊。不論是哪一種方式，應調整指標，好讓紀錄與搜尋鍵順序能被串連在一起。

圖 6.11 顯示了在圖 6.10 加入了紀錄 (32222, Verdi, Music, 48000) 後的檔案。圖 6.11 的結構允許新的紀錄快速加入，但會迫使處理過程的順序不符合實際紀錄的順序。

如果須儲存在溢出區塊的紀錄不多，這種方法不錯。但是時間一長，搜尋鍵順序和實體順序之間的對應可能會消失，導致循序處理變得無效率。此時，該檔案應進行**重組 (reorganization)**，讓檔案實體再做一次循序排列。這種重組的成本昂貴，而且要在系統負載低時才能執行。重組的頻率視需要加入新紀錄的頻率而定。若沒有加入的需求，則理論上檔案是可以永遠維持在實體排序的狀況。而在這種情況下，圖 6.10 的指標欄位是不被需要的。

10101	Srinivasan	Comp. Sci.	65000
12121	Wu	Finance	90000
15151	Mozart	Music	40000
22222	Einstein	Physics	95000
32343	El Said	History	60000
33456	Gold	Physics	87000
45565	Katz	Comp. Sci.	75000
58583	Califieri	History	62000
76543	Singh	Finance	80000
76766	Crick	Biology	72000
83821	Brandt	Comp. Sci.	92000
98345	Kim	Elec. Eng.	80000

| 32222 | Verdi | Music | 48000 |

▶圖 6.11
為執行插入後的循序檔案

6.6.2 多表群集檔案組織

許多關聯性資料庫系統都會把每個關聯儲存在個別檔案中，使它們可以充分利用由作業系統提供的檔案系統。通常，關聯的元組可以被視為固定長度的紀錄。因此，關聯可以映射到一個簡單的檔案結構。簡單的關聯性資料庫系統非常適合低成本資料庫，例如嵌入式系統或可攜式設備。在這種系統中，資料庫規模小，所以不需要複雜的檔案結構。此外在這種環境中，資料庫系統總體物件的物件碼規模也很小。簡單的檔案結構可降低系統執行時所需的程式碼。

當資料庫變大時，這個簡單的方法就不適用了。我們可能需要一個更複雜的檔案結構。

然而，許多大型資料庫系統不直接依賴底層作業系統作檔案管理。相反地，一個大的作業系統會分配至資料庫系統中。該資料庫系統會儲存所有關聯在一個檔案中，並自己管理檔案。

即使多個關聯都儲存在一個檔案中，且大多數資料庫會把一個關聯的所有紀錄儲存在一個給定的區塊。如此一來會讓資料管理簡單的多。但是，在某些情況下，在一個單獨區塊中儲存超過一個關聯的紀錄也是有好處的。試想以下為大學的 SQL 查詢資料庫：

select *dept_name, building, budget, ID, name, salary*
from *department* **natural join** *instructor*;

此查詢計算會結合 *department* 和 *instructor* 的關聯，因此，對於每個科系的元組，系統必須找到 *instructor* 元組中與 *department_name* 名稱相同的值。在理想的情況下，這些紀錄可以經由索引而找到，這部份我們將會在第 7 章討論。不管這些紀錄存在於哪個位置，它們都需要從磁碟轉移到主記憶體。最壞的情況下，每個紀錄將會駐留在不同的區塊，迫使我們需按查詢要求，為每個紀錄去讀取一個區塊。

舉一個實體的例子，從圖 6.12 和 6.13 思考 *department* 和 *instructor* 的關聯，（為簡便起見，我們只用一個關聯中的元組子集）。在圖 6.14 中，為了擁有較高的查詢效率，我們設計一個檔案結構來結合 *department* 和 *instructor*。在 *instructor* 元組中，每個 *ID* 皆會被儲存到 *department* 元組中所對應的 *dept_name*。這種結構

▶圖 6.12
為 *department*
的關聯

dept_name	building	budget
Comp. Sci.	Taylor	100000
Physics	Watson	70000

ID	name	dept_name	salary
10101	Srinivasan	Comp. Sci.	65000
33456	Gold	Physics	87000
45565	Katz	Comp. Sci.	75000
83821	Brandt	Comp. Sci.	92000

▶圖 6.13
為 instructor 的關聯

混和了兩個關聯的元組，但允許進行高效能的結合。當 department 關聯中的元組被讀取時，整個區塊包含原件組合都會從磁碟被複製到主記憶體中。由於對應的 instructor 元組是被儲存在磁碟中靠近 department 元組的位置，包含 department 元組的區塊會擁有必要的 instructor 關聯的元組，以進行查詢。如果一個科系有如此多的教師，instructor 紀錄已無法只儲存於一個區塊，其餘的紀錄則會出現在附近的區塊區。

一個**多表群集檔案組織 (multitable clustering file organization)** 是一個檔案的組織，如圖 6.14，其中在每個區塊上儲存兩個或多個關聯。這樣的檔案組織使我們能使用一個區塊讀取，來讀取能滿足結合條件的紀錄。因此，我們能夠更有效處理這種特定查詢。

如圖 6.14 所示，該 dept_name 屬性在 instructor 紀錄會被省略，因為它可以從 department 紀錄中被導引出來；這個屬性可能會被保留在一些實作中，來簡化屬性的存取。我們假設每個紀錄都會包含其所屬的關聯的識別標示，雖然這在圖 6.14 中看不出來。

我們利用多表群集來加強處理一個特定結合（即 department 和 instructor），但結果會導致其他的查詢速度減緩。例如，

> **select** *
> **from** *department*;

事實上比我們將每個關聯存在個別檔案時，需要更多的區塊存取，因為現在每個區塊的 department 紀錄已明顯少很多。假設我們要在圖 6.14 中有效率的找到所有 department 關聯的元組，我們可以結合所有該關聯的指標，如圖 6.15。

何時該使用多表群集，要看資料庫設計師認為什麼是最頻繁被用來做相依查詢的類型。若謹慎的使用多表群集，可以明顯提升查詢的效能。

Comp. Sci.	Taylor	100000
45564	Katz	75000
10101	Srinivasan	65000
83821	Brandt	92000
Physics	Watson	70000
33456	Gold	87000

▶圖 6.14
多表群集檔案結構

▶圖 6.15
在多表群集檔案的結構使用指標鏈

Comp. Sci.	Taylor	100000
45564	Katz	75000
10101	Srinivasan	65000
83821	Brandt	92000
Physics	Watson	70000
33456	Gold	87000

6.7 資料字典儲存器

到目前為止，我們只考慮到關聯本身所代表的意義。關聯式資料庫系統需要維護資料的關聯性，例如關聯的架構。一般來說，這種「與資料相關的資料」被稱為**元資料 (metadata)**。

關聯架構和關聯其他的元資料皆被儲存於**資料字典 (data dictionary)** 或**系統目錄 (system catalog)** 中。其中系統必須儲存的資訊類型包含以下：

- 關聯的名稱。
- 每個關聯的屬性名稱。
- 屬性的領域和長度。
- 資料庫定義的檢視表名稱，以及檢視表的定義。
- 完整性的限制（如鍵的限制）。

此外，許多系統會存有下列的用戶資料：

- 授權用戶名稱。
- 使用者的授權和帳戶資訊。
- 密碼或其他用來驗證用戶身份的資訊。

再者，資料庫可能儲存與關聯有關的統計和描述資料，例如：

- 每個關聯的元組數量。
- 儲存每一個關聯的方法（例如，群集或非群集）。

另外，資料字典也可以紀錄關聯的儲存組織（如循序、雜湊或堆積），以及每個關聯被儲存的位置：

- 如果關聯被儲存在作業系統檔案中，則字典會標記包含每個關聯的檔案名稱。
- 如果所有的關聯資料庫儲存在單一個檔案中，該字典會標記每區塊所包含的紀錄中的每個關聯在資料結構中，如同連結名單。

在第 7 章我們會討論索引，且將看到一個儲存以下每個關聯中的索引資料之必要性：

- 索引的名稱。
- 被索引的關聯名稱。
- 被定義的索引屬性。
- 索引組成的類型。

所有這些元資料構成一個微型資料庫。有些資料庫使用專用的資料結構和代碼儲存這些元資料。一般儲存資料庫相關資料最好的方式，就把它當成與資料庫的關聯。透過使用資料庫關聯來儲存系統元資料，我們可以簡化系統的整體結構並完全利用資料庫，增進存取系統資料的速度。

如何利用關聯來表示系統的元資料取決系統設計師。一個可能的代表方式是是利用下面劃線的主鍵來表示，如圖 6.16。在此表示方法中，設 *Index_metadata* 關聯內的 *index_attributes* 屬性包含一個或多個屬性的串列中，可以用一個字串，如「*dept_name, building*」來表示。*Index_metadata* 關聯因此不是第一正規化。它可以被正規化，但上述的表示方式能更有效的被存取。資料字典通常被儲存在一個非正規化的形式來實現快速存取。

每當資料庫系統需要讀取一個關聯的紀錄，它必須先詢問 *Relation_metadata* 關聯，才能找到其關聯的位置和儲存組織，然後利用這些資訊獲取紀錄。然而，

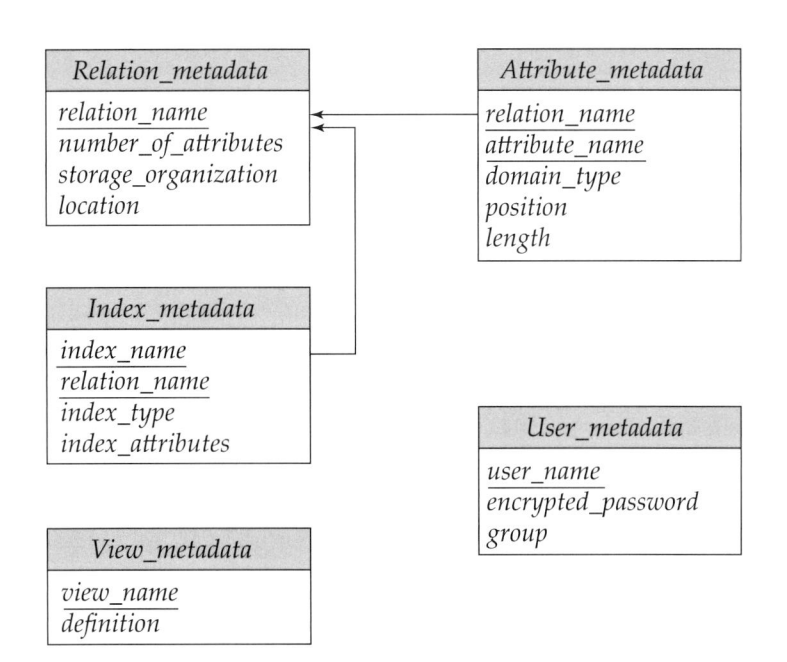

▶圖 6.16
使用關聯架構來表示系統元資料

Relation_metadata

relation_name
number_of_attributes
storage_organization
location

Attribute_metadata

relation_name
attribute_name
domain_type
position
length

Index_metadata

index_name
relation_name
index_type
index_attributes

User_metadata

user_name
encrypted_password
group

View_metadata

view_name
definition

Relation_metadata 關聯的位置和儲存組織一定是被儲存在其他地方（如資料庫本身代碼中或資料庫中一個固定的位置），因為我們需要能找到這些資訊後才能知道 *Relation_metadata* 關聯的內容。

6.8 資料庫緩衝區

一個資料庫系統的主要目標是減少磁碟和記憶體間資料區塊傳輸的數量。減少磁碟存取次數的一種方法是盡可能在主記憶體中保持足夠的區塊。我們的目標是盡量提高一個區塊被存取時，它早已經在主儲存器中的機率，如此一來就沒有存取磁碟的必要。

既然不可能讓所有的區塊都在主儲存器中，我們需要管理分配在主記憶體中儲存區塊的可用空間。而**緩衝區 (buffer)** 是主記憶體一部分，可用於儲存磁碟區塊的複製。每個區塊都在磁碟中都會有一個副本，但磁碟上的副本可能比緩衝區的版本來的舊。而負責分配緩衝區空間的子系統，則被稱為**緩衝區管理器 (buffer manager)**。

6.8.1 緩衝區管理器

當資料庫系統內的程式需要一個磁碟中的區塊時，會向緩衝區管理器發出請求。如果區塊已經在緩衝區，緩衝區管理器會將區塊在主記憶體內的位址告知。如果區塊不在緩衝區，則緩衝區管理器會先分配緩衝區的空間給該區塊，如果有必要，會丟掉一些其他區塊，替新區塊騰出空間。而被丟棄的區塊只有當它已被修改時，也就是最近一次的被寫入磁碟時，才會被寫回磁碟。緩衝區管理器將請求區塊從磁碟讀取到緩衝區，並傳遞區塊在主記憶體中的位址給請求者。緩衝區管理器的內部操作對於開立請求的程式而言是完全透明的。

如果熟悉作業系統的概念，你會發現，緩衝區管理器似乎和虛擬記憶管理器差不多，就像在大多數的作業系統一般。其中一個差別是資料庫可能大於機器的硬體空間大小，因此記憶體位址不足以滿足所有的磁碟區塊。此外為了使資料庫系統更好，緩衝區管理器必須使用比一般虛擬記憶管理器更先進的技術：

- **緩衝區替換策略 (buffer replacement strategy)**。當緩衝區沒有足夠的空間時，一個區塊必須在新區塊被讀入之前從緩衝區移除。大多數作業系統使用**最近最少使用 (least recently used, LRU)** 方案，也就是說最近最少被寫回磁碟的區塊，會從緩衝區中被移除。這個簡單的方法就可以改善資料庫應用程式。
- **固定區塊 (pinned blocks)**。要使資料庫系統能夠從當機恢復正常（第 11 章），必須限制區塊能夠於何時被寫回到磁碟中。舉例來說，大多數恢復系統規定，當區塊正在進行更新時，此區塊不能夠被寫入到磁碟上，而此不被允許寫回到磁碟的區塊被稱作是**固定的 (pinned)**。儘管許多作業系統不支援固定區塊，但對於不會當機的資料庫系統而言，它是必要的功能。
- **強制輸出區塊 (forced output of blocks)**。某些情況需要把區塊寫回磁碟，即使它所佔據的緩衝空間不被需要。此種寫入被稱為區塊的**強制輸出 (forced output)**。在第 11 章我們會談論到強制輸出的原因。簡單地說，主記憶體的內容和緩衝區的內容會因為當機而遺失，然而那些在磁碟上的資料通常在當機後仍能存活。

6.8.2　緩衝區替換政策

　　緩衝區替換策略的目的就是盡量減少磁碟的存取。一般用途的程式無法準確預測哪個區塊在未來會被參考引用，因此作業系統用過去的區塊被引用的紀錄作為預測未來的參考。如果一個區塊必須被替代，則最近最少使用的區塊會被取代。這種方法被稱為**最近最少使用 (least recently used, LRU)** 區塊替換模式。

　　LRU 是作業系統可以接受的替換模式。然而，資料庫系統比起作業系統能更準確的預測未來。資料庫系統收到的用戶請求包含下列幾個步驟。資料庫系統往往能夠透過觀察使用者請求內的每個步驟，事先確定哪些區塊會被需要。因此，與必須依靠過去來預測未來的作業系統不同的是，資料庫系統可透過其擁有的資訊得知短期的未來。

　　說明未來區塊存取的訊息如何能使我們改善 LRU 策略，請見以下 SQL 查詢：

> **select** *
> **from** *instructor* **natural join** *department*;

　　假設處理此需求的策略是透過虛擬程式碼，如圖 6.17 所示（我們在第 8 章會研究其他更有效的策略）。

　　假設在此例中的兩個關聯都儲存在個別的檔案中。在這個例子中，我們可以看到，一旦 *instructor* 元組被處理，該元組即不再被需要。因此，一旦處理完整個區塊中的 *instructor* 元組後，主記憶體中就不再需要此區塊。此時緩衝區管理器會依照指示，在處理完最後的元組後，馬上釋放被佔據的空間。此緩衝區管理策略稱為**立即替換 (toss-immediate)**。

▶圖 6.17
計算結合的程序

```
for each tuple i of instructor do
    for each tuple d of department do
        if i[dept_name] = d[dept_name]
        then begin
            let x be a tuple defined as follows:
            x[ID] := i[ID]
            x[dept_name] := i[dept_name]
            x[name] := i[name]
            x[salary] := i[salary]
            x[building] := d[building]
            x[budget] := d[budget]
            include tuple x as part of result of instructor ⋈ department
        end
    end
end
```

現在考慮區塊內包含 *department* 元組。為每個 *instructor* 關聯中的元組，我們需要檢查每一個 *department* 元組中的區塊。當 *department* 區塊的處理完成後，我們知道這個區塊到其他所有科系的區塊都處理完之前不會再次被存取。因此，最近使用的 *department* 區塊將會是最後一個被重新參考的，而最近最少使用的 *department* 區塊將會是下一個被參考的。此假設與 LRU 策略完全相反。事實上，最佳的區塊替換策略為**最近使用 (most recently used, MRU)** 策略。如果一個 *department* 區塊必需從緩衝區移除，MRU 策略會選擇最近使用過的區塊（當它們正在使用時，區塊不符合進行替換的條件）。

將 MRU 策略實作在我們的例子上，系統必須把正在處理的 *department* 區塊固定住。當最後一個 *department* 元組被處理後，此區塊會被解除固定，成為最近使用過的區塊。

除了使用系統對於要處理的請求之常識外，緩衝區管理者可以使用或然率的統計資料來預估此請求可能會參考到的特定關聯。如資料字典（在第 6.7 節中會詳細討論）保持追蹤關聯的邏輯架構，以及它們的實體儲存資訊，是最常被使用的資料庫部份。因此，緩衝區管理器應試著不要從主記憶體中刪除資料字典區塊，除非有其他因素作此要求。在第 7 章，我們會討論檔案的索引。由於一個檔案的索引可能比檔案本身被存取的次數更頻繁，因此如果有其他選擇的話，緩衝區管理器應該不要將索引區塊從主記憶體中刪除。

理想的資料庫區塊替換策略需要對資料庫操作相當了解，包括那些正在執行，以及在未來將被執行的操作。沒有任何單一的策略是可以將所有可能的方案都處理得很好的。事實上，使用 LRU 的資料庫系統出乎意料的多，雖然該策略有缺點。本章實作題與練習會探索替代的策略。

緩衝區管理器使用何種區塊替換策略，會受到被再次參考的時間以外的因素影響。如果該系統同時處理多個使用者請求，並行控制子系統可能需要延遲某些請求，以維持資料庫的一致性。如果緩衝區管理器收到並行控制子系統提出的資訊，告知哪些請求被延遲後，它可以使用此資訊來改變區塊替換策略。具體來說，主動（非延遲）請求需要的區塊會被保留在緩衝區，而犧牲延遲請求所需要的區塊。

當機恢復子系統（第 11 章）在區塊替換上有嚴格的限制。如果一個區塊被修改，緩衝區管理器不允許將緩衝區內的新版本區塊寫回到磁碟上，因為這會破壞舊版本。反倒是，管理者要從先從區塊當機恢復子系統得到允許，才能寫出之前的區塊。當機恢復子系統可能會要求某些其他區塊，在緩衝區管理器得到允許前就被強制輸出。在第 11 章，我們會定義緩衝管理器和當機恢復子系統兩者之間確切的相互關係。

6.9 總結

- 大多數的電腦系統存在多種資料的儲存型態。它們可以用存取資料的速度，記憶體的單位購買成本，以及它們的可靠性來分類。其中供媒體存取使用的是快取，主記憶體、快閃記憶體、磁碟、光碟和磁帶。
- 兩個因素決定了儲存媒介的可靠性：在電源故障或系統當機時是否會導致資料遺失？以及甚麼情況下可能導致儲存設備的實體故障。
- 我們可以藉由保留多個資料副本，減少對實體故障的可能性。對於磁碟，我們可以使用鏡像。或者，我們可以使用獨立磁碟冗餘陣列 (RAID) 等更複雜的方法。而透過磁碟的資料分段，這些方法提供了較大量的大型存取；另外，透過引入跨磁碟冗餘，可靠性也提高。不同的 RAID 組織有不同的成本、性能和可靠性等特點。通常 RAID1 級（鏡像）和 RAID5 級是最常用的。
- 我們可以邏輯地組織一個檔案，作為一個循序紀錄映射到磁碟區塊。其中一種方法是用幾個檔案映射資料庫檔案，並儲存固定長度紀錄在任何給定的檔案中。另一種是結構化檔案，能適應多種長度的紀錄。節點分頁結構被廣泛用來處理在一個磁碟區塊中不同長度的紀錄。
- 區塊是在磁碟儲存和主記憶體間傳輸資料的基本單位，將檔案關聯指定到區塊是一件值得做的事，讓每個個別的區塊都會有一個關聯紀錄。若我們能只用一個區塊存取來存取幾個所需的紀錄，就能節省磁碟存取。由於磁碟存取在資料庫的性能上是重要的關鍵，因此謹慎分配紀錄區塊可以獲得顯著的性能改善。
- 資料字典，也被稱為系統目錄，能保持追蹤元資料，即與資料相關的資料，例如關聯名稱、屬性名稱和類型、儲存資訊、完整性限制和用戶資訊。
- 一種能減少磁碟存取次數的方法就是盡量在主記憶體內擁有足夠的區塊。既然不可能保持所有區塊都在主記憶體中，那麼我們需要管理在主記憶體的儲存區塊的可用空間分配。主記憶體的緩衝區可用來儲存磁碟區塊的副本，至於負責分配緩衝區空間的子系統，又被稱為緩衝區管理器。

關鍵詞

- 實體儲存媒介 (Physical storage media)
  - 快取 (Cache)
  - 主記憶體 (Main memory)
  - 快閃記憶體 (Flash memory)
  - 磁碟 (Magnetic disk)
  - 光學儲存器 (Optical storage)
- 磁碟 (Magnetic disk)
  - 盤 (Platter)
  - 硬碟 (Hard disks)
  - 磁軌 (Tracks)
  - 磁區 (Sectors)
  - 讀寫頭 (Read–write head)
  - 存取臂 (Disk arm)
  - 磁柱 (Cylinder)
  - 磁碟控制器 (Disk controller)
  - 檢查碼 (Checksums)
  - 重新映射壞磁區 (Remapping of bad sectors)
- 磁碟的性能測量 (Performance measures of disks)
  - 存取時間 (Access time)
  - 搜尋時間 (Seek time)
  - 旋轉延遲 (Rotational latency)
  - 資料傳輸率 (Data-transfer rate)
  - 平均故障間隔時間 (Mean time to failure, MTTF)
- 磁碟區塊 (Disk block)
- 磁碟區塊存取的最佳化 (Optimization of disk-block access)
  - 磁碟存取臂排程 (Disk-arm scheduling)
  - 升降機演算法 (Elevator algorithm)
  - 檔案組織 (File organization)
  - 碎片整理 (Defragmenting)
  - 非揮發性寫入緩衝區 (Nonvolatile write buffers)
  - 非揮發性隨機存取記憶體 (Nonvolatile random-access memory, NVRAM)
  - 日誌磁碟 (Log disk)
  - 獨立磁碟冗餘陣列 (Redundant arrays of independent disks, RAID)
  - 鏡像 (Mirroring)
  - 資料分段 (Data striping)
  - 位元級分段 (Bit-level striping)
  - 區塊級分段 (Block-level striping)
- RAID 級別 (RAID levels)
  - 0 級（區塊分段，無冗餘）(Level 0, block striping, no redundancy)
  - 1 級（區塊分段，鏡像）(Level 1, block striping, mirroring)
  - 3 級（元級分段，同位元檢查碼）(Level 3, bit striping, parity)
  - 5 級（區塊級分段，分散式同位元檢查碼）(Level 5, block striping, distributed parity)

- ○ 6 級（區塊級分段，P+Q 冗餘）(Level 6, block striping, P +Q redundancy)
- 重建效能 (Rebuild performance)
- 軟體 RAID (Software RAID)
- 硬體 RAID(Hardware RAID)
- 熱機交換 (Hot swapping)
- 第三儲存器 (Tertiary storage)
  - ○ 光碟 (Optical disks)
  - ○ 磁條 (Magnetic tapes)
  - ○ 磁帶櫃 (Jukeboxes)
- 檔案 (File)
- 檔案組織 (File organization)
  - ○ 檔案標頭 (File header)
  - ○ 閒置列表 (Free list)
- 可變長度的紀錄 (Variable-length records)
  - ○ 節點分頁結構 (Slotted-page structure)
- 大型物件 (Large objects)
- 堆積檔案組織 (Heap file organization)
- 循序檔案組織 (Sequential file organization)
- 雜湊檔案組織 (Hashing file organization)
- 多表群集檔案組織 (Multitable clustering file organization)
- 搜尋鍵 (Search key)
- 資料字典 (Data dictionary)
- 系統目錄 (System catalog)
- 緩衝區 (Buffer)
  - ○ 緩衝區管理器 (Buffer manager)
  - ○ 固定區塊 (Pinned blocks)
  - ○ 強制輸出區塊 (Forced output of blocks)
- 緩衝區替換政策 (Buffer-replacement policies)
  - ○ 最近最少使用 (Least recently used, LRU)
  - ○ 立即替換 (Toss-immediate)
  - ○ 最近使用 (Most recently used, MRU)

實作題

6.1 試想資料和同位元碼區塊被安排在四個磁碟描繪如圖 6.18。B_is 代表資料區塊；P_is 代表同位元碼區塊。B_{4i-3} 到 B_{4i} 區塊資料的同位元碼區塊是 P_i。請問這樣的安排可能存在甚麼問題？

6.2 快閃儲存：

a. 快閃是如何轉換成表格，是用於映射邏輯頁到實體頁，並在記憶體中被新增嗎？

b. 假設有一個 64 GB 的快閃儲存系統，具有 4096 位元的頁面大小。將有多大的快閃轉換表？假設每頁都有 32 位元位址，且該表儲存在陣列中。

c. 如果經常有大量的連續邏輯頁將被映射到連續的實體頁時，該如何減少轉換表的大小？

6.3 電源故障發生時一個磁碟區塊正被寫入，因此可能會導致只有部分區塊被寫入。假設部分寫入區塊可以被檢測出來，而此單元區塊可能是被磁碟區塊完全寫入或完全沒有被寫入（即沒有部分寫入）的情況。以下的兩個 RAID 方案會使得此單元區塊在寫入時受到甚麼影響改善。方案應包括工作從故障中恢復的部分。

a. RAID 1 級（鏡像）

b. RAID 5 級（區塊級分段，分散式同位元檢查碼）

Disk 1	Disk 2	Disk 3	Disk 4
B_1	B_2	B_3	B_4
P_1	B_5	B_6	B_7
B_8	P_2	B_9	B_{10}
⋮	⋮	⋮	⋮

▶圖 6.18 資料和同位元碼區塊的安排

6.4 考慮從圖 6.6 的檔案中刪除紀錄 5。比較下列實施刪除的技術：
   a. 移動紀錄 6 所占用紀錄 5 的空間，移動紀錄 7 所占用紀錄 6 的空間。
   b. 移動紀錄 7 所占用紀錄 5 的空間。
   c. 標記紀錄 5 為刪除，但不移動任何紀錄。

6.5 在完成以下步驟後，畫出圖 6.7 的檔案結構：
   a. 插入 (24556, Turnamian, Finance, 98000)。
   b. 刪除紀錄 2
   c. 插入 (34556, Thompson, Music, 67000)。

6.6 試想 section 和 takes 關聯。舉一個擁有兩個關聯、三個區域，各自有五名學生的例子。並使用多表群集給予這些關聯一個檔案結構。

6.7 試想下列位元組列技術用來追蹤檔案中可用空間。對於在檔案中的每個區塊，兩位元均保持在該位元組列。如果區塊兩位元皆為 00 位的機率介於 0 到 30%，兩位元為 01 的機率介於 30 至 60%，兩位元為 10 的機率為 60 至 90%，兩位元為 11 的機率為 90% 以上。假設即使是相當大的檔案，位元組列仍可以保存在記憶體內。
   a. 描述如何保持位元組列在插入和刪除上的最新紀錄。
   b. 列出使用位元組列技巧在尋找空間和更新空間資訊的好處。

6.8 能夠迅速查出區塊是否存在於緩衝區是非常重要的，如果存在的話，其存在的位置也很重要。給予資料庫一個非常大的緩衝區，你會使用什麼（內記憶體）資料結構，來處理上述的情況？

6.9 舉以下幾種情況的關聯代數表達式和處理查詢策略的例子：
   a. MRU 優於 LRU。
   b. LRU 優於 MRU。

練習

6.10 列出常在電腦使用的可用實體有效儲存媒介。並列出每個媒介存取資料的速度。

6.11 為何透過磁碟控制器重新映射壞磁區會影響資料取回的速率？

6.12 在不停止對系統的存取下，RAID 系統通常允許更換故障磁碟。因此，磁碟系統在運作中，出現故障的磁碟資料必須重建和寫入更換。哪個 RAID 級別會在重建和正在進行磁碟存取時產生最少的干擾？解釋答案。

6.13 什麼是清理 (scrubbing)，在 RAID 系統中，為什麼清理是重要的？

6.14 在可變長度的紀錄表示中，如果一個屬性具有空值，可用空位元組列來表示。
   a. 對於可變長度字段，如果值是空值，其偏移量和長度字段該如何儲存？
   b. 在一些應用中，元組有非常大量的屬性，然而其中大部分卻是空的。請修改紀錄表示方式，可在空位元組列中僅用一個位元來表示空的屬性。

6.15 解釋為什麼區塊的紀錄分配會明顯地影響到資料庫系統的性能。

6.16 如有可能，試著選擇用在自己電腦作業系統中的緩衝區管理策略，以及頁的控制替換機制。討論在實施資料庫系統時如何有效的控制替換。

6.17 列出以下用於儲存關聯式資料庫策略的優點、缺點各兩個：
   a. 在一個檔案中儲存每個商店的關聯。
   b. 儲存多個關聯（甚至整個資料庫）中的一種檔案。
6.18 在循序檔案組織中，為什麼溢出區塊仍可使用，此時是否只有一個紀錄溢出？
6.19 舉例一個正規化的 *Index_metadata* 的關聯，並解釋為什麼使用正規化的版本會導致較差的性能。
6.20 如果有資料在磁碟故障中不遺失，且該資料是密集的寫入，你會如何儲存此資料？
6.21 在早期磁碟中每個磁軌中的磁區數是相同的。現今則越外部的磁軌擁有越多的磁區，而內部的磁軌擁有較少的磁區（因為它們長度較短），這種改變會對三個決定磁碟速度的主要因素帶來什麼影響？
6.22 標準緩衝管理器會假設每個區塊擁有相同的尺寸和相同的讀取成本。試想一個緩衝區管理器不用 LRU，反而參考物件使用率，也就是在過去的 n 秒內該物件被存取的次數。假設我們要在緩衝區中儲存不同大小和不同的讀取成本（如網頁，其讀取成本取決它們所讀取的網站）。請提出緩衝區管理器該如何選擇哪個區塊須從緩衝區中被移除。

書目附註

Hennessy 等人 [2006] 是一本受歡迎的電腦結構教科書，其中包括硬體、後援緩衝器、快取和內存管理單位。Rosch [2003] 提出了一個很好的電腦硬體論點，包括所有類型的儲存技術如磁性硬碟、光碟、磁帶和儲存介面。Patterson [2004] 提供了如何改進頻寬延遲（傳輸速率）。

隨著 CPU 速度的迅速增加，CPU 中的快取記憶體已經遠遠快於主記憶體。雖然資料庫系統不控制什麼樣的資料保存於快取，然而記憶體中快取利用最大化的關係，使得組織資料和編寫程式的動機也因此增加。在此領域做研究的，包括 Raock 和 Ross [2000]、Ailamaki 等人 [2001]、Zhou 和 Ross [2004]、Garcia 和 Korth [2005] 以及 Cieslewicz 等人 [2009]。

現今的磁碟驅動器規格可從網站的製造商得知，如 Hitachi、LaCie、Iomega、Seagate、Maxtor 和 Western Digital。

Patterson 等人 [1988] 討論的獨立磁碟冗餘陣列（RAID）的問題。Chen 等人 [1994] 提出了 RAID 原則和實施的良好調查。Reed–Solomon 的程式碼包含在 Pless [1998] 中。

通信系統的資料緩衝在 Imielinski 和 Badrinath [1994]、Imielinski 和 Korth [1996] 以及 Chandrasekaran 等人 [2003] 中有被討論到。

儲存結構於特定的資料庫系統，如 IBM DB2、Oracle、Microsoft SQL Server 以及 PostgreSQL 則被紀錄在各自的系統使用手冊。

緩衝區管理在大多數的作業系統內文中被討論，包括 Silberschatz 等人 [2008]。

Chou 和 Dewitt [1985] 提出資料庫系統緩衝區管理的演算法，並描述了性能評估。

CHAPTER 7

索引和雜湊

　　許多查詢只引用一個檔案一小部分的紀錄,如查詢「找出所有在物理系的教師」或「ID 為 22201 的學生已修得之學分」只引用學生紀錄的其中一個分數。讓系統讀取全部指導教師的每個元組,只為了檢查科系名稱值為「Physics」是很沒效率的。同樣地,只為了找出一個元組 ID 為「32556」,而讀取全部 *student* 關聯也很沒效率。理想情況下,系統應能直接找到這些紀錄。為了要允許此類存取,我們設計額外與檔案有關聯的結構。

7.1 基本概念

　　資料庫系統中的檔案索引與書本索引的運作方式大致相同。如果我們想瞭解本書某個特定主題,可在書後的索引搜尋主題,找到出現的頁數,然後讀取該頁來找我們想要的資訊。索引中的字按排列順序,因此很容易找到我們想要的字;此外,索引比整本書小得多,減少搜尋需要所花費的時間。

　　資料庫系統索引與圖書館的書目有同樣的作用。例如,要檢索給定 ID 的 *student* 紀錄,資料庫系統會查詢索引找到相應的紀錄所在磁碟區塊,然後獲取磁碟區塊以得到適當的 *student* 紀錄。

　　要在非常龐大的資料庫中保持學生 ID 按順序排列並不可行,因為索引本身就相當龐大。而且,即使保持索引排序減少了搜尋時間,要找到一位學生仍然相當費時。所以更複雜的索引技術就可派上用場,而我們將在本章討論這些技術。

　　索引有兩種基本的類型:

- **有序索引**:根據值的排序。
- **雜湊索引**:根據均勻分布在一個大範圍的值,該範圍的值分配是由稱為雜湊函數 (hash function) 的函數值所決定。

我們會討論數種有序索引和雜湊索引的技術。沒有一個技術是最好的，只能說每種技術都有最適合的特定資料庫應用程式。每一種技術必須根據下列這些因素為基礎來進行評估：

- **存取類型 (access types)**：能有效率的支援何種存取類型，包括尋找特定屬性值的紀錄和尋找屬性值在指定範圍內的紀錄。
- **存取時間 (access time)**：使用本技術找到特定資料項目或一組項目的時間。
- **插入時間 (insertion time)**：插入新資料項目所需的時間；該值包括找到正確位置插入新的資料項所需的時間，以及更新索引結構所需的時間。
- **刪除時間 (deletion time)**：刪除資料項目所需的時間；該值包括找到要刪除項目所需的時間，以及更新索引結構所需的時間。
- **空間開銷 (space overhead)**：索引結構額外占用的空間。只要所需要的額外空間不是太大，犧牲空間來達到更好的效能是值得的。

我們常希望一個檔案中能有一個以上的索引，例如，我們可能想按作者、主題或書名來尋找某本書。

檔案中一個用於查詢紀錄的屬性或屬性集被稱為**搜尋鍵 (search key)**。請注意，此「鍵」的定義不同於主鍵、候選鍵及超鍵。使用此處定義的搜尋鍵時，我們會看到，如果檔案上有數個索引，會有好幾個搜尋鍵。

7.2 有序索引

為了能快速隨機存取某檔案的紀錄，我們使用索引結構，每個索引結構與一個特定的搜尋鍵相關，就像書籍索引或圖書館目錄，有序索引將搜尋鍵的值存在排列順序內，且此值與每個包含此紀錄的搜尋鍵相關。

索引檔案的紀錄本身可能被儲存在一些排列順序中，就如同圖書館的書根據某些屬性來儲存，例如 Dewey 十進位數。一個檔案通常在不同的搜尋鍵值上有多個索引。若一檔案內的紀錄是按順序排列的，則一個**群集索引 (clustering index)** 則代表此檔案中按定排列順序的搜尋鍵的索引。群集索引也稱為**主要索引 (primary indices)**，這個詞可代表主鍵的索引，不過這樣的索引實際上可建立在任何搜尋鍵上。群集索引的搜尋鍵通常是主鍵，不過也未必總是如此。若搜尋鍵的索引指定的順序不同於檔案順序，則被稱為**非群集索引 (nonclustering indices)**，或**二級 (secondary)** 索引。術語「clustered」和「nonclustered」經常被用來代替「群集」和「非群集」。

在第 7.2.1 節至第 7.2.3 節，我們假設所有在搜尋鍵的檔案都按順序排列。搜尋鍵有群集索引的檔案，被稱為**索引循序檔案 (index-sequential files)**。它們代表最早用在資料庫系統的索引方法，其設計是為了依順序處理整個檔案，和隨機存取個別紀錄的應用程式。在第 7.2.4 節我們將討論二級索引。

圖 7.1 顯示了大學範例中 *instructor* 紀錄順序的檔案。以圖 7.1 為例，紀錄以教師 ID 做排列順序儲存，並用它來做為搜尋鍵。

7.2.1 密集和稀疏索引

在**索引項 (index entry)** 或**索引紀錄 (index record)** 中，皆包含一個或多個紀錄的搜尋鍵值和指標，而該值為其搜尋鍵的值。一個紀錄的指標會包含一個磁碟區塊的識別標示，和一個磁碟區塊偏移來辨識區塊內的紀錄。

有兩種有序索引可用：

- **密集索引 (dense index)**：在一個密集索引中，檔案中的每個搜尋鍵值有一個索引項。在密集群集索引中，索引紀錄包含搜尋鍵值和一個指向第一個資料紀錄與該搜尋鍵值的指標。其餘具有相同搜尋鍵值的紀錄將會被依序儲存在第一個紀錄後，因為該索引是一個群集，而那些紀錄皆會被分類至同一個搜尋鍵。

  在密集的非群集索引中，索引必須儲存在指標列表，使得所有紀錄具有相同的搜尋鍵值。

- **稀疏索引 (sparse index)**：在稀疏索引中，索引項只出現在某些搜尋鍵值。稀疏索引只可用在當關聯被儲存為有序的搜尋鍵的時候，也就是說，該索引必須是

10101	Srinivasan	Comp. Sci.	65000
12121	Wu	Finance	90000
15151	Mozart	Music	40000
22222	Einstein	Physics	95000
32343	El Said	History	60000
33456	Gold	Physics	87000
45565	Katz	Comp. Sci.	75000
58583	Califieri	History	62000
76543	Singh	Finance	80000
76766	Crick	Biology	72000
83821	Brandt	Comp. Sci.	92000
98345	Kim	Elec. Eng.	80000

▶圖 7.1 *instructor* 紀錄的排序檔案

群集索引。正如密集索引,每個索引包含一個搜尋鍵值和指向第一個資料紀錄與該搜尋鍵值的指標。要找到一個紀錄,我們會先找出索引項及其最大搜尋鍵的值,該值是小於或等於我們正在搜尋的搜尋鍵的值。我們可從該索引項指出的紀錄開始,並按照檔案中的指標尋找,直到找出所需的紀錄。

圖 7.2 和 7.3 分別顯示 instructor 檔案的密集和稀疏索引。假設我們正在尋找教師 ID 為「22222」的紀錄。使用圖 7.2 密集索引,我們按照指標直接到所需的紀錄,因為 ID 是主鍵,只會存在一個這樣的紀錄。如果我們使用的是稀疏索引(圖 7.3),我們不會找到「22222」的索引項,但由於在「22222」之前的最後一項(依數字順序排序)是「10101」,因此我們依循指標,按順序讀取 instructor 檔案,就能找到我們要找的紀錄。

試想一本紙本字典。每一頁表頭列出的第一個字皆按字母排序,在每頁頂部的字典內容索引會共同構成一個稀疏索引。

假設搜尋鍵值不是主鍵。圖 7.4 顯示了一個 instructor 檔案的密集群集索引,

▶圖 7.2
密集索引

10101		10101	Srinivasan	Comp. Sci.	65000
12121		12121	Wu	Finance	90000
15151		15151	Mozart	Music	40000
22222		22222	Einstein	Physics	95000
32343		32343	El Said	History	60000
33456		33456	Gold	Physics	87000
45565		45565	Katz	Comp. Sci.	75000
58583		58583	Califieri	History	62000
76543		76543	Singh	Finance	80000
76766		76766	Crick	Biology	72000
83821		83821	Brandt	Comp. Sci.	92000
98345		98345	Kim	Elec. Eng.	80000

▶圖 7.3
稀疏索引

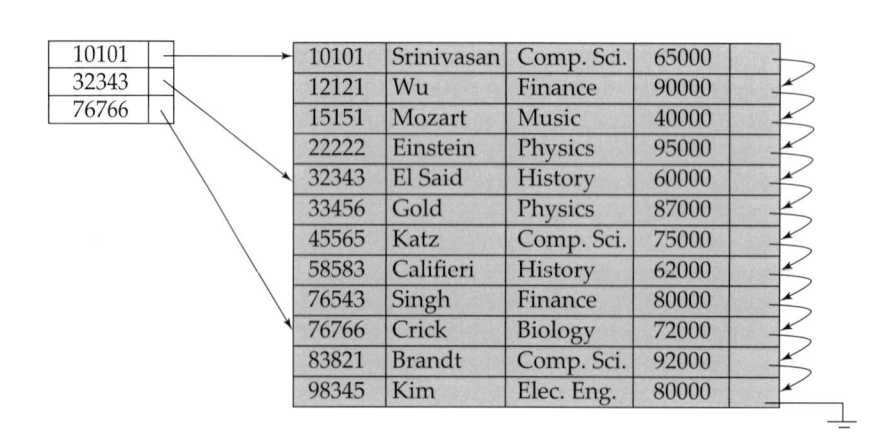

10101		10101	Srinivasan	Comp. Sci.	65000
32343		12121	Wu	Finance	90000
76766		15151	Mozart	Music	40000
		22222	Einstein	Physics	95000
		32343	El Said	History	60000
		33456	Gold	Physics	87000
		45565	Katz	Comp. Sci.	75000
		58583	Califieri	History	62000
		76543	Singh	Finance	80000
		76766	Crick	Biology	72000
		83821	Brandt	Comp. Sci.	92000
		98345	Kim	Elec. Eng.	80000

▶圖 7.4

密集索引與搜尋鍵 *dept_name*

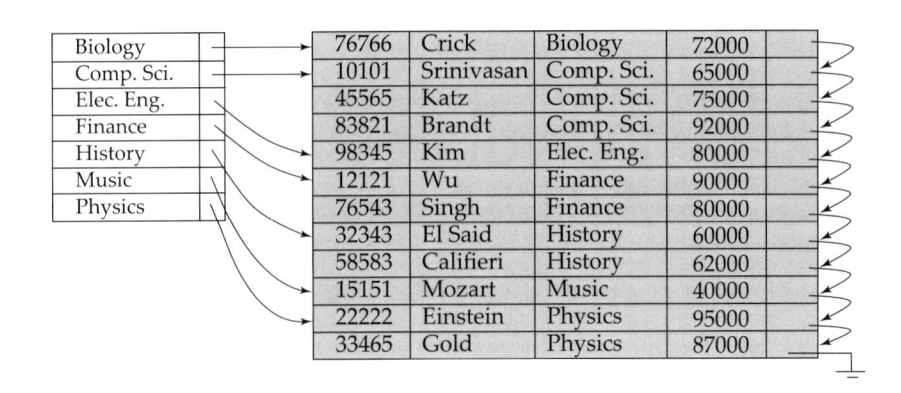

76766	Crick	Biology	72000
10101	Srinivasan	Comp. Sci.	65000
45565	Katz	Comp. Sci.	75000
83821	Brandt	Comp. Sci.	92000
98345	Kim	Elec. Eng.	80000
12121	Wu	Finance	90000
76543	Singh	Finance	80000
32343	El Said	History	60000
58583	Califieri	History	62000
15151	Mozart	Music	40000
22222	Einstein	Physics	95000
33465	Gold	Physics	87000

Biology
Comp. Sci.
Elec. Eng.
Finance
History
Music
Physics

搜尋鍵為 *dept_name*。請注意，在這種情況下，*instructor* 檔案是依搜尋鍵 *dept_name* 排序，而非 ID，否則索引 *dept_name* 將是一個非群集索引。假設我們正在查尋歷史系的紀錄。使用圖 7.4 的密集索引，按照指標可以直接找到第一筆歷史系的紀錄。我們處理此紀錄，並按照該紀錄指標定位下一個搜尋鍵的紀錄 (*dept_name*)。我們會繼續處理紀錄，直到遇到歷史系以外的科系紀錄為止。

如我們所見，一般來說使用密集索引查詢紀錄會比用稀疏索引更快。然而，使用稀疏索引的優勢在於，它們需要較少的空間，且插入和刪除維護的成本較低。

系統設計師必須權衡存取時間和空間開銷之間的平衡。雖然決定取決於個別應用程式的不同，有一個很好的權衡方法是用稀疏索引，且每個區塊都有一個索引項。這樣的設計之所以是一個好的權衡，是因為資料處理的主要成本是從磁碟中把區塊帶到主記憶體的時間，當我們已將區塊帶到主記憶體中時，掃描整個區塊的時間是微不足道的。使用這種稀疏索引，我們找到包含紀錄的區塊。因此，除非有一個紀錄是在溢出區塊（見第 6.6.1 節），我們可將區塊存取數降到最低，同時使該索引（也就是空間開銷）最小化。

為了使前述的方法完全通用，必須同時考慮搜尋鍵值占據數個區塊的情形。我們可以很容易依狀況修改我們的處理方案。

7.2.2 多層次指標

假設我們在關聯上用百萬個元組建立一個密集索引。在索引項小於資料紀錄下，我們假設將一百個索引項放在 4KB 的區塊上，因此，索引會占據 10,000 個區塊。如果關聯有 100,000,000 個元素組合，索引則將占據百萬個區塊，或 4GB 的空間。如此大的索引是以連續檔案型式儲存在磁碟上。

如果索引是小到可以完全保存在主記憶體中，則搜尋項目的時間會很短。但是，如果索引非常大且無法全部保存在主記憶體時，索引區塊在需要時必須從磁碟區塊取得。(即使索引小於電腦的主記憶體，主記憶體還需要負責其他任務，因此它可能無法容納整個索引。) 而在索引中搜尋項目是需要讀取幾個磁碟區塊的。

二元搜尋可以在索引檔案時用來找到一個項目，但此搜尋成本仍然較高。如果該索引將占據 b 個區塊，二元搜尋需要多達 $\lceil \log_2(b) \rceil$ 個區塊被讀取。($\lceil x \rceil$ 代表大於或等於 x 的最小整數。) 對於有 10,000 個區塊的索引，二元搜尋需要讀取 14 個區塊。磁碟系統上，一個區塊讀取平均需 10 毫秒，因此索引搜尋將需要 140 毫秒，這看起來乎並不多，但我們每秒只能夠進行 7 個索引搜尋。接下來會看到，更有效的搜尋機制會讓我們每秒進行更多的搜尋。需要注意的是，如果已經使用溢出區塊，則不能進行二元搜尋。在這種情況下，往往會使用連續搜尋，此搜尋需要讀取 b 個區塊，會花更長的時間。因此，搜尋一個大索引的過程成本較昂貴。

為解決這個問題，我們對待索引的方式就像對待其他循序檔案一樣，在原始索引上構建一個我們目前稱為內在索引的稀疏外索引，如圖 7.5 所示。請注意，索引項總是循序排列，讓外部索引為稀疏索引。要找到一個紀錄，我們首先使用二元搜尋外索引，來查詢一個紀錄，其最大搜尋鍵值小於或等於一個我們正在查詢的紀錄。指標會指向內部索引的一個區塊，我們掃描這個區塊後，會找出最大搜尋鍵值小於或等於我們正在尋找的紀錄，而此紀錄的指標會指向包含了我們正在

▶圖 7.5
二層次稀疏索引

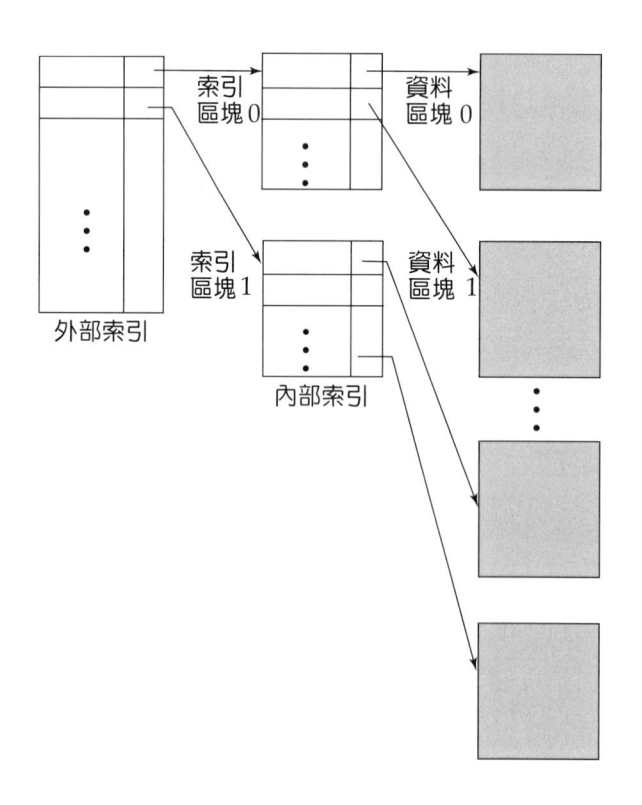

尋找的紀錄的檔案區塊。

在我們的例子，一個 10,000 區塊的內部索引在外部索引會需要 10,000 個項目，只占據 100 個區塊。如果我們假設外部索引已經在主記憶體中，將使用多層次索引，每次搜尋只讀取一個索引區塊，不像二元搜尋時讀取 14 個區塊。因此，我們每秒可以執行的索引搜尋會多 14 倍。

如果我們的檔案非常大，外部索引可能因過大而無法儲存於主記憶體。因為擁有 100,000,000 個元組的關聯，內部索引將占據 1,000,000 個區塊，外部索引則占據 10,000 個區塊或 40MB。由於主記憶體要處理的請求很多，因此它可能無法替特定的外部索引保留這麼多主記憶體。在這種情況下，我們可以建立另一層索引。事實上，我們可以依需求多次重複這個過程，有兩個或兩個以上的索引稱為**多層次 (multilevel)** 索引。以多層次索引搜尋紀錄會較以二元搜尋紀錄使用較少的 I/O 作業。

多層次索引與樹狀結構密切相關，如用於記憶體中索引的二元樹。我們之後在第 7.3 節會檢視其關聯性。

7.2.3 索引更新

無論使用何種形式的索引，檔案中只要有紀錄被插入或刪除，每個索引都必須進行更新。此外，一但檔案中的紀錄更新，任何索引的搜尋鍵屬性受到更新影響時也必須更新，例如，如果某教師的科系改變，*instructor* 中的 *dept_name* 索引也必須相對地更新。這樣的紀錄更新可視為刪除一個舊紀錄，而後插入紀錄的新值，使得刪除索引後又有新索引的插入。因此，我們只需要考慮索引的插入和刪除，並不需要明確的考慮更新。

我們首先描述用於更新單獨索引的演算法。

- **插入**。首先，系統使用在紀錄被插入的搜尋鍵值執行查找。該系統下個動作取決於該索引為密集或稀疏：
  ○ 密集索引：
    1. 如果搜尋鍵的值未出現在索引中，則系統會在適當地索引位置插入索引項與搜尋鍵值。
    2. 除此之外也可以採取下列措施：
       a. 如果索引項儲存了具有相同搜尋鍵值的所有紀錄的指標，系統在索引項目中的新紀錄會增加指標。

b. 或者，索引項只儲存第一個有其搜尋鍵值的紀錄的指標。然後，系統將要插入的紀錄放到具有相同搜尋鍵值的其他紀錄的後面。
- 稀疏索引：我們假設索引為每個區塊儲存一個項目。如果系統創建一個新的區塊，它會將在新區塊中出現的第一個搜尋鍵值（在搜尋鍵順序）插入到索引中。但如果新紀錄的最小搜尋鍵值在其區塊中，系統會更新索引項指向其區塊；若沒有，系統對索引不做任何改變。

- **刪除**。要刪除一個紀錄，系統首先會找要被刪除的紀錄。系統下一步會採取的行動取決於該索引是密集或稀疏：
  - 密集索引：
    1. 如果刪除的紀錄是有特定搜尋鍵值的唯一紀錄，則系統將其相應的索引項目從索引刪除。
    2. 否則，採取如下措施：
       a. 如果索引項儲存了具有相同搜尋鍵值的所有紀錄的指標，系統會將已刪除紀錄的索引項目從索引刪除。
       b. 否則，索引項只儲存第一個有其搜尋鍵值的紀錄的指標。在這種情況下，如果刪除的紀錄是第一個有搜尋鍵值的紀錄，系統更新索引進入到下一個紀錄點。
  - 稀疏索引：
    1. 如果索引不包含有被刪除紀錄搜尋鍵值的索引項，索引無須做任何改變。
    2. 否則，系統採取以下行動：
       a. 如果刪除的紀錄是它搜尋鍵的唯一紀錄，系統會取代對應的索引紀錄至其下一個搜尋鍵值（依搜尋鍵順序）的索引紀錄。如果下一個搜尋鍵值已經有一個索引項目，該項目將被刪除而不是被取代。
       b. 否則，如果搜尋鍵值指向被刪除紀錄的索引項時，系統會更新指向下一個具有相同搜尋鍵值紀錄的索引項目。

　　多層次指標的插入和刪除演算法是我們剛提過的一種簡單的擴展方案。在刪除或插入時，系統會更新最低層級索引。對於第二個層級而言，最低階的索引僅僅是一個包含紀錄的檔案，因此，如果在最低層索引有任何改變，系統也會更新第二層索引，而同樣地技術會應用於更上階層的索引。

7.2.4　二級索引

　　二級索引必須是密集的，每一個搜尋鍵值都有索引項，且檔案中每一個紀錄都有指標。群集索引則可以是稀疏的，只儲存某些搜尋鍵值，因為總是可以藉由順序存取部分檔案找到中間的搜尋鍵值。如果一個二級索引只儲存一些搜尋鍵值，紀錄與其中間的搜尋鍵值可能出現在檔案的任何地方，因此在一般情況下，沒有搜尋完整個檔案時我們無法找到它們。

在候選鍵上的二級指標看起來像一個密集群集索引，除了被索引中的連續值指向的紀錄，並未按順序儲存。一般情況下，二級索引的結構與群集索引不同。如果群集索引的搜尋鍵不是候選鍵時，索引指向第一個有特定搜尋鍵值的紀錄即可，因為其他紀錄可透過循序掃描檔案取得。

反過來說，如果二級索引的搜尋鍵不是候選鍵，僅僅是指向第一個有每個搜尋鍵值的紀錄是不夠的。由於紀錄是依照群集索引的搜尋鍵排列，而非二級索引的搜尋，該檔案中其他具有相同搜尋鍵值的紀錄可能分散於檔案的各處。

我們可以使用一個額外的間接層級來實施在搜尋鍵上非候選鍵的二級索引。在這種二級索引的指標不直接指向檔案，反而，每一個都指向一個含指標到檔案的桶 (bucket)。圖 7.6 使用一個額外的層次，並用 *salary* 做搜尋鍵，間接對應到 *instructor* 檔案的例子來表示二級索引結構。

循序掃描在有順序的群集索引是有效的，因為該檔案的紀錄儲存在相同的實體順序與索引順序。然而，我們不能（在極少數特殊情況除外）儲存用群集索引搜尋鍵和二級索引搜尋鍵兩者來實體排序的檔案。由於二級鍵排序和實體鍵排序不同，如果我們依照按二級鍵順序試圖掃描該檔案，則在讀取每個紀錄時很有可能被要求讀取一個磁碟的新區塊，這會使速度變得非常緩慢。

前面描述的刪除和插入的步驟也可應用於二級索引，所採取的行動則是和密集索引在每個檔案中儲存每個紀錄的指標之描述相同。如果一個檔案有多個索引，則每當該檔案被修改，各索引也必須更新。

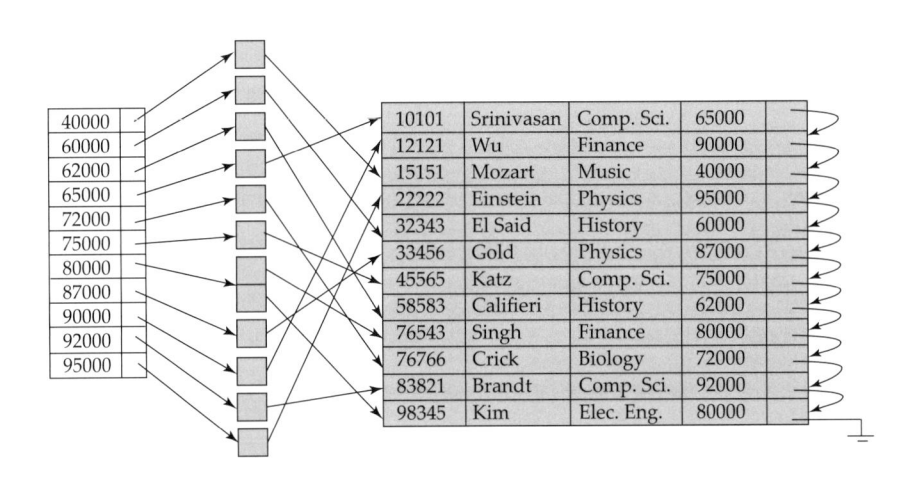

▶圖 7.6
instructor 檔案用非候選鍵的 *salary* 索引

| 40000 |
| 60000 |
| 62000 |
| 65000 |
| 72000 |
| 75000 |
| 80000 |
| 87000 |
| 90000 |
| 92000 |
| 95000 |

10101	Srinivasan	Comp. Sci.	65000
12121	Wu	Finance	90000
15151	Mozart	Music	40000
22222	Einstein	Physics	95000
32343	El Said	History	60000
33456	Gold	Physics	87000
45565	Katz	Comp. Sci.	75000
58583	Califieri	History	62000
76543	Singh	Finance	80000
76766	Crick	Biology	72000
83821	Brandt	Comp. Sci.	92000
98345	Kim	Elec. Eng.	80000

二級索引提高使用群集索引搜尋鍵查詢的效率，但也在修改資料庫上花費重大成本。資料庫設計師會考量可能需要的查詢和修改的頻率，來決定何種二級索引較合適。

自動生成索引

如果一個關聯被宣布為擁有主鍵，大多數資料庫會自動在主鍵上創建索引。每當在關聯插入一個元組時，該索引可以用來檢查主鍵限制是否違規（即沒有重複的主鍵值）。若該主鍵沒有索引，不論何時插入元組，則整個關聯必須能夠被讀取且保證符合主鍵限制。

7.2.5 多鍵上的索引

雖然我們迄今所看到的例子在一個搜尋鍵有一單獨屬性，但一般來說搜尋鍵有一個以上的屬性。包含多個屬性的搜尋鍵被稱為**複合搜尋鍵 (composite search key)**。該索引結構跟任何其他索引是一樣的，唯一的區別是其搜尋鍵為一個屬性列表，而不是單一屬性。搜尋鍵可以表示為一個元組值，形式為 $(a_1, \ldots, a_n)$，其中有索引的屬性是 $A_1, \ldots, A_n$。搜尋鍵排序值是依詞彙排序。例如，對於兩個屬性的搜尋鍵，只要 $a_1 < b_1$ 或 $a_1 = b_1$，且 $a_2 < b_2$，則 $(a_1, a_2) < (b_1, b_2)$。詞彙順序基本上和字母順序一樣。

以 takes 關聯在複合搜尋鍵 (course_id, semester, year) 上的索引為例，這種索引將有助於找出所有已為某一個特定課程學期／年註冊的學生，一個組合鍵的排序索引也可以有效率地來回答某些其他種類查詢，我們在後面的第 7.5.2 節會看到。

7.3 B⁺ 樹索引檔案

索引循序檔案主要的缺點是隨著檔案增加，資料索引查找或循序掃描的效能皆會降低。雖然重組檔案可以補救這個缺點，但頻繁的重組也不是我們所樂見。

B⁺ 樹 (B+-tree) 索引結構是幾種最被廣泛使用能夠維持較佳插入和刪除資料效率的索引結構之一。B⁺ 樹索引為一棵**平衡樹 (balanced tree)** 組成，從樹根到每個子葉的路徑長度都相同。每個非葉節點的樹會有 $\lceil n/2 \rceil$ 到 n 個孩子，其中 n 在每棵樹都是固定的。

我們可以發現 B⁺ 樹結構會增加插入和刪除效能上的開銷，另外也增加了空間開銷。但即便對於需要經常修訂的檔案，這些開銷也是可以接受的，因為這樣才能避免檔案的重組成本。此外,因為節點可能多達一半為空的(如果子樹數量為最低),則會造成部分空間浪費。此空間開銷,也是可接受的,因為 B+ 樹結構對整體效能有益。

3.3.1 B+ 樹結構

B+ 樹索引是一個多層次索引,但它有一個不同於多層次索引順序檔案的結構。圖 7.7 顯示了一個典型的 B+ 樹節點,它包含最多到 $n - 1$ 個搜尋鍵值 K_1、K_2、...、K_{n-1} 和 n 個指標 P_1、P_2、...、P_n。在節點中的搜尋鍵值為排序儲存,因此,如果 $i < j$,則 $K_i < K_j$。

我們首先考慮**葉節點 (leaf nodes)** 結構,對於 $i = 1, 2, ..., n - 1$,指標 P_i 指向一個搜尋鍵值為 K_i 的檔案紀錄,而指標 P_n 是具有特殊目的的,我們將在稍後討論。

圖 7.8 顯示了教師檔案的 B+ 樹葉節點,我們讓 n 為 4,搜尋鍵為 name。

看過葉節點的結構後,我們接著思考搜尋鍵值如何被分配到特定的節點。每個葉片可容納 $n - 1$ 個值,因此我們允許葉節點可包含最少的 $\lceil (n - 1)/2 \rceil$ 個值。

▶ 圖 7.7
B+ 樹的典型節點

▶ 圖 7.8
instructor B+ 樹索引 ($n = 4$) 的葉節點

10101	Srinivasan	Comp. Sci.	65000
12121	Wu	Finance	90000
15151	Mozart	Music	40000
22222	Einstein	Physics	95000
32343	El Said	History	80000
33456	Gold	Physics	87000
45565	Katz	Comp. Sci.	75000
58583	Califieri	History	60000
76543	Singh	Finance	80000
76766	Crick	Biology	72000
83821	Brandt	Comp. Sci.	92000
98345	Kim	Elec. Eng.	80000

instructor 檔案

在我們的 B⁺ 樹的例子中，如果 $n = 4$，每片葉子都必須包含至少 2 個值，至多 3 個值。

每片葉子值的範圍不重疊，除非有重複搜尋鍵值的情況，則其值可能出現在一片以上的葉子。另外，如果 L_i 和 L_j 是葉節點且 $i < j$，則在 L_i 每一個搜尋鍵值皆會小於或等於 L_j 每一個搜尋鍵值。如果 B⁺ 樹索引做為一個密集索引（通常是這樣），則每一個搜尋鍵值都需要出現在某些葉節點。

現在我們解釋指標 P_n 的使用。由於葉子上有一個以搜尋鍵值為基礎的線性排序，因此我們使用 P_n 循序串聯搜尋鍵順序到葉節點。這種排序能夠有效的連續處理檔案。

非葉節點 (nonleaf nodes) B⁺ 樹在葉節點上形成多層次的（稀疏）索引，除了所有指標都是樹節點的指標外，非葉節點的結構與葉節點是一樣的。非葉節點可以容納至多 n 個指標，且必須至少容納 $\lceil n/2 \rceil$ 個指標。一個節點的指標數量又被稱為節點的扇出 (fanout)，至於非葉節點又被稱為**內部節點 (internal nodes)**。

現在我們思考一個包含 m 個指標 ($m \leq n$) 的節點。$i = 2, 3, \ldots, m - 1$，指標 P_i 會指向具有搜尋鍵值小於 K_i 和大於或等於 K_{i-1} 的子樹，而指標 P_m 則指向具有鍵大於或等於 K_{m-1} 的子樹，且指標 P_1 會指向搜尋鍵值小於 K_1 的子樹。

與其他非葉節點不同的是，根節點可以容納少於 $\lceil n/2 \rceil$ 個的指標；然而，它必須至少能容納兩個指標，除非此樹僅由一個節點構成。我們可以用任意 n 建構一個 B⁺ 樹，並使其滿足前面的要求。

圖 7.9 顯示了一個 *instructor* 檔案的完整 B⁺ 樹 ($n = 4$)。我們顯示了教師姓名

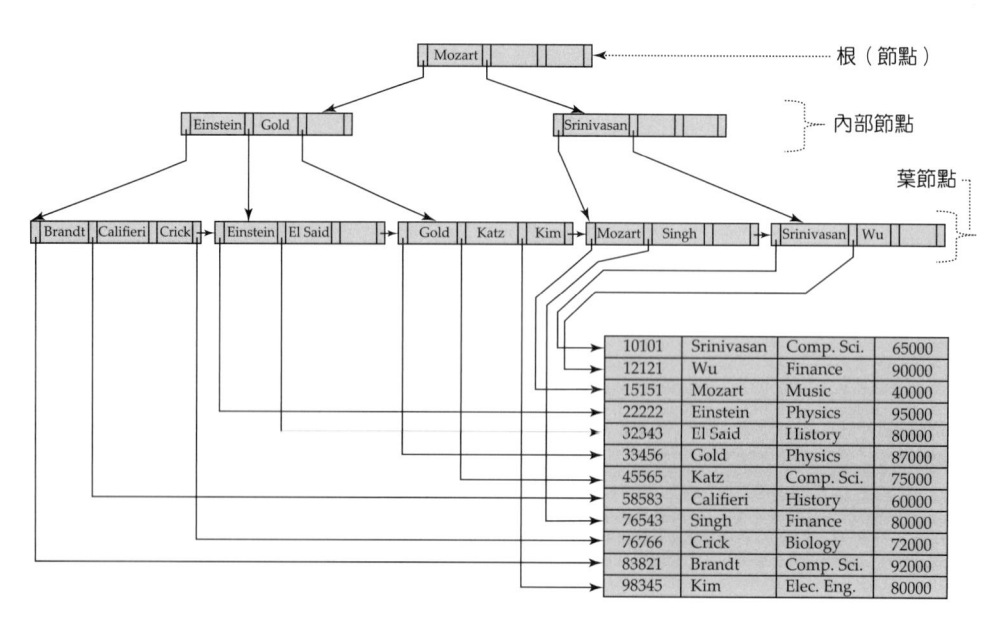

▶圖 7.9
instructor 檔案的
B⁺ 樹 ($n = 4$)

▶圖 7.10
instructor 檔案 $n = 6$ 的 B⁺ 樹

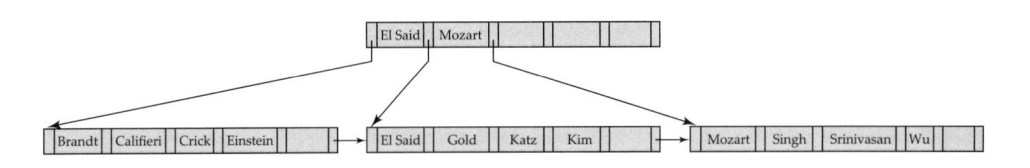

縮寫為 3 個字，以清楚描繪樹；在現實中，樹的節點將包含全名，另外為簡單起見，我們也省略了空值指標，圖中任何不包含箭頭的指標被視為有一個空值。

圖 7.10 顯示另一個 instructor 檔案的 B⁺ 樹，此樹的 $n = 6$。一如以往，我們為了簡易表達，縮寫了教師全名。我們觀察到樹的高度少於之前 $n = 4$ 的樹。

而這些例子的 B⁺ 樹都是平衡的，也就是說，每個路徑長度從根到葉節點都是一樣。此特性是 B⁺ 樹必要的條件。事實上，在 B⁺ 樹中的「B」就表示「平衡」(balanced)的意思。此平衡特性能確保B⁺樹擁有良好的查找、插入和刪除的效能。

7.3.2　在 B⁺ 樹中的查詢

讓我們思考如何處理 B⁺ 樹的查詢。假設我們希望用搜尋鍵值 V 來查詢紀錄。圖 7.11 給了一個 find( ) 函數來進行這項工作。

直觀地說，函數從樹根開始，通過整棵樹直到一個包含某指定值的葉節點（若該指定值的確存在樹上的話）。函數會首先以樹根做為當前節點，重複下列步驟，直到達到葉節點為止。首先，它先檢視當前節點，並尋找最小的 i，而該搜尋鍵值 K_i 會大於或等於 V。假設這樣的一個值被找到後，如果 K_i 等於 V，則當前節點會被設置為 P_{i+1} 所指向的節點；若 $K_i > V$，則當前節點會被設置為 P_i 所指向的節點。如果沒有找到 K_i 值，則顯然 $V > K_{m-1}$，其中 P_m 是節點最後一個非空值的指標。在這種情況下，當前節點會被設為 P_m 所指向的節點。上述的過程會重複，向下遍歷整棵樹，直到葉節點為止。

在葉節點，如果有一個搜尋鍵值等於 V，設 K_i 成為第一個相同的值；而指標 P_i 則會指向一個紀錄，其搜尋鍵值為 K_i。接著函數會返回葉節點 L 和索引 i。如果在葉節點並未發現 V 值的搜尋鍵，關聯上並不存在含 V 值的紀錄。函數 find 會傳回空值表示失敗。

如果最多有一個搜尋鍵值為 V 的紀錄（例如索引是在主鍵上），則 find 函數可以簡單的使用指標 $L. P_i$ 來完成檢索紀錄。但是，如果符合的紀錄大於一個，其餘的紀錄也必須被提取。

圖 7.11 printAll 的過程顯示如何使用指定的搜尋鍵 V 獲取所有紀錄。程序的

▶圖 7.11
B⁺ 樹的查詢

```
function find(value V)
/* Returns leaf node C and index i such that C.P_i points to first record
 * with search key value V */
    Set C = root node
    while (C is not a leaf node) begin
        Let i = smallest number such that V ≤ C.K_i
        if there is no such number i then begin
            Let P_m = last non-null pointer in the node
            Set C = C.P_m
        end
        else if (V = C.K_i)
            then Set C = C.P_{i+1}
        else C = C.P_i  /* V < C.K_i */
    end
    /* C is a leaf node */
    Let i be the least value such that K_i = V
    if there is such a value i
        then return (C, i)
        else return null ; /* No record with key value V exists*/


procedure printAll(value V)
/* prints all records with search key value V */
    Set done = false;
    Set (L, i) = find(V);
    if ((L, i) is null) return
    repeat
        repeat
            Print record pointed to by L.P_i
            Set i = i + 1
        until (i > number of keys in L or L.K_i > V)
        if (i > number of keys in L)
            then L = L.P_n
            else Set done = true;
    until (done or L is null)
```

　　第一步驟是通過在節點 L 上的其餘鍵，找到其他搜尋鍵值為 V 的紀錄。如果節點 L 至少包含一個搜尋鍵值大於 V，就有沒有其他匹配 V 的紀錄。否則，由 P_n 所指向的下一葉，可能有其他項目包含 V。由 P_n 所指向的節點必須再進行搜尋，以找到進一步搜尋鍵值為 V 的紀錄。如果在節點中由 P_n 所指向的最高搜尋鍵值也是 V，則可能需要瀏覽其他葉子，以找出所有匹配的紀錄。在 printAll 中的 **repeat** 迴圈重複執行，遍歷所有節點，直到所有匹配的紀錄被找到。

　　一個真正的執行將提供 find 來支持一個類似於由 JDBC ResultSet 所提供的反覆器 (iterator) 介面。這種反覆器介面將提供一種方法 next( )，使得我們可以用特定搜尋鍵來重複獲取連續紀錄。方法 next( ) 將逐步完成到葉片層的項目，其方式類似 printAll，但每次只需要一個步驟，並記錄停留點，以便可以透過連續使用 next 這個步驟來獲取連續的紀錄。為了簡單起見，我們忽略細節，並將反覆器接口的虛擬碼留到練習，提供有興趣的讀者研究。

B^+ 樹也可用於查詢所有搜尋鍵值在指定範圍 (L, U) 的紀錄。例如，用 B^+ 樹 *instructor* 的 *salary* 屬性，可以找到在指定範圍所有 *instructor* 的 *salary* 薪資紀錄，如 (50,000，100,000)（換句話說，薪資介於 50,000 元和 100,000 元之間）。此種查詢被稱為**範圍查詢 (range queries)**。要執行這樣的查詢，我們可以創建一個 printRange (L, U) 過程，其內容與 printAll 一樣，除了這些差異之外：printRange 呼叫 find(L)，而非 find(V)，然後逐步檢查紀錄，如 printAll 的過程，但停止條件為 $L.K_i > U$，而不是 $L.K_i > V$。

在處理一個查詢時，我們會從樹根遍歷到葉的一些節點。如果檔案中有 N 個紀錄，路徑長度不超過 $\lceil \log_{\lceil n/2 \rceil}(N) \rceil$。

在實例中，只有少數節點需要存取。而通常情況下，一個節點會與磁碟區塊大小相同，通常是 4KB。若搜尋鍵大小為 12 位元，磁碟指標大小為 8 位元，n 則約為 200。即使在較保守的估計下，32 個位元大小的搜尋鍵，n 約為 100。當 n = 100，如果檔案中有一百萬個搜尋鍵值，一個查找只需要對 $\lceil \log_{50}(1,000,000) \rceil$ = 4 個節點進行存取。因此，每個查找最多只需要從磁碟讀取四個區塊；而樹的根節點通常會被頻繁地存取，所以有可能是在緩衝區中，因此通常只有三個或更少的區塊需要從磁碟中被讀取。

B^+ 樹結構和記憶體中的樹結構，如二元樹，一個重要的區別在於節點的大小，以及樹的高度。在二元樹，每個節點小，且至多有兩個指標。在 B^+ 樹，每個節點大，通常是一個磁碟區塊大小，且一個節點可以有許多指標。因此，B^+ 樹往往是肥而短，不像二進位樹細而高挑。在一個平衡的二元樹，查詢的路徑長度可以是 $\lceil \log_2(N) \rceil$，其中 N 是被索引檔案的紀錄數量。與前面一樣的例子，N = 1,000,000，一個平衡二元樹需要大約 20 個節點的存取。如果每個節點都在不同的磁碟區塊上，一個查找需要讀取 20 區塊，而 B^+ 樹相對只需要的 4 個。兩者的不同是很顯著的，因為每個區塊讀取需要一個磁碟臂搜尋，而且磁碟臂的搜尋加上讀取時間通常大約需要 10 毫秒。

7.3.3　B^+ 樹的更新

當關聯中一個紀錄被插入或刪除時，關聯中的索引也必須進行更新。回想一下，更新一個紀錄可以模擬做為刪除舊紀錄之後插入更新的紀錄，因此我們只考慮插入和刪除。

　　插入和刪除比查找複雜得多；它可能需要**分割 (split)** 節點，因為節點可能因為插入變得太大，或是**結合 (coalesce)** 節點（即結合節點），若節點變得太小（少於「n/2」個指標）。此外，當一個節點被分割或一對節點相結合，我們必須確保平衡。為了介紹在 B⁺ 樹的插入和刪除的概念，我們應暫時假設節點沒有過大或過小，並根據此假設來定義插入及刪除的做法。

- **插入**。使用與 find( ) 函數查找的相同技術（圖 7.11），我們首先會找到搜尋鍵值會出現的葉節點。然後，會插入一個項目（即搜尋鍵值和紀錄指標對）至葉節點，並把搜尋鍵放到符合排序的位置中。
- **刪除**。使用與查找相同的技術，我們透過搜尋鍵值查詢已刪除的紀錄，找到包含要被刪除項目的葉節點；如果多個項目有相同的搜尋鍵值，我們會搜尋所有具有相同搜尋鍵值的項目，直到找到指向被刪除紀錄的項目，然後我們會從葉節點刪除該項目。葉節點上所有在刪除項目右方的項目會被移往左邊一個位置，因此項目被刪除後不會有缺口。

　　現在來討論一般情況下的插入和刪除，以及如何處理節點分割和節點結合。

7.3.3.1　插入

　　現在試想一個在插入節點後必須被分割的例子。假設一個紀錄被插入 *instructor* 關聯，*name* 值為 Adams。然後，我們需要為「Adams」插入一個項目至 B⁺ 樹，如圖 7.9。使用演算法查找後，我們發現「Adams」應該出現在包含「Brandt」、「Califieri」和「Crick」的葉節點。但在此葉中沒有足夠的空間插入搜尋鍵值「Adams」，因此，該節點會被分割成兩個節點。圖 7.12 顯示了兩個插入「Adams」分割的葉節點的結果。搜尋鍵值和「Adams」和「Brandt」在一葉上，「Califieri」和「Crick」在另一葉上。一般而言，我們會使用 n 個搜尋鍵值（葉節點 n − 1 個值加上被插入值），並把已存在的節點中第一個「n/2」和其餘值放到一個新創的節點上。

　　分割葉節點後，必須插入新的葉節點到 B⁺ 樹結構中。在我們的例子裡，新節點中「Califieri」為最小的搜尋鍵值。我們需要在被分割葉節點的父節點上插入同為此搜尋鍵值的一個項目，還有一個指向新節點的指標。圖 7.13 的 B⁺ 樹顯示了

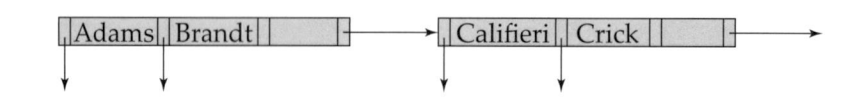

▶圖 7.12
插入「Adams」後的分割葉節點

插入的結果。在不分割節點的情況下是有可能進行插入的，因為父節點有空間提供給新項目。若沒有空間，則父節點必須被分割，因此需要被加一個項目。在最壞的情況下，所有通往樹根的節點路徑必須分割。如果是樹根本身分割，則整棵樹會變得更深。

分割非葉節點與分割葉節點稍微不同。圖 7.14 為圖 7.13 插入一個紀錄與搜尋鍵「Lamport」至樹的結果。其中「Lamport」要被插入的葉節點已經有了「Gold」、「Katz」和「Kim」項目，因此此葉節點須被分割。分割後新的右手端節點包含搜尋鍵值「Kim」和「Lamport」。此時有一個項目 (Kim, $n1$) 必須被增加到父節點，其中 $n1$ 是指向新節點的指標，但是，父節點已沒有空間增加新項目，因此父節點被分割。為此，父節點需暫時性且概念性地擴大，待項目插入後，過滿的節點會立即被分割。

分割過滿的非葉節點時，子樹指標會被分散到原來和新創的節點中間；在我們的例子中，前三個指標會留在原來的節點，至於右邊新創建的節點則會有剩下的兩個節點。至於搜尋鍵值處理的方式則稍有不同。位於被移到節點右邊的指標間的搜尋鍵值會跟著指標一起移動（在我們的例子中，搜尋鍵值為「Kim」），而那些在位於留在左邊的指標之間的搜尋鍵值（例子中為「Califieri」和「Einstein」）則保持原狀。

然而，在左邊維持原狀的搜尋鍵值及向右移動的指標處理方式不同。範例中，搜尋鍵值「Gold」介於往左邊節點去的三個指標，及兩個往右節點去的指標之間。搜尋鍵值「Gold」未被增加到任何一個分割的節點。相反地，一個項目

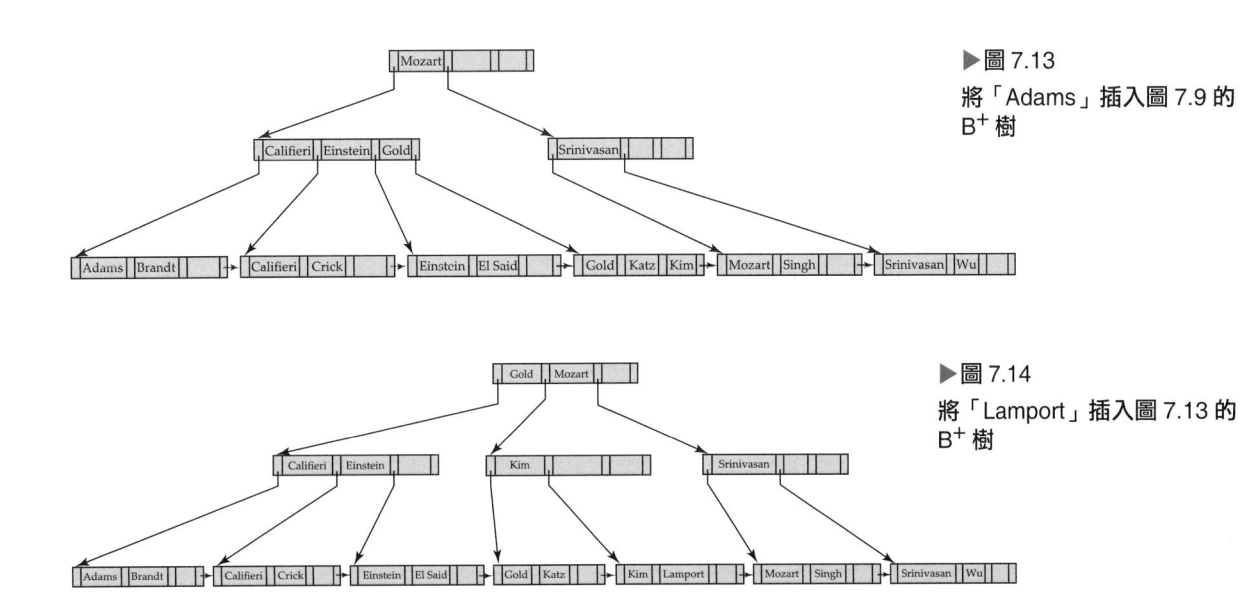

▶圖 7.13
將「Adams」插入圖 7.9 的 B$^+$ 樹

▶圖 7.14
將「Lamport」插入圖 7.13 的 B$^+$ 樹

(Gold, n2) 會被增加到父節點，其中 n2 是指向新建節點的指標。在這種情況下，父節點是根，它能夠給與新項目足夠的空間。

一般插入 B⁺ 樹葉節點的技術是用來決定插入的位置，葉節點 l。如果有分割，則插入點為新節點 l 的父節點。若此插入引起分割，持續沿著樹一直重複直到插入不再引起分割，或一個新的樹根被創建。

圖 7.15 概述了插入演算法的虛擬碼。該過程 insert 插入一對鍵值指標到索引，使用了兩個子程式 insert_in_leaf 和 insert_in_parent。在虛擬碼中，L、N、P 和 T 表示指到節點的指標，L 被用來表示葉節點。$L.K_i$ 和 $L.P_i$ 用來表示第 i 個值，以及節點 L 的第 i 個指標；$T.K_i$ 和 $T.P_i$ 的用法和以上類似。虛擬碼也使得函數 parent(N) 找到節點 N 的父節點。我們可以在找到葉節點後，計算從樹根到樹葉路徑列表上的節點，之後便可以有效率地利用它找到路徑中任何節點的父節點。

insert_in_parent 的過程會使用參數 N、K'、N'，其中節點 N 會分割為 N 和 N'，且 K' 為 N' 中的最小值。該過程修改 N 的父節點來紀錄分割。在 insert_into_index 和 insert_in_parent 的程序中，用臨時區域記憶體 T 來儲存一個節點被分割的內容。這個過程可以被修改，已便從分割的節點直接複製資料到新創建的節點，從而減少複製資料所需的時間。不過使用臨時空間 T 可以簡化程序。

7.3.3.2 刪除

我們現在討論會導致樹節點太少指標的刪除。首先，我們從圖 7.13 B⁺ 樹刪除「Srinivasan」，由此產生的 B⁺ 樹顯示在圖 7.16，然後思考刪除是如何執行的。首先我們透過查找演算法找到項目「Srinivasan」。當我們從其葉節點刪除「Srinivasan」時，節點只剩下一個項目「Wu」。因為，在我們的例子中，$n = 4$ 及 $1 < \lceil (n-1)/2 \rceil$，我們不是得將節點與兄弟節點合併，就是要重新分配節點之間的項目，以確保每個節點至少是半滿。在我們的例子中，有「Wu」的未滿的節點可以和它左邊的兄弟節點合併。我們透過移動兩個項目至左兄弟節點來合併節點，並刪除現在為空的右兄弟節點。一旦節點被刪除，我們還必須刪除父節點中指向被刪除節點的項目。

在我們的例子中，要刪除的項目是 (Srinivasan, n3)，其中 n3 是一個指向有「Srinivasan」的葉子的指標（在這種情況下，在非葉節點中被刪除的項目恰好與葉中被刪除的值相同；不過大多數的刪除情況並非如此。）刪去上述項目後，父節點原本擁有一個搜尋鍵值「Srinivasan」和兩個指標，現在只有一個指標（節點中最左邊），且沒有搜尋鍵值。$n = 4$ 時 $1 < \lceil n/2 \rceil$，因此父節點是未滿的。（對於較大的 n，一個未滿的節點仍然有一些值和指標。）

```
procedure insert(value K, pointer P)
    if (tree is empty) create an empty leaf node L, which is also the root
    else Find the leaf node L that should contain key value K
    if (L has less than n − 1 key values)
        then insert_in_leaf (L, K, P)
        else begin /* L has n − 1 key values already, split it */
            Create node L′
            Copy L.P₁ . . . L.Kₙ₋₁ to a block of memory T that can
                hold n (pointer, key-value) pairs
            insert_in_leaf (T, K, P)
            Set L′.Pₙ = L.Pₙ; Set L.Pₙ = L′
            Erase L.P₁ through L.Kₙ₋₁ from L
            Copy T.P₁ through T.K⌈n/2⌉ from T into L starting at L.P₁
            Copy T.P⌈n/2⌉₊₁ through T.Kₙ from T into L′ starting at L′.P₁
            Let K′ be the smallest key-value in L′
            insert_in_parent(L, K′, L′)
        end

procedure insert_in_leaf (node L, value K, pointer P)
    if (K < L.K₁)
        then insert P, K into L just before L.P₁
        else begin
            Let Kᵢ be the highest value in L that is less than K
            Insert P, K into L just after T.Kᵢ
        end

procedure insert_in_parent(node N, value K′, node N′)
    if (N is the root of the tree)
        then begin
            Create a new node R containing N, K′, N′   /* N and N′ are pointers */
            Make R the root of the tree
            return
        end
    Let P = parent (N)
    if (P has less than n pointers)
        then insert (K′, N′) in P just after N
        else begin /* Split P */
            Copy P to a block of memory T that can hold P and (K′, N′)
            Insert (K′, N′) into T just after N
            Erase all entries from P; Create node P′
            Copy T.P₁ . . . T.P⌈n/2⌉ into P
            Let K″ = T.K⌈n/2⌉
            Copy T.P⌈n/2⌉₊₁ . . . T.Pₙ₊₁ into P′
            insert_in_parent(P, K″, P′)
        end
```

▶圖 7.15
在 B⁺ 樹插入項目

在此,我們看兄弟節點;在我們的例子中,唯一的兄弟節點是擁有搜尋鍵「Califieri」、「Einstein」和「Gold」的非葉節點。如果可能,我們會盡量結合兄弟

▶圖 7.16
從圖 7.13 的 B⁺ 樹刪除
「Srinivasan」

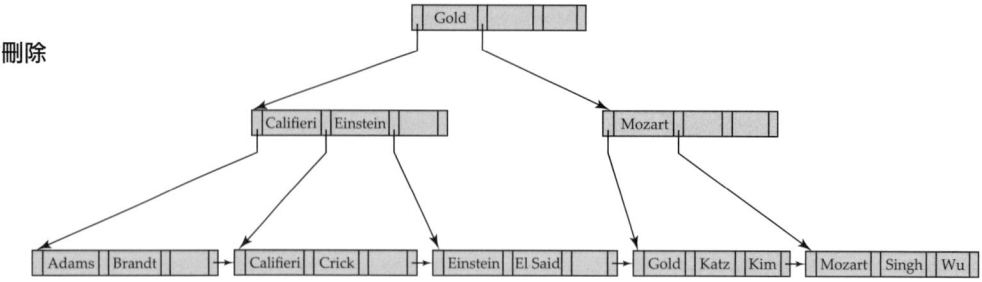

節點。此例中，結合是不可能的，因為節點和它的兄弟加起來有五個指標，違反對最多四個的原則。此種情況的解決方法是**重新分配 (redistribute)** 節點和它的兄弟之間的指標，使得每個至少有 ⌈n/2⌉ = 2 個子指標。為此，我們將左兄弟節點的最右邊指標（指向「Mozart」的葉節點）移到未滿的右兄弟節點。然而，如此一來右兄弟節點就有兩個指標，且沒有值把它們分開。事實上，把它們分開的值不存在任一節點，但會表現在父節點，在父節點到該節點以及兄弟節點的指標間。在我們的範例中，值「Mozart」分開了兩個指標，且在重新分配後顯示在右兄弟節點。重新分配指標也意味著在父節點中的值「Mozart」不再是正確區分兄弟節點的搜尋鍵值。事實上，現在正確地分隔兄弟節點的搜尋鍵值是「Gold」，其值在重新分配前位於左兄弟節點。

因此，在圖 7.16 B⁺ 樹中，重新分配兄弟節點間的指標後，「Gold」已經上升到父節點，而原來存在的值「Mozart」，也已經向下移動到右兄弟節點。

接下來我們從圖 7.16 B⁺ 樹刪除搜尋鍵值「Singh」和「Wu」。結果顯示在圖 7.17。在刪除第一個的這類值並不能使葉節點變成未滿，但刪除第二值卻可以。我們不可能將未滿的節點與其兄弟節點合併，所以要進行值的重新分配，移動搜尋鍵值「Kim」到「Mozart」的節點，其結果如圖 7.17。分隔兩兄弟節點的值已在父節點更新，從「Mozart」變成「Kim」。

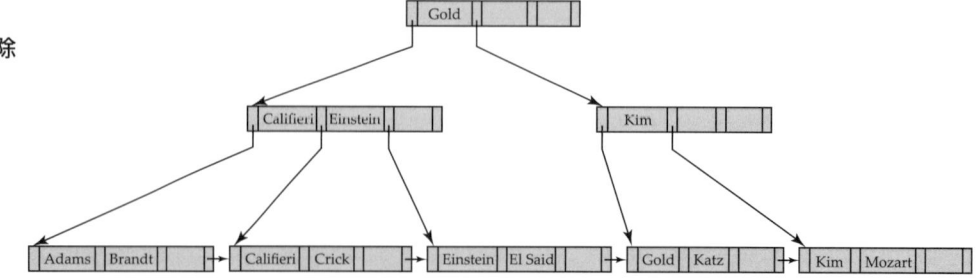

現在我們從上面的樹刪除「Gold」，其結果顯示在圖 7.18。這將導致一個未滿的葉子，可以與其他兄弟節點合併。從父節點刪除項目的結果（非葉節點包

▶圖 7.17
從圖 7.16 B⁺ 樹刪除
「Singh」和「Wu」

▶圖 7.18
從圖 7.17 B⁺ 樹刪除「Gold」

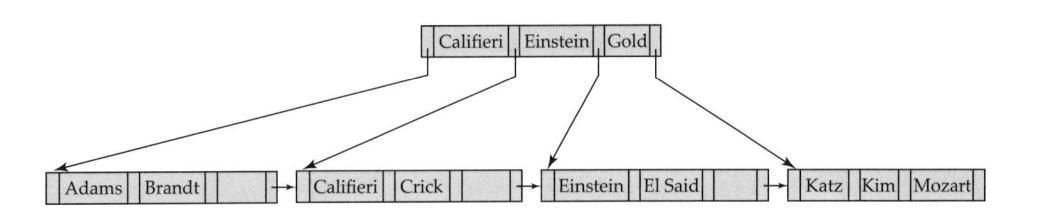

含「Kim」），使父節點成為未滿的（且只剩下一個指標）。此時，父節點可與兄弟節點合併。這種合併的結果會使搜尋鍵值「Gold」向下移動，從父節點到合併後的節點。合併的結果是，父節點會刪除一個項目，恰好是樹的根。而刪除後，樹根只剩下一個子指標，且沒有搜尋鍵值，違反了根至少有兩個子節點的條件。因此，根節點被刪除後，其唯一的子節點成為根，使得 B⁺ 樹的深度減少 1。

值得一提的是，刪除的結果是，B⁺ 樹中非葉節點的一個鍵值可能在樹上的任何葉節點都不存在。例如，在圖 7.18，值「Gold」已被從葉層級刪除，但仍然存在於非葉節點中。

一般情況下，要刪除在 B⁺ 樹的值，會先查找其值再將其刪除。如果節點太小，我們將從其父節點刪除，且會在刪除演算法上遞回，直到達到樹根，而在刪除後父節點仍然為滿的，否則會執行重新分配。

圖 7.19 概述了從 B⁺ 樹的刪除虛擬碼。swap variables(*N*, *N'*) 的過程只是交換變數（指標）的值 *N* 和 *N'*，並沒有影響到樹本身。該虛擬碼使用條件「太少指標/值」。對於非葉節點，這一標準意味著比「*n*/2」更少的指標；對於葉節點，這意味著不到「(*n* − 1)/2」個值。該虛擬碼從相鄰的節點借用一個項目來重新分配項目，另外，我們也可以透過重新平均區分兩個節點的項目來重新分配。該虛擬碼指的是從節點刪除項目 (*K*, *P*)。在葉節點的情況下，一個項目的指標實際上是在鍵值之前，所以指標 *P* 在鍵值 *K* 之前。對於非葉節點，*P* 在鍵值 *K* 之後。

7.3.4 非唯一搜尋鍵

如果一個關聯可以擁有一個以上相同的搜尋鍵值的紀錄（即兩個或更多的紀錄可以有相同值的索引屬性），其搜尋鍵則是一個**非唯一搜尋鍵 (nonunique search key)**。

非唯一搜尋鍵的問題是紀錄刪除的效率。假設一個特定的搜尋鍵值出現次數頻繁，而有該搜尋鍵的其中的一個紀錄要被刪除。刪除可能要先經過大量的項目搜尋，有可能會經過多個葉節點，才找到項目所對應要被刪除的紀錄。

▶ 圖 7.19
從 B⁺ 樹刪除項目

```
procedure delete(value K, pointer P)
    find the leaf node L that contains (K, P)
    delete_entry(L, K, P)

procedure delete_entry(node N, value K, pointer P)
    delete (K, P) from N
    if (N is the root and N has only one remaining child)
    then make the child of N the new root of the tree and delete N
    else if (N has too few values/pointers) then begin
        Let N' be the previous or next child of parent(N)
        Let K' be the value between pointers N and N' in parent(N)
        if (entries in N and N' can fit in a single node)
            then begin /* Coalesce nodes */
                if (N is a predecessor of N') then swap_variables(N, N')
                if (N is not a leaf)
                    then append K' and all pointers and values in N to N'
                    else  append all (Kᵢ, Pᵢ) pairs in N to N'; set N'.Pₙ = N.Pₙ
                delete_entry(parent(N), K', N); delete node N
            end
            else begin /* Redistribution: borrow an entry from N' */
                if (N' is a predecessor of N) then begin
                    if (N is a nonleaf node) then begin
                        let m be such that N'.Pₘ is the last pointer in N'
                        remove (N'.Kₘ₋₁, N'.Pₘ) from N'
                        insert (N'.Pₘ, K') as the first pointer and value in N,
                            by shifting other pointers and values right
                        replace K' in parent(N) by N'.Kₘ₋₁
                    end
                    else begin
                        let m be such that (N'.Pₘ, N'.Kₘ) is the last pointer/value
                            pair in N'
                        remove (N'.Pₘ, N'.Kₘ) from N'
                        insert (N'.Pₘ, N'.Kₘ) as the first pointer and value in N,
                            by shifting other pointers and values right
                        replace K' in parent(N) by N'.Kₘ
                    end
                end
                else  ... symmetric to the then case ...
            end
    end
```

大多數資料庫系統使用的簡單解決方法，就是透過創建獨特複合搜尋鍵與其他屬性的組合，使搜尋鍵成為唯一。額外屬性可以是一個 record-id，也就是紀錄的指標，或是任何其他屬性，其值且是所有紀錄中唯一的且有相同搜尋鍵值的。額外的屬性也被稱為**唯一標誌 (uniquifier)** 的屬性。當一個紀錄要被刪除時，複合搜尋鍵值會從紀錄計算出來，然後查詢其索引。由於此值是唯一的，因此相應的葉層級可以在遍歷一次根到葉後就被找出，並在葉層級時不會有進一步的存取。如此，可以高效率地進行紀錄的刪除。

當在比對搜尋鍵值時，原始的搜尋鍵屬性會完全忽略唯一標誌的屬性值。

使用非唯一搜尋鍵，B$^+$ 樹結構會儲存每個鍵值，且次數和包含該鍵值的紀錄數量一樣。另一種方法是在樹中只儲存每個鍵值一次，並保留桶（或列表）紀錄指標與搜尋鍵值，來處理非唯一搜尋鍵。這種方法更節省空間，因為它只儲存關鍵值一次，但是當 B$^+$ 樹實行時會有一些複雜的問題。如果桶保存在葉節點，需要額外的代碼來處理各種大小的桶，並處理尺寸大於葉節點的桶。如果桶被儲存在單獨的區塊，則需要一個額外的 I/O 操作來獲取紀錄。除了這些問題以外，如果搜尋鍵值是非常大量的，則桶也有刪除紀錄效率變差的問題。

7.3.5　B$^+$ 樹更新的時間複雜度

雖然在 B$^+$ 樹插入和刪除操作很複雜，但它們需要相對較少的 I/O 操作，這是個重要的好處，因為 I/O 操作較昂貴。我們可以證明，在最壞情況下插入所需要的 I/O 操作數量與 $\log_{\lceil n/2 \rceil}(N)$ 成比例，其中 n 是節點中指標的最大數量，N 為檔案中索引紀錄的數量。

在最壞的情況下，刪除程序的複雜度也會與 $\log_{\lceil n/2 \rceil}(N)$ 成正比，只要沒有重複值的搜尋鍵。如果有重複值，刪除可能要先搜尋擁有相同搜尋鍵值的多個紀錄後，找到正確的項目來刪除，這樣的效率不高。然而，增加唯一標誌屬性使搜尋鍵有唯一性，如第 7.3.4 節所述，仍可以保證刪除複雜度的最壞情況是一樣的，即使原來的搜尋鍵不是唯一。

換言之，插入和刪除的操作成本，在 I/O 操作與 B$^+$ 樹高度成比例，也因此較低。而 B$^+$ 樹的運算速度，使它們經常在索引結構資料庫中被使用。

實作上，在 B$^+$ 樹上操作會用到比最壞情況更少的 I/O 操作。如扇出為 100，並假設葉節點存取均勻分布，父節點比葉節點更可能被存取 100 倍。相反地，具有相同的扇出，B$^+$ 樹中非葉節點的總數只比葉節點數量的 1% 多一點。因此，在數個 GB 的儲存容量普遍的今天，B$^+$ 樹使用頻繁時，即使關聯非常巨大，很可能在大部分的非葉節點要被存取時，都已經存在資料庫中緩衝裡了。因此，通常只有一、兩個查找需要進行 I/O 操作。對於更新，節點分割發生的機率相對地非常小。依插入的排序而定，若扇出為 100，只有介於 1 / 100 至 1 / 50 的插入將導致節點分割，需要多個區塊被寫入。因此，平均來說，一個插入只需要略多於一個的 I/O 操作來寫入更新區塊。

雖然 B$^+$ 樹只保證節點至少半滿，但如果項目插入的順序是隨機的，可以預計平均節點將超過三分之二滿。如果項目插入依排列順序，節點將只有半滿。（你可以在後面練習找出為何節點在後者的狀況，只有半滿的原因。）

7.4 B$^+$ 樹的擴充

在本節中，我們將討論幾個 B$^+$ 樹索引結構的擴展和變化。

7.4.1 B$^+$ 樹檔案組織

如第 7.3 節所提，索引排序檔案組織的主要缺點是隨著檔案增加，其性能則下降：隨著增長，愈來愈多的索引項目與實際紀錄也不按順序，並儲存在溢出區塊。我們使用檔案中 B$^+$ 樹指標解決查找索引性能下降的問題，還使用 B$^+$ 葉節點層級來組織實際紀錄的區塊，以解決儲存實際紀錄的問題。因此我們不只使用 B$^+$ 樹結構為指標，也用它整理檔案中的紀錄。在 **B$^+$ 樹檔案組織 (B$^+$-tree file organization)** 中，樹的葉節點儲存紀錄，而非儲存紀錄指標。圖 7.20 顯示了一個 B$^+$ 樹檔案組織的例子。由於紀錄通常比指標大，可儲存在葉節點的最多紀錄數量小於在非葉節點的指標。不過，葉節點仍需要至少半滿。

從 B$^+$ 樹檔案組織插入和刪除紀錄與處理在 B$^+$ 樹索引插入和刪除項目的方式相同。當紀錄與給定鍵值 v 要被插入時，系統會在 B$^+$ 樹中搜尋最大鍵為 $\leq v$ 的紀錄，以找到區塊。如果區塊中有足夠的空間給紀錄，系統會儲存紀錄於區塊中。否則，和 B$^+$ 樹插入時一樣，系統會將區塊一分為二，並重新分配其中的紀錄（按 B$^+$ 樹鍵順序排列）以便為新紀錄創造空間。分割以正常的方式分散至 B$^+$ 樹。當我們刪除一個紀錄，系統首先會從包含它的區塊將其刪除。如果一個區塊 B 因此

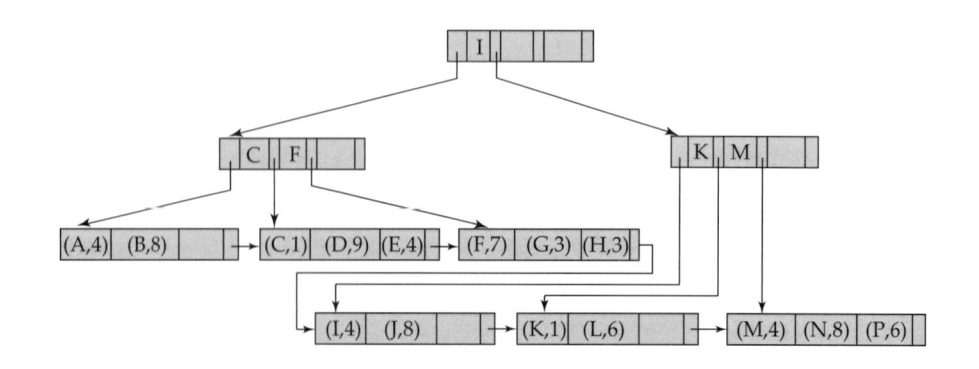

▶圖 7.20
B$^+$ 樹檔案組織

而不到半滿,則會將 B 的紀錄與之相鄰的在區塊 B' 的紀錄做重新分配。若是大小固定的紀錄,每個區塊將至少可容納其最大可容納量的一半。該系統會依正常的方式更新 B$^+$ 樹的非葉節點。

當使用 B$^+$ 樹檔案組織時,空間利用率特別重要,因為紀錄所占用的空間很可能遠遠超過鍵和指標所占用的空間。因此我們可以透過在分割與合併中使用更多的兄弟節點來做重新分配,以提高 B$^+$ 樹節點的空間利用率。該技術適用於葉節點和非葉節點,方法如下:

在插入時,如果一個節點是滿的,系統將嘗試重新分配其部分項目至其相鄰的節點,為新項目騰出空間。若此嘗試因為相鄰節點本身也是滿的而失敗,因系統會分割節點,並將項目平均分布在相鄰節點之一,以及從原來節點分割後所得的兩個節點。由於三個一組的節點可以比原來兩個節點多容納一個紀錄,每個節點約會有三分之二滿。更確切地說,每個節點都會有至少 $\lfloor 2n/3 \rfloor$ 個項目,其中 n 是節點可容納項目的最大數量。($\lfloor x \rfloor$ 表示小於或等於 x 的最大整數,也就是說,我們會忽略任何分數或小數點)。

在刪除一個紀錄時,如果節點占用的空間低於 $\lfloor 2n/3 \rfloor$,系統會試圖從兄弟節點借用一個項目。如果這兩個兄弟節點都已有 $\lfloor 2n/3 \rfloor$ 紀錄,系統不會借用一個項目,而會重新平均分配在此節點以及兄弟節點中的項目至兩個節點,並刪除第三個節點。我們可以用這個方法,因為項目的總數是 $3\lfloor 2n/3 \rfloor - 1$,低於 $2n$。有三個相鄰的節點可用於重新分配,每個節點都可以保證有 $\lfloor 3n/4 \rfloor$ 個項目。一般來說,如果 m 個節點($m - 1$ 個兄弟節點)都參與重新分配,每個節點可以保證至少包含 $\lfloor (m - 1)n/m \rfloor$ 個項目。然而,更新的成本隨著參與重新分配的兄弟節點增加而變高。

請注意,在 B$^+$ 樹索引或檔案組織中,樹中彼此相鄰的葉節點可能位於磁碟上不同的位置。當一個檔案組織被新建立於一套紀錄上時,它可能被分配到的區塊會是在連續的磁碟上,而其在樹中也是在連續的葉節點上。因此,依序掃描葉節點大多會對應到依序掃描的磁碟。由於樹會有插入和刪除動作的發生,因此順序性也逐漸失序,以至於依序存取必須等待磁碟搜尋而變得日益頻繁。因此我們常需要以索引重建來恢復順序性。

B$^+$ 樹檔案組織也可以用來儲存大型物件,如 SQL、clobs 和 blobs,它們可能大於一個磁碟區塊,是 GB 的好幾倍。這樣的大物件可以透過分割成為更小的紀錄序列,並組織在一個 B$^+$ 樹檔案組織來儲存。這些紀錄可以按順序編號,或大物件內紀錄位元偏移量來編號,而此紀錄編號可以做為搜尋鍵。

7.4.2 二級索引和紀錄搬遷

有些檔案組織，如 B+ 樹檔案組織，即使紀錄沒有被更新，也可能會改變紀錄的位置。舉例來說，當一個葉節點在 B+ 樹檔案組織被分割，許多紀錄會被搬遷到新的節點。在這種情況下，所有儲存指標的二級索引對於其被搬遷的紀錄都必須更新，即使紀錄中的值沒有改變。每個葉節點可能包含許多的紀錄，而每個紀錄在每個二級索引中可能有不同的位置。因此，一個葉節點分割可能需要數十甚至數百個 I/O 操作來更新所有受影響的二級指標，也使其成為非常昂貴的操作。

此問題常見的一種解決方法是：在二級索引中，我們儲存主索引搜尋鍵屬性值，而非索引紀錄位置的指標。例如，假設我們在 *instructor* 關聯屬性 *ID* 上有一個主索引，然後在 *dept_name* 上的二級索引儲存每個科系名稱列表教師 *ID* 值的對應紀錄，而不是儲存指標紀錄。

因為葉節點分割所發生的搬遷紀錄不需要更新任何二級索引。然而，使用二級索引尋找紀錄目前需要兩個步驟：首先，我們使用二級索引查詢主索引搜尋鍵值，然後用主索引查詢相應的紀錄。

上述方法，大大降低了由於檔案索引重組後的索引更新成本，即使使用二級索引會增加存取資料的成本。

7.4.3 索引字串

使用字串值屬性創建 B+ 樹索引會有兩個問題。第一個問題是，字串的長度可變化。第二個問題是，字串可以很長，導致低扇出和增加樹的高度。

長度可變的搜尋鍵，使不同的節點，即使它們都是滿的，可以有不同的扇出。不過如果節點是滿的就必須被分割，也就是說，不論它有多少搜尋項目，它都沒有空間可以增加新的項目。同樣地，節點可以合併或項目可以重新分配，這要取決於節點中有多少空間被使用，而不是根據該節點可容納最大數目的項目來決定。

一種叫做**前置詞壓縮 (prefix compression)** 的方法可增加節點的扇出。使用前置詞壓縮，我們不在非葉節點儲存整個搜尋鍵值。我們只儲存每個足以區分子樹中鍵值的搜尋鍵前置詞。例如，如果我們有一個名稱索引，一個非葉節點的鍵值可以是一個名字的前置詞，它可以在非葉節點儲存「Silb」，而非完整的「Silberschatz」，如果它所區隔的兩株子樹中值最接近它的兩個值分別為「Silas」和「Silver」。

7.4.4 B⁺樹索引的批量加載

正如我們前面所見，在 B⁺ 樹插入紀錄時需要一些 I/O 的操作，而在最糟情況下是與樹的高度成比例，而這個高度通常相當小（通常是 5 或更小，即使對大的關聯也是如此）。

現在試想 B⁺ 樹是建在一個大的關聯的情況下。假設關聯明顯大於主記憶體，而我們正在建立非群集索引關聯，其索引也比主記憶體大。在這種情況下，當掃描關聯並將項目增加到 B⁺ 樹時，每個被存取的葉節點很可能不會在資料庫緩衝區被存取，因為項目並沒有特別的順序。當隨機排序存取區塊時，每增加一個項目到葉中，就會需要一個磁碟搜尋獲取包含葉節點的區塊。區塊可能在增加另一個項目到區塊前，從磁碟緩衝區被驅逐，從而使另一個磁碟搜尋把區塊寫回磁碟。因此，每個項目插入時可能都需要一個隨機讀取和隨機寫入的操作。

例如，某關聯有一億個紀錄，每個 I/O 操作大約需要 10 毫秒，也就是至少需要 100 萬秒來建立索引，這還是只計算讀取葉節點成本而已，不包括把更新寫回磁碟的成本。這明顯是一個非常大量的時間，相反地，如果每個紀錄占用 100 個位元組，且磁碟子系統可以每秒 50MB 傳輸資料，則讀取整個關聯需僅 200 秒。

在同一時間插入大量的項目到一個索引被稱為索引的**批量加載 (bulk loading)**。執行一個索引批量加載有效的方式如下。首先，為關聯創建一個包含索引項的臨時檔案，然後把於正在建立索引的搜尋鍵上的檔案排序，最後掃描排序的檔案，並將項目插入索引。有一些高效能的演算法能進行大關聯的排序，在第 8.4 節會介紹，而且若有一個合理的主記憶體可用，即使是有與讀取檔案數次類似的 I/O 成本的大檔案，它仍可以排序。

在把項目插入 B⁺ 樹前先將其排序會有一個極大的好處。當項目循序插入時，所有到特定葉節點的項目將會連續出現，然後葉節點只需要被寫入一次；如果 B⁺ 樹是從空的開始，節點永遠不需在批量加載時從磁碟讀取。因此即使許多項目可能被插入此節點，每個葉節點仍會只有一個 I/O 操作。如果每個葉包含 100 個項目，該樹葉層將有 100 萬個節點，造成只有 100 萬個 I/O 操作用於創建樹葉層。即使這些 I/O 操作預計是能夠連續的，如果連續的葉節點分配於連續的磁碟區塊上，需要的磁碟搜尋也會比較少。以當今的磁碟，每個區塊 1 毫秒對循序 I/O 操作是一個合理的估計，相對地，每區塊隨機的 I/O 操作則需要 10 毫秒。

我們在第 8.4 節將研究這些大關聯排序的成本，但粗略估計，原來可能需要 100 萬秒來建立的索引，則可以用少於 1000 秒來完成，若在插入到 B⁺ 樹前，可以先將項目排序。相比之下，插入隨機順序會超過 100 萬秒。

如果 B⁺ 樹最初是空的，它可以從樹葉層級由下而上更快地被構建，而不是使用一般的插入過程。在**由下而上的 B⁺ 樹結構 (bottom-up B⁺-tree construction)**，進行的我們剛才所描述的項目排序後，將排序好的項目打散成區塊，盡可保持一個區塊所能擁有項目數量的極限。這些區塊形成 B⁺ 樹的樹葉層。每個區塊的最低值，以及指向該區塊的個指標，被用來創造 B⁺ 樹下一階層指向樹葉區塊的項目。每下個級別的樹的建構方法都差不多，使用的都是與前一個級別最少的連接值，直到根被創建。我們將細節留給你做練習。

在創建關聯索引時，大多數資料庫系統實現的高效能技術是以項目排序和由下而上建構為基礎，不過當元組被一個接著一個加入已有索引的關聯時，它們使用的是一般插入技巧。有些資料庫系統建議，如果一個非常大量的元組被一次增加至已經存在的關聯，關聯上的索引（而非主鍵上任何其他索引）應被丟棄，然後利用效率批量加載技術的優勢，在元組插入後重新創建。

7.4.5　B 樹索引檔案

B 樹索引 (B-tree indices) 類似於 B⁺ 樹索引。主要的兩種區別是，B 樹消除了搜尋鍵值的冗餘儲存。在圖 7.13 的 B⁺ 樹，搜尋鍵「Califieri」、「Einstein」、「Gold」、「Mozart」和「Srinivasan」除了出現在葉節點之外，也出現在非葉節點中。也就是說每個搜尋鍵值會出現在一些葉節點；而有幾個是重複出現在非葉節點。

一棵 B 樹允許搜尋鍵值只出現一次（如果它們是唯一的），不像 B⁺ 樹，其中某值可能除了出現在葉節點之外，還出現在非葉節點。圖 7.21 顯示了一株 B 樹，與圖 7.13 的 B⁺ 樹都代表相同的搜尋鍵。由於在 B 樹搜尋鍵不重複，我們可以在較少的樹節點中儲存索引，而不像 B⁺ 樹。然而，由於出現在非葉節點的搜尋鍵不會在 B 樹的其他地方出現，我們被迫為非葉節點中的每個搜尋鍵包含一個額外的指標。這些額外的指標會指向相對應的搜尋鍵的檔案紀錄或桶。

▶圖 7.21
B 樹相當於圖
7.13 B⁺ 樹

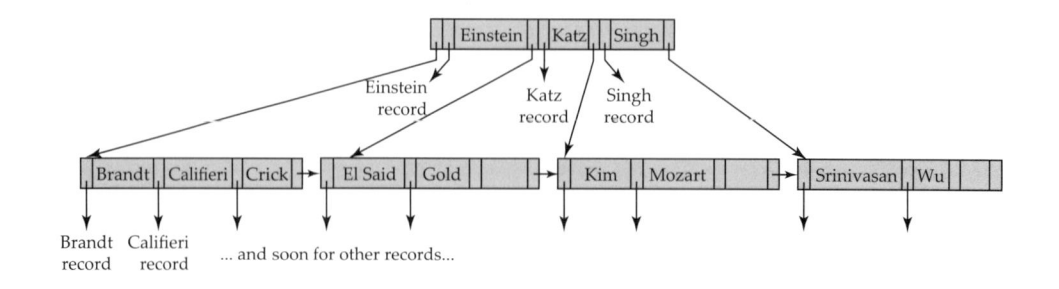

值得注意的是許多資料庫系統手冊、業界文獻以及業界專業人士使用術語 B 樹來代表我們稱之為 B⁺ 樹的資料結構。事實上，我們可以說，目前使用的術語將 B 樹等同於 B⁺ 樹。然而本書中，我們使用 B 樹和 B⁺ 樹最初的定義，以避免混淆兩者之間的資料結構。

圖 7.22(a) 是廣義的 B 樹葉節點；圖 7.22(b) 為一個非葉節點。葉節點在 B⁺ 樹中是相同的。在非葉節點，指標 P_i 是我們在 B⁺ 樹也使用的指標，而指標 B_i 是桶或檔案紀錄指標。在圖中的廣義 B 樹，葉節點有 $n-1$ 個鍵，但非葉節點有 $m-1$ 個鍵。這種差異的原因在於非葉節點必須包括指標 B_i，因而減少了這些節點所能包含的搜尋鍵數量。顯然，$m < n$，但 m 和 n 之間確切的關係則取決於搜尋鍵和指標的大小。

在 B 樹查找所需的存取節點的數量取決於搜尋鍵的位置。在 B⁺ 樹的一個查找需要經歷從根到某些葉節點的路徑。相對地，有時在 B 樹中達到葉節點前就可能可找到我們期望的值。然而，儲存在 B 樹葉層的鍵量大約是儲存在非葉層級的 n 倍，而由於 n 通常很大，因此提早找到值的可能也相對較小。此外，搜尋鍵較少出現在 B 樹非葉節點，相較於 B⁺ 樹，則意味著 B 樹有一個較小的扇出，因此可能比相應的 B⁺ 樹有更大的深度。所以，在 B 樹查找對於某些搜尋鍵較快，但對某些也會較慢，雖然通常查找時間還是和搜尋鍵數量的對數成正比。

在 B 樹執行刪除較複雜。在 B⁺ 樹，刪除項目總會出現在樹葉中。在 B 樹中被刪除的項目可能出現在非葉節點。必須從包含刪除項目的子樹節點選擇適當的值為替代品。也就是說，如果搜尋鍵 K_i 被刪除，出現在指標 P_{i+1} 子樹的最小搜尋鍵必須移動到之前被 K_i 占據的空間。如果葉節點現在的項目太少，則需要採取進一步的行動。相對來說，在 B 樹插入只比在 B⁺ 樹插入稍微複雜些。

B 樹的空間優勢是對於大索引而言非常有限，而且通常無法彌補我們之前談過的缺點。因此，幾乎所有資料庫系統的執行都使用 B⁺ 樹資料結構，即使（我們前面討論過）它們稱資料結構為 B 樹。

| P_1 | K_1 | P_2 | ... | P_{n-1} | K_{n-1} | P_n |

(a)

| P_1 | B_1 | K_1 | P_2 | B_2 | K_2 | ... | P_{m-1} | B_{m-1} | K_{m-1} | P_m |

(b)

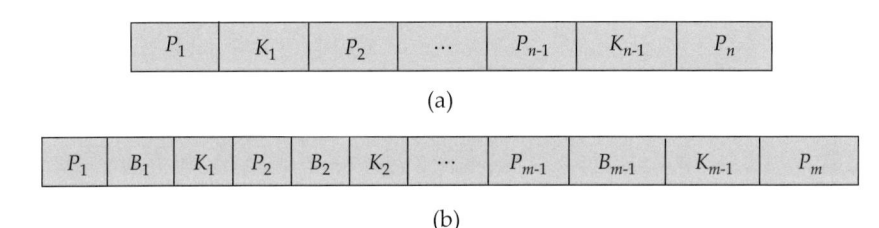

▶圖 7.22
典型的 B 樹節點。(a) 葉節點；(b) 非葉節點

7.4.6 快閃記憶體

到目前為止,我們對索引的描述,都會假設資料駐留在磁碟上。雖然這個假設大部分仍是真的,但隨著快閃記憶體容量顯著的增長,每 GB 的成本也明顯下降,使得快閃記憶體成為在多種應用上取代磁碟儲存的競爭者。不過有個自然的問題是,這種變化將會如何影響索引結構。

快閃記憶體儲存的結構為區塊,B^+ 樹索引結構可用於快閃記憶體儲存。這樣的好處是存取索引查找可以更快。舉例來說,之前搜尋和讀取區塊平均需要 10 毫秒,而快閃記憶體的隨機區塊只需 1 微秒。因此,查找運行速度明顯快於以磁碟為基礎的資料。而最佳快閃記憶體的 B^+ 樹節點大小通常小於磁碟。

快閃記憶體唯一真正的缺點是,它不允許在實體階層就地更新資料,即使這樣看起來合乎邏輯。每次更新都會變成整個快閃記憶體區塊的複製和讀寫,然後將區塊的舊副本擦除;一個區塊擦除時間約 1 毫秒。目前正在進行的研究旨在發展可減少區塊擦除的索引結構。同時,標準的 B^+ 樹索引也繼續被使用,甚至也用於快閃記憶體,有著可接受的更新效能,以及與磁碟儲存相比,顯著提高的查找效能。

7.5 多鍵存取

到現在為止,我們都假設在一屬性裡只有一個索引用於處理關聯的查詢。然而,對於某些類型的查詢,使用多索引有它的優勢在,或是使用建立在多個屬性搜尋鍵上的索引。

7.5.1 使用多個單鍵索引

假設 *instructor* 檔案有兩個索引,一個在 *dept_name*,一個在 *salary*。試想下面的查詢:「找出所有在財經系薪資為 80,000 元的教師」。我們可以寫成:

```
select ID
from instructor
where dept name ='Finance' and salary= 80000;
```

處理這個查詢有三種可能的策略:

1. 在 *dept_name* 使用索引來找所有關於財經系的紀錄。檢查每一個紀錄,看薪資是否為 80,000 元。
2. 在 *salary* 上使用索引找到的所有與教師相關並且薪資為 80,000 元的紀錄。並檢查每個紀錄，看科系名稱是否為「財經」。
3. 在 *dept_name* 上使用索引來找到所有指向與財經系相關紀錄的指標。此外，使用 *salary* 索引，找出所有與指向教師薪資為 80,000 元相關紀錄的指標。找出這兩組指標的交集。這些交集指標會指向有關財經系教師薪資為 80,000 元的紀錄。

　　第三個策略是其中唯一使用多個索引的方法。然而，如果以下的狀況都成立，這種策略也可能是一個糟糕的選擇：

- 有許多紀錄是財經系。
- 有許多紀錄是教師薪資 80,000 元。
- 但只有少數紀錄同時為財經系和教師薪資為 80,000 元。

　　如果這些條件成立，我們必須掃描大量的指標然後產生一個小結果。一種稱為「位元組列索引」索引結構，在某些情況下可以大大加快使用在第三個策略上的交集運算。位元組列索引的概述在第 7.9 節。

7.5.2　多鍵的索引

　　此情況的另一種策略是創建並使用一個複合搜尋鍵（*dept_name*、*salary*）索引，也就是說，搜尋鍵的組成是科系名稱與教師薪資的串聯。

　　我們可以在上述提到的複合搜尋鍵，使用一個有序（B^+ 樹）索引來有效率的回覆查詢

```
select ID
from instructor
where dept_name = 'Finance' and salary = 80000;
```

類似下面的查詢，會對搜尋鍵 (*dept_name*) 的第一個屬性指定一個同等條件，對搜尋鍵 (*salary*) 的第二個屬性指定一個範圍。這樣也可以有效地處理對應搜尋屬性的查詢範圍。

```
select ID
from instructor
where dept_name = 'Finance' and salary < 80000;
```

我們甚至可以在搜尋鍵 (*dept_name, salary*) 上使用一個有序索引來有效回答下面只

有一個屬性的查詢：

> **select** *ID*
> **from** *instructor*
> **where** *dept_name* = 'Finance';

一個同等條件 *dept_name* =「財經」相當於一個範圍末端為（財經、−∞）和前端為（財經、+∞）的查詢。只在 *dept_name* 屬性的範圍查詢也可用類似方式。

但在複合搜尋鍵上使用有序索引結構卻有幾個缺點。用以下查詢為例，

> **select** *ID*
> **from** *instructor*
> **where** *dept_name* < 'Finance' **and** *salary* < 80000;

我們可以使用搜尋鍵 (*dept_name, salary*) 有序索引的來回覆此查詢：對於每個 *dept_name* 字母順序小於「財經」的值，系統會找出年薪 80,000 元的紀錄。然而每個紀錄很可能在不同的磁碟區塊上，因此會需要較多的 I/O 操作。

此查詢與前兩個查詢的區別在於，第一個屬性條件 (*dept_name*) 是一種比較條件，非一個同等條件，而這種條件不符合搜尋鍵的範圍查詢。

為了加速處理一般的複合搜尋鍵查詢（可能涉及一個或多個比較操作），可以使用幾種特殊結構。我們應該考慮第 7.9 節的位元組列索引，還有一種被稱為 R 樹的結構。R 樹是一種 B$^+$ 樹的延伸，用來處理多維的索引。

7.5.3 覆蓋索引

覆蓋索引 (covering indices) 用於儲存一些屬性的值（除了搜尋鍵屬性）以及紀錄的指標。儲存額外屬性值對於二級索引非常實用，因為這讓我們只要用到索引就能回覆一些查詢，甚至不需查找實際紀錄。

例如，我們假設 *instructor* 關聯 *ID* 屬性上有一個非群集索引。如果我們把 *salary* 屬性值和紀錄指標一起儲存，就可以回答查詢要求的薪資（而非另一個屬性 *dept_name*），而無需存取 *instructor* 紀錄。

透過在搜尋鍵 (*ID, salary* 創建一個索引能獲得一樣的效果，但覆蓋索引會減少搜尋鍵的大小，因此允許較大的扇出在非葉節點出現，進而有可能降低了索引的高度。

7.6 靜態雜湊

循序檔案組織的一個缺點是我們必須存取索引結構來找出資料，或者必須使用二元搜尋，因而導致更多的 I/O 操作。以**雜湊 (hashing)** 技術為基礎的檔案組織讓我們避免存取索引結構，另外雜湊還提供了一種方法來建設索引。下面我們來研究以雜湊為基礎的檔案組織和索引。

在雜湊的描述中，我們將使用術語「**桶**」(bucket) 來表示一個單位儲存，可以儲存一個或多個紀錄。桶通常是一個磁碟區塊，但也可以被設為小於或大於一個磁碟區塊。

令 K 表示所有搜尋鍵值的集合，用 B 表示所有桶的位址的集合。**雜湊函數 (hash function)** h 是一個從 K 到 B 的函數，用 h 表示一個雜湊函數。

要插入有搜尋鍵 K_i 的紀錄，我們計算 $h(K_i)$，得到該紀錄桶的位址。假設現在桶裡有空間可以儲存紀錄，該紀錄會被存在桶裡。

要在搜尋鍵值 K_i 執行查詢，我們只計算 $h(K_i)$，然後使用所得的位址搜尋桶。假設兩個搜尋鍵 K_5 和 K_7 具有相同的雜湊值，即 $h(K_5) = h(K_7)$。如果我們使用 K_5 執行查找，桶 $h(K_5)$ 中會有包含搜尋鍵值 K_5 和包含搜尋鍵值 K_7 的紀錄。因此，我們需要透過檢查桶的每個紀錄的搜尋鍵值，以驗證該紀錄是我們想要的。

刪除同樣很簡單。如果被刪除的紀錄搜尋鍵值為 K_i，我們會計算 $h(K_i)$，然後搜尋該紀錄對應的桶，然後從桶裡刪除該紀錄。

雜湊可以用於兩種不同的目的。在**雜湊檔案組織 (hash file organization)**，我們透過函數計算紀錄上的搜尋鍵值，就會直接得到包含目標紀錄的磁碟區塊位址。若是一個**雜湊索引組織 (hash index organization)**，則會組織搜尋鍵以及相關的指標，使其成為雜湊檔案結構。

7.6.1 雜湊函數

最糟糕的雜湊函數會映射所有的搜尋鍵值至相同的桶。這種函數是不可取的，因為如果所有紀錄都保存在同一桶。查找必須檢查每一個紀錄，才能找到我們要的。一個理想的雜湊函數會把儲存的鍵均勻分布在所有桶中，讓每一個桶有相同數量的紀錄。

因為我們在設計時不會知道搜尋鍵值會儲存在哪個檔案中，因此要選擇一個雜湊函數，它可指定搜尋鍵值到桶，使其分布有這些特質：

- 分布均勻。也就是說，雜湊函數會將所有可能的搜尋鍵值平均分配到所有桶中。
- 分布是隨機的。也就是說，在一般情況下，不論實際搜尋鍵值分布為何，每個桶會被分配到幾乎數量相同的值。更確切地說，雜湊值不會與搜尋鍵值任何外部顯示的順序相關，例如字母順序或按搜尋鍵長度排序；雜湊函數是隨機的。

為了示範，我們使用搜尋鍵 *dept_name*，為 *instructor* 檔案選擇一個雜湊函數。我們所選擇的雜湊函數必須具有理想的特性，不僅適用於在 *instructor* 檔案的例子，而且也符合有許多科系的大學的實際教師檔案大小。

假設我們決定有 26 個桶，並定義一個雜湊函數，它映射名稱開頭為第 *i* 個字母到第 *i* 個桶。這個雜湊函數的優點是很簡單，但它不能提供平均的分配，因為我們可預期有較多的名字是以 B、R 這些字母開頭，而不是 Q 和 X 等。

現在假設我們想要使用一個搜尋鍵為 *salary* 的雜湊函數。假設，薪資最低為 30,000 元，最高是 130,000 元，且使用一個雜湊函數把值劃分成 10 個範圍，30,000 至 40,000 元、40001 至 50,000 元等。則此搜尋鍵值分布是均勻的（因為每個桶都有相同數量的不同 *salary* 值），但不是隨機的。薪資介於 60,001 和 70,000 元之間的紀錄遠比薪資介於 30,001 和 40,000 元更常見。因此，紀錄分配不統一，有的桶會比其他桶接收更多的紀錄。如果該函數具有隨機分布，即使與搜尋鍵有某些關聯性，但只要每個搜尋鍵只出現在被儲存紀錄的小片段，其分布的隨機性很可能會使所有桶中擁有大約相同的紀錄數量。（不論使用哪種雜湊函數，如果一個單一搜尋鍵在大片段的紀錄產生，則包含此搜尋鍵的桶可能比其他桶有更多的紀錄。）

典型的雜湊函數會計算以內部二元機器表示的搜尋鍵中的字元。這種類型的簡單雜湊函數會先計算一個鍵的字的二元字符總和，然後返回桶數的總和做模數 (sum modulo)。

圖 7.23 顯示了此應用程式的結構，*instructor* 檔案中有八個桶，假設字母中第 *i* 個字母以整數 *i* 來代表。

而下列的雜湊函數是雜湊字元串另一個更好的選擇。令 *s* 為一個長度為 *n* 的字串，讓 *s*[*i*] 表示字串中第 *i* 個位元組。雜湊函數定義為：

$$s[0] * 31^{(n-1)} + s[1] * 31^{(n-2)} + \cdots + s[n-1]$$

該函數可將最初的雜湊值設定為 0 使之更有效率，然後從字符串的第一個到最後一個進行重複，並在每一個步驟將雜湊值乘以 31，然後加到下一個字元（被視為整數）。上述表達看似會得到很大的數字，但它實際上是以固定大小的正整數計

bucket 0			

bucket 1			
15151	Mozart	Music	40000

bucket 2			
32343	El Said	History	80000
58583	Califieri	History	60000

bucket 3			
22222	Einstein	Physics	95000
33456	Gold	Physics	87000
98345	Kim	Elec. Eng.	80000

bucket 4			
12121	Wu	Finance	90000
76543	Singh	Finance	80000

bucket 5			
76766	Crick	Biology	72000

bucket 6			
10101	Srinivasan	Comp. Sci.	65000
45565	Katz	Comp. Sci.	75000
83821	Brandt	Comp. Sci.	92000

bucket 7			

▶圖 7.23 以 *dept_name* 為鍵的教師檔案雜湊組織

算；每個乘法和加法的結果會將自動計算的模的最大可能整數值加 1。而上述桶的函數模數的結果之後可以用於索引。

雜湊函數需精心設計。一個壞的雜湊函數可能導致花在查找的時間與檔案搜尋鍵的數量成正比，但一個設計良好的函數，無論檔案中的獨立搜尋鍵的數量為何，其平均查詢時間是（小的）不變的。

7.6.2 桶溢出處理

到目前為止，我們假設，當一個紀錄被插入，其映射的桶都有空間來儲存紀錄。但如果桶沒有足夠的空間，則會發生**桶溢出 (bucket overflow)** 的情況。桶溢出可能有幾個原因：

- **不足的儲存桶**。我們用 n_B 表示桶的數目，必須是 $n_B > n_r / f_r$，其中 n_r 表示將被儲存的紀錄總數，而 f_r 表示桶中可容納的紀錄數量。此指定是假定選擇雜湊函數時，已知紀錄總數。
- **歪斜**。有些桶會被分配到更多的紀錄，所以一個桶在其他桶仍有空間時會發生溢出。這種情況被稱為**歪斜 (skew)**，發生歪斜的原因有兩個：
  1. 多個紀錄可能具有相同的搜尋鍵。
  2. 所選擇的雜湊函數可能導致搜尋鍵非均勻分布。

若設定桶的數量為$(n_r / f_r) * (1 + d)$，其中d是誤差係數（通常其值約為0.2），則會降低桶溢出發生的機率。會有一些空間被浪費；在桶裡大約有20％的空間是空的，但其好處是溢出的機率會降低。

儘管分配了比需求多的桶數，桶溢出有時仍會發生。我們使用**溢出桶 (overflow buckets)** 處理此狀況。如果紀錄必須被插入桶b中而b已經滿了，系統提供b一個溢出桶，並將紀錄插入到此溢出桶。如果溢出桶也滿了，系統會再提供另一個溢出桶等。所有給定的溢出桶會在鏈結表中被鏈接在一起，如圖7.24。使用這樣的鏈結表來處理溢出的方式被稱為**溢出鏈結 (overflow chaining)**。

我們必須略微改變查找演算法來處理溢出鏈結。如同以前一般，該系統用搜尋鍵上的雜湊函數來找出桶b。該系統仍需像之前一樣，必須檢查所有在桶b的紀錄來看它們是否符合搜尋鍵。此外，如果桶b有溢出桶，系統也必須檢查所有溢出桶的紀錄。

我們剛才所說的雜湊結構形式，有時也被稱為**封閉雜湊 (closed hashing)**。而另一種，所謂的**開放雜湊 (open hashing)**，桶的集合是固定的，而且沒有溢出鏈結。反之，如果有一個桶是滿的，系統就會在桶的初始集合B的其他桶插入紀錄。有一個原則是使用下個有空間的桶（循環順序），這個原則稱為線性探測。至於其他原則，如進一步雜湊函數的計算也有人使用。開放雜湊已被用來建構編譯器及組合程式的符號表，但封閉雜湊較適合資料庫系統使用，因為在開放雜湊執行刪除相當麻煩。通常編譯器和組合程式僅會在它們自己的符號表中執行查找和插入操作。但是，在資料庫系統中，能夠處理刪除及插入都很重要。因此，開放雜湊在資料庫中比較不常被使用。

▶圖 7.24
在雜湊結構中的溢出鏈結

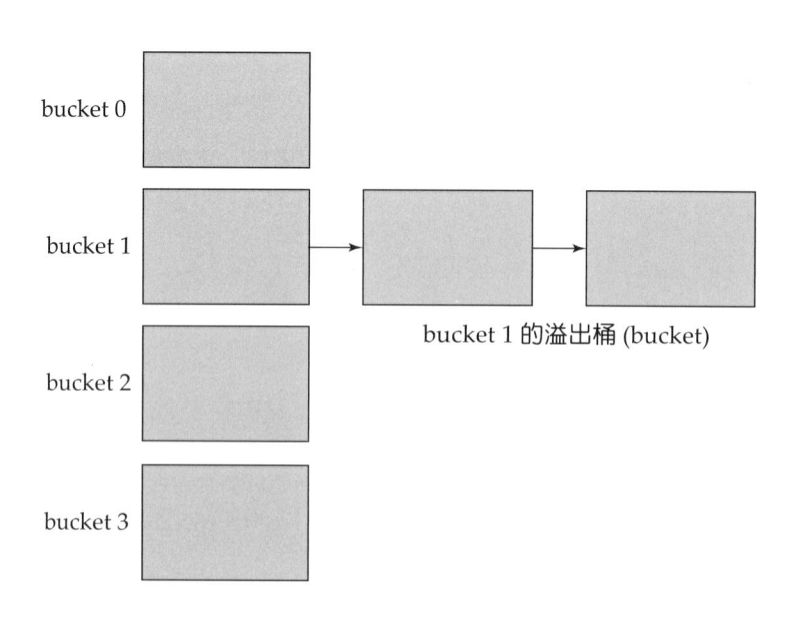

我們描述的雜湊有一個主要缺點，就是必須在執行系統時選擇雜湊函數，如果之後索引的檔案有放大或縮小，此雜湊函數也無法輕易被改變。由於函數 h 會映射搜尋鍵值來固定桶 B 的位址，如果 B 的空間刻意加大以便能處理未來檔案增加的需求，會浪費空間。如果 B 過小，而桶又包含許多不同搜尋鍵值的紀錄，則桶溢出可能發生。且隨著檔案的增加，效能也會受到影響。我們在後面的第 7.7 節會討論如何動態地改變桶的數量和雜湊函數。

7.6.3　雜湊索引

雜湊不僅用於檔案的組織，同時也可用於建立索引結構。**雜湊索引 (hash indices)** 會組織搜尋鍵及其相關的指標至雜湊檔案結構。我們用以下方法建構一個雜湊索引。我們將搜尋鍵用在雜湊函數上來辨識桶，並在桶（或溢出桶）中儲存鍵和相關的指標。圖 7.25 顯示 *instructor* 檔案中搜尋鍵 *ID* 的一個二次雜湊索

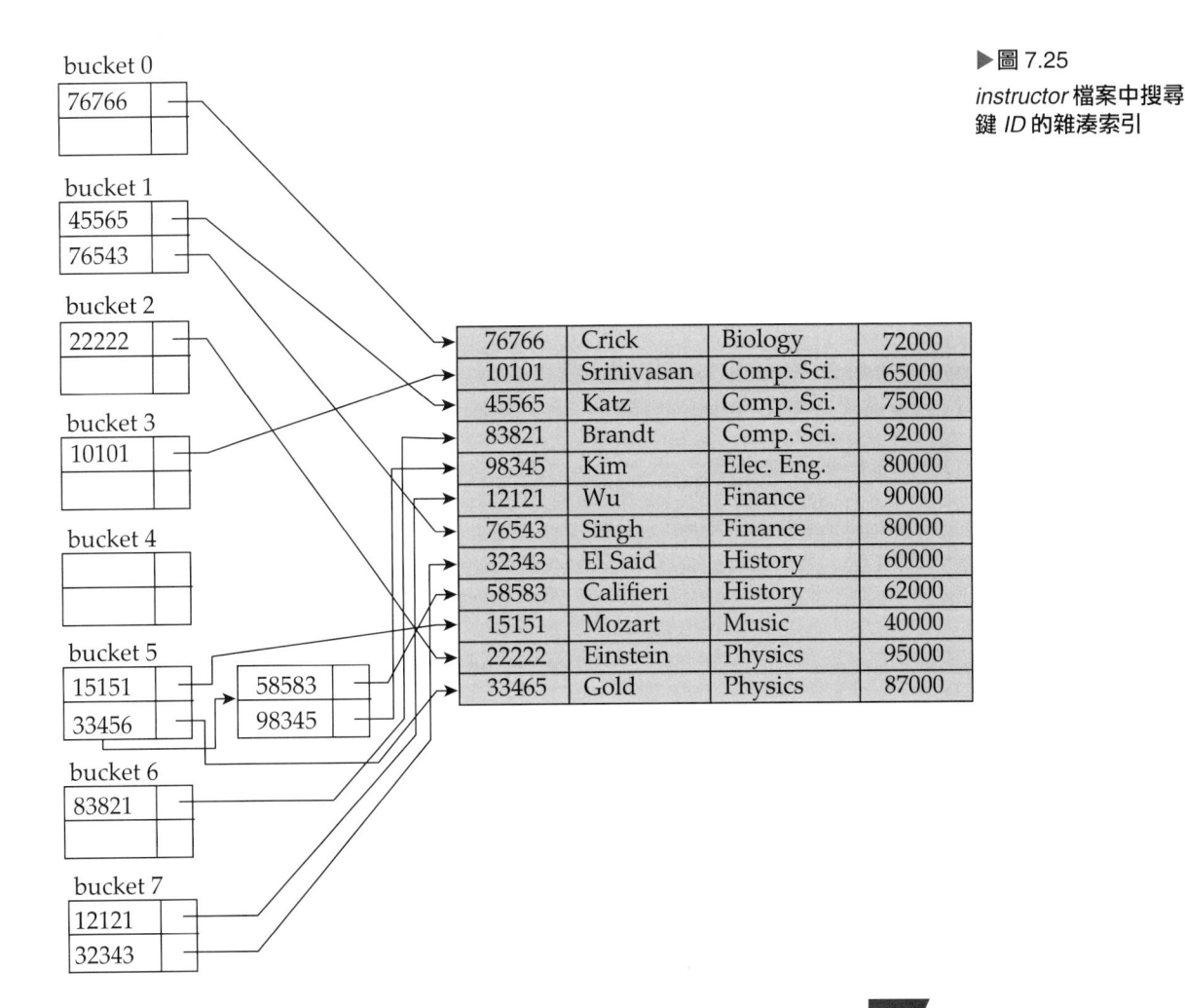

▶圖 7.25
instructor 檔案中搜尋鍵 *ID* 的雜湊索引

| bucket 0 |
| 76766 |

| bucket 1 |
| 45565 |
| 76543 |

| bucket 2 |
| 22222 |

| bucket 3 |
| 10101 |

| bucket 4 |

| bucket 5 |
| 15151 | 58583 |
| 33456 | 98345 |

| bucket 6 |
| 83821 |

| bucket 7 |
| 12121 |
| 32343 |

76766	Crick	Biology	72000
10101	Srinivasan	Comp. Sci.	65000
45565	Katz	Comp. Sci.	75000
83821	Brandt	Comp. Sci.	92000
98345	Kim	Elec. Eng.	80000
12121	Wu	Finance	90000
76543	Singh	Finance	80000
32343	El Said	History	60000
58583	Califieri	History	62000
15151	Mozart	Music	40000
22222	Einstein	Physics	95000
33465	Gold	Physics	87000

引。圖中的雜湊函數計算 ID 位數的總和後再除以 8 取餘數。雜湊索引有八個桶,每個大小為 2(現實中,索引的桶更大)。其中一個桶會有三個鍵映射,所以它有溢出桶。這個例子中,*instructor* 主鍵是 ID,所以每個搜尋鍵只有一個相關的指標。在一般情況下,每個鍵可與多數指標有關聯。

我們使用雜湊索引這個詞代表雜湊檔案結構還有二次雜湊索引。嚴格地說,雜湊索引不需要被當作群集索引結構,因為如果檔案本身是由雜湊組成,它不需要一個獨立的雜湊索引結構。但是由於雜湊檔案組織提供了與索引相同的直接存取紀錄的功能,我們會假設雜湊組成的檔案中也有群集雜湊索引。

7.7 動態雜湊

我們前一節看到,要用靜態雜湊技術固定桶 B 位址是一個嚴重的問題。大多數資料庫隨著時間的推移而變得更大。如果我們在此類資料庫中使用靜態雜湊的話,我們有三個等級的選擇:

1. 基於當前檔案的大小選擇雜湊函數。此選項將導致隨著資料庫增長而導致效能退化。
2. 預計未來某個時候的檔案大小做為選擇雜湊函數的基礎。儘管可以避免性能退化,但在最初可能造成顯著的空間浪費。
3. 定期重組雜湊結構來應付檔案的增長。這種重組會涉及選擇新的雜湊函數、重新計算檔案中每個紀錄的雜湊函數,以及產生新的桶,這類重組是個巨大且耗時的操作。此外,在重組時是禁止存取檔案的。

有幾個**動態雜湊 (dynamic hashing)** 技術能允許雜湊函數被進行動態修改,以適應資料庫的增長或縮減。本節中,我們所描述的動態雜湊的形式,稱為**可擴展雜湊 (extendable hashing)**。在書目附註中有其他形式的動態雜湊。

7.7.1 資料結構

透過分割和結合桶,可擴展雜湊來應付資料庫因增長或縮減造成的大小變化。因此,空間效能可被保留。此外由於重組一次只在一個桶上執行,因此其效能開銷是可以接受的。

在可擴展雜湊中,我們會選擇具有一致性和隨機性這兩種理想特質的雜湊函

數 h。然而，此雜湊函數生成值的範圍較大，即 b 位元的二進位整數。典型的 b 值是 32。

我們不為每個雜湊值創建桶。事實上，2^{32} 超過 40 億，所以除了最大的資料庫外，如此大數量的桶對一般資料庫而言是不合理的。反之，我們在紀錄插入到檔案中時才創建桶。一開始我們不使用雜湊值的整個 b 位元，而使用 i 位元，其中 $0 \leq i \leq b$。這些 i 位元被用來做為桶位址的額外表的偏移值。而資料庫大小決定了 i 值的增加或縮小。

圖 7.26 顯示了一般的擴展雜湊結構。圖中 i 出現在桶位址表上，表示 $h(K)$ 的雜湊值為 i 位元，以決定 K 所正確對應的桶。這個數字會隨著檔案增加改變。雖然使用 i 位元來尋找在桶位址表中的正確項目，有數個連續表的項目都指向同一個桶。所有的這種項目將有一個共同的雜湊前置詞，但這個前置詞的長度可能小於 i，因此，我們將每個桶連結一個整數，使其擁有共同的雜湊前置詞長度。圖 7.26 中，連結桶 j 的整數以 i_j 表示。指向桶 j 的位址表項目的數量為：$2^{(i-i_j)}$

7.7.2 查詢和更新

我們現在來看如何在可擴展的雜湊結構執行查找、插入和刪除。

要找到一個包含搜尋鍵值 K_l 的桶，系統採用第一個 $h(K_l)$ 的高階位元 i，在對應表項目中查看此位元串，並遵循在桶項目中的桶指標。

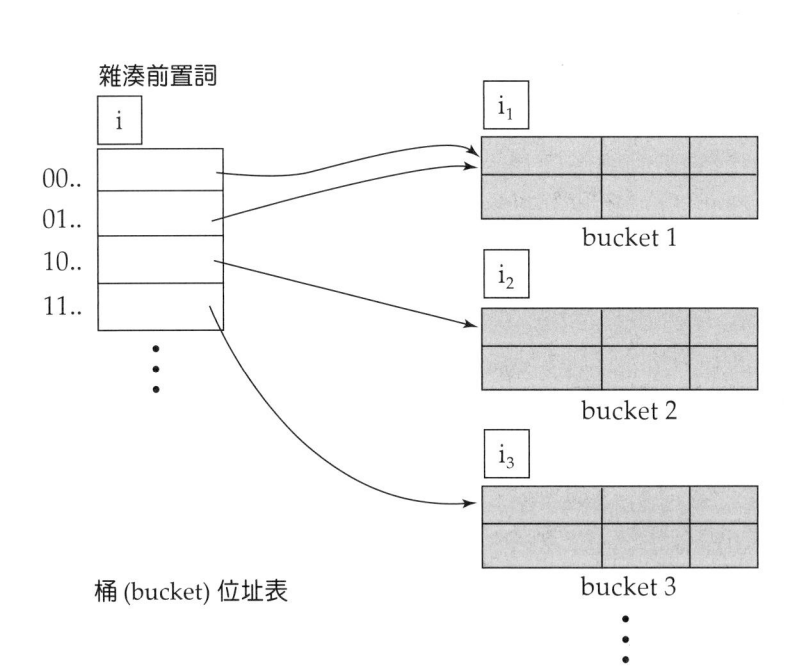

▶圖 7.26
通用擴展雜湊結構

要插入搜尋鍵值為 K_l 的紀錄時，系統遵循和以前一樣的查找程序，然後會在某些桶結束，假設為 j。如果桶中有空間，系統在桶中插入紀錄。假如桶是滿的，它必須分割桶並重新分配現有的紀錄，然後再加上一個新的。要分割桶，系統首先必須從雜湊值確定，是否需要增加使用位元的數量。

- 如果 $i = i_j$，表示在桶位址表中只有一個項目指向桶 j。因此，系統需要增加桶位址表的大小，以便能包含指到分割桶 j 後另外兩個桶的指標。它透過增加一個額外位元到其雜湊值來實行。它將 i 值增加 1，因此其大小增加為原桶地址表大小的一倍，然後每個項目都以兩個項目來取代，且兩者都包含與原始項目相同的指標。現在在桶位址表的兩個項目都指向桶 j。該系統分配一個新的桶（桶 z），並設置第二個項目指向新的桶。它替 i 設定了 i_j 和 z。接下來，它會重新替 j 桶的每個紀錄做雜湊，然後依第一個 i 位元（系統已將 i 加 1）而定，不是將其繼續保存在桶 j，就是分配到新創建的桶。

    現在，系統重新嘗試插入的新紀錄。通常嘗試會成功，但是如果桶 j 所有的紀錄以及新的紀錄都具有相同的雜湊值前置詞，就必須再次分割桶，因為所有桶 j 的紀錄和新的紀錄都被分配到同一個桶。不過如果仔細地選擇雜湊函數，是不太可能在單一的插入中，要求桶被分割超過一次，除非有大量的紀錄具有相同的搜尋鍵。如果所有桶 j 的紀錄具有相同的搜尋鍵值，不管分割幾次都沒有用，因此在這種情況下，溢出桶會用來儲存紀錄，就如同靜態雜湊。

- 如果 $i > i_j$，則桶位址表中會有超過一個項目指向桶 j。因此，該系統可以在不增加桶位址表的大小下分割桶 j。注意，所有指向桶 j 的項目會對應到雜湊前置詞，這些雜湊前置詞在最左邊的 i_j 位元會有相同值。系統會配置一個新的桶（桶 z），並設置 i_j 跟 i_z 的值，而該值是從原來的 i_j 值加 1 的結果。接下來，系統需要調整桶位址表中先前指向桶 j 的項目。(現在 i_j 有一個新值，並非所有項目都與最左邊有與 i_j 位元相同值的雜湊前置詞對應)。系統會保持前半部的項目為原狀（指向桶 j），而將所有剩餘的項目指向新創建的桶（桶 z）。接下來，如同前面的情況般，系統重新雜湊每個在桶 j 的紀錄，並將它們分配到桶 j 或到新創建的桶 z。

    然後系統會重新嘗試插入，假設在不太可能發生的情況下它再次失敗，它會視狀況採用下列兩個情況中的其中一種，$i = i_j$ 或 $i > i_j$。

需要注意的是，在這兩種情況下，系統只需要重新計算在桶 j 中紀錄的雜湊函數即可。

刪除搜尋鍵值為 K_l 的一個紀錄，系統會遵循和之前查找相同的程序，然後結束在某個桶，我們假設為 j 桶，它會同時刪除桶中的搜尋鍵和檔案中的紀錄。如果桶變成空的，也會被刪除。需要注意的是，在此時可以將幾個桶合併，這樣一來桶位址表的大小可以減少一半。如何決定哪些桶可以被合併以及如何合併的程序就留給你當習題。在何種桶位址表條件下，可以減少桶位址表的大小也是你的習題。與桶的合併不同的是，改變桶位址表是相當昂貴的操作，特別是如果表很大。因此，只有在桶的數量大幅降低時，減少桶位址表的大小才比較值得做。

為了說明插入操作，我們使用圖 7.1 的 *instructor* 檔案，並假定搜尋鍵是 *dept_name* 以及如圖 7.27 的 32 位元的雜湊值。假設在初始階段，該檔案是空的，如圖 7.28。我們將紀錄一個一個插入。為了說明在一個小結構中擴展雜湊的所有功能，我們做一個不切實際的假設，也就是一個桶只能包含兩個紀錄。

我們插入紀錄 (10101, Srinivasan, Comp. Sci., 65000)。桶位址表包含一個指向桶的指標，然後系統會插入紀錄。下一步，插入紀錄 (12121, Wu, Finance, 90000)，該系統也會將此紀錄放在我們結構中的一個桶。

但是當我們試圖插入下一個紀錄 (15151, Mozart, Music, 40000) 時，我們發現桶已滿。由於 $i = i_0$，需要增加在雜湊值中所使用的位元數。我們現在使用 1 位元，因此我們有 $2^1 = 2$ 個桶。在此增加位元數會增加桶位址表的大小為原來的兩倍。該系統會分割桶，放入搜尋鍵雜湊值會從 1 開始的紀錄於新的桶中，將其它紀錄留在並成為原來桶裡。圖 7.29 顯示了結構分割後的狀態。

接下來，我們插入 (22222, Einstein, Physics, 95000)。由於 h（物理）的第一個位元是 1，我們必須將此紀錄插入該桶位址表項目為「1」的桶。接著，我們發

dept_name	h(*dept_name*)
Biology	0010 1101 1111 1011 0010 1100 0011 0000
Comp. Sci.	1111 0001 0010 0100 1001 0011 0110 1101
Elec. Eng.	0100 0011 1010 1100 1100 0110 1101 1111
Finance	1010 0011 1010 0000 1100 0110 1001 1111
History	1100 0111 1110 1101 1011 1111 0011 1010
Music	0011 0101 1010 0110 1100 1001 1110 1011
Physics	1001 1000 0011 1111 1001 1100 0000 0001

▶圖 7.27
dept_name 的雜湊函數

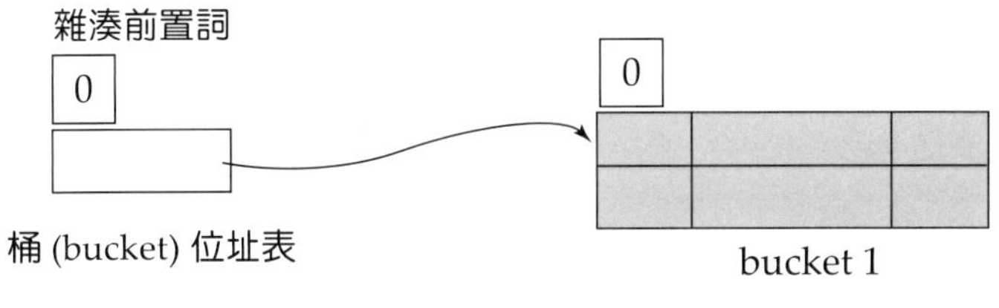

▶圖 7.28
初始的可擴展雜湊結構

▶圖 7.29
三次插入之後的
雜湊結構

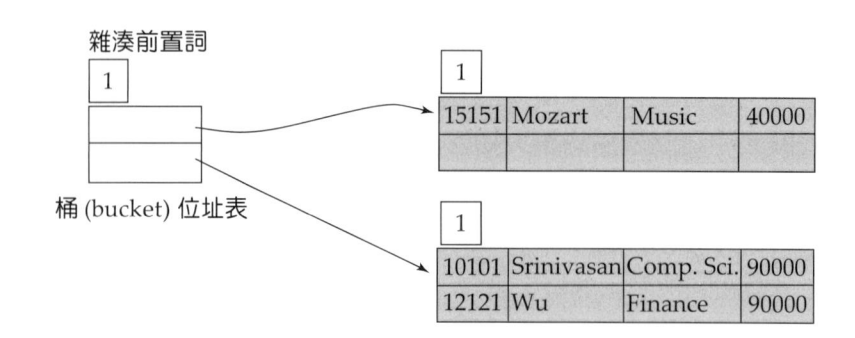

雜湊前置詞
1

桶 (bucket) 位址表

1			
15151	Mozart	Music	40000

1			
10101	Srinivasan	Comp. Sci.	90000
12121	Wu	Finance	90000

現桶是滿的，且 $i = i_1$。因此我們會將雜湊函數使用的位元增加為 2，在此增加位元數就會加倍桶位址表的大小至四個項目，如圖 7.30。由於圖 7.29 的雜湊前置詞為 0 的桶不分割，因此桶位址表的兩個項目 00 和 01 都指向這個桶。

而圖 7.29 雜湊前置詞 1 的每個紀錄（桶被分割），系統會檢查前 2 位元的雜湊值來確定新結構的哪個桶應該容納它。

接下來，我們插入 (32343, El Said, History, 60000) 到與 Comp. Sci 相同的桶中。之後插入 (33456, Gold, Physics, 87000) 的結果導致桶溢出，因而增加了位元數，至於桶位址表的大小也跟著加倍（見圖 7.31）。

再插入 (45565, Katz, Comp. Sci., 75000) 會導致另一桶溢出；但是，此溢出，可以在不增加位元量的情況下來處理，因為目標桶有兩個指標指向它（見圖 7.32）。

接下來，我們插入紀錄「Califieri」、「Singh」和「Crick」且沒有任何桶溢出。但第三個 Comp. Sci. 插入的紀錄 (83821, Brandt, Comp. Sci., 92000) 卻導致另一個溢出問題。此溢出無法以增加位元來處理，因為有三個紀錄擁有完全相同的

▶圖 7.30
插入四次後的雜湊結構

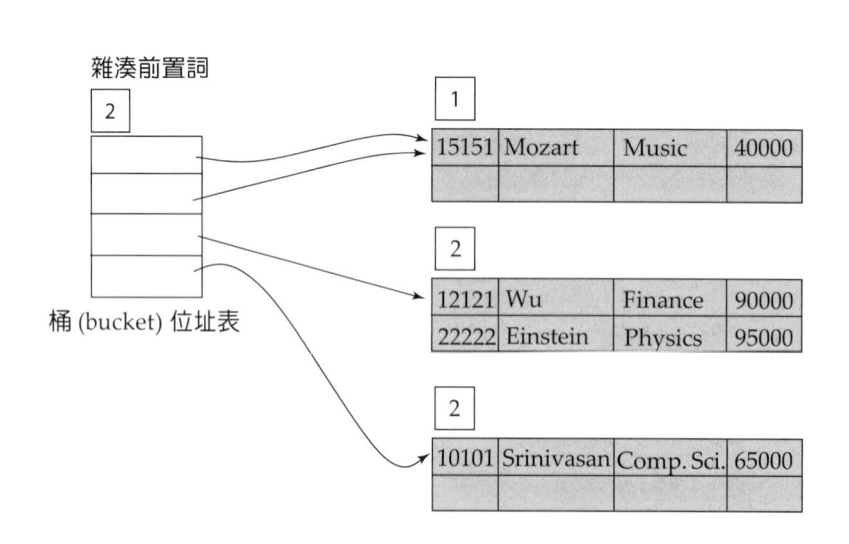

雜湊前置詞
2

桶 (bucket) 位址表

1			
15151	Mozart	Music	40000

2			
12121	Wu	Finance	90000
22222	Einstein	Physics	95000

2			
10101	Srinivasan	Comp. Sci.	65000

▶圖 7.31
插入六次後的雜湊結構

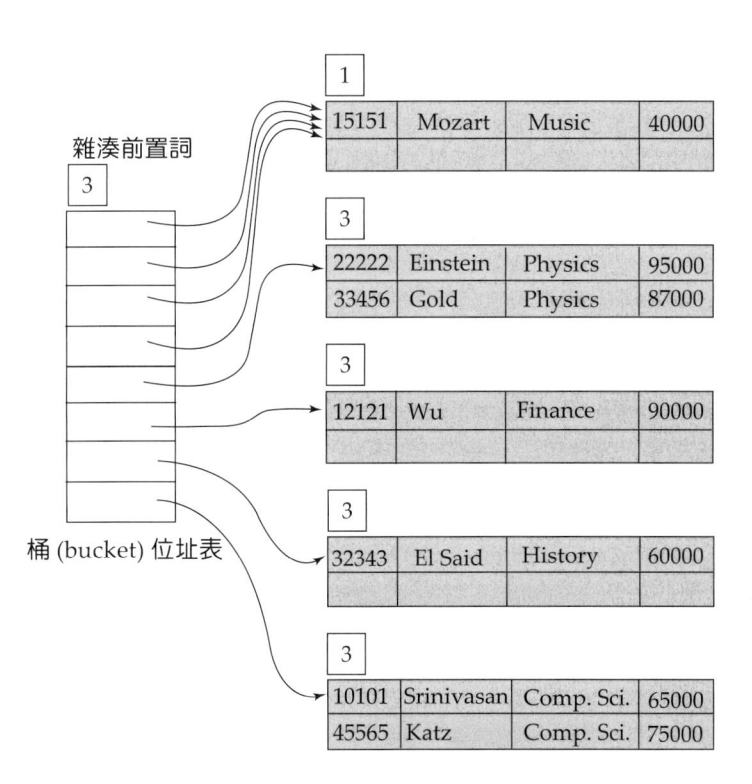

▶圖 7.32
插入七次後的雜湊結構

雜湊值。因此，系統採用溢出桶，如圖 7.33 所示。我們繼續以這種方式插入，直到插入圖 7.1 中所有的 *instructor* 紀錄。其結果結構顯示在圖 7.34。

▶圖 7.33
插入十一次後的
雜湊結構

2			
15151	Mozart	Music	40000
76766	Crick	Biology	72000

雜湊前置詞

3			
22222	Einstein	Physics	95000
33456	Gold	Physics	87000

3			
12121	Wu	Finance	90000
76543	Singh	Finance	80000

桶 (bucket) 位址表

3			
32343	El Said	History	60000
58583	Califieri	History	62000

3			
10101	Srinivasan	Comp. Sci.	65000
45565	Katz	Comp. Sci.	75000

83821	Brandt	Comp. Sci.	92000

▶圖 7.34
instructor 資料的可
擴展雜湊結構

2			
15151	Mozart	Music	40000
76766	Crick	Biology	72000

2			
98345	Kim	Elec. Eng.	80000

雜湊前置詞

3			
22222	Einstein	Physics	95000
33456	Gold	Physics	87000

3			
12121	Wu	Finance	90000
76543	Singh	Finance	80000

桶 (bucket) 位址表

3			
32343	El Said	History	60000
58583	Califieri	History	62000

3			
10101	Srinivasan	Comp. Sci.	65000
45565	Katz	Comp. Sci.	75000

83821	Brandt	Comp. Sci.	92000

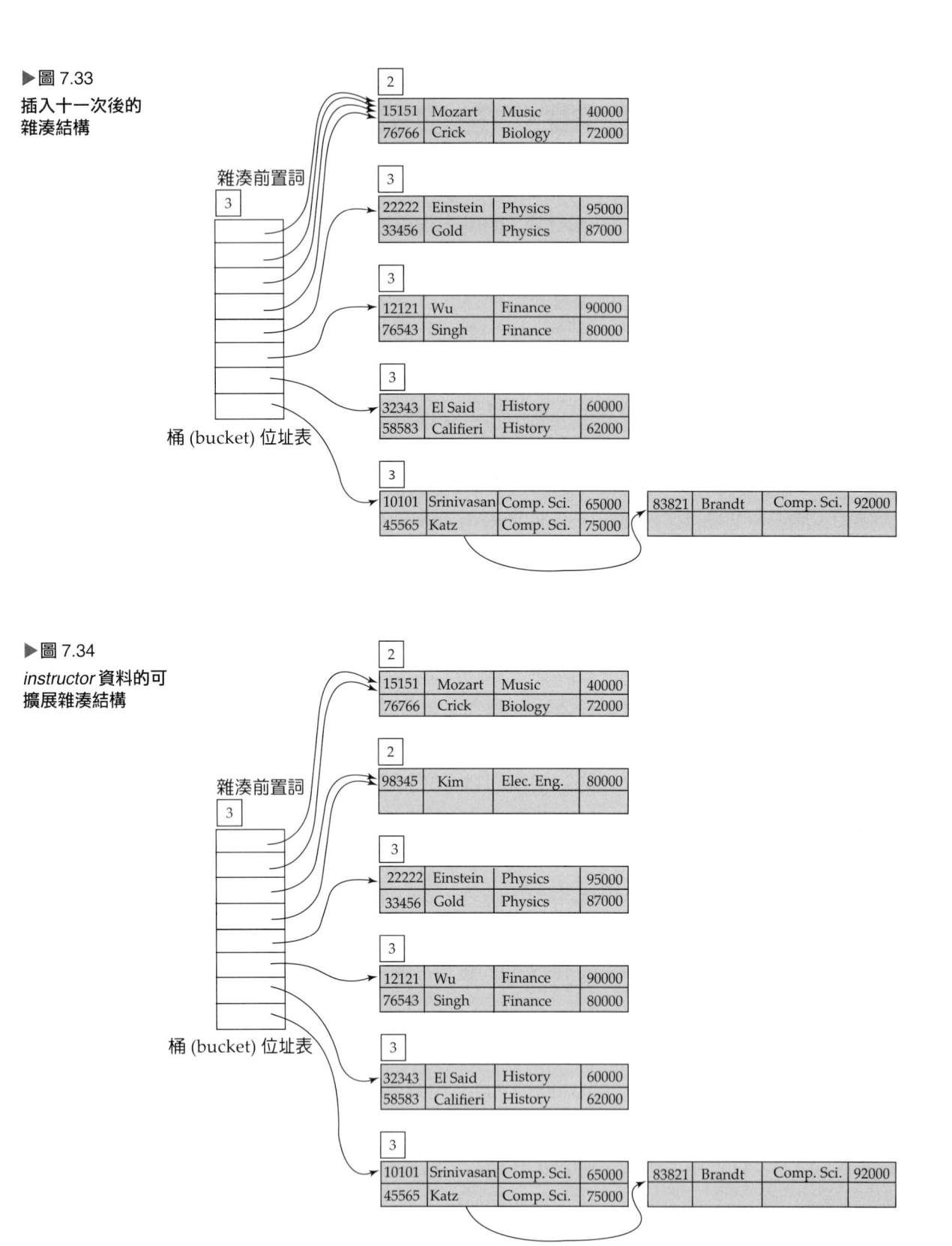

7.7.3 靜態雜湊與動態雜湊

我們現在來檢視可擴展雜湊的優點和缺點。擴展雜湊的主要優勢在於在檔案增長時效能不會降低，此外，它的空間開銷也最小。雖然桶位址表會引起額外的開銷，它包含目前前置詞長度的每個雜湊值的指標，不過此表較小。和其他雜湊比較起來，可擴展雜湊節省空間的主因是不需要替未來的成長預留桶，反而是桶可以被動態地分配。

可擴展雜湊的缺點是，查找會涉及額外的間接層級，因為系統在存取桶本身前必須存取桶位址表，不過這種額外的參照只會輕微影響性能。雖然我們在第 7.6 節討論的雜湊結構沒有這種額外的間接層級，但當桶滿了之後，它們會失去原來稍有的性能優勢。

因此，可擴展雜湊似乎是一個極具吸引力的技術，倘若我們願意接受在實施時複雜性會增加。在書目附註提供了可擴展雜湊實施更詳細的描述。

書目附註還提供了以另一種形式的動態雜湊，稱為 **線性雜湊 (linear hashing)**。它能夠在有擁有更多溢出桶的可能成本下，避免額外與可擴展雜湊相關的間接層級。

7.8 有序索引和雜湊的比較

我們已經看過幾個排序索引架構和幾個雜湊架構。我們可以使用索引順序組織或 B$^+$ 樹組織來組織紀錄檔案排序。另外，也可以透過雜湊組織檔案。最後，可以將它們組織成堆積檔案 (heap files)，其中紀錄不按任何特定的排列方式。

每個架構在某些情況下有不同優勢。資料庫系統人員可以提供許多架構讓資料庫設計師做最後決定。但是，這種方法需要編寫更多的代碼，既增加系統的成本也占用系統空間。大多數資料庫系統都支援 B$^+$ 樹和額外的雜湊檔案組織或雜湊索引。

要選擇一個關聯的檔案組織和索引技術，系統人員或資料庫設計必須考慮以下問題：

- 定期重組索引或雜湊組織的成本可以接受嗎？
- 插入和刪除的相對頻率為何？
- 為了優化平均存取時間而增加最壞情況下的存取時間是否適宜？

- 用戶可能提出什麼類型的查詢?

我們已經研究了這些問題的前三者,第一次是在討論不同索引技術的相對優劣時,而第二次是在討論雜湊技術時。第四個問題—預計查詢類型—對於選擇排序索引或雜湊非常重要。

如果大多數查詢的形式為:

$$\text{select } A_1, A_2, \ldots, A_n$$
$$\text{from } r$$
$$\text{where } A_i = c;$$

在處理此查詢時,系統會選擇在有序索引或雜湊結構執行屬性 A_i 查找,屬性值為 c。對於這種形式的查詢,雜湊架構較佳。有序索引查找所需的時間與 r 中的 A_i 值的對數成正比。在一個雜湊結構中,平均查找時間是固定的,與資料庫大小無關。使用索引形式查詢唯一贏過雜湊索引結構的優勢是,最壞情況查找時間與 r 中的 A_i 值對數成正比。相比之下,雜湊在最壞情況下的查找時間與 r 中的 A_i 值數量成正比。然而,最壞情況的查找時間是不太可能在雜湊發生的,因此在這個例子中,雜湊是較佳的選擇。

有序索引對於指定一個範圍值的查詢是優於雜湊的。其查詢形式如下:

$$\text{select } A_1, A_2, \ldots, A_n$$
$$\text{from } r$$
$$\text{where } A_i \leq c_2 \text{ and } A_i \geq c_1;$$

換句話說,上述查詢會找出所有 A_i 值介於 c_1 和 c_2 之間的紀錄。

讓我們思考如何使用有序索引處理這個查詢。首先,我們在 c_1 值上執行查找,一旦找到 c_1 值的桶,按照索引中的指標鏈照順序來讀取下一個桶,持續進行直到我們找到 c_2。

假如我們有的不是有序索引,而是雜湊結構,我們可以在 c_1 上執行查找,並找到對應的桶,但在一般情況下,要找出下一個需要檢視的桶並不容易。它的難處在於,因為一個好的雜湊函數會隨機分配值到桶中,因此沒有清楚標記「排序中的下一個桶」。我們無法將在 A_i 上的桶排序鏈結起來,是因為每個桶會被分配到很多的搜尋鍵值,由於值是經由雜湊函數隨機散在各處,因此特定範圍內的值有可能散落於許多或所有的桶內。這樣一來,我們必須讀取所有的桶才能找到所需的搜尋鍵。

通常設計師會選擇排序索引,除非事先已知範圍查詢不頻繁;在這種情況下,雜湊才會被選擇。如果查找需要以鍵值為基礎,雜湊組織對於在查詢過程中需要創建臨時檔案時特別有用，但是不需執行範圍查詢。

7.9 位元組列索引

位元組列索引是一種特殊類型的索引設計，便於使用在多鍵查詢，雖然每個位元組列索引是建立在單一鍵上。

使用位元組列索引時，關聯中的紀錄必須按順序編號。給定一個數字 n，檢索編號為 n 的紀錄它必須可易於收回。如果紀錄的大小固定且檔案分配在連續區塊是時，這特別容易實現。紀錄編號可以簡單的被轉成區塊編號，以及一個能識別區塊中的紀錄的編號。

思考一個關聯 r，其屬性 A 只能有一個很小的值（如，2 至 20）。例如，一個 *instructor_info* 關聯可能有一個 *gender* 屬性，其值只能是 m（男）或 f（女）。另一個例子是一個 *income_level* 屬性，收入已被分成五個級別，L1：0 至 9999 元、L2：10,000 至 19,999 元、L3：20,000 至 39,999 元、L4：40,000 至 74,999 元 和 L5：75,000 至 ∞ 元。在此，原始資料可以有許多值，但資料分析師會將其分割成若干的小範圍，以簡化分析資料。

7.9.1 位元組列索引結構

位元組列 (bitmap) 是一個簡單的位元陣列，在其最簡單的形式中，關聯 r 中屬性 A 的**位元組列索引 (bitmap index)** 對每個 A 值會有一個位元組列。每個位元組列擁有與關聯中的紀錄數量相同的位元數。如果紀錄編號 i 有屬性 A 值為 v_j，則值 v_j 位元組列的第 i 位元被設置為 1，至於位元組列所有其他位元則設置為 0。

在我們的例子裡，值 m 和 f 各有一個位元組列。如果紀錄編號 i 的性別值是 m，m 位元組列的第 i 位元設置為 1。至於 m 位元組列的其他位元設置為 0。同樣地，f 的位元組列值為 1，對應紀錄位的性別屬性值為 f；所有其他位元都為 0。圖 7.35 為一個在 *instructor_info* 關聯上的位元組列索引。

我們現在來看看位元組列何時有用。檢索所有紀錄值為 m（或值 f）最簡單的方式就是去讀關聯所有的紀錄，並選擇那些紀錄為 m 值的（或 f）。位元組列並不會真正有助於加快這樣的選擇。雖然它使我們能夠只讀特定性別的紀錄，我們還是很可能需要讀取每個磁碟區塊來檢索該檔案。

事實上，位元組列索引主要對選擇多鍵有幫助。假設我們除 *gender* 位元組列

▶圖 7.35
instructor_info 關聯的位元組列索引

紀錄編號	ID	gender	income_level
0	76766	m	L1
1	22222	f	L2
2	12121	f	L1
3	15151	m	L4
4	58583	f	L3

gender 位元組列
- m : 10010
- f : 01101

income_level 位元組列
- L1 : 10100
- L2 : 01000
- L3 : 00001
- L4 : 00010
- L5 : 00000

索引外，也在 *income_level* 屬性用前面所述的方法創建一個位元組列。

現在思考一個查詢，挑選出收入範圍為 10,000 到 19,999 元的婦女。這個查詢可以表示為

> **select** *
> **from** *r*
> **where** *gender* = 'f' **and** *income_level* = 'L2';

為了評估這個選擇，我們用性別值 f 位元組列和 *income_level* L2 位元組列，並在兩個位元組列執行一個**交集 (intersection)**（邏輯 -and）。換句話說，我們會計算出一個新的位元組列，其中如果第 *i* 位元的兩個位元組列都為 1，*i* 位元的值也為 1，否則為 0。在圖 7.35 的例子中，*gender* 位元組列 = f(01101) 和 *income_level* 位元組列 = L2(01000) 的交集為位元組列 01000。

由於第一個屬性可以取兩個值，第二個可取五個值，平均來說，我們預期十個紀錄中只有一個能滿足兩個屬性結合條件。如果有進一步的條件，則會滿足所有條件的紀錄比例可能相當小。系統可以透過找出所有在交集位元組列位元值為 1 的位元來計算查詢結果，並重新獲取相對應的紀錄。如果這個比例大，掃描整個關聯會是一個較便宜的選擇。

位元組列另一個重要的用法是計算滿足一個給定選擇的元組數量。這種查詢對於資料分析非常重要。例如，如果希望瞭解有多少婦女收入層級為 *L2*，我們會計算兩個位元組列的交集，然後計算相交位元組列中位元值是 1 的位元數。因此，我們從位元組列可因此得到期望的結果，甚至不需要存取關聯。

比起實際的關聯規模，一般來說位元組列索引很小。紀錄通常至少幾十位元組到幾百個位元組長，而在位元組列中則使用單一位元表示紀錄，因此被一個位元組列占用的空間通常不到關聯的 1%。假設一個給定的紀錄大小為 100 位元組，則一個位元組列所占用的空間會是關聯占用空間的 1% 的八分之一。如果關聯的屬

性 A 只可採取八個值中的一個，在屬性 A 的位元組列索引將包括八個位元組列，而它們總共僅占關聯大小的 1%。

紀錄的刪除會在連續紀錄中造成中斷，而藉由轉移紀錄（或紀錄編號）填補缺口的成本極其昂貴。為了辨識已被刪除的紀錄，我們可以儲存一個**存在位元組列 (existence bitmap)**，其中如果紀錄 i 不存在，則 i 位元是 0，否則為 1。在第 7.9.2 節我們會看到存在位元組列的必要性。插入紀錄應該不會影響其他紀錄的序列編號，因此，我們可以用追加紀錄到檔案的尾端或是替換已刪除的紀錄來取代插入。

7.9.2 有效地執行位元組列操作

我們可以用 for 迴圈輕易地計算出兩位元組列的交集：第 i 個重複迴圈計算兩個位元組列的第 i 位元的 and。我們可以用大多數電腦指令集有支援布林運算的 and 指令大大加快計算交集的速度。一個字通常由 32 或 64 位元組成，視電腦的結構而定。布林運算的 and 指令需要兩個字做為輸入，並輸出一個字，其輸出的每個位元都是由輸入的兩個字按照其相對位元做 and 邏輯運算後再輸出。需要注意的是單一的布林運算 and 指令馬上就能計算出 32 或 64 位元的交集。

如果一個關聯有 100 萬個紀錄，每個位元組列將包含 100 萬位元，或等同 128KB。假設一個字是 32 位元長，則關聯中相交的兩個位元組列只有 31,250 個指令需要計算。因此計算位元組列交集，是一個非常快速的操作。

位元組列交集對計算兩個條件的 and 是有用的，而位元組列聯集則對兩個兩個條件的 or 是有用的。兩個位元組列的聯集和交集的程序完全一樣，只是我們使用的是布林運算的 or 指令，而非布林運算的 and 指令。

補數操作 (complement operation) 可以用於計算涉及否定條件的謂詞，像 **not** (*income_level* = *L*1)。位元組列補數是由每一個位元組列位元所產生（1 的補數為 0，0 的補數為 1）。**not** (*income_level* = *L*1) 可以由只計算收入層級的補數位元組列 *L*1 實行，但如果某些紀錄已被刪除，僅僅計算位元組列補數是不夠的。雖然紀錄不存在，但在原始位元組列位元相對應的這些紀錄會是 0，在補數中會變成 1。類似的問題也出現在當屬性值為空值時。例如，如果 *income_level* 值是空的，值 *L*1 在原本位元組列的位元是 0，在補數位元組列則會為 1。

為了確保結果中對應刪除紀錄的位元設置為 0，補數位元組列必須與存在位元組列做交集，藉此來關掉刪除紀錄的位元。同樣地，補數位元組列也必須與空值位元組列的補數相交，以便處理空值。

計算位元組列中位元值為 1 的位元數量可用一個聰明的技術迅速完成。我們可以維護一個擁有 256 個項目的陣列，其中第 i 個項目儲存了在 i 的二元代表中位元值為 1 的位元數量。設置最初總數為 0。我們取用位元組列的每個位元組，用它來索引這個陣列，並把儲存數量加到總數。加法運算的數量是元組數量的八分之一，因此這樣的計算過程非常有效率。一個大型陣列（使用 $2^{16} = 65536$ 項），透過成對的位元組索引會更快，不過儲存成本相對更高。

7.9.3 位元組列和 B$^+$ 樹

位元組列可以結合關聯一般的 B$^+$ 樹索引，其中幾個屬性值非常普遍，而其他值也會發生，但沒那麼頻繁。對 B$^+$ 樹索引葉中每一個值，我們通常會保持所有索引屬性為有該值的紀錄的列表。每個列表中的元素將變成紀錄識別標示，至少 32 位元，但通常更多。對於發生在許多紀錄的一個值，我們會儲存位元圖，而非列表紀錄。

假設一個特定的值 v_i 出現在關聯的十六分之一的紀錄內。設 N 是關聯的紀錄數量，假設一個紀錄有 64 位元的數字來識別它，而位元組列在每個紀錄只需要每 1 位元，或總共 N 個位元。相比之下，當值產生時，列表表示需要每個紀錄 64 個位元，或 $64 * N/16 = 4N$ 位元。因此，位元組列是代表 v_i 值列表中紀錄較好的方法。在我們的例子（使用 64 位元紀錄識別標示），如果每 64 個紀錄只有不到 1 個有一個特定的值，列表表示較適合用來識別該值的紀錄，因為它比位元組列表示形式使用更少的位元。但如果每 64 個紀錄超過 1 個有該值，則位元組列表示是較好的方法。

因此，若這些值發生的非常頻繁，位元組列可以在葉節點 B$^+$ 樹中做為一種壓縮儲存機制。

7.10 索引在 SQL 的定義

SQL 標準不提供資料庫用戶或管理員任何控制指標在資料庫被創建和維護的方法。索引對於正確度說是不需要的，因為它們是多餘的資料結構。然而，索引對於高效率處理的交易是重要的，包括更新交易和查詢。同時，索引對於高效率執行的完整性限制也很重要。

原則上，資料庫系統可以自動決定創建什麼索引，然而，由於索引的空間成本及更新處理的效率，要自動做出正確的選擇並不容易。於是，大多數 SQL 透過資料定義語言命令提供程式設計師控制索引的創建和刪除。

我們接下來說明這些命令的語法。雖然展示的是常用的語法，也被許多資料庫系統支援，但它不屬於 SQL 標準的一部分。SQL 標準不支援實體資料庫模式控制；它只能用在邏輯資料庫架構。

我們使用 **create index** 命令創建索引，採取形式為：

create index <index-name> **on** <relation-name> (<attribute-list>);

attribute-list 是關聯的屬性列表，形成了該索引的搜尋鍵。

在 *instructor* 關聯定義一個名為 *dept_index* 的索引，用 *dept_name* 做為搜尋鍵，我們會這樣寫：

create index *dept_index* **on** *instructor* (*dept_name*);

如果我們想聲明搜尋鍵是候選鍵，可增加屬性 **unique** 到索引定義中。因此指令：

create unique index *dept_index* **on** *instructor* (*dept_name*);

宣告 *dept_name* 為 *instructor* 的候選鍵（應該不是我們所想要的大學資料庫）。如果當我們輸入 **create unique index** 指令時，*dept_name* 並不是候選鍵，系統會顯示錯誤訊息，並且創建索引的動作也會失敗。如果創建索引嘗試成功，任何後續嘗試違反鍵規則的插入元組也將失敗。請注意，如果 SQL 標準的資料庫系統支援 **unique** 時，**unique** 特性就是多餘的。

許多資料庫系統還提供了別的方法指定索引類型的使用（如 B$^+$ 樹或雜湊）。一些資料庫系統也允許關聯上的某個索引被稱為群集；然後系統會使用群集索引的搜尋鍵來儲存其排序關聯。

我們為索引所指定的索引名稱，須刪除一個索引。而 **drop index** 指令的形式為：

drop index <index-name>;

7.11 總結

- 許多查詢只引用檔案中紀錄的一小部分，要減少查詢這些紀錄的開銷，我們可以建構該檔案的索引來儲存資料庫。

- 索引循序檔案是用於資料庫系統中最老的索引架構之一。為了使依序排列的搜尋鍵快速檢索紀錄，紀錄按順序儲存，而無循序紀錄會被鏈接在一起。為了要有快速的隨機存取，我們使用索引結構。

- 我們有兩種類型的索引：密集索引和稀疏索引。密集索引包含每一個搜尋鍵的值的項目，而稀疏索引只包含某些搜尋鍵值的項目。

- 如果搜尋鍵循序順序與關聯的循序順序相對應，在搜尋鍵的索引是所謂的群集索引，其他索引則被稱為非群集索引或二級索引。二級索引使用搜尋鍵而非群集索引搜尋鍵來提高其查詢效能，不過，它們會增加修改資料庫的開銷。

- 索引循序檔案組織的主要缺點是隨著檔案增長效能會下降。為了克服這一缺陷，我們可以使用 B$^+$ 樹索引。

- B$^+$ 樹索引的形式為一株平衡樹，從樹根到樹葉的每一路徑長度都相同。B$^+$ 樹的高度與關聯中以基數 N 為對數的記錄數量成正比，其中每個非葉節點儲存 N 個指標；而值 N 往往是 50 或 100 左右。B$^+$ 樹遠遠短於其他平衡二元樹結構，如 AVL 樹，因此需要較少的磁碟存取來檢索紀錄。

- 用 B$^+$ 樹做查找是直接和有效的。至於插入和刪除，雖然有時比較複雜，但仍然是有效率的。在 B$^+$ 樹查找、插入與刪除所需的操作數量，與關聯中基數 N 對數的紀錄數量成正比，其中每個非葉節點儲存 N 個指標。

- 我們可以用 B$^+$ 樹來索引包含紀錄的檔案，以及整理紀錄到檔案裡。

- B 樹索引類似於 B$^+$ 樹索引，而 B 樹的好處是消除了搜尋鍵值的冗餘儲存，不過其主要缺點是對於給定節點大小會影響整體的複雜性，以及減少扇出。系統設計師普遍幾乎都使用 B$^+$ 樹索引，而非 B 樹索引。

- 循序檔案組織需要一個索引結構來找到資料。但是基於雜湊的檔案組織，反而能夠直接讓我們透過計算所需紀錄的搜尋鍵值的函數，對照到資料項目的所在。由於在設計時我們不知道哪個搜尋鍵值將被儲存在檔案，一個好的雜湊函數會選擇該如何分配搜尋鍵值到桶中，使分配會既均勻又隨機。

- 靜態雜湊使用桶位址為固定的雜湊函數。這種雜湊函數無法輕易容納隨著時間推移明顯變大的資料庫。有幾個動態雜湊技術，讓雜湊函數可以進行修改。以可擴展雜湊為例，隨著資料庫的增大和收縮，它可以透過分割和結合桶應付資料庫大小的改變。

- 我們也可以使用雜湊創建二級索引，這類索引被稱為雜湊索引。為了符號的方便，假設搜尋鍵上雜湊檔案組織有一個隱含的雜湊索引用於雜湊。

- 有序索引，如 B$^+$ 樹和雜湊索引可用於基於同等條件和涉及單一屬性的選擇。但當多個屬性都參與了選擇的條件時，我們可以交集來自多個索引的紀錄識別標示。

- 位元組列索引提供擁有少數不同值的索引屬性非常緊實的表示方法。位元組列上的交集操作非常快，使它們成為的多屬性查詢的理想支援。

關鍵詞

- 存取類型 (Access types)
- 存取時間 (Access time)
- 插入時間 (Insertion time)
- 刪除時間 (Deletion time)
- 空間開銷 (Space overhead)
- 有序索引 (Ordered index)
- 群集索引 (Clustering index)
- 主索引 (Primary index)
- 非群集索引 (Nonclustering index)
- 二級索引 (Secondary index)
- 索引循序檔案 (Index-sequential file)
- 索引項／紀錄 (Index entry/record)
- 密集索引 (Dense index)
- 稀疏索引 (Sparse index)
- 多層次索引 (Multilevel index)
- 複合鍵 (Composite key)
- 循序掃描 (Sequential scan)
- B^+ 樹索引 (B^+-tree index)
- 葉節點 (Leaf node)
- 非葉節點 (Nonleaf node)
- 平衡樹 (Balanced tree)
- 範圍查詢 (Range query)
- 節點分割 (Node split)
- 節點結合 (Node coalesce)
- 非唯一搜尋鍵 (Nonunique search key)
- B^+ 樹檔案組織 (B^+-tree file organization)
- 批量加載 (Bulk load)
- 由下而上的 B^+ 樹結構 (Bottom-up B^+-tree construction)
- B 樹索引 (B-tree index)
- 靜態雜湊 (Static hashing)
- 雜湊檔案組織 (Hash file organization)
- 雜湊索引 (Hash index)
- 桶 (Bucket)
- 雜湊函數 (Hash function)
- 桶溢出 (Bucket overflow)
- 歪斜 (Skew)
- 封閉雜湊 (Closed hashing)
- 動態雜湊 (Dynamic hashing)
- 可擴展雜湊 (Extendable hashing)
- 多鍵存取 (Multiple-key access)
- 位元組列索引 (Bitmap index)
- 位元組列操作 (Bitmap operations)
  - 交集 (Intersection)
  - 聯集 (Union)
  - 補數 (Complement)
  - 存在位元組列 (Existence bitmap)

實作題

7.1 索引加速查詢處理速度，通常在每個屬性上創建索引是一個壞主意，而每個屬性的組合，則可能是一個潛在的搜尋鍵。解釋原因。

7.2 在同一關聯的不同搜尋鍵有兩個群集索引是有可能的嗎？解釋答案。

7.3 用以下鍵值構建 B^+ 樹：

$$(2, 3, 5, 7, 11, 17, 19, 23, 29, 31)$$

假設最初樹是空的，且值是以升序順序做加入。在以下給定的一個節點的指標數量的狀況下，構建 B⁺ 樹

a. 四個

b. 六個

c. 八個

7.4 對於實作題 7.3 中每一株 B⁺ 樹，在以下一系列的操作後畫出樹的形式：

a. 插入 9

b. 插入 10

c. 插入 8

d. 刪除 23

e. 刪除 19

7.5 思考第 252 頁 B⁺ 樹的重新分配計畫。n 函數的樹的預期高度為何？

7.6 假設我們使用的是檔案中的可擴展雜湊，其中包含紀錄與下面的搜尋鍵值：

$$(2, 3, 5, 7, 11, 17, 19, 23, 29, 31)$$

請畫出此檔案的可擴展雜湊結構，如果雜湊函數 $h(x) = x \bmod 8$ 且每個桶可容納三個紀錄。

7.7 劃出實作題 7.6 中可擴展雜湊結構執行下列步驟執行後的演變結果：

a. 刪除 11

b. 刪除 31

c. 插入 1

d. 插入 15

7.8 寫出 B⁺ 樹函數 findIterator( ) 的虛擬碼，和 find( ) 函數同，只不過它返回一個反覆器物件，如第 7.3.2 節描述。也替此反覆器寫一個虛擬碼，包括反覆器物件的變數和 next( ) 方法。

7.9 寫出可擴展雜湊結構刪除項目的虛擬碼，包括何時以及如何結合桶的細節。可以忽略減少桶位址表的大小。

7.10 提出一種有效的方式，假如在可擴展雜湊中的桶位址大小可以減少，透過排序一個額外的計算與桶位址表。詳細說明計算應該保持桶是分離、結合還是刪除。（注意：減少桶位址表是一個昂貴的操作，和隨後的插入可能會導致表恢復增長。因此，最好不要減少大小，除非是當索引項目數量變與桶位址表小時才有可能這樣做。）

7.11 思考圖 7.1 *instructor* 關聯。

a. 建構一個位元組列索引於屬性薪資，薪資分為以下四個範圍值：低於 50000 元、50000 至 60000 元以下、60000 至 70000 元以下和 70000 元以上。

b. 思考一個查詢，要求在財經系薪資 80000 元或以上的所有教師。概述回答查詢的步驟，並顯示最後的和中間的位元組列構造來回答查詢。

7.12 其 B⁺ 樹每個葉節點的占用情形，在索引項目是使用排序順序插入時是如何？解釋原因。

7.13 假設被建構的二級 B⁺ 樹有一個關聯 r 與 n 元素組合。

a. 透過每次插入一個紀錄來舉一個建構 B⁺ 樹成本的公式。假設每個區塊可以容納平均 f 個項目，並且在樹葉上所有層級的樹都在內存中。

b. 假設隨機磁碟存取需要 10 毫秒，在有一千萬個紀錄的關聯上建構索引的成本是多少？

c. 寫一個在第 7.4.4 節中有提過的由下而上建構的 B⁺ 樹虛擬碼。我們可以假設該函數能有效地排序一個大的檔案。

7.14 為什麼有可能會在 B⁺ 樹檔案組織的葉節點失去順序性？

a. 請建議該檔案該如何組織才可能進行重組，以恢復順序性。

b. 另一種重組方法是對於一些相當大的 n 區塊分配葉子頁為 n 區塊單位。當第一個 B⁺ 樹葉被分配，n 區塊單位只有一個區塊被使用，且其餘的各頁都是空的。如果一個頁被分割，則其 n 區塊單位有一個空的頁，此空間會被用於新的一頁。如果 n 區塊單位是滿的，另一個 n 區塊單位被分配，則第一個 $n / 2$ 的葉子頁會被放置在一個 n 區塊單位中，至於其他剩餘的則會被放在第二個 n 區塊單位中。為簡單起見，我們假設有沒有刪除操作。

  i. 假設在第一個 n 區塊單位已滿後沒有刪除操作，什麼是最糟的占用空間分配情形。

  ii. 是否有可能將葉節點分配給一個不連續的 n 節點區塊單位？也就是說，兩個葉子節點分配給一個 n 節點區塊，也就是在兩個之間還有另一個葉節點，是被分配到不同的 n 節點區塊。

  iii. 根據合理的假設，如果緩衝空間足夠儲存一個 n 頁區塊，在最壞的情況，掃描一個 B⁺ 樹葉層級需要多少次搜尋？如果葉子的頁一次分配一個區塊，試將此數字與最壞情況相比。

  iv. 用重新分配值到兄弟節點的技術來改善空間利用率，若對葉區塊使用上述的分配更有效。請解釋原因。

練習

7.15 何時使用密集索引，而不使用稀疏索引最合適？解釋答案。

7.16 群集索引和二級索引有什麼區別？

7.17 對於實作題 7.3 的每個 B⁺ 樹，顯示以下每個步驟的查詢：

a. 以搜尋鍵值 11 查詢紀錄。

b. 搜尋搜尋鍵值介於 7 至 17 間的紀錄 (包含 7 和 17)。

7.18 在第 7.3.4 節中提出的處理非唯一搜尋鍵增加了一個額外的屬性到搜尋鍵的解決方案。請問這對 B⁺ 樹的高度有何影響？

7.19 解釋封閉和開放的雜湊的區分。討論在資料庫應用程式中這兩個技術的相對優勢。

7.20 雜湊檔案組織發生桶溢出的原因是什麼？怎麼做能減少發生桶溢出？

7.21 為什麼雜湊結構不是用搜尋鍵做範圍查詢時的最佳結構？

7.22 假設有一個關聯 $r(A, B, C)$，使用 B⁺ 樹索引與搜尋鍵 (A, B)。

a. 使用此索引在最壞情況下找到滿足 $10 < A < 50$ 的紀錄的成本是多少，n_1 為紀錄數量，h 為樹的高度。

b. 使用此索引在最壞情況下找到滿足 $10 < A < 50 \land 5 < B < 10$ 的紀錄的成本是多少，滿足此選擇的紀錄數量為 n_2，n_1 和 h 定義同上。

c. n_1 和 n_2 在什麼條件下，此索引會是一個有效的尋找滿足 $10 < A < 50 \wedge 5 < B < 10$ 的紀錄的方式？

7.23 假設要創建大量名字的 B^+ 樹索引，其中規模最大的名字可能大到一個程度（例如 40 個位元），且平均名稱也是大的（如 10 個位元）。解釋前置詞壓縮如何可以用來最大化非葉節點的平均扇出。

7.24 假設一個關聯儲存在 B^+ 樹檔案組織，而二級索引儲存的紀錄標示符號是磁碟上紀錄的指標。
a. 如果在檔案組織裡發生節點分割，對二級索引會有什麼影響？
b. 在二級索引中更新所有受影響紀錄的成本是什麼？
c. 如何使用檔案組織中的搜尋鍵，當做是邏輯紀錄標示符號。解決此問題？
d. 使用此邏輯紀錄標示符的額外成本是什麼？

7.25 顯示如何從其他位元組列計算存在位元組列。請確保即使空值存在技術能仍有效，使用位元組列顯示空值。

7.26 資料加密如何影響索引架構？特別是，它會如何影響試圖以排序順序儲存資料的架構？

7.27 我們對靜態雜湊的描述是假設有一個大的連續伸展磁碟區塊可以分配到一個靜態的雜湊表。如果我們在只能分配到 C 連續區塊，但擁有一個遠遠大於 C 區塊的雜湊表的情況下，請建議在效率不變的情況下該如何實作其雜湊表。

書目附註

討論的基本資料結構和雜湊索引中可以在 Cormen 等人 [1990] 中找到。B 樹索引是由 Bayer [1972]、Bayer 和 McCreight [1972] 首次刊登。B^+ 樹是由 Comer [1979]、Bayer 和 Unterauer [1977] 以及 Knuth [1973] 討論。Gray 和 Reuter [1993] 在 B^+ 樹實作中提供了一個很好的說明。

一些樹和樹狀結構搜尋也已經被提出。**Tries** 是指結構建立在鍵的「位數」上的樹（例如，一個字典索引，其中每個字母都會有一個項目）。這些樹可能不是如同 B^+ 樹是平衡的。Ramesh 等人 [1989]、Orenstein [1982]、Litwin [1981] 和 Fredkin [1960] 討論了 Tries。其相關作業包括 Lomet [1981] 的位數 B 樹。

Knuth [1973] 分析了大量不同的雜湊技術。有幾個動態雜湊方案是已經存在的。可擴展雜湊由 Knuth [1973] 介紹。Litwin [1978] 和 Litwin [1980] 介紹了線性雜湊。Rathi 等人 [1990] 比較了效能與可擴展雜湊的關係。Ramakrishna 和 Larson [1989] 提出另一個允許在單一的磁碟檢索存取的架構，其是小片段的資料庫的修改但卻有高的開銷費用。分區雜湊是一個多屬性的可擴展雜湊，Rivest [1976]、Burkhard [1976] 和 Burkhard [1979] 有討論。

Vitter [2001] 提供了另一個對外部內存的資料結構和演算法的延伸調查。

位元組列索引和其變數稱為**片位元索引 (bit-sliced indices)** 和**投影索引 (projection indices)**，O'Neil 和 Quass [1997] 有描述。他們首先在 AS400 平臺上介紹 IBM 型號 204 的檔案管理，並大大提高某些類型的查詢速度，目前已在大多數的資料庫系統上實現。位元組列索引的研究，包括 Wu 和 Buchmann [1998]、Chan 和 Ioannidis [1998]、Chan 和 Ioannidis [1999] 以及 Johnson [1999]。

CHAPTER 8 查詢處理

　　查詢處理 (query processing) 指的是從一個資料庫提取資料的所需的各種動作，包括轉換高層級資料庫查詢語言，成為可用於在實體層檔案系統的表現形式、多種查詢最佳化轉換，以及查詢的實際評估。

8.1 概述

　　處理查詢所需的步驟如圖 8.1 所示。基本步驟主要有：

1. 解析和轉換。
2. 最佳化。
3. 評估。

　　在開始處理查詢之前，系統必須轉換查詢成一個可用的形式。如 SQL 般的語言適合人類使用，但不適合系統內部查詢的表示。系統內部需要的是一個基於延

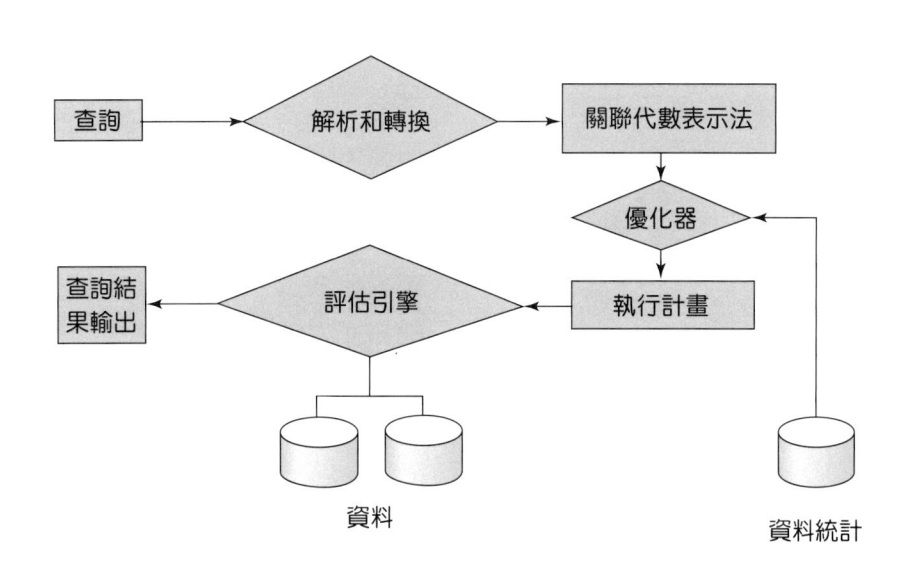

▶圖 8.1
查詢處理的步驟

伸關聯代數的表示方法。

因此，系統處理查詢時的第一個動作是轉換查詢為內部形式。這種轉換過程與編譯器中的解析器工作類似。在生成內部查詢時，解析器會檢查用戶的查詢語法，驗證出現在查詢的關聯名稱，是否為資料庫中關聯的名稱等。系統建構一個查詢的解析樹後，再將其轉換成關聯代數的表示方式。假設查詢是一個視界 (view)，轉換階段也會使用定義此視界的關聯代數表示方式，來取代所有的視界。大多數有關編譯器的書會詳細解釋解析器 (parsing)。

給定一個查詢，通常有多種方法來計算答案。例如，我們已經看到在 SQL 中，查詢可以用幾種不同的方法來表達。每個 SQL 查詢都可以被轉化為幾個關聯代數的表示方式。此外，用關聯代數所表示的查詢僅部分指定如何評估一個查詢；評估方法通常有幾種。請參考以下查詢：

select *salary*
from *instructor*
where *salary* < 75000;

這個查詢可以被轉換為下列關聯代數表示法之一：

- $\sigma_{salary} < 75000\ (\Pi_{salary}\ (instructor))$
- $\Pi_{salary}\ (\sigma_{salary} < 75000\ (instructor))$

此外，我們可以從幾個不同的演算法中擇一，來執行每個關聯代數運作。例如，要實現前面的選擇，我們可以搜尋每一個在 *instructor* 中的元組，找出薪資低於 75000 元的元組。如果 *salary* 屬性中有一個 B^+ 樹索引，我們可以使用索引來定位元組。

要如何完全詳述評估一個查詢，我們不僅需要提供關聯代數表示法，而且需特別註釋說明如何評估每個運作。註釋可定義要使用在特定運作、索引或索引群的演算法。一個有註釋說明如何評估的關聯代數操作被稱為**基礎評估 (evaluation primitive)**。可以用來評估查詢的序列基本操作，稱為**查詢執行計畫 (query-execution plan)** 或**查詢評估計畫 (query-evaluation plan)**。圖 8.2 說明了前述範例的評估計畫，其中指定了一個特定索引（圖中表示為「索引1」）來進行選定的運作。該**查詢執行引擎 (query-execution engine)** 採用查詢評估計畫、執行該計畫並將答案回覆至查詢。

查詢使用不同的評估計畫會有不同的成本。我們不期望用戶能夠編寫最有效的評估計畫。相反地，系統有責任構建一個能大幅減少查詢成本的查詢評估計畫；這項工作被稱為查詢最佳化。在第 9 章中有詳細介紹。

$$\pi_{salary}$$
$$|$$
$$\sigma_{salary < 75000; \text{ use index 1}}$$
$$|$$
$$instructor$$

▶圖 8.2
查詢的評估計畫

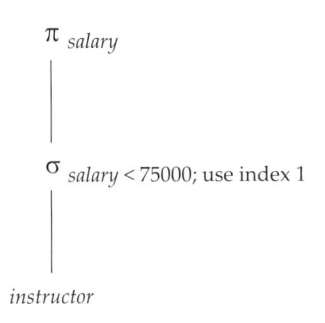

一旦決定查詢計畫後,查詢會受到該計畫的評估,並輸出查詢的結果。

以上所描述有關處理查詢序列的步驟僅供參考,不是所有的資料庫都嚴格遵循這些步驟。例如,有幾個資料庫不使用關聯代數表示,而是使用以給定 SQL 查詢為基礎,且有註釋的解析樹。然而,我們在此談到的概念是形成資料庫查詢處理的基礎。

為了查詢最佳化,查詢優化器必須知道每個運作的成本。雖然確切的成本難以計算,因為它取決於許多參數,如實際可用在運作的記憶體,但是每個運作執行粗略的估計成本是可能的。

在本章中,我們研究如何評估查詢計畫中的個別運作,以及如何估算其成本,在第 9 章,我們會繼續討論查詢最佳化。第 8.2 節概述了如何衡量查詢成本。第 8.3 節至 8.6 節包含了評估單獨的關聯代數運作。數個運作可以被組合成一個**管線 (pipeline)**,其中每個運作從其輸入元組上開始工作,即使它們正由另一個運作所生成。在第 8.7 節,我們會檢視如何在查詢評估計畫中,協調執行多種操作,特別是如何使用管線作業,以避免將尚未完成的結果寫到磁碟上。

8.2 查詢費用的計算

每個查詢可能有多種的評估計畫,能夠比較成本並選擇最好的計畫非常重要。為此,我們必須估計個別運作成本,並將它們結合以獲得查詢評估計畫成本。因此,在本章後半部我們不但研究每個運作的評估演算法,也概述如何估計運作成本。

查詢評估的成本可用一些不同方面的資源計算,包括磁碟存取、CPU 執行一個查詢的時間,以及在分布式或並行式資料庫系統中的通訊成本。

在大型資料庫系統,從磁碟存取資料成本通常是最重要的,因為磁碟的存取速度較記憶體存取慢。此外，CPU 速度發展神速，已經遠遠超過了磁碟的速度。因此，在磁碟上的運作將繼續占用執行一個查詢大部分的時間。而 CPU 執行任務的時間更難估計，因為它依賴於低層級執行碼的細節。雖然現實生活中的查詢最佳化器不考慮 CPU 成本，但為簡單起見，本書中我們忽略 CPU 成本，只使用磁碟的存取成本來衡量查詢評估計畫的成本。

我們用來自磁碟的「傳輸區塊量」與「磁碟搜尋量」來估計查詢評估計畫費用。如果磁碟子系統需要平均 t_T 秒傳輸一個資料區塊，並有需要平均 t_S 秒來存取一個區塊（磁碟搜尋時間加上旋轉延遲），則欲傳輸 b 個區塊且執行 S 搜尋將需要 $b * t_T + S * t_S$ 秒。該 t_T 和 t_S 的值必須依使用的磁碟系統校準，但目前高端磁碟的典型值為 $t_S = 4$ 毫秒和 $t_T = 0.1$ 毫秒，假設元組區塊大小為 4KB，傳輸速率為每秒 40MB。

我們可區別讀取與寫入區塊來更詳細的估算成本，因為寫入區塊通常價格約讀取區塊的兩倍（這是因為磁碟系統會回讀，以確認寫入成功）。為簡單起見，我們忽略這個細節，讓讀者自行為各種運作制定出更精確的成本估算。

估計費用不包括把最終運作的結果寫回磁碟。這些會依需要再分別考慮。我們討論的所有演算法的費用取決於主記憶體緩衝區的大小。在最好的情況下，所有資料可以被讀入緩衝區，而且磁碟不需要再進行存取。在最壞的情況下，我們假設緩衝區只可容納有幾個區塊的資料，大約每個關聯一個區塊。在提交成本預算時，我們一般假設最壞的情況。

此外，儘管我們假設最初資料必須從磁碟讀取，它可能是一個已經存在於記憶體緩衝區中的存取區塊。同樣，為了簡單起見，我們忽略這種影響。這樣一來，實際磁碟存取成本在執行計畫過程中可能會低於預計的費用。

假設電腦上沒有其他活動，查詢評估計畫的**回應時間 (response time)**（即執行計畫所需要的時間），將占據所有費用，因此可以被用來計算計畫的成本。不幸的是，若沒有實際執行計畫，計畫的回應時間很難預估，理由如下：

1. 回應時間取決於當查詢開始執行時緩衝區裡的內容。若查詢最佳化，這個資料無法取得，而且即使可以取得也不準。
2. 在一個有多個磁碟的系統中，回應時間取決於在磁碟上如何分布存取。若沒有詳細瞭解磁碟上資料的布局時，時間很難計算。

有趣的是，額外的資源消耗可能會使計畫得到更好的回應時間。例如，如果一個系統有多個磁碟，A 計畫要求額外磁碟讀取，但在執行時是使用並行讀取多個磁碟；它的完成速度會比只從一個磁碟讀取較少個磁碟的 B 計畫速度快。然而，若一個查詢有許多實例要同時使用計畫 A 查詢，整體回應時間實際上可能超過同樣情況下使用計畫 B 的時間，因為計畫 A 在磁碟上產生更多負載。

因此，與其減少回應時間，優化器通常會盡量減少查詢計畫的**資源消耗 (resource consumption)** 總量。我們估算總磁碟存取時間（包括搜尋和資料傳輸）的模型是一個基於查詢成本資源消耗模型的例子。

8.3 選擇操作

在查詢處理中，**檔案掃描 (file scan)** 是存取資料最低層級的運作。檔案掃描屬於搜尋演算法，能查找和取得滿足條件的紀錄。在關聯系統中，在關聯儲存在一個單一專門的檔案的情況下，檔案掃描允許整個關聯都能被讀取。

8.3.1 選擇使用檔案掃描和索引

試想選擇操作上的一個關聯與其元組一起儲存在一個檔案。執行選擇最簡單的方法如下：

- **A1（線性搜尋 (linear search)）**。在一個線性搜尋時，系統會掃描每個檔案區塊，測試所有紀錄，看看它們是否滿足選擇條件。存取第一個區塊的檔案需要初始搜尋。如果檔案區塊不是連續儲存，則可能需要要求額外的搜尋，但為簡化，我們忽略此影響。

執行選擇雖然可能慢於其他演算法，但線性搜尋演算法可以應用到任何檔案，無論檔案順序為何、是否提供索引、或選擇操作的方式。我們另外要研究的演算法並不適用於所有情況，但若適用，它們通常比線性搜尋快速。

圖 8.3 顯示線性掃描以及其他選擇演算法的費用估計。在圖中，我們使用 h_i 來表示 B^+ 樹的高度。現實生活中的優化器通常假設樹根存在於記憶體中的緩衝區，因為它經常被存取。有的優化器甚至假設除了樹葉層級外，所有的部分都存在於記憶體中，因為它們常常被存取，而且通常只有小於 1% 的 B^+ 樹節點是非葉節點，公式中的成本可以適當修改。

索引結構被稱為**存取路徑 (access paths)**，因為它們提供了一個這些資料可以查找和存取的路徑。在第 7 章中，我們曾說依接近實體檔案的順序進行讀取是有效的。回想主索引（也稱為群集索引），它是允許檔案紀錄用實體順序被讀取的索引。非主索引的索引被稱為二級索引。

使用索引的索引演算法，被稱為**索引掃描 (index scans)**。在處理查詢時，我們使用選擇描述來指導我們選擇索引。使用之索引的搜尋演算法有：

- **A2**（**主索引，主鍵屬性 (primary index, equality on key)**）。對於對等比較的一個鍵屬性與主索引，我們可以使用索引來取得滿足相應對等條件的單一紀錄。預估費用如圖 8.3 所示。

- **A3**（**主索引，非鍵屬性 (primary index, equality on nonkey)**）。當選擇條件指定在非鍵屬性 A 進行對等比較，我們可以使用一個主索引取得多個紀錄。與前面情況唯一的區別是可能需要提取多個紀錄。然而，檔案中的紀錄必須是連續存放的，因為該檔案是被搜尋排序鍵排序的。預估費用如圖 8.3 所示。

- **A4**（**二級索引，對等 (secondary index, equality)**）。可以使用二級索引選擇指定一個對等條件。如果對等條件是在鍵上，這種策略可以取得一個紀錄；如果索引域不是一個鍵，則可取得多個紀錄。

　　在第一種情況下，只有一條紀錄被取得。對於一個主索引（案例 A2），時間成本在這種情況下是一樣的。

　　在第二種情況下，每條紀錄可能位於不同的區塊，導致每個紀錄的取得都需要一個 I/O 運作，而每個 I/O 運作需要一個搜尋和區塊傳輸。如果每個紀錄是在不同的磁碟區塊，且區塊讀取是隨機排列，這個狀況最壞的時間成本為 $(h_i + n) * (t_S + t_T)$，其中 n 是取得紀錄的數量。如果檢索量很大，這個最壞狀況的成本會比線性搜尋更糟糕許多。

　　如果記憶體緩衝區大，包含紀錄的區塊可能已經在緩衝區中。對於這種情形也可以預估平均或預期的成本。對於大的緩衝區，該估計將大大低於最壞的情形。

在某些演算法，包括 A2，使用 B$^+$ 樹檔案組織可以節省一個存取紀錄，因為紀錄都儲存在葉層級的樹中。

如第 7.4.2 節中所述，當紀錄儲存在可能需要搬遷的 B$^+$ 樹檔案組織或其他檔案時，二次索引在紀錄中通常不存指標。它們反而會儲存屬性質，該屬性在 B$^+$ 樹檔案組織中被用為搜尋鍵。透過這樣的二級索引來存取紀錄會更昂貴：首先，要先從二級索引找到主索引搜尋鍵的值，然後再從主索引去找紀錄。若這些索引有被使用，二次索引成本公式的描述要適當修改。

▶圖 8.3　選擇演算法的成本估計

	演算法	成本	原因
A1	線性搜尋	$t_S + b_r * t_T$	一個初始搜尋加上 b_r 區塊傳輸，其中 b_r 表示的檔案中的區塊數。
A1	線性搜尋，主鍵屬性	平均情況下 $t_S + (b_r/2) * t_T$	由於最多只有一個紀錄滿足條件，一旦發現所需要的紀錄，則可以終止掃描。在最壞的情況下，仍需要 b_r 個區塊傳輸。
A2	主要 B⁺ 樹索引，主鍵屬性	$(h_i + 1) * (t_T + t_S)$	(h_i 表示索引高度。) 索引查找至樹的最高點加上一個 I/O 來獲取紀錄，每個 I/O 操作需要搜尋和區塊傳輸。
A3	主要 B⁺ 樹索引，非鍵屬性	$h_i * (t_T + t_S) + b * t_T$	樹的每個級別皆有一個搜尋，第一個區塊也有一個搜尋。這裡 b 是包含有指定搜尋鍵的紀錄的區塊數，全部都被讀取。這些區塊皆假定為按葉區塊順序儲存（因為它是一個主索引），且不需要額外的要求。
A4	二級 B⁺ 樹索引，主鍵屬性	$(h_i + 1) * (t_T + t_S)$	這種情況類似主索引。
A4	二級 B⁺ 樹索引，非鍵屬性	$(h_i + n) * (t_T + t_S)$	(其中 n 是獲取的紀錄數。) 在此，成本索引和 A3 是一樣的，但每個紀錄可能在不同的區塊，個別需要一個搜尋。如果 n 很大時，成本可能很高。
A5	主要 B⁺ 樹索引，比較	$h_i * (t_T + t_S) + b * t_T$	與 A3 相同的情況，非鍵屬性。
A6	二級 B⁺ 樹索引，比較	$(h_i + n) * (t_T + t_S)$	與 A4 相同的情下，非鍵屬性。

8.3.2　涉及比較的選擇

試想選擇的形式 $\sigma_{A \leq v}(r)$。我們可以透過線性搜尋或使用索引來執行選擇：

- **A5(主索引，比較 (primary index, comparison))**。當選擇條件是一種比較時，可以使用主要有序索引（例如，初級 B⁺ 樹索引）。做為比較條件的形式 $A > v$ 或 $A \geq v$，A 的主索引可以直接獲取元組，如下面所示：對於 $A \geq v$，我們找出索引中的 v 值，以找到在檔案中，第一個值為 $A = v$ 的元組。檔案掃描從該元組開始一直到檔案結束，並返回所有滿足條件的元組。對於 $A > v$，檔案掃描自第一個值為 $A > v$ 的元組開始。這種情況的成本估計與 A3 相同。

進行 $A < v$ 或 $A \leq v$ 形式的比較，索引查找是不需要的。對於 $A < v$，我們用一個簡單的檔案掃描，從檔案開頭開始，一直持續到（但不包括）第一個屬性 $A = v$ 的元組為止。$A \leq v$ 的狀況相似，只是掃描會持續到（但不包括）第一

個屬性 $A > v$ 的元組。在兩種情況下，該索引都是沒有用的。

- **A6（二級索引，比較 (secondary index, comparisons)）**。我們用一個二級有序索引引導涉及<、≤、≥、或>比較條件的檢索。最低層級索引區塊被掃描時，不是從最小值至 v（< 和 ≤）開始，就是從 v 至最高值（> 和 ≥）開始。

　　　　二級索引提供指標指向紀錄，但要獲得實際紀錄，我們要用指標來獲取紀錄。此步驟可能需要每個紀錄獲取都有一個 I/O 操作，因為連續紀錄可能在不同的磁碟區塊；跟以前一樣，每個 I/O 運作需要一個磁碟搜尋和區塊傳輸。如果檢索的紀錄數量很大，使用二次索引可能會比使用線性搜尋更昂貴。因此，若只有在選擇很少的紀錄時才應採用二次索引。

8.3.3 複雜選擇的執行

到目前為止，我們只考慮簡單的選擇條件，成 A op B，op 是一個對等或比較的操作。現在要考慮更複雜的選擇謂詞。

- **連接：連接選擇 (conjunctive selection)** 是以下形式的選擇：

$$\sigma_{\theta_1 \wedge \theta_2 \wedge \cdots \wedge \theta_n}(r)$$

- **分離：分離選擇 (disjunctive selection)** 是以下形式的選擇：

$$\sigma_{\theta_1 \vee \theta_2 \vee \cdots \vee \theta_n}(r)$$

　　　一個分離條件是被所有紀錄的聯集 (union) 所滿足，而這些紀錄都能滿足個別的且簡單的 θ_i 的條件。

- **否定**：$\sigma_{\neg\theta}(r)$ 選擇的結果是 r 的一套元組，條件 θ 評估為錯誤。在缺乏空值的狀況下，這套元組為在 r 的元組，但不在 $\sigma_\theta(r)$。

我們可以透過使用下列演算法之一來執行選擇操作，無論是涉及簡單條件的連接或分離：

- **A7（使用一個索引做連接選擇 (conjunctive selection using one index)）**。我們先確定一個存取路徑是否可用在簡單條件中的屬性。如果可以，A2 至 A6 選擇演算法之一可以檢索滿足該條件的紀錄。我們在記憶體緩衝區透過測試完成運作，看看是否每個檢索紀錄都能滿足其餘簡單條件。

　　　為了降低成本，我們選擇 θ_i 和一個 A1 到 A6 的演算法，該組合應該能使 $\sigma_{\theta_i}(r)$ 最便宜。A7 演算法的成本來自所選擇演算法的成本。

- **A8（使用複合索引連接選擇 (conjunctive selection using composite index)）**。

適當的**複合索引 (composite index)**（即在多個屬性上的索引）可能適合某些連接選擇。如果選擇在兩個或多個屬性指定了一個對等的條件，且這些組合屬性字段上存在一個複合索引，則索引可以直接被搜尋。該類型的索引的種類決定哪個演算法 A2、A3 或 A4 將被使用。

- **A9（藉由識別標示交集的連接選擇 (conjunctive selection by intersection of identifiers)）**。另一種實施連接選擇運作的方法會用到紀錄指標或紀錄識別標示。該演算法需要有紀錄指標的索引，在領域參與各個條件，為每個指標掃描索引至滿足個別條件的元組。所有檢索到的指標之交集，是一個屬性指標集，這些屬性均滿足連接條件。然後，該演算法使用指標檢索實際紀錄。如果不是每個條件都有索引，則該演算法會用其餘條件測試檢索紀錄。

    A9 演算法的成本是每個索引掃描費用的總和，加上檢索紀錄交集檢索表指標的成本。將指標列表和檢索紀錄排序可以降低此一成本。因此，(1) 所有指向一個區塊紀錄的指標一起處理，由此所有區塊中選定的紀錄中可以使用單一 I/O 運作進行檢索；(2) 區塊被有序讀取以減少磁臂動作。第 8.4 節介紹了排序演算法。

- **A10（藉由識別標示聯集的分離選擇 (disjunctive selection by union of identifier)）**。假設分離選擇的所有條件都存在於存取路徑，每條索引會由指標被掃描到滿足獨立條件的元組。所有檢索指標的聯集會產生指向所有滿足分離條件之元組的指標組。最後，我們使用這些指標來檢索實際紀錄。

    但是，只要有一個條件不具備存取路徑，我們就必須執行線性掃描關聯以找出滿足條件的元組。若在分離中真是如此，最有效的存取方法是線性掃描，在掃描中使用分離條件測試每個元組。

    否定條件的執行選擇會留給你做為練習（實作題 8.6）。

8.4 排序

資料庫系統中資料排序的角色相當重要，原因有兩個。首先，SQL 查詢可以指定輸出進行排序。其次是，如果輸入關聯能先排序，幾個關聯運作如連接，可以更有效的實施；這對於處理查詢也同樣重要。因此，在討論第 8.5 節的聯接運算前，我們先在這裡討論排序。

我們可以透過在排序鍵上建立一個索引，然後使用該索引循序讀取關聯來進行排序。但是，這樣的處理只能透過索引，為關聯做邏輯上的排序，而不是實體上的。因此，依序讀取元組可能會導致每條紀錄都需要一個磁碟存取，使成本非常昂貴，因為紀錄的數量可能遠遠大於區塊的數量。因此，我們會偏向實體紀錄排序。

排序的問題已被廣泛研究，無論是完全位於主記憶體的關聯，或是大於主記憶的關聯。第一種情況可以使用標準的排序技術，如快速排序。在此，我們要討論如何處理第二種情況。

8.4.1 外部排序合併演算法

為在記憶體中擠不下的關聯的排序被稱為**外部排序 (external sorting)**，而最常被使用技術稱為**外部排序合併 (external sort-merge)** 演算法。我們接下來描述外部排序合併演算法。讓 M 表示在主記憶體緩衝區可用的排序區塊。

1. 在第一階段，一些排序**運行 (runs)** 被創建，每個運行進行排序，但只包含關聯的部分紀錄。

    $i = 0$;
    repeat
        read M blocks of the relation, or the rest of the relation,
            whichever is smaller;
        sort the in-memory part of the relation;
        write the sorted data to run file R_i;
        $i = i + 1$;
    until the end of the relation

2. 在第二階段，運行被合併。假設，現在的運行總數 N 小於 M，這樣我們可以分配一個區塊給每個運行，並有剩餘空間來保存一個區塊的輸出。合併階段運作如下：

    read one block of each of the N files R_i into a buffer block in memory;
    repeat
        choose the first tuple (in sort order) among all buffer blocks;
        write the tuple to the output, and delete it from the buffer block;
        if the buffer block of any run R_i is empty **and not** end-of-file(R_i)
            then read the next block of R_i into the buffer block;
    until all input buffer blocks are empty

合併階段的輸出就是排序關聯。輸出檔案緩衝是為了減少磁碟寫入的次數。前面的合併運作是使用標準記憶體排序合併演算法的一個雙向合併，它融合 N 運行，因此被稱為 **N 路合併 (N-way merge)**。

一般來說，如果關聯是遠遠大於記憶體，第一階段可能會產生是 M 或更多的

▶圖 8.4
使用排序合併做外部排序

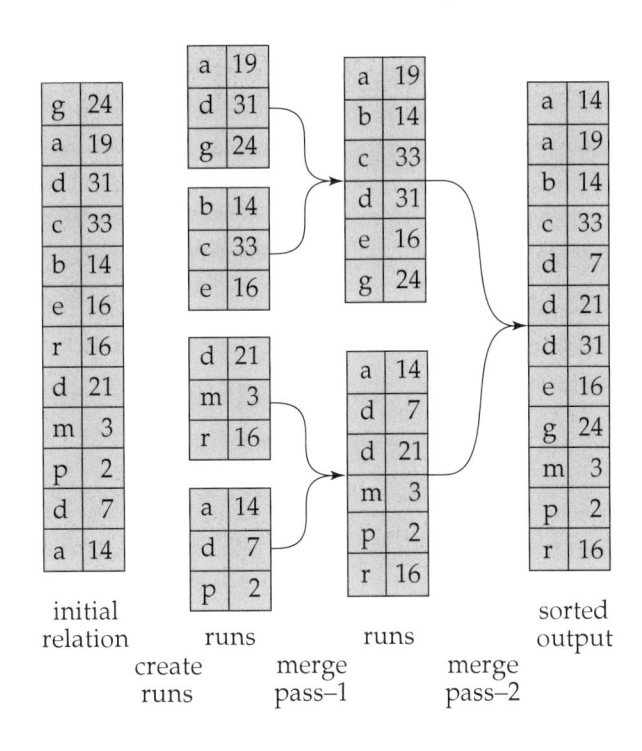

運行,而且在合併階段不可能為每個運作分配一個區塊。在這種情況下,合併運作多次進行。由於有足夠的記憶體給 $M - 1$ 輸入緩衝區塊,每個合併可以採取 $M - 1$ 運行做為輸入。

最初的路徑如下操作:它合併前的 $M - 1$ 運行(如上述第 2 項所述),以獲得下一個路徑的運行。然後,它會以同樣的方式合併下一個 $M - 1$ 運行等,直到處理完所有的初始運行。此時,運行的數量已經減少了 $M - 1$ 倍。若此運行的數量減少後仍然大於或等於 M,則另一路徑會再度產生,其輸入為第一個路徑創造的運行。每個路徑都會將運行數量減少 $M - 1$ 倍。這些路徑會按需求不斷重複,直到運行數量小於 M 為止;最後一個路徑會產生排序輸出。

圖 8.4 為一個範例關聯顯示外部排序合併的步驟。為便於說明,我們假設一個區塊只能有一個元組 ($f_r = 1$),而且記憶體最多擁有三個區塊。在合併階段,兩個區塊用於輸入,一個用於輸出。

8.4.2 外部排序合併成本分析

我們以此種方式計算外部排序合併的磁碟存取成本:讓 b_r 表示包含關聯 r 紀錄的區塊數量。第一階段讀取每個關聯區塊,並將其重新寫入,造成總共 $2b_r$ 個區塊傳輸。最初運行數量為 $\lceil b_r/M \rceil$。由於每個合併路徑會使運行數量減少 $M - 1$

倍，合併路徑所需的總數量為 $\lceil \log_{M-1}(b_r/M) \rceil$。每個路徑讀取和寫入每個關聯區塊一次，但有兩個例外。首先，最終路徑可以產生排序輸出，而不需將其寫入磁碟。其次，在運行中有可能有路徑未讀取或未寫入，例如，如果在路徑中有 M 運行要合併，則 $M - 1$ 被讀取並合併，而在運行期間，並未存取一個路徑。由於後者的影響，我們忽略此小差異後，外部排序關聯的傳輸區塊總數為：

$$b_r(2\lceil \log_{M-1}(b_r/M) \rceil + 1)$$

將此公式用在圖 8.4 中，我們得到一個總數為 $12 * (4 + 1) = 60$ 的區塊傳輸，從圖中可以驗證。請注意，上述數字不包括寫出最終結果的成本。

我們還需要加入磁碟搜尋成本。運行生成需要搜尋每個運行的讀取和寫入。在合併階段，如果每個運行每次讀取 b_b 個資料區塊（即 b_b 個緩衝區塊分配給每個運行），則每個合併路徑將需要大約 $\lceil b_r/b_b \rceil$ 個搜尋來讀取資料。雖然輸出為循序寫入，如果是與輸入運行同一個磁碟，在寫入連續區塊時間，讀寫頭可能已經遠離。因此，我們必須為每個合併路徑增加 $2\lceil b_r/b_b \rceil$ 個搜尋，除了最後路徑以外（因為我們假設最後的結果不寫回磁碟）。如此，總搜尋數目為：

$$2\lceil b_r/M \rceil + \lceil b_r/b_b \rceil(2\lceil \log_{M-1}(b_r/M) \rceil - 1)$$

將此公式運用於圖 8.4 的例子，我們得到一個總數為 $8 + 12 * (2 * 2 - 1) = 44$ 的磁碟搜尋，如果我們假設每個運行的緩衝區塊數量 b_b 為 1。

8.5 | 結合運算

在本節中，我們研究幾個計算結合關聯的演算法，並分析其成本。

我們使用術語**等位結合 (equi-join)** 來指定 $r \bowtie_{r.A=s.B} s$ 的結合形式，其中 A 與 B 分別是關聯 r 和 s 的屬性或屬性組。用一個我們常用的例子來表達：

$$student \bowtie takes$$

使用與第 2 章相同的關聯模式。我們假設有關這兩個關聯的資訊如下：

- Number of records of *student*: $n_{student} = 5,000$
- Number of blocks of *student*: $b_{student} = 100$
- Number of records of *takes*: $n_{takes} = 10,000$
- Number of blocks of *takes*: $b_{takes} = 400$

8.5.1 巢狀迴圈結合

圖 8.5 顯示了一個簡單的演算法來計算兩關聯 r 和 s 的 theta 結合，$r \bowtie_\theta s$。該演算法被稱為**巢狀迴圈結合 (nested-loop join)** 演算法，因為它基本上包含了巢狀 for 迴圈。關聯 r 稱為結合的**外部關聯 (outer relation)**，而關聯 s 是**內部關聯 (inner relation)**，因為 r 的迴圈封閉包圍了 s 的迴圈。該演算法使用符號 t_r、t_s，t_r 和 t_s 為元組；$t_r \cdot t_s$ 表示建構的元組，該元組是結合元組的屬性值 t_r 和 t_s。

像用於選擇的線性檔案掃描演算法一樣，巢狀迴圈結合演算法不需要索引，也不用顧慮結合條件即可使用。擴展演算法來計算自然結合很簡單，因為自然結合可以用 theta 結合來表示，然後消除重複屬性的投影。唯一不同的是多一個額外步驟，要在加入到結果前，從元組 $t_r \cdot t_s$ 刪除重複的屬性。

巢狀迴圈結合演算法很貴，因為它會檢查兩個關聯中的每對元組。想一想巢狀迴圈結合演算法的成本。要考慮的元組對的數量是 $n_r * n_s$，其中 n_r 表示 r 中的元組數量，而 n_s 表示 s 中的元組數量。對於每一個 r 裡的紀錄，我們必須在 s 執行完整的掃描。在最壞的情況下，緩衝區僅能容納一個關聯區塊，而總共需要 $n_r * b_s + b_r$ 區塊傳輸，其中 b_r 和 b_s 分別表示包含 r 和 s 元組的區塊數。每一個內部關聯 s 掃描只需一個搜尋，因為它是循序讀取，而 b_r 搜尋到 r 的總數為 $n_r + b_r$ 個搜尋。在最好的情況下，有足夠的空間使兩個關聯同時存於記憶體中，使得每區塊都只須讀取一次，因此，只需要 $br + bs$ 個區塊傳輸及兩個搜尋。

如果其中一個關聯完全存於主記憶體中，將它視為內部關聯較有利，因為內部關聯只被讀取一次。因此，如果 s 夠小，能完全存在主記憶體中，我們的方法總共只需要 $b_r + b_s$ 區塊傳輸以及兩個搜尋，與兩個關連都在記憶體中的成本一樣。

現在試想自然結合 *student* 和 *takes*。現在，假設完全沒有索引在任何關聯中，且也不想建立任何索引。我們可以使用巢狀迴圈來計算結合；假設 *student* 是外部關聯，而 *takes* 是內部關聯。我們必須檢視 $5000 * 10000 = 50 * 10^6$ 對的元組。最壞的情況下，傳輸區塊數為 $5000 * 400 + 100 = 2000100$，再加上 $5000 + 100 = 5100$ 的搜尋。而最好的情況，我們只能讀取兩個關聯一次，並執行計算。這種計算需要至多 $100 + 400 = 500$ 個傳輸區塊，再加上 2 個搜尋，明顯地改善最壞的情

```
for each tuple t_r in r do begin
    for each tuple t_s in s do begin
        test pair (t_r, t_s) to see if they satisfy the join condition θ
        if they do, add t_r · t_s to the result;
    end
end
```

▶圖 8.5
巢狀迴圈結合

況。如果我們曾使用 takes 關聯為外迴圈及 student 為內迴圈,則最壞情況下的成本會是 10,000 * 100 + 400 = 1000400 個區塊傳輸,加上 10400 個磁碟搜尋,區塊傳輸數量明顯減少。雖然搜尋數量較高,但整體成本減少,假設 t_s = 4 毫秒和 t_T = 0.1 毫秒。

8.5.2 區塊巢狀迴圈結合

如果緩衝區太小,無法在記憶體中完全容納任何關聯,如果我們以區塊為基礎來存取關聯,而非以每個元組為基礎,過程中我們仍然可以大量節省區塊存取。圖 8.6 顯示了**區塊巢狀迴圈結合 (block nested-loop join)**,這是一個巢狀迴圈結合的變異,其中每個內部關聯的區塊配對每個區塊外部關聯的區塊。在每一對區塊中,一個區塊的每一個元組會搭配另一個區塊中的每個元組,生成所有的元組對。和以前一樣,所有滿足結合條件的元組對會被加入結果。

區塊巢狀迴圈結合和基本巢狀迴圈結合之間的主要成本區別在於,在最壞的情況下,內部關聯 s 的每個區塊,會為外部關聯的每個區塊會被讀取一次,而不是位每個元組。因此,在最壞的情況下,總共有 $b_r * b_s + b_r$ 個區塊傳輸,其中 b_r 和 b_s 分別表示包含紀錄 r 和 s 的區塊數量。內部關聯的每個掃描需要一個搜尋,外部關聯的掃描需要每個區塊有一個搜尋,使得搜尋總數為 $2 * b_r$ 個。顯然地,使用較小的關聯做為外部關聯更有效率,如果兩個關聯都無法容納於記憶體。最好的情況下,其中內部關聯可容於記憶體,會有 $b_r + b_s$ 個區塊傳輸及兩個搜尋(在這個情況下,我們會選擇較小的關聯做為內部關聯)。

現在讓我們回到使用區塊巢狀迴圈結合演算法計算 student ⋈ takes 的例子。在最壞的情況下,為每個 student 區塊,我們必須讀取每個 takes 區塊一次。因此,在最壞的情況下,共為 100 * 400 +100 = 40100 區塊傳輸加 2 * 100 = 200 搜尋。這是一個明顯的改善,在基本巢狀迴圈結合最壞的情況下,有 5000 * 400 + 100 =

▶ 圖 8.6
區塊巢狀迴圈結合

```
for each block B_r of r do begin
    for each block B_s of s do begin
        for each tuple t_r in B_r do begin
            for each tuple t_s in B_s do begin
                test pair (t_r, t_s) to see if they satisfy the join condition
                if they do, add t_r · t_s to the result;
            end
        end
    end
end
```

2000100 個傳輸區塊，加上 5100 個搜尋。而最好的情況下成本仍然相同，即 100 + 400 = 500 傳輸區塊和 2 個搜尋。

巢狀迴圈和區塊巢狀迴圈程序的性能可以進一步改進：

- 若自然結合或等位結合的結合屬性形成內部關聯的鍵，則對於每個外部關聯，一旦找到第一個配對後，內部迴圈即可終止。
- 在區塊巢狀迴圈演算法中，在外部關聯，我們可以使用記憶體可容納的最大區塊為單位，並為內部關聯與輸出的緩衝器保留足夠空間。換句話說，如果記憶體有 M 區塊，我們每次讀取 $M - 2$ 區塊的外部關聯，而當我們讀到內部關聯的區塊時，可將其與所有的 $M - 2$ 區塊外部關聯結合。這種變化可將內部關聯的掃描次數從 b_r 減少到 $\lceil b_r/(M - 2) \rceil$，其中 b_r 是外部關聯的區塊數。總成本會變成 $\lceil b_r/(M - 2) \rceil * b_s + b_r$ 區塊傳輸和 $2\lceil b_r/(M - 2) \rceil$ 個搜尋。
- 我們可以輪流從前面或從後面掃描內部迴圈。這種掃描方法可將磁碟區塊查詢排序，以便讓上一次的掃描資料可留在緩衝區被重複使用，從而減少了磁碟存取需要的次數。
- 如果索引存在於內部迴圈的結合屬性中，我們可以用更有效的查找索引取代檔案掃描。第 8.5.3 節介紹了此最佳化。

8.5.3 索引巢狀迴圈結合

在巢狀迴圈結合（請見圖 8.5），如果索引存在於內部迴圈結合屬性，查找索引可以替換檔案的掃描。對於外部關聯 r 的每個元組 t_r，索引是用於查找 s 中可以滿足元組 t_r 結合條件的元組。

這種結合方法稱為**索引巢狀迴圈結合 (indexed nested-loop join)**，它可以用於現有的索引，或者為了評估結合所創建的臨時索引。

要在 s 中尋找滿足給定元組 t_r 加入條件的元組，其實就是 s 的選擇，例如，考慮 student ⋈ takes。假設我們有一個 student 元組，ID 為「00128」。然後，在 takes 中的相關元組為那些可以滿足選擇「ID = 00128」者。

索引巢狀迴圈結合的成本可以計算如下：對於外部關聯 r 的每個元組，查找執行索引 s，而取得相關的元組。在最壞的情況下，緩衝區僅有空間容納一個區塊的 r 和一個索引區塊。然後，需要 b_r 個 I/O 運作來讀取關聯 r，其中 b_r 表示包含紀錄 r 的區塊數量；每個 I/O 需要一個搜尋及一個區塊傳輸，因為磁頭可能在每一個 I/O 間移動。對於 r 的每個元組，我們在 s 執行查找索引。結合的時間成本可

以計算為 $b_r(t_t + t_s) + n_r * c$，其中 n_r 是關聯 r 的紀錄數量，c 是使用結合條件在 s 上的單一選擇的成本。我們在第 8.3 節已看到的如何估算單一選擇演算法成本（可能使用索引）；這即為我們估計 c 的價值。

成本公式表明，如果索引可在兩個關聯 r 和 s 使用，一般最有效是使用元組較少的做為外部關聯。

例如，試想一個索引巢狀迴圈 $student \bowtie takes$，其中 $student$ 為外部關聯。再假設 $takes$ 在結合屬性 ID 有一個主要 B^+ 樹，其中每個索引節點平均包含 20 個項目。由於 $takes$ 有 10000 元組，該樹的高度是 4，而找到實際的資料需要多一個存取。由於 $n_{student}$ 是 5000，總成本是 $100 + 5000 \times 5 = 25100$ 個磁碟存取，其中每一個都需要一個搜尋和一個區塊傳輸。相比之下，我們之前看到區塊巢狀迴圈需要 40100 區塊傳輸外加 200 個搜尋。雖然區塊傳輸數量已經減少，搜尋成本實際上卻增加，總成本的增加是因為搜尋比區塊傳輸的價格高很多。但如果我們在 $student$ 關聯有一個選擇，能明顯減少了列數，索引巢狀迴圈結合可以明顯快於區塊巢狀迴圈結合。

8.5.4　合併結合

合併結合 (merge-join) 演算法（也稱為**排序合併結合 (sort-merge-join)** 演算法）可以用來計算自然結合和等位結合。設 $r(R)$ 和 $s(S)$ 關聯，讓 $R \cap S$ 表示它們的共同屬性，現在要計算它們的自然結合。假設這兩個關聯在 $R \cap S$ 屬性有排序，則它們的結合可透過類似在合併排序演算法中的階段合併被計算。

8.5.4.1　合併結合演算法

圖 8.7 顯示了合併結合演算法。$JoinAttrs$ 指在 $R \cap S$ 的屬性，$t_r \bowtie t_s$，t_r 和 t_s 是具有相同值 $JoinAttrs$ 的元組，表示結合元組的屬性，接著投射出重複的屬性。合併結合演算法為每個關聯連結一個指標。這些指標最初指向該關聯的第一個元組，然後隨著演算法的進行在關聯中移動。一個關聯中，具有相同結合屬性值的元組，會被讀入 S_s。圖 8.7 中的演算法規定，每一套元組 S_s 必須容納於主記憶體中；我們待會兒會討論演算法的擴展來避免這種情況。然後，其他關聯的相應元組（如果有）會被讀入，並同時進行處理。

圖 8.8 顯示了兩個關聯，它們都依照結合屬性 $a1$ 排序。瞭解如圖所示的合併結合演算法步驟會有幫助。

圖 8.7 的合併結合演算法要求所有結合屬性值相同的元組集 S_S 必須能容納於

```
pr := address of first tuple of r;
ps := address of first tuple of s;
while (ps ≠ null and pr ≠ null) do
    begin
        t_s := tuple to which ps points;
        S_s := {t_s};
        set ps to point to next tuple of s;
        done := false;
        while (not done and ps ≠ null) do
            begin
                t_s' := tuple to which ps points;
                if (t_s'[JoinAttrs] = t_s[JoinAttrs])
                    then begin
                            S_s := S_s ∪ {t_s'};
                            set ps to point to next tuple of s;
                        end
                    else done := true;
            end
        t_r := tuple to which pr points;
        while (pr ≠ null and t_r[JoinAttrs] < t_s[JoinAttrs]) do
            begin
                set pr to point to next tuple of r;
                t_r := tuple to which pr points;
            end
        while (pr ≠ null and t_r[JoinAttrs] = t_s[JoinAttrs]) do
            begin
                for each t_s in S_s do
                    begin
                        add t_s ⋈ t_r to result;
                    end
                set pr to point to next tuple of r;
                t_r := tuple to which pr points;
            end
    end.
```

▶圖 8.7
合併結合

a1	a2
a	3
b	1
d	8
d	13
f	7
m	5
q	6

r

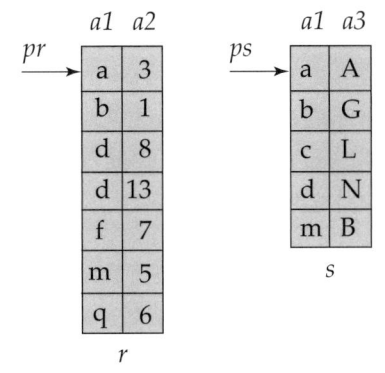

a1	a3
a	A
b	G
c	L
d	N
m	B

s

▶圖 8.8
排序關聯的合併結合

主記憶體中。這項要求通常可以得到滿足，即使 s 關聯很大。如果有一些結合屬性值使得 S_S 大於可用記憶體，則可以在這種 S_S 集進行一個區塊巢狀迴圈結合，讓它們可和 r 中的元組區塊相應，都擁有相同的結合屬性值。

如果任一輸入關聯 r 和 s 的結合屬性沒有排序，它們可以先排序，再用合併結合演算法。合併結合演算法也很容易從自然結合拓展到到更一般的等位結合。

8.5.4.2 成本分析

一旦關聯經過排序，結合屬性值相同的元組也是連續的排序。因此，每個元組只需要讀取一次，使得每個區塊也只需讀取一次。如此一來，只有單一路徑通過這兩個檔案（假設所有 S_S 容納於記憶體中），合併結合方法是有效率的；區塊傳輸的數量與在 $b_r + b_s$ 兩個檔案中區塊的總數相等。

假設 b_b 緩衝區塊分配給每個關聯，磁碟搜尋次數將需要 $\lceil b_r/b_b \rceil + \lceil b_s/b_b \rceil$ 個。由於搜尋比資料傳輸昂貴，應該可考慮提供額外的緩衝記憶體區塊給每個關聯。例如，對於每 4KB 區塊的 $t_T = 0.1$ 毫秒，以及 $t_S = 4$ 毫秒，緩衝區大小為 400 區塊（或 1.6MB），所以對於每 40 毫秒的傳輸時間所需之搜尋時間為 4 毫秒，換句話說，搜尋時間為傳輸時間的 10%。

如果任一輸入關聯 r 和 s 的結合屬性沒有排序，它們必須先排序；排序成本要加到上述費用。如果一些 S_S 不容於記憶體中，成本會略有增加。

假設合併結合架構適用於我們的例子 student ⋈ takes，結合屬性是 ID。假設關聯已經在結合屬性 ID 排序。在這種情況下，合併結合需要共 400 + 100 = 500 個區塊傳輸。如果我們假設在最壞的情況下，只有一個緩衝區塊被分配到每個輸入的關聯（即 $b_b = 1$），共需要 400 + 100 = 500 個搜尋。在現實世界 b_b 可以被設置更高，因為我們只有兩個關聯需要緩衝區塊，所以搜尋成本將大大減少。

假設關聯不排序，而記憶體大小是在只有三個區塊的最壞的情況。費用如下：

1. 使用在第 8.4 節我們開發的公式，可看到排序關聯 takes 需要 $\lceil \log_{3-1}(400/3) \rceil$ = 8 合併通過。排序關聯 takes 需要花費 400 * (2$\lceil \log_{3-1}(400/3) \rceil$ + 1) 或 6800 個區塊傳輸，然後還要 400 個傳輸來寫出結果。搜尋數量為 2 * $\lceil 400/3 \rceil$ + 400 * (2 * 8 − 1) 或 6268 個搜尋排序，並需要 400 個搜尋來寫輸出，共 6668 個搜尋，因為每次運行只有一個緩衝區塊可用。

2. 同樣地，排序關聯 student 需要 $\lceil \log_{3-1}(100/3) \rceil$ = 6 合併路徑 100×(2$\lceil \log_{3-1}(100/3) \rceil$ + 1)，或 1300 個區塊傳輸，還要加上 100 個傳輸將其轉寫出來。student 排序搜尋的數量是 2 * $\lceil 100/3 \rceil$ + 100 * (2 * 6 − 1) = 1164，寫出輸出需

要 100 個搜尋，共為 1264 個搜尋。
3. 最後，合併兩個關聯需要 400 + 100 = 500 個區塊傳輸和 500 次搜尋。

因此如果關聯不排序，且記憶體大小只有 3 個區塊，總成本是 9100 區塊傳輸加上 8932 個搜尋。

若記憶體大小為 25 區塊，且沒有排序的關聯，排序的費用及合併結合情況如下：

1. 排序關聯 takes 只需要一個合併步驟，並採取共只有 400 * (2⌈$\log_{24}$(400/25)⌉ + 1) = 1200 個區塊傳輸。同樣地，排序 student 需要 300 區塊傳輸。將排序寫出到磁碟需要 400 + 100 = 500 區塊傳輸，以及合併步驟需要 500 個區塊傳輸把資料讀取回來。這些費用加起來，總共需要 2500 個傳輸區塊。
2. 如果我們假定每個運行只配給一個緩衝區塊，搜尋數量在這種情況下需要 2 * ⌈400/25⌉ + 400 + 400 = 832 個搜尋來排序 takes，並把排序寫出至磁碟。同樣地，student 需要 2 * ⌈100/25⌉ + 100 + 100 = 208 個搜尋，加上 400 + 100 個在合併結合步驟中的排序搜尋來讀取資料。這些費用加起來總共為 1640 個搜尋。

撥出更多緩衝區塊給每個運行可以明顯降低搜尋數量。例如，如果每次運行和從合併四個 student 運行的輸出配有五個緩衝區，成本會從 208 個搜尋降低至 2 * ⌈100/25⌉ + ⌈100/5⌉ + ⌈100/5⌉ = 48 個搜尋。如果合併結合步驟為 takes 和 student 各撥出 12 個緩衝區塊，則合併結合步驟的搜尋會從 500 個降到 ⌈400/12⌉ + ⌈100/12⌉ = 43 個。總搜尋數量則為 251。

因此如果關聯不排序，記憶體大小為 25 區塊，總成本是 2500 區塊傳輸加 251 個搜尋。

8.5.4.3 混合合併結合

假若結合屬性都有二級索引，有可能為未排序的元組群執行變相的合併結合運作。該演算法透過索引掃描紀錄，使它們得以循序檢索。這種變相有個明顯的缺點，因為紀錄可能分散在整個檔案區塊。因此，每個元組存取可能涉及存取磁碟區塊，而那是很貴的。

為了避免這種情況，我們可以使用混合合併結合技術，結合索引與合併結合。假設對一個關聯有排序，另一個雖未排序，但結合屬性擁有二級 B$^+$ 樹索引。**混合合併結合演算法 (hybrid merge-join algorithm)** 合併排序關聯與二級 B$^+$ 樹索引的樹葉實體。結果檔案包含排序關聯的元組和未排序關聯元組的位址。然後根據未排序關聯上的元組位址,結果檔案進行排序,使相應的元組可按照實體儲存順序被高效率地檢索。該技術處理兩個未排序關聯的延伸會留給你做為練習。

8.5.5 雜湊結合

像合併結合演算法,雜湊結合演算法可以用來執行自然結合和等位結合。在雜湊結合演算法中,雜湊函數 h 被用來分區兩個關聯的元組。其基本的想法是將每個關聯的元組分到一個集合,使其結合屬性具有相同的雜湊值。

我們假設:

- h 是一個雜湊函數,映射 *JoinAttrs* 值到 $\{0, 1, \ldots, n_h\}$,其中 *JoinAttrs* 代表 r 和 s 用在自然結合的共同屬性。
- r_0、r_1、……、r_{n_h} 代表 r 元組的分區,最初每個是空的。每個元組 $t_s \in r$ 被放在 r_i 分區裡,其中 $i = h(t_r[\textit{JoinAttrs}])$。
- s_0、s_1、……、s_{n_h} 表示分區 s 的元組,最初每個是空的。每個元組 $t_s \in s$ 被放在 s_i 分區裡,其中 $i = h(t_s[\textit{JoinAttrs}])$。

雜湊函數 h 應該有我們在第 11 章討論的「好」的隨機性和統一性。圖 8.9 描述了關聯的分區。

8.5.5.1 基礎

雜湊結合演算法背後的想法是:假設一個 r 元組和 s 元組滿足結合條件,則它們具有相同的結合屬性值。如果該值是由某些值 i 雜湊而來的,則 r 元組必在 r_i,

▶圖 8.9
關聯的雜湊分區

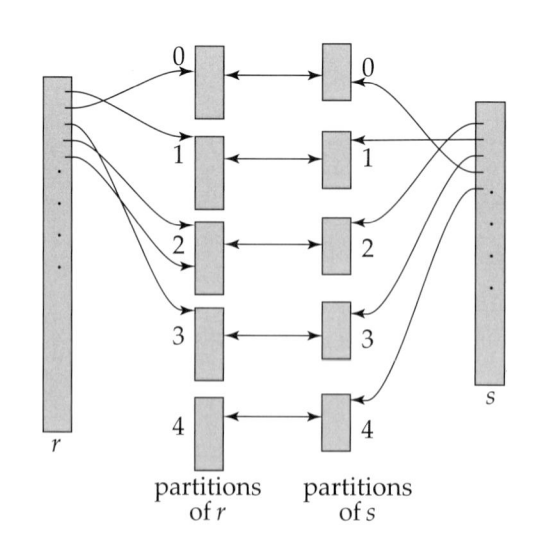

且 s 元組必在 s_i。因此，在 r_i 中的元組 r 只需跟 s_i 中的元組 s 比較，並不需要與其他分區中的元組 s 做比較。

例如，如果 d 是 *student* 中的元組，c 是 *takes* 中的元組，h 是元組 ID 屬性的雜湊函數，假如只有 h(c) = h(d)，則 d 和 c 必須被測試。如果 h(c) ≠ h(d)，則 c 和 d 必須具有不同的 ID 值。但是，如果 h(c) = h(d)，則必須測試 c 和 d 的值，看看它們的結合屬性值是否相同，因為有可能 c 和 d 有同樣雜湊值，但不同的 *ii*ds。

圖 8.10 詳細顯示了計算關聯 r 和 s 的自然結合之**雜湊結合 (hash-join)** 演算法。和合併結合演算法一樣，$t_r \bowtie t_s$ 表示在結合屬性 t_r 和 t_s 的元組，接著投射出重複的屬性。關聯分區後，其餘的雜湊結合碼在每個分區配對 i 執行一個單獨的索引巢狀迴圈結合，i = 0, …, n_h。為此，它首先在每個 s_i **建立 (builds)** 一個雜湊索引，然後以 r_i 的元組**探測 (probes)**（即，查找 s_i）。關聯 s 是**建立輸入 (build input)**，r 是**探測輸入 (probe input)**。

s_i 的雜湊索引是建立在記憶體中，所以無需存取磁碟來檢索元組。用來建立此雜湊索引的雜湊函數必須不同於先前使用的雜湊函數 h，但仍然只適用於結合屬性。在索引巢狀迴圈結合的過程中，該系統使用此雜湊索引來檢索探測輸入中匹配的紀錄。

在建立和探測階段，建立和探測輸入只需要一個單一的路徑。將雜湊結合演算法擴大至計算一般等位結合其實很簡單。

▶圖 8.10 雜湊結合

```
/* Partition s */
for each tuple t_s in s do begin
    i := h(t_s[JoinAttrs]);
    H_{s_i} := H_{s_i} ∪ {t_s};
end
/* Partition r */
for each tuple t_r in r do begin
    i := h(t_r[JoinAttrs]);
    H_{r_i} := H_{r_i} ∪ {t_r};
end
/* Perform join on each partition */
for i := 0 to n_h do begin
    read H_{s_i} and build an in-memory hash index on it;
    for each tuple t_r in H_{r_i} do begin
        probe the hash index on H_{s_i} to locate all tuples t_s
            such that t_s[JoinAttrs] = t_r[JoinAttrs];
        for each matching tuple t_s in H_{s_i} do begin
            add t_r ⋈ t_s to the result;
        end
    end
end
```

n_h 值對於每個 i 必須夠大,使得建立關聯中,分區 s_i 內的元組及雜湊索引能容納於記憶體。探測關聯的分區無須滿足記憶體。顯然地,使用較小的輸入關聯為建立關聯最合適。如果建立關聯的大小為 b_s 區塊,則對於每個 n_h 分區尺寸小於或等於 M 時,n_h 必須至少有 $\lceil b_s/M \rceil$。更精確地說,我們也要計算分區中雜湊索引佔用的額外空間。所以 n_h 會相對地較大。為簡單起見,我們在分析時,有時會忽略雜湊索引對空間的需求。

8.5.5.2 遞迴分區

如果 n_h 值大於或等於記憶體區塊數,則關聯無法在一條路徑內分割,因為不會有足夠的緩衝區塊。相反地,分區必須在重複路徑中執行。在一路徑中,輸入至多可分為與輸出緩衝區塊等量的分區。由路徑產生的每個桶在分別讀入後,會在下一個路徑中分區,以創建更小的分區。在一個路徑中的雜湊函數,當然不同於用在前一個路徑的函數。該系統重複此輸入分裂,直到每個建立輸入分區合適於記憶體。這種分區被稱為**遞迴分區 (recursive partitioning)**。

如果 $M > n_h + 1$ 或 $M > (b_s/M) + 1$,關聯並不需要遞迴分區,並可簡化(大約)至 $M > \sqrt{b_s}$。例如,試想記憶體大小為 12MB,分為 4KB 大小區塊,共 3K(3072) 個區塊。我們可以使用這種記憶體大小進行分區關聯,關聯規模可達 3K * 3K 區塊,或 36GB。同樣地,一個 1GB 大小的關聯只需要 $\sqrt{256K}$ 以上個區塊,或 2MB,以避免遞迴分區。

8.5.5.3 溢出處理

如果 s_i 的雜湊索引大於主記憶體,**雜湊表溢出 (hash-table overflow)** 會發生在建立關聯 s 的 i 分區。如果在建立關聯中,有許多元組有相同的結合屬性值,或如果雜湊函數不具有隨機性和一致性,雜湊表溢出就可能發生。在這兩種情況下,有一些分區將比平均擁有更多的元組,而另一些將有較少分區,這種分區被稱為**歪斜 (skewed)**。

我們可以透過增加分區數量來處理少量的歪斜,使每個預期中的分區大小(包括雜湊索引上分區)略小於記憶體。分區的數量也因此小幅增加,被稱為**矇混因素 (fudge factors)**,通常約為計算出的雜湊分區數量的 20%,如第 8.5.5 節所述。

即使使用矇混因素,我們仍對分區的大小採取保守態度,溢出有時仍會發生。雜湊表溢出可由溢出解析或溢出避免處理。如果偵測到一個雜湊索引溢出,則**溢出解析 (overflow resolution)** 會在建立階段執行。溢出解析的執行方法為:

如果任意 i 的 s_i 被發現過大，會使用不同的雜湊函數進一步將其分為更小的分區。同樣地，r_i 也是使用新的雜湊函數分區，且只有匹配分區中的的元組需要被結合。

相比之下，**溢出避免 (overflow avoidance)** 在執行分區時較小心，使溢出不會在建立階段發生。在溢出避免中，建立關聯 s 最初被分成許多小的分區，然後一些分區被結合，使之可容納於記憶體。探測關聯 r 也以相同的方式分區，如結合分區 s 一樣，但 r_i 的大小並不重要。

如果在 s 中，大量的元組擁有相同的結合屬性值，解析及避免的技術在一些分區可能會失敗。在這種情況下，我們在這些分區上可以使用其他結合技術，如區塊巢狀迴圈結合，而不建立一個記憶體中的雜湊索引和使用巢狀迴圈結合加入分區。

8.5.5.4 雜湊結合成本

我們現在考慮雜湊結合的成本。分析是假設沒有雜湊表溢出。首先，考慮不需遞迴分區的情況。

- 兩個關聯 r 和 s 的分區需要完整讀取兩個關聯，隨後將它們寫回。此運作需要 $2(b_r + b_s)$ 個區塊傳輸，其中 b_r 和 b_s 分別表示包含紀錄關聯 r 和 s 的區塊數。建立和探測階段讀取每個分區一次，進一步需要 $b_r + b_s$ 區塊傳輸。被分區區塊占用的區塊數略多於 b_r+b_s，因為有些區塊只有部分被占據。存取這些部分填充區塊，每個關聯最多可增加 $2n_h$ 個開銷，因為每個 n_h 分區，可有部分填充區塊需要被寫入和讀回。因此，雜湊結合估計需要：

$$3(b_r + b_s) + 4n_h$$

區塊傳輸。與 $b_r + b_s$ 比較，這個開銷 $4n_h$ 通常較小且可忽略不計。

- 假設 b_b 區塊分配給輸入緩衝和輸出緩衝器，分區共需 $2(\lceil b_r/ b_b \rceil + \lceil b_s/ b_b \rceil)$ 個搜尋。建立和探測階段在每個關聯的每個 n_h 分區只需要一個搜尋，因為每個分區可依順序讀取。因此每個雜湊結合需要 $2(\lceil b_r/ b_b \rceil + \lceil b_s/ b_b \rceil) + 2n_h$ 個搜尋。

現在考慮在必須遞迴分區的情況。每個路徑可預期減少分區的大小到 $M-1$ 分之一，路徑不斷被重複直到每個分區的大小最多與 M 區塊一樣。分區 s 的預期路徑的數量因此為 $\lceil \log_{M-1}(bs) = -1 \rceil$。

- 由於在每一個路徑，每個 s 區塊被讀入和寫出，分區的區塊傳輸總數為 $2b_s \lceil \log_{M-1}(bs)-1 \rceil$。分區 r 路徑的數量和分區 s 路徑的數量是一樣的，因此，估計結合需要：

$$2(b_r + b_s)\lceil \log_{M-1}(b_s) - 1\rceil + b_r + b_s$$

區塊傳輸。

- 同樣假設 b_b 區塊分配給每個緩衝分區，並忽略在建立和探測階段所需要的少數搜尋，用遞迴雜湊結合分區要求：

$$2(\lceil b_r/b_b\rceil + \lceil b_s/b_b\rceil)\lceil \log_{M-1}(b_s) - 1\rceil$$

磁碟搜尋。

例如，自然結合 takes ⋈ student。記憶體大小為 20 區塊，則 student 關聯可分為五個分區，每個大小為 20 區塊，剛好適合記憶體。此分區只需要一個路徑。關聯 takes 同樣地被分為五個分區，每個 80 區塊。若忽略寫入部分填充區塊成本，成本為 3(100 + 400) = 1500 區塊傳輸。在分區過程中，有足夠的記憶體來分配三個緩衝區輸入和五個輸出中的任一輸出，因此須有 2($\lceil$100/3$\rceil$ + $\lceil$400/3$\rceil$) = 336 的搜尋。

若主記憶體很大，則雜湊結合可以得到改善。當整個建立輸入可以保存在主記憶體時，n_h 可以設置為 0，然後，雜湊結合演算法得以很快執行，不需分區關聯到臨時檔案，無論探測輸入的大小為何。我們估計成本可下降到 $b_r + b_s$ 區塊傳輸和兩個搜尋。

8.5.5.5 混合雜湊結合

混合雜湊結合 (hybrid hash join) 演算法產生另一個最佳化，在記憶體尺寸較大時它非常有用，但並非所有建立的關聯皆可容於記憶體。在分區階段的雜湊結合演算法需要最少一個記憶體區塊做為每個分區的緩衝區創建。為了減少搜尋影響，更多的區塊會被做為緩衝區；讓 b_b 表示每個分區緩衝區輸入的區塊數。因此，總共需要 $(n_h+1) * b_b$ 區塊記憶體為兩個關聯進行分區。如果記憶體大於 $(n_h+1) * b_b$，我們可以在建立輸入用其他的記憶體（$M-(n_h+1) * b_b$ 區塊）來緩衝第一個分區（即 s_0），因此它不會需要寫入和讀出。此外，雜湊函數的設計，讓 s_0 上的雜湊索引合適於 $M-(n_h+1) * b_b$ 區塊，以便在分區 s 的最後，s_0 是完全在記憶體中，且雜湊索引可以建立在 s_0 上。

當系統分區 r 時，它仍然不將 r_0 的元組寫到磁碟；反之，當它生成元組時，系統使用這些元組來探測 s_0 的記憶體駐留雜湊索引，並產生該結合的輸出元組。待元組被用來探測後，它們可以被丟棄，所以分區 r_0 不占用任何記憶體空間。因此，r_0 及 s_0 的每個區塊可以同時節省一個寫入和讀取。該系統像往常一樣寫出元組至其他分區,並稍候將它們結合。如果建立輸入只比記憶體稍大些,混合雜湊結合的可節省的成本可以很明顯。

如果建立關聯的大小為 b_s,n_h 大約等於 b_s/M。因此,如果 $M >> (b_s/M) * b_b$ 或 $M >> \sqrt{b_s * b_b}$(符號 >> 表示遠遠大於),則混合雜湊結合是最有用的。例如,假設區塊大小為 4KB,建立關聯大小為 5GB,b_b 為 20 區塊。若記憶體大小明顯大於 20MB,則混合雜湊結合演算法是有用的;今天電腦常見記憶體大小為 GB 以上。如果我們在結合演算法使用 1GB,s_0 會將近 1GB,混合雜湊結合會比雜湊結合價格少 20%。

8.5.6 複雜的結合

不管結合條件為何,都可以使用巢狀迴圈和區塊巢狀迴圈結合。其他結合技術比巢狀迴圈結合和其不同版本更有效率,但只能處理簡單的加入條件,如自然結合或等位結合。如果我們用第 8.3.3 開發的技術來處理複雜的選擇,使用高效的結合技術,我們可以實現有著複雜結合條件的結合。

試想有著以下關聯條件的結合:

$$r \bowtie_{\theta_1 \wedge \theta_2 \wedge \cdots \wedge \theta_n} s$$

之前描述的一個或多個結合技術可能適用於對單獨條件 $r \bowtie_{\theta_1} s, r \bowtie_{\theta_2} s, r \bowtie_{\theta_3} s$ 等的結合。我們可以透過先計算出其中一個簡單的結合 $r \bowtie_{\theta_i} s$ 的結果來計算整體結合,中間結果的每對元組包含一個來自 r 的元組以及一個來自 s 的元組。完整結合的結果包含這些在中間結果,且滿足其他條件的元組:

$$\theta_1 \wedge \cdots \wedge \theta_{i-1} \wedge \theta_{i+1} \wedge \cdots \wedge \theta_n$$

當元組在 $r \bowtie_{\theta_i} s$ 被產生的同時,這些條件可被測試。

結合條件為分離時可以用此方法計算。考慮:

$$r \bowtie_{\theta_1 \vee \theta_2 \vee \cdots \vee \theta_n} s$$

結合可以被計算成單獨結合 $r \bowtie_{\theta_i} s$ 紀錄的聯集:

$$(r \bowtie_{\theta_1} s) \cup (r \bowtie_{\theta_2} s) \cup \cdots \cup (r \bowtie_{\theta_n} s)$$

第 8.6 節會介紹計算關聯結合演算法。

8.6 其他運算

其他關聯運作和擴展關聯運算,如消除重複、投影、集合運算、外部結合和聚集,將在第 8.6.1 節至第 8.6.5 節概述。

8.6.1 消除重複

我們可以很容易透過排序來實現消除重複。如排序結果,相同的元組會排在一起,可以保留一個後將其餘刪除。隨著外部排序合併,正在創建運行時發現重複,可在運行被寫入到磁碟前被移除,從而減少區塊傳輸數。其餘的重複可在合併過程中消除,而最後排序的運行是沒有重複的。消除重複成本的最壞估算,與關聯排序的最壞成本估算是一樣的。

我們還可以透過雜湊實施消除重複,如雜湊結合演算法。首先,關聯是在整個元組雜湊函數基礎上分區,然後讀入每個分區,並在記憶體中建立雜湊索引。當雜湊索引被建構時,若沒有元組存在,則一個元組可被加入。否則,元組將被丟棄。當所有在分區的元組已被處理,雜湊索引的元組被寫入到結果。成本估計與建立一個雜湊結合關聯的處理成本(分區和讀取每個分區)是一樣的。

由於消除重複的成本相對較高,SQL 需要由用戶明確要求刪除重複,否則,重複會被保留。

8.6.2 投影

我們可以透過在每個元組使用投影來簡單實現投影,其中給出一個可能有重複紀錄的關聯,然後刪除重複紀錄。重複可以透過第 8.6.1 節描述的方法消除。

如果在投影屬性列表包括一個關聯的鍵,不會有重複存在,因此,不需消除重複。廣義投影可用投影相同的方式來實施。

8.6.3 集合運算

我們可以先排序兩個關聯來實現聯集 (union)、交集 (intersection) 和差集 (set-difference),然後掃描每個排序關聯一次來產生結果。在 $r \cup s$,掃描兩個關聯時,發現的兩個相同的元組在這兩個檔案裡,但只有一個元組會被保留。$r \cap s$ 的結果將只包含那些同時出現在關聯的元組。我們實行差集 $r - s$,如果元組不在

s 中，才會保留在 r。

對於所有的運作，只需要掃描兩個排序輸入一次，因此關聯若以相同順序排序，則成本為 $b_r + b_s$ 區塊傳輸。假設最壞的情況下，每個關聯只有一個區塊緩衝，則總共需要 $b_r + b_s$ 個磁碟搜尋，外加 $b_r + b_s$ 區塊傳輸。搜尋的數量，可以透過分配額外的緩衝區塊來減少。

如果一開始關聯沒有排序，則要將排序的成本也包括在內。只要雙方輸入具有相同的排序順序，任何排序順序都可用於評估集合運算。

雜湊提供了另一種方法來實現這些集合運算。不論何種情況，第一步是用相同的雜湊函數進行兩個關聯的分區，從而創建分區 $r_0, r_1, \cdots, r_{n_h}$ 和 $s_0, s_1, \cdots, s_{n_h}$。根據不同的運算，系統將在每個分區 $i = 0, 1, \cdots, n_h$ 採取這些步驟：

- $r \cup s$
  1. 在 r_i 建立記憶體中的雜湊索引。
  2. 只當它們不存在時，才會加入 s_i 內的元組到雜湊索引。
  3. 加入雜湊索引中的元組到結果。
- $r \cap s$
  1. 在 r_i 建立憶體中的雜湊索引。
  2. 對於在 s_i 的每個元組，只有當它已經存在於雜湊索引時，才會探測雜湊索引和輸出的元組到結果內。
- $r - s$
  1. 在 r_i 建立記憶體中的雜湊索引。
  2. 對於在 s_i 的每個元組，探測輸出的雜湊索引，且如果元組已在目前的雜湊索引中，將它從雜湊索引刪除。
  3. 增加剩餘雜湊索引中的元組到結果。

8.6.4 外部結合

回想一下前述的外部結合運作。例如，自然左外部結合 takes ⟕ student 包含結合 takes 和 student，此外，為每個在 student 中沒有匹配的 takes 元組 t（即，其中 ID 不是在 student 裡），下面的元組 t_1 要被加到結果內。對於所有在架構 takes 的屬性，元組 t_1 與元組 t 具有相同值。元組 t_1 剩餘的屬性（從學生架構）包含的是空值。

我們可以使用兩種策略來實現外部結合運作：

1. 計算相對應的結合,然後再增加元組到結合結果以得到外部結合結果。考慮左外部結合運算以及兩個關聯:r(R) 和 s(S)。為了評估 $r ⟕_\theta s$,我們首先計算 $r ⋈_\theta s$,並保存該結果做為臨時的關聯 q_1。接下來,計算 $r - \Pi_R(q_1)$ 來獲得這些在 r 中,不加入 theta 結合的元組。我們可以用任何演算法計算結合、投影和差集,如前面描述的來計算外部結合。我們為這些來自 s 的屬性元組輸入空值,並把它加到 q_1 得到外部結合的結果。

   右外部結合運算 $r ⟖_\theta s$ 相當於 $s ⟕_\theta r$,並因此能以對稱的方式實行左外部結合。我們可以計算結合 $r ⋈_\theta s$,實現完整外部結合運作 $r ⟗ s$,然後增加左右外部結合運算的額外元組。

2. 修改結合演算法。擴展巢狀迴圈結合演算法來計算左外部結合很容易:在被輸入空值後,不與任何內部關聯匹配的外部關聯元組被寫入輸出。然而,成巢狀迴圈結合很難擴展來計算完整的外部結合。

   自然外部結合和有等位結合條件的外部結合,可透過擴展的合併結合和雜湊結合演算法計算。合併結合可擴展去計算完整外部結合,如下:當兩個關聯正在執行合併,任一關聯中的元組,若在另一關聯沒有匹配的元組,可以用空值填充並寫出到輸出。同樣地,透過寫出不匹配的元組(填充空值),我們可以擴展合併結合,計算左右外部結合。由於關聯已經進行排序,很容易檢測某元組在其他任何關聯是否有匹配元組。例如,當合併結合 *takes* 和 *student* 時,元組依照 *ID* 排序讀取,以便於檢查每個元組,是否在另一個關聯有其他匹配的元組。

   使用合併結合演算法來實施外部結合的估計成本,與那些相應的結合一樣。唯一的不同之處在於結果的大小,也就是所需要的寫出區塊傳輸,原來並不含在我們先前的估算成本內。

   擴展雜湊結合演算法計算外部結合會留給你做練習(練習 8.15)。

8.6.5 聚集

回想一下在第 3.7 節討論的聚集功能(運作)。例如,以下函數

```
select dept_name, avg (salary)
from instructor
group by dept_name;
```

計算各各大學科系的平均薪資。

聚集運算可以用與消除重複相同的方式實現,只是我們是基於分組屬性(前

面的例子 branch_name）使用排序或雜湊。然而，我們不是消除元組具有相同值的分組屬性，而是將它們蒐集成群組，在每組應用聚集運算獲得結果。

實施聚集運算的成本估計和消除重複的費用是一樣的。聚集功能有**最小值 (min)**、**最大值 (max)**、**總和 (sun)**、**計數 (count)** 和**平均值 (avg)**。

我們可以在建構群體時，實現聚集運算，如**總和**、**最小值**、**最大值**、**計數**和**平均**，而不是在把所有元組蒐集在一個組後，再應用聚集運算。對於**總和**、**最小值**和**最大值**，當在同一組的兩個元組被發現時，該系統會用單一元組取代，其包含被聚集欄位的總和，最小值或最大值。對於計數運算，它保持運算計數，代表每個組中已被找到的元組。最後，我們透過總和除以計數來得到**平均值**。

如果所有元組的結果合適於記憶體，不論是以排序為基礎或是雜湊為基礎的實作都不需要寫入任何元組到磁碟。當元組被讀入，它們可以被插入至一個排序樹結構或雜湊索引。當我們使 on-the-fly 的聚集技術，只有一個元組需要被儲入每個群體。因此，排序樹結構或雜湊索引合適於記憶體，而且聚集可以只用 b_r 個區塊傳輸（和一個搜尋）處理有，而不是 $3b_r$ 個傳輸（最壞的情況下可達 $2b_r$ 個搜尋）。

→ | 8.7 | 表達式的評估

到目前為止，我們已經研究了單獨關聯如何運作進行。現在我們思考如何評估一個包含多個運算的表達式。最明顯的方法是循序逐一評估每個運算，然後將每個評估以臨時關聯**具體化 (materialized)** 以供日後使用。這種方法的缺點是需要建設臨時關聯，它（除非它們是小的）必須寫入到磁碟。另一種方法是同時在一個**管線 (pipeline)** 評估幾個運算，每個運算評估結果會傳遞到下一個，不需要儲存臨時的關聯。

第 8.7.1 節和第 8.7.2 節會討論以上的兩種作法，我們可以看到這些方法的成本差異很大，但也有一些情況下，只有具體化方法是可行的。

8.7.1　具體化

要瞭解如何評估一個表達式，最簡單的方式是看**運作樹 (operator tree)** 的圖案化表達方式。考慮在圖 8.11 的表達式：

$$\Pi_{name}(\sigma_{building = \text{"Watson"}}(department) \bowtie instructor)$$

▶圖 8.11
表達式的圖形表示

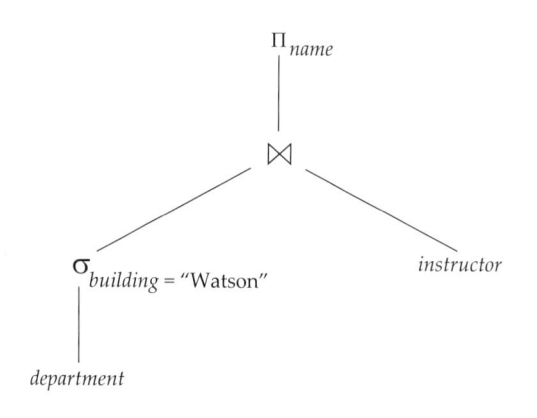

$$\Pi_{name}$$
$$\bowtie$$
$$\sigma_{building = \text{"Watson"}} \quad instructor$$
$$department$$

　　如果我們用具體化的方法，就要從表達式最低層級的運作開始（在樹的底部）。在範例中，只有一個這樣的運作：*department* 的選擇運算。最低層級運算的輸入為資料庫關聯。透過之前研究過的演算法來執行這些運作，並將結果儲存在臨時關聯。我們可用這些臨時關聯去執行下一個層級的運算，而此時的輸入則為臨時關聯或已儲存在資料庫的關聯。在我們的例子中，要輸入結合的是 *instructor* 關聯，和經過 *department* 選擇後所創的臨時關聯。最後結合可以進行評估，再創造另一個臨時關聯。

　　重複此過程，我們最終將會評估在樹根的運算，給與表達式最終的結果。在我們的例子中，透過在樹根執行投影運作得到最終的結果，使用的輸入為結合所創造的臨時關聯。

　　剛才描述的評估稱為**具體化評估 (materialized evaluation)**，因為每個中間運算結果被創建（具體化）後，會被用到下一層級運算的評估。

　　具體化評估的成本不只是相關運算費用的總和而已。當估算演算法的成本時，我們忽略了將運算結果寫到磁碟的成本。在此若要計算評估表達式的成本，則必須考慮所有的運算成本，包含將中間結果寫到磁碟的成本。我們假設紀錄結果累積在緩衝區，並當緩衝區滿時，它們會被寫入到磁碟。寫出的區塊數 b_r，可以估計為 n_r/f_r，其中 n_r 是結果關聯 r 中估計的元組數量，而 f_r 是結果關聯的阻礙因素，也就是，可容納在一個區塊中的 r 的紀錄數量。除了傳輸時間，可能還需要一些磁碟搜尋，因為磁頭可能在連續寫入之間移動。搜尋的數量可估算為 $\lceil b_r/b_b \rceil$，其中 b_b 是輸出緩衝區的區塊數量。

　　雙緩衝 (double buffering)（使用兩個緩衝區，當另一個是被寫入時，有一個持續的執行演算法）允許透過執行更快速的 CPU 活動並行的 I/O 活動的使用，讓演算法執行更快速。此搜尋的數量可由分配額外區塊到輸出緩衝區，並一次寫出多個區塊來降低。

8.7.2 管線

減少臨時檔案產生的數量可提高查詢評估效率。為了減少數量，我們結合幾個關聯運算到一個管線，使一個運算結果可在管線中傳遞到下一個運算。這種評估被稱為**管線評估 (pipelined evaluation)**。

例如，考慮表達式 $(\Pi_{a1,a2}(r \bowtie s))$。如果應用具體化，評估會需要創建一個臨時的關聯，以保存結合結果，然後將讀回的結果進行投射。這些運作可以結合為：當結合運算產生一個結果元組，它立即將此元組傳遞到投射運算進行處理。透過合併結合和投射，我們可避免創建中間結果，而直接創建最終結果。

創建一個管線運算有兩個好處：

1. 它消除了讀取和寫入臨時關聯的成本，減少了查詢評估的成本。
2. 如果查詢評估計畫的樹根運算與它的輸入在管線結合，它可以迅速開始產生查詢結果。若能把即時結果顯示給用戶看會相當有用，因為在用戶看到任何查詢結果前，可能會有漫長的延遲。

8.7.2.1 管線實作

我們可以透過結合構成管線運作，構建一個單一複雜的運作。雖然這種方法在某些經常發生的狀況時可行，但一般偏好是重複利用單一運算的程式碼來建造一條管線。

在圖 8.11 的例子中，三個運作都可以放置在一個管線，此管線可以將即時結果循序傳到投射。所需的記憶體低，因為運作結果不長久保存。然而，由於管線的關係，運算的輸入無法一次全部進行處理。

管線可用以下兩種方式執行：

1. **需求驅動管線 (demand-driven pipeline)**，使得該系統多次要求運算管線頂部的元組。每次運作收到要元組的請求，它會計算下個會返回的元組（或元組群），接著將其返回。如果輸入不是管線運作，下個返回的元組（或元組群）可以從輸入關聯計算，同時系統會追蹤目前哪些已經返回。如果有一些管線輸入，運作也會自管線輸入要求元組。使用來自管線輸入的元組，此運作計算其輸出元組，並將它們傳遞到其上層節點。
2. **生產者驅動管線 (producer-driven pipeline)**，運算不等待請求產生元組，而是直接**急切地 (eagerly)** 生成元組。每個在生產者驅動管線的運作，被建模為一個單獨的處理或系統內線程，其從管線輸入取得一個元組流，並產生其元組流輸出。

我們在下面說明需求驅動及生產者驅動管線可以實作。

在需求驅動的管線每個運算都可以實現為一個**反覆器 (iterator)**，提供以下功能：*open( )*、*next( )* 和 *close( )*。在呼叫 *open( )* 結束後，每個呼叫 *next( )* 返回下一個運算的輸出元組。實作中，該運算在輸入呼叫 *open( )* 和 *next( )*，以便在需要時獲得它的輸入元組。*close( )* 函數會告訴反覆器，不需要更多的元組。反覆器保持呼叫之間的執行**狀態 (state)**，使連續的 *next( )* 需求可得到連續的結果元組。

例如，對於一個反覆器使用線性搜尋執行選擇運算，*open( )* 運算啟動檔案掃描，然後反覆器的狀態紀錄會指向該檔案被掃描的點。當 *next( )* 函數被呼叫時，該檔案繼續從先前的點掃描。當透過掃描檔案發現下一個滿足選擇的元組時，在反覆器狀態發現的點被儲存後，該元組會被返回。一個合併結合反覆器的 *open( )* 運算會將它的輸入打開，如果它們尚未排序，也會將其輸入排序。呼叫 *next( )* 時，它會返回下一對匹配元組。該狀態資訊將包括每個輸入被掃描到哪裡。執行反覆器的練習會留在實作題 8.7 給你完成。

另一方面，生產者驅動管線的方式不同。對於生產者驅動管線的每對相鄰的運算，系統將創建一個緩衝區來保存從運算傳遞下來的元組。對應不同運算的過程或線程同時執行。在管線底部的每個運算不斷產生輸出元組，並將它們放在輸出緩衝區，直到緩衝區已滿。當運算從下游的管線得到輸入元組時，它會在管線的任何其他級別產生輸出元組，直到其輸出緩衝區已滿。一旦運算使用了從管線輸入的元組時，它會消除輸入緩衝區的元組。不論是兩種情況的哪一種，一旦輸出緩衝區已滿，運算會等待直到其上層節點運算從緩衝區中刪除元組，使緩衝區可放置更多元組。此時，運算會產生更多元組，直到緩衝區滿了。運作重複此過程，直到所有的輸出元組已產生。

只有當輸出緩衝區已滿，或輸入緩衝區是空的，需要更多的輸入元組產生任何更多的輸出元組時，系統才需要進行運算切換。在並行處理系統，管線的運算可以同時在不同的處理器上操作。

使用生產者驅動管線可以被看做是從運算樹底**推 (pushing)** 資料至運算樹頂，而使用需求驅動管線，可認為是**拉 (pulling)** 一個資料至運作樹的頂部。在生產者驅動管線中，元組是急切的產生，但是在需求驅動管線中，它們會根據需求**緩慢 (lazily)** 的產生。需求驅動管線比生產者驅動管線更普遍，因為它較容易實現。然而，生產者驅動管線在並行處理系統是非常有用的。

8.7.2.2 管線演算法的評估

有些運算，如排序，本質上是**阻塞運算 (blocking operaiotns)**，也就是說，它們在輸入元組全部被檢查前，可能無法輸出任何結果。

其他運算，如結合，本質並非阻塞，但具體的評估演算法可能是阻塞。例如，雜湊結合演算法是阻塞運算，因為在輸出任何元組前，它需要輸入得到充分的檢索和分區。另一方面，當外部關聯獲得元組，索引巢狀迴圈結合演算法可以輸出結果元組。因此，它被稱為是外部（左邊）關聯的管線，儘管其索引（右側）輸入為阻塞，因為索引在索引巢狀迴圈結合演算法可被執行之前，必須充分的建構好。

混合雜湊結合可以被看做是探測關聯上的部分管線，因為它可以輸出元組的第一個分區做為探測關聯的元組。然而，不是在第一個分區被輸出的元組，只能在整個管線的輸入關聯被接收之後才能輸出。因此，如果建立輸入完全容於記憶體，混合雜湊結合可提供管線評估其探測輸入。如果大部分的建立輸可容於記憶體，所提供的則是近似的管線評估。

如果兩個輸入在結合屬性上被排序，結合條件是等位結合，即可使用合併結合，兩個輸入都是管線。

然而，在更常見的情況，我們希望管線結合的兩個輸入都尚未排序，所以要用另一種**雙管線結合技術 (double-pipelined join)**，如圖 8.12 所示。該演算法假定輸入關聯 r 和 s 的輸入元組為管線。兩個關聯可用的元組成單一佇列等待處理。特別的佇列輸入，稱為 End_r 和 End_s，做為結束檔案標記，在所有來自 r 和 s（分別）的元組產生後，被插入佇列中。對於有效的評估，適當地索引應該是建立在關聯 r 和 s。當元組增加到 r 和 s，索引必須保持在最新狀態。當雜湊索引用於 r 和 s，由此產生的演算法被稱為**雙管線雜湊結合 (double-pipelined hash-join)** 技術。

如圖 8.12 的雙管線結合演算法假設兩個輸入都可容於記憶體。如果兩個輸入大於記憶體，它仍可使用雙管線結合技術，直到可用記憶體已滿為止。當可用記憶體已滿後，已經存入的 r 和 s 元組，可以被視為在分區 r_0 和 s_0 內。而之後到達的 r 和 s 的元組，則會被分配給分區 r_1 和 s_1 分別被寫入到磁碟，而不是增加到記憶體中的索引。不過，分配給 r_1 和 s_1 的元組是先用來探測 s_0 和 r_0，之後才分別寫入磁碟。因此，r_1 與 s_0 和 s_0 與 r_1 的結合也是以管線的方式完成。r 和 s 處理完成後，r_1 的元組與 s_1 元組必須完成結合；我們前面看到的任何的結合技術都可以派上用場。

▶圖 8.12
雙管線結合演算法

```
done_r := false;
done_s := false;
r := ∅;
s := ∅;
result := ∅;
while not done_r or not done_s do
    begin
        if queue is empty, then wait until queue is not empty;
        t := top entry in queue;
        if t = End_r then done_r := true
            else if t = End_s then done_s := true
                else if t is from input r
                    then
                        begin
                            r := r ∪ {t};
                            result := result ∪ ({t} ⋈ s);
                        end
                    else /* t is from input s */
                        begin
                            s := s ∪ {t};
                            result := result ∪ (r ⋈ {t});
                        end
    end
```

8.8 總結

- 執行查詢時，系統該做的第一個運作，是將查詢翻譯成系統的內部形式，它（用於關聯資料庫系統）通常是以關聯代數為基礎。在產生內部形式查詢的過程中，解析器檢查用戶查詢的語法，並驗證查詢的名稱與出現在資料庫中的關聯名稱相同等。如果查詢被表達成視界，解析器會替換所有引用的視界名稱為關聯代數表達式以利計算。

- 給定一個查詢，通常有多種計算答案的方法。查詢最佳化的責任是改造查詢，將用戶輸入的查詢轉換成相同的查詢，使計算可以更有效率。第 9 章介紹查詢最佳化。

- 我們可以透過線性掃描或利用索引，執行簡單的選擇運算。我們可以透過執行簡單選擇結果的聯集和交集，來處理複雜的選擇操作。

- 我們可以藉由外部排序合併演算法排序比記憶體大的關聯。

- 涉及自然結合的查詢可以用多種方式處理，這取決於在關聯可用的索引和實體的儲存形式。

  ○ 如果結合的結果幾乎和兩個關聯笛卡兒乘積一樣大，區塊巢狀迴圈結合策略可能較有利。
- 如果有索引，索引巢狀迴圈結合較有利。
- 如果關聯已排序，合併結合可能較有利。在結合計算前，最好能先排序關聯（以便能使用合併結合策略）。
- 雜湊結合演算法分成數個區塊關聯，讓每個關聯的區塊適於記憶體。該分區在結合屬性使用了雜湊函數，使相對應的分區可以獨立地結合。
- 可以通過排序或雜湊，消除重複、投影、集合運算（聯集、交集、差）和聚集。
- 可以透過簡單的擴展結合演算法來實現外部結合運作。
- 雜湊和排序是雙通道。意思是，任何可實施雜湊的運作，如重複消除、投影、聚集、結合和外部結合，也可實施排序，反之亦然；也就是說，任何運作，可以透過排序實現，也可以透過雜湊實現。
- 表達式可以進行具體化評估。系統計算每個子表達式的結果，並儲存在磁碟上，然後用它來計算原本的表達式結果。
- 透過使用原本表達的結果，儘管它們正在產生，管線有助於避免把許多子表達式結果寫入到磁碟中。

關鍵詞

- 查詢處理 (Query processing)
- 基礎評估 (Evaluation primitive)
- 查詢執行計畫 (Query-execution plan)
- 查詢評估計畫 (Query-evaluation plan)
- 查詢執行引擎 (Query-execution engine)
- 查詢成本的測量 (Measures of query cost)
- 循序 I/O (Sequential I/O)
- 隨機 I/O (Random I/O)
- 檔案掃描 (File scan)
- 線性搜尋 (Linear search)
- 選擇使用索引 (Selections using indices)
- 存取路徑 (Access paths)
- 索引掃描 (Index scans)
- 連接選擇 (Conjunctive selection)
- 分離選擇 (Disjunctive selection)
- 複合索引 (Composite index)
- 識別標示交集 (Intersection of identifiers)
- 外部排序 (External sorting)
- 外部排序合併 (External sort-merge)
- 運行 (Runs)
- N 路合併 (N-way merge)
- 等位結合 (Equi-join)
- 巢狀迴圈結合 (Nested-loop join)
- 區塊巢狀迴圈結合 (Block nested-loop join)
- 索引巢狀迴圈結合 (Indexed nested-loop join)
- 合併結合 (Merge join)
- 排序合併結合 (Sort-merge join)
- 混合合併結合 (Hybrid merge join)
- 雜湊結合 (Hash join)
  - 建立 (Build)
  - 探測 (Probe)
  - 建立輸入 (Build input)
  - 探測輸入 (Probe input)
  - 遞迴分區 (Recursive partitioning)
  - 雜湊表溢出 (Hash-table overflow)

- ○ 歪斜 (Skew)
- ○ 矇混因素 (Fudge factor)
- ○ 溢出解析 (Overflow resolution)
- ○ 溢出避免 (Overflow avoidance)
- 混合雜湊結合 (Hybrid hash join)
- 運作樹 (Operator tree)
- 具體化評估 (Materialized evaluation)
- 雙緩衝 (Double buffering)
- 管線評估 (Pipelined evaluation)
  - ○ 需求驅動管線（緩慢，拉）(Demand-driven pipeline (lazy, pulling))
  - ○ 生產者驅動管線（急切，推）(Producer-driven pipeline (eager, pushing))
  - ○ 反覆器 (Iterator)
- 雙管線結合 (Double-pipelined join)

實作題

8.1 假設（為了簡單起見）只有一個元組適合在一個區域，記憶體擁有最多 3 個區域。請說明排序合併演算法中，當應用到排序下列元組的第一個屬性，每個傳遞的運行建立：(kangaroo, 17)、(wallaby, 21)、(emu, 1)、(wombat, 13)、(platypus, 3)、(lion, 8)、(warthog, 4)、(zebra, 11)、(meerkat, 6)、(hyena, 9)、(hornbill, 2)、(baboon, 12)

8.2 根據圖 8.13 的銀行資料庫，其中主鍵被加下底線，下面的 SQL 查詢：

select *T.branch_name*
from *branch T, branch S*
where *T.assets* > *S.assets* **and** *S.branch_city* = "Brooklyn"

寫一個相當於本查詢的有效率的關聯代數表達式。證明你的選擇。

8.3 讓關聯 $r_1(A, B, C)$ 和 $r_2(C, D, E)$ 具有以下特點：r_1 有 20,000 元組，r_2 有 45,000 元組，r_1 的一個區塊可容納 25 個元組，r_2 的一個區塊可容納 30 個元組。估計區塊傳輸和搜尋的數量，$r_1 \bowtie r_2$ 使用下列的結合策略：

a. 巢狀迴圈結合。

b. 區塊巢狀迴圈結合。

c. 合併結合。

d. 雜湊結合。

8.4 如 8.5.3 節所述的索引巢狀迴圈結合演算法，如果索引是次要的指標會變得沒效率，並有多個元組具有相同值的加入屬性。為什麼效率低下？說明一種方法，使用排序以降低檢索元組內關聯的成本。在什麼情況下該演算法比混合合併結合更有效？

8.5 設 r 和 s 是沒有索引的關聯，並假定關聯沒有排序。假設記憶體無限，什麼是計算 $r \bowtie s$ 成本最低的方式（在計算 I/O 運作中）？測量該演算法需要的記憶體是多少？

8.6 考慮圖 8.13 銀行資料庫，其中主鍵下有底線。假設關聯 *branch* 有一個 B$^+$ 樹索引 *branch_city*，且並沒有其他索引可用。列出不同的方式來處理以下幾個包含否定的選擇：

a. $\sigma_{\neg (branch\_city < \text{"Brooklyn"})}(branch)$

b. $\sigma_{\neg (branch\_city = \text{"Brooklyn"})}(branch)$

c. $\sigma_{\neg (branch\_city < \text{"Brooklyn"} \vee assets<5000)}(branch)$

▶ 圖 8.13
銀行資料庫

branch (*branch_name*, *branch_city*, *assets*)
customer (*customer_name*, *customer_street*, *customer_city*)
loan (*loan_number*, *branch_name*, *amount*)
borrower (*customer_name*, *loan_number*)
account (*account_number*, *branch_name*, *balance*)
depositor (*customer_name*, *account_number*)

8.7 編寫一個可執行索引巢狀迴圈結合反覆器的虛擬碼,其外關聯已經被管線排成。你的虛擬碼必須定義標準的反覆器函數 *open*( )、*next*( ) 和 *close*( )。顯示反覆器必須在呼叫間保持什麼狀態資訊。

8.8 設計以排序為基礎及以雜湊為基礎的演算法,計算關聯除法運算。

8.9 如果每次運行的緩衝區塊數量增加,在整體緩衝運行的可用記憶體維持固定的情況下,會如何影響合併運行的成本?

練習

8.10 假設我們需要進行一個 40GB 關聯排序,4KB 區塊,使用記憶體大小為 40MB。假設搜尋的成本是 5 毫秒,而磁碟傳輸速率為每秒 40MB。

a. 當 $b_b =1$ 和 $b_b =100$ 時,分別找出排序關聯的成本(以秒計)。

b. 在上面兩種情況,各需要多少合併路徑?

c. 假設一個快閃儲存設備是用來代替磁碟,其搜尋時間為 1 微秒,傳輸速率為每秒 40MB。重新計算排序關聯的成本(以秒計),$b_b = 1$ 和 $b_b = 100$。

8.11 考慮下面的擴展關聯代數運算符號。說明如何實現每個排序運作,並使用雜湊。

a. **半結構化 (semijoin)** ($⋉_θ$): $r ⋉_θ s$ 以 $Π_R(r ⋈_θ s)$ 表示,R 是架構 r 中的屬性集合,它選擇那些在 r 裡的元組 r_i,對應 s 裡的元組 s_j,r_i 和 s_j 滿足謂詞 $θ$。

b. **反半結構化 (anti-semijoin)** ($\bar{⋉}_θ$): $r \bar{⋉}_θ s$ 被定義為 $r − Π_R(r ⋈_θ s)$,它選擇這些 r 裡的元組 r_i,不對應給 s 裡的元組 s_j,r_i 和 s_j 滿足謂詞 $θ$。

8.12 為什麼不宜強制用戶做出明確選擇的查詢處理策略?有任何範例顯示,用戶最好要當心成本競爭的查詢處理策略嗎?請解釋你的回答。

8.13 假設有兩個關聯都無實際排序,但雙方的結合屬性都有排序的二次索引。請為它設計一個變異混合合併結合演算法。

8.14 為練習 8.13 的解決方案,預估你的答案所需的區塊傳輸和搜尋數量,其中 $r_1 ⋈ r_2$,r_1 和 r_2 在練習 8.13 被定義。

8.15 第 8.5.5 節中所述的雜湊結合演算法,計算兩個關聯的自然結合。描述如何擴展雜湊結合演算法,以計算自然左外部結合,自然右外部結合和全外部結合。(提示:保持雜湊索引的每個元組的額外資訊,以檢測是否有任何關聯元組在探測匹配雜湊索引中的元組。)在 *takes* 和 *student* 的關聯試試你們的演算法。

8.16 管線是用來避免中間結果寫入到磁碟。假設需要使用排序合併排序關聯 r,然後合併結合結果與第一個已排序的關聯 s。

a. 描述如何輸出 r，可被管線排程到合併結合且不被寫回磁碟。

b. 即便兩個適用合併結合的輸入是排序合併運作的輸出，這個想法也可行。但是，可用記憶體必須在兩個合併運算之間分享（合併結合演算法本身需要很少的記憶體）。若需要共享記憶體，對於每個排序合併運作的成本有什麼影響？

8.17 為一個反覆器編寫排序合併演算法虛擬碼，其中，合併的最後結果是為其消費者管線排程。你的虛擬碼必須定義標準的反覆器功能 $open(\ )$、$next(\ )$ 和 $close(\ )$。顯示反覆器在呼叫之間必須維持什麼狀態資訊。

8.18 假設必須計算 $_A\mathcal{G}_{sum(C)}(r)$ 跟 $_{A,B}\mathcal{G}_{sum(C)}(r)$。說明如何只用一個 r 排序來共同計算它們。

書目附註

查詢處理器必須分析報表的查詢語言，而且必須將它們轉化成內部形式。查詢語言解析與傳統編程語言解析有一點不同。大多數編譯器包含主要的解析技術，並提出一種編程語言的最佳化。

Graefe 和 McKenna [1993b] 提出了一個很好的查詢評估技術研究。

Knuth [1973] 提供了一個極好的外部排序演算法的描述，包括稱為替代選擇的最佳化，它可以創建初始運行（平均）兩倍大小的記憶體。Nyberg 等人 [1995] 展示由於暫存處理器行為的缺乏，更換選擇的執行比記憶體的快速排序產生要來的差，否定不再產生運行的好處。Nyberg 等人 [1995] 提出了一種有效的外部排序演算法，這需要將暫存處理器的影響考慮在內。查詢評估演算法考慮到暫存器的影響已被廣泛研究，參見 Harizopoulos 和 Ailamaki [2004]。

根據在 70 年代中期資料庫系統的性能進行研究，資料庫系統這一時期只用於巢狀迴圈結合和合併結合。包括 Blasgen 和 Eswaran [1976]，這些研究是關聯到發展系統 R，決定了無論是巢狀迴圈結合或合併結合，幾乎提供最佳的結合方法。因此，這兩個是唯一被實作在系統 R 的結合演算法。然而，Blasgen 和 Eswaran[1976] 沒有包括分析雜湊結合演算法。現今雜湊結合是高效率並廣泛地應用。

雜湊結合演算法最初在並行資料庫系統開發。Shapiro [1986] 描述了混合雜湊結合。Zeller、Gray [1990] 和 Davison、Graefe [1994] 描述雜湊結合技術可以適用在可用記憶體，這對於同一時間系統中可運行多個查詢是重要的。Graefe 等人 [1998] 介紹了在微軟 SQL 服務器雜湊結合和雜湊群的使用，這讓管線的雜湊結合在管線序列使用相同分區的所有雜湊結合。

CHAPTER 9 查詢最佳化

查詢最佳化 (query optimization) 是一個從眾多處理查詢的策略中選擇出一個最有效率的查詢評估計畫的過程，特別是針對複雜的查詢。我們不期待使用者寫下他們的查詢後就能有效率地處理問題。反之，我們期待系統可建立一個查詢評估計畫，能將查詢評估的成本降至最低。

查詢最佳化發生在兩個部分。一個部分是在關聯代數階段，系統會試著為給定的表達式找到一個更有效率的相同等表達式。另一部分是選擇一個處理查詢的詳細策略，例如，選擇執行操作時所使用的演算法、選擇使用的索引等。

好策略與壞策略的成本差異（以評估所需的時間來看）通常很大，可能會差到好幾倍。因此，系統花大量時間在選擇一個好的查詢處理策略是值得的，即使這個查詢只執行一次。

9.1 概述

參考下列的關聯代數式，此查詢的目的為「找出所有 Music 教師的名稱，還要有教師上課的所有課程之課程名稱」

$$\Pi_{name, title} (\sigma_{dept\_name = \text{“Music”}} (instructor \bowtie (teaches \bowtie \Pi_{course\_id, title}(course))))$$

要注意的是，在此查詢中對 *course* 的投影 (*course_id, title*) 是不可缺少的，因為 *course* 和 *instructor* 共享 *dept_name* 屬性，假如我們沒有使用投影來移除這個屬性，即使某些音樂系的教師在其他系上也有任教，上述的使用自然結合的表達式只會返回到音樂系的課。

上述表達式建構了一個大的中間關聯，*instructor* $\bowtie$ *teaches* $\bowtie$ $\Pi_{course\_id, title}$(*course*)。但是我們只對此關聯（屬於音樂系教師的）的某些元組及兩個屬性有興趣。我們不需要考慮那些沒有 *dept_name* =「Music」的元組。藉由減少在

instructor 關聯所需要存取的元組，減少了中間結果的範圍。現在我們的查詢的關聯代數相當於：

$$\Pi_{name, title} ((\sigma_{dept\_name = \text{"Music"}} (instructor)) \bowtie (teaches \bowtie \Pi_{course\_id, title}(course)))$$

這與我們原本的代數式相同，但可產生較小範圍的中間關聯。圖表 9.1 描述最初的與轉換後的表達式。

　　一項評估計畫明確地定義了每一種操作應採用哪種演算法，以及運算的執行應如何調度。圖 9.2 說明一個針對圖 9.1(b) 表達式的一個可能的評估計畫。正如我們所見，對於一個關聯運算有幾種不同的演算法，從而引發其他評估計畫。在圖中，雜湊結合使用於一個結合操作，但在另一個結合（先排序結合屬性 ID）則使用合併結合。邊緣若有註明管線化，生產者的輸出會直接管線至使用者，而不會寫回磁碟。

▶圖 9.1
同等表達式

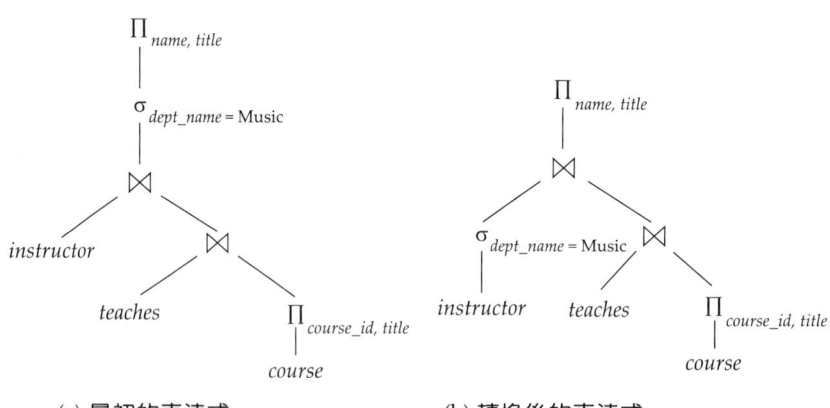

(a) 最初的表達式　　(b) 轉換後的表達式

▶圖 9.2
評估計畫

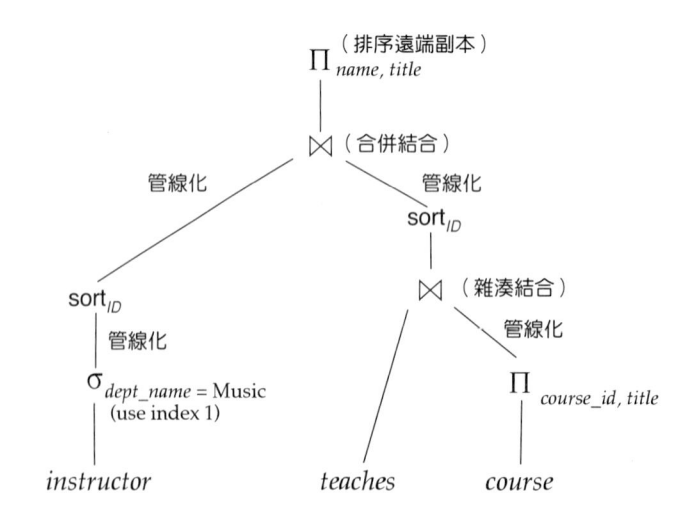

對於一個給定的關聯代數表達式，查詢優化器的工作是想出一個查詢評估計畫，能夠以最低成本的方式計算出與給定表達式相同的結果。

為了找到最低成本的查詢評估計畫，優化器需要為給定的表達式產生不同的評估計畫，並選擇最低成本的計畫。查詢評估計畫的產生包括三個步驟：(1) 對給定的表達式產生邏輯上等價的表達式, (2) 對每個產生的表達式註解並產生替代查詢評估計畫，以及 (3) 估計每個評估計畫的成本，然後選擇一個成本最低的計畫。

步驟 (1)、(2)、(3) 交錯在查詢優化器中──某些表達式產生時被註明須生成評估計畫，接著其他表達式被產生及被註釋等。當評估計畫產生時，成本評估是依據此關聯的統計資訊，例如關聯大小和索引深度。

為了實現第一個步驟，查詢優化器必須對給定的表達式產生一個等價表達式。它透過一些等價規則 (equivalence rules) 將表達式轉換成一個等價邏輯表達式。我們將在第 9.2 節中描述這些規則。

在第 9.3 節我們將介紹如何評估每個查詢計畫運作的統計結果，利用第 8 章的成本公式來估計每個獨立操作的成本。結合每個獨立操作的成本可評估給定的關聯代數表達式的成本，如第 8.7 節所述。

在第 9.4 節，我們將介紹如何選擇一個查詢評估計畫。我們可以選擇一個以估計成本為基礎的計畫。由於成本只是預估，所選擇的計畫並不一定是成本最低的計畫，但只要估計有效，該計畫很可能就是成本最低的，即使不是也不會相差太多。

最後，具體化視圖選擇有助於加快處理查詢的速度。在第 9.5 節，我們研究如何「維護」具體化視圖，也就是說使它們保持最新狀態，以及如何使用能讓執行查詢最佳化。

瀏覽查詢評估計畫

大多數資料庫系統都會提供查看一個給定查詢評估計畫的選擇與執行的方法。通常最好是使用資料庫系統的 GUI 來查看評估計畫。不過，如果使用的是命令行介面，許多資料庫可支援不同的命令，例如「explain < query >」這個命令將顯示針對查詢< query >所選擇的執行計畫。確切語法隨資料庫而不同如下所示：

- PostgreSQL 使用上述的語法。
- Oracle 使用語法 explain plan for。但是此命令將產生的計畫儲存在表

plan_table 中,而不是顯示它。「**select * from table**(*dbms_xplan.display*);」的查詢可以顯示儲存的計畫。
- DB2 和 Oracle 的方法類似,但需要執行 **db2exfmt** 程式來顯示儲存的計畫。
- SQL 伺服器需要在查詢提交前執行命令 **set showplan_text on**,接著當一個查詢被提交時,會顯示評估計畫,而不是執行查詢。

計畫的估計成本也將隨著計畫顯示。值得注意的是計畫的成本通常沒有任何外部有意義的單位,如秒或 I/O 運作,而是任何優化器在成本建模時所用的單位。一些優化器如 PostgreSQL 顯示兩種成本估算數字,第一個數字表示第一個結果輸出的估計成本,而第二個數字表示所有輸出結果的估計成本。

9.2 關聯表達式的轉換

一種查詢可以幾種不同的方式表達並且有不同的評估成本。在本節中,我們將考慮不同的等價表達式,而不是給定的關聯表達式。

如果在每個合法的資料庫實例中,兩個表達式的結果產生相同的元組集,則這兩個關聯代數表達式是**等價的 (equivalent)**(合法資料庫實例是一個能滿足資料庫架構中所有的完整性約束)。而元組中的順序是無關緊要的,因為這兩個表達式可能生成不同順序的元組,但只要元組裡的集合是相同就可視為是相同的。

在 SQL 中,輸入和輸出為元組的多重集合,而關聯代數的多重集合版本則用於 SQL 查詢的評估。在合法資料庫中,如果兩個表達式產生相同的多重集合的元組,我們可以說這兩個表達式的關聯代數多重集合版本是相同的。本章的討論是基於關聯代數。擴展到多重集合版本的關聯代數將留給你做為練習。

9.2.1 等價規則

等價規則 (equivalence rule) 顯示兩種形式的表達式是相同的。我們可以將這兩種形式的表達式互相取代更換,因為這兩個表達式在任何有效的資料庫終將會產生相同的結果。優化器會利用等價規則,將表達式轉換成其他邏輯相等的等價表達式。

一些等價表達式如圖 9.3 所示。我們用 θ、$θ_1$、$θ_2$ 等來代表謂詞,L_1、L_2、L_3

▶圖 9.3
等價的表示圖

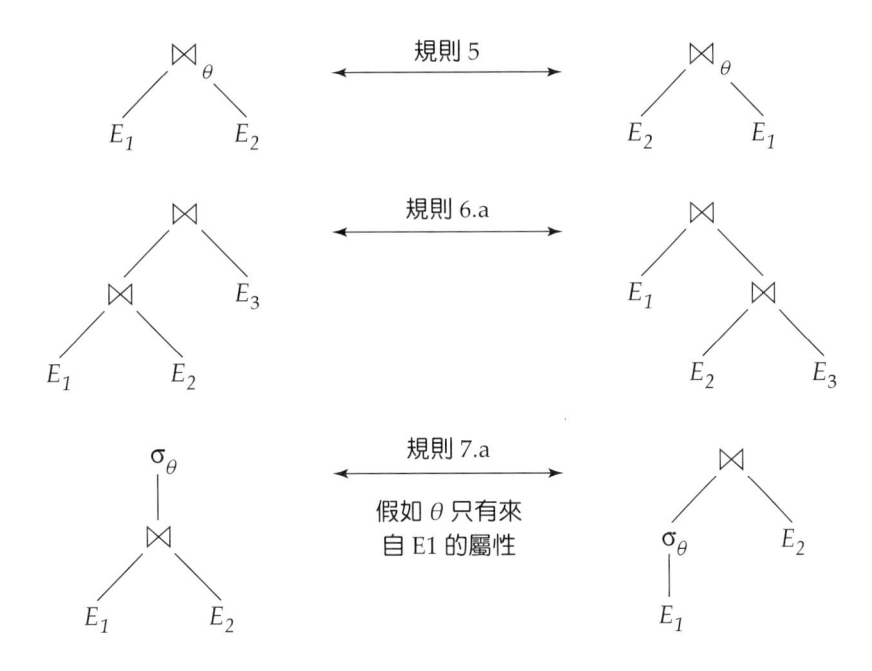

等來表示屬性列表,以及 E、E_1、E_2 等來表示關聯代數表達式。一個關聯名稱 r 即是一個關聯代數表達式的特別範例,並且可以在 E 出現的地方使用。

1. 串聯選擇操作可以被分解成為一連串獨立的選擇。這樣轉換可表示為 σ 的串接。

$$\sigma_{\theta_1 \wedge \theta_2}(E) = \sigma_{\theta_1}(\sigma_{\theta_2}(E))$$

2. 選擇操作是**可交換的 (commutative)**。

$$\sigma_{\theta_1}(\sigma_{\theta_2}(E)) = \sigma_{\theta_2}(\sigma_{\theta_1}(E))$$

3. 只需要序列中最後的投影操作,其他可以省略。這種轉換也可表示為 Π 的串接。

$$\Pi_{L_1}(\Pi_{L_2}(\ldots(\Pi_{L_n}(E))\ldots)) = \Pi_{L_1}(E)$$

4. 選擇可以和笛卡爾乘積與 theta 結合。

   a. $\sigma_\theta(E_1 \times E_2) = E_1 \bowtie_\theta E_2$

   此表達式為 theta 結合的定義。

   b. $\sigma_{\theta_1}(E_1 \bowtie_{\theta_2} E_2) = E_1 \bowtie_{\theta_1 \wedge \theta_2} E_2$

5. theta 結合操作是可交換的。

$$E_1 \bowtie_\theta E_2 = E_2 \bowtie_\theta E_1$$

由於左右兩方的屬性順序不同，如果考慮屬性順序，則等價表達式不成立。我們可以用增加投影操作到等價的其中一方適當重新排序屬性，但為了簡單起見，在大多數的例子中會省略投影並忽略屬性的順序。

回想一下，自然結合是一個特例的 theta 結合運作，因此自然結合也是具有交換性的。

6. a. 自然結合具有**相關性 (associative)**。

$$(E_1 \bowtie E_2) \bowtie E_3 = E_1 \bowtie (E_2 \bowtie E_3)$$

b. 下列的 theta 結合有相關性：

$$(E_1 \bowtie_{\theta_1} E_2) \bowtie_{\theta_2 \wedge \theta_3} E_3 = E_1 \bowtie_{\theta_1 \wedge \theta_3} (E_2 \bowtie_{\theta_2} E_3)$$

其中 θ_2 只涉及 E_2 和 E_3 的屬性。這些條件的任何一個都可能是空的，因此笛卡爾乘積運算也具有相關性。具有交換性和相關性的結合運作對於在查詢最佳化時的結合重新排序是重要的。

7. 在以下兩個條件下，選擇操作可分散在 theta 結合操作：

a. 當選擇條件 θ_0 的所有屬性在只涉及被結合的其中一個表達式（例如，E_1）的屬性時。

$$\sigma_{\theta_0}(E_1 \bowtie_\theta E_2) = (\sigma_{\theta_0}(E_1)) \bowtie_\theta E_2$$

b. 當選擇條件 θ_1 只涉及 E_1 屬性和 θ_2 只涉及 E_2 屬性時。

$$\sigma_{\theta_1 \wedge \theta_2}(E_1 \bowtie_\theta E_2) = (\sigma_{\theta_1}(E_1)) \bowtie_\theta (\sigma_{\theta_2}(E_2))$$

8. 假如符合以下條件，投影操作可分布在 theta 結合操作：

a. 讓 L_1 和 L_2 分別是 E_1 和 E_2 的屬性。假設結合條件 θ 只涉及 $L_1 \cup L_2$ 的屬性，則

$$\Pi_{L_1 \cup L_2}(E_1 \bowtie_\theta E_2) = (\Pi_{L_1}(E_1)) \bowtie_\theta (\Pi_{L_2}(E_2))$$

b. 考慮結合 $E_1 \bowtie_\theta E_2$。讓 L_1 和 L_2 分別是 E_1 和 E_2 的屬性集。讓 L_3 是涉及結合條件 θ 的 E_1 屬性，但並不在 $L_1 \cup L_2$ 內。讓 L_4 是涉及結合條件 θ 的 E_2 屬性，但沒有在 $L_1 \cup L_2$ 內。則

$$\Pi_{L_1 \cup L_2}(E_1 \bowtie_\theta E_2) = \Pi_{L_1 \cup L_2}((\Pi_{L_1 \cup L_3}(E_1)) \bowtie_\theta (\Pi_{L_2 \cup L_4}(E_2)))$$

9. 聯集運算與交集運算是可以互換的。

$$E_1 \cup E_2 = E_2 \cup E_1$$

$$E_1 \cap E_2 = E_2 \cap E_1$$

差集是不可互換的。

10. 聯集和交集的是相關的。

$$(E_1 \cup E_2) \cup E_3 = E_1 \cup (E_2 \cup E_3)$$

$$(E_1 \cap E_2) \cap E_3 = E_1 \cap (E_2 \cap E_3)$$

11. 選擇操作分布在聯集、交集和差集。

$$\sigma_P(E_1 - E_2) = \sigma_P(E_1) - \sigma_P(E_2)$$

同樣地，只要用 ∪ 或 ∩ 取代 −，前述的等價也能成立。再來看

$$\sigma_P(E_1 - E_2) = \sigma_P(E_1) - E_2$$

前面的等價式用 ∩ 取代 − 能成立，但用 ∪ 取代則不能成立。

12. 投影操作分布在聯集運算。

$$\Pi_L(E_1 \cup E_2) = (\Pi_L(E_1)) \cup (\Pi_L(E_2))$$

這只是等價的部分列表。更多涉及擴充關聯運算的等價，如外部結合和聚集，將在練習中討論。

9.2.2 實例轉換

我們用大學的關聯架構為例，說明等價規則的使用：

instructor(ID, name, dept_name, salary)
teaches(ID, course_id, sec_id, semester, year)
course(course_id, title, dept_name, credits)

在第 9.1 節，我們的範例表達式如下：

$$\Pi_{name, title}(\sigma_{dept\_name = \text{"Music"}}(instructor \bowtie (teaches \bowtie \Pi_{course\_id, title}(course))))$$

被轉換為下面的表達式：

$$\Pi_{name, title}((\sigma_{dept\_name = \text{"Music"}}(instructor)) \bowtie (teaches \bowtie \Pi_{course\_id, title}(course)))$$

這相當於我們原本的代數表達式，但會產生較小的中間關聯。我們可以使用規則 7.a 來進行這種此種轉變。請記住，規則只說兩個表達式是等價的，但並沒說哪一個比較好。

多個等價規則可一一的被使用在查詢或部分查詢。舉例來說，假設修改我們的原始查詢，將重點限制在教過 2009 年課程的教師。新關聯代數查詢為：

$$\Pi_{name, title} \left(\sigma_{dept\_name = \text{"Music"} \land year = 2009} \left(instructor \bowtie \left(teaches \bowtie \Pi_{course\_id, title}(course) \right) \right) \right)$$

我們不能把選擇謂詞直接用在 instructor 關聯，因為謂詞涉及 instructor 和 teachs 兩個關聯的屬性。然而，我們可以先使用規則 6.a（自然結合的相關性）來轉換結合 $instructor \bowtie (teaches \bowtie \Pi_{course\_id, title}(course))$ into $(instructor \bowtie teaches) \bowtie \Pi_{course\_id, title}(course)$：

$$\Pi_{name, title} \left(\sigma_{dept\_name = \text{"Music"} \land year = 2009} \left((instructor \bowtie teaches) \bowtie \Pi_{course\_id, title}(course) \right) \right)$$

然後使用規則 7.a，可以改寫查詢為：

$$\Pi_{name, title} \left(\left(\sigma_{dept\_name = \text{"Music"} \land year = 2009} (instructor \bowtie teaches) \right) \bowtie \Pi_{course\_id, title}(course) \right)$$

讓我們來檢視在此選擇表達式的選擇子表達式。使用規則 1，我們可以把選擇分為兩個子選擇，得到以下子表達式：

$$\sigma_{dept\_name = \text{"Music"}} \left(\sigma_{year = 2009} (instructor \bowtie teaches) \right)$$

前面的兩個表達式選擇 dept_name = "Music" 和 course_ID = 2009 的元組。然而，後一種形式的表達使得規則 7.a（「提早執行選項」）可以派上用場，造成子表達式：

$$\sigma_{dept\_name = \text{"Music"}} (instructor) \bowtie \sigma_{year = 2009} (teaches)$$

圖 9.4 描繪了在這些轉換後最初的表達式和最後的表達式。我們其實可以用規則 7.b 直接得到最終的表達式，而無需使用規則 1 把選擇分為兩個選擇。事實上，規則 7.b 本身可以來自規則 1 和 7.a。

如果規則沒有來自於其他任意組合，此規則可以說是**最小的 (minimal)** 等價規則。前面的例子說明，第 9.2.1 節的等價規則集不是最小的。一個和原始表達式相同的表達式，產生的方式可能不同，當我們使用非最小等價規則集時，可能增加各種不同產生表達式的方法。因此，查詢優化器將使用最小等價規則集合。

▶圖 9.4
多個轉換。

(a) 最初的表達式

(b) 多個轉換後的表達式

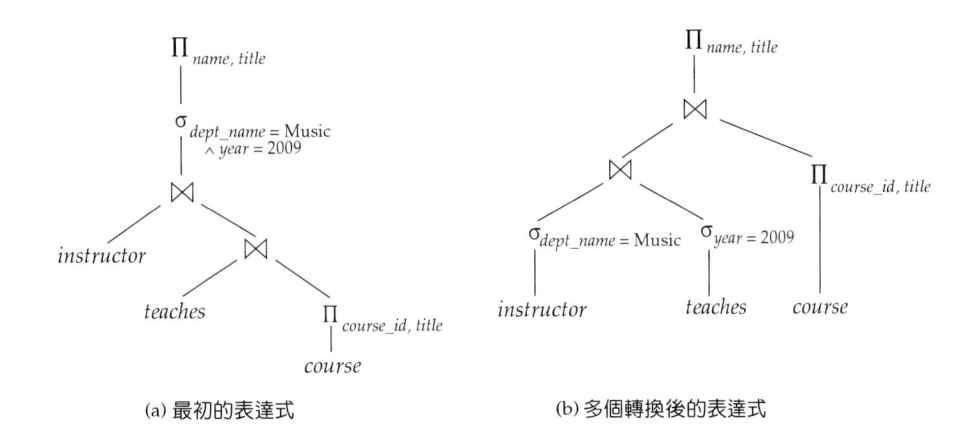

現在我們看到下面的查詢範例：

$$\Pi_{name,title}((\sigma_{dept\_name = \text{"Music"}}(instructor) \bowtie teaches) \bowtie \Pi_{course\_id,title}(course))$$

當我們計算子表達式：

$$(\sigma_{dept\_name = \text{"Music"}}(instructor) \bowtie teaches)$$

我們得到一個關聯，其架構是：

$$(ID, name, dept\_name, salary, course\_id, sec\_id, semester, year)$$

我們可以透過推動基於等價規則 8.a 和 8.b 的投影，從架構裡去除一些屬性。我們必須保留的屬性是那些將會出現在查詢結果的屬性以及後續操作所需要的屬性。透過去除不必要的屬性，減少中間結果的行數，因此減少了中間結果的大小。在我們的例子中，從 instructor 和 teachs 的結合，我們需要的唯一屬性是 name 及 course_id。因此，可以修改表達式為：

$$\Pi_{name,title}((\Pi_{name,course\_id}((\sigma_{dept\_name = \text{"Music"}}(instructor)) \bowtie teaches) \bowtie \Pi_{course\_id,title}(course))$$

投影 $\Pi_{name, course\_id}$ 減少了中間結合結果的大小。

9.2.3 結合順序

一個好的結合操作順序對減少中間結合的大小很重要，因此，大多數的查詢優化器很注重結合順序，而且自然結合操作是具有相關性的，因此對於所有關聯，r_1、r_2 和 r_3：

$$(r_1 \bowtie r_2) \bowtie r_3 \;=\; r_1 \bowtie (r_2 \bowtie r_3)$$

雖然這些表達式為等價，但它們的計算成本有可能會不同。考慮以下的表達式：

$$\Pi_{name,\,title}((\sigma_{dept\_name=\text{"Music"}}(instructor)) \bowtie teaches \bowtie \Pi_{course\_id,\,title}(course))$$

我們可以先選擇計算 $teaches \bowtie \Pi_{course\_id,\,title}(course)$，然後再結合其結果為：

$$\sigma_{dept\_name=\text{"Music"}}(instructor)$$

然而，$teaches \bowtie \Pi_{course\_id,\,title}(course)$ 很可能是一個大的關聯，因為在每門講授的課程，它都包含一個元組。相反地：

$$\sigma_{dept\_name=\text{"Music"}}(instructor) \bowtie teaches$$

可能是一個小的關聯。為了要確認，我們知道一所大學有很多科系，而有可能只有一小部分的大學教師與音樂系相關。因此前面表達式在每門由音樂系教師授課的元組產生結果。因此我們必須儲存的臨時關聯會小於原本計算的 $teaches \bowtie \Pi_{course\_id,\,title}(course)$。

查詢評估還有其他的方法。我們不需要在意屬性在結合中出現的順序，因為在顯示結果前改變順序很容易。因此對於所有關聯 r_1 和 r_2：

$$r_1 \bowtie r_2 \;=\; r_2 \bowtie r_1$$

也就是說，自然結合是可交換的（等價規則 5）。

使用自然結合的相關性和交換性（規則 5 和 6），考慮以下關聯代數的表達式：

$$(instructor \bowtie \Pi_{course\_id,\,title}(course)) \bowtie teaches$$

請注意 $\Pi_{course\_id,\,title}(course)$ 和 $instructor$ 之間沒有共同的屬性，所以結合僅僅是一個笛卡爾乘積。如果在教師中有 a 個元組以及在 $\Pi_{course\_id,\,title}(course)$ 有 b 個元組，此笛卡爾乘積將產生 $a*b$ 個元組，即每對教師和課程元組有一個可能的元組（不考慮此教師是否教授此課程）。此笛卡爾乘積將產生一個非常大的臨時關聯。但如果使用者已經輸入了之前的表達式，我們可以利用自然結合的相關性和交換性將其轉換為更有效的表達式：

$$(instructor \bowtie teaches) \bowtie \Pi_{course\_id,\,title}(course)$$

9.2.4　等價表達式列舉

查詢優化器根據等價規則會系統性地對於給定的查詢表達式產生等價表達式。圖 9.5 描述了此過程。E 代表給定的查詢表達式，EQ 代表集合等價表達式，初始設定只包含 E。每個 EQ 表達式皆會符合等價規則。假設某表達式為 E_i，其子表達式 e_i（在特殊情況下有可能是 E_i 自己）符合等價規則的其中一邊，則優化器會產生一個新的表達式，使 e_i 被轉換為符合另一邊的規則。由此產生的表達式皆會增加到 EQ 中。這個過程一直持續到沒有新的表達式產生為止。

上述過程在空間和時間都需耗費相當的成本，但在下面兩個關鍵概念下，優化器可以大大降低空間和時間成本。

1. 如果我們透過子表達式 e_i 的等價規則，從表達式 E_1 產生一個表達式 E'，則除了 e_i 和本身轉換的結果外，E_i 和 E' 有完全相同的子表達式。即使 e_i 和本身的轉換版本也通常分享許多相同的子表達式。使兩個表達式指向共享的子表達式的表達式技術可以顯著降低空間需求。
2. 其實我們並不需要產生符合等價規則的每一個表達式。如果優化器考慮評估的成本估計，它可以避免檢查某些表達式，如我們將在第 9.4 節所見。我們可以透過使用這些技術減少所最佳化所需的時間。

我們會在第 9.4.2 節重新審視這些問題。

9.3 ｜ 表達式結果的統計估計

運作的成本取決於其本身輸入的大小和其他統計資訊。給定一個表達式 $a \bowtie (b \bowtie c)$，假設我們要估計結合 a 以及 $(b \bowtie c)$ 的成本，則我們需要有估計的統計資訊，如 $b \bowtie c$ 的大小。

本節中，我們首先列出了一些資料庫系統目錄的資料庫關聯的統計信息，然

```
procedure genAllEquivalent(E)
EQ = {E}
repeat
    Match each expression E_i in EQ with each equivalence rule R_j
    if any subexpression e_i of E_i matches one side of R_j
        Create a new expression E' which is identical to E_i, except that
            e_i is transformed to match the other side of R_j
        Add E' to EQ if it is not already present in EQ
until no new expression can be added to EQ
```

▶ 圖 9.5
產生所有等價表達式的過程

後顯示如何使用統計的結果來估計各種關聯操作。

在看完本節後，我們會瞭解到估計通常不是很準確，因為它們的假設可能不是完全準確。一個具有最低預估執行成本的查詢評估計畫，實際上最後並不見得是最低的。然而現實世界的經驗證明，即使估計不準確，該估計如果不是最低的實際執行成本，也會接近最低實際執行成本。

9.3.1 目錄資訊

資料庫系統目錄儲存了以下關於資料庫關聯的統計資訊：

- n_r，關聯 r 中元組數量。
- b_r，包含關聯 r 中元組的區塊數。
- l_r，關聯 r 元組的大小，以位元組為單位。
- f_r，關聯 r 的區塊因子，代表的是一個區塊中所能容納的關聯 r 的元組數。
- $V(A, r)$，出現在關聯 r 中屬性 A 為不同值的數量。這個值跟 $\Pi_A(r)$ 的是一樣的。如果 A 是關聯 r 的鍵，$V(A, r)$ 是 n_r。

上述最後一個統計 $V(A, r)$ 也可針對一組屬性的集合，而不是只能對單一的屬性。因此當我們給定一組屬性 A 時，$\Pi_A(r)$ 的大小是 $V(A, r)$。

如果我們假設關聯 r 的元組被實際儲存在同個檔案裡，則下面的公式會成立：

$$b_r = \left\lceil \frac{n_r}{f_r} \right\rceil$$

有關索引的統計資料，如 B^+ 樹索引中樹的高度和葉的數目，也被維護在目錄中。

如果我們想保持準確的統計資料，則在每次修改關聯時必須更新統計資訊。此更新會帶來系統過大的負載。因此大多數系統不在每個資料庫修改發生時更新統計資料。相反地，它們在系統輕量負載期間才更新統計資料。因此用於選擇查詢處理策略的統計資料可能不完全準確。不過假如沒有太多的改變發生在更新統計資料的間隔之間，則統計資料應該足夠提供可接受的成本預估。

這裡提到的統計資料是簡化過的。現實世界的最佳化經常維護更詳細地統計資料，以改善評估計畫中預估成本的準確性。例如，大多數資料庫將每個屬性值的分布儲存為**直方圖 (histogram)**，在直方圖中屬性值被分為一些範圍，且每個範圍的直方圖與落在此範圍內屬性值的元組數目有關。圖 9.6 顯示了整數值屬性的直方圖，其值範圍為 1 到 25。

▶圖 9.6
直方圖的例子

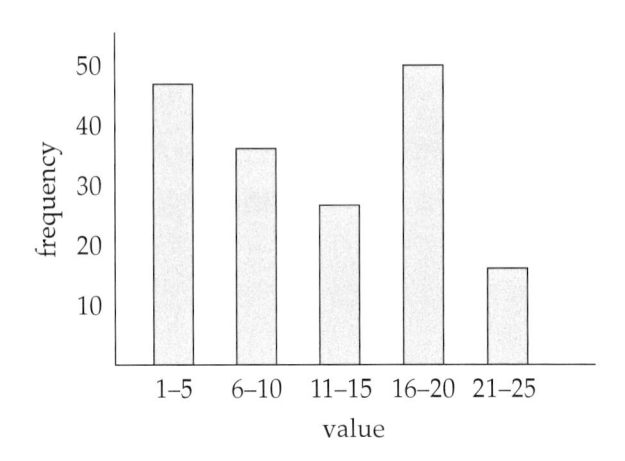

用於資料庫系統的直方圖通常用來記錄在每個範圍不同值的數量，以及該範圍內屬性的元組數量。

我們舉一個直方圖的例子，*person* 關聯中 *age* 屬性的範圍值可分為 0 – 9、10 – 19、…、90 – 99（假設最高年齡 99），每一個範圍我們皆儲存了不同的元組數（這些元組的 *age* 值會落在該範圍內），以及該範圍內不同 *age* 值的數量。如果沒有這樣的直方圖資訊，優化器則得假設值的分布是均勻的，也就是說每個範圍內具有相同的數量。

直方圖只占用一點點空間，因此幾個不同屬性的直方圖可以儲存在系統目錄中。有幾種類型的直方圖在資料庫系統裡使用。例如，一個**等寬直方圖 (equi-width histogram)** 將範圍值劃分為大小相等的範圍，而一個**等深 (equi-depth)** 直方圖調整範圍的邊界值，使每個範圍擁有相同數量的值。

9.3.2 選擇大小的估計

選擇操作結果的大小估計取決於選擇謂詞。我們首先考慮一個平等謂詞，然後一個比較謂詞，最後是謂詞的組合。

- $\sigma_{A=a}(r)$：如果我們假設值呈平均分布（即每個值以相同的機率出現），且值 a 出現在某些記錄 r 的屬性 A 中，我們可估計選擇結果為 $n_r / V(A, r)$ 個元組。假設選擇中的值 a 會出現在一些記錄上一般來說是真的，而且成本估計往往是隱含的。然而，假設每個值以同等機率出現並不切實際。在 *takes* 關聯中，*course_id* 屬性是一個假設無效的例子。因為一個受歡迎的大學課程比一個較小的專業研究課程有更多學生的假設是合理的。因此，特定 *course_id* 值出現的機率可能比其他課程更大。儘管實際上假設分布均勻往往不正確，不過它在許多實際的情

計算和維護統計資訊

從概念上講，關聯上的統計資訊可以被認為是具體化視圖，它通常在關聯被修改時自動維護。如果在每一次插入、刪除或更新到資料庫時就進行統計資料的維護，這樣的成本是非常昂貴的。另一方面，最佳化通常不需要精確的統計，只要能在可接受的誤差範圍內即可。因此，統計資訊使用近似值是可以接受的。

資料庫系統透過近似值的統計資料，可降低維護資料產生和維護統計資料的成本。

- 統計往往從取出的樣本資料做計算，而非審查所有的資料。例如，一個相當準確的直方圖可以從幾千個樣品元組計算，甚至可在百萬或數百萬元組的紀錄計算。然而，使用的樣本必須是**隨機抽樣 (random sample)**；非隨機樣本可能過度代表關聯的某一部分而導致錯誤。例如，如果我們用教師樣本來計算薪資直方圖，如果樣本中薪資較低的教師比例過高，直方圖會呈現錯誤的估計。目前經常使用的資料庫系統常使用隨機樣本以建立統計資料。詳情見書目附註有關樣本的參考資料。

- 統計資訊在資料庫裡並不會保持更新。實際上，一些資料庫系統從來不自動更新統計資訊。它們依靠資料庫管理員定期執行命令來更新統計資訊。Oracle 和 PostgreSQL 提供了一個稱做**分析 (analyze)** 的 SQL 指令，在指定的關聯或所有關聯生成統計資訊。IBM DB2 支持一個稱為 **runstats** 的等價命令，細節部分請查看系統使用手冊。我們應該知道由於不正確的統計資料，最佳化時可能會選擇了很差的計畫。很多資料庫系統，如 IBM DB2、Oracle 和 SQL Server，在某些時間點會自動更新統計資料。例如，系統可以大致追踪一個關聯中有多少元組，如果它的數目有顯著變化，系統會重新計算統計。另一種方法是在執行查詢時比較關聯中的估計基數和實際的數量，如果差異顯著，就會開始更新該關聯的統計資料。

況下還是一個合理的估計，並可讓我們的解說更簡單。

如果屬性 A 有直方圖，我們可以找到包含 a 值的範圍並調整剛才上述的預估 $n_r / V(A, r)$。

- $\sigma_{A \leq v}(r)$：考慮此種選擇 $\sigma_{A \leq v}(r)$。如果 comparison(v) 實際使用的值在成本估算時是成立的，則進行的估計將更準確。目錄中會存著屬性的最低值〔$\min(A, r)$ 和最高值 $\max(A, r)$〕。假設值是均勻分布的，我們就可以估計紀錄的數量，可滿足以下情形 $A \leq v$ 為 0，如果 $v < \min(A, r)$；$A \leq v$ 為 n_r，如果 $v \geq \max(A, r)$，並且要不然：

$$n_r \cdot \frac{v - \min(A, r)}{\max(A, r) - \min(A, r)}$$

如果屬性 A 的直方圖是可用的，我們的估計將更準確，在此把過程留給你做為練習。假設有個查詢是儲存過程的一部分，當此查詢被最佳化時，值 v 可能無法使用。在這種情況下，我們假設約一半的紀錄將滿足此比較條件。也就是說，我們假設結果有 $n_r/2$ 個元組。這個估計可能非常不準確，但是在沒有任何進一步資訊的情況下，這是我們能做到最好的情況。

- 複雜的選擇：
  - **連接**：連接選擇 (conjunctive selection) 是一種如下所示的選擇形式：

  $$\sigma_{\theta_1 \wedge \theta_2 \wedge \cdots \wedge \theta_n}(r)$$

  我們可以估算這種選擇結果的大小：對於每個 θ_i，我們估計選擇 $\sigma_{\theta_i}(r)$ 的大小，記為 s_i。因此在關聯中一個元組滿足選擇條件 θ_i 的機率是 s_i/n_r。

  此機率被稱為選擇 $\sigma_{\theta_i}(r)$ 的**選擇性 (selectivity)**。假設這些條件是相互獨立的，元組滿足所有條件的機率僅僅是這些概率的乘積。因此我們估計完整選擇中元組的數目為：

  $$n_r * \frac{s_1 * s_2 * \cdots * s_n}{n_r^n}$$

  - **分離**：分離選擇 (disjunctive selection) 是一種如下所示的選擇形式：

  $$\sigma_{\theta_1 \vee \theta_2 \vee \cdots \vee \theta_n}(r)$$

  分離條件是由所有滿足條件 θ_i 的紀錄聯集來滿足。

  和之前一樣，我們用 s_i/n_r 來表示元組滿足條件 θ_i 的機率。要計算元組滿足聯集條件的機率，我們用 1 減掉沒有滿足任何條件的機率：

  $$1 - (1 - \frac{s_1}{n_r}) * (1 - \frac{s_2}{n_r}) * \cdots * (1 - \frac{s_n}{n_r})$$

以此值乘以 n_r，我們可以得到滿足選擇元組的估計數。

- **否定**：在沒有空值的情況下，選擇 $\sigma_{\neg\theta}(r)$ 的結果代表的是不在 $\sigma_\theta(r)$ 中的元組。我們已經知道如何估計在 $\sigma_\theta(r)$ 中元組的數量。因此在 $\sigma_{\neg\theta}(r)$ 中元組的數量為 $n(r)$ 減去在 $\sigma_\theta(r)$ 元組的數量。

我們可以透過評估條件 θ 的不明元組數量來辨識空值，並從上面的預估值減去這個數量，同時忽略空值。估計這個數量會需要額外的統計資料被維護在目錄中。

9.3.3 結合大小估計

在本節中，我們將介紹如何評估結合結果的大小。

在笛卡爾乘積 $r \times s$ 包含 $n_r * n_s$ 個元組。$r \times s$ 的每個元組長度為 $l_r + l_s$ 位元組，從中我們可以計算出笛卡爾乘積的大小。

估計自然結合的大小比估計選擇或是笛卡爾乘積的大小來得更複雜。假設 $r(R)$ 和 $s(S)$ 為關聯。

- 如果 $R \cap S = \emptyset$，也就是說，兩關聯沒有共同的屬性，則 $r \bowtie s$ 和 $r \times s$ 是一樣的，我們可以利用笛卡爾乘積的估計方法。
- 如果 $R \cap S$ 是 R 的一個鍵，則我們知道 s 的一個元組將最少會與一個 R 的元組結合，因此在 $r \bowtie s$ 的元組的數量不會大於在 s 的元組數量。如果 $R \cap S$ 形成了一個 s 的外來鍵，當我們引用 R 時，在 $r \bowtie s$ 中元組的數量和在 s 中的元組數將會一樣。
- 最困難的情況是，當 $R \cap S$ 既不是 R 也不是 S 的鍵時。在此情況下我們假設每個值皆以相同的機率出現。設 t 為 r 的元組，並假設 $R \cap S = \{A\}$。我們估計元組 t 會產生：

$$\frac{n_s}{V(A, s)}$$

個元組在 $r \bowtie s$ 中。這個數字是在 s 中屬性值為 A 的平均元組數量。當我們考慮在 r 中所有的元組，我們估計有：

$$\frac{n_r * n_s}{V(A, s)}$$

個元組在 $r \bowtie s$ 中。如果將 r 和 s 的角色互換，我們將得到一個估計：

$$\frac{n_r * n_s}{V(A, r)}$$

個元組在 $r \bowtie s$。當 $V(A, r) \neq V(A, s)$ 時，這兩種估計結果將會不同。如果這種情況發生時，有可能是懸置元組不參與結合。因此較低的兩個估計值可能是比較準確的。

如果在 r 的屬性 $V(A, r)$ 值只有少數幾個共同值與 s 中屬性 A 的值 $V(A, s)$ 一樣，則上述結合大小的估計值可能太高。然而，這種情況是不可能發生在現實世界中，因在大多數現實世界的關聯，懸置元組 (dangling tuples) 通常不存在或只占元組的一小部分。

更重要的是，前面的估計取決於假設每個值出現的機率相同。如果這個假設不成立，對於評估就需要用到更先進的方法。例如，設我們在兩個關聯上的結合屬性有直方圖，同時兩個直方圖具有相同的範圍，則我們就可以使用上面的估計技術於每個範圍內，使用範圍中的列數值，而非 n_r 或 n_s，以及範圍中不同值的數量，不是 $V(A, r)$ 或 $V(A, s)$。然後，我們合計每個範圍估計的大小，獲得整體規模的估計。我們把兩個關聯在結合屬性上都有直方圖，但直方圖有不同的範圍，留給你做為練習。

我們透過重寫結合為 $\sigma_\theta(r \times s)$ 並利用笛卡爾乘積的大小評估，還有選擇的大小評估，可以估算出 theta 結合 $r \bowtie_\theta s$ 的大小，如我們在第 9.3.2 節所見。

為了說明這些結合大小評估的方法，請看下列表達式：

$$student \bowtie takes$$

假設以下是兩個關聯的目錄資訊：

- $n_{student} = 5000$
- $f_{student} = 50$，意指 $b_{student} = 5000/50 = 100$
- $n_{takes} = 10000$
- $f_{takes} = 25$，意指 $b_{takes} = 10000/25 = 400$
- $V(ID, takes) = 2500$，意指只有一半的學生已經修習了任何課程（雖然這是不實際的，但我們用它來證明，即使在這種情況下大小估計仍然正確）。平均每名學生已修習了四門課程。

在 takes 裡的屬性 ID 是一個 student 的外來鍵，所以 takes.ID 不會出現空值，因為 ID 是 takes 主鍵的一部分。因此，$student \bowtie takes$ 的大小是 n_{takes}，其值為 10000。

我們現在計算 $student \bowtie takes$ 的大小估計且不使用外來鍵資訊。由於 $V(ID, takes) = 2500$ 和 $V(ID, student) = 5000$，我們可以得到的兩個估計值是 5000 * 10000/2500 = 20000 和 5000 * 10000/5000 = 10000，我們選擇較低的一個。在此

情況下,這個較低的估計值與我們之前用外來鍵資訊所估計的相同。

9.3.4 其他操作大小估計

下面我們概述如何估計其他關聯代數運算結果的大小。

- **投影**:投影 $\Pi_A(r)$ 的大小估計(記錄數量或元組數量)是 $V(A, r)$,因為投影消除了重複的數量。
- **聚集**:$_A\mathcal{G}_F(r)$ 的大小是 $V(A, r)$,因為 A 的不同值皆有一個元組在 $_A\mathcal{G}_F(r)$ 中。
- **集合運算**:如果集合運算的兩個輸入是在同個關聯的選擇,我們可以重寫集合運算為分離、連接或否定。例如,$\sigma_{\theta_1}(r) \cup \sigma_{\theta_2}(r)$ 可改寫為 $\sigma_{\theta_1 \vee \theta_2}(r)$。因此只要參與集合運算的兩個關聯是在同個關聯的選擇,我們可以使用第 9.3.2 節的估計方式包括分離、連接或否定。

    如果輸入不是在同樣關聯上的選擇,我們用此方法估計大小:$r \cup s$ 的估計大小是 r 和 s 大小的總和。$r \cap s$ 估計大小為 r 和 s 大小的最小值。$r - s$ 的估計大小與 r 是相同的。這三個估計值可能都不準確,但提供了大小的上限。

- **外部結合**:$r ⟕ s$ 的估計大小為 $r ⋈ s$ 加上 r 的大小,$r ⟗ s$ 是對稱的,而 $r ⟗ s$ 的大小為 $r ⋈ s$ 加上 r 和 s 的大小。這三個估計可能都不準確,但提供了大小的上限。

9.3.5 不同值的數量估計

在選擇結果中,不同值的屬性 A 的數量表示為 $V(A, \sigma_\theta(r))$,可以用下列方法估計:

- 如果選擇條件 θ 強迫 A 採取一個特定的值(例如,$A = 3$),則 $V(A, \sigma_\theta(r)) = 1$。
- 如果選擇條件 θ 強迫 A 採取在一組特定值(例如,$(A = 1 \vee A = 3 \vee A = 4)$),則 $V(A, \sigma_\theta(r))$ 為這些特定值的數量。
- 如果選擇條件 θ 的形式為 A op v,其中 op 是一個比較運作元,$V(A, \sigma_\theta(r))$ 估計為 $V(A, r) * s$,其中 s 為選擇的選擇性。
- 在所有其他情況的選擇下,我們假設 A 的分布值是在特定的選擇條件上獨立分布,且我們用一個近似的估計值 $\min(V(A, r), n_{\sigma_\theta(r)})$。我們也可以使用機率論來達到更準確的估計,但上述近似估計值也相當準確。

在結合結果中,不同值的屬性 A 的數量表示為 $V(A, r ⋈ s)$,我們可用下列方法估計：

- 如果在 A 的所有屬性皆來自 r，$V(A, r \bowtie s)$ 估計為 $\min(V(A, r), n_{r \bowtie s})$。同樣地，如果在 A 的所有屬性皆來自 s，$V(A, r \bowtie s)$ 估計為 $\min(V(A, s), n_{r \bowtie s})$。
- 如果 A 中含有來自 r 的屬性 $A1$ 以及來自 s 的屬性 $A2$，則 $V(A, r \bowtie s)$ 估計表示如下：

$$\min(V(A1, r) * V(A2 - A1, s), V(A1 - A2, r) * V(A2, s), n_{r \bowtie s})$$

請注意有些屬性可同時在 $A1$ 或 $A2$ 中，我們分別以 $A1 - A2$ 和 $A2 - A1$ 分別表示 A 中只來自 r 的屬性或只來自 s 的屬性。利用概率論可導出更準確的估計，但上述的近似值估計也相當準確。

不同值的估計對投影來說很直接，因為它們在 $\Pi_A(r)$ 跟在 r 是一樣的。這同樣適用於分組屬性的聚集運算。為簡單起見，對於**總和 (sum)**、**計數 (count)** 和**平均 (average)** 的結果，我們可以假設所有的聚集值都是不同的。對於 **min**(A) 和 **max**(A)，不同值的數量可被估計為 $\min(V(A, r), V(G, r))$，其中 G 表示為分組屬性。我們省略估計其他操作不同值的細節。

9.4 選擇評估計畫

在表達式的每個操作皆可用不同的演算法執行，所以表達式的產生只是查詢最佳化過程中的一部分。一項評估計畫必須定義每個操作應該用什麼演算法進行，以及這些運作的執行如何相互協調。

對於評估計畫，我們可用在第 9.3 節的統計資料評估技術來估算其成本，加上第 8 章所描述，使用各種演算法的成本估算和評價方法。

一個**基於成本的優化器 (cost-based optimizer)** 會探索所有和給定查詢相同的查詢評估計畫，並選擇估計成本最小的那一個。我們已經看到了等價規則可以如何產生等價計畫。不過，使用任意等價規則基於成本的優化器是相當複雜的。在第 9.4.1 節中，我們首先介紹一個簡單的基於成本的優化器，它只涉及結合順序和結合演算法的選擇。接著在 9.4.2 節中我們快速描述以等價規則為基礎的通用優化器如何被建立。

對於複雜的查詢，要探索所有可能計畫的成本過於昂貴。大部分的優化器包含啟發式來降低查詢最佳化時花費的成本，其潛在的風險是找不到最佳化計畫。

我們在第 9.4.3 節研究這個啟發式。

9.4.1 基於成本的結合順序選擇

在 SQL 最常見的查詢類型包含一些關聯的結合，由 **where** 子句的結合謂詞和選擇所指定。本節中，我們將討論如何選擇查詢的最佳化結合順序 (join order) 的問題。

對於一個複雜的結合查詢，等價於此查詢的查詢計畫數量可能會很多。舉例來說，我們看到以下表達式：

$$r_1 \bowtie r_2 \bowtie \cdots \bowtie r_n$$

結合以不排序的方式表示。假設 $n = 3$ 時，有 12 種不同的結合排序：

$r_1 \bowtie (r_2 \bowtie r_3)$　　$r_1 \bowtie (r_3 \bowtie r_2)$　　$(r_2 \bowtie r_3) \bowtie r_1$　　$(r_3 \bowtie r_2) \bowtie r_1$
$r_2 \bowtie (r_1 \bowtie r_3)$　　$r_2 \bowtie (r_3 \bowtie r_1)$　　$(r_1 \bowtie r_3) \bowtie r_2$　　$(r_3 \bowtie r_1) \bowtie r_2$
$r_3 \bowtie (r_1 \bowtie r_2)$　　$r_3 \bowtie (r_2 \bowtie r_1)$　　$(r_1 \bowtie r_2) \bowtie r_3$　　$(r_2 \bowtie r_1) \bowtie r_3$

在一般情況下，n 個關聯，將有 $(2(n-1))!/(n-1)!$ 個不同的結合順序。(此表達式的計算會留到練習 9.10)。在結合少量的關聯時，這個數量是可以接受的。例如，$n = 5$，數量為 1680。然而當 n 增加時，此數量會迅速上升。如果 $n = 7$，則數量為 665,280；$n = 10$，數量大於 176 億！

其實我們沒有必要產生所有等價表達式，假設現在我們要找到以下關聯的最佳的結合順序：

$$(r_1 \bowtie r_2 \bowtie r_3) \bowtie r_4 \bowtie r_5$$

其中 r_1、r_2 和 r_3 以某些順序先被結合，然後結果與 r_4 和 r_5 以某些順序被結合，我們知道 $r_1 \bowtie r_2 \bowtie r_3$ 時有 12 種不同的結合順序，而前面的結合結果與 r_4 和 r_5 的結合也具有 12 個結合順序，因此似乎有 144 個結合順序需要被檢視。然而，一旦我們找到了關聯的子集合 $\{r_1, r_2, r_3\}$ 的最佳結合順序，可以使用 r_4 和 r_5 與該順序的進一步結合，且忽略所有昂貴的 $r_1 \bowtie r_2 \bowtie r_3$ 結合順序。因此，我們只需要檢視 12 + 12 個選擇，而不是 144 個選擇。

基於這種想法，我們可以發展一個動態規劃演算法來尋找最佳的結合順序。動態規劃演算法儲存計算的結果並重複使用它們，此過程可以大大減少執行時間。

遞迴過程實現了動態規劃演算法，如圖 9.7 所示。當關聯被存取的時候，此過程使用先前對於關聯的選擇。要瞭解此過程最簡單的方法是假設所有的結合是自

```
procedure FindBestPlan(S)
    if (bestplan[S].cost ≠ ∞) /* bestplan[S] already computed */
        return bestplan[S]
    if (S contains only 1 relation)
        set bestplan[S].plan and bestplan[S].cost based on best way of accessing S
    else for each non-empty subset S1 of S such that S1 ≠ S
        P1 = FindBestPlan(S1)
        P2 = FindBestPlan(S − S1)
        A = best algorithm for joining results of P1 and P2
        cost = P1.cost + P2.cost + cost of A
        if cost < bestplan[S].cost
            bestplan[S].cost = cost
            bestplan[S].plan = "execute P1.plan; execute P2.plan;
                        join results of P1 and P2 using A"
    return bestplan[S]
```

▶圖 9.7
連結順序最佳化的動態規劃演算法。

然結合，不管使用哪種結合條件，在任意結合條件的情形下此過程皆不會改變，兩個子表達式的結合可視為包含兩個子表達式的相關屬性的所有結合。

該程序儲存所計算出的評估計畫於一個關聯陣列 bestplan；該陣列由其關聯集合建立索引。每個關聯陣列的元素包含兩個部分：此最佳計畫的成本 S，以及計畫本身。如果 bestplan[S] 尚未被計算，bestplan[S].cost 的初始值設為 ∞。

該程序首先會先檢查結合關聯集合 S 的最佳計畫是否已經被計算與儲存在關聯陣列 bestplan 中，若已計算好則回傳已計算最佳計畫。

如果 S 僅包含一個關聯，而存取 S 最好的方法被記錄在 bestplan 中。這時候將會使用索引來辨識元組接著擷取元組（通常稱為索引掃描）或掃描整個關聯（通常稱為關聯掃描）。如果在 S 上有選擇條件，而非由索引掃描可確定的，一個選擇操作將被增加到計畫中以確保所有在 S 的選擇可被滿足。

如果 S 包含一個以上的關聯，則此程序會試著將 S 劃分為兩個不相交子集合。遞迴程序會找到各子集合的最佳計畫，接著使用劃分的區塊來計算整體計畫的成本。該程序從所有劃分的區塊中採取成本最低的計畫，該計畫及其成本將會儲存在陣列 bestplan 中，並且透過程序回傳。此程序的時間複雜度表示為 $O(3^n)$（見練習 9.11）。

事實上由一組關聯結合而產生的元組順序，對於尋找最佳的結合順序來說是很重要的，因為它可以影響進一步結合的成本（例如，合併結合）。假如一個元組的某個特定排序順序在之後的運作是有用的，我們稱為這是一個**有趣排序順序 (interesting sort order)**。例如，$r_1 \bowtie r_2 \bowtie r_3$ 的產生結果在和 r_4 或 r_5 相同的屬性上排序對於往後與 r_4 或 r_5 的運算可能有用，但若和只與 r_1 或 r_2 相同的屬性上排序就沒用了。使用合併結合計算 $r_1 \bowtie r_2 \bowtie r_3$ 可能會比使用其他其他的結合技術昂貴，但它提供了一個有趣排序順序的輸出。

因此，為 n 個關聯形成的子集合尋找最佳的結合順序是不夠的，我們必須為每個子集合找到最佳的結合順序並且為這些子集合的結合結果找到每一個有趣排序順序。這些關聯子集合的數量為 2^n。有趣排列順序的數量一般來說都不大，因此大約有 2^n 個結合表達式需要被儲存，尋找最佳的結合順序的動態規劃演算法可以很容易地被擴展來處理這些排序順序。擴展後的演算法成本高低依賴於每個關聯子集合有趣排序順序的數量，實際上這個數字算還是小的，成本維持在 $O(3^n)$，當 $n = 10$ 時，此數字大約是 59,000，遠遠好過於 176 億個不同的結合順序。更重要的是這時候儲存的需求比之前少得多，因為我們只需要為每個有趣排序順序儲存一個結合順序。雖然這兩個數字仍隨著 n 增加而迅速成長，但經常出現的結合通常少於 10 個關聯，因此能很容易的被處理。

9.4.2 基於成本的最佳化與等價規則

我們剛才看到的結合順序最佳化處理技術可處理最常見的查詢，其中包含執行一些關聯集合的內部查詢。但顯然有許多查詢使用其他的功能，如聚集、外部結合以及巢狀查詢等。

許多優化器遵循以啟發式轉換為基礎的作法來處理除了結合以外的結構，並應用基於成本的結合順序選擇演算法於結合和選擇的子表達式。這種啟發式的細節大部分為特定的個別優化器，我們在此不討論。但以啟發式轉換處理巢狀查詢被廣泛地使用，在第 9.4.4 節會更詳細地討論。

在本節中，我們概述如何建立以等價規則為基礎的通用成本優化器，可以處理各式各樣的查詢結構。

使用等價規則的好處是我們可以很容易的以新規則擴展優化器來處理不同的查詢結構。例如，巢狀查詢可以使用擴展關聯代數結構來表示，並以等價規則來轉換巢狀查詢。我們已經看到了聚集運作的等價規則，以及外部結合如何建立等價規則。

在第 9.2.4 節，我們看到了優化器可以如何有系統地產生等同於給定查詢的所有表達式。產生等價表達式的過程可以調整以產生所有可能的評估計畫如下所示：一個稱為**實體等價規則 (physical equivalence rules)** 的新類型等價規則被加入，允許邏輯運作（如結合）被轉換為實體運作（如雜湊結合或巢狀循環結合）。透過加入這樣的規則到原來的等價規則中，程序可以產生所有可能的評估計畫。我們之前看到的成本估算技術可用來選擇最佳計畫。

　　但在第 9.2.4 節中所顯示的程序之成本非常昂貴，即使我們不考慮評估計畫如何產生。為了使工作方法更有效率，我們需要：

1. 當應用等價規則時，表達式的空間效能代表性可避免製造多個相同的子表達式重複出現。
2. 偵測重複推導相同表達式的高效率技術。
3. 以**記憶 (memorization)** 功能為基礎的動態規劃型態，當被第一次最佳化時它儲存此子表達式的最佳查詢評估計畫，並且由已回傳的記憶計畫來處理相同的子表達式。
4. 避免產生所有可能等價計畫的技術，透過追蹤此子表達式到任意時間點所產生的最便宜的計畫，為該子表達式刪除目前發現的任何比最便宜計畫還昂貴的計畫。

詳細的處理細節比我們想得更複雜。這種方法是由 Volcano 研究計畫率先開始，SQL 伺服器的查詢優化器是以此方法為基礎。進一步的資訊請詳見書目附註。

9.4.3　最佳化模組中的啟發式

　　基於成本最佳化的缺點是最佳化本身所花費的成本。雖然聰明的演算法可減少查詢在最佳化時花費的成本，不同的查詢評價計畫的數量可能會非常龐大，且我們從這些計畫尋找最佳計畫也需要大量的計算工作。因此，優化器使用**啟發式 (heuristics)** 來降低最佳化的成本。

　　我們以下面的轉換關聯代數查詢規則做為啟發式規則的例子：

- 儘早執行選擇運作。

不管成本是否增加或減少，啟發式最佳化模組都會使用此規則。在第 9.2 節中的第一個轉換範例中，選擇操作被推動成為一個結合。

　　我們可以說這些規則是啟發式的，因為它通常是有助於降低成本，但有時候卻會增加成本。我們舉一個增加成本的例子，考慮表達式 $\sigma_\theta(r \bowtie s)$，其中條件 θ 指僅在 s 中的屬性。選擇可以在結合前執行。但如果 r 與 s 相比是極小的且在結合屬性 s 上有一個索引，當屬性上的索引未被 θ 使用時，則提早執行選擇可能是個壞主意。提早執行選擇，即直接在 s 上執行，需要掃描所有在 s 中的元組。假如在這個情況下如果我們用索引來計算結合，所花費的成本可能更低。

而一個投影操作如同選擇操作一樣有助於減少關聯的大小，因此當我們需要產生一個臨時關聯時，使用投影操作對於減少成本是有利的。

- 提早執行投影。

通常提早執行選擇會比提早執行投影來的好，因為選擇可能可以大大降低關聯的大小，且選擇可使用索引來存取元組。一個類似啟發式選擇的例子讓我們知道啟發式並不總是能降低成本。

多數的查詢優化器有進一步的啟發式以減少最佳化成本。例如，許多查詢優化器（如系統 R 優化器）不考慮所有的結合順序，而是限制搜尋於特定結合順序。系統 R 優化器只考慮其中每個結合的右邊運算元是初始關聯 $r_1, \cdots, r_n$ 之一的結合順序。這種結合順序被稱為**左深結合順序 (left-deep join order)**。

圖 9.8 說明了左深連接樹和非左深連接樹的區別。要考慮所有左深連接樹所花費的時間是 $O(n!)$，遠小於要考慮所有結合順序的時間。由於使用了動態規劃最佳化，系統 R 優化器會在時間 $O(n2^n)$ 中找到最好的結合順序，並在時間 $O(3^n)$ 找到最好的整體結合順序。系統 R 優化器使用啟發式來推動選擇查詢樹和投影查詢樹。

原本被用在 Oracle 某些版本中的一個用來降低結合順序選擇成本的啟發式方法，大致是這樣：對於一個 n-way 結合，它考慮 n 個評估計畫。每個計畫從不同的 n 關聯開始使用左深結合順序。在可用存取路徑的排名基礎上，啟發式為每個評估計畫建構結合順序，透過反覆選擇「最佳」關聯到加入下一個。視可用的存取路徑而定，每個結合可使用巢狀循環或排序合併結合。最後，啟發式以啟發式的方法，從 n 個評估計畫中選擇其一，所憑據的基礎是盡量減少巢狀循環結合，其內部關聯和排序合併結合沒有索引可用。

於查詢的某些部分使用啟發式計畫選擇的查詢最佳化，已在多個系統被使用。使用在系統 R 及其繼任者 Starburst 專案的方法，是以 SQL 巢狀概念為基礎

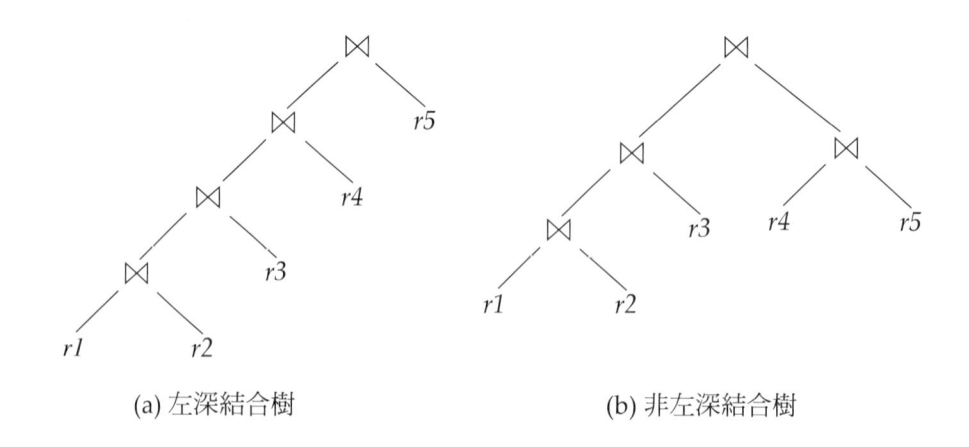

▶圖 9.8
左深結合樹

(a) 左深結合樹　　　　　　　　　　(b) 非左深結合樹

的分層過程。在此描述的成本基礎最佳化技術分別使用在每個查詢區塊。在多個資料庫系統中的優化器，如 IBM DB2 和 Oracle，都是基於上述的方法，並擴展至處理其他操作。對於複合 SQL 查詢（使用 ∪、∩ 或運作），優化器會分別處理每個組件，並結合評估計畫來形成整體的評估計畫。

大部分的優化器允許指定查詢最佳化的成本預算。當**最佳化成本預算 (optimization cost budget)** 超支時，最佳計畫的搜尋將會終止，且回傳目前的最佳計畫。預算本身可能是動態設置，例如，如果發現一個便宜查詢，預算可能直接會減少，因為它假設如果目前為止的最佳方案已經很便宜，則投入更多的時間去最佳化這個查詢的意義不大；但是如果目前的最佳計畫很貴，則這項投資可能就會很值得。為了善加地利用此一想法，優化器通常先用廉價的啟發式來找到計畫，然後開始完整的成本基礎最佳化，但使用的是用啟發式選擇的計畫成本。

許多應用皆會使用不同的常數值反覆執行相同的查詢。例如，一所大學的應用程式可能反覆執行一個查詢，以找到學生註冊的課程，但對於不同的學生皆會使用不同的 ID 值。啟發式的作法是優化器先以查詢首次被提交時的常數值最佳化查詢一次，然後把查詢計畫存在快取。當再次執行相同的查詢時，將以新的常數值執行被儲存的查詢計畫。這時候最佳計畫用的新常數可能與一開始的最佳計畫不同，但為達到啟發式，儲存計畫將被重複使用。快取儲存與重用查詢計畫稱為**計畫快取 (plan caching)**。

即使使用啟發式，以成本為基礎的查詢最佳化在處理上的開銷依然很大。但是基礎查詢最佳化所增加的成本，通常可以被從查詢執行時間所能省下的時間完全抵消，這主要是由緩慢的磁碟存取所控制。良好與不良的計畫執行時間差異可能很大，因此查詢最佳化是不可缺少的。最佳計畫所達到的節約在那些會定期執行的應用程式更被放大；在此，查詢可能被最佳化一次，但選定查詢計畫在每次執行查詢時都可使用。因此，大多數商業系統皆會使用比較複雜的優化器。書目附註中的引用描述了實際資料庫系統的查詢優化器。

9.4.4 巢狀子查詢最佳化 **

SQL 把在 where 子句中的巢狀子查詢當作一個函數，而此函數會接受一個輸入參數且回傳一個（組）值。該輸入參數是巢狀子查詢的外層查詢的變數（這些變數稱為**相關變數 (correlation variables)**）。假設我們有下面的查詢為例，要找出在 2007 年教授課程的所有教師姓名。

```
select name
from instructor
where exists (select *
              from teaches
              where instructor.ID = teaches.ID
                and teaches.year = 2007);
```

這個例子中，我們可以把子查詢當作是一個函數，此函數接受一個參數 (here, instructor.ID)，並返回所有於 2007 年被教師（相同 ID）授過的課程。

SQL 透過計算外層的 **from** 子句的笛卡爾乘積來評估整個查詢，然後測試這些產生的元組是否符合 **where** 子句中的謂詞。在上一個範例中，謂詞可測試子查詢評估的結果是否是空的。

這種以巢狀子查詢來評估一個查詢的技術稱為**相關評估 (correlated evaluation)**。相關評估的方法並不是很有效率，因為子查詢是分別計算在外層查詢的每個元組，過程中將產生大量的磁碟 I/O 操作。

如果可能的話，SQL 優化器會試圖將巢狀子查詢轉換為結合，高效率的結合演算法有助於避免昂貴的 I/O 操作。假如無法達到上述的轉換，優化器則將子查詢當作不同的表達式且分別將它們最佳化，然後以相關評估來評估它們。

我們以上述例子做為轉換巢狀子查詢的範例，其查詢如下所示：

```
select name
from instructor, teaches
where instructor.ID = teaches.ID and teaches.year = 2007;
```

這個例子中的巢狀子查詢很簡單。巢狀子查詢產生的關聯通常不太可能直接對應到外部查詢的 from 子句中。因此我們建立了一個臨時的關聯，其中包含巢狀查詢的結果，但不包括外部查詢中的相關變數，並加入暫時表與外部查詢。其查詢如下所示：

```
select ...
from L₁
where P₁ and exists (select *
                     from L₂
                     where P₂);
```

其中 P_2 是一個簡單謂詞的連接，可以改寫為：

```
create table t₁ as
    select distinct V
    from L₂
    where P₂¹;
select ...
from L₁, t₁
where P₁ and P₂²;
```

其中 P_2^1 包含 P_2 的謂詞，沒有涉及相關變數的選擇，且 P_2^2 重新引用涉及相關變數的選擇（關聯引用在謂詞中適當更名）。因此，V 包含所有在選擇與相關變數的巢狀子查詢中使用的屬性。

在我們的例子中，原來的查詢本應被轉換為：

create table t_1 **as**
  select distinct *ID*
  from *teaches*
  where *year* = 2007;
select *name*
from *instructor*, t_1
where $t_1.ID$ = *instructor.ID*;

假設每個元組重複的數量無關，透過上述簡單的查詢轉換，我們可得為了說明如何建立一個臨時關聯而重寫的查詢。

利用結合查詢來取代巢狀查詢的過程稱為**去相關 (decorrrlation)**。

當巢狀子查詢使用聚集時，或是當巢狀子查詢的結果只是用來測試平等性時，又或者結合巢狀子查詢到外部查詢的條件**不存在 (not exists)** 等情況時，去相關將會變得更為複雜。

複雜的巢狀子查詢最佳化是一項艱鉅的任務，因為我們可以從上述的討論推斷，許多優化器只會做少量的去相關。在可能的狀況下，最好是避免使用複雜的巢狀子查詢，因為我們不能肯定查詢優化器會成功的將它們轉換成一種可有效地進行評估的形式。

9.5 具體化視圖 **

當一個視圖被定義時，通常資料庫只儲存定義此視圖的查詢。相比之下，**具體視圖 (materialized view)** 是一個內容被計算和儲存的視圖。具體化視圖會構成一些冗餘資料，因為其內容可以從視圖定義以及由其餘的資料庫內容來推斷。然而，在很多情況下，讀取具體化視圖的內容所花費的成本比透過查詢執行定義視圖計算視圖內容要少許多。

在某些應用程式裡，具體化視圖對於提高效能非常重要。以下視圖顯示每個科系的總薪資：

create view *department_total_salary(dept_name, total_salary)* **as**
select *dept_name*, **sum** (*salary*)
from *instructor*
group by *dept_name*;

假設某科系的總薪資額被頻繁地存取。計算視圖需要讀取科系中的每一個 *instructor* 元組，並總結薪資的總額，其可以非常費時。反之，如果薪資總額的視圖定義被具體化，薪資總額可透過查找在具體化視圖中的單一元組找到。

9.5.1 視圖維護

具體化視圖的帶來的問題是當在視圖中使用的資料改變時必須保持更新。舉例來說，如果一位教師的薪資值更新時，具體化視圖的資料將變得不一致，所以視圖也必須被更新。以基礎資料維護具體化視圖的更新過程稱為**視圖維護 (view maintenance)**。

視圖可用手動撰寫的方式維護，也就是說每個 *salary* 值的可以被修改，但這種方法容易出錯。假如它在 *salary* 更新時出錯，則具體化視圖將不再符合基礎資料。

另一種維護具體化視圖的方法是為視圖中每個關聯定義插入、刪除和更新的觸發器。當資料庫改變時，觸發器會被觸發並且修改具體化視圖的內容。而另一個簡單的方法是在每次更新時全部重新計算具體化視圖。

一個更好的選擇是只修改受影響部分的具體化視圖，就是所謂的**增量視圖維護 (incremental view maintenance)**。我們在第 9.5.2 節描述如何執行增量視圖維護。

現代資料庫系統通常都支援增量視圖維護，因此資料庫系統程式師不再需要為維護視圖而定義觸發器。一旦一個具體化視圖被定義，資料庫系統將會計算視圖的內容，並且在基礎資料改變時逐步更新內容。

大多數資料庫系統進行**即時視圖維護 (immediate view maintenance)**，也就是在更新發生時馬上進行增量視圖維護，如部分更新交易。一些資料庫系統還支援**延遲視圖維護 (deffered view maintenance)**，將視圖維護延後執行，例如，在白天蒐集更新，而在晚上更新具體化視圖。這種方法減少了更新事務的成本，但具體化視圖的延遲視圖維護可能造成資料一致性的問題。

9.5.2 增量視圖維護

要瞭解如何進行增量具體化視圖的維護，我們透過單一的操作來看如何處理一個完整的表達式。

一個關聯的改變（插入、刪除、更新）可能會導致具體化視圖成為過時的。

為了簡化描述，我們透過刪除一個元組接著插入一個更新元組來取代更新。因此只需要考慮插入和刪除的動作。關聯的或表達式的改變（插入和刪除）稱為**差異 (differential)**。

9.5.2.1 結合操作

考慮一個具體化視圖 $v = r \bowtie s$。假設我們通過插入一個稱為 i_r 的元組來修改 r。如果 r 的舊值表示為 r^{old}，而 r 的新值表示為 r^{new}，則 $r^{new} = r^{old} \cup i_r$。現在視圖的舊值為 v^{old} 由 $r^{old} \bowtie s$ 給出，而新值 v^{new} 由 $r^{new} \bowtie s$ 給出。我們可以重寫 $r^{new} \bowtie s$ 為 $(r^{old} \cup i_r) \bowtie s$，且我們可以再次改寫為 $(r^{old} \bowtie s) \cup (i_r \bowtie s)$。換句話說：

$$v^{new} = v^{old} \cup (i_r \bowtie s)$$

因此要更新此具體化視圖 v，我們只需簡單的增加元組 $i_r \bowtie s$ 到舊的具體化視圖內容，而 s 的插入處理方式也是如此。

現在假設 r 透過刪去一組由 d_r 表示的元組來修改。使用上述同樣的道理，我們得到：

$$v^{new} = v^{old} - (d_r \bowtie s)$$

在 s 上的刪除處理過程與上述過程類似。

9.5.2.2 選擇和投影運作

試想一個視圖 $v = \sigma_\theta(r)$。如果透過插入一組元組 i_r 來修改 r，其新值 v 可以計算如下：

$$v^{new} = v^{old} \cup \sigma_\theta(i_r)$$

同樣地，如果透過刪去一組元組 d_r 來修改 r，新值 v 可以計算如下：

$$v^{new} = v^{old} - \sigma_\theta(d_r)$$

投影是一個比較困難處理的運作。試想一個具體化視圖為 $v = \Pi_A(r)$，假設關聯 r 在架構 $R = (A, B)$ 上，且 r 包含兩個元組 $(a, 2)$ 和 $(a, 3)$。則 $\Pi_A(r)$ 有一個元組 (a)，如果我們從 r 刪除元組 $(a, 2)$，我們不能從 $\Pi_A(r)$ 刪除該元組 (a)。如果我們這樣做，其結果將是空的關聯，而在現實中 $\Pi_A(r)$ 仍存在一個元組 (a)。這個原因是相同的元組 (a) 是透過兩種方式被取得；從 r 中刪除一個元組只會移除其中一個方式所取得的元組 (a)，而另一個方法取得的元組 (a) 仍然存在。

這個原因也給了我們解決問題的靈感：對於投影中的每個元組如 $\Pi_A(r)$，我們將計算其被取得的次數。

當一組元組 d_r 從 r 被刪除時，對於每個在 d_r 的元組 t，我們做以下動作：假設 $t.A$ 代表在屬性 A 上的投射 t。我們在具體化視圖中找到 $(t.A)$，並將已儲存的數量減 1，如果數量變為 0，我們從具體化視圖刪除 $(t.A)$。

處理插入相對的比較簡單。當一組元組 i_r 被插入 r 時，對於每個在 i_r 的元組 t，我們做以下動作：如果 $(t.A)$ 已在具體化視圖中，我們將已儲存的數量加 1。如果視圖中沒有，我們增加 $(t.A)$ 到具體化視圖，並將數量設置為 1。

9.5.2.3 聚集運作

聚集運作的處理與投影類似。在 SQL 的聚集運作為 **count**、**sum**、**avg**、**min** 和 **max**：

- **count**：試想一個具體化視圖 $v = {}_A\mathcal{G}_{count(B)}(r)$，在按照屬性 A 將 r 分組後計算屬性 B 的個數。

  當一組元組 i_r 被插入到 r 時，對於每個在 i_r 的元組 t，我們尋找在具體化視圖中的分組是否有 $t.A$。如果沒有，我們加入 $(t.A, 1)$ 到具體化視圖。如果有，我們將此分組的計數加 1。

  當一組元組 d_r 從 r 中被刪除時，對於每個在 d_r 的元組 t，我們尋找在具體化視圖中的 $t.A$，並將計數減去 1。如果計數變為 0，我們從具體化視圖刪除 $t.A$ 分組的元組。

- **sum**：試想一個具體化視圖 $v = {}_A\mathcal{G}_{sum(B)}(r)$。

  當一組元組 i_r 被插入 r 時，對於每個在 i_r 的元組 t，我們在具體化視圖尋找分組 $t.A$。如果視圖中未表示，我們增加 $(t.A, t.B)$ 到具體化視圖；此外，我們儲存與 $(t.A, t.B)$ 相關的計數 1，就如我們處理投影一樣。如果 $t.A$ 被表示，我們為此分組增加值 $t.B$，並增加分組計數 1。

  當元組 d_r 從 r 被刪除，對於每個在 d_r 的元組 t，我們尋找在具體化視圖中的分組 $t.A$，並從聚集中減去 $t.B$，並從此計數分組中減去 1，如果計數變為 0，我們從具體化視圖刪除分組 $t.A$ 的元組。

  如果沒有保持額外的計數值，我們將無法分辨，到底一組的總和是 0 或是一組中最後的一個元組被刪除。

- **avg**：試想一個具體化視圖 $v = {}_A\mathcal{G}_{avg(B)}(r)$。

  直接更新在插入或刪除上的平均是不可能的，因為它不僅依賴於舊的平均與被插入／刪除的元組外，同時也依賴組中元組數量。

而在處理平均的情況時，我們維持總和與計數的聚集值如前所述，並以計數除以總數來計算平均。

- **min**、**max**：試想一個具體化視圖 $v = {}_A\mathcal{G}_{min(B)}(r)$（**max** 的情況是完全等價的）。

  處理 r 中的插入相當簡單。維護在刪除上的聚集值的 **min** 和 **max** 的缺點是成本可能更昂貴。例如，如果一個元組對應的最小值從 r 被刪除，我們必須從在同一組中 r 的其他元組找到新的最低值。

9.5.2.4 其他運作

交集運作的維護如下：具體化視圖 $v = r \cap s$，當在 r 中一個元組被插入，我們檢查它是否存在於 s，如果是這樣，我們將其增加至 v。如果一個元組從 r 中被刪除，如果視圖中存在 s，則我們從交集中將其刪除。對於其他運作集，聯集和差集，都可以類似的方式處理，細節請自行參考。

外部結合的處理方式與結合的處理大致相同，但有一些額外的工作。從 r 中刪除時，我們要處理在 s 中不再符合 r 中的任何元組。在插入到 r 時，我們要處理 s 中任何不符合 r 中的任何元組。

9.5.2.5 處理表達式

到目前為止，已經看到了如何逐步更新一個單獨操作的結果。為了處理一個完整的表達式，我們從最小的子表達式開始為每個子表達式的結果計算增量改變。

例如，假設當一組元組 i_r 被插入到關聯 r 時，我們希望逐步更新具體化視圖 $E_1 \bowtie E_2$。讓我們假設 r 在 E_1 被單獨使用。假設插入一組元組到 E_1 的表達式稱為 D_1，表達式 $D_1 \bowtie E_2$ 給定了插入 $E_1 \bowtie E_2$ 的元組集。

增量視圖維護與表達式細節請參閱書目附註。

9.5.3 查詢最佳化和具體化視圖

查詢最佳化可以由將具體化視圖視為普通關聯來處理。但是具體化視圖提供更多的最佳化機會：

- 使用具體化視圖重寫查詢：

  假設一個具體化視圖 $v = r \bowtie s$ 是可用的，且使用者提交查詢 $r \bowtie s \bowtie t$。重寫查詢為 $v \bowtie t$ 可以提供一個比已送出的最佳化查詢還更有效率的查詢計畫。因此查詢優化器必須能夠辨識一個具體化視圖是否可用來加快查詢。

- 使用視圖定義取代具體化視圖：

假設一個具體化視圖 $v = r \bowtie s$ 是可用的，但其中沒有任何索引，且使用者提交一個查詢 $\sigma_{A=10}(v)$。同時假設 s 在共同的屬性 B 上有一個索引，r 在屬性 A 上有一個索引。此查詢的最佳方案可能是以 $r \bowtie s$ 取代 v，這可能導致查詢計畫 $\sigma_{A=10}(v) \bowtie s$。利用在 $r. A$ 和 $s. B$ 的索引，選擇和結合可以更有效地被執行。相比之下，直接在 v 上的評估選擇可能需要一個 v 的完整掃描，其成本可能更昂貴。

在書目附註中有指導如何有效地以具體化視圖執行查詢最佳化。

9.5.4 具體化視圖和索引選擇

另一個最佳化相關的問題是**具體化視圖選擇 (materialized view selection)**，即「哪一組是最好的具體化視圖？」此決策必須根據系統的**工作量 (workload)**，它會反映一系列查詢和更新所造成的系統負載狀況。一個簡單的標準是選擇一組具體化視圖，能夠盡可能地減少查詢和更新工作的整體執行時間，包括維護具體化視圖所需的時間。資料庫管理員通常會根據不同的查詢和更新的重要性來修改此標準：一些查詢和更新可能需要快速回應，但其他的情況是可以接受慢速回應的。

索引和具體化視圖一樣，因為它們衍生的資料可以加快查詢並且也可減緩更新。因此，**索引選擇 (index selection)** 的問題與具體化視圖選擇密切相關。

大多數資料庫系統提供索引和具體化視圖選擇工具來幫助資料庫管理員。這些工具檢視查詢和更新的歷史，並對於索引以及具體化視圖的選擇給予建議。微軟 SQLServer Database Tuning Assistant、IBM DB2 Design Advisor 以及 Oracle SQL Tunning Wizard 等都是此類的工具。

9.6 查詢最佳化進階主題 **

我們會遇到最佳化查詢的機會很多，在本節會檢視其中的一些情況。

9.6.1 頂端—K 最佳化

許多查詢獲取一些屬性被排序的結果，並只要求最上面的 K 個結果。有時 K 值被明確指定，例如有些資料庫支援限定 K 子句，查詢結果僅會回傳最上面 K 個結果，其他資料庫支援指定類似限制的替代方法。在其他情況下，查詢可能沒有指定此限制，但優化器可能會允許指定的提示，意思是該查詢只會需要頂端的 K 個結果，即便查詢的結果不只這些。

當 K 的數字是小的時候，由於查詢最佳化計畫仍會產生整套的結果，然後排序並產生頂端的 K 個結果，因此使此方法的效率很低，因為它浪費了大多數它所計算的進階結果。某些技術已提出要最佳化這樣的頂端—K 查詢。有一種方法是使用能產生排列順序結果的管線計畫。另一種方法是估計將出現在頂端—K 輸出的排序屬性最高值，並提出選擇謂詞以消除較大的值。如果超越頂端—K 的額外的元組產生，它們將被丟棄，而如果太少元組被產生，則改變選擇條件並且重新執行查詢。請參閱書目附註中有關頂端—K 最佳化的參考資料。

9.6.2　結合最小化

當查詢透過視圖產生，有時候結合的關聯超過查詢計算所需要的數量。例如，一個視圖 v 可能包括 instructor 和 department 結合，而使用視圖 v 可能只使用 instructor 的屬性。instructor 的結合屬性 dept_name 是外來鍵。假設 instructor.dept_name 已被宣布**不是空值 (not null)**，department 結合則可以被丟棄，不會影響到查詢。因為根據上述假設，department 結合不排除任何來自 instructor 的元組，也不會造成任何額外的 instructor 元組被複製。

從上述的結合刪除一個關聯是一個結合最小化的例子。事實上，結合最小化也可以在其他情況下執行。請詳見有關結合最小化的書目附註。

9.6.3　更新最佳化

更新查詢往往涉及在 **set** 及 **where** 子句的子查詢，這兩者在做更新最佳化時都必須考慮進去。更新的選擇（例如，給所有薪資≥10 萬元的員工薪資提升 10%）必須小心處理。如果更新是在索引掃描評估選擇時完成，更新的元組可以在掃描前重新插入該索引並重新掃描；同一員工元組可能因此多次得到不正確地更新，而類似的問題也出現在子查詢，其結果也受更新影響。

一個更新影響查詢執行所造成的問題稱為**萬聖節問題 (Halloween problem)**（如此命名的原因是因為它是在萬聖節當天在 IBM 中首度被發現）。我們可先執行查詢定義更新來避免這個問題，並且建立一個受影響的元組清單，最後才更新元組和索引。但是用此方法分裂了執行計畫會增加執行成本。透過檢查是否會發生萬聖節問題可以最佳化計畫更新。如果萬聖節問題沒發生，更新可以於處理查詢時同時進行，以減少更新成本。例如，更新時不影響索引屬性則萬聖節問題不會發生。即使有受影響，若更新會讓值減少，當索引以增加順序而被掃描時，在掃描期間不會再遇到更新過的元組，在這種情況下，該索引甚至可在查詢正在執行時更新，降低整體成本。

造成大量更新的更新查詢可透過蒐集更新，並且批次分開的處理每一個可能被影響的索引來進行更新查詢的最佳化。當應用到批次更新索引時，批次處理首先以索引順序來排序，這種排序可以大大減少更新索引對隨機 I/O 的需求。這種最佳化的更新在大多數資料庫系統被實現。請參閱書目附註關於最佳化的部分。

9.6.4 多查詢最佳化和共享掃描

當一個批量的查詢一起被提交，查詢優化器有可能利用不同表達式之間的共同子表達式，先評估一次，然後在需要時重用它們。複雜的查詢事實上可能在同一查詢的不同區塊重複使用子表達式，它以相同的方式被利用以減少查詢評估成本。這種最佳化方式被稱為**多查詢最佳化 (multi-query optimization)**。

通用子表達式消除 (common subexpression elimination) 透過其計算和儲存不同的表達式結果來最佳化共享的子表達式，當此子表達式再次出現時再重新使用。通用子表達式是一個標準的最佳化方式，應用在程式語言編譯器的算術表達式中。利用為每個查詢批量選擇的評估計畫之間的通用子表達式在資料庫查詢評估中也很實用，並已某些資料庫上實施。但是多查詢最佳化在某些情況下可以更好：一個查詢通常有一個以上的評估計畫。明智地選出一組查詢計畫可能比為每個查詢選擇最低成本的計畫更能夠享受更大共享及更便宜的整體成本。在書目附註裡有更多查詢最佳化的細節。

在某些資料庫的實現中，查詢間的共享查詢掃描是多查詢最佳化的另一種限制形式。**共享掃描 (shared-scan)** 最佳化工作方式如下：與其反覆從磁碟中讀取關聯，資料只從磁碟讀取一次，然後管線至每個查詢。共享掃描的最佳化在一個大關聯中有多查詢要執行掃描時尤其有用。

9.6.5 參數查詢最佳化

我們曾在第 9.4.3 節中所看到的計畫快取，在許多資料庫被用做啟發式 (heuristic)。回想一下計畫快取，如果一些常數啟動一個查詢，優化器所選擇的計畫被快取，且會在查詢再次提交時再次使用，即使查詢中的常數已經不同。例如，查詢時採用科系名稱做為參數並檢索該科系的所有課程。使用計畫快取時，當查詢，例如音樂系，第一次被執行時會選擇一個計畫；如果此查詢被用在其他科系時，這個計畫會再被使用一次。

這種以計畫快取的計畫重複使用是合理的，假設最佳查詢計畫不會被查詢中常數精確值所明顯地影響。然而，如果該計畫受常數值的影響，參數查詢最佳化是一種替代方法。

在**參數化查詢最佳化 (parametric query optimization)** 中，一個查詢被最佳化時並沒有具體指定參數值，如在前面的 *dept_name* 例子。接著優化器會輸出一些計畫，各為不同參數值的最佳化。只有在對於一些可能的參數值此計畫是最佳的時候，優化器才會將該計畫輸出。優化器輸出的替代計畫會被儲存。當查詢為其參數提交一些特定的參數值時，與其執行全面的最佳化，系統會從原本優化器所輸出的替代方案選出最便宜的所使用。尋找成本低的此類計畫通常比重新最佳化花費的時間較少。請參閱書目附註有關參數查詢最佳化的參考。

9.7 總結

- 給定一個查詢，通常計算答案有多種計算方法。系統的責任是將用戶輸入的查詢轉換成等價查詢，以進行更有效率的計算。這種為處理查詢找到好策略的過程稱為查詢最佳化。
- 複雜查詢的評估通常涉及許多的磁碟存取。由於從磁碟傳輸資料的速度相對慢於主記憶體和在電腦系統的 CPU，妥善分配大量處理的方法來減少磁碟存取是值得的。
- 我們可以用等價規則來轉換表達式為等價的。我們使用這些規則對於給定的查詢來產生所有的表達式。
- 每個關聯代數表達式表示一個特定順序的操作。選擇查詢處理策略的第一步是找到等價於給定表達式的一個關聯代數表達式，且估計執行成本更低。
- 資料庫系統選擇操作評估的策略取決於每個關聯的大小和在行的分布值。它們可以將策略選擇建立在可靠的資訊上，資料庫系統可以儲存每個關聯 r 的統計資料，這些統計資料包括：
- 在關聯 r 中元組的數量。
  ○ 關聯 r 中記錄（元組）的大小，以為 bytes 為單位。

- ○ 一個特定屬性出現在關聯 r 中不同值的數量。
- ○ 大多數資料庫系統使用直方圖來儲存在每幾個範圍中屬性值的數量。直方圖往往使用採樣來計算。
- 這些統計資料讓我們估計各種操作結果的大小以及執行操作的成本。對於關聯的統計資訊，當有幾個索引可供協助處理查詢時特別有用。這些結構的存在對選擇查詢處理策略有重大影響。
- 每個表達式的替代評價計畫可由等價規則產生，而在所有的表達式中最便宜的計畫將會被選擇。幾個最佳化技術可用於減少表達式和替代計畫產生的數量。
- 我們用啟發式減少考慮計畫的數量，並以此來降低最佳化的成本。轉換關聯代數查詢的啟發式規則包括「儘早執行選擇運作」、「提早執行投影」和「避免笛卡爾乘積」。
- 具體化視圖可用於加快查詢處理。當關聯被修改時，增量視圖維護需要有效地更新具體化視圖。運作的差異可以透過有不同運作輸入的代數表達式來計算。其他有關具體化視圖的問題包括如何透過利用現有的具體化視圖最佳化查詢，以及如何選擇具體化視圖。
- 許多先進的最佳化技術被提出，如頂端－K 最佳化、結合最小化、更新最佳化、多查詢最佳化和參數查詢最佳化。

關鍵詞

- 查詢最佳化 (Query optimization)
- 轉換表達式 (Transformation of expressions)
- 等價表達式 (Equivalence of expressions)
- 等價規則 (Equivalence rules)
  - ○ 結合交集性 (Join commutativity)
  - ○ 結合關聯性 (Join associativity)
- 最小集合等價規則 (Minimal set of equivalence rules)
- 等價表達式列舉 (Enumeration of equivalent expressions)
- 統計估計 (Statistics estimation)
- 目錄資訊 (Catalog information)
- 大小估計 (Size estimation)
  - ○ 選擇 (Selection)
  - ○ 選擇性 (Selectivity)
  - ○ 結合 (Join)
- 直方圖 (Histograms)
- 不同值估計 (Distinct value estimation)
- 隨機抽樣 (Random sample)
- 評價計畫選擇 (Choice of evaluation plans)
- 評價技術的相互作用 (Interaction of evaluation techniques)
- 基於成本的最佳化 (Cost-based optimization)
- 結合順序最佳化 (Join-order optimization)
  - ○ 動態規劃演算法 (Dynamic-programming algorithm)
  - ○ 左深連接順序 (Left-deep join order)
  - ○ 有趣排序順序 (Interesting sort order)
- 啟發式 (Heuristic)
- 計畫快取 (Plan caching)
- 存取方案選擇 (Access-plan selection)

- 相關評估 (Correlated evaluation)
- 去相關 (Decorrelation)
- 具體化視圖 (Materialized views)
- 具體化視圖維護 (Materialized view maintenance)
  - 重新計算 (Recomputation)
  - 增量維護 (Incremental maintenance)
  - 插入 (Insertion)
  - 刪除 (Deletion)
  - 更新 (Updates)
- 查詢最佳化與具體化視圖 (Query optimization with materialized views)
- 索引選擇 (Index selection)
- 具體化視圖選擇 (Materialized view selection)
- 頂端—K 最佳化 (Top-K optimization)
- 結合最小化 (Join minimization)
- 萬聖節問題 (Halloween problem)
- 多查詢最佳化 (Multiquery optimization)

實作題

9.1 證明下列的等價。解釋如何應用它們以提高某些查詢的效率：

  a. $E_1 \bowtie_\theta (E_2 - E_3) = (E_1 \bowtie_\theta E_2 - E_1 \bowtie_\theta E_3)$。

  b. $\sigma_\theta(_A\mathcal{G}_F(E)) = {}_A\mathcal{G}_F(\sigma_\theta(E))$，其中 θ 僅從 A 使用屬性。

  c. $\sigma_\theta(E_1 \bowtie E_2) = \sigma_\theta(E_1) \bowtie E_2$，其中 θ 僅從 E_1 使用屬性。

9.2 對於每個下列每對表達式，給定一個關聯實例以顯示表達式是不等價的。

  a. $\Pi_A(R - S)$ and $\Pi_A(R) - \Pi_A(S)$。

  b. $\sigma_{B<4}(_A\mathcal{G}_{max(B) \text{ as } B}(R))$ and $_A\mathcal{G}_{max(B) \text{ as } B}(\sigma_{B<4}(R))$。

  c. 在前面的表達式，如果同時出現的最大值被最小值替換，其表達式相同嗎？

  d. $(R \bowtie S) \bowtie T$ and $R \bowtie (S \bowtie T)$。

  換句話說，自然左外結合是不關聯的。（提示：假設三個關聯的架構分別為 $R(a, b1)$、$S(a, b2)$ 和 $T(a, b3)$。）

  e. $\sigma_\theta(E_1 \bowtie E_2)$ and $E_1 \bowtie \sigma_\theta(E_2)$，其中 θ 僅使用 E_2 中的屬性。

9.3 SQL 允許有重複的關聯（第 3 章）。

  a. 定義基本關聯代數操作的版本 σ、Π、$\times$、$\bowtie$、$-$、$\cup$ 和 $\cap$ 以重複在關聯上工作，在某種程度上符合 SQL。

  b. 檢查等價規則 1 至 7.b，其中哪些符合在 a 部分定義的多重集版本的關聯代數。

9.4 分別以主鍵 A、C 和 E 思考關聯 $r_1(A, B, C)$、$r_2(C, D, E)$ 和 $r_3(E, F)$。假設 r_1 有 1000 個元組，r_2 有 1500 元組和 r_3 有 750 個元組。估計 $r_1 \bowtie r_2 \bowtie r_3$ 的大小，並給一個有效的策略來計算結合。

9.5 思考實作題 9.4 的關聯 $r_1(A, B, C)$、$r_2(C, D, E)$ 和 $r_3(E, F)$。假設有沒有主鍵，但有整個架構。設 $V(C, r_1)$ 為 900，$V(C, r_2)$ 為 1100，$V(E, r_2)$ 為 50，以及 $V(E, r_3)$ 為 100。假設 r_1 有 1000 元組、r_2 有 1500 元組和 r_3 有 750 元組。估計 $r_1 \bowtie r_2 \bowtie r_3$ 的大小，並提供一個有效的策略來計算結合。

9.6 假設在 *department* 關聯中，*building* 的 B^+ 樹索引是可用的，且沒有其他索引可用。以下涉及否定的選擇如何處理最好？

a. $\sigma_{\neg(building\, <\, \text{"Watson"})}(department)$。

b. $\sigma_{\neg(building\, =\, \text{"Watson"})}(department)$。

c. $\sigma_{\neg(building\, <\, \text{"Watson"}\,\vee\, budget\, <\, 50000)}(department)$。

9.7 思考以下查詢：

$$\begin{aligned}&\textbf{select }*\\&\textbf{from }r, s\\&\textbf{where } \text{upper}(r.A) = \text{upper}(s.A);\end{aligned}$$

「upper」是一個函數，它以所有小寫當作輸入的參數，並回傳相對應的大寫字母。

a. 在我們用的資料庫系統，對於此查詢應該用什麼計畫。

b. 一些資料庫系統使用（塊）巢狀循環結合查詢，它的效率非常低。簡要說明雜湊結合或合併結合可如何運用於此查詢。

9.8 給下列等價表達式條件

$$_{A,B}\mathcal{G}_{agg(C)}(E_1 \bowtie E_2) \quad \text{and} \quad (_A\mathcal{G}_{agg(C)}(E_1)) \bowtie E_2$$

這裡 agg 表示為聚集運作。假如 agg 是 **min** 或 **max**，上述條件如何放寬？

9.9 思考有趣排序最佳化的問題。假設我們給定一個查詢，計算一組關聯 S 的自然結合。給定 S 一個子集 $S1$，$S1$ 是什麼有趣排序順序？

9.10 以 n 個關聯表示，$(2(n-1))!/(n-1)!$ 不同的結合順序。提示：一個完整二元樹 (complete binary tree) 其中每個內部節點正好有兩個 children。

$$\frac{1}{n}\binom{2(n-1)}{(n-1)}$$

如果可以，從二元樹有 n 個節點的公式，我們可以推導公式為完整的二元樹，有 n 個節點。二元樹與 n 節點的數量是：

$$\frac{1}{n+1}\binom{2n}{n}$$

這個數量被稱為 **Catalan number** 數量，其推導可在任何標準資料結構或演算法標準教科書上發現。

9.11 請表示最低成本的結合順序，可以在時間 $O(3^n)$ 被計算。假定我們在固定時間內可以儲存和查找一組關聯的資訊（如最佳結合順序設置，以及成本的結合順序）。（如果覺得此練習較困難，請至少說明了寬鬆時限為 $O(2^{2n})$ 的部分。）

9.12 如果只考慮左深結合樹（如在系統 R 的最佳化程序），請證明要找到最有效的結合順序的時間是 $n2^n$。假定只有一個有趣排序順序。

9.13 考慮圖 9.9 的銀行的資料庫，其中主鍵加下底線。為此關聯資料庫建構下列 SQL 查詢。

a. 寫一個巢狀查詢於關聯 account 上來查找每個以 B 開頭的分行名稱，所有在此分行的最

▶ 圖 9.9
實作題 9.13 的銀行資料庫

branch(<u>branch_name</u>, branch_city, assets)
customer (<u>customer_name</u>, customer_street, customer_city)
loan (<u>loan_number</u>, branch_name, amount)
borrower (<u>customer_name</u>, <u>loan_number</u>)
account (<u>account_number</u>, branch_name, balance)
depositor (<u>customer_name</u>, <u>account_number</u>)

高結餘主賬戶。

b. 重寫前面的查詢，不使用巢狀查詢，換句話說就是去相關查詢。

c. 根據以上去相關查詢，試舉一個程序的例子（類似在第 9.4.4 節的描述）。

9.14 半結合操作 ⋉ 的集合版本定義如下：

$$r \ltimes_\theta s = \Pi_R(r \bowtie_\theta s)$$

其中在 r 的架構中，R 是屬性集合。半結合操作的多重集版本回傳相同的元組集合，但每個元組正如同在 r 中的數量一樣多。

考慮第 9.4.4 節中的巢狀查詢，其中我們找到所有於 2007 年教授課程的教師名稱。編寫在關聯代數的查詢，使用多重集半結合操作，確保在 SQL 查詢的每個名稱的重複數量的是一樣的。（該半連接運作廣泛用於去相關的巢狀查詢。）

練習

9.15 假設，一個 B⁺ 樹索引於（dept_name、building）可用於關聯 department。下列選擇的最好的處理方式是什麼？

$$\sigma_{(building\ <\ \text{"Watson"})\ \wedge\ (budget\ <\ 55000)\ \wedge\ (dept\_name\ =\ \text{"Music"})}(department)$$

9.16 如何利用第 9.2.1 節等價規則進行一個連續的轉換來得出以下等價。

a. $\sigma_{\theta_1 \wedge \theta_2 \wedge \theta_3}(E) = \sigma_{\theta_1}(\sigma_{\theta_2}(\sigma_{\theta_3}(E)))$。

b. $\sigma_{\theta_1 \wedge \theta_2}(E_1 \bowtie_{\theta_3} E_2) = \sigma_{\theta_1}(E_1 \bowtie_{\theta_3} (\sigma_{\theta_2}(E_2)))$，其中 θ_2 只涉及 E_2 的屬性。

9.17 思考兩個表達式 $\sigma_\theta(E_1 \mathbin{⟕} E_2)$ 和 $\sigma_\theta(E_1 \bowtie E_2)$。

a. 用一個例子證明其中兩個表達式是不等價的。

b. 在謂詞 θ 上給一個簡單的條件，若滿足則可確定兩個表達式是等價的。

9.18 一組等價規則被說是完整的，只要兩個表達式是等價的，其一可以使用等價規則並衍生另一個。我們在第 9.2.1 節完成考慮的等價規則即是否完整？提示：考慮等價 $\sigma_{3=5}(r) = \{\}$。

9.19 解釋如何使用直方圖來估計選擇的形式 $\sigma_{A \leq v}(r)$ 的大小。

9.20 假設兩個關聯 r 和 s，在屬性 r.A 和 s.A 上分別有直方圖，但範圍不同。建議如何使用直方圖估計 $r \bowtie s$ 的大小。提示：進一步分割每個直方圖的範圍。

9.21 考慮查詢

```
select A, B
from   r
where r.B < some (select B
                  from   s
                  where s.A = r.A)
```

顯示如何對上述查詢去相關，並使用半結合操作的多重集版本。

9.22 描述如何逐步維持下面的運作的結果，不論是插入或刪除：

a. 聯集和差集。

b. 左外部結合。

9.23 舉一個表達式定義一個具體化視圖和兩種情況的例子（輸入關聯和差異的統計集），使得在一種情況下，增量視圖維護優於重新計算，而重新計算在另一個情況中更好。

9.24 假設在 r 的屬性上排序，我們想要得到的答案為 r ⋈ s，並希望答案只有一些較小 K 的頂端 − K。試提供一個好的查詢評估方式：

a. 當 r 引用 s，結合在外來鍵上，其中外來鍵屬性聲稱為不為空值。
b. 當結合不在外來鍵上。

9.25 試想一個關聯 r(A, B, C)，與在屬性 A 的索引。舉一個只用索引回答的查詢例子，不計關聯中的元組。(僅使用索引的查詢計畫，沒有實際存取關聯，被稱為 index-only 計畫。)

9.26 假設有一個更新查詢 U。舉一個在 U 上簡單充分的條件，以確保萬聖節問題不會發生，無論在執行計畫的選擇或在存在的索引。

書目附註

Selinger 等人 [1979] 的開創性工作描述了在系統 R 優化器存取路徑選擇，是最早關聯查詢最佳化模組之一。在 Starburst 的查詢處理，在 Haas 等人 [1989] 中說明。在 IBM DB2 形成查詢最佳化基礎。

Graefe 和 McKenna [1993a] 描述了 Volcano，等價規則基礎查詢最佳化模組，及其後繼者 Cascades (Graefe [1995])，於 Microsoft SQL 伺服器形成基礎的查詢最佳化。

查詢結果的估計統計，如結果的大小，由 Ioannidis 和 Poosala[1995]、Poosala 等人 [1996] 和 Ganguly 等人所發表。非均勻分布的值會導致估計、查詢大小和成本的問題。使用直方圖值分布的成本估算的技術被提出來解決這個問題。Ioannidis 和 Christodoulakis [1993]、Ioannidis 和 Poosala [1995] 和 Poosala 等人 [1996] 在此領域發表結果。在統計中採用隨機抽樣構建直方圖是眾所周知的，在資料庫課本中建設直方圖的問題在 Chaudhuri 等人 [1998] 中討論。

Klug [1982] 是一個以聚集函數最佳化關聯代數表達式早期的作品。最佳化查詢與聚集由 Yan 和 Larson [1995]、Chaudhuri、Shim [1994] 所發表。包含外連接的最佳化查詢於 Rosenthal 和 Reiner [1984]、Galindo-Legaria、Rosenthal [1992]、Galindo-Legaria [1994] 中描述。頂端−K 查詢最佳化在 Carey、Kossmann [1998] 和 Bruno 等人 [2002] 中描述。

最佳化巢狀查詢在 Kim [1982]、Ganski、Wong [1987]、Dayal [1987]、Seshadri 等人 [1996] 和 Galindo-Legaria、Joshi [2001] 中討論。

在 Blakeley 等人 [1986] 描述維護具體化視圖技術。最佳化視圖維護計畫在 Vista [1998] 和 Mistry 等人 [2001] 中描述。查詢最佳化在具體化視圖中存在由 Chaudhuri 等人 [1995] 所發表。索引選擇和具體化視圖選擇由 Ross 等人 [1996]、Chaudhuri 和 Narasayya [1997] 等人所發表。

頂端−K 查詢的最佳化，在 Kossmann [1998] 和 Bruno 等人 [2002] 中被發表。結合最小化集合技術已用 tableau optimization 的名字被歸類。這 tableau 一概念是由 Aho 等人 [1979b] 和 Aho 等人 [1979a] 所介紹，並進一步由 Sagiv 和 Yannakakis [1981] 延伸。

參數化查詢最佳化演算法被 Ioannidis 等人 [1992]、Ganguly [1998]、Hulgeri 和 Sudarshan [2003] 提出。Sellis [1988] 為多查詢最佳化的先驅，而 Roy 等人 [2000] 顯示如何整合多查詢最佳化為一個 Volcano 基礎的查詢最佳化模組。

Galindo-Legaria 等人 [2004] 描述了查詢處理和最佳化資料庫更新，包括索引維護最佳化，具體化視圖維修計畫和完整性限制檢查，以及處理萬聖節問題技術。

CHAPTER 10 交易

通常，資料庫中幾個作業組成的集合，對資料庫使用者而言是一個獨立的作業。例如，對客戶來說，由支票戶頭轉帳到存款戶頭是一個獨立的作業，但是在資料庫系統裡它卻是由許多作業所構成。顯然最重要的是，這些作業能全部成功，或是只要有一個不成功，就會全部失敗。否則如果支票戶頭的金額被扣除，而存款戶頭卻沒入帳，這是不能被客戶所接受的。

由作業集合所形成的單一工作，被稱為**交易 (transaction)**。不管交易的成功或失敗，資料庫系統必須確保交易適當的被執行，不是整個交易成功執行，就是全部都失敗。此外在某種程度上，它必須確保交易執行的一致性，以避免發生前後矛盾的狀況。例如在我們資金轉帳例子中，在計算顧客總餘額時，進行轉帳的支票帳戶餘額尚未扣除，而儲蓄戶頭餘額卻已經增加了，就可能會造成不正確的結果。

本章介紹交易過程的基本概念。有關並行交易過程以及如何從失敗的交易中恢復，詳情於第 11 章介紹。

10.1 交易的概念

交易 (transaction) 可被視為一個程式執行的過程，其中可能更新不同的資料項。通常交易的開始是藉由使用者程式寫入一個高階資料操作語言（通常是 SQL）或程式語言（例如，C++ 或 Java），並由 JDBC 或 ODBC 存取嵌入式資料庫。交易由交易開始到交易結束的語句（或函數呼叫）所指定，包含了之間所有被執行的作業。

一項交易包含的一連串步驟對使用者而言是一個獨立、不可分割的單位。由於交易是不可分割的，它不是全部執行，就是全都停擺。如果交易開始執行後，但因為種種原因失敗，例如除以零、操作系統當機或電腦本身停止運作，則此失敗的交易對資料庫中的資料項可能已進行的改變必須撤銷。正如我們所見，要滿足這項要求是困難的，因為有些對資料庫的改變仍存在於主記憶體的變數中，而其他改變可能已經被寫入到資料庫或存入磁碟裡，這種「全有或全無」的特性稱為**單元性 (atomicity)**。

由於交易是一個獨立的單位，其進行的動作不能被其他不屬於此次交易的資料庫操作所分割。即使是獨立的 SQL 語句，也會涉及到許多不同的資料庫存取，且一個交易可能由數個 SQL 語句所構成。因此資料庫系統必須防止其他執行資料庫語句互相干擾，以確保交易的正確運作，此特性稱為**隔離性 (isolation)**。

即使系統確保交易正確的執行，但如果系統隨後當機，則該系統可能會「忘記」此次交易。因此，交易所造成的改變必須能持續的存在資料庫中，並且能在當機後恢復，此特性稱為**持續性 (durability)**。

由於上述三個特性，交易成為一個建構與資料庫互動的理想方式。這也使我們對交易設定要求。交易必須維持資料庫的一致性——如果交易是自動地從資料庫中開始獨立運行，則在最後的交易完成時資料庫必須仍然維持一致。這種一致性的要求超出了我們先前所見資料完整性限制（例如主鍵限制、參照完整性、**檢查 (check)** 限制）。交易被期待能確保應用程式相關**一致性 (consistency)** 限制。如何做到這一點是程式設計師撰寫編碼時的責任。

簡單地說，資料庫系統需要維持以下交易的特性：

- **單元性 (atomicity)**：所有的交易操作在資料庫中必須為一個不可分割的個體，整個交易必須全部做完或是整個沒做。假如交易過程出現錯誤，資料庫必須恢復到交易前的狀態。
- **一致性 (consistency)**：執行一個單獨交易（也就是無其他交易同時執行）能確保資料庫的一致性。
- **隔離性 (isolation)**：儘管多個交易可以同時執行，系統保證，在每對 T_i 和 T_j 交易，對於 T_i 而言，不是 T_j 在 T_i 開始前就結束，就是 T_j 在 T_i 結束後才開始。因此兩者都不知道彼此是同時在系統中進行。
- **持續性 (durability)**：在交易成功完成後，即使系統故障，該交易結果也必須能保留於資料庫內。

這些特性通常被稱為 **ACID 特性 (ACID properties)**；這縮寫是由這四種特性開頭第一個字母所取得。

我們將在後面的章節討論，確保隔離屬性可能對於系統性能有重大的不利影響。基於這個理由，一些應用會在隔離性上做妥協。我們將先探討如何達成這些

ACID 特性，之後再來研究這些妥協辦法。

10.2 一個簡單的交易模型

由於 SQL 是一個強大而複雜的語言，我們將用一種簡單的資料庫語言描述交易的過程，其重點會放在資料從磁碟移動到主記憶體和從主記憶體移動到磁碟。我們將暫時忽略 SQL **插入 (insert)** 和**刪除 (delete)** 操作，並使用簡單的資料庫語言與數學運算來建構一個簡單的交易模型來舉例說明。之後我們將討論到實際交易過程，並會使用以 SQL 為基礎更豐富的運算來說明。在簡化模型中，該資料項有一個單一的資料值（在此例子中為數字）。每個資料項由一個名稱表示（在此例子中由單一字母表示，即 A、B、C 等）。

我們將用一個簡單的銀行應用來說明交易的概念，其中會用到幾個銀行帳戶和一套會存取和更新銀行帳戶的交易。交易資料的存取使用兩種操作表示：

- read(X)：將資料庫的資料項 X 讀取到主記憶體中做為一個變數 X。本操作發生在主記憶體中的緩衝。
- write(X)，將存在記憶體緩衝中的變數值 X，寫入資料庫的資料項 X。

重要的是，我們需要知道資料項的修改只出現在主記憶體，或是以被寫入在磁碟上資料庫。在一個真正的資料庫系統，寫入操作不盡然會即時的更新磁碟裡資料。寫入操作可能會暫時儲存在其他地方，稍後才會在磁碟上執行。但就目前而言，我們假設寫入操作會即時更新資料庫。我們將於第 11 章繼續探討這個主題。

假設 T_i 為一個將 50 元由 A 帳戶轉到 B 帳戶的交易。這項交易可被定義為：

$$T_i: \text{read}(A);\\ A := A - 50;\\ \text{write}(A);\\ \text{read}(B);\\ B := B + 50;\\ \text{write}(B).$$

以下我們將以此交易為例來討論 ACID 特性。

- **一致性 (consistency)**：一致性必須確保 A 和 B 的金額總和經由交易的執行而未被改變。假如沒有一致性的要求，金錢可以被交易任意創造或摧毀。一致性可以很容易被驗證，如果資料庫在交易執行之前是一致的，則資料庫在交易執行之後仍會維持一致。

如何確保個別交易的一致性是由應用程式設計師撰寫程式碼時所負責。這項任務可以在完整性限制的自動測試下完成。

- **單元性 (atomicity)**：假設在交易 T_i 執行之前，帳戶 A 和帳戶 B 的金額分別為 1000 元和 2000 元。假設在交易 T_i 執行時系統發生故障，導致 T_i 無法成功地完成執行。假設故障發生於寫入 (A) 操作之後，但在寫入 (B) 操作之前。在這種情況下，帳戶 A 和帳戶 B 在資料庫中反映的值為 950 元和 2000 元。由於系統故障而損失 50 元。我們注意到 A + B 的總和沒有維持一定值。

    因此，由於故障的關係，系統的狀態不再反映出一個資料庫應該呈現的現實世界的狀態。我們將這種狀態稱為**不一致狀態 (inconsistent state)**。我們必須確保這種不一致狀態在資料庫系統不會出現。但值得注意的是，該系統在某些時間點必定會處於不一致狀態。即使此次交易 T_i 成功執行完畢，但過程中仍存在一個紀錄點，為帳戶 A 的餘額為 950 元且帳戶 B 的餘額為 2000 元。然而，這種狀態最終會被一致的狀態所取代，即帳戶 A 的值為 950 元，而帳戶 B 的值為 2050 元。除非是在交易執行過程中，不然這種不一致狀態是看不到的。這就是單元性必須存在的原因。如果單元性存在，交易的一切行為造成的結果將會反映在資料庫裡。

    為確保交易的單元性，資料庫系統在進行交易的寫入操作時，將這些資料的舊值紀錄在磁碟上，這些舊值資訊被寫入到日誌檔案裡。如果交易沒有成功執行完成，資料庫系統會利用日誌的紀錄來恢復舊值，以顯示出好像交易從未執行過一樣。我們將在第 10.4 節進一步討論這些想法。如何確保單元性是由資料庫的**恢復系統 (recovery system)** 所管理，我們將於第 11 章詳細介紹。

- **持續性 (durability)**：一旦交易的執行成功完成且用戶被通知資金轉帳已成功，我們必須確保沒有系統故障會導致資金轉帳資料的遺失。持續性的特性確保一旦交易成功完成，所有更新將在資料庫持續存在，即使在交易完成執行後系統發生故障時也是如此。

    現在我們假設，一個電腦系統的故障可能導致主記憶體中資料的損失，但是寫入磁碟的資料永遠不會消失。如何防護磁碟上資料不消失，將於第 11 章討論。我們可藉由達到以下兩個條件來確保持續性：

1. 此次交易的更新資訊在交易完成之前已經被寫入磁碟。
2. 當資料庫故障重新啟動以後，藉由寫入磁碟的更新資訊足以讓資料庫重新進行更新。

    資料庫的**恢復系統 (recovery system)** 除了確保單元性外，也能確保持續性，將於第 11 章中介紹。

- **隔離性 (isolation)**：即使每項交易可確保一致性和單元性，但假設有多個交易同時執行，它們的運作可能會產生不良的交錯，導致系統不一致。

    如我們於前面所舉例，資料庫可能造成暫時不一致的問題，當從 A 轉帳到 B 的資金交易正在執行，A 的總額扣除 50 元並寫入資料庫，而 B 的總額應該增加 50 元卻尚未寫入資料庫。如果另一個並行運作的交易在此時讀取 A 和 B 餘額值，並且計算 A + B，它將會得到不一致的值。如果往後的交易基於資料庫中不一致的值，在 A 和 B 上執行更新讀取，即使在兩項交易都完成之後，資料庫也可能處於不一致狀態。

    一種避免並行執行交易問題的方法是以循序的方式來執行交易，也就是說以一個接著一個的方式。然而，如同我們將於第 10.5 節所見，同時執行多個交易提供了重要的效能優勢。因此目前已有一些其他的解決方案可以允許多個交易同時執行。

    在第 10.5 節中，我們會討論因為並行執行交易所引起的問題。交易的隔離性確保了交易的並行執行，但依照不同的交易執行順序，可能導致不同的系統狀態。我們將進一步於第 10.6 節討論隔離的原則。確保隔離性是由資料庫系統中稱為**並行控制系統 (concurrency-control system)** 組件所負責。

10.3 儲存結構

為瞭解如何確保交易的單元性和持續性，我們必須要先瞭解資料庫中不同的資料項如何被儲存和讀取。

我們可以得知儲存器可以藉由它們的相對速度、容量，和對於故障時的應變能力來區分，並且分為揮發性儲存器或非揮發性儲存器。我們回顧這些項目，並介紹另一個儲存類別，稱為**穩定儲存器 (stable storage)**。

- **揮發性儲存器 (volatile storage)**：存在於揮發性儲存器的資訊通常無法於當機的狀態下被保存。這種記憶體的例子是主記憶體和快取記憶體。揮發性儲存器存取速度非常快速，因為可以在揮發性儲存器直接取出任何資料項。
- **非揮發性儲存器 (nonvolatile storage)**：儲存於非揮發性儲存器的資訊，即使當機，其儲存的資料也不會消失不見。非揮發性儲存器包括二級存儲設備，如磁碟和快閃記憶體，以及三級儲存設備，如用於歸檔儲存的光學媒介和磁帶。以現今的科技技術，非揮發性儲存器的存取比揮發性儲存器慢，尤其在隨機存取時。二級和三級儲存設備皆容易受故障影響，可能造成資訊的流失。

- **穩定儲存器 (stable storage)**：穩定儲存器是假設當資料寫入一個區塊時，若有錯誤發生，系統必須能夠偵測到並且執行一個恢復的程序，將這個區塊恢復到之前的狀態。因此，存在於穩定儲存器的資訊是永不流失的。雖然穩定儲存器在理論上不可能實現，但它可藉由精密技術，使資料流失的可能性極小。為了執行穩定的儲存，我們會在幾個非揮發性儲存器（通常是磁碟）上用獨立故障模式複製資訊。更新穩定儲存器資料時必須小心，以確保在穩定儲存器更新過程中，不會因故障而導致資訊的流失。第 11.2.1 節討論穩定儲存器的執行。

不同儲存類型之間的實際區別可能不會像我們描述的這麼清楚。例如，某些系統（例如 RAID 控制器）會提供備用電池，以便於某些記憶體可在系統當機和電源故障時可以存活。

為了使交易能夠持續，其改變必須寫入穩定儲存。同樣地，為了維持交易單元性，在對於磁碟資料庫上有任何變化之前，需將日誌紀錄寫入穩定儲存器。顯然地，系統可維持持續性和單元性的程度取決於它執行穩定儲存的穩定度。在某些情況下，磁碟上的單一拷貝被認為是足夠的，但假如應用程式的資料非常有價值，且交易資料非常重要，則需要多重拷貝。

10.4 交易的單元性和持續性

我們前面提到，一個交易不可能總是成功的完成執行。失敗的交易被稱為交易**中止 (aborted)**。如果我們要確保單元性，交易中止時必須對資料庫狀態沒有影響。因此交易中止後必須復原對資料庫所做的任何改變。一旦此中止交易導致的改變被復原，我們可以說這項交易已被**復原 (rolled back)**。管理交易中止是復原機制一部分，這部分通常藉由**日誌 (log)** 的維護來完成。交易進行時，每個由交易產生的資料庫修改會紀錄於日誌中。透過交易進行時所產生修改資料項的識別碼，我們可以將資料項復原回舊值。維護日誌提供重做與修改的可能性，以確保單元性和持續性，而且一旦交易執行發生故障時，可確保其單元性。以日誌為基礎的恢復細節，將於第 11 章中討論。

當一個成功的交易被**提交 (committed)**。這項被提交的交易必須將資料庫更新到一致狀態，即使後來系統發生故障也必須維持持續性。

一旦交易已經提交，我們不能藉由中止此交易來消除效果。唯一消除已提交交易影響的方法是進行**補償交易 (compensating transaction)**。例如，一個交易增加 20 元到帳戶裡，補償交易將從帳戶裡減少 20 元。然而補償交易的撰寫和執行是使用者所負責的,並非由資料庫系統本身所能操作。

我們需要更精確地描述何謂成功的交易。因此建立一個簡單的交易模型。一項交易必定會處於下列狀態之一:

- **主動 (active)**,初始狀態;當交易執行時會停留於此狀態。
- **部分提交 (partially committed)**,此交易最後的語句被執行之後。
- **失敗 (failed)**,當發現此交易無法再繼續正常執行之後。
- **中止 (aborted)**,在交易已被恢復且資料庫已被恢復到交易開始前的狀態後。
- **提交 (committed)**,在交易順利完成之後。

交易一致性的狀態圖可見於圖 10.1。只有當交易已進入提交狀態時,我們才說交易已提交。當一項交易進入中止狀態時,我們說交易已中止。如果交易已提交或已中止,則此交易已**結束 (terminated)**。

一項交易從主動狀態開始,當它完成最後的語句後,就會進入部分提交狀態。此時交易已完成執行,但它仍可能被中止,因為實際輸出可能仍暫時存於主記憶體內,假如發生硬體故障則可能會妨礙其順利完成。

假如該資料庫系統輸出足夠的資訊到磁碟上,即使故障事件發生,當故障後系統重新啟動,交易的更新執行仍可被重新建立。當最後的語句被執行後,交易則進入了提交狀態。

如前所述,我們假設目前故障不會造成磁碟上資料的流失。第 11 章將討論磁碟上資料流失的處理技術。

當系統發現交易因為硬體或邏輯錯誤無法正常執行後,交易將進入故障狀態。這樣的交易必須進行復原,然此交易進入中止狀態。此時該系統有兩種選擇:

- **重新啟動 (restart)** 交易,在交易中止時是因為一些硬體或軟體錯誤,並非交易的內部邏輯錯誤。此時重新啟動的交易將被系統認為是新的交易。

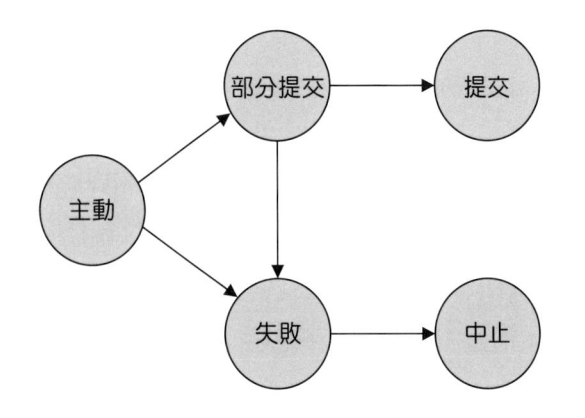

▶ 圖 10.1
一項交易的狀態圖

- **註銷 (kill) 交易**。交易中止時是因為交易的內部邏輯錯誤、錯誤的輸入或是所需資料不存在。只有重新撰寫此應用程式，才能糾正此錯誤。

當交易完成時，系統可能會進行可視外部寫入。我們必須謹慎處理**可視外部寫入 (observable external writes)**，例如將交易結果寫入到使用者的螢幕或發送電子郵件給使用者。一旦這樣的輸出行為發生，其結果不能被刪除，因為此輸出行為已到達資料庫系統的外部。大多數系統只有在交易已進入提交狀態，才允許如此的寫入發生。一種實現此機制的方法是讓資料庫系統暫時儲存和外部寫入相關的資料，植入到一個特別的關聯中，只有交易進入提交狀態時，才會進行實際的寫入動作。假如交易進入提交狀態後，且在進行外部寫入前系統發生故障，系統將重新啟動並使用磁碟中的資料進行外部寫入。

在某些情況處理外部寫入會變得更複雜。例如，某外部行為是自動提款機在分配現金。在現金實際分配前，系統發生了故障。當系統重新啟動時，分配現金是沒有意義的，因為使用者可能已離開機器。在這種情況下的補償交易，如當系統重新啟動時，需要執行在用戶的帳戶裡存放回現金。

又如，假設客戶透過網路訂購商品，該網站的資料庫系統或伺服器有可能在訂購交易提交之後故障，也有可能是在預訂交易提交之後，連接到客戶的網路時發生錯誤。在這兩種情況下，即使交易已經提交，但外部寫入行為並未發生。為了處理上述情況，應用程序必須被設計為當使用者再次連接到此應用程序時，可以看見其交易是否成功。

對於某些應用程序，特別是運行時間長達幾分鐘或幾小時的交易，可能需要允許交易主動的顯示資料給用戶。只不過除非我們願意在交易的單元性上妥協，否則不允許這種可視資料的輸出。

10.5 交易隔離

交易處理系統通常允許多個交易並行運作。我們前面看到，資料庫系統允許多個交易同時更新資料，會導致資料一致性的問題。儘管交易的同時執行需要額外的工作，為了確保一致性，我們讓交易**循序地 (serially)** 運行，也就是說每一個交易在前一個交易完成之後才會開始。允許交易的並行運作有以下兩個好處：

- **提高運載率和資源利用率**。一個交易包含很多步驟，有些涉及 I/O 活動，有些涉及 CPU 活動。在電腦裡的 CPU 和磁碟可以並行運作。因此，I/O 活動可以和 CPU 處理並行，兩者被用來並行處理多項交易。當一個代表一項交易的讀或寫正在磁碟上進行時，另一項交易可在 CPU 裡運行，同時另一個磁碟的讀或寫可代表第三個交易被執行。所有這些都增加了系統的**運載率 (throughput)**，也就是說，在一個指定時間內，交易執行的數量提高，同時處理器和磁碟的**利用率 (utilization)** 也增加。換句話說，該處理器和磁碟不會浪費時間空轉或者不執行工作。

- **減少等待的時間**。系統上交易運行的時間有的短有的長。如果交易循序運作，時間短的交易可能要等待前面時間長的交易完成，因而造成交易運作裡無法預料的延遲。如果交易在資料庫的不同部分同時運作，共享 CPU 週期和磁碟存取，可在運行的交易中降低無法預料的延遲。此外，還會降低**平均回應時間 (average response time)**，以及交易完成的平均時間。

在資料庫使用並行執行的動機，實際上與在作業系統使用**多元程式規劃 (multiprogramming)** 的動機一樣。

當多個交易同時運作時，隔離性可能會遭到侵犯，儘管每個獨立交易皆正確，仍可能造成資料庫的一致性造到破壞。在本節中，我們提出排程的概念，以確保交易在資料庫中執行的隔離性與一致性。

資料庫系統必須控制並行交易之間的互動，以防止它們破壞資料庫的一致性。它們透過**並行控制機制 (concurrency-control schemes)** 來執行。現在，我們把重點放在如何正確地達成一致性。

我們回到之前第 10.1 節簡化銀行系統的例子，包括有數個銀行帳戶和一組可存取和更新帳戶的交易。假設 T_1 和 T_2 為兩項交易，分別代表從一個帳戶轉帳到另一個帳戶。交易 T_1 從帳戶 A 轉帳 50 元到帳戶 B。它定義為：

T_1: read(A);
$A := A - 50$;
write(A);
read(B);
$B := B + 50$;
write(B).

交易 T_2 從帳戶 A 轉帳餘額的 10% 到帳戶 B。它定義為：

T_2: read(A);
$temp := A * 0.1$;
$A := A - temp$;
write(A);
read(B);
$B := B + temp$;
write(B).

並行的趨勢

一些在計算領域的並行趨勢,提高了增加並行運算量的可能。當資料庫系統利用此並行運算提高整體系統效能時,勢必可以增加交易同時運行的數量。

早期的電腦只有一個處理器。因此,在電腦中並沒有任何真正的並行運算。唯一的並行是藉由作業系統在不同的任務或過程中分享處理器運算資源的方式。現代的電腦可能有多個處理器。然而即使是單處理器,可能能夠比一個處理器在同一時間有多個核心運行的還更快。Intel Core Duo 處理器是一個多核處理器的著名例子。

對於資料庫系統,利用多個處理器和多個核心,有兩種途徑可採用。一種是在一個單獨交易或查詢裡進行並行運算。另一種是支持大量的並行交易。

許多服務提供商現在使用大量計算機組成的集合取代大型電腦計算機來提供服務。他們基於低成本為考量做此選擇,且能進一步增加並行度。

書目附註中列有進一步描述這些計算機結構和平行計算演進的書籍。

假設當前 A 帳戶和 B 帳戶的值分別為 1000 元和 2000 元,兩個交易順序為 T_1 在前,T_2 在後。此一執行順序會在圖 10.2 顯示。在圖中指令順序是按時間順序由上到下,且 T_1 的指令顯示在左欄,T_2 的指令顯示在右欄。在圖 10.2 顯示交易執行完成後,帳戶 A 和 B 的最終值,分別為 855 元和 2145 元。因此帳戶 A 和 B 的

▶圖 10.2
排程 1 —— T_1 在前,T_2 在後的循序排程

T_1	T_2
read(A) $A := A - 50$ write(A) read(B) $B := B + 50$ write(B) commit	
	read(A) $temp := A * 0.1$ $A := A - temp$ write(A) read(B) $B := B + temp$ write(B) commit

T_1	T_2
	read(A)
	$temp := A * 0.1$
	$A := A - temp$
	write(A)
	read(B)
	$B := B + temp$
	write(B)
	commit
read(A)	
$A := A - 50$	
write(A)	
read(B)	
$B := B + 50$	
write(B)	
commit	

▶圖 10.3
排程 2 ── T_2 在前，T_1 在後的循序排程

總資金量 $A + B$ 將會維持一定的值。

　　假如交易的順序為 T_2 在前，T_1 在後，相對應的執行順序如圖 10.3 所示。如我們所期待，$A + B$ 的總和維持一定值，A 帳戶和 B 帳戶的最後值分別為 850 元和 2150 元。

　　上述的執行順序稱為**排程 (schedules)**，代表指令在系統裡執行的時間順序。一組交易的排程必須包含所有交易的指令且必須維持每項單獨交易的指令順序。例如，交易 T_1 中，指令寫入 (A) 必須出現在指令讀取 (B) 之前。在接下來的討論中，我們假設第一種的執行順序（T_1 在前，T_2 在後）為排程 1，第二種執行順序（T_2 在前，T_1 在後）為排程 2。

　　這些排程是**循序的 (serial)**，每個循序排程由各個獨立交易的指令組成一連串指令。

　　當資料庫系統同時執行多項交易，相對應的排程不再需要被串連。如果兩項交易同時運行，作業系統可能會先執行第一項交易一陣子，然後進行上下文切換，接著執行第二項交易一段時間，然後再切換回第一項交易一段時間等。如果有多項交易，CPU 時間將在所有交易間所共享，交易將可能產生不同的執行順序，因為兩項交易的各種指令現在可能被交錯。一般來說，資料庫系統不可能精準預測到 CPU 切換到另一項交易之前，有多少個交易指令會被執行。

　　回到我們先前的例子，假設兩項交易同時執行。圖 10.4 表示一個可能的排程。在此狀況交易依 T_1 在前，T_2 在後的順序執行，可得出相同的狀態，$A + B$ 的總和必須維持一定值。

▶圖 10.4
排程 3──並行排程

T_1	T_2
read(A) $A := A - 50$ write(A)	
	read(A) $temp := A * 0.1$ $A := A - temp$ write(A)
read(B) $B := B + 50$ write(B) commit	
	read(B) $B := B + temp$ write(B) commit

然而，並非所有並行執行的結果都會在正確狀態。為了說明這一點，試想圖 10.5 的排程，在這個排程執行之後，可以得到一個最終狀態，A 帳戶和 B 帳戶的最終值分別為 950 元和 2100 元，我們在並行執行的過程額外獲得 50 元。$A + B$ 的總和在這兩項交易執行後並沒有維持一定值，代表此狀態是個不一致的狀態。

如果我們將並行執行的控制權完全交給作業系統，則會出現許多可能的排程，包括那些使資料庫處於不一致狀態的排程都可能出現。因此如何確保任何排程的執行能使資料庫處於一致狀態，將由資料庫系統負責，並且由資料庫系統的**並行控制 (concurrency-control)** 組件負責執行這項工作。

▶圖 10.5
排程 4──並行排程造成不一致狀態

T_1	T_2
read(A) $A := A - 50$	
	read(A) $temp := A * 0.1$ $A := A - temp$ write(A) read(B)
write(A) read(B) $B := B + 50$ write(B) commit	
	$B := B + temp$ write(B) commit

我們藉由確認任何排程的執行最後是否具有相同狀態,來保證資料庫在並行執行之下的一致性,就好像排程可以在沒有並行執行下發生。也就是說,假如排程等價於一個循序排程,這樣的排程稱為**可循序 (serializable)** 排程。

10.6 可循序性

在討論資料庫系統的並行控制組件如何確保交易排程的可循序性前,我們應先知道排程是如何確保循序性的。一般來說,一個循序排程是具有可循序性的,但如果一個循序排程有多個交易步驟交錯,就很難判斷排程是否符合可循序性。因為交易是一個程式,很難判斷交易進行哪些操作,以及各個交易的操作將如何互相影響。因此,我們不考慮一項交易可以對資料項採取各種不同的操作類型,而只考慮兩種操作:讀取和寫入。我們假設一項交易在對於資料項 Q 進行讀取 (Q) 指令和寫入 (Q) 指令之間,對於儲存於此交易緩衝區的 Q 值進行任意的操作。在此簡單模型中,交易運作最重要的地方在於它的讀取和寫入指令,因此我們所舉例的排程上只會顯示讀取和寫入的指令,如同我們於圖 10.6 排程 3 所示。而提交操作的細節我們將在第 10.7 節討論。

在本節中,我們將討論不同形式的排程,並且著重於**衝突的可循序性 (conflict serializability)**。

我們假設一個排程 S,其中有兩個連續的指令 I 和 J,分別屬於交易 T_i 和 T_j。如果 I 和 J 涉及不同的資料項,則我們可以於不影響排程任何指令下,交換 I 和 J 的順序。然而,如果 I 和 J 存取的是相同資料項 Q,則這兩個步驟的順序可能會互相影響。我們針對讀取和寫入指令列出以下可能發生的四種情況:

- $I = \text{read}(Q)$,$J = \text{read}(Q)$。此狀況下 Q 的相同值被 I 和 J 讀取,而 I 和 J 皆為讀取指令。所以 I 和 J 的執行順序對於 Q 值不會造成任何影響。

T_1	T_2
read(A)	
write(A)	
	read(A)
	write(A)
read(B)	
write(B)	
	read(B)
	write(B)

▶圖 10.6
排程 3——只顯示讀取和寫入指令

- I = read(Q)，J = write(Q)。假如 I 的順序在 J 之前，則 I 將無法讀取由 J 所寫入的 Q 值。假如 J 的順序在 I 之前，I 將會讀取由 J 寫入的 Q 值。在此狀況下，I 和 J 的順序對於 Q 值是有影響的。
- I = write(Q)，J = read(Q)。I 和 J 的執行順序對於 Q 值是有影響的，與先前的情況原因類似。
- I = write(Q)，J = write(Q)。由於這兩個指令是屬於寫入操作，雖然這些指令的順序不會直接影響 T_i 或 T_j，但會影響下一個排程 S 進行讀取 (Q) 指令時所獲得的 Q 值。如果在 I 和 J 之後沒有其他寫入 (Q) 指令，則 I 和 J 的順序將會直接影響資料庫最後的 Q 值。

只有在 I 和 J 兩者皆為讀取指令時，它們的執行相對順序不會對 Q 值有任何影響。

當 I 和 J 在運作時存取相同的資料項且交易指令包含了寫入操作時，我們稱為指令**衝突 (conflict)**。

為了說明衝突指令的概念，我們以圖 10.6 的排程 3 舉例說明。T_1 的寫入 (A) 指令和 T_2 的讀取 (A) 指令因為存取相同的資料項而發生衝突。然而，T_2 的寫入 (A) 指令並不會與 T_1 的讀取 (B) 指令發生衝突，因為這兩種指令存取的是不同的資料項。

假設 I 和 J 為排程 S 的連續指令。如果 I 和 J 是不同交易的指令且 I 和 J 並不衝突，則可隨意交換 I 和 J 的順序，而產生一個新的排程 S'。S 和 S' 是等價排程，因為除了 I 與 J 之外，兩個排程中的指令順序完全一樣，而且指令的順序在 I 與 J 中對於最終結果是沒有影響的。

圖 10.6 排程 3 中 T_2 的寫入 (A) 指令和 T_1 的讀取 (B) 指令並不衝突，我們可以交換這些指令的順序並產生對應的排程，如圖 10.7 排程 5 所示。無論初始系統狀態為何，排程 3 和排程 5 兩者皆能產生相同的最終系統狀態。

其他順序可交換但不造成衝突的指令：

▶圖 10.7
排程 5──排程 3 的一對指令的交換後

T_1	T_2
read(A)	
write(A)	
	read(A)
read(B)	
	write(A)
write(B)	
	read(B)
	write(B)

- 用 T_2 的讀取 (A) 指令交換 T_1 的讀取 (B) 指令。
- 用 T_2 的寫入 (A) 指令交換 T_1 的寫入 (B) 指令。
- 用 T_2 的讀取 (A) 指令交換 T_1 的寫入 (B) 指令。

我們可以看到圖 10.8 排程 6 所示，這些交換的最終結果表示這是一個循序排程。假設排程 S 與其他某個循序排程是「等價」的，則排程 S 一定是可循序的排程。由於排程 1 與排程 6 是一個循序排程，我們可以得知排程 3 等價於一個循序排程。因為無論資料庫的初始系統狀態為何，排程 3 和其他等價的循序排程將產生相同的最終狀態。

任兩個相衝突的動作，若它們在兩種排程中的執行順序都相同，則這兩種排程被視為是**衝突等價 (conflict equivalent)**。

並非所有的循序排程彼此間都是衝突等價。例如，排程 1 與排程 2 是不衝突等價 (conflict equivalent)。

衝突等價的概念引導出了衝突可循序性的概念。如果排程 S 衝突等價於一個循序排程，我們可以說排程 S 具有**衝突可循序性 (conflict serializable)**。排程 3 衝突等價於循序排程 1，因此我們可以說排程 3 具有衝突可循序性。

最後，我們可以看到圖 10.9 的排程 7，包含了交易 T_3 和 T_4 的讀取和寫入，而此排程是不具有衝突可循序性的，因為它並不等價於循序排程 <T_3, T_4> 或 <T_4, T_3>。

我們現在提出一個簡單且有效的方法來判斷一個排程的衝突可循序性。利用

T_1	T_2
read(A)	
write(A)	
read(B)	
write(B)	
	read(A)
	write(A)
	read(B)
	write(B)

▶圖 10.8
排程 6——一個等價於排程 3 的循序排程

T_3	T_4
read(Q)	
	write(Q)
write(Q)	

▶圖 10.9
排程 7

排程 S 來建構一個有向圖，稱為**優先順序圖 (precedence graph)**。此圖包括一對 $G = (V, E)$，其中 V 是一組頂點，而 E 是一組邊緣。該組頂點包括排程內所有參與的交易；邊緣組包含了所有的邊緣。當符合以下三個條件其中之一時，我們可以說 $T_i \to T_j$ 成立：

1. 在 T_j 執行讀取 (Q) 之前，T_i 執行寫入 (Q)。
2. 在 T_j 執行寫入 (Q) 之前，T_i 執行讀取 (Q)。
3. 在 T_j 執行寫入 (Q) 之前，T_i 執行寫入 (Q)。

如果排程 S 的優先順序圖存在著一個邊緣 $T_i \to T_j$，則當循序排程 S' 等價於 S 時，T_i 必須出現於 T_j 之前。

以圖 10.10a 排程 1 的排程優先順序圖為例，顯示 T_1 和 T_2 間形成一個單獨邊緣 $T_1 \to T_2$，在 T_2 的第一個指令執行之前 T_1 的所有指令被執行完畢。同樣地，圖 10.10b 顯示排程 2 的優先順序圖有著單獨邊緣 $T_2 \to T_1$，因為在 T_1 的第一個指令執行之前，T_2 的所有指令被執行完畢。

排程 4 的優先順序圖，顯示於圖 10.11。它包含邊緣 $T_1 \to T_2$，因為在 T_2 執行寫入 (A) 之前，T_1 執行讀取 (A)。它還包括邊緣 $T_2 \to T_1$，因為在 T_1 執行寫入 (B) 之前，T_2 執行讀取 (B)。

如果 S 的優先順序圖包含有一個循環，則排程 S 是不具有衝突可循序性的。如果圖中沒有循環，則排程 S 具有衝突可循序性。

我們可以藉由從優先順序圖的**可循序順序 (serializability order)** 找到一個一致的線性順序，這個過程稱為**拓撲排序 (topological sorting)**。在一般情況下，透過拓撲排序我們還可以找到幾種可能的線性順序。例如，圖 10.12a 有兩個可接受的線性順序顯示於圖 10.12b 和 10.12c。

▶ 圖 10.10
為 (a) 排程 1 和 (b) 排程 2 的優先順序圖

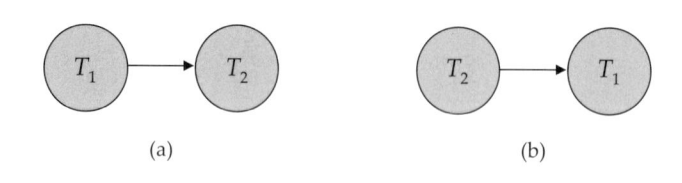

▶ 圖 10.11
為排程 4 的優先順序圖

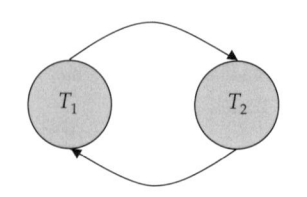

▶ 圖 10.12
拓撲排序的說明

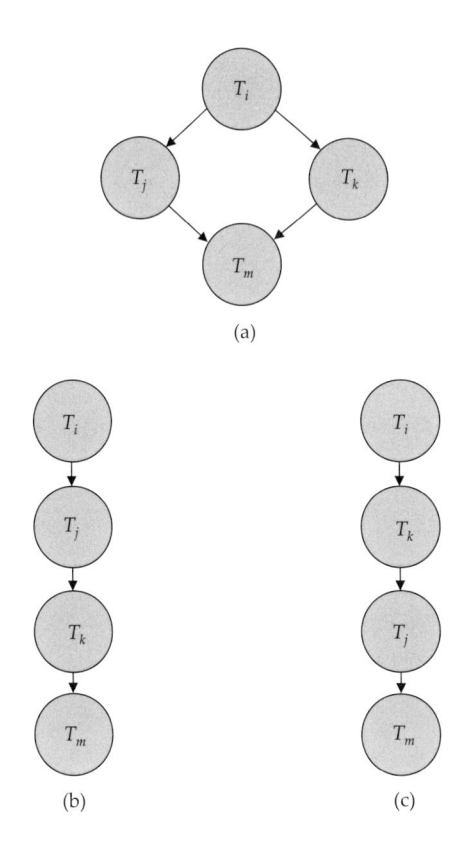

因此，為了測試衝突可循序性，我們建造優先順序圖以及使用循環檢測演算法。循環檢測演算法可以在演算法教科書上找到。循環檢測演算法基於深度優先搜尋的方法，需要 n^2 操作的順序，其中 n 是圖中頂點的數量（即，交易數量）。

回到我們先前的例子，圖 10.10 中排程 1 和排程 2 的優先順序圖中不包含循環，說明這兩個排程是具有衝突可循序性的。圖 10.11 中排程 4 的優先順序圖，則包含一個循環，這說明這個排程是不具有衝突可循序性的。

可能有兩個排程產生同樣的結果，但卻沒有等價衝突。如圖 10.13 排程 8 中所示，交易 T_5 從帳戶 B 轉帳 10 元到帳戶 A。我們可以知道排程 8 對於循序排程 <T_1, T_5> 沒有等價衝突，但在排程 8 中 T_5 的寫入 (B) 指令和 T_1 的讀取 (B) 指令衝突，這將在優先順序圖產生一個邊 $T_5 \rightarrow T_1$。同樣地，我們看到 T_1 的寫入 (A) 指令和 T_5 的讀取指令衝突，並在優先順序圖創造了一個邊 $T_1 \rightarrow T_5$。這代表此優先順序圖包含一個循環且排程 8 不具有循序性。然而，不管是排程 8 的執行或是循序排程 <T_1, T_5>，A 帳戶和 B 帳戶的最終值都是一樣的，分別為 960 元和 2040 元。

我們從這個例子可以看到，排程等價的定義比衝突等價較不嚴格。我們必須藉由分析 T_1 和 T_5 計算過程，來得知排程 8 與循序排程 <T_1, T_5> 為什麼會產生相同

10 交易 383
CHAPTER

▶圖 10.13
排程 8

T_1	T_5
read(A) $A := A - 50$ write(A)	
	read(B) $B := B - 10$ write(B)
read(B) $B := B + 50$ write(B)	
	read(A) $A := A + 10$ write(A)

的結果,而不是只針對交易的讀取和寫入操作順序作分析。在一般情況下,這種分析是難以實現且成本昂貴的。在這個例子中,一個循序排程最後會造成相同的結果,因為數學上加法和減法的交換性。雖然這可能發生在我們所舉的例子中,但在實際情況下並非如此容易,因為一項交易會被表示為一個複雜的 SQL 語句或是一個使用 JDBC 的 Java 程式。

在兩個排程中,當這些交易的每一個讀取動作所讀取的是同一個寫入動作時,這些寫入動作就會產生相同的結果,這種排程稱為檢視等價 (view equivalence)。假如排程與某個循序排程是檢視等價的,則它被稱做有檢視可循序性 (view serializability)。檢視可循序性因其高度的計算複雜度,因此無法在實際狀況使用。

10.7 交易隔離和單元性

到目前為止,我們都假定交易進行時不存在失敗。而我們現在將討論並行執行時,交易失敗將會造成的影響。

假設 T_j 讀取了一個由 T_i 寫入的資料項時,可以說 T_j 依賴於 T_i。如果一個交易 T_i 失敗了,無論什麼原因,我們需要撤消此交易對資料庫造成的改變,以確保交易的單元性。為了系統在並行運作時達到單元性,當 T_i 失敗時,所有依賴於 T_i 的交易必須被中止。要做到這一點,我們需要限制在系統中被允許的排程類型。

在接下來的兩個小節中,我們將從如何恢復失敗交易的觀點,提出可接受的排程。

10.7.1 可恢復排程

我們可以參考圖 10.14 中的排程 9，其中 T_7 執行了一條讀取 (A) 指令，我們稱此為**部分排程 (partial schedule)**，而在此之前 T_6 並未進行提交或**中止**操作。當 T_7 執行完讀取 (A) 指令後，T_7 將進行提交。現在我們假設 T_6 於提交前失敗，而 T_7 已讀取了由 T_6 寫入的資料項 A 值。因此，我們說 T_7 是**依賴 (dependent)** T_6 的。為確保單元性，我們必須中止 T_7，但此時 T_7 已提交，無法進行交易的中止。在這種情況下，排程 9 無法從 T_6 的失敗中正確恢復。

排程 9 就是一個不可恢復排程的例子。**可恢復排程 (recoverable schedule)** 的定義是，當 T_j 讀取一個先前由 T_i 寫入的資料項時，T_i 的提交操作必須出現於 T_j 的提交操作之前。若要排程 9 成為一個可恢復排程，交易 T_7 必須延後提交，直到交易 T_6 提交之後，T_7 才進行提交的動作。

10.7.2 非連鎖排程

即使一個可恢復的排程可從交易 T_i 的失敗中正確地恢復，但如果有好幾項交易讀取了由 T_i 寫入的資料，我們可能必須要撤回好幾項交易。以圖 10.15 的局部排程為例，交易 T_8 寫入一個由交易 T_9 所讀取的 A 值。交易 T_9 寫入一個由交易 T_{10} 所讀取的 A 值。假設交易 T_8 失敗，T_8 必須撤回。由於 T_9 依賴於 T_8，T_9 也必須撤回。由於 T_{10} 依賴於 T_9，T_{10} 也必須撤回。這種其中一個獨立交易失敗會導致

T_6	T_7
read(A)	
write(A)	
	read(A)
	commit
read(B)	

▶圖 10.14
排程 9，不可恢復的排程

T_8	T_9	T_{10}
read(A)		
read(B)		
write(A)		
	read(A)	
	write(A)	
		read(A)
abort		

▶圖 10.15
排程 10

一系列的交易撤回的現象，被稱為**連鎖撤回 (cascading rollback)**。

然而連鎖撤回對於交易的進行是不理想的，因為它可能導致了一定數量工作被撤回。非連鎖排程對排程的限制，可確保排程的連鎖撤回不會發生。假設 T_j 讀取了 T_i 所寫入的資料項，而 T_i 的提交操作出現於 T_j 的讀取操作之前，這就是一個**非連鎖排程 (cascadeless schedule)**。由此我們可以得知一個非連鎖排程同時也是一個可恢復排程。

10.8 交易隔離級別

可循序性的概念允許程式設計師於撰寫交易時，可忽略有關一致性的問題。如果每一筆交易在其單獨執行時可維持資料庫的一致性，則可循序性可確保交易在並行執行時的一致性。在這種情況下，為確保資料庫的正確性而使用較弱級別的一致性，將增加程式設計師在撰寫交易時的額外負擔。

SQL 標準允許交易以一個非循序性的執行方式被執行。舉例來說，一項交易可能操作於**未提交讀取 (read uncommitted)** 的隔離級別，它允許交易讀取尚未提交的交易所寫入之資料項。如果這些交易以可循序的方式執行，可能會干擾其他交易，而造成其他交易執行延遲。

由 SQL 標準具體指定的隔離級別如下：

- **可循序讀取 (serializable read)**：將被一個接著一個循序地執行，而不是並行的執行。不過，使用這個級別的應用必須準備在循序化失敗的時候重新發動交易。
- **可重複讀取 (repeatable read)**：交易只允許已提交的資料被其他交易讀取。但為確保每一個交易讀取到相同的資料，其他交易僅能讀取資料，不能進行資料的更新。因此，此交易相對於其他交易可能無法達到循序性。
- **提交讀取 (read committed)**：交易只允許已提交的資料被讀取，但不能重複讀取。例如，兩個交易對同一個資料項讀取時，另一項交易有可能更新資料項和提交交易。
- **未提交讀取 (read uncommitted)**：此隔離級別下，允許未提交的資料被其他交易讀取。這是 SQL 所允許的最低隔離級別。

以上所有的隔離級別皆不允許**髒寫入 (dirty writes)** 的發生，也就是說，它們禁止寫入的資料項被另一個尚未提交或中止的交易所寫入。

許多資料庫系統運行，預設值都是使用提交讀取的隔離級別。在 SQL 語法中可以明確地設定隔離級別，而不是只能接受系統的預設值。例如，Oracle、PostgreSQL 和 SQL 伺服器皆支援「**set transaction isolation level serializable**」語句將隔離級別設定成循序性讀取。DB2 使用「**change isolation level**」語法改變隔離級別。

要改變隔離級別時，必須放在交易開頭的第一個語句處理。在預設的情況下，單獨語句的自動提交必須關閉。在連線 JDBC 所用的 method 中，Set TransactionIsolation(int level) 可被使用於設置隔離級別；詳情請參見 JDBC 手冊。

應用程式設計師可決定使用一個較弱的隔離級別來提升資料庫系統效能。正如我們將於第 10.9 節所見，確保可循序性可能強迫一項交易先等待其他的交易，或在某些情況下，交易可能被中止，因為交易可能成為可循序性執行的一部分而不再執行。假如我們可以保證不一致狀態與應用程式無關，為了系統的效能，可以短視資料庫一致性的風險。

實施隔離級別的方式有很多。假如能確保可循序性，資料庫應用程式的程式設計師或者應用程序的用戶只需專注於處理執行效能問題，不需要知道這些執行的細節。事實上一些資料庫系統使用較弱的隔離級別，可能發生非循序執行的情形；我們於第 10.9 節會再討論。假如我們使用較弱的隔離級別，應用程式設計師必須知道交易執行的一些細節，以避免或減少因為缺乏可循序性而導致資料庫異動的不一致。

現實世界的可循序性

可循序性排程是確保一致性的理想方式，但在日常生活中我們無法這樣嚴格的要求。一個提供商品出售的網站可能會列出目前有現貨的項目，而使用者從挑選項目到結帳離開的過程中，該項目可能已經賣光了。從資料庫的角度來看，這將會是一個不可重複讀取。

又如：我們以搭機時選擇座位為例子，假設一位旅客已預訂了行程，目前正要選擇每個航班的座位。許多航空公司的網站允許使用者於各種航班中選擇座位，選擇完成後使用者會必須確認其選擇。此時其他旅客可能也在選擇座位或是更改座位，所以旅客顯示的空位數實際上是一直變動的，但當旅客開始座位選擇程序時，旅客所取得的是空位快照。

即使兩名旅客在同時在選擇座位，他們有可能會選擇不同的座位，如果是這樣就沒有衝突發生。但交易是非循序性的，因為每位旅客已讀取相同的資料，導致優先順序圖裡的循環。如果兩位旅客同時執行座位選擇也確實選了相同的座位，其中一人將無法得到他們選擇的座位；最簡單的解決方式是即時的更新空位資訊，並且要求旅客再次選擇坐位。

一次只允許一位旅客於特定航班選擇座位，可以達到循序性。但是這樣做可能會導致重大延誤，旅客可能因為選擇空位必須等待航班，尤其是花大把時間做選擇的旅客，會造成其他旅客嚴重的困擾。因此，這種類型的交易通常被分開執行，一部分為客戶互動的部分，另一部分交易運行於資料庫的部分。在上述例子中，資料庫交易將檢查被使用者所選擇的座位是否仍空著，隨後才更新資料庫中座位資訊。在資料庫執行的交易必須確保可循序性，而不需要用戶的互動。

10.9 隔離級別的實施

到目前為止，我們介紹了排程必須擁有哪些特性，使得交易在進行時，資料庫處於一致狀態且能在安全方式下處理交易失敗。

而當多個交易並行執行時，我們可以使用各種**並行控制 (concurrency-control)** 策略以確保多個交易執行的一致性，並且產生可接受的排程。

我們舉一個並行控制策略的簡單例子：在一項交易被提交之前，其取得一個對整個資料庫的**鎖 (lock)**。此交易持有鎖，且其他交易不可獲得此鎖，所有交易必須等待此鎖被釋放。由於這種鎖定策略，一次只有一項交易可以被執行。因此，在此策略下只有循序排程會被產生且這個排程是可循序性、可恢復、非連鎖的。

但像這樣的並行控制策略會導致效能不佳，因為它強迫其他交易要等待目前的交易完成才可開始。事實上，這種策略根本沒有並行。

並行控制策略的目標是提供一個高度的並行性，同時確保所有排程皆為衝突可循序性、檢視可循序性、可恢復的和非連鎖的排程。

在這個章節我們將描述一些重要的並行控制機制運作方式。

10.9.1 鎖定

相對於鎖定整個資料庫,交易可能只鎖定那些資料項的存取。在這樣的策略之下,交易為確保可循序性必須鎖定夠長的時間,但鎖定的時間也要夠短,才不會過度影響效能。SQL 語句是個複雜的問題,就像我們將在第 10.10 節所見,哪個資料項被存取是取決於 **where** 子句。

為了進一步改善鎖定的結果,我們將介紹兩種鎖:共享鎖和獨占鎖。共享鎖用於交易讀取的資料,而獨占鎖用於寫入資料時。許多交易在同一時間的相同資料項裡可容納共享鎖,但只有在沒有其他交易於資料項持有任何鎖(無論是否共享或獨占)時,才允許交易於資料項使用獨占鎖。這兩種鎖的使用模式不僅允許並行資料的讀取,同時還能確保可循序性。

10.9.2 時戳

另一個用來實現隔離的技術,為每項交易開始時指定一個**時戳 (timestamp)**。每個資料項有兩種時戳。資料項的讀取時戳為最近讀取交易資料項的時戳。資料項的寫入時戳為交易寫入資料項時當下產生的時戳。時間戳是用來確保有存取衝突時,交易可依交易時戳的順序來存取每個資料項。

10.9.3 多版本與快照隔離

藉著維護一個資料項的多個版本,可以允許交易讀取資料項的舊版本,而不是讀取未提交交易或循序交易裡所寫入的更新版本。並行控制有不同種類的多版本技術。其中被廣泛應用的稱為**快照隔離 (snapshot isolation)**。

快照隔離的定義是當每一筆交易開始時,它擁有它自身對資料庫版本或快照。它由專用版本讀取資料,也因此會被其他交易對資料庫的更新所隔離出來。如果此交易更新資料庫,該更新只出現於自身版本,而非於實際的資料庫本身。這些更新訊息會被保存,以便當交易被提交時可以被應用到「真正」的資料庫。

當一個交易 T 進入部分提交狀態時,只有在沒有其他交易修改資料需要 T 更新時,它才會繼續進入提交狀態。

快照隔離可確保嘗試讀取資料時不用像鎖定那樣必須等待。進行讀取的交易不會被中止,而那些進行修改資料的交易才可能有中止的風險。由於每項交易皆讀取自身的版本或資料庫的快照,所以不像鎖定需要等待其他交易。只讀取資料的交易不需要後續的更新動作。因此這個方法相較於鎖定更能改善效能。

矛盾的是，快照隔離的問題是它提供了太多的隔離。假設兩個交易 T 和 T' 循序執行，無論是 T 看到由 T' 所做的所有更新，還是 T' 看到由 T 所做的所有更新，它們因為在循序順序裡，所以必須一個接著一個。在快照隔離中，有一個情況是兩個交易都無法看到其他交易所做的更新。這種情況在循序執行裡是不會發生的。事實上，由兩項交易的資料存取並不衝突且沒有問題。但如果 T 讀取一些由 T' 更新的資料項，且 T' 讀取一些由 T 更新的資料項，則有可能使得雙方交易無法讀取對方的更新。

Oracle、PostgreSQL 和 SQL 伺服器皆提供快照隔離的選擇。Oracle 和 PostgreSQL 使用快照隔離實現了**可循序性 (serialzable)** 的隔離級別，因此在例外情況下循序性的執行可以允許非連續執行。SQL 伺服器提出一個超越標準的額外隔離級別，稱為**快照 (snapshot)**。

10.10 | 如同 SQL 語句的交易

我們以讀取和寫入的簡單模型描述了交易為了確保 ACID 特性的一些議題，現在我們將會描述當交易被具體表示為一連串 SQL 語句時，該如何確保這些 ACID 特性。

在我們的簡單模型中，假設存在著一組資料項，雖然我們的簡單模型允許資料項的值被改變，但它並沒有允許資料項創建或刪除。但是在 SQL 語句中包含了 **insert** 語句用來創建新的資料以及 **delete** 語句可用來刪除資料。實際上，這兩個語句是寫入操作，因為它們改變了資料庫，但與其他交易行為之間的互動，跟我們在簡單模型看到的不一樣。舉例來說，我們看到以下 SQL 語法查詢在大學資料庫找到收入超過 90,000 元的所有教師。

> **select** *ID*, *name*
> **from** *instructor*
> **where** *salary* > 90000;

請參考以下 *instructor* 關聯的範例，我們發現只有 Einstein 和 Brandt 符合條件。現在假設我們正進行查詢的同一時間，其他使用者插入一個名為「James」的新教師，薪水是 100,000 元。

> **insert into** *instructor* **values** ('11111', 'James', 'Marketing', 100000);

ID	name	dept_name	salary
10101	Srinivasan	Comp. Sci.	65000
12121	Wu	Finance	90000
15151	Mozart	Music	40000
22222	Einstein	Physics	95000
32343	El Said	History	60000
33456	Gold	Physics	87000
45565	Katz	Comp. Sci.	75000
58583	Califieri	History	62000
76543	Singh	Finance	80000
76766	Crick	Biology	72000
83821	Brandt	Comp. Sci.	92000
98345	Kim	Elec. Eng.	80000

▶圖 10.16
instructor 關聯

我們的查詢結果是否會有所不同取決於這插入的動作是否先於或晚於我們查詢的動作。在這些交易的並行執行時，我們很清楚得知它們發生了衝突，但這衝突非由我們的簡單模型所能掌控。這種情況稱為**幻象現象 (phantom phenomenon)**，因為衝突可能存在於「幻象」的資料中。

我們交易的簡單模型中以一個具體的資料項當作運作的參數，藉由觀察讀取和寫入的步驟能夠瞭解哪個資料項被引用。但在 SQL 語句中具體的資料項（元組）引用是由 **where** 子句所設條件所決定。因此同樣的交易，如果運行不只一次，倘若資料庫中的值於運行之間改變，每次運行時可能會引用不同的資料項（元組）。

為了處理上述問題，並行控制不能只考慮由交易所存取資料項（元組），交易所存取資料項的資訊必須考慮並行控制的目的，資料經過插入或刪除，甚至搜尋鍵屬性更新後可以被更新。例如，如果我們使用鎖定來進行並行控制，用來追蹤資料項（元組）的資料結構以及索引結構必須適當地鎖定。然而，在某些情況下這種鎖定方式可能會導致不良的並行性。

讓我們重新審視這個查詢：

select *ID, name*
from *instructor*
where *salary*> 90000;

我們現在考慮一個有趣的情況，我們想得知查詢語句是否會與更新語句衝突。假設我們的查詢讀取整個教師關聯，然後它讀取 Wu 的資料項並且和更新衝突。

然而，如果索引值是有效的，並且允許我們查詢直接存取到薪資大於 90000 的資料項，則我們的查詢根本不會存取 Wu 的資料，因為 Wu 的薪資最初在我們教師關聯的例子裡是 90,000 元，並於更新後減少到 81,000 元。由上述方法可得知衝突的產生是因為系統的低級別查詢處理，與兩個 SQL 語句的用戶級別觀點無關！假如衝突可能會影響被謂詞所選擇的資料項（元組），一種並行控制的處理方式是把插入、刪除或更新當作關聯中的衝突謂詞。以我們上述查詢為例，謂詞是「薪資 > 90000」，假如我們將 Wu 的薪資更新從 90,000 元到一個比 90,000 元還大的值，或者將 Einstein 的薪資從比 90,000 元大的值更新到比 90,000 元少或等於的值，將會與這謂詞衝突。基於這種方法的鎖定策略稱為**謂詞鎖 (predicate locking)**，而謂詞鎖的成本過於昂貴，現實中不會被使用。

10.11 總結

- 交易是程式執行的單位，將會存取且可能更新不同的資料項。瞭解交易的概念是重要的，以此方式執行資料庫的資料更新，並行執行和各種失敗不會造成資料庫變成不一致的狀態。
- 交易必須具備的 ACID 特性：單元性、一致性、隔離性和持續性。
  - 單元性：確保交易的整個影響反映於資料庫，或是什麼都不做。假如交易發生失敗，則不能使資料庫處於一個交易部分已執行的狀態。
  - 一致性：如果資料庫起初是一致的狀態，則交易的執行仍會使資料庫處於一致狀態。
  - 隔離性：並行執行的交易彼此隔離，使其沒有其他交易與其並行執行的效果。
  - 持續性：一旦交易被提交，即使系統發生失敗，該交易的更新不會流失。
- 交易的並行執行提高了交易吞吐量和系統利用率，同時也減少了交易的等待時間。
- 電腦中有各種儲存器，如揮發性儲存器，非揮發性儲存器和穩定儲存器。在揮發性儲存器的資料，於電腦當機後會消失，如 RAM。在非揮發性儲存器的資料，於電腦當機時不會消失，但是有時候可能會因為故障損壞而消失，如磁碟。而在穩定儲存器的資料永遠不會消失。
- 穩定儲存器必須於線上存取並且與鏡像磁碟或 RAID 的其他形式類似，用以提供冗餘資料儲存。離線或檔案的穩定儲存可能包含多個資料的磁帶拷貝並且儲存於安全的地方。
- 當多個交易於資料庫並行執行時，可能無法確保資料的一致性。
  - 因此系統必須控制並行交易間的互動。由於交易是一個保持一致性的單位，交易的循序執行確保了資料的一致性。

- 我們透過排程可得知影響交易並行運作的關鍵行為，如讀取和寫入操作。
- 循序性的概念為在一些交易並行執行時，假設這個排程與某個循序排程是等價的，則它一定是可循序的。有幾種不同等價概念導致衝突可循序性與檢視循序性概念。
- 由並行執行交易所產生的循序排程可被確保通過並行控制政策。
- 我們可以從一個給定排程所建構優先順序圖來尋找是否包含循環，以測試是否為衝突可循序性。但是，有更有效的並行控制策略可確保可循序性。
- 排程必須是可恢復排程。假如交易 a 受到交易 b 的影響，交易 b 後來中止，則交易 a 也會中止。
- 非連鎖排程使得交易中止，也不會造成其他交易的連鎖撤回。非連鎖排程只允許交易讀取已提交的資料。
- 在資料庫的並行控制管理組件是負責處理並行控制策略。

關鍵詞

- 交易 (Transaction)
- ACID 特性 (ACID properties)
  - 單元性 (Atomicity)
  - 一致性 (Consistency)
  - 隔離性 (Isolation)
  - 持續性 (Durability)
- 不一致狀態 (Inconsistent state)
- 儲存類型 (Storage Type)
  - 揮發性儲存器 (Volatile storage)
  - 非揮發性儲存器 (Nonvolatile storage)
  - 穩定儲存器 (Stable Storage)
- 並行控制系統 (Concurrency-control system)
- 恢復系統 (Recovery system)
- 交易狀態 (Transaction state)
  - 主動 (Active)
  - 部分提交 (Partially committed)
  - 失敗 (Failed)
  - 中止 (Aborted)
  - 提交 (Committed)
  - 終止 (Terminated)
- 交易 (Transaction)
  - 重新啟動 (Restart)
  - 註銷 (kill)
- 可視外部寫入 (Observable external writes)
- 並行執行 (concurrent executions)
- 循序執行 (Serial execution)
- 排程 (Schedules)
- 操作的衝突 (Conflict of operations)
- 衝突等價 (Conflict equivalence)
- 衝突可循序性 (Conflict serializability)
- 循序性測試 (Serializability testing)
- 優先順序圖 (Precedence graph)
- 可循序順序 (Serializability order)
- 可恢復排程 (Recoverable schedules)
- 連鎖撤回 (Cascading rollback)
- 非連鎖排程 (Cascadeless schedules)
- 並行控制 (Concurrency-control)
- 鎖定 (Locking)
- 多版本 (Multiple versions)
- 快照隔離 (Snapshot isolation)

實作題

10.1 假設有一個資料庫系統從來沒有失敗過，則此系統需要恢復管理者嗎？

10.2 考慮一個檔案系統的運作過程。
   a. 檔案的創建、刪除以及寫入資料到檔案中包含哪些步驟？
   b. 試解釋單元性以及持續性與檔案的建立、刪除、寫入資料到檔案中的關係。

10.3 試解釋為什麼資料庫系統執行者需要比檔案系統執行者更專注於 ACID 特性？

10.4 試著證明以下敘述：交易並行執行時，資料必須取自於磁碟或交易時間長時是重要的，而於資料存於記憶體且交易時間短時較不重要。

10.5 由於每個衝突可循序性的排程皆是檢視可循序性，為什麼我們強調衝突可循序性，而不是檢視可循序性？

10.6 參考圖 10.17 的優先順序圖。此排程是衝突可循序性的嗎？請說明。

10.7 什麼是非連鎖排程？為什麼非連鎖排程是可取的？在什麼情況下，會允許非連鎖排程？請說明。

10.8 更新丟失 (lost update) 異常的發生原因是假設交易 T_j 先讀取了某個資料項，然後另一個交易 T_k 寫入了此資料項後，T_j 也寫入了資料項。此時由 T_k 執行的更新已經丟失，因為由 T_j 所做的更新忽略由 T_k 寫入的值。
   a. 舉一個有關排程更新丟失異常的例子。
   b. 舉一個排程的例子，顯示在**提交讀取 (read committed)** 隔離級別可能造成的更新丟失異常。
   c. 解釋為什麼更新丟失異常在**可重複讀取 (reatable read)** 隔離級別是不可能的。

10.9 假設某銀行的資料庫系統使用快照隔離。試描述於非循序執行發生時，銀行可能會出現的問題。

10.10 假設某航空公司的資料庫系統使用快照隔離。試描述於非循序執行發生時，航空公司為了增加整體的效能可能願意接受的情節。

10.11 假設一個排程可完全依時間順序操作。試想一個資料庫系統運行於多個處理器的系統，它不可能在不同的處理器的操作間建立一個確切順序。不過，於資料項上的操作可以全然有序。上述情況是否會造成衝突可循序性定義的問題？請說明。

▶ 圖 10.17
供 10.6 習題演練的優先順序圖

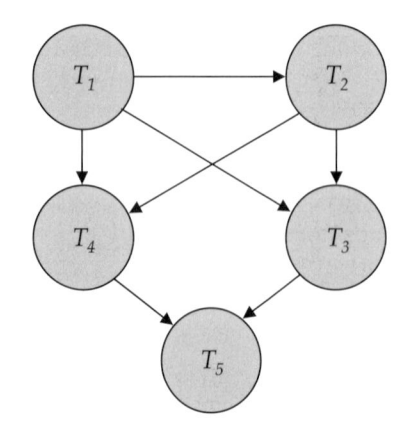

練習

10.12 列出 ACID 特性，並解釋每項的用處。

10.13 交易在執行期間會經過幾個狀態，直到最後提交或中止。列出交易過程所有可能的狀態並解釋每個狀態可能發生的原因。

10.14 解釋名詞，循序排程和可循序排程的區別為何。

10.15 試想以下兩筆交易：

T_{13}: read(A);
　　　read(B);
　　　if $A = 0$ then $B := B + 1$;
　　　write(B).
T_{14}: read(B);
　　　read(A);
　　　if $B = 0$ then $A := A + 1$;
　　　write(A).

假設初始值設 $A = B = 0$，且一致性的要求是 $A = 0 \vee B = 0$。

a. 涉及這兩項交易每個循序執行如何確保資料庫的一致性。

b. T_{13} 和 T_{14} 並行執行時，如何產生非循序排程。

c. T_{13} 和 T_{14} 的並行執行是否可產生一個可循序排程？

10.16 試舉一個有著兩項交易的可循序排程，該交易提交順序與可循序順序不同。

10.17 什麼是可恢復排程？為什麼可恢復排程是可取的？是否有任何情況下，允許不可恢復的排程可取的？試說明之。

10.18 儘管要確保並行執行不會造成任何問題需要額外的編程工作，為什麼資料庫系統必須支持交易的並行執行？

10.19 解釋為什麼提交讀取隔離級別可確保排程是非連鎖的。

10.20 對於下列每個隔離級別舉個非循序性排程的例子：

a. 未提交讀取。

b. 提交讀取。

c. 可重複讀取。

10.21 假設除了讀取和寫入操作之外，我們允許一個預先讀取的操作 (r, P)，其於關聯 r 裡讀取所有符合謂語 P 的資料項。

a. 舉一個排程的例子，有關交易使用預先讀取操作，造成幻象現象以及非循序的結果。

b. 舉一個排程的例子，一項交易於關聯 r 使用預先讀取操作，另一項並行交易從關聯 r 刪除一個元組，但排程並無顯示幻象衝突。（給定一個關聯 r，並顯示已刪除元組的屬性值。）

書目附註

Gray 和 Reuter [1993] 詳細地提供了教科書交易處理概念的涵蓋範圍、技術和實施細則，包括並行控制和恢復議題。Bernstein 與 Newcomer [1997] 提供教科書各種交易處理的涵蓋範圍。

可循序的概念是由 Eswaran 等人 [1976] 所正式化，為連接系統 R 並行控制連接。

參考文獻具體涵蓋交易處理，如並行控制和恢復，是引自第 11 章。

CHAPTER 11 恢復系統

電腦系統就如同任何其它設備一樣，常會因各種原因影響而導致故障：磁碟當機、停電、軟體錯誤、機房失火，甚至遭到破壞。在任何故障的情況下，資訊都可能會遺失，因此，資料庫系統必須提前採取行動，以確保在故障時，資料庫仍符合第 10 章介紹的交易的單元性和持續性。**恢復方案 (recovery schema)** 是資料庫系統的整體一個部分，這方案可以使資料庫恢復到故障前的一致狀態，因此，恢復方案必須能提供**高可用性 (high availability)**，也就是說，它得使資料庫發生故障後不能使用的時間縮到最短。

11.1 故障分類

系統中會出現許多不同類型的故障，而每個都需要以不同的方式處理。這一章，我們將只考慮以下類型的故障：

- **交易失敗 (transaction failure)**。有兩種可能導致交易失敗的錯誤類型：
  - **邏輯錯誤 (logical error)**。因為一些內部條件，如輸入錯誤、找不到資料、溢出或資源限制超標，而造成該交易無法再繼續其正常執行。
  - **系統錯誤 (system error)**。該系統已進入了一個不良的狀態（例如死結），結果造成其中一個交易不能繼續正常執行。但此交易，仍可以在之後被重新執行。
- **系統當機 (system crash)**。硬體故障、資料庫軟體或作業系統系統中的錯誤，都會造成揮發性儲存內容的損失，並引起交易程序終止。不過，非揮發性儲存器的內容則會維持完整無缺，未受損壞。

硬體錯誤和軟體錯誤引起了系統終止，但並無破壞非揮發性儲存內容的假設，被稱為**故障停止假設 (fail-stop assumption)**。精心設計過的系統在硬體和軟體上會具有眾多的內部檢查，在錯誤出現時將系統終止。因此，故障停止假設是合理的。

- **磁碟故障 (disk failure)**。一個磁碟區塊失去內容的原因，不是磁頭損壞、就是資料傳輸運作時的故障。而從其它磁碟上複製的資料、或第三媒體的檔案備份的 DVD 或磁帶，都可從錯誤中被恢復。

要決定系統應如何從故障恢復，我們需要確定這些用於儲存資料的設備的故障模式。接著，我們必須思考這些故障模式是如何影響資料庫內容的。儘管失敗，我們仍可以提出演算法，以確保資料庫的一致性和交易單元性。這些演算法，稱為恢復演算法，具有兩個部分：

1. 為確保有足夠的信息存在，在正常交易程序期間，容許採取從故障恢復的行動。
2. 此一行動會在故障後出現，用來恢復資料庫內容到足以確保資料庫一致性、交易單元性和持續性的狀態。

11.2 儲存

如我們在第 6 章所見，資料庫中各種資料項目可以被儲存及存取在一些不同的儲存媒體中。在第 10.3 節，我們看到儲存媒體可以被它們的相對速度、容量和故障應變能力所區分。因此我們定義了下列三種儲存器：

- **揮發性儲存器 (volatile storage)**。
- **非揮發性儲存器 (nonvolatile storage)**。
- **穩定儲存器 (stable storage)**。

穩定儲存器在恢復演算法裡扮演著關鍵的角色。

11.2.1 穩定儲存器的實現

為了實現穩定儲存器，我們需要複製所需的資訊到一些具有獨立故障模式的非揮發性儲存器媒體（通常是磁碟），並在情況控制下更新資訊，以確保資料傳輸時發生的故障不會損害所需的資訊。

回想（第 6 章）的 RAID 系統保證，單一磁碟（即使在資料傳輸時）的失敗不會導致資料遺失，最簡單又最快的 RAID 形式是鏡像磁碟，其中不同磁碟裡的各個區塊存有兩個副本。而也有其他的 RAID 形式提供了更低的成本，但代價則為較低的效能。

然而，RAID 系統並不能防止如火災或洪水等災害所造成的資料遺失，因此許多系統會在不同站點儲存磁帶檔案備份以預防這樣的災難。不過，由於磁帶不可能不斷地被帶往異地，從上次磁帶被帶出後所發生的更新可能會在這樣的災難中遺失。比較安全的系統會在遠端站點，為穩定儲存器中的每個區塊保持一份副本，透過電腦網絡將其寫出，並另外在局部磁碟系統儲存區塊。由於區塊在局部儲存的同時也會輸出至遠端系統，一旦輸出操作完成，即使發生如火災或水災的災難，輸出都不會遺失。我們在第 11.9 節中會有這類遠端備份系統的研究。

在本節的其餘部分，我們將討論到資料傳輸過程中，如何確保儲存媒體不會故障。在記憶體和磁碟儲存之間的區塊傳輸可以導致以下幾種情況：

- **成功完成 (successful completion)**。傳送的資訊安全地抵達目的地。
- **部分故障 (partial failure)**。傳輸中發生的故障，及目標區塊有不正確資訊。
- **全體故障 (total failure)**。故障發生在一開始的傳輸過程中，其目標區塊保持不變。

我們要求，如果**資料傳輸故障 (data-transfer failure)**，系統除了檢測到它，還要調用恢復程序以恢復區塊到一致的狀態。要做到這一點，系統必須為每個邏輯資料庫區塊維護兩個實體區塊；在鏡像磁碟的例子中，兩個區塊必須都在同一地點，而在遠端備份的例子中，一個區塊在局部，而另一個是在遠端站點。

另外，輸出操作的執行方式如下：

1. 將資訊寫到第一個實體區塊上。
2. 當第一個寫入成功後，在第二個實體區塊寫上相同的資訊。
3. 第二次寫入成功完成後，輸出才算結束。

如果區塊在寫入時系統出現故障，很可能這區塊內的兩個複製區塊會不一致。在恢復過程中，對每個區塊，系統都需要檢查區塊的兩個副本，如果兩者皆相同且沒有檢測到錯誤，那就不需要採取更進一步的行動。如果系統在區塊檢測到錯誤，那麼它會用另一區塊的內容來取代錯誤的區塊。如果兩個區塊都沒檢測到錯誤，但它們的內容卻不同，那系統會以第二個的值來更換第一個區塊的內容。此恢復程序可以確保穩定儲存器的寫入，不是徹底成功（即，更新所有副本）就是沒有更動。

在恢復期間比較每對相應區塊的需求，因為昂貴而難達成。我們可以用少量的非揮發性 RAM，對進行寫入中的區塊進行追蹤，而大大地降低成本。在恢復上，只有在進行寫入中的區塊需要進行比較。我們在第 6 章發現到，特別是在實作題 6.3 中，寫出區塊到遠端站點的協議與寫區塊鏡像磁碟系統的協議類似。

我們可以輕鬆地擴展這個程序，允許使用大量區塊的穩定儲存器。雖然大量的副本減少故障的可能性會比兩份副本還低，不過單以兩個副本來模擬穩定儲存通常也夠了。

11.2.2 資料存取

如我們在第 6 章所見，資料庫系統永久駐留在非揮發性儲存（通常是磁碟），只會有部分資料庫隨時都在記憶體中。資料庫被分成名為**區塊 (blocks)** 的固定長度儲存單位，區塊是磁碟用於資料傳輸的單位，並可能包含了多個資料項，我們會假設沒有資料項可跨越兩個或以上的區塊，而這種假設對大多數資料處理應用是很實際的，例如銀行或大學。

交易從磁碟輸入資訊到主記憶體中，然後再把資訊輸回到磁碟上，輸入和輸出的操作都以區塊為單位進行。駐留在磁碟上的區塊被稱為**實體區塊 (physical blocks)**，暫時駐留在主記憶體的區塊則被稱為**緩衝區塊 (buffer blocks)**，至於區塊暫時駐留的記憶體區域則被稱為**磁碟緩衝區 (disk buffer)**。

磁碟和主記憶體之間的區塊移動需透過下面兩個運作方能啟動：

1. **input**(B) 將 B 實體區塊轉到主記憶體。
2. **output**(B) 將 B 緩衝區塊轉到磁碟，並更換了其中相應的實體區塊。

圖 11.1 闡明了這個方案。

從概念上來說，每個 T_i 交易都具有私有工作區，在此被 T_i 存取和更新的資料

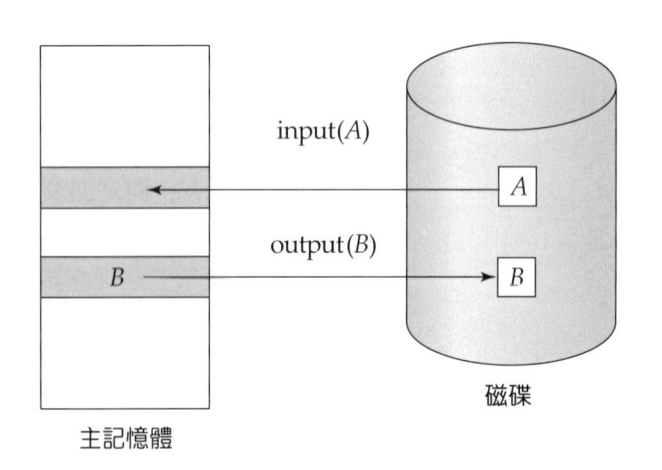

▶圖 11.1
區塊儲存操作

項副本皆被保存。當交易啟動時，該系統即建立此工作區；如果交易提交或中止，該系統則會刪除它。每個被保存在 T_i 交易工作區的 X 資料項都會被註釋為 x_i，而 T_i 交易透過其工作區與系統緩衝區彼此傳輸資料。我們通常藉這兩個操作來傳輸資料：

1. **read**(X) 將 X 資料項的值分派到局部變量 x_i。執行的操作如下：
   a. 如果 X 駐留的 B_x 塊不在主記憶體中，則會發給 **input**(B_x)。
   b. 它將緩衝區塊的 X 值分配到 x_i 中。
2. **write**(X) 將局部變量 x_i 值分配到緩衝區塊的 X 資料項。執行的操作如下：
   a. 如果 X 駐留的 B_x 塊不在主記憶體中，則會發給 **input**(B_x).
   b. 它將 x_i 值分配到 B_x 緩衝區塊中的 X。

請注意，這兩個操作都可能需要轉移磁碟上的區塊到主記憶體。然而，它們並不特別需要從記憶體轉移區塊到磁碟上。

一個緩衝區塊最終會寫入到磁碟，是因為緩衝區管理器基於其它目的而需要記憶體空間，或者是因為資料庫系統要反映出 B 的改變到磁碟上。我們會說，如果它發給 **output**(B)，資料庫系統則會執行緩衝區 B 的**強制輸出 (froce-output)**。

一個交易第一次需要存取 X 資料項時，它必須執行 **read**(X)。然後系統會將在 x_i 執行的所有到 X 的更新。在執行期間，交易隨時都可能會執行 **write**(X)，以反映 X 本身在資料庫的變更；在最終的寫入被寫到 X 後，**write**(X) 肯定也已被完成。

X 駐留的 B_x 緩衝區塊，其 **output**(B_x) 的操作不需要在 **write**(X) 被執行後立即生效，因為 B_x 區塊可能包含其它仍在進行存取的資料項。因此，實際的輸出可能之後才會發生。請注意，如果系統在 **write**(X) 操作被執行後，但在 **output**(B_x) 被執行前當機，則 X 的新值則絕不會被寫入磁碟，因此遺失。正如我們所看到，資料庫系統執行額外的動作，是為了確保提交交易執行的更新即使在系統當機的情況下，也不會遺失。

11.3 恢復和單元性

再次考慮到我們的簡化銀行系統和 T_i 交易。該交易從 A 帳戶轉 50 元到 B 帳戶，而 A 和 B 的初始值分別為 1000 元及 2000 元。假設一個系統在 T_i 執行過程中當機，且是在 **output**(B_A) 發生後，**output**(B_B) 被執行前，其中 B_A 和 B_B 當作 A 和

B 駐留的緩衝區塊。由於記憶內容已經遺失，因此我們無從得知交易的結果。

當系統重新啟動時，A 值為 950 元，B 值則為 2000 元；這顯然不符合 T_i 交易的單元要求。不幸的是，我們無法透過檢查資料庫狀態來找出當機前哪些區塊被輸出，而哪些沒有。有可能交易已完成將 A 值和 B 值從初始值分別更新為 1000 元及 1950 元；也可能是交易絲毫沒影響穩定儲存，而 950 元和 2000 元本來就分別是 A 值與 B 值；或者，更新的 B 才有被輸出，而非更新的 A；又或者說，更新的 A 才有被輸出，而非更新的 B。

我們的目標是執行所有或完全沒有經由 T_i 所產生的資料庫修改。然而，如果 T_i 執行了多個資料庫修改，就可能需要數個輸出操作，而錯誤的發生可能就發生在一些修改產生後，所有修改產生前的那段時間。

為了實現我們的單元性目標，首先我們必須在不修改資料庫本身的情況下，輸出描述修改的資訊到穩定儲存。我們將看到，這些資訊可以幫助我們確保所有被提交交易所執行的修改，都被反映在資料庫中（或許是在當機後恢復動作的過程中）。這些資訊也有助於我們確保沒有中止交易時產生的修改存留在資料庫中。

11.3.1 日誌紀錄

日誌 (log) 是最廣泛使用於紀錄資料庫修改紀錄的結構，日誌是一個序列的**日誌紀錄 (log records)**，紀錄下所有資料庫內的更新活動。

日誌紀錄有幾種類型。一個**更新日誌紀錄 (update log record)** 描述了單一的資料庫寫入，它具有以下這些領域：

- **交易識別標示 (transaction identifier)**，它是執行寫入操作交易的唯一識別標示。
- **資料項目識別標示 (data-item identifier)**，它是資料項寫入的唯一識別標示。通常情況下，它是磁碟上資料項的位置，由資料項駐留所在區塊的區塊識別標示以及區塊內的偏移量所構成。
- **舊值 (old value)**，這是寫入前的資料項值。
- **新值 (new value)**，這是寫入後資料項將有的值。

我們以 $<T_i, X_j, V_1, V_2>$ 代表一個更新日誌紀錄，表明 T_i 交易已在 X_j 資料項上執行了寫入。X_j 在寫入前具有 V_1 值，在寫入後具有 V_2 值。至於其它特殊的日誌紀錄用在紀錄交易處理過程中的顯著事件，如交易的啟動和交易的提交或中止。其中的日誌紀錄類型為：

陰影複本和陰影尋呼

在陰影複本方案中，欲更新資料庫的交易首先會創建一個完整的資料庫複本。所有更新會在新的資料庫複本上完成，讓原始的複本（陰影複本）保持不變。若交易在任何時間點必須被中止，系統也僅僅是刪除新的複本。資料庫的舊複本並不會受到影響。目前資料庫複本是由一個存於磁碟上，稱為 db- 指標的指標所識別。

如果交易部分提交（即執行其最後陳述）會被提交如下：首先，作業系統會被要求確保所有資料庫新複本的頁面都被寫出到磁碟（Unix 系統為此目的所使用的指令為 Fsync）。

在作業系統寫入所有頁面到磁碟後，資料庫系統就會更新 db- 指標以指向資料庫的新複本；新複本就變成了目前資料庫的複本，而資料庫的舊複本則會被刪除。交易被認為是一直致力於寫入更新 db- 指標到磁碟。

執行其實取決於 db- 指標的寫入是否具有單元性；也就是說，無論是它所有位元都被寫入或完全沒有位元被寫入都一樣。磁碟系統提供單元性更新到整個區塊，或至少是一個磁碟區。換言之，我們可以藉由在區塊一開始儲存 db -指標來確保 db- 指標完全處於單一區段，只要我們確定了，磁碟系統保證它會具有單元性地更新 db- 指標。

陰影複本方案常被文件編輯器使用（保存文件等於交易保證，而不保存文件即停止則相當於交易中止）。陰影複本可用於小型資料庫，但複製大型資料庫將是非常昂貴的。一般陰影複本的轉化，稱為陰影尋呼，減少了如下的複製：該方案使用包含所有頁面指標的頁表；頁表本身和所有更新的頁面都被複製到一個新的位置。任何不被交易更新的頁面都不會被複製，而是會有新的頁表，它會儲存指標指到原本的頁面。當交易提交時，它會符合單元性地更新指標為 db- 指標的頁表，以指向新的複本。可惜的是，陰影尋呼與並行交易合作的效果不好，因此並沒有被廣泛使用在資料庫中。

- $< T_i \text{ start} >$。T_i 交易已經開始。
- $< T_i \text{ commit} >$。T_i 交易已經提交。
- $< T_i \text{ abort} >$。T_i 交易已經中止。

我們之後將介紹幾種其它類型的日誌紀錄。

每當交易執行寫入時，被寫入的日誌紀錄有必要在資料庫被修改前，創建相關的寫入日誌並將其增加到日誌紀錄中。一旦日誌紀錄存在，我們就可以輸出修改到資料庫。另外，我們也有能力復原已經輸出到資料庫的修改，我們可以使用日誌紀錄中的舊值領域來復原它。

如果日誌紀錄要對系統和磁碟故障的恢復有幫助，其日誌必須駐留在穩定儲存內。就目前而言，我們認為每一個日誌紀錄在被創建時，就會被寫入到穩定儲存上日誌的最後。在第 11.5 節中，我們將會看到何時放寬這項規定是安全的，並可減少紀錄日誌所增加的開銷。我們注意到日誌包含了所有資料庫活動的完整紀錄，因此，儲存在日誌裡的資料量可能是出乎意料的大。在第 11.3.6 節中，我們會說明可以安全清除日誌的時機。

11.3.2 資料庫修改

我們前面提到，交易在修改資料庫之前會創建日誌紀錄，因此在交易必須被中止的情況下，日誌紀錄能讓這些由交易所產生的更改復原；如果交易已提交，但在這些變更被儲存在磁碟的資料庫前，系統卻當機了，它們也可讓系統重做這些由交易所產生的變更。為了讓大家了解這些日誌紀錄在恢復中的作用，我們需要思考交易在修改資料項時所需的步驟：

1. 交易在主記憶體中的專用區會執行一些計算。
2. 交易修改了主記憶體磁碟緩衝區內持有資料項的資料區塊。
3. 資料庫系統執行輸出操作，把資料區塊寫入到磁碟。

如果它在磁碟緩衝區、或在磁碟本身執行更新，我們會說交易修改了資料庫；若是在主記憶體專用區的更新則不被視為資料庫修改。若交易直到提交才會修改資料庫，它被稱作使用了**延遲修正 (deferred-modification)** 技術。如果資料庫修改在交易依然活躍時出現，這時應該是使用了**即時修正 (immediate-modification)** 技術。延遲修改有交易需要使用所有更新資料項來構成局部副本所花的開銷；還有，如果交易讀取了已被更新的資料項，它就必須從它的局部副本讀取其值。

我們在本章描述的恢復演算法可支援即時修正。如前所述，即使有延遲修正它們也能正常運作，但可以被最佳化，以減少使用延遲修改時的開銷；我們留下詳細內容給你作為練習。

恢復演算法必須考慮到各種因素，包括了：

- 交易可能提交的可能性，雖然有些修正的資料庫只存在主要記憶體的磁碟緩衝區,而不是在資料庫的磁碟上。
- 交易可能修正資料庫的可能性,若在活動狀態時因為故障而修改了資料庫,就可能需要被中止。

因為在所有資料庫修改之前,必須創建一個日誌紀錄,系統提供了資料項修改之前的舊值和要寫入資料項的新值,這使得系統在執行復原和重做時較為恰當。

- **復原 (undo)** 使用日誌紀錄,將日誌紀錄中指定的資料項到舊值。
- **重做 (redo)** 使用日誌紀錄,將日誌紀錄中指定的資料項到新值。

11.3.3 並行控制和恢復

如果並行控制方案允許已被交易 T_1 修改的 X 資料項進一步地在 T_1 提交前被另一個 T_2 交易修改,然後藉由恢復 X 舊值(在 T_1 更新 X 前)來復原 T_1 的影響,其也將復原 T_2 的影響。為了避免這種情況,恢復演算法通常要求,如果一個資料項已被交易修改,其它交易也都不能修改資料項,直到第一個交易提交或中止。

這個規定可以藉任何更新資料項上獨佔鎖定的獲得和持有鎖定被確保,直到交易提交;也就是說,它使用了嚴格的兩階段鎖定。由於快照隔離和驗證是基於並行控制技術,而並行控制技術在同時對資料項目做驗證時也需要進行額外的資料鎖定,因此在做資料修改前,會對資料進行鎖定直到交易完成;這樣一來上述要求就能被滿足,甚至於並行控制協議亦同。

我們隨後會在第 11.7 節討論到,如何在某些情況下放寬上述的要求。

當快照隔離或驗證用於並行控制時,會延遲交易的資料庫更新(概念上),直到交易被部分實施;由此可見,延遲修正技術與並行控制方案是天作之合。不過,值得注意的是,雖然有些快照隔離的執行使用即時修正,卻在需要時仍會提供邏輯快照;當交易需要讀取一個已經被並行交易更新的項目,項目(已更新)的複本即被提出,由並行交易所做出的更新則被重新複製回複本。同樣地,資料庫的即時修正與兩階段鎖定也是天作之合,但延遲修正也能夠用在兩階段鎖定。

11.3.4 交易提交

我們說一個交易已經**提交 (committed)**,是當它的提交日誌紀錄,也是最後一個交易日誌紀錄,已經輸出到穩定儲存;那時,之前的所有日誌紀錄都已被輸出到穩定儲存。因此在日誌中有足夠的資訊,可以確保即使出現了系統當機,交易的更新也可以重做。如果系統在日誌紀錄 < T_i commit > 輸出到穩定儲存前發生當機，T_i 交易將會被重新運行。因此包含 commit 日誌紀錄區塊的輸出，是導致交易被提交的單一單元動作。

對於大多數基於日誌的恢復技術，包括那些我們在本章中描述的，具有被交易所修改資料項的區塊在交易提交時不必被立刻輸出到穩定儲存，但在一段時間後可以被輸出。我們在第 11.5.2 節會進一步討論這個問題。

11.3.5 使用日誌重做和復原交易

現在我們提供一個關於日誌如何用於系統當機恢復的概述，並能在正常運作過程中重新運行交易。

想一想我們的簡化銀行系統。讓 T_0 為由 A 帳戶轉 50 元到 B 帳戶的交易：

$$\begin{aligned}T_0:\ &\text{read}(A);\\ &A := A - 50;\\ &\text{write}(A);\\ &\text{read}(B);\\ &B := B + 50;\\ &\text{write}(B).\end{aligned}$$

設 T_1 為自 C 帳戶提領 100 元的交易：

$$\begin{aligned}T_1:\ &\text{read}(C);\\ &C := C - 100;\\ &\text{write}(C).\end{aligned}$$

包含關於這兩個交易的相關資訊的日誌部分顯示在圖 11.2 中。

圖 11.3 顯示了一個實際輸出發生在資料庫系統和日誌的可能順序，而日誌為 T_0 和 T_1 執行的結果。

使用日誌，系統可以處理任何一個不會導致非揮發性儲存器中資訊遺失的故障。恢復方案會使用兩個恢復程序，這兩個程序都利用日誌來查找被每個 T_i 交易所更新的資料項集合，及它們各自的舊值與新值。

- **redo**(T_i) 設置被 T_i 交易所更新的所有資料項值為新值。

▶ 圖 11.2
對應 T_0 和 T_1 的部分系統日誌

$<T_0$ start$>$
$<T_0,\ A,\ 1000,\ 950>$
$<T_0,\ B,\ 2000,\ 2050>$
$<T_0$ commit$>$
$<T_1$ start$>$
$<T_1,\ C,\ 700,\ 600>$
$<T_1$ commit$>$

```
            日誌                      資料庫
      <T_0 start>
      <T_0, A, 1000, 950>
      <T_0, B, 2000, 2050>
                                    A = 950
                                    B = 2050
      <T_0 commit>
      <T_1 start>
      <T_1, C, 700, 600>
                                    C = 600
      <T_1 commit>
```

▶圖 11.3
與 T_0 和 T_1 對應的系統日誌及資料庫狀態

　　靠 redo 而完成更新的順序是很重要的；從系統當機中恢復時，如果特定資料項的更新所適用的順序與它們原來被應用的順序不同，其資料項的最終狀態將會是錯誤的值。大多數的恢復演算法，包括我們在第 11.4 節所描述的，都不會分別執行每筆交易的重做，而是執行日誌的單一掃描。在掃描期間，只要被遇到，恢復動作就會在每個日誌紀錄執行重做。這種方法可以確保更新的順序被保留，也因為日誌只需要整體被讀取一次，而不是每個交易一次，而變得更有效率。

- **undo**(T_i) 恢復了被 T_i 交易所更新的所有資料項值到舊值。

　　我們在第 11.4 節所描述的恢復方案中：

  ○ 復原操作不僅恢復了資料項的舊值，而且還寫入日誌紀錄，以紀錄執行的更新作為復原過程的一部分。這些日誌紀錄是**僅限重做 (redo-only)** 的特殊日誌紀錄，因為它們並不需要包含已更新資料項的舊值。

　　至於重做的程序，復原操作內所執行的順序是相當重要的，我們將細節放至第 11.4 節討論。

  ○ 當 T_i 交易的復原操作完成時，它會寫入一個 <T_i abort> 日誌紀錄，來表明復原已經完成。

　　我們將在第 11.4 節看到，**undo**(T_i) 過程為了交易只會被執行一次。如果交易是在正常處理過程中、或是在從系統當機復原時被重新運行，則沒有一個 T_i 交易的提交或中止紀錄會被找到。因此，每一筆交易最終都會有一個提交或是中止紀錄在日誌中。

　　系統發生當機後，系統會查閱日誌，來確定哪些交易需要重做，哪些又需要復原，以確保單元性。

- 如果日誌裡包含 <T_i start> 紀錄，但不包含任何 <T_i commit> 或 <T_i abort> 紀錄，T_i 交易則需要被復原。

- 如果日誌中包含 <T_i start> 紀錄，及 <T_i commit> 或 <T_i abort> 紀錄兩者之一，T_i 交易則需要被重做。如果 <T_i abort> 紀錄在日誌中，重做 T_i 可能會看起來很奇怪，不過我們可以發現，如果 <T_i abort> 在日誌中，由復原操作所寫入的僅限重做紀錄也會一樣在日誌中，因此最終的結果還是得復原 T_i 的修改。這微小的冗餘簡化了恢復演算法，也使整體恢復的時間更快。

回到我們的銀行範例，T_0 和 T_1 的交易。T_1 會跟隨著 T_0 的順序而一個接一個地執行。假設系統在交易完成前當機，我們會考慮到三個例子。這些例子的每個日誌狀態都會出現在圖 11.4。

首先，讓我們假設當機發生在日誌紀錄下步驟之後：

write(B)

T_0 交易的 write(B) 已經被寫到穩定儲存（圖 11.4a）。當系統復原時，它發現 <T_0 start> 紀錄在日誌中，卻沒有相應的 <T_0 commit> 或 <T_0 abort> 紀錄。因此，T_0 交易必須復原，此時 undo(T_0) 才會被執行。所以，A 帳戶和 B 帳戶（在磁碟上）的值將分別被恢復至 1000 元和 2000 元。

接下來，讓我們假設當機發生在日誌紀錄下步驟之後：

write(C)

T_1 交易的 write(C) 已經被寫到穩定儲存中（圖 11.4b）。當系統復原時，需要採取兩個動作，undo(T_1) 的操作必須被執行，因為 <T_1 start> 紀錄出現在日誌，卻沒有 <T_1 commit> 或 <T_1 abort> 紀錄；redo(T_0) 的操作必須被執行，因為該日誌包含了 <T_0 start> 和 <T_0 commit> 的紀錄。在整個恢復程序的最後，帳戶 A、B、C 的值分別為 950 元、2050 元和 700 元。

最後，讓我們假設當機發生在日誌紀錄下步驟之後：

<T_1 commit>

▶ 圖 11.4
顯示在三個不同時間的相同日誌

(a)	(b)	(c)
<T_0 start>	<T_0 start>	<T_0 start>
<T_0, A, 1000, 950>	<T_0, A, 1000, 950>	<T_0, A, 1000, 950>
<T_0, B, 2000, 2050>	<T_0, B, 2000, 2050>	<T_0, B, 2000, 2050>
	<T_0 commit>	<T_0 commit>
	<T_1 start>	<T_1 start>
	<T_1, C, 700, 600>	<T_1, C, 700, 600>
		<T_1 commit>

<T_1 commit> 已經被寫到穩定儲存中（圖 11.4c）。當系統復原時，T_0 和 T_1 都需要被重做，因為 <T_0 start> 和 <T_0 commit> 紀錄都出現在日誌，連 <T_1 start> 和 <T_1 commit> 紀錄也是。在系統執行 **redo**(T_0) 和 **redo**(T_1) 恢復程序之後，帳戶 A、B、C 的值分別為 950 元、2050 元和 600 元。

11.3.6 檢查點

當系統當機時，我們必須查閱日誌，以確定那些交易需要重做和復原。原則上，我們需要搜索整個日誌以確定此資訊，不過這個方法主要有兩個困難點：

1. 搜索過程相當耗時。
2. 根據我們的演算法，大部分需要重做的交易，都已經寫入更新到資料庫中。雖然重做它們並無大礙，但它會導致恢復需要更長的時間。

為了減少這類型的開銷，我們引入檢查點。

下面我們介紹一個簡單的檢查點方案：（一）不允許任何更新在檢查點操作過程中被執行；（二）當檢查點執行時，輸出所有修改過的緩衝區塊到磁碟。我們稍後討論如何藉著放寬這兩個規定來修改檢查點和恢復程序，而提供更大的彈性。

檢查點執行如下：

1. 輸出所有目前駐留在主記憶體中的日誌紀錄到穩定儲存上。
2. 輸出所有修改過的緩衝區塊到磁碟中。
3. 輸出 <checkpoint L> 形式的日誌紀錄到穩定儲存上，其中 L 是該檢查點當時正在進展中的一個交易列表。

當檢查點正在進行時，交易不得執行任何更新動作，如寫入緩衝區塊或寫日誌紀錄。我們稍後在第 11.5.2 節中討論如何能強制執行這規定。

在日誌中 <**checkpoint** L> 紀錄的存在讓系統得以精簡其恢復程序。試想一個在檢查點前完成的 T_i 交易。對於這樣的交易，<T_i commit> 紀錄（或 <T_i abort> 紀錄）日誌中會出現在在 <checkpoint> 紀錄之前。任何由 T_i 產生的資料庫修改都必須被寫入到資料庫，不管是檢查點之前還是作為檢查點本身的一部分。因此，在恢復時，T_i 上並不需要執行重做。

系統當機發生後，系統會檢查日誌，以找到最後一個 <**checkpoint** L> 紀錄（這可以透過搜索日誌來完成，只要從最後的日誌往回找，直到找到第一個 <**checkpoint** L> 紀錄為止）。

重做或復原操作只適用於 L 內的交易，和所有在 <**checkpoint** L> 紀錄被寫入日誌後才開始執行的交易。讓我們以 T 來表示這個交易的集合。

- 對於所有 T_k 內，不存在 <T_k **commit**> 紀錄或 <T_k **abort**> 紀錄在日誌中的 T_k 交易，執行 **undo**(T_k)。
- 對於所有 T_k 內，無論是 <T_k **commit**> 紀錄還是 <T_k **abort**> 紀錄出現在日誌中的 T_k 交易，執行 **redo**(T_k)。

請注意，我們只需要檢查最後一個檢查點啟動的日誌部分，以找到 T 交易集合，並找出是否 T 中的每筆交易都在日誌中出現提交或中止紀錄。

試想 $\{T_0, T_1, ..., T_{100}\}$ 交易集合。假設最近一次的檢查點發生在 T_{67} 和 T_{69} 交易的執行過程中，而當時 T_{68} 和所有標記低於 67 的交易都在檢查點之前完成。因此，只有 T_{67}、T_{69}、...、T_{100} 交易需要在恢復方案期間被重新考慮。如果已經完成（即提交或中止），那它們每個都需要重做；否則，它就會是不完整的，需要被復原。

試想一個檢查點日誌紀錄內的 L 交易集合。對於每個 L 內的 T_i 交易，復原交易可能需要出現在檢查點日誌紀錄之前的交易日誌紀錄，以防止它沒有提交。然而，在 L 內的 T_i 交易中，所有比最早 <T_i **start**> 日誌紀錄還之前的日誌紀錄在檢查點完成時就不被需要了。當資料庫系統需要回收這些紀錄所佔據的空間時，這些日誌紀錄隨時都可以被刪除。

交易在檢查點時不得更新任何緩衝區塊或紀錄的規定相當麻煩，因為當檢查點進行時交易處理就必須停止。**模糊檢查點 (fuzzy checkpoint)** 是在緩衝區塊被寫出時，交易仍被允許執行更新的檢查點。第 11.5.4 節會描述此類架構。稍後在第 11.8 節中，我們會描述一個不僅是模糊的，而且還不要求所有修改過的緩衝區塊在檢查點時被輸出到磁碟的檢查點架構。

11.4 恢復演算法

到現在為止，在恢復討論上，我們已經確定了需要重做和需要復原的交易，但我們沒有為這些動作的執行提供一個確切的演算法。我們現在準備呈現完整的恢復演算法，藉著使用從交易故障恢復的日誌紀錄和最新檢查點及日誌紀錄兩者的結合，使系統從當機中恢復。

本節描述的恢復演算法規定，已經被尚未提交交易所更新的資料項不得被任何其它交易所修改,直到第一個交易已經提交或中止為止。回想一下,這種限制稍早在第 11.3.3 節已被討論過。

11.4.1 交易復原

首先試想正常操作中的交易復原(即不是在系統當機恢復期間)。T_i 交易復原的執行如下:

1. 往回掃描日誌,同時掃描每個發現的 <T_i、X_j、V_1、V_2> 形式的 T_i 日誌紀錄:
   a. V_1 值被寫入 X_j 資料項,和
   b. 一個特定的僅限重做的 <T_i、X_j、V_1> 日誌紀錄會被寫入日誌,其中 V_1 是復原期間正被恢復到 X_j 資料項的值。這些日誌紀錄,有時也被稱為**補償日誌紀錄 (compensation log records)**。這些紀錄不需要復原資訊,因為我們從不需要為了復原而做復原的操作,稍後將解釋如何使用它們。
2. 一旦 <T_i start> 日誌紀錄被發現,則往回掃描就會立即停止,並將 <T_i abort> 日誌紀錄寫入日誌。

我們可以觀察到每個交易或交易代表所執行的更新動作,包括還原資料項到它們舊值所採取的行動都已被紀錄在日誌中。在第 11.4.2 節中我們會看到這些動作為何是一個好主意。

11.4.2 系統當機後恢復

當資料庫系統在當機後重新啟動,恢復動作有以下兩個階段:

1. 在**重做階段 (redo phase)**,系統從最後檢查點重播所有透過往前掃描紀錄交易的更新,重播的日誌紀錄包括了系統當機前被復原的交易日誌紀錄,和那些系統當機發生時沒有被提交的。這個階段還決定了所有當機時不完整的交易,而必須將它們復原。這種不完整的交易要就是一直在檢查點時還活躍著,不然就是稍後才啟動,因而出現在檢查點紀錄中的交易名單內;不然這種不完整的交易將會既無 <T_i abort>,也無 <T_i commit> 紀錄在日誌中。

   在掃描日誌時採取的具體步驟如下:
   a. 復原交易名單,復原列表,也就是最初在 <checkpoint L> 日誌紀錄內 L 表的設置。
   b. 每當遇到一個 <T_i、X_j、V_1、V_2> 形式的正常日誌紀錄,或一個僅限重做的

$<T_i、X_j、V_2>$ 形式日誌紀錄，操作就需要重做，也就是說，V_2 值是被寫入 X_j 資料項的。

c. 每當 $<T_i$ start$>$ 形式的日誌紀錄被發現，T_i 就會被增加到復原列表。

d. 每當 $<T_i$ abort$>$ 形式或 $<T_i$ commit$>$ 形式的日誌紀錄被發現，T_i 就會被從復原列表移除。

在重做的最後階段，復原列表包含了全部不完整交易的列表，也就是說，它們在當機前既沒提交，也沒完成復原。

2. 在**復原階段 (undo phase)**，系統復原了所有復原列表內的交易。它透過從末端往回掃描日誌來執行復原。

   a. 每當它在復原列表找到一個屬於交易的日誌紀錄，它會執行復原動作，就像日誌紀錄在失敗交易復原期間被發現一樣。

   b. 當系統在復原列表中為 T_i 交易找到一個 $<T_i$ start$>$ 日誌紀錄，它會寫入 $<T_i$ **abort**$>$ 日誌紀錄到日誌，並從復原列移除 T_i。

   c. 恢復階段在復原列表為空時即結束，也就是說，系統找到了所有最初在復原列表內交易的 $<T_i$ start$>$ 日誌紀錄。

恢復的復原階段結束後，即可恢復正常的交易處理。

　　重做階段會從最近期的檢查點紀錄開始重播每個日誌紀錄。換句話說，重新恢復的階段會重複所有在檢查點後被執行的更新動作；這些動作皆已到達穩定日誌，它們包括不完整交易和為了復原失敗交易的行動，這些動作會以它們最初進行的同樣順序被重複著，因此，這個過程被稱為**重複歷史 (repeating history)**。雖然看似浪費，不過即使是為失敗的交易重複歷史也能簡化恢復方案。

　　圖 11.5 展示了一個在正常運行期間被紀錄行動、和故障恢復期間執行行動的例子。圖中日誌顯示，T_1 交易在系統當機前就已經被提交，而 T_0 交易也已經被完全還原。觀察 B 資料項的值在 T_0 復原期間是如何恢復的，並且以包含 T_0 和 T_1 的活躍交易列表觀察檢查點紀錄。

　　在當機恢復時的重做階段中，系統會在最後檢查點紀錄後執行所有操作的重做。在這個階段，復原列表最初包含了 T_0 和 T_1。當其提交日誌紀錄被找到時，T_1 首先被移除，而其啟動日誌紀錄被找到時，T_2 則被增加。在其中止日誌紀錄被找到時，T_0 就會從復原列表中被移除，只留下 T_2 在復原列表內。恢復階段會從末端往回掃描日誌。當它發現一個 T_2 更新 A 的日誌紀錄時，A 的舊值就被恢復，而僅限重做的日誌則被寫入日誌中，當 T_2 的啟動紀錄被找到時，T_2 就會增加一個 **abort** 紀錄。由於此時復原列表中已沒有交易，復原階段也因此終止，恢復也就完成。

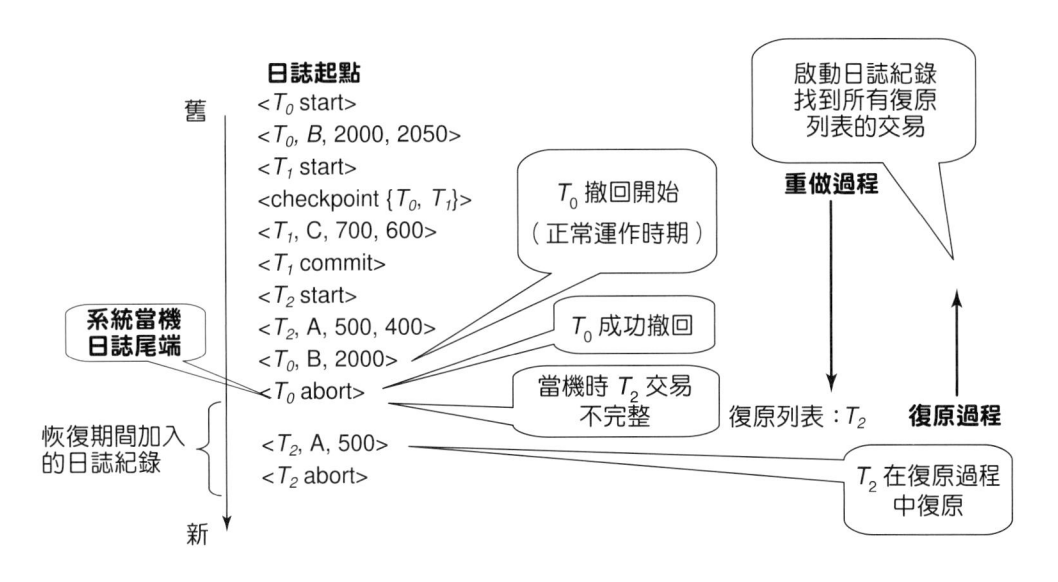

▶圖 11.5 紀錄行動及恢復過程中行動的範例

```
       日誌起點
舊      <T₀ start>
       <T₀, B, 2000, 2050>
       <T₁ start>
       <checkpoint {T₀, T₁}>          T₀ 撤回開始
       <T₁, C, 700, 600>            （正常運作時期）
       <T₁ commit>
       <T₂ start>
系統當機  <T₂, A, 500, 400>
日誌尾端  <T₀, B, 2000>              T₀ 成功撤回
       <T₀ abort>                  當機時 T₂ 交易
                                    不完整
恢復期間加入 <T₂, A, 500>
的日誌紀錄   <T₂ abort>
新
```

啟動日誌紀錄找到所有復原列表的交易

重做過程

復原列表：T₂

復原過程

T₂ 在復原過程中復原

11.5 緩衝管理

在本節中，我們考慮到幾個微妙的細節，對當機恢復方案的實現是不可缺少的。它們不但可確保資料一致性，也用最小的開銷與資料庫進行互動。

11.5.1 日誌紀錄緩衝

到目前為止，我們已經假定，每一個日誌紀錄在被創建時就被輸出到穩定儲存。這種假設在系統執行上施加了昂貴的開銷，原因有二：一般情況下，輸出到穩定儲存器的單位是區塊。而日誌紀錄多半遠遠小於區塊，因此，每個日誌紀錄在實體層的輸出都會轉換成更大的輸出。此外，如我們在第 11.2.1 節所見，輸出區塊到穩定儲存器可能會牽連到好幾個在實體層的輸出操作。

輸出區塊到穩定儲存器的成本相當高，所以一次輸出多個日誌紀錄是較為理想的。為此，我們在主記憶體中寫入日誌紀錄到日誌緩衝區，使它們在主記憶體裡短暫停留，直到被輸出到穩定儲存器。在單一輸出操作下，多個日誌紀錄可以被聚集在日誌緩衝區再一起被輸出到穩定儲存器，而在穩定儲存器中日誌紀錄的順序必須與它們當初被寫入到日誌緩衝區的順序完全一樣。

日誌緩衝的結果是，日誌紀錄可能只駐留在主記憶體中（揮發性儲存器），一直過了相當長的時間，才會被輸出到穩定儲存器。由於如果系統當機，這些日誌紀錄都會遺失，因此我們必須在恢復技術施加額外的要求，以確保交易的單元性：

- 在日誌紀錄 <T_i commit> 後進入提交狀態的 T_i 交易會被輸出到穩定儲存器。
- 在日誌紀錄 <T_i commit> 可以被輸出到穩定儲存器前,所有有關 T_i 交易的日誌紀錄,勢必都已經被輸出到穩定儲存器。
- 在主記憶體中的資料區塊可以被輸出到資料庫前(在非揮發性儲存器中),所有有關其區塊內資料的日誌紀錄,勢必都應該已經被輸出到穩定儲存器。

此規則被稱為**預寫日誌 (write-ahead logging, WAL)** 規則(嚴格地說,WAL 規則只要求日誌中已經被輸出到穩定儲存器的復原資訊,並允許重做資訊稍後被寫入。在系統中相關的差異是,復原和重做資訊會被儲存在單獨的日誌紀錄)。

這三個規則說明的是某些日誌紀錄勢必已經被輸出到穩定儲存器的情況。比需要時更早將日誌紀錄輸出是沒有問題的。因此當系統認為有必要輸出日誌紀錄到穩定儲存器時,如果主記憶體中有足夠的日誌紀錄可填滿區塊,它會輸出一個完整的日誌紀錄區塊;如果沒有足夠的日誌紀錄可以填滿區塊,所有主記憶體中的日誌紀錄會被部分組合成完整區塊,並被輸出到穩定儲存器。

將緩衝日誌寫入磁碟,有時被認為是一個**日誌強制 (log force)**。

11.5.2 資料庫緩衝

在第 11.2.2 節,我們描述了雙級儲存階層的用法。該系統在非揮發性儲存器(磁碟)中儲存資料庫,並為主記憶體帶來所需的資料區塊。由於主記憶體通常遠小於整個資料庫,因此當另一個 B_2 區塊需要被帶進記憶體中時,它可能需要在主記憶體中重寫 B_1 區塊,若 B_1 已被修改,B_1 則必須在 B_2 輸入前被輸出。正如第 6 章的 6.8.1 節中所討論的,這種儲存階層與標準的虛擬記憶體作業系統概念類似。

我們可能會認為,交易在被提交時,會迫使所有修改過的區塊輸出到磁碟,這種政策被稱為**強制 (force)** 政策。另一種**無強制 (non-force)** 政策是,它允許交易提交,即便交易已修改了一些尚未寫回磁碟的區塊。本章所介紹的所有恢復演算法都可正常運作,即使是用於無強制政策也一樣。無強制政策容許速度更快的交易提交;而且它還讓多個更新在它被輸出到穩定儲存器前積聚在區塊上,如此可以大量減少為了經常更新的區塊所輸出操作的數量。所以,大多數系統採取的標準做法是無強制政策。

同樣地,我們可能會認為,由進行中的交易所修改的區塊不應該被寫入到磁碟,而這個政策被稱為**不偷 (no-steal)** 政策。另一個選擇是**竊取 (steal)** 政策,即使是這些修改沒有全部提交的交易,它也允許系統寫入修改的區塊到磁碟。只要有預寫日誌規則跟隨,我們在本章研究的所有恢復演算法都可正常運作,甚至是在竊取政策下。此外,不偷政策無法與執行大量更新的交易配合,因為緩衝區可能會充滿了不能被驅逐到磁碟的更新頁面,導致交易無法再繼續進行。因此,大多數系統所採取的標準方法是竊取政策。

為了說明預寫日誌紀錄規定的需求,可以考慮 T_0 和 T_1 交易的銀行例子。假設日誌的狀態是:

$<T_0$ start$>$
$<T_0,\ A,\ 1000,\ 950>$

而 T_0 交易產生一個 **read**(B),假設 B 駐留的區塊不在主記憶體中,主記憶體也已滿,且 A 駐留的區塊被選擇要輸出到磁碟。如果系統輸出此區塊到磁碟,然後發生當機,資料庫中帳戶 A、B、C 的值則分別為 950 元、2000 元和 700 元。因此該資料庫狀態是不一致的。然而,由於 WAL 規定,日誌紀錄:

$<T_0,\ A,\ 1000,\ 950>$

必須在 A 駐留的區塊輸出前被輸出到穩定儲存器。因此系統可以在恢復過程中使用日誌紀錄,將資料庫回復到一致的狀態。

當 B_1 區塊要被輸出到磁碟時,所有 B_1 資料的日誌紀錄都必須在 B_1 被輸出前被輸出到穩定儲存器。重要的是,當區塊正在輸出時,B_1 區塊的寫入無法進行,因為這樣的寫入可能會違反預寫日誌規則。我們可以透過使用特殊鎖定方法確保沒有寫入在進行:

- 在交易執行資料項的寫入前,它獲得了資料項駐留其中的區塊上的獨佔鎖定。更新被執行後,該鎖定則隨即被釋放。
- 當區塊要被輸出時,會先後採取以下的行動:
  ○ 獲得區塊上的獨佔鎖定,以確保區塊上沒有交易在執行寫入。
  ○ 輸出日誌紀錄到穩定儲存器,直到所有有關 B_1 區塊的日誌紀錄都已經被輸出。
  ○ 輸出 B_1 區塊到磁碟。
  ○ 一旦區塊輸出完成,即釋放鎖定。

在緩衝區塊上的鎖定與用於並行控制交易的鎖定無關,因此會以非兩階段的方式釋放它們,且它們在交易串行上沒有任何含意。這些鎖定,以及其它短期持有的類似鎖定,通常被稱為**鎖存器 (latches)**。

緩衝區塊上的鎖定,可以用來確保緩衝區塊不被更新,且在檢查點進行中,也不會產生日誌紀錄。透過取得所有緩衝區塊上的獨佔鎖定,這限制可被強制執行,檢查點操作執行之前,日誌上的獨佔鎖定也一樣。這些鎖定在檢查點操作完成時即可以被釋放。

資料庫系統通常有一個步驟,會透過緩衝區塊不斷循環,輸出修改過的緩衝區塊回到磁碟。而當區塊被輸出時,以上鎖定協議當然也必須遵循。作為一個連續輸出修改區塊的結果,緩衝區**髒區塊 (dirty blocks)** 的數量,也就是緩衝區中已經被修改但沒有馬上被輸出的區塊,會被最小化。因此,在檢查點期間必須被輸出的區塊數量被最小化;而且當一個區塊需要被逐出緩衝區時,很可能會有一個可用於驅逐的非髒區塊,允許輸入立刻進行,而不需等待輸出完成。

11.5.3 作業系統在緩衝區管理中的作用

我們可以使用兩種方法管理資料庫緩衝區:

1. 資料庫系統,並非作業系統,會保存並管理主記憶體的一部分作為緩衝區。使用資料庫系統管理資料區塊的傳輸,是按照第 11.5.2 節的規定。

    這種方法的缺點是會限制主記憶體使用上的靈活性,因為緩衝區必須夠小,其它應用程式才有足夠的主記憶體來滿足它們的需要。不過即使就算其它應用程式不運行,資料庫也無法使用所有可用的記憶體。同樣地,即使資料庫緩衝區中的一些頁面沒在使用,非資料庫應用也可能不會使用主記憶體保留給資料庫緩衝區的那部分。

2. 資料庫系統在作業系統提供的虛擬主記憶體內實行了其緩衝區。由於作業系統知道系統所有過程中記憶體的需求,理想的情況下,它應該負責決定何時、及哪些緩衝區塊必須被強制輸出到磁碟。但是為了確保第 11.5.1 節中預寫日誌規定,作業系統不應自己寫出資料庫緩衝區頁面,而是應該要求資料庫系統強制輸出緩衝區塊。在寫入相關日誌紀錄到穩定儲存器後,資料庫系統會反過來迫使緩衝區塊輸出到資料庫。

    不幸的是,現今幾乎所有作業系統都擁有虛擬記憶體的完全控制權,作業系統會在磁碟上保留空間,以儲存目前不在主記憶體中的虛擬記憶體頁面;這個空間被稱為**交換空間 (swap space)**。如果作業系統決定輸出 B_x 區塊,該區塊會被輸出到磁碟上的交換空間,如此一來,資料庫系統無法控制緩衝區塊的輸出。

    因此,如果資料庫緩衝區在虛擬記憶體中,資料庫文件和虛擬記憶體內緩衝區之間的傳輸則必須由資料庫系統管理,也就是我們討論過的預寫日誌的強制執行。

這種做法可能會導致額外的資料輸出到磁碟。如果 B_x 區塊被作業系統輸出，那該區塊則不會被輸出到資料庫。相反地，它會被輸出到交換空間作為作業系統的虛擬記憶體。而當資料庫系統需要輸出 B_x 時，作業系統則需要先從交換空間輸入 B_x。因此這並非單一的 B_x 輸出，而是兩個輸出（一個由作業系統，另一個由資料庫系統）和一個額外的 B_x 輸入。

雖然這兩種方法都有一些缺點，但還是必須選擇其中一個，除非該作業系統的目的是為了支援資料庫日誌的需要。

11.5.4 模糊檢查點

在第 11.3.6 節中描述的檢查點技術中，所有資料庫的更新在檢查點進行時都需要暫停。如果緩衝區中頁面的數量太大，檢查點可能需要很長的時間才能完成，這在處理交易的過程中可能會導致難以接受的中斷。

為了避免這種干擾，可以對檢查點技術進行調整，使其允許更新在檢查點紀錄被寫入後隨即啟動，不過此動作仍需要在修改的緩衝區塊被寫入磁碟之前。而由此產生的檢查點便是一個**模糊的檢查點 (fuzzy checkpiont)**。

由於頁面只在檢查點紀錄寫入後才被輸出到磁碟，系統有可能在所有頁面都寫入前當機。因此，磁碟上的檢查點可能是不完整的。處理不完整檢查點的方法如下：最後完成的檢查點紀錄的日誌位置，會被儲存在一個固定的位置中，也就是磁碟上的最後檢查點。系統在寫入檢查點紀錄時，不會更新此資訊。相反地，在它寫入檢查點紀錄前，它會創建一個所有被修改過的緩衝區塊的列表。最後檢查點資訊只會在修改過的緩衝區塊列表中的所有緩衝區塊都已經輸出到磁碟後才會被更新。

即使使用模糊檢查點，儘管其它緩衝區塊可能會同時被更新，但緩衝區塊在它被輸出到磁碟時也一定不能被更新。預寫日誌協議必須被遵循，使得在區塊輸出之前，與區塊有關的（復原）日誌紀錄才會在穩定儲存器上。

11.6 非揮發性儲存器損失的故障

到現在為止，在非揮發性儲存器的內容仍然完好時，我們只考慮到駐留在揮發性儲存器內資料的遺失。雖然非揮發性儲存器的內容因故障而遺失的情形相當罕見，但我們仍需要準備好應對這類型的故障。在本節中，我們只討論磁碟儲存，不過我們的討論也適用於其它非揮發性儲存器的類型。

基本方案是將整個資料庫內容定期**轉儲 (dump)** 到穩定儲存器，比方說，每天一次。例如，我們可能會轉儲資料庫到一個或多個磁帶。在發生故障而造成實體資料庫區塊的損失時，系統會採用最近的轉儲來恢復資料庫到先前一致的狀態，一旦這個修復完成，系統會使用日誌讓資料庫系統處於最近的一致狀態。

一個資料庫轉儲的方法要求，在轉儲程序期間，交易不可正在進行，也不能使用與檢查點相似的程序：

1. 輸出所有目前駐留於主記憶體內的日誌紀錄到穩定儲存器上。
2. 輸出所有緩衝區塊到磁碟上。
3. 複製資料庫內容到穩定儲存器。
4. 輸出 <dump> 日誌紀錄到穩定儲存器上。

步驟 1、2、4 與第 11.3.6 節使用的三個用於檢查點的步驟相對應。

要從非揮發性儲存器的損失恢復，系統會使用最近的轉儲恢復資料庫到磁碟。於是，它會查閱自從最近的轉儲發生後的日誌，並重做所有的動作。請注意，復原操作是不需要被執行的。

在非揮發性儲存器部分故障的例子中，如單一區塊或數個區塊的故障，只有這些故障區塊需要被恢復，重做動作也只需要對那些區塊執行。

資料庫內容的轉儲也稱為**檔案轉儲 (archival dump)**，因為我們可以歸檔轉儲，並以後使用它們來檢查資料庫的舊狀態。資料庫的轉儲和緩衝區的檢查點是相似的。

大多數的資料庫系統都支援 **SQL 轉儲 (SQL dump)**，其寫出 SQL DDL 陳述式及 SQL 插入陳述式至到文件，然後可以被重新執行以重新創建資料庫。這些轉儲在遷移資料到一個不同的資料庫實例、或到不同版本的資料庫軟體時非常有用，因為實體位置和佈局在其它資料庫實例、或資料庫軟體版中可能會有所不同。

這裡描述的簡單轉儲程序相當昂貴，有以下兩點原因。首先，整個資料庫必須被複製到穩定儲存器，而造成大量的資料傳輸。第二，由於交易處理在轉儲程序期間被暫停，CPU 週期會因此而浪費。因此，**模糊轉儲 (fuzzy dump)** 方案已開發，使交易在轉儲進行時可持續進行。它們與模糊檢查點方案類似；要了解更多的細節，請參閱書目附註。

11.7 早期的鎖定釋放和邏輯復原操作

任何用於處理交易的索引，如 B+ 樹，都可以被視為正常的資料，但要增加並行性，我們可以使用 B+ 樹並行控制演算法，而容許以非兩階段方式進行的鎖定被提早釋放。作為提早釋放鎖定的結果，有可能一個 B+ 樹節點的值會插入一個由 T_1 交易所產生的 (V1, R1) 項的所更新，並隨後在同一節點插入由另一個 T_2 交易所產生的 (V2, R2) 項，在 T_1 完成執行前，移動 (V1, R1) 項。這時候，在 T_1 執行插入前，我們不能靠著以舊值更換節點內容來復原 T_1 交易，因為這樣會還原 T_2 所執行的插入，T_2 交易仍可能會提交（或可能已經提交）。在這個例子中，復原 (V1, R1) 插入影響的唯一方法，是執行相應的刪除操作。

在本節的其餘部分，我們將看到如何擴展第 11.4 節的恢復演算法，以支持早期的鎖定釋放。

11.7.1 邏輯操作

插入和刪除操作是需要邏輯還原操作這一類操作的例子，因為它們提早釋放了鎖定；我們稱這樣的操作為**邏輯操作 (logical operations)**。這種早期的鎖定釋放不是只對索引重要，對其它存取和更新非常頻繁的系統資料結構操作也相當重要，例如追蹤含有紀錄關係區塊的資料結構、區塊內的自由空間和資料庫中的自由區塊。在這樣的資料結構上執行操作後，如果鎖定沒有被提前釋放，交易會傾向於連續運行，進而影響到系統性能。

基於甚麼操作會與何種其它的操作產生衝突，衝突串行的理論可一直被延伸到操作上。例如兩個 B+ 樹上的插入操作插入了不同的關鍵值，即使它們都更新在相同的索引頁重疊的領域，它們也不會相互牴觸。然而，插入和刪除操作與其它的插入和刪除操作，如果都使用相同的關鍵值，是會相互衝突的，就連讀取操作也是。請參閱書目附註，以參考更多有關這個主題的資訊。

操作在執行時可獲得低水平鎖定，但完成時即釋放它們；無論如何，相應的交易必須保留高水平鎖定在兩階段中，以防止並行交易執行衝突的動作。例如，當插入操作在 B+ 樹頁面上被執行時，可在頁面上獲得短期鎖定，以容許頁面中的項目在插入期間被轉換；而其短期鎖定在頁面被更新後則隨即被釋放。這種提早鎖定釋放容許第二個插入在同一頁面上執行。然而，每個交易都必須獲得正被插入或刪除的關鍵值的鎖定，並以兩階段的方式保留它，來防止並行交易時對同一個關鍵值執行操作而產生的讀取、插入或刪除的衝突。

一旦低水平鎖定被釋放後，操作則無法靠已更新資料項舊值的使用來復原，而必須靠執行補償操作；這樣的操作稱為**邏輯復原操作 (logical undo operations)**。重要的是，在操作過程中獲得的低水平鎖定足以執行後續的邏輯復原操作，稍後在第 11.7.4 節會解釋原因。

11.7.2　邏輯復原日誌紀錄

為了在操作執行前讓邏輯復原操作修改索引，交易創建了一個 <T_i, O_j, **operation-begin**> 日誌紀錄，其中 O_j 是一個操作實例的獨特標示符號，當系統執行操作中，它為所有由交易執行的更新，以正常的方式創建了更新的日誌紀錄。因此，一般的舊值和新值資訊像往常一樣，為了每個由操作所執行的更新而被寫出；操作完成前，在交易需要被復原的例子中，舊值資訊是必需的。至於操作完成後，它會寫入 <T_i, O_j, **operation-end**, U> 形式的操作終端日誌紀錄，其中的 U 代表了復原資訊。

例如操作在 B$^+$ 樹裡插入了一個條目，U 復原資訊會表明刪除操作將被執行，並確認其 B$^+$ 樹，及該樹要刪除什麼條目，這種有關操作的紀錄資訊被稱為**邏輯日誌 (logical logging)**。相比之下，舊值和新值資訊的日誌被稱為**實體日誌 (physical logging)**，相對應的日誌紀錄則被稱為**實體日誌紀錄 (physical logging records)**。

請注意，在上述方案中，邏輯日誌紀錄只用於復原，而不是重做；重做操作完全是使用實體日誌紀錄所執行的。這是因為在系統故障後，資料庫系統狀態可能會反映一些一個操作而非其他操作的更新，這取決於故障前哪些緩衝區塊被寫入了磁碟。資料結構如 B$^+$ 樹，不會處於一致的狀態，邏輯重做和邏輯復原操作也都不能在不一致資料結構上被執行。要執行邏輯重做或復原，磁碟上的資料庫狀態的必須**操作一致 (operation consistent)**，也就是說，它不應該因任何操作而有局部的影響。然而，正如我們將會看到的，在執行邏輯復原操作前，恢復方案重做階段的實體重做處理，以及使用實體日誌紀錄的復原處理，會確保由邏輯復原操作存取的資料庫部分處於操作一致的狀態。

如果連續執行了好幾次與執行一次的結果都相同，那這個操作即被認為是**等冪的 (idempotent)**。不過插入一個條目到 B$^+$ 樹的操作也許不是等冪的，因此恢復演算法必須確保已經被執行的操作，不會再被執行。另一方面，實體日誌紀錄是等冪的，因為無論記入的更新是被執行一次還是多次，相應的資料項都會具有相同的值。

11.7.3 使用邏輯復原的交易復原

當交易 T_i 復原時,會往回掃描日誌,與 T_i 對應的日誌紀錄處理過程如下:

1. 在前面介紹過如何處理掃瞄過程中所遇到的實體日誌紀錄,除了那些不久前才提過的略過紀錄。不完整的邏輯操作是使用操作產生的實體日誌紀錄來復原的。
2. 完成的邏輯運作、操作末端識別紀錄,都會以不同的方式被復原。每當系統發現一個 <T_i, O_j, **operation-end**, U> 日誌紀錄,它都需要採取下列的特殊動作:
   a. 藉著使用日誌紀錄中的復原資訊 U,復原操作。它紀錄了操作還原期間的更新,就像操作第一次被實施時所執行的更新一樣。

   在操作復原的最後,資料庫系統會生成一個 <T_i, O_j, **operation-end**, U> 日誌紀錄,而不是生成一個 <T_i, O_j, **operation-abort**> 日誌紀錄。

   b. 當日誌的往回掃描日誌持續進行時,系統會略過所有 T_i 交易的日誌紀錄,直到找到 <T_i, O_j, **operation begin**> 日誌紀錄為止,而在它找到操作開始日誌紀錄後,它會以正常的方式處理 T_i 交易日誌紀錄。

   為了復原中所執行的更新,系統會紀錄實體復原資訊,而不使用僅限重做的賠償日誌紀錄。這是因為邏輯復原進行中可能會發生當機,而為了恢復,系統需要先執行完邏輯復原;為了執行邏輯復原,重新啟動恢復將可復原先前復原的部分影響,使用實體復原資訊,然後再次執行邏輯復原。

   另外我們還可以觀察到,在復原期間,當 **operation-end** 日誌紀錄被找到時,我們會略過實體日誌紀錄,以確保實體日誌紀錄中的舊值,只要操作一旦完成,就不被用於復原。

3. 如果系統找到 <T_i, O_j, **operation-abort**> 紀錄,它會略過前面所有紀錄(包括 O_j 的操作終端紀錄),直到找到 <T_i, O_j, **operation-begin**> 紀錄為止。

   有一個在復原中的交易,在之前已經被部分復原的條件下,才可發現一個操作中止日誌紀錄。回想一下,邏輯操作可能不是等冪的,因此邏輯復原操作是不可被多次執行的,而這些前面的日誌紀錄都必須被跳過,以防止多個相同的復原操作,以免在前面復原期間出現當機時,交易已經被部分復原了。

4. 如前述,當 <T_i **start**> 日誌紀錄被找到時,交易復原就算完成,系統增加了 <T_i **abort**> 紀錄到日誌中。

   如果在邏輯操作進行中發生故障,那 **operation-end** 日誌紀錄的操作將不會在交易復原時被發現。然而對每個由操作所執行的更新來說，具實體日誌紀錄內舊值形式的復原資訊，是存在日誌中的。該實體日誌紀錄將被用於復原未完成的操作。

現在假設系統發生當機時，操作復原正在執行中。然後，在操作復原過程中被寫入的實體日誌紀錄會被找到，而部分操作復原會使用這些實體日誌紀錄使本身被復原。持續往回掃描日誌可發現原操作的 **operation-end** 紀錄，操作復原也將再次被執行。使用實體日誌紀錄，復原早期復原操作的部分影響，使資料庫處於一致的狀態，也讓邏輯復原操作再次被執行。

圖 11.6 展示了一個由兩筆交易從一個資料項加上或減去一個值後所產生的日誌的例子。O_1 操作完成後，T_0 交易旁 C 資料項上的提早鎖定釋放，讓 T_1 交易甚至在 T_0 完成前，就使用 O_2 來更新資料項，但必須有邏輯復原。邏輯復原操作需要從資料項中增加或減去一個值，而不是恢復舊值到資料項。

圖上的註釋表明，在動作完成前，復原可以執行實體復原；在操作完成並釋放低水平鎖定後，復原必須由減去或增加值的方式執行，而不是恢復舊值。在圖中的例子，T_0 藉增加 100 到 C 復原了 O_1 操作；另一方面，B 資料項不會被提前鎖定釋放，其復原會被實際執行。我們可以發現在 T_1 中，圖 11.6 即使 O_1 已復原，交易和邏輯復原操作也仍會持續著一同進行還原，其會在 C 提交及 O_2 更新上執行更新，然後增加 200 到 C，並在 O_1 復原之前被執行。

▶ 圖 11.6
邏輯復原的交易
復原的操作

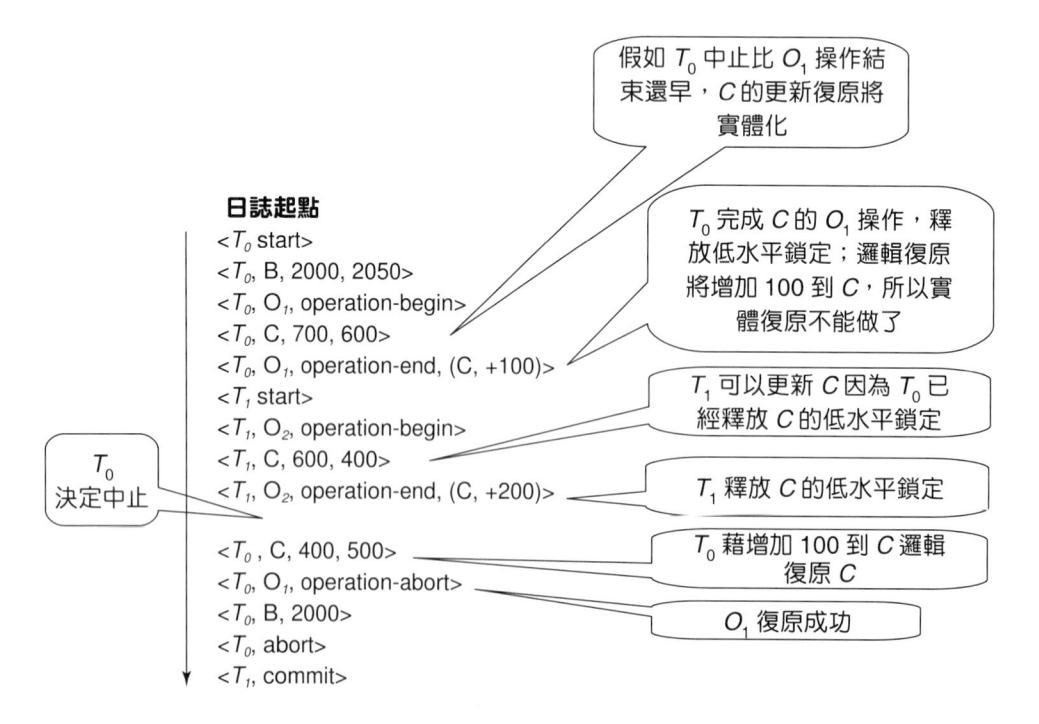

日誌起點
<T_0 start>
<T_0, B, 2000, 2050>
<T_0, O_1, operation-begin>
<T_0, C, 700, 600>
<T_0, O_1, operation-end, (C, +100)>
<T_1 start>
<T_1, O_2, operation-begin>
<T_1, C, 600, 400>
<T_1, O_2, operation-end, (C, +200)>

T_0 決定中止

<T_0, C, 400, 500>
<T_0, O_1, operation-abort>
<T_0, B, 2000>
<T_0, abort>
<T_1, commit>

假如 T_0 中止比 O_1 操作結束還早，C 的更新復原將實體化

T_0 完成 C 的 O_1 操作，釋放低水平鎖定；邏輯復原將增加 100 到 C，所以實體復原不能做了

T_1 可以更新 C 因為 T_0 已經釋放 C 的低水平鎖定

T_1 釋放 C 的低水平鎖定

T_0 藉增加 100 到 C 邏輯復原 C

O_1 復原成功

圖 11.7 展示了一個使用邏輯復原日誌紀錄從當機中恢復的例子。在這個例子中，T_1 操作正在進行，並在檢查點執行 O_4 操作。在重做中，檢查點日誌紀錄之後的 O_4 動作會被重做。而當機時，O_5 操作正在被 T_2 執行，但此操作是不完整的。在重做過程的最後，復原列表包含 T_1 和 T_2。在復原過程期間，O_5 操作的復原是使用了實體日誌紀錄的舊值將 C 值設成 400，才得以完成；此操作僅限使用於被記下的重做日誌紀錄。而下一個出現的 T_2 **start** 紀錄，會使 <T_2 **abort**> 被加到日誌中，及 T_2 從復原列表被移除。

接下來出現的日誌紀錄是 O_4 **operation-end** 紀錄；邏輯復原會實際地被記入，其為此操作添加 300 到 C，為 O_4 添加 **operation-abort** 日誌紀錄。直到 O_4 **operation-begin** 日誌紀錄出現前，部分 O_4 的實體日誌紀錄都是被略過。在這個例子中，沒有其它介於中間的日誌紀錄存在，不過在來自其它交易的一般日誌紀錄中，則可能會在我們找到 **operation-begin** 日誌紀錄前就被找到那些日誌紀錄；這類的日誌紀錄當然不應該被忽略（除非它們是完整操作中為了相應交易和略過紀錄的演算法的那部分）。**operation-begin** 日誌紀錄在 O_4 中被找到後，被實際復原的 T_1 實體日誌紀錄也被找到。最後，T_1 的 **start** 日誌紀錄也會被發現；這會導致 <T_1 **abort**> 被添加到日誌，及 T_1 會從復原列表被刪除。此時復原列表會是空的，表示恢復階段完成了。

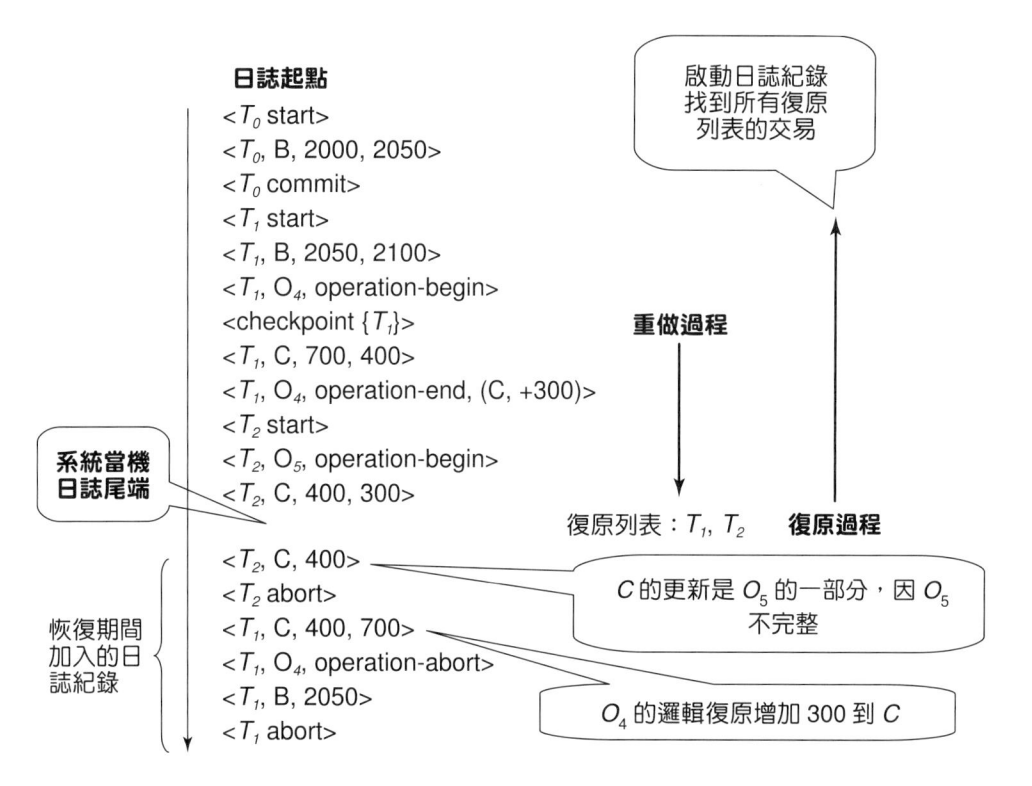

▶圖 11.7
以邏輯復原操作來作故障恢復動作

日誌起點
<T_0 start>
<T_0, B, 2000, 2050>
<T_0 commit>
<T_1 start>
<T_1, B, 2050, 2100>
<T_1, O_4, operation-begin>
<checkpoint {T_1}>
<T_1, C, 700, 400>
<T_1, O_4, operation-end, (C, +300)>
<T_2 start>
<T_2, O_5, operation-begin>
<T_2, C, 400, 300>

系統當機日誌尾端

<T_2, C, 400>
<T_2 abort>
<T_1, C, 400, 700>
<T_1, O_4, operation-abort>
<T_1, B, 2050>
<T_1 abort>

恢復期間加入的日誌紀錄

啟動日誌紀錄找到所有復原列表的交易

重做過程

復原列表：T_1, T_2　**復原過程**

C 的更新是 O_5 的一部分，因 O_5 不完整

O_4 的邏輯復原增加 300 到 C

11.7.4 邏輯復原的並行問題

如前述,在操作期間使用的低水平鎖定,是否足以執行後續邏輯復原的操作相當重要;否則在正常處理期間執行的並行操作,可能會在復原階段造成問題。例如,假設 T_1 交易下 O_1 操作的邏輯復原,會與 T_2 交易下 O_2 並行操作的資料項級別產生衝突,且 O_1 完成了但 O_2 未完成。同時假設系統當機時,兩者皆未交易提交。則 O_2 實體更新日誌紀錄可能會出現在 O_1 **operation-end** 紀錄的前後,而且在 O_1 邏輯復原恢復更新過程中的期間,可能會完全或部分被在 O_2 實體復原期間的舊值所覆蓋。如果 O_1 已經取得所有 O_1 邏輯復原所需的低水平鎖定,這問題則不可能會發生,也不會有這樣的 O_2 並行情況。

如果原操作和它的邏輯復原操作都存取單一頁面(這樣的操作被稱為生理操作,在第 11.8 節中有介紹),上述的鎖定要求很容易被滿足。否則在決定哪些低水平鎖定需要被取得時需要考慮到具體操作的細節。例如,B+ 樹的更新操作可以在根上獲取短期鎖定,以確保操作連續執行。有關 B+ 樹並行控制和利用邏輯復原紀錄的恢復,請參見書目附註。同時在書目附註中也可看到另一種稱為多級恢復的方法,它可以放寬鎖定要求。

11.8 ARIES**

ARIES 恢復方法能最佳的說明了恢復方法中的技巧。我們在第 11.4 節中介紹的恢復技術以及在第 11.7 節所述的邏輯復原記入技術,就是仿照 ARIES 而來,不過已經大大地被簡化,以帶出關鍵概念,並使其更容易理解。ARIES 使用大量的技術來縮短恢復的所需時間,並減少檢查點的開銷。特別的是,ARIES 能夠避免許多已被應用過的重複紀錄操作,並減少記入資訊的量。雖然付出的代價是更高的複雜度,但此付出是值得的。

ARIES 和前面介紹過的恢復演算法之間的主要差異是 ARIES:

1. 使用一個**日誌序列號 (log sequence number, LSN)** 來識別日誌紀錄,並儲存在 LSNs 在資料庫頁面中,以確定哪些操作已被應用到資料庫頁面。
2. 支持**實體的重做 (physiological redo)** 操作,在受影響的頁面中能在實體中被識別,但在頁面內可以是符合邏輯的。例如,如果使用了一個開槽頁面結構(第 6.5.2 節),從頁面刪除紀錄可能導致許多其它頁面的紀錄因此被轉移。隨著實體重做日誌,所有受紀錄轉移影響的頁面位元都必須被紀錄。隨著實體紀錄，刪除操作可以被紀錄下來，而形成一個更小的日誌紀錄。刪除操作的重做會將紀錄刪除，並應需求轉換其它紀錄。
3. 使用**髒頁表 (dirty page table)** 將不必要的重做在恢復過程中減到最低，正如前面提到的，髒頁表在記憶體中已經被更新，但磁碟版本卻非最新的。
4. 採用只紀錄髒頁表資訊和相關資訊的模糊檢查點方案，甚至不要求髒頁表寫入到磁碟，它會不斷在背景刷新了髒頁表，而不是在檢查點期間寫入它們。

在本節的其餘部分，我們提供了 ARIES 的概述。書目附註列出了提供完整 ARIES 敘述的參考。

11.8.1 資料結構

每個 ARIES 裡的日誌紀錄，都有一個唯一識別紀錄的日誌序列號 (LSN)。這個數字只是一個概念上的邏輯標示符號，而較晚出現的日誌紀錄其值會更大。實際上，LSN 產生的方法使其也可以用來定位磁碟上的日誌紀錄。通常情況下，ARIES 會將一個日誌分割成多個日誌文件，每個文件都有一個文件編號。當日誌文件數量到達某些極限時，ARIES 會進一步追加日誌紀錄到新的日誌文件，而新日誌文件的號碼，會比前一個多 1。因此 LSN 是由一個文件編號和文件內的偏移組成。

每個頁面還保持著一個稱為 **PageLSN** 的識別標示。每當更新操作（無論是實體 physical 或生理 physiological）在頁面出現時，操作在 PageLSN 領域的頁面會儲存本身 LSN 的日誌紀錄。在重做恢復階段期間，任何 LSN 小於或等於 PageLSN 頁面的日誌紀錄，都不應該在頁面上執行，因為它們的動作已經反映在頁面上了。在紀錄 PageLSNs 方案作為部分檢查點的結合中，ARIES 甚至可以避免讀取許多已反映在磁碟上紀錄操作的頁面。因此恢復時間會顯著降低。

為了確保在生理重做操作中維持等冪，PageLSN 是不可或缺的，因為重新應用會被應用到頁面的生理重做，而導致頁面錯誤的更動。

當更新正進行時，頁面不應該被刷新到磁碟，因為在磁碟上被部分更新的頁面狀態內，生理操作不能被重做。因此，ARIES 在緩衝頁使用鎖存器，以防當它們正在更新時，被寫入到磁碟。只有更新完成後，才會釋放緩衝頁鎖存器，而此時日誌紀錄的更新也已經被寫入到日誌。

每個日誌紀錄都包含了 LSN 上一次同樣交易的日誌紀錄。該值儲存在 PrevLSN 領域中，允許交易日誌紀錄在沒有讀取整個日誌的情況下被往回取出。

在交易復原期間會產生一個僅限重做的特殊日誌紀錄，其在 ARIES 中被稱為**補償日誌紀錄 (compensation log records, CLRs)**，它們與我們先前恢復方案中的僅限重做日誌紀錄的目的相同。此外，CLRs 還扮演了我們方案中 operation-abort 日誌紀錄的角色。CLRs 有個額外的領域，稱為 UndoNextLSN；當交易正被復原時，它紀錄了緊接著需要被復原的 LSN 日誌。這領域與我們前面復原方案中的 operation-abort 日誌紀錄裡的操作識別標示有著相同的目的，兩者都有助於略過那些已被復原的日誌紀錄。

髒頁表 (DirtyPageTable) 有一個已經在資料庫緩衝區中被更新的頁面列表。它在每頁都會儲存 PageLSN 和稱為 RecLSN 的領域；RecLSN 有助於在磁碟上識別已經被應用於頁面版本上的日誌紀錄。當一個頁面被加入到髒頁表時（第一次在緩衝區被修改時），RecLSN 之值被設在日誌的最尾端。每當該頁被刷新到磁碟時，該頁則從髒頁表中被刪除。

檢查點日誌紀錄 (checkpoint log record) 包含了髒列表和活躍交易列表。檢查點日誌紀錄也會指出每個交易的 LastLSN，也就是最後被交易寫入日誌紀錄的 LSN；另外，磁碟上的固定位置也會標記最後一個（完整的）檢查點日誌紀錄的 LSN。

圖 11.8 說明了一些使用 ARIES 的資料結構。圖中顯示的日誌紀錄的 LSN 為

▶ 圖 11.8
ARIES 中使用的資料結構

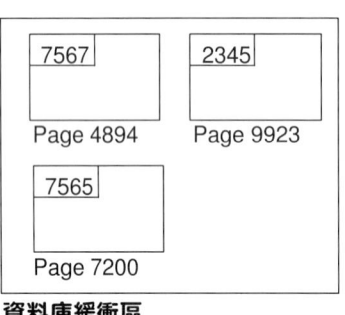

資料庫緩衝區

Page 4894: 7567
Page 9923: 2345
Page 7200: 7565

髒頁表

PageID	PageLSN	RecLSN
4894	7567	7564
7200	7565	7565

日誌緩衝區（PrevLSN 和 UndoNextLSN 未顯示）

7567: <T_{145}, 4894.1, 40, 60>
7566: <T_{143} commit>

穩定資料

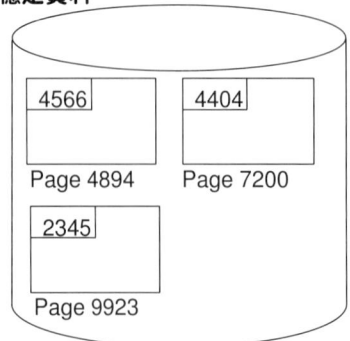

Page 4894: 4566
Page 7200: 4404
Page 9923: 2345

穩定日誌

7565: <T_{143}, 7200.2, 60, 80>
7564: <T_{145}, 4894.1, 20, 40>
7563: <T_{145} begin>

它們的前置詞；這些可能不會被明確儲存，但可在實際的執行中從日誌的位置被推斷。在日誌紀錄中的資料項目識別標示是以兩部分顯示，例如 4894.1；第一部分識別頁面，第二部分識別內頁紀錄。請注意，最新的紀錄會顯示於日誌的最上面，而磁碟上舊的日誌紀錄會顯示較低的數字。

每個頁面（無論是在緩衝區中或是磁碟上）都有相關的 PageLSN 領域，我們可以驗證，最後一個更新頁面 4894 日誌紀錄的 LSN 是 7567。透過互相比較緩衝區中頁面的 PageLSNs 與穩定儲存器中相應頁面的 PageLSNs，我們可以觀察到髒頁表包含了已被修改緩衝區中所有頁面的項目，因為它們取自於穩定儲存器。因此，頁面被增加到髒頁表時，在髒頁表的 RecLSN 項目會反映 LSN 在日誌的最後，並大於或等於在穩定儲存器中該頁面的 PageLSN。

11.8.2 恢復演算法

ARIES 從系統當機中恢復的三個過程。

- **分析過程 (rnalysis pass)**：此過程決定復原哪些交易、哪些頁面在當機時是髒的和重作過程應該啟動的 LSN。
- **重做過程 (redo pass)**：此過程由分析過程中決定位置的開始，並執行重做、重複歷史，使資料庫的狀態回到當機前。
- **復原過程 (undo pass)**：此過程復原所有在當機時不完整的交易。

11.8.2.1 分析過程

分析過程找到了最後完成的檢查點日誌紀錄，並從這紀錄讀取髒頁表。然後它會把 RedoLSN 設定成在髒頁表頁面中最小量的 RecLSNs，如果沒有髒頁表，它則會把 RedoLSN 設定成在檢查點日誌紀錄的 LSN。另外，重做過程會從 RedoLSN 啟動其日誌的掃描。所有在這時間點前的日誌紀錄都已經被應用到磁碟上的資料庫頁面了，分析過程起初是設定交易列表為被復原的復原列表，到檢查點日誌紀錄中的交易列表。除此之外，分析過程還會從檢查點日誌紀錄讀取了復原列表內每筆交易中最後日誌紀錄的 LSNs。

分析過程會不斷從檢查點往回掃描。每當它發現一個交易的日誌紀錄沒有在復原列表中，它就會將交易增加到復原列表。而當它發現一個交易結束日誌紀錄，它就會從復原列表刪除該交易。在分析的最後，所有復原列表中剩餘的交易之候都必須在復原過程內被復原。分析過程還可以追蹤復原列表中每筆交易的最後紀錄。

每當分析過程在頁面上找到一個日誌紀錄的更新時，它就會更新髒頁表，如果頁面沒有在髒頁表中，分析過程會把它增加到髒頁表，並設定 RecLSN 頁面為 LSN 日誌紀錄。

11.8.2.2 重做過程

重做過程以重播磁碟上頁面中每個尚未反映的動作，來重複歷史。重作過程會從 RedoLSN 往回掃描日誌，每當它找到一個更新日誌紀錄時，就會採取這個動作：

1. 如果髒列表中沒有該頁面，或是更新日誌紀錄的 LSN 小於髒列表中該頁面的 RecLSN，那麼重作過程會略過日誌紀錄。
2. 否則重作過程會從磁碟取回頁面，又如果 PageLSN 小於日誌紀錄的 LSN，它會重做日誌紀錄。

請注意，如果任一測試為負，那麼日誌紀錄的效果就已經出現在頁面上了；否則日誌紀錄的影響是不會被反映在頁面上的。由於 ARIES 允許非等冪生理日誌紀錄，因此如果日誌紀錄的效果已經反映在頁面，那它就不應該被重做。如果第一個測試為負值，它甚至沒有必要從磁碟取回頁面來檢查它的 PageLSN。

11.8.2.3 復原過程和交易復原

相形下，復原過程比較簡單，它執行單一的日誌往回掃描，在復原列表中復原所有交易。在復原列表內，復原過程只會檢查交易的日誌紀錄；而在分析過程期間被紀錄的最後一個LSN，會被用來尋找復原列表中每筆交易的最後日誌紀錄。

每當更新日誌紀錄被發現時，它就被用來執行復原（無論交易復原是在正常處理期間，還是在重新啟動重作過程期間）。復原過程生成了一個含有被執行復原操作的 CLR（必須是生理上的）。它會將 CLR 的 UndoNextLSN 設定成更新日誌紀錄的 PrevLSN 值。

如果找到 CLR，其 UndoNextLSN 值會顯示該交易下一個要被復原日誌紀錄的 LSN；該交易後來的日誌紀錄都已經復原了。對於不是 CLR 的日誌紀錄來說，日誌紀錄的 PrevLSN 領域顯示該交易下一個要被復原日誌紀錄的 LSN。接下來要處理的日誌紀錄在復原過程的每一站都是下個 LSN 日誌紀錄裡最大量的，遍及所有復原列表內的交易。

在範例日誌上，圖 11.9 展示了 ARIES 所執行的恢復操作。我們假設在磁碟上

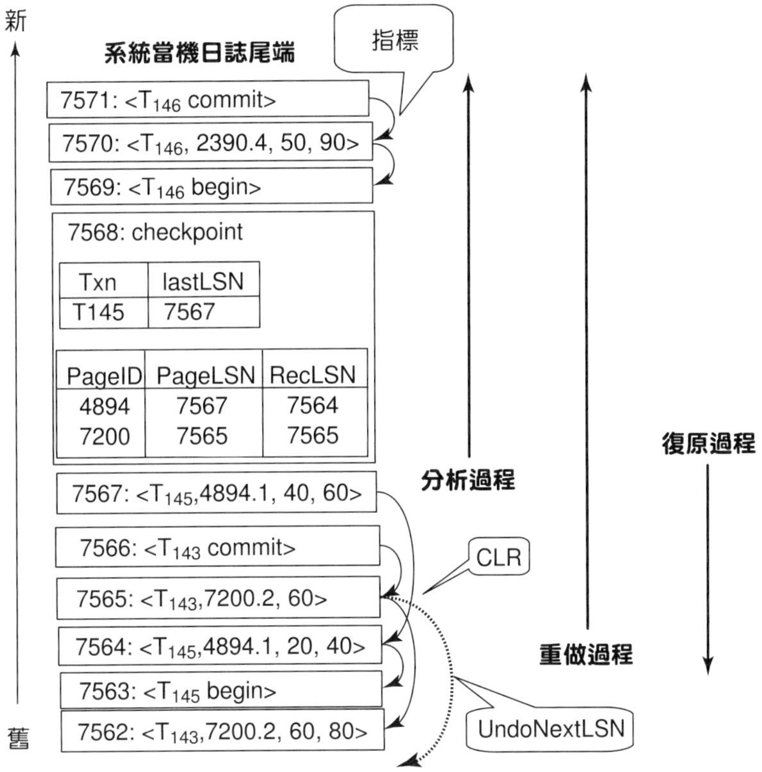

▶圖 11.9
ARIES 內的恢復行動

```
新
↑
         系統當機日誌尾端         指標
   ┌─────────────────────────┐
   │ 7571: <T₁₄₆ commit>     │
   ├─────────────────────────┤
   │ 7570: <T₁₄₆, 2390.4, 50, 90> │
   ├─────────────────────────┤
   │ 7569: <T₁₄₆ begin>      │
   ├─────────────────────────┤
   │ 7568: checkpoint        │
   │   Txn    lastLSN        │
   │   T145   7567           │
   │                         │
   │   PageID PageLSN RecLSN │
   │   4894   7567    7564   │
   │   7200   7565    7565   │
   ├─────────────────────────┤
   │ 7567: <T₁₄₅,4894.1, 40, 60> │   分析過程
   ├─────────────────────────┤
   │ 7566: <T₁₄₃ commit>     │   CLR
   ├─────────────────────────┤
   │ 7565: <T₁₄₃,7200.2, 60> │
   ├─────────────────────────┤
   │ 7564: <T₁₄₅,4894.1, 20, 40> │   重做過程
   ├─────────────────────────┤
   │ 7563: <T₁₄₅ begin>      │
   ├─────────────────────────┤
   │ 7562: <T₁₄₃,7200.2, 60, 80> │   UndoNextLSN
   └─────────────────────────┘
舊
```

復原過程

最後完成的檢查點指標指向檢查點日誌紀錄 LSN 7568。日誌紀錄的 PrevLSN 值在圖中以箭頭顯示，而 UndoNextLSN 值在圖中則以虛線箭頭標示補償日誌紀錄 7565 LSN。分析過程會從 LSN 7568 開始，當它完成後，RedoLSN 將會是 7564。因此，重作過程必須使用 LSN 7564 當作日誌紀錄開始。請注意，此 LSN 比檢查點日誌紀錄的 LSN 還少，因為 ARIES 檢查點演算法並沒有刷新修改的頁面到穩定儲存器。在分析最後的髒頁表分析中會包括檢查點日誌紀錄中的 4894、7200 頁面，還有以 LSN 7570 日誌紀錄所更新的 2390。而在分析過程的最後，在這個例子中要被復原的交易清單只有 T_{145}。

上面例子的重作過程，會從 LSN 7564 開始，且出現在髒頁表中的日誌紀錄會執行重做。在復原過程只需要復原交易 T_{145}，由此從其 LastLSN 值 7567 開始，並繼續往回，直到在 LSN 7563 中 < T_{145} start> 紀錄被發現為止。

11.8.3 其他特性

在，ARIES 所提供的其它主要功能有：

- **嵌套頂端行動 (nested top actions)**：ARIES 允許操作的記入，即使交易後來被復原，此紀錄也不該被還原；例如，如果交易分派了頁面到關聯，就算是交易復原，頁面分配也不該被復原，因為其它交易可能已經儲存紀錄到頁面中，這種不該復原的操作就被稱為嵌套頂端行動。它可被當成完全無作為的復原動作。在 ARIES 中，這種操作是透過創建一個虛擬的 CLR 而被實現，其 UndoNextLSN 會被設置使得由操作所產生的日誌紀錄的交易復原被略過。
- **恢復獨立 (recovery independence)**：有些頁面可以獨立恢復，使它們即使在其他頁面正在恢復時也可以被使用。如果某些磁碟的頁面故障，不需要停止正在其他頁面處理中的交易，這些頁面也可以被恢復。
- **保存點 (savepoints)**：交易可以紀錄保存點，並可以被部分復原到一個保存點。這對於處理死結相當有用，因為交易可以復原到一個允許釋放所需鎖定的點，然後從該點重新啟動。

   程式設計師也可以使用保存點來復原部分交易，然後再繼續執行；在交易執行過程中，這種方法對於處理某些被檢測到的錯誤類型相當有效。
- **精細粒度鎖定 (fine-grained locking)**：ARIES 恢復演算法可與索引並行控制演算法共用，索引並行控制演算法准許指標上的元素組合鎖定，而非頁鎖定，從而顯著的提高並行性。
- **恢復最佳化 (recovery optimizations)**：髒頁表可在恢復期間先提取頁面，而不是只有當系統找到被應用到該頁面的日誌紀錄時，才可取回一個頁面。失效的恢復也相當重要，正當頁面被從磁碟中取回時，重做是可被延緩的，並在頁面取回後被執行。而同時，其他的日誌紀錄也可以繼續被處理。

綜合上所述，ARIES 演算法是一個有技巧的恢復演算法，集成了多種為提高並發性所設計的最佳化，不僅減低紀錄開銷，也減少恢復時間。

11.9 遠端備份系統

傳統的交易處理系統，是集中式或客戶伺服器的系統。這種系統很容易受到環境災難的傷害，如火災、水災、或地震。現今有愈來愈多的需求，希望交易處理系統儘管在系統功能故障或環境災難時，仍可以運作，而這種系統必須具**高可用性 (high availability)**，也就是說，系統無法使用的時間必須非常短。

我們可以透過在**主站 (primary site)** 執行處理交易，並擁有全部從主站複製過來的**遠端備份 (remote backup)** 站點實現高可用性。遠端備份站點有時也稱為

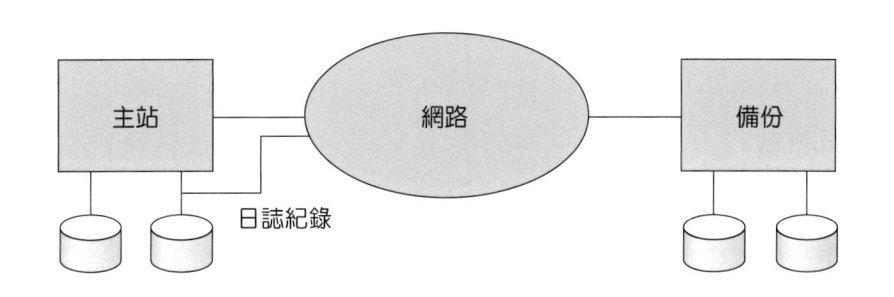

▶圖 11.10
顯示了遠端備份系統的架構

[主站] —— [網路] —— [備份]
日誌紀錄

輔助站點 (secondary site)。更新在主站執行時，遠端站點必須與主站保持同步。因此，我們會藉由主站發送所有日誌紀錄到遠端備份站點來實現同步化。遠端備份站點在實體上必須與主站分離，例如我們可以在將它放在另外一個州，這樣一來，主站的災難才不會損害主網絡備份遠端備份站點的日誌紀錄。圖 11.10 顯示了遠端備份系統的架構。

當主站故障時，遠端備份站點會接手處理，它首先會使用它（或許是尚未更新的版本）主站上的資料副本及主站上接收到的日誌紀錄來執行恢復。實際上，當後者恢復後，遠端備份站點是在執行已在主站上被執行的恢復操作。只要些微修改標準恢復演算法，就可以用於遠端備份站點的恢復。一旦恢復完成，遠端備份站點就會開始處理交易。

單站點系統大大地增加了可用性，因為即使主站點的資料都遺失，系統仍可以恢復。

設計遠端備份系統時，必須考慮以下幾個問題：

- **故障檢測 (dectection of failure)**。當主站故障時，遠端備份系統仍可進行檢測是相當重要的。通信線路的故障可以騙過遠端備份，使其認為主站已經故障，為了避免這個問題，我們在主站和遠端備份間保存了幾個具故障獨立模式的通信線路。例如，幾個獨立的網絡聯結，可能包括電話線的數據機聯結也會被拿來使用。這些聯結可以透過操作者來手動備份，這些人能夠經電話系統溝通。
- **傳輸控制 (transfer of control)**。當主站故障時，備份站點會接管處理並成為新主站。當原主站恢復後，它可以發揮遠端備份的作用，或再次接管主站。在這兩種情況下，當舊主站不再工作時，舊主站必須接收由備份站點所完成的日誌更新。

  傳輸控制的最簡單方式，就是讓舊主站從舊備份站點接收重做日誌，並應用它們趕上更新，使得舊的主站可以充當遠端備份站點。如果控制必須被回傳，舊備份站點就可以假裝故障，然後讓舊主站接管。
- **恢復時間 (time to recover)**。如果在遠端備份的日誌擴展到很大時，則復原就需要很長的時間。遠端備份站點能夠定期處理已接收的重做日誌紀錄，並執行檢查點，使日誌較早期的部分可以被刪除，使得在遠端備份前的延遲，在之後會被大幅縮短。

使用**熱備用 (hot-spare)**配置可以使得備份站點瞬間做出接管。在此配置中，遠端備份站點在它們到達時不斷地處理重做日誌紀錄，並在本地應用更新。一旦檢測到主站故障，備份站點即藉由復原未完成的交易完成恢復；而同時它也準備好去處理新交易。

- **提交時間 (time to commit)**。為了確保已提交交易的更新是持久的，因此直到交易的日誌紀錄到達備份站點之前，交易不能被宣告已提交。這種延遲可能導致提交交易的等待時間更長，因此一些系統容許較低的持久度。

持久度可被分類如下：

  - **One-safe**。只要交易的提交日誌紀錄在主站被寫入到穩定儲存器，它就會提交。

    這個方案的問題是，已提交交易的更新在備份站點接管處理後，可能無法到達備份站點，因此更新可能會被遺失。而主站恢復後，遺失的更新無法被直接合併，因為這些更新可能會與備份站點上執行的晚期更新產生衝突。因此要使資料庫達到一致的狀態，可能就需要人為干預。

  - **Two-very-safe**。一旦交易的提交日誌紀錄在主站和被寫入穩定儲存器後，它就會提交。

    這個方案的問題是，如果主站或備份站點停止運行，交易處理則不能繼續進行。因此，雖然資料損失的或然性已少得多，但實際上其可用性卻比單站點的還低。

  - **Two-safe**。如果主站和備份站點都正在執行中，這個方案就和 two-very-safe 一樣。只要主站是活躍的，且一旦在主站的日誌紀錄被寫入穩定儲存器，交易就被允許提交。

    在防止 One-safe 方案所面臨的交易損失問題時，這項方案提供了比 two-very-safe 更佳的可用性。它會提交的比 one-safe 方案慢，但大體上帶來的好處卻大於成本。

一些商業共享磁碟系統提供了一個預置容限的級別，也就是在中央和遠端備份系統的中介者。在這些商業系統中，CPU 的故障不會導致系統故障，取而代之地，其它的 CPU 會接管，也會進行恢復。恢復動作包括了把在故障 CPU 上正在運作的交易復原，及由那些交易所持有的鎖定恢復。既然資料在共享磁碟上，也就沒有傳輸日誌紀錄的必要。然而，我們應該在利用保護資料來防止磁碟故障，例如，RAID 磁碟組織。

另一種實現高可用性的方式是使用分佈式資料庫，其資料會在多個站點被複製。接著，需要交易來更新它們更新的任何資料項的所有副本。

11.10 總結

- 電腦系統，有如其它任何機械或電器設備，會受到故障的限制。這類的故障有多種原因，包括磁碟當機、斷電、和軟體出錯。在這些情況下，與資料庫系統相關的資訊有可能會遺失。
- 除了系統故障，交易也可能因為種種原因失敗，例如，違反了完整性限制或死結。
- 資料庫系統不可或缺的部分是恢復方案，其負責故障檢測和恢復資料庫到故障發生前的狀態。
- 電腦中有不同類型的儲存種類，包含揮發性儲存器、非揮發性儲存器和穩定儲存器。在揮發性儲存器中的資料，如 RAM，在電腦當機後會遺失。在非揮發性儲存器中的資料，如磁碟，在電腦當機後並不會遺失，但偶爾可能會因為故障而喪失，如磁碟當機。而穩定儲存器中的資料則永遠不會遺失。
- 穩定儲存近似鏡像磁碟，必須能夠在線存取，或其它提供冗餘資料儲存的 RAID 形式。離線或歸檔者，穩定儲存器可能由儲存於實體安全位置的多個磁帶資料副本所組成。
- 如果故障，資料庫系統狀態可能不會再保持一致；也就是說，它可能不會反映資料庫當時應當捕獲的狀態。為了保持一致性，我們要求每個交易是具有單元性的。確保單元性和耐久性是恢復方案的責任。
- 在以日誌為基礎的方案中，所有更新都會被紀錄在必須保持在穩定儲存器內的日誌中。交易的最後日誌紀錄是交易的提交日誌紀錄，在交易的最後日誌紀錄被輸出到穩定儲存器後，交易就會被認為是已經提交。
- 日誌紀錄包含所有更新資料項的舊值和新值。新值用於更新在系統當機後需要重做的情況下，若更新在正常操作期間中止，會復原交易更新，以防止系統在交易提交前當機，舊值則備用於復原交易更新。
- 在延遲修改的方案裡，在交易執行的過程中，所有寫入操作都延遲到交易提交為止，此時系統使用日誌上與交易相關的資訊，來執行延遲的寫入。而隨著延遲的修改，日誌紀錄並不需要含有更新資料項的舊值。

- 為了減少搜索日誌和重做交易的開銷,我們可以使用檢查點技術。
- 現代恢復演算法是基於重複歷史的概念,據此在正常操作期間所採取的一切動作(自最後完成的檢查點以來)都在重作過程恢復的期間重播。重複歷史可使系統恢復到系統當機之前,在最後一個日誌紀錄被輸出到穩定儲存器時的狀態。然後從這種狀態,透過以顛倒次序執行處理未完成交易日誌紀錄的復原過程,來執行復原。
- 不完整交易的復原會將中止日誌紀錄和僅限重做的特殊日誌紀錄寫出。在此之後,交易會被認為已經完成,也不會再被復原。
- 交易處理是以主記憶體擁有日誌緩衝區、資料庫緩衝區和系統緩衝區的儲存模型為依據。系統緩衝區持有系統目標代碼頁面和地方工作領域的交易。
- 有效實施恢復方案需要將寫入資料庫和穩定儲存器的數字最小化。日誌紀錄起初也許可以被存放在日誌緩衝區,但下列其中一個情況發生時,就必須被寫入穩定儲存器:
  - <T_i commit> 日誌紀錄可能被輸出到穩定儲存器之前,所有有關 T_i 交易的日誌紀錄,都必須已輸出到穩定儲存器。
  - 在主記憶體中的資料區塊被輸出到資料庫前(在非揮發性儲存器中),所有有關此區塊內資料的日誌紀錄,都必須已輸出到穩定儲存器。
- 現代復原技術支援高並行鎖定技術,例如被用於 B^+ 樹中的並行控制。這些技術允許提前釋放由操作所獲得的低水平鎖定,如插入或刪除的操作,容許其它這類的操作,被其它交易執行。低水平鎖定被釋放後,實體復原是不可能的,而是要使用邏輯復原,就像復原插入的刪除。交易保留了高水平鎖定,這確保並行交易不能執行,使得邏輯復原操作為不可能的操作。
- 要恢復故障造成的非揮發性儲存器損失,我們必須定期地轉儲資料庫全部內容到穩定儲存器上,也就是說,每天一次。如果發生故障而造成實體資料庫塊的損失,我們會使用最近的轉儲,以將資料庫恢復到之前一致的狀態。一旦這個修復完成,我們會使用日誌將資料庫系統帶到最近的一致狀態。
- ARIES 恢復方案是一個最先進的方案,其支持大量的功能,以提供更大的並行性,且能減少紀錄開銷,並將恢復時間縮到最短。它以重複歷史為出發點,並允許邏輯復原操作。該方案會不斷地刷新頁面,因此不需要在檢查點時刷新所有頁面。它使用日誌序列號(LSN)來實施各種最佳化,以減少恢復所需的時間。
- 遠端備份系統提供了高度可用性,允許交易處理即使在主站被火災、水災或地震所摧毀後,仍持續進行。來自主站的資料和日誌紀錄會不斷被備份到遠端備份站點,因此如果主站出現故障,在執行某些恢復動作後,遠端備份站點會接管交易處理。

關鍵詞

- 恢復方案 (Recovery scheme)
- 故障分類 (Failure classification)
  - 交易失敗 (Transaction failure)
  - 邏輯錯誤 (Logical error)
  - 系統錯誤 (System error)
  - 系統當機 (System crash)
  - 資料傳輸失敗 (Data-transfer failure)
- 故障停止假設 (Fail-stop assumption)
- 磁碟故障 (Disk failure)
- 儲存類型 (Storage types)
  - 揮發性儲存器 (Volatile storage)
  - 非揮發性儲存器 (Nonvolatile storage)
  - 穩定儲存器 (Stable storage)
- 區塊 (Blocks)
  - 實體區塊 (Physical blocks)
  - 緩衝區塊 (Buffer blocks)
- 磁碟緩衝區 (Disk buffer)
- 強制輸出 (Force-output)
- 基於日誌的恢復 (Log-based recovery)
- 日誌 (Log)
- 日誌紀錄 (Log records)
- 更新日誌紀錄 (Update log record)
- 延遲修改 (Deferred modification)
- 即時修改 (Immediate modification)
- 未提交修改 (Uncommitted modifications)
- 檢查點 (Checkpoints)
- 恢復演算法 (Recovery algorithm)
- 重新啟動恢復 (Restart recovery)
- 交易復原 (Transaction rollback)
- 實體復原 (Physical undo)
- 實體日誌 (Physical logging)
- 重做階段 (Redo phase)
- 復原階段 (Undo phase)
- 重複歷史 (Repeating history)
- 緩衝管理 (Buffer management)
- 日誌紀錄緩衝 (Log-record buffering)
- 預寫日誌（WAL）(Write-ahead logging (WAL))
- 日誌強制 (Log force)
- 資料庫緩衝 (Database buffering)
- 鎖存器 (Latches)
- 作業系統和緩衝管理 (Operating system and buffer Management)
- 模糊檢查點 (Fuzzy checkpointing)
- 早鎖釋放 (Early lock release)
- 邏輯操作 (Logical operations)
- 邏輯日誌 (Logical logging)
- 邏輯復原 (Logical undo)
- 非揮發性儲存器損失 (Loss of nonvolatile storage)
- 檔案轉儲 (Archival dump)
- 模糊轉儲 (Fuzzy dump)
- ARIES
  - 日誌序列號 (LSN)(Log sequence number, LSN)
  - PageLSN
  - 生理重做 (Physiological redo)
  - 補償日誌紀錄 (CLR)(Compensation log record, CLR)
  - DirtyPageTable
  - 檢查點日誌紀錄 (Checkpoint log record)
  - 分析階段 (Analysis phase)
  - 重做階段 (Redo phase)
  - 復原階段 (Undo phase)
- 高可用性 (High availability)
- 遠端備份系統 (Remote backup systems)
  - 主站 (Primary site)
  - 遠端備份站點 (Remote backup site)
  - 輔助站點 (Secondary site)
- 故障檢測 (Detection of failure)
- 傳輸控制 (Transfer of control)
- 恢復時間 (Time to recover)
- 熱備用配置 (Hot-spare configuration)
- 提交時間 (Time to commit)

實作題

11.1 為什麼復原列表上的交易日誌紀錄必須以相反的順序處理,而重做則是正向的執行。

11.2 解釋檢查點機制的目的。檢查點應該多久被執行一次?檢查點的頻率有何影響:
- 系統沒有發生故障時的性能?
- 從系統當機恢復所花費的時間?
- 從媒體(磁碟)故障恢復所花費的時間?

11.3 有些資料庫系統允許管理員在兩種形式的紀錄中擇其一:
正常紀錄用於恢復系統當機,檔案紀錄用於恢復媒體(磁碟)故障。在每個使用第 11.4 節恢復演算法情況下,何時可以刪除日誌紀錄?

11.4 描述如何修改 11.4 節的恢復演算法來實行保存點,並執行復原到保存點。(11.8.3 節中有保存點的描述。)

11.5 假設延遲修改技術被用於資料庫中。

　a. 需要更新日誌紀錄的舊值部分嗎?為什麼要或為什麼不要?

　b. 如果舊值沒有儲存在更新日誌紀錄中,那交易復原顯然是行不通的。最後恢復重做階段是如何被修改的呢?

　c. 透過保留在交易局部記憶體內的更新資料項,和讀取尚未直接從資料庫緩衝區更新的資料項,可以執行延遲修改資料。該如何有效地執行資料項讀取,以確保交易可看到自己的更新。

　d. 如果交易進行大量的更新,上面的技術會出現什麼問題?

11.6 影子尋呼方案需要頁面被複製。假設頁表以 B^+ 樹表示。

　a. 建議如何在新複製和 B^+ 樹陰影複製之間,共享盡可能多量的節點,假設更新只為了葉條目產生,而沒有插入和刪除。

　b. 即使在上述最佳化,對執行小更新的交易來說,紀錄會比陰影複製方案便宜得多。
解釋為什麼。

11.7 假設我們(錯誤地)修改了 11.4 節的恢復演算法,變成不紀錄交易復原期間採取的動作。當復原系統當機時,稍早已經復原的交易將會被列入復原清單,並再次被復原。舉個例子來說明,在恢復復原階段期間所採取的動作,是如何導致錯誤資料庫狀態的。(提示:試想由中止交易所更新的資料項,然後以提交的交易更新。)

11.8 分配磁碟空間給文件作為交易的結果,即使交易復原,也不應該被釋放。解釋其原因,並解釋 ARIES 如何確保這些動作不會被復原。

11.9 假設交易刪除了紀錄,由此產生的自由空間會被分配到由另一個交易所插入的紀錄,甚至在第一個交易提交前。

　a. 如果第一個交易需要復原,會出現什麼問題?

　b. 如果是使用頁面鎖定,而非元素組合鎖定,這問題會產生爭議嗎?

　c. 透過在特殊日誌紀錄中紀錄後提交動作,並在提交後執行它們,建議如何在支持元素組合鎖定的同時,解決這個問題。要確定這方案可以確保這些動作只被執行一次。

11.10 解釋為何互動交易的恢復比批次交易復原還難處理。是否有簡單的方法來處理這個難題?
(提示:試想一個現金都已被提取的自動提款機交易。)

11.11 在交易提交後,因為錯誤的執行,導致交易有時必須被復原,例如由於銀行出納員造成的錯誤輸入。

  a. 舉一個說明使用正常交易復原機制來復原這種交易,可能導致不一致的狀態的例子。

  b. 一個處理這種情況的方法,是把整個資料庫帶到錯誤交易提交前的狀態(稱為即時點恢復)。稍後提交的交易有它們對復原這個方案的影響。建議一個 11.4 節修改的恢復演算法,藉著使用資料庫轉儲,來執行即時點恢復。

  c. 如果更新在 SQL 形式中是有效的,但卻不能使用它們的日誌紀錄來重新執行,而稍後的非錯誤交易邏輯上卻可以被重新執行。為什麼?

練習

11.12 解釋三種儲存器類型之間的差異,揮發性、非揮發性、和穩定—根據 I/O 成本而言。

11.13 無法執行穩定儲存器。

  a. 解釋為什麼不能。

  b. 解釋資料庫系統如何處理這個問題。

11.14 如果一些有關區塊的日誌紀錄,在區塊輸出到磁碟前,沒有被輸出到穩定儲存器,解釋資料庫是如何可能成為不一致。

11.15 概述不偷的缺點,並強迫執行緩衝管理政策。

11.16 為什麼生理重做日誌可以大大減少紀錄的開銷,特別是開槽頁紀錄組織。

11.17 解釋為什麼邏輯復原日誌被廣泛使用,而邏輯重做日誌(除了生理重做日誌)則很少使用。

11.18 試想圖 11.5 中的日誌。假設就在 <T_0 **abort**> 日誌紀錄前被寫出發生當機。解釋恢復過程中會發生什麼事。

11.19 假設有一筆已經運行了很長一段時間,但卻很少進行更新的交易。

  a. 對交易的 11.4 節恢復演算法及 ARIES 恢復演算法的恢復時間會有什麼影響。

  b. 刪除舊日誌紀錄對此交易會有什麼影響?

11.20 試想圖 11.6 中的日誌。假設在恢復期間,在操作中止日誌紀錄被寫入 O_1 操作前出現當機情形。解釋系統再次復原時會發生什麼事。

11.21 當資料被增加到新分配的磁碟頁面時(換句話說,沒有舊值被恢復,以防交易中止),比較基於日誌的恢復與陰影複製方案兩者的成本。

11.22 ARIES 恢復演算法裡:

  a. 如果在分析過程的一開始,有個頁面不在檢查點髒頁表中,我們需要先應用任一重做紀錄嗎,為什麼?

  b. 什麼是 RecLSN,以及如何使用它來將不必要的重做減到最少?

11.23 對於下列每個條件,找出在一個遠端備份系統中符合擁有最佳的耐用度的選擇:

  a. 必須避免資料遺失,但有些可用性的損失是可以被容許的。

  b. 必須迅速完成交易提交,甚至不惜在災難中損失一些已提交的交易。

  c. 高度的可用性和耐用性是必需的,但交易提交協議的較長運行時間是可被接受的。

11.24 甲骨文資料庫系統使用復原日誌紀錄,在快照隔離下,提供資料庫的快照檢視。由 T_i 交易的角度來看快照檢視，反映了所有交易的更新，這些交易和 T_i 的更新在 T_i 開始時就已經提交了；因此 T_i 無法看到所有其它交易的更新。描述一個緩衝處理的方案，即交易在緩衝區中會被給予快照檢視的頁面，包括如何使用日誌生成快照檢視的細節。我們可以假設，操作和它們的復原動作都只會影響一個頁面。

書目附註

Gray 和 Reuter [1993] 是一個關於復原很好的教科書資訊資源，包括了有趣的實行和歷史細節。Bernstein 和 Goodman [1981] 是並行性和復原的早期教科書資訊資源。

系統 R 復原方案的概述，由 Gray 等 [1981] 發表。資料庫系統不同復原技術的講解和調查文件包括了 Gray [1978]、Lindsay 等人 [1980] 和 Verhofstad [1978]。

模糊檢查點和模糊轉儲的概念，在 Lindsay 等人 [1980] 中有所介紹。Haerder 和 Reuter [1983] 提供了一個恢復原則的全面介紹。

ARIES 恢復方法能最佳的說明恢復方法中的技巧狀態，這在 Mohan 等 [1992] 和 Mohan [1990b] 中有所介紹。Mohan 和 Levine [1992] 提出了 ARIES IM，為 ARIES 的延伸，可最佳化 B^+ 樹並行控制和利用邏輯復原紀錄的恢復。ARIES 及其延伸，被用在幾個資料庫產品中，包括 IBM DB2 和 Microsoft SQL。Oracle 中的恢復，Lahiri 等人 [2001] 有介紹。

專業恢復技術的索引結構在 Levine [1992] 和 Mohan [1993] 中有敘述；而 Mohan 和 Narang [1994] 有對客戶端架構的恢復技術做描述，另外，Mohan 和 Narang [1992] 也介紹了並行資料庫架構的恢復技術。

來自 Weikum [1991] 的描述，序列化理論的廣義版本，操作期間持續時間短的低層級鎖定，與持續時間長的高層級鎖定相互結合。在 11.7.3 節中，我們看到一個操作應該達到所有低層級鎖定的要求，這對邏輯復原的操作而言可能是需要的。而在執行任何邏輯復原操作之前，這項規定可以透過首先執行所有實體復原操作被放寬。這想法的廣義版本，稱為多級恢復，被呈現在 Weikum 等人 [1990] 中，它允許多級邏輯運算，以及恢復過程中的分階段恢復過程。

災難恢復的遠端備份演算法，是由 King 等人 [1991] 以及 Polyzois 和 Garcia-Molina [1994] 所提出。

參考書目

[Abiteboul et al. 1995] S. Abiteboul, R. Hull, and V. Vianu, *Foundations of Databases*, Addison Wesley (1995).

[Abiteboul et al. 2003] S. Abiteboul, R. Agrawal, P. A. Bernstein, M. J. Carey, et al. "The Lowell Database Research Self Assessment" (2003).

[Agrawal et al. 2009] R. Agrawal, A. Ailamaki, P. A. Bernstein, E. A. Brewer, M. J. Carey, S. Chaudhuri, A. Doan, D. Florescu, M. J. Franklin, H. Garcia-Molina, J. Gehrke, L. Gruenwald, L. M. Haas, A. Y. Halevy, J. M. Hellerstein, Y. E. Ioannidis, H. F. Korth, D. Kossmann, S. Madden, R. Magoulas, B. C. Ooi, T. O^Reilly, R. Ramakrishnan, S. Sarawagi, and G. W. Michael Stonebraker, Alexander S. Szalay, "The Claremont Report on Database Research", *Communications of the ACM*, Volume 52, Number 6 (2009), pages 56–65.

[Aho et al. 1979a] A. V. Aho, C. Beeri, and J. D. Ullman, "The Theory of Joins in Relational Databases", *ACM Transactions on Database Systems*, Volume 4, Number 3 (1979), pages 297–314.

[Aho et al. 1979b] A. V. Aho, Y. Sagiv, and J. D. Ullman, "Equivalences among Relational Expressions", *SIAM Journal of Computing*, Volume 8, Number 2 (1979), pages 218–246.

[Ailamaki et al. 2001] A. Ailamaki, D. J. DeWitt, M. D. Hill, and M. Skounakis, "Weaving Relations for Cache Performance", In *Proc. of the International Conf. on Very Large Databases* (2001), pages 169–180.

[ANSI 1986] *American National Standard for Information Systems: Database Language SQL*. American National Standards Institute (1986).

[ANSI 1989] *Database Language SQL with Integrity Enhancement, ANSI X3, 135–1989*. American National Standards Institute, New York (1989).

[ANSI 1992] *Database Language SQL, ANSI X3,135–1992*. American National Standards Institute, New York (1992).

[Armstrong 1974] W. W. Armstrong, "Dependency Structures of Data Base Relationships", In *Proc. of the 1974 IFIP Congress* (1974), pages 580–583.

[Atzeni and Antonellis 1993] P. Atzeni and V. D. Antonellis, *Relational Database Theory*, Benjamin Cummings (1993).

[Batini et al. 1992] C. Batini, S. Ceri, and S. Navathe, *Database Design: An Entity-Relationship Approach*, Benjamin Cummings (1992).

[Bayer 1972] R. Bayer, "Symmetric Binary B-trees: Data Structure and Maintenance Algorithms", *Acta Informatica*, Volume 1, Number 4 (1972), pages 290–306.

[Bayer and McCreight 1972] R. Bayer and E. M. McCreight, "Organization and Maintenance of Large Ordered Indices", *Acta Informatica*, Volume 1, Number 3 (1972), pages 173–189.

[Bayer and Unterauer 1977] R. Bayer and K. Unterauer, "Prefix B-trees", *ACM Transactions on Database Systems*, Volume 2, Number 1 (1977), pages 11–26.

[Beeri et al. 1977] C. Beeri, R. Fagin, and J. H. Howard, "A Complete Axiomatization for Functional and Multivalued Dependencies", In *Proc. of the ACM SIGMOD Conf. on Management of Data* (1977), pages 47–61.

[Bernstein and Goodman 1981] P. A. Bernstein and N. Goodman, "Concurrency Control in Distributed Database Systems", *ACM Computing Survey*, Volume 13, Number 2 (1981), pages 185–221.

[Bernstein and Newcomer 1997] P. A. Bernstein and E. Newcomer, *Principles of Transaction Processing*, Morgan Kaufmann (1997).

[Bernstein et al. 1998] P. Bernstein, M. Brodie, S. Ceri, D. DeWitt, M. Franklin, H. Garcia-Molina, J. Gray, J. Held, J. Hellerstein, H. V. Jagadish, M. Lesk, D. Maier, J. Naughton,H. Pirahesh, M. Stonebraker, and J. Ullman, "The Asilomar Report on Database Research", *ACM SIGMOD Record*, Volume 27, Number 4 (1998).

[Biskup et al. 1979] J. Biskup, U. Dayal, and P. A. Bernstein, "Synthesizing Independent Database Schemas", In *Proc. of the ACM SIGMOD Conf. on Management of Data* (1979), pages 143–152.

[Blakeley et al. 1986] J. A. Blakeley, P. Larson, and F. W. Tompa, "Efficiently Updating Materialized Views", In *Proc. of the ACM SIGMOD Conf. on Management of Data* (1986), pages 61–71.

[Blasgen and Eswaran 1976] M.W. Blasgen and K. P. Eswaran, "On the Evaluation of Queries in a Relational Database System", *IBM Systems Journal*, Volume 16, (1976), pages 363–377.

[Boyce et al. 1975] R. Boyce, D. D. Chamberlin,W. F. King, andM.Hammer, "Specifying Queries as Relational Expressions", *Communications of the ACM*, Volume 18, Number 11 (1975), pages 621–628.

[Bruno et al. 2002] N. Bruno, S. Chaudhuri, and L. Gravano, "Top-k Selection Queries Over Relational Databases: Mapping Strategies and Performance Evaluation", *ACM Transactions on Database Systems*, Volume 27, Number 2 (2002), pages 153–187.

[Burkhard 1976] W. A. Burkhard, "Hashing and Trie Algorithms for Partial Match Retrieval", *ACM Transactions on Database Systems*, Volume 1, Number 2 (1976), pages 175–187.

[Burkhard 1979] W. A. Burkhard, "Partial-match Hash Coding: Benefits of Redundancy", *ACM Transactions on Database Systems*, Volume 4, Number 2 (1979), pages 228–239.

[Cannan and Otten 1993] S. Cannan and G. Otten, *SQL—The Standard Handbook*, McGraw Hill (1993).

[Carey and Kossmann 1998] M. J. Carey and D. Kossmann, "Reducing the Braking Distance of an SQL Query Engine", In *Proc. of the International Conf. on Very Large Databases* (1998), pages 158–169.

[Chamberlin and Boyce 1974] D. D. Chamberlin and R. F. Boyce, "SEQUEL: A Structured English Query Language", In *ACM SIGMODWorkshop on Data Description, Access, and Control* (1974), pages 249–264.

[Chamberlin et al. 1976] D. D. Chamberlin, M. M. Astrahan, K. P. Eswaran, P. P. Griffiths,R. A. Lorie, J.W. Mehl,P. Reisner, andB.W.Wade, "SEQUEL 2: A Unified Approach to Data Definition, Manipulation, and Control", *IBM Journal of Research and Development*, Volume 20, Number 6 (1976), pages 560–575.

[Chan and Ioannidis 1998] C.-Y. Chan and Y. E. Ioannidis, "Bitmap Index Design and Evaluation", In *Proc. of the ACM SIGMOD Conf. on Management of Data* (1998).

[Chan and Ioannidis 1999] C.-Y. Chan and Y. E. Ioannidis, "An Efficient Bitmap Encoding Scheme for Selection Queries", In *Proc. of the ACM SIGMOD Conf. on Management of Data* (1999).

[Chandrasekaran et al. 2003] S. Chandrasekaran, O. Cooper, A. Deshpande, M. J. Franklin, J. M. Hellerstein, W. Hong, S. Krishnamurthy, S. Madden, V. Raman, F. Reiss, and M. Shah, "TelegraphCQ: Continuous Dataflow Processing for an Uncertain World", In *First Biennial Conference on Innovative Data Systems Research* (2003).

[Chaudhuri and Narasayya 1997] S. Chaudhuri and V. Narasayya, "An Efficient Cost-Driven Index Selection Tool for Microsoft SQL Server", In *Proc. of the International Conf. on Very Large Databases* (1997).

[Chaudhuri and Shim 1994] S. Chaudhuri and K. Shim, "Including Group-By in QueryOptimization", In*Proc. of the InternationalConf. onVery LargeDatabases* (1994).

[**Chaudhuri et al. 1995**] S. Chaudhuri, R. Krishnamurthy, S. Potamianos, and K. Shim, "Optimizing Queries with Materialized Views", In *Proc. of the International Conf. on Data Engineering* (1995).

[**Chaudhuri et al. 1998**] S. Chaudhuri, R. Motwani, and V. Narasayya, "Random sampling for histogram construction: how much is enough?", In *Proc. of the ACM SIGMOD Conf. on Management of Data* (1998), pages 436–447.

[**Chen 1976**] P. P. Chen, "The Entity-Relationship Model: Toward a Unified View of Data", *ACM Transactions on Database Systems*, Volume 1, Number 1 (1976), pages 9–36.

[**Chen et al. 1994**] P. M. Chen, E. K. Lee, G. A. Gibson, R. H. Katz, and D. A. Patterson, "RAID: High-Performance, Reliable Secondary Storage", *ACM Computing Survey*, Volume 26, Number 2 (1994).

[**Chou and Dewitt 1985**] H. T. Chou and D. J. Dewitt, "An Evaluation of Buffer Management Strategies for Relational Database Systems", In *Proc. of the International Conf. on Very Large Databases* (1985), pages 127–141.

[**Cieslewicz et al. 2009**] J. Cieslewicz, W. Mee, and K. A. Ross, "Cache-Conscious Buffering for Database Operators with State", In *Proc. Fifth International Workshop on Data Management on New Hardware (DaMoN 2009)* (2009).

[**Codd 1970**] E. F. Codd, "A Relational Model for Large Shared Data Banks", *Communications of the ACM*, Volume 13, Number 6 (1970), pages 377–387.

[**Codd 1972**] E. F. Codd. "Further Normalization of the Data Base Relational Model", In *Rustin [1972]*, pages 33–64 (1972).

[**Codd 1982**] E. F. Codd, "The 1981 ACM Turing Award Lecture: Relational Database: A Practical Foundation for Productivity", *Communications of the ACM*, Volume 25, Number 2 (1982), pages 109–117.

[**Comer 1979**] D. Comer, "The Ubiquitous B-tree", *ACM Computing Survey*, Volume 11, Number 2 (1979), pages 121–137.

[**Cormen et al. 1990**] T. Cormen, C. Leiserson, and R. Rivest, *Introduction to Algorithms*, MIT Press (1990).

[**Date 1993**] C. J. Date, "How SQL Missed the Boat", *Database Programming and Design*, Volume 6, Number 9 (1993).

[**Date 2003**] C. J. Date, *An Introduction to Database Systems*, 8th edition, Addison Wesley (2003).

[**Date and Darwen 1997**] C. J. Date and G. Darwen, *A Guide to the SQL Standard*, 4th edition, Addison Wesley (1997).

[**Davis et al. 1983**] C. Davis, S. Jajodia, P. A. Ng, and R. Yeh, editors, *Entity- Relationship Approach to Software Engineering*, North Holland (1983).

[**Davison and Graefe 1994**] D. L. Davison and G. Graefe, "Memory-Contention Responsive Hash Joins", In *Proc. of the International Conf. on Very Large Databases* (1994).

[**Dayal 1987**] U. Dayal, "Of Nests and Trees: A Unified Approach to Processing Queries that Contain Nested Subqueries, Aggregates and Quantifiers", In *Proc. of the International Conf. on Very Large Databases* (1987), pages 197–208.

[**Donahoo and Speegle 2005**] M. J. Donahoo and G. D. Speegle, *SQL: Practical Guide for Developers*, Morgan Kaufmann (2005).

[**Eisenberg and Melton 1999**] A. Eisenberg and J. Melton, "SQL:1999, formerly known as SQL3", *ACM SIGMOD Record*, Volume 28, Number 1 (1999).

[**Eisenberg et al. 2004**] A. Eisenberg, J. Melton, K. G. Kulkarni, J.-E. Michels, and F. Zemke, "SQL:2003 Has Been Published", *ACM SIGMOD Record*, Volume 33, Number 1 (2004), pages 119–126.

[**Elmasri and Navathe 2006**] R. Elmasri and S. B. Navathe, *Fundamentals of Database Systems*, 5th edition, Addison Wesley (2006).

[Eswaran et al. 1976] K. P. Eswaran, J. N. Gray, R. A. Lorie, and I. L. Traiger, "The Notions ofConsistency and Predicate Locks in aDatabase System", *Communications of the ACM*, Volume 19, Number 11 (1976), pages 624–633.

[Fagin 1977] R. Fagin, "Multivalued Dependencies and a New Normal Form for Relational Databases", *ACM Transactions on Database Systems*, Volume 2, Number 3 (1977), pages 262–278.

[Fagin 1979] R. Fagin, "Normal Forms and Relational Database Operators", In*Proc. of the ACM SIGMOD Conf. on Management of Data* (1979), pages 153–160.

[Fagin 1981] R. Fagin, "A Normal Form for Relational Databases That Is Based on Domains and Keys", *ACM Transactions on Database Systems*, Volume 6, Number 3 (1981), pages 387–415.

[Fagin et al. 1979] R. Fagin, J. Nievergelt, N. Pippenger, and H. R. Strong, "Extendible Hashing — A Fast Access Method for Dynamic Files", *ACM Transactions on Database Systems*, Volume 4, Number 3 (1979), pages 315–344.

[Fredkin 1960] E. Fredkin, "Trie Memory", *Communications of the ACM*, Volume 4, Number 2 (1960), pages 490–499.

[Galindo-Legaria 1994] C. Galindo-Legaria, "Outerjoins as Disjunctions", In *Proc. of the ACM SIGMOD Conf. on Management of Data* (1994).

[Galindo-Legaria and Joshi 2001] C. A. Galindo-Legaria and M. M. Joshi, "Orthogonal Optimization of Subqueries and Aggregation", In *Proc. of the ACM SIGMOD Conf. on Management of Data* (2001).

[Galindo-Legaria and Rosenthal 1992] C. Galindo-Legaria and A. Rosenthal, "How to Extend a Conventional Optimizer to Handle One- and Two-Sided Outerjoin", In *Proc. of the International Conf. on Data Engineering* (1992), pages 402–409.

[Galindo-Legaria et al. 2004] C. Galindo-Legaria, S. Stefani, and F. Waas, "Query Processing for SQL Updates", In *Proc. of the ACM SIGMOD Conf. on Management of Data* (2004), pages 844–849.

[Ganguly 1998] S. Ganguly, "Design and Analysis of Parametric Query Optimization Algorithms", In *Proc. of the International Conf. on Very Large Databases* (1998).

[Ganguly et al. 1996] S. Ganguly, P. Gibbons, Y. Matias, and A. Silberschatz, "A Sampling Algorithm for Estimating Join Size", In *Proc. of the ACM SIGMOD Conf. on Management of Data* (1996).

[Ganski and Wong 1987] R. A.Ganski andH.K. T.Wong, "Optimization of Nested SQL Queries Revisited", In *Proc. of the ACM SIGMOD Conf. on Management of Data* (1987).

[Garcia and Korth 2005] P. Garcia and H. F. Korth, "Multithreaded Architectures and the Sort Benchmark", In *Proc. of the First International Workshop on Data Management on Modern Hardward (DaMoN)* (2005).

[Garcia-Molina et al. 2008] H. Garcia-Molina, J. D. Ullman, and J. D. Widom, *Database Systems: The Complete Book*, 2nd edition, Prentice Hall (2008).

[Graefe 1995] G. Graefe, "The Cascades Framework forQuery Optimization", *Data Engineering Bulletin*, Volume 18, Number 3 (1995), pages 19–29.

[Graefe and McKenna 1993a] G. Graefe andW.McKenna, "TheVolcano Optimizer Generator", In *Proc. of the International Conf. on Data Engineering* (1993), pages 209–218.

[Graefe and McKenna 1993b] G. Graefe and W. J. McKenna, "Extensibility and Search Efficiency in the Volcano Optimizer Generator", In *Proc. of the International Conf. on Data Engineering* (1993).

[Graefe et al. 1998] G. Graefe, R. Bunker, and S. Cooper, "Hash Joins and Hash Teams in Microsoft SQL Server", In *Proc. of the International Conf. on Very Large Databases* (1998), pages 86–97.

[Gray 1978] J. Gray. "Notes on Data Base Operating System", In *Bayer et al. [1978]*, pages 393–481 (1978).

[Gray and Reuter 1993] J. Gray and A. Reuter, *Transaction Processing: Concepts and Techniques*, Morgan Kaufmann (1993).

[Gray et al. 1981] J. Gray, P. R.McJones, and M. Blasgen, "The Recovery Manager of the System R Database Manager", *ACM Computing Survey*, Volume 13, Number 2 (1981), pages 223–242.

[Gregersen and Jensen 1999] H. Gregersen and C. S. Jensen, "Temporal Entity- Relationship Models-A Survey", *IEEE Transactions on Knowledge and Data Engineering*, Volume 11, Number 3 (1999), pages 464–497.

[Haas et al. 1989] L. M. Haas, J. C. Freytag, G. M. Lohman, and H. Pirahesh, "Extensible Query Processing in Starburst", In *Proc. of the ACM SIGMOD Conf. on Management of Data* (1989), pages 377–388.

[Haerder and Reuter 1983] T. Haerder and A. Reuter, "Principles of Transaction- Oriented Database Recovery", *ACM Computing Survey*, Volume 15, Number 4 (1983), pages 287–318.

[Harizopoulos and Ailamaki 2004] S. Harizopoulos and A. Ailamaki, "STEPS towards Cache-resident Transaction Processing", In *Proc. of the International Conf. on Very Large Databases* (2004), pages 660–671.

[Hellerstein and Stonebraker 2005] J. M. Hellerstein and M. Stonebraker, editors, *Readings in Database Systems*, 4th edition, Morgan Kaufmann (2005).

[Hennessy et al. 2006] J. L. Hennessy, D. A. Patterson, and D. Goldberg, *Computer Architecture: A Quantitative Approach*, 4th edition, Morgan Kaufmann (2006).

[Hulgeri and Sudarshan 2003] A. Hulgeri and S. Sudarshan, "AniPQO: Almost Non-Intrusive Parametric Query Optimization for Non-Linear Cost Functions", In *Proc. of the International Conf. on Very Large Databases* (2003).

[IBM 1987] IBM, "Systems Application Architecture: Common Programming Interface, Database Reference", Technical report, IBM Corporation, IBM Form Number SC26–4348–0 (1987).

[Imielinski and Badrinath 1994] T. Imielinski and B. R. Badrinath, "Mobile Computing— Solutions andChallenges", *Communications of theACM*,Volume 37, Number 10 (1994).

[Imielinski and Korth 1996] T. Imielinski and H. F. Korth, editors, *Mobile Computing*, Kluwer Academic Publishers (1996).

[Ioannidis and Christodoulakis 1993] Y. Ioannidis and S. Christodoulakis, "Optimal Histograms for Limiting Worst-Case Error Propagation in the Size of Join Results", *ACM Transactions on Database Systems*, Volume 18, Number 4 (1993), pages 709–748.

[Ioannidis and Poosala 1995] Y. E. Ioannidis andV. Poosala, "BalancingHistogram Optimality and Practicality for Query Result Size Estimation", In *Proc. of the ACM SIGMOD Conf. on Management of Data* (1995), pages 233–244.

[Ioannidis et al. 1992] Y. E. Ioannidis, R. T. Ng,K. Shim, and T.K. Sellis, "Parametric QueryOptimization", In*Proc. of the InternationalConf. onVery LargeDatabases* (1992), pages 103–114.

[Jensen et al. 1994] C. S. Jensen et al., "AConsensus Glossary of TemporalDatabase Concepts", *ACM SIGMOD Record*, Volume 23, Number 1 (1994), pages 52–64.

[Jensen et al. 1996] C. S. Jensen, R. T. Snodgrass, andM. Soo, "Extending Existing Dependency Theory to Temporal Databases", *IEEE Transactions on Knowledge and Data Engineering*, Volume 8, Number 4 (1996), pages 563–582.

[Johnson 1999] T. Johnson, "Performance Measurements of Compressed Bitmap Indices", In *Proc. of the International Conf. on Very Large Databases* (1999).

[Kifer et al. 2005] M. Kifer, A. Bernstein, and P. Lewis, *Database Systems: An Application Oriented Approach, Complete Version*, 2nd edition, Addison Wesley (2005).

[Kim 1982] W. Kim, "OnOptimizing an SQL-like Nested Query",*ACMTransactions on Database Systems*, Volume 3, Number 3 (1982), pages 443–469.

[King et al. 1991] R. P. King, N. Halim, H. Garcia-Molina, and C. Polyzois, "Management of a Remote Backup Copy for Disaster Recovery", *ACM Transactions on Database Systems*, Volume 16, Number 2 (1991), pages 338–368.

[Klug 1982] A. Klug, "Equivalence of Relational Algebra and Relational Calculus Query Languages Having Aggregate Functions", *Journal of the ACM*, Volume 29, Number 3 (1982), pages 699–717.

[Knuth 1973] D. E. Knuth, *The Art of Computer Programming, Volume 3*, Addison Wesley, Sorting and Searching (1973).

[Lindsay et al. 1980] B. G. Lindsay, P. G. Selinger, C. Galtieri, J. N. Gray, R. A. Lorie, T. G. Price, G. R. Putzolu, I. L. Traiger, and B. W. Wade. "Notes on Distributed Databases", In Draffen and Poole, editors, *Distributed Data Bases*, pages 247–284. Cambridge University Press (1980).

[Litwin 1978] W. Litwin, "Virtual Hashing: A Dynamically Changing Hashing", In *Proc. of the International Conf. on Very Large Databases* (1978), pages 517–523.

[Litwin 1980] W. Litwin, "Linear Hashing: A New Tool for File and Table Addressing", In *Proc. of the International Conf. on Very Large Databases* (1980), pages 212–223.

[Litwin 1981] W. Litwin, "Trie Hashing", In *Proc. of the ACM SIGMOD Conf. on Management of Data* (1981), pages 19–29.

[Lomet 1981] D. G. Lomet, "Digital B-trees", In*Proc. of the International Conf. on Very Large Databases* (1981), pages 333–344.

[Maier 1983] D. Maier, *The Theory of Relational Databases*, Computer Science Press (1983).

[Melton and Simon 1993] J.Melton and A. R. Simon, *Understanding The New SQL: A Complete Guide*, Morgan Kaufmann (1993).

[Melton and Simon 2001] J. Melton and A. R. Simon, *SQL:1999, Understanding Relational Language Components*, Morgan Kaufmann (2001).

[Mistry et al. 2001] H. Mistry, P.Roy, S. Sudarshan, andK.Ramamritham, "Materialized View Selection and Maintenance Using Multi-Query Optimization", In *Proc. of the ACM SIGMOD Conf. on Management of Data* (2001).

[Mohan 1990b] C. Mohan, "Commit-LSN: A Novel and Simple Method for Reducing Locking and Latching in Transaction Processing Systems", In *Proc. of the International Conf. on Very Large Databases* (1990), pages 406–418.

[Mohan 1993] C. Mohan, "IBM's Relational Database Products:Features and Technologies", In *Proc. of the ACM SIGMOD Conf. on Management of Data* (1993).

[Mohan and Levine 1992] C. Mohan and F. Levine, "ARIES/IM:An Efficient and High-Concurrency Index Management Method Using Write-Ahead Logging", In *Proc. of the ACM SIGMOD Conf. on Management of Data* (1992).

[Mohan and Narang 1992] C. Mohan and I. Narang, "Efficient Locking and Caching of Data in the Multisystem Shared Disks Transaction Environment", In *Proc. of the International Conf. on Extending Database Technology* (1992).

[Mohan and Narang 1994] C. Mohan and I. Narang, "ARIES/CSA: A Method for Database Recovery in Client-Server Architectures", In *Proc. of the ACM SIGMOD Conf. on Management of Data* (1994), pages 55–66.

[Mohan et al. 1992] C. Mohan, D. Haderle, B. Lindsay, H. Pirahesh, and P. Schwarz, "ARIES: A Transaction Recovery Method Supporting Fine-Granularity Locking and Partial Rollbacks Using Write-Ahead Logging", *ACM Transactions on Database Systems*, Volume 17, Number 1 (1992).

[NIST 1993] NIST, "Integration Definition for Information Modeling (IDEF1X)", Technical Report Federal Information Processing Standards Publication 184, National Institute of Standards and Technology (NIST), Available at www.idef.com/Downloads/pdf/Idef1x.pdf (1993).

[Nyberg et al. 1995] C. Nyberg, T. Barclay, Z. Cvetanovic, J. Gray, and D. B. Lomet, "AlphaSort: A Cache-Sensitive Parallel External Sort", *VLDB Journal*, Volume 4, Number 4 (1995), pages 603–627.

[O'Neil and O'Neil 2000] P. O'Neil and E. O'Neil, *Database: Principles, Programming, Performance*, 2nd edition, Morgan Kaufmann (2000).

[O'Neil and Quass 1997] P. O'Neil and D. Quass, "Improved Query Performance with Variant Indexes", In *Proc. of the ACM SIGMOD Conf. on Management of Data* (1997).

[**Orenstein 1982**] J. A. Orenstein, "Multidimensional Tries Used for Associative Searching", *Information Processing Letters*, Volume 14, Number 4 (1982), pages 150–157.

[**Patterson 2004**] D. P. Patterson, "Latency Lags Bandwidth", *Communications of the ACM*, Volume 47, Number 10 (2004), pages 71–75.

[**Patterson et al. 1988**] D. A. Patterson, G. Gibson, and R. H. Katz, "A Case for Redundant Arrays of Inexpensive Disks (RAID)", In *Proc. of the ACM SIGMOD Conf. on Management of Data* (1988), pages 109–116.

[**Pless 1998**] V. Pless, *Introduction to the Theory of Error-Correcting Codes*, 3rd edition, JohnWiley and Sons (1998).

[**Polyzois and Garcia-Molina 1994**] C. Polyzois and H. Garcia-Molina, "Evaluation of Remote Backup Algorithms for Transaction-Processing Systems", *ACM Transactions on Database Systems*, Volume 19, Number 3 (1994), pages 423–449.

[**Poosala et al. 1996**] V. Poosala, Y. E. Ioannidis, P. J. Haas, and E. J. Shekita, "Improved Histograms for Selectivity Estimation of Range Predicates", In *Proc. of the ACM SIGMOD Conf. on Management of Data* (1996), pages 294–305.

[**Ramakrishna and Larson 1989**] M. V. Ramakrishna and P. Larson, "File Organization Using Composite Perfect Hashing", *ACM Transactions on Database Systems*, Volume 14, Number 2 (1989), pages 231–263.

[**Ramakrishnan and Gehrke 2002**] R. Ramakrishnan and J. Gehrke, *Database Management Systems*, 3rd edition, McGraw Hill (2002).

[**Ramesh et al. 1989**] R. Ramesh, A. J. G. Babu, and J. P. Kincaid, "Index Optimization: Theory and Experimental Results", *ACM Transactions on Database Systems*, Volume 14, Number 1 (1989), pages 41–74.

[**Rao and Ross 2000**] J. Rao and K. A. Ross, "Making B+-Trees Cache Conscious in Main Memory", In *Proc. of the ACM SIGMOD Conf. on Management of Data* (2000), pages 475–486.

[**Rathi et al. 1990**] A. Rathi, H. Lu, and G. E. Hedrick, "PerformanceComparison of Extendable Hashing and Linear Hashing Techniques", In *Proc. ACM SIGSmall/PC Symposium on Small Systems* (1990), pages 178–185.

[**Rivest 1976**] R. L. Rivest, "Partial Match Retrieval Via the Method of Superimposed Codes", *SIAM Journal of Computing*, Volume 5, Number 1 (1976), pages 19–50.

[**Rosch 2003**] W. L. Rosch, *TheWinn L. Rosch Hardware Bible*, 6th edition, Que (2003).

[**Rosenthal and Reiner 1984**] A. Rosenthal and D. Reiner, "Extending the Algebraic Framework of Query Processing to Handle Outerjoins", In *Proc. of the International Conf. on Very Large Databases* (1984), pages 334–343.

[**Ross et al. 1996**] K. Ross, D. Srivastava, and S. Sudarshan, "Materialized View Maintenance and Integrity Constraint Checking: Trading Space for Time", In *Proc. of the ACM SIGMOD Conf. on Management of Data* (1996).

[**Roy et al. 2000**] P. Roy, S. Seshadri, S. Sudarshan, and S. Bhobhe, "Efficient and Extensible Algorithms for Multi-Query Optimization", In *Proc. of the ACM SIGMOD Conf. on Management of Data* (2000).

[**Sagiv and Yannakakis 1981**] Y. Sagiv and M. Yannakakis, "Equivalence among Relational Expressionswith the Union and Difference Operators", *Proc. of the ACM SIGMOD Conf. on Management of Data* (1981).

[**Selinger et al. 1979**] P. G. Selinger, M. M. Astrahan, D. D. Chamberlin, R. A. Lorie, and T. G. Price, "Access Path Selection in a Relational Database System", In *Proc. of the ACM SIGMOD Conf. on Management of Data* (1979), pages 23–34.

[**Sellis 1988**] T. K. Sellis, "Multiple Query Optimization", *ACM Transactions on Database Systems*, Volume 13, Number 1 (1988), pages 23–52.

[**Seshadri et al. 1996**] P. Seshadri, H. Pirahesh, andT.Y. C. Leung, "ComplexQuery Decorrelation", In *Proc. of the International Conf. on Data Engineering* (1996), pages 450–458.

[**Shapiro 1986**] L. D. Shapiro, "Join Processing in Database Systems with Large Main Memories", *ACM Transactions on Database Systems*, Volume 11, Number 3 (1986), pages 239–264.

[**Silberschatz et al. 1990**] A. Silberschatz, M. R. Stonebraker, and J. D. Ullman, "Database Systems: Achievements andOpportunities",*ACMSIGMOD Record*, Volume 19, Number 4 (1990).

[**Silberschatz et al. 1996**] A. Silberschatz,M. Stonebraker, and J. Ullman, "Database Research: Achievements and Opportunities into the 21st Century", Technical Report CS-TR-96-1563, Department of Computer Science, Stanford University, Stanford (1996).

[**Silberschatz et al. 2008**] A. Silberschatz, P. B. Galvin, and G. Gagne, *Operating System Concepts*, 8th edition, JohnWiley and Sons (2008).

[**Tansel et al. 1993**] A. Tansel, J.Clifford, S. Gadia, S. Jajodia, A. Segev, andR. Snodgrass, *Temporal Databases: Theory, Design and Implementation*, Benjamin Cummings (1993).

[**Teorey et al. 1986**] T. J. Teorey, D. Yang, and J. P. Fry, "A Logical Design Methodology for Relational Databases Using the Extended Entity-Relationship Model", *ACM Computing Survey*, Volume 18, Number 2 (1986), pages 197–222.

[**Thalheim 2000**] B. Thalheim, *Entity-Relationship Modeling: Foundations of Database Technology*, Springer Verlag (2000).

[**Verhofstad 1978**] J. S. M. Verhofstad, "Recovery Techniques for Database Systems", *ACM Computing Survey*, Volume 10, Number 2 (1978), pages 167–195.

[**Vista 1998**] D. Vista, "Integration of Incremental View Maintenance into Query Optimizers", In *Proc. of the International Conf. on Extending Database Technology* (1998).

[**Vitter 2001**] J. S. Vitter, "External Memory Algorithms and Data Structures: Dealingwith Massive Data",*ACMComputing Surveys*,Volume 33, (2001), pages 209–271.

[**Weikum 1991**] G. Weikum, "Principles and Realization Strategies of Multilevel Transaction Management", *ACM Transactions on Database Systems*, Volume 16, Number 1 (1991).

[**Weikum et al. 1990**] G.Weikum, C. Hasse, P. Broessler, and P. Muth, "Multi-Level Recovery", In *Proc. of the ACM SIGMOD Conf. on Management of Data* (1990), pages 109–123.

[**Wu and Buchmann 1998**] M. Wu and A. Buchmann, "Encoded Bitmap Indexing for Data Warehouses", In *Proc. of the International Conf. on Data Engineering* (1998).

[**Yan and Larson 1995**] W. P. Yan and P. A. Larson, "Eager Aggregation and Lazy Aggregation", In *Proc. of the International Conf. on Very Large Databases* (1995).

[**Zeller and Gray 1990**] H. Zeller and J. Gray, "An Adaptive Hash Join Algorithm for Multiuser Environments", In *Proc. of the International Conf. on Very Large Databases* (1990), pages 186–197.

[**Zhou and Ross 2004**] J. Zhou and K. A. Ross, "Buffering Database Operations for Enhanced Instruction Cache Performance", In *Proc. of the ACM SIGMOD Conf. on Management of Data* (2004), pages 191–202.

索 引

3NF synthesis algorithm　3NF 合成演算法　171

A

aborted　中止　372, 373
access paths　存取路徑　293
access time　存取時間　197, 234
access types　存取類型　234
ACID properties　ACID 特性　368
active　主動　373
activity diagram　活動圖　131
aggregation　聚合　126
alter table　修改資料表　54
analyze　分析　340
application programs　應用程式　15
application server　應用服務器　22
archival dump　檔案轉儲　418
Armstrong's axioms　阿姆斯壯定理　157
ascending, asc　升冪　64
associations　結合　132
associative　相關性　332
atomic　單元性的　35, 147
atomicity　單元性　20, 368, 370
attributes　屬性　16, 34, 90
attribute inheritance　屬性繼承　122
augmentation rule　擴充規則　157
authorization　授權　10, 50
average　平均　345
average latency time　平均延遲時間　197
average response time　平均回應時間　375
average seek time　平均搜尋時間　197
avg　平均值　317
Axioms　定理　157

B

B[+]- tree　B[+] 樹　242
B[+]-tree file organization　B[+] 樹檔案組織　256
balanced tree　平衡樹　242

binary　二元　93
bit-level striping　位元級分段　204
bitmap　位元組列　279
bitmap index　位元組列索引　279
blocks　區塊　198, 212, 400
block nested-loop join　區塊巢狀迴圈結合　302
block number　區塊號碼　198
blocking operaiotns　阻塞運算　320
block-level striping　區塊級分段　204
bottom-up　由下而上　121
bottom-up B[+]-tree
construction　由下而上的 B[+] 樹結構　260
Boyce-Codd normal form, BCNF　Boyce–Codd 正規化　151
bucket　桶　265
bucket overflow　桶溢出　267
buffer　緩衝區　224
buffer blocks　緩衝區塊　400
buffer manager　緩衝區管理器　224
buffer replacement strategy　緩衝區替換策略　224
buffering　緩衝　198
build input　建立輸入　309
bulk loading　批量加載　259
business logic　商業邏輯　22

C

cache　快取　191
candidate keys　候選鍵　38
canonical cover　簡化集合　161
Cartesian product　笛卡爾乘積　43
cascadeless schedule　非連鎖排程　386
cascading rollback　連鎖撤回　386
chechsums　檢查碼　196
check　檢查　133, 153, 368
checkpoint log record　檢查點日誌紀錄　426

class diagram 類別圖 131
client 客戶 21
closed hashing 封閉雜湊 268
closure 封閉 151
closure 內範圍集合 157, 159, 175
clustering index 群集索引 234
coalesce 結合 248
committed 提交 372, 373, 405
common subexpression elimination 通用子表達式消除 360
commutative 可交換的 331
compensating transaction 補償交易 372
compensation log records, CLRs 補償日誌紀錄 411, 426
complete 完整的 157
completeness constraint 完整性限制 124
composite 複合 94
composite index 複合索引 297
composite search key 複合搜尋鍵 242
conceptual-design 概念設計 15, 88
concurrency control 並行控制 389
concurrency-control manager 並行控制管理器 21
concurrency-control schemes 並行控制機制 375
concurrency-control system 並行控制系統 371
condition-defined 條件定義 123
conflict serializability 衝突的可循序性 379
conflict 衝突 380
conflict equivalent 衝突等價 381
conflict serializable 衝突可循序性 381
conjunctive selection 連接選擇 296
conjunctive selection by intersection of identifiers 藉由識別標示交集的連接選擇 297
conjunctive selection using composite index 使用複合索引連接選擇 296
conjunctive selection using one index 使用一個索引做連接選擇 296
consistency 一致性 20, 368, 369
consistency constraints 一致性限制 4, 10
correlated evaluation 相關評估 352
correlated subquery 相關子查詢 74
correlation variables 相關變數 351
cost-based optimizer 基於成本的優化器 345
count 計數 317, 345
covering indices 覆蓋索引 264
create table 建立資料表 51

crosstabs 橫向製表 181
cylinder 磁柱 195

D

dashed lines 虛線 101
data dictionary 資料字典 11, 222
data inconsistency 資料不一致 3
data mining 資料探勘 23
data model 資料模型 8
data storage and definition 資料儲存和定義 10
database 資料庫 1
database administrator, DBA 資料庫管理員 26
database instance 資料庫的實例 36
database schema 資料庫架構 36
database-management system, DBMS 資料庫管理系統 1
data-definition language, DDL 資料定義語言 9, 10, 49
data-item identifier 資料項目識別標示 402
data-manipulation language, DML 資料操作語言 9, 49
data-transfer failure 資料傳輸故障 399
data-transfer rate 資料傳輸率 197
declarative DMLs 聲明式資料操作語言 9
decomposition rule 分解規則 158
decorrrlation 去相關 353
dectection of failure 故障檢測 431
deferred-modification 延遲修正 404
deffered view maintenance 延遲視圖維護 354
degree 階度 93
delete 刪除 53, 369
delete authorization 刪除授權 11
deletion time 刪除時間 234
demand-driven pipeline 需求驅動管線 319
denormalization 非正規化 180
dense index 密集索引 235
dependency preserving 相依保存性 154
dependency-preserving decompo-sition 相依保存分解 165
dependent 依賴 385
derived 衍生 95
descriptive attributes 描述屬性 92
diamonds 菱形 100
differential 差異 355
digital versatile disk 數位多功能光碟 192
dirty blocks 髒區塊 416
dirty page table 髒頁表 425, 426

dirty writes　髒寫入　386
discriminator　鑑別元　106
disjoint　不相交　124
disjoint specialization　分離專門化　121
disjunctive selection　分離選擇　296
disjunctive selection by union of iden-tifier　藉由識別標示聯集的分離選擇　297
disk arm　存取臂　195
disk buffer　磁碟緩衝區　400
disk controller　磁碟控制器　196
disk failure　磁碟故障　398
disk platter　磁盤　194
disk-arm-scheduling　磁碟存取臂排程　199
DML precompiler　DML 預編譯器　15
domain　領域　35, 93
domain-key normal form, DKN　領域鍵正規化　178
double buffering　雙緩衝　318
double diamonds　雙菱形　101
double lines　雙線　101
double-pipelined hash-join　雙管線雜湊結合　321
double-pipelined join　雙管線結合技術　321
drop table　刪除資料表　54
dump　轉儲　418
durability　持續性　20, 368, 370
dynamic hashing　動態雜湊　270

E

eagerly　急切地　319
elevator algorithm　升降機演算法　199
embedded SQL and dynamic SQL　嵌入式 SQL 和動態 SQL　50
entity　實體　90
entity set　實體集　16
entity set　實體組　90
entity-relationship, E-R　實體關聯　90
equality-generating dependencies　平等產生相依性　174
equi-depth　等深　339
equi-join　等位結合　300
equivalence rule　等價規則　330
equivalent　等價的　330
equi-width histogram　等寬直方圖　339
E-R diagrams　實體關聯圖　100
erase block　刪除區塊　201
evaluation primitive　基礎評估　290

except　除外運算　64
existence bitmap　存在位元組列　281
extendable hashing　可擴展雜湊　270
Extensible Markup Language, XML　可擴展標記語言　8
extension　擴展　90
extent　範圍　199
external sorting　外部排序　298
external sort-merge　外部排序合併　298
extraneous　外來的　160
extraneous attributes　外來屬性　160

F

failed　失敗　373
fail-stop assumption　故障停止假設　397
failure recovery　故障恢復　21
fifth normal form, 5NF　第五正規化　178
file　檔案　212
file header　檔案標頭　215
file organization　檔案組織　199
file scan　檔案掃描　293
file-processing system　檔案處理系統　3
fine-grained locking　精細粒度鎖定　430
first normal form, 1NF　第一正規化　147
flash memory　快閃記憶體　191
flash translation layer　快閃轉換層　202
force　強制　414
forced output　強制輸出　225
forced output of blocks　強制輸出區塊　225
foreign key　外來鍵　39
forth normal form, 4NF　第四正規化　173, 176
fragmented　破碎　199
free list　閒置列表　215
froce-output　強制輸出　401
fudge factors　矇混因素　310
functional dependencies　函數相依　17
functional dependency　功能相依　145
functionally determined　功能確定　159
fuzzy checkpiont　模糊檢查點　410, 417
fuzzy dump　模糊轉儲　418

G

generalization　歸納　121

H

Halloween problem　萬聖節問題　359
hardware RAID　硬體 RAID　209
hash file organization　雜湊檔案組織　265

hash function　雜湊函數　265
hash index organization　雜湊索引組織　265
hash indices　雜湊索引　269
hashing　雜湊　265
hashing file organization　雜湊檔案組織　218
hash-join　雜湊結合　309
hash-table overflow　雜湊表溢出　310
head-disk assemblies　頭盤組件　195
heap file organization　堆積檔案組織　218
heuristics　啟發式　349
hierarchical data model　階層式資料模型　8
hierarchy　階層　123
high availability　高可用性　397, 430
histogram　直方圖　338
hot swapping　熱機替換　209
hot-spare　熱備用　432
hybrid disk drives　混合硬碟驅動器　202
hybrid hash join　混合雜湊結合　312
hybrid merge-join algorithm　混合合併結合演算法　307

I

idempotent　等冪的　420
identifying　識別　105
identifying relationship　識別關聯　105
immediate view maintenance　即時視圖維護　354
immediate-modification　即時修正　404
implementation diagram　實作圖　131
incompleteness　殘缺　89
inconsistent state　不一致狀態　370
incremental view maintenance　增量視圖維護　354
index entry　索引項　235
index record　索引紀錄　235
index scans　索引掃描　294
index selection　索引選擇　358
indexed nested-loop join　索引巢狀迴圈結合　303
index-sequential files　索引循序檔案　235
inherited　繼承　122
inner relation　內部關聯　301
insert　插入　52, 369
insert authorization　插入授權　10
insertion time　插入時間　234
instance　實例　7
integrity　完整性　49

interesting sort order　有趣排序順序　347
internal nodes　內部節點　244
intersect　交集運算　64
intersection　交集　43
isolation　隔離性　368, 371
iterator　反覆器　320

J

join　結合　42, 59
join dependencies　結合相依性　177
journaling file systems　日誌檔案系統　200
jukebox　磁帶櫃　192, 211
kill　註銷　374
latches　鎖存器　415
lazily　緩慢　320
leaf nodes　葉節點　243
least recently used, LRU　最近最少使用　224, 225
left-deep join order　左深結合順序　350
legal instance　合法實例　149
linear hashing　為線性雜湊　277
linear search　線性搜尋　293
lines　線　101
lock　鎖　389
log　日誌　372, 402
log disk　日誌磁碟　200
log force　日誌強制　414
log records　日誌紀錄　402
log sequence number, LSN　日誌序列號　424
logical error　邏輯錯誤　397
logical logging　邏輯日誌　420
logical operations　邏輯操作　419
logical schema　邏輯架構　7
logical undo operations　邏輯復原操作　420
logical-design phase　邏輯設計階段　15, 88
logically implied　邏輯上隱含的　156
lossless decomposition　無損分解　147, 163
lossless decomposition　無損結合分解　163
lossy decomposition　有損分解　147, 163
lossy-join decom-position　有損結合分解　163

M

machine learning　機器學習　23
magnetic-disk storage　磁碟儲存器　192
main memory　主記憶體　191
many-to-many　多對多　96, 101
many-to-one　多對一　96, 101

mapping cardinalities　映射基數　17, 95
materialized　具體化　317
materialized evaluation　具體化評估　318
materialized view　具體視圖　353
materialized view selection　具體化視圖選擇　358
max　最大值　317
mean time to data loss　資料遺失時間　203
mean time to failure, MTTF　平均故障間隔時間　197
mean time to repair　修復時間　203
memorization　記憶　349
merge-join　合併結合　304
metadata　元資料　11, 222
min　最小值　317
minimal　最小的　334
mirroring　鏡像　203
most recently used, MRU　最近使用　226
multiple inheritance　多重繼承　123
multiprogramming　多元程式規劃　375
multi-query optimization　多查詢最佳化　360
multitable clustering file organization　多表群集檔案組織　218, 221
multivalued　多值　94

N

natural join　自然結合　43, 59
nested top actions　嵌套頂端行動　430
nested-loop join　巢狀迴圈結合　301
network attached storage, NAS　網絡附加儲存　196
network data model　網路資料模型　8
new value　新值　402
nonclustering indices　非群集索引　234
non-force　無強制　414
nonleaf nodes　非葉節點　244
nonprocedural DMLs　程序式資料操作語言　9
nonprocedural language　非程序語言　41
nonunique search key　非唯一搜尋鍵　253
nonvolatile random-access memory, NVRAM　非揮發性隨機存取記憶體　200
nonvolatile storage　非揮發性儲存器　194, 371, 398
nonvolatile write buffers　非揮發性寫入緩衝區　199
no-steal　不偷　414
not exists　不存在　353

not null　不是空值　359
null　空　18, 36, 95
null bitmap　空位元組列　216
N-way merge　N 路合併　298

O

object-oriented data model　物件導向資料模型　24
object-relational data model　物件關聯資料模型　25
observable external writes　可視外部寫入　37
offline storage　離線儲存器　194
old value　舊值　402
one-to-many　一對多　96, 101
one-to-one　一對一　95, 101
online storage　線上儲存器　194
open hashing　開放雜湊　268
operation consistent　操作一致　420
operator tree　運作樹　317
optical storage　光學儲存器　192
optimization cost budget　最佳化成本預算　351
outer relation　外部關聯　301
overflow avoidance　溢出避免　311
overflow buckets　溢出桶　268
overflow chaining　溢出鏈結　268
overflow resolution　溢出解析　310
overlapping　重疊　124
overlapping specialization　重疊專門化　121
owner entity set　主體實體集　105

P

parametric query optimization　參數化查詢最佳化　361
partial　部分　96
partial failure　部分故障　399
partial generalization　部分歸納　124
partial schedule　部分排程　385
partially committed　部分提交　373
phantom phenomenon　幻象現象　391
physical blocks　實體區塊　400
physical data independence　實體資料獨立性　6, 7
physical equivalence rules　實體等價規則　248
physical logging　實體日誌　420
physical logging records　實體日誌紀錄　420
physical schema　實體架構　7
physical-design phase　實體設計階段　15, 88

physiological redo　實體的重做　424
pinned　固定的　225
pinned blocks　固定區塊　225
pipeline　管線　317
pipelined evaluation　管線評估　319
plan caching　計畫快取　351
precedence graph　優先順序圖　382
predicate locking　謂詞鎖　392
prefix compression　前置詞壓縮　258
primary index, comparison　主索引，比較　295
primary index, equality on key　主索引，主鍵屬性　294
primary index, equality on nonkey　主索引，非鍵屬性　294
primary indices　主要索引　234
primary key　主鍵　39, 172
primary site　主站　430
primary storage　主要儲存器　193
probe input　探測輸入　309
probes　探測　309
procedural DMLs　程序式資料操作語言　9
procedural language　程序語言　41
producer-driven pipeline　生產者驅動管線　319
project-join normal form, PJNF　投射結合正規化　178
pseudotransitivity rule　偽遞移規則　158
pulling　拉　320
Pushing　推　320

Q

query　查詢　9
query language　查詢語言　9, 41
query optimization　查詢最佳化　20, 327
query processing　查詢處理　289
query-evaluation plan　查詢評估計畫　290
query-execution engine　查詢執行引擎　290
query-execution plan　為查詢執行計畫　290

R

RAID level 0　RAID 0 級　205
RAID level 2　RAID 2 級　206
RAID level 3　RAID 3 級　206
RAID level 4　RAID 4 級　206
RAID level 5　RAID 5 級　207
RAID level 6　RAID 6 級　207
RAID levels　RAID 級別　204
random access　隨機存取　198

random sample　隨機抽樣　340
range queries　範圍查詢　247
rapid application development, RAD　快速應用開發　26
read authorization　閱讀授權　10
read committed　提交讀取　386
read uncommitted　未提交讀取　386
read-ahead　預讀　198
read-write head　讀寫頭　194
rebuild performance　重建效能　208
recoverable schedule　可恢復排程　385
recovery independence　恢復獨立　430
recovery manager　恢復管理器　21
recovery optimizations　恢復最佳化　430
recovery schema　恢復方案　397
recovery system　恢復系統　370
rectangles divided into two parts　分成兩個部分的矩形　100
recursive　遞歸　92
recursive partitioning　遞迴分區　310
redistribute　重新分配　252
redo　重做　405
redo pass　重做過程　427
redo phase　重做階段　411
redo-only　僅限重做　407
redundancy　冗餘　89, 203
redundant arrays of independent disks, RAID　獨立磁碟冗餘陣列　196, 202
referenced relation　被參考關聯　39
referencing relation　參考關聯　39
referential integrity constraint　參考完整性限制　40
reflexivity rule　反身規則　157
relation　關聯　34
relation instance　關聯式實例　34
relation schema　關聯式架構　36
relations　關聯表　8
relationship　關聯　16, 91
relationship instance　關聯實例　92
relationship set　關聯集　16, 91
remapping of bad sectors　重新映射壞磁區　196
remote backup　遠端備份　430
reorganization　重組　219
repeat　重複　159
repeatable read　可重複讀取　386
repeating history　重複歷史　412
resource consumption　資源消耗　293

response time　反應時間　134
response time　回應時間　292
restart　重新啟動　373
restriction　限制　165
rnalysis pass　分析過程　427
role　角色　92
rolled back　復原　372
rotational latency time　旋轉延遲時間　197
rules　規則　23
Runs　運行　298

S

satisfies the functional dependency　滿足功能相依　150
savepoints　保存點　430
scalar subqueries　標量子查詢　77
schedules　排程　199, 377
schema　架構　7
schema diagrams　架構圖　40
search key　搜尋鍵　218, 234
second normal form, 2NF　第二正規化　178
secondary　二級　234
secondary index, comparisons　二級索引，比較　296
secondary index, equality　二級索引，對等　294
secondary site　輔助站點　431
secondary storage　次儲存器　193
sectors　磁區　194
seek time　搜尋時間　197
select　選擇　56
selectivity　選擇性　341
sequential access　循序存取　198
sequential file　循序檔案　218
sequential file organization　循序檔案組織　218
serial　循序的　377
serializability order　可循序順序　382
serializable　可循序性　379, 390
serializable read　可循序讀取　386
serially　循序地　374
server　伺服　21
set difference　集合差異　43
shared-scan　共享掃描　360
simple　簡單　94
single inheritance　單一繼承　123
single-valued　單值　94
skew　歪斜　267, 310
slotted-page structure　節點分頁結構　216

snapshot　快照　182, 390
snapshot isolation　快照隔離　389
software RAID　軟體 RAID　209
sort-merge-join　排序合併結合　304
sound　合理的　157
space overhead　空間開銷　234
sparse index　稀疏索引　235
specialization　專門化　120, 124
specification of functional requirements　功能性需求規格　15
specifica-tion of functional requirements　功能要求規範　88
split　分割　248
SQL dump　SQL 轉儲　418
stable storage　穩定儲存器　371, 372, 398
state　狀態　320
steal　竊取　414
storage area network, SAN　儲存區域網絡　196
striping data　資料分段　204
strong entity set　強實體集　105
subclass　子類　122
subschemas　次架構　7
successful completion　成功完成　399
sum　總和　317, 345
superclass　超類　122
superclass-subclass　超類－子類　121
superkey　超鍵　38, 149
swap space　交換空間　416
system catalog　系統目錄　222
system crash　系統當機　397
system error　系統錯誤　397

T

tables　表　33
tape jukebox　磁帶櫃　212
tape storage　磁帶儲存器　193
temporal data　時間資料　182
temporal functional dependency　時間功能相依　182
terminated　結束　373
tertiary storage　第三儲存器　194
third normal form　第三正規化　154
three-tier architecture　三層式架構　22
throughput　運載率　134, 375
time to commit　提交時間　432
time to recover　恢復時間　431
timestamp　時戳　389

top-down　由上而下　121
topological sorting　拓撲排序　382
toss-immediate　立即替換　225
total　完全　96
total failure　全體故障　399
total generalization　總歸納　124
tracks　磁軌　194
transaction　交易　20, 367
transaction control　交易控制　50
transaction failure　交易失敗　397
transaction identifier　交易識別標示　402
transaction manager　交易管理器　21
transfer of control　傳輸控制　431
transitivity rule　遞移規則　157
translation table　轉換表　202
trim　空白　62
trivial　無價值的　151
tuple　元組　34
tuple-generating dependencies　元組產生相依性　174
two-tier architecture　二層式架構　21

U

undivided rectangles　無分割的矩形　100
undo　復原　405
undo pass　復原過程　427
undo phase　復原階段　412

Unified Modeling Language, UML　統一建模語言　16, 131
union　聯集　43
union　聯集運算　64
union rule　聯集規則　158
unique　唯一　172
unique-role assumption　唯一角色假設　179
uniquifier　唯一標誌　254
Universal Serial Bus, USB　通用序列匯流排　192
update authorization　更新授權　11
update log record　更新日誌紀錄　402
use case diagram　案例圖　131
user-defined　用戶定義　123
Utilization　利用率　375

V

value　值　90
value set　值集　93
view definition　檢視表定義　50
view maintenance　為視圖維護　354
volatile storage　揮發性儲存器　194, 371, 398

W

weak entity set　弱實體集　105
wear leveling　為損耗均衡　202
workload　工作量　358
write-ahead logging, WAL　預寫日誌　414